程序员书库

C++ CRASH COURSE
A FAST-PACED INTRODUCTION

现代C++编程
从入门到实践

[美] 乔什·洛斯皮诺索（**Josh Lospinoso**）著

李好 王绿菊 王张军 译

机械工业出版社
CHINA MACHINE PRESS

Copyright © 2019 by Josh Lospinoso. Title of English-language original: C++ Crash Course: A Fast-Paced Introduction, ISBN 978-1-59327-888-5, published by No Starch Press.

Simplified Chinese-language edition copyright © 2023 by China Machine Press.

No part of this book may be reproduced or transmitted in any form or by any means, electronic or mechanical, including photocopying, recording or any information storage and retrieval system, without permission, in writing, from the publisher.

All rights reserved.

本书中文简体字版由 No Starch Press 授权机械工业出版社在全球独家出版发行。未经出版者书面许可，不得以任何方式抄袭、复制或节录本书中的任何部分。

北京市版权局著作权合同登记　图字：01-2020-5646 号。

图书在版编目（CIP）数据

现代 C++ 编程：从入门到实践 /（美）乔什·洛斯皮诺索（Josh Lospinoso）著；李好，王绿菊，王张军译 .—北京：机械工业出版社，2023.8

（程序员书库）

书名原文：C++ Crash Course: A Fast-Paced Introduction

ISBN 978-7-111-73435-2

Ⅰ.①现…　Ⅱ.①乔…②李…③王…④王…　Ⅲ.①C++ 语言－程序设计　Ⅳ.①TP312.8

中国国家版本馆 CIP 数据核字（2023）第 118176 号

机械工业出版社（北京市百万庄大街 22 号　邮政编码 100037）

策划编辑：刘　锋　　　　责任编辑：刘　锋

责任校对：李小宝　贾立萍　　责任印制：李　昂

河北宝昌佳彩印刷有限公司印刷

2023 年 9 月第 1 版第 1 次印刷

186mm×240mm · 42.25 印张 · 970 千字

标准书号：ISBN 978-7-111-73435-2

定价：199.00 元

电话服务　　　　　　　　网络服务

客服电话：010-88361066　　机　工　官　网：www.cmpbook.com

010-88379833　　机　工　官　博：weibo.com/cmp1952

010-68326294　　金　书　网：www.golden-book.com

封底无防伪标均为盗版　　机工教育服务网：www.cmpedu.com

　　"C++ 是一门复杂的语言。"这是 C++ 在数十年的应用中所获得的评价,但该评价也并非总是正确的。通常,这是人们用来劝退他人学习 C++ 的理由,也是人们认为另一门编程语言更好的原因。这些论点很难得到论证,因为基本前提是错误的,也就是说 C++ 并不是一门复杂的语言。C++ 最大的问题是人们对它的评价,第二大问题是没有针对它的高质量教材。

　　该语言从 C 语言发展而来。它最初只是 C 语言的一个分支(只增加了一些小功能),对应的编译器是一个叫作 Cfront 的预编译器。Cfront 将早期的 C++ 代码编译成 C 代码,然后由 C 编译器进行处理,这便是其名称的由来。经过几年的开发之后,人们发现这种方式限制了语言的发展,于是开始着手创建真正的编译器。这个编译器由 Bjarne Stroustrup(该语言的最初发明者)编写,可以独立编译 C++ 程序。其他公司也对扩展基本的 C 语言感兴趣,各自开发了自己的 C++ 编译器,这些编译器大多与 Cfront 或较新的编译器兼容。

　　后来这被证明是难以持续的,因为这门语言难以跨平台移植,而且不同的编译器之间严重不兼容,更不用说所有的决定和方向都控制在一个人手里。制定一个跨越具体公司的国际标准——一门有标准过程的语言,并且让某些组织去管理它显然更为合理。因此,C++ 开始成为 ISO 标准。经过若干年的发展,第一个正式的 C++ 标准于 1998 年问世,人们对此欢欣鼓舞。

　　但人们只高兴了一阵子,因为虽然 C++98 是一个很好的标准,但它包括了一些人们没有预料到的新功能,而且有一些功能的交互方式很奇怪。在某些情况下,这些功能本身很好,却无法与其他功能交互——例如将 `std::string` 作为文件名打开文件时。

　　另一个较晚增加的功能是模板,这是支持标准模板库的底层技术,标准模板库是当今 C++ 非常重要的部分之一。在它发布之后,人们才发现它本身居然是图灵完备的,许多高级结构可以通过编译时计算获得。这大大增强了库作者编写能够处理任意复杂的推理的泛型代码的能力,这与当时的其他语言非常不同。

　　最后一个编译问题是,虽然 C++98 很好,但许多编译器难以实现模板。当时的两个主要编译器,即 GCC 2.7 和 Microsoft Visual C++ 6.0,都不能进行模板所需的两阶段名称查找。要完全解决这个问题,唯一的办法是对编译器进行全面重写……

GNU 试图继续在现有的代码库中增加新功能，但最终在 GCC 2.95 时打算重写。这意味着在多年的时间里不会有新的功能或版本，许多人对此感到不满。一些公司利用这个代码库并试图继续开发，创建了 2.95.2、2.95.3 和 2.96 版本——这三个版本都因为缺乏稳定性而被大家记住。最后，完成重写的 GCC 3.0 终于问世。它最初并不是很成功，因为尽管它能比 2.95 版本更好地编译模板和 C++ 代码，但不能将 Linux 内核编译成可运行的二进制文件。Linux 社区明确反对修改其代码以适应新的编译器，坚持认为是该编译器的问题。最终，在 3.2 版本的时候，Linux 社区才开始改变，重新围绕 GCC 3.2 及以后的版本展开开发工作。

微软也试图尽可能地避免重写编译器。它增加了一个又一个特殊补丁，并采用启发式方法来猜测某些东西是否应该在第一阶段或第二阶段的模板名称查找中解决。这几乎是有效的，但 21 世纪 10 年代初期编写的库程序显示，已经没有办法使所有的程序都工作了——即使修改源代码也不行。微软最终重写了解析器，并在 2018 年发布了更新版本——但许多人没有启用新的解析器。到了 2019 年，新的解析器才终于被默认在新项目中启用。

但在 2011 年有一个重大事件：C++11 发布了。在 C++98 发布之后，人们陆续提出了很多重要的新功能并持续推动其发展。但是，由于一个特别的功能没有达到预期的效果，新 C++ 版本的发布从 2006 年左右被推迟到 2009 年左右。在那段时间里，人们试图让它像新功能一样工作。2009 年，它最终被去掉了，其余功能也被重新修复一番，这样 1998 年版的 C++ 终于得到了更新。新版本包含大量的新功能，并增强了库功能。编译器再次缓慢地跟上，大多数编译器直到 2013 年年底才可以编译大部分的 C++11 代码。

C++ 委员会从先前的失败中吸取了教训，制定了一个每三年发布一个新版本的计划。该计划是在第一年创造和测试新的功能，在第二年将其很好地整合，在第三年使其稳定下来并正式发布，每三年重复这一过程。C++11 是第一个成果，而 2014 年版 C++ 是第二个成果。值得称赞的是，委员会完全按照承诺做了，在 C++11 的基础上进行了重大更新，并使 C++11 的功能比以前更好用。虽然在很多地方包含了一些限制，但是这些有限制的地方后来也逐步完善到大家能接受的程度——特别是 constexpr 相关的功能。

仍在努力追赶所有 C++11 新功能的编译器作者们终于意识到，他们需要调整自己的步伐，否则就会被甩在后面。到 2015 年，所有的编译器支持几乎所有 C++14 的功能——鉴于之前 C++98 和 C++11 的情况，这是一个了不起的成就。所有主要的编译器作者也重新加入了 C++ 委员会——如果编译器作者在某个功能发布之前就知道它，那么相应编译器就可以成为支持该功能的主要编译器。如果编译器作者发现某个功能与自己的编译器设计不匹配，那么可以影响 C++ 委员会对功能进行调整，使其更容易得到支持，从而使人们更早地使用它。

现在，C++ 正在经历一个重生期。这一时期大约始于 2011 年，当时 C++11 被引入，它所倡导的"现代 C++"编程风格逐渐被大家采用。但是直到最近这些改进才更为显著，因为 C++11 的所有理念都在 C++14 和 C++17 中得到了微调，而且现在所有的编译器都完全支持人们所期望的所有功能。更棒的是，C++20 标准已发布，所有编译器的最新版本已经支持该标准的大部分功能。

现代 C++ 允许开发者不用走之前的学习老路了，即不用先学习 C，然后学习 C++98，再学习 C++11，最后摒弃 C 和 C++98 中所有已得到改进的部分。大多数课程过去都从 C++ 历史开始介绍，因为有必要了解为什么有些东西会这么奇怪。不过对于本书，我在这里加入了这些信息，因为 Josh 完全忽略了这一点。

因此，读者在学习 C++ 时不需要再了解这些历史了。现代 C++ 风格允许读者完全跳过它，只需知道 C++ 的基本原则就可以写出设计良好的程序。现在就是学习 C++ 最好的时机。

现在我们回到先前的问题——没有针对 C++ 的高质量教材。如今，C++ 委员会内部也提供了高质量的 C++ 教学——有一个研究小组专门负责 C++ 的教学！在我看来，这个问题已经被这本书完全解决了。

与我读过的所有其他 C++ 书籍不同，这本书介绍基础知识和原理。它教读者如何分析，然后让读者通过标准模板库提供的东西进行分析。获得回报可能需要更长的时间，但当你完全理解 C++ 的工作原理，看到第一个结果被编译和运行时，你会感到非常满足。本书甚至包含了大多数 C++ 书籍都回避的话题：在运行完整的程序之前设置环境并测试代码。

享受阅读本书之旅并尝试所有的练习吧！祝你在 C++ 的道路上好运！

Peter Bindels
TomTom 首席软件工程师

前 言 *Preface*

拿起画笔，和我们一起画画吧！

——Bob Ross

系统编程的需求是巨大的。随着浏览器、移动设备和物联网应用于我们的生活，也许从来没有一个时刻像现在这样，这是人们成为一名系统程序员的最佳时机。在任何情况下我们都需要高效、可维护和正确的代码，而我坚信 C++ 是最适合这项工作的语言。

在经验丰富的程序员手中，C++ 可以产生比地球上任何其他系统编程语言所能产生的更小、更高效、更可读的代码。它是一种致力于实现零开销抽象机制的语言——因此程序可以快速地被开发，同时也可以简单、直接地映射到硬件上。因此，当需要时，我们也可以进行底层控制。当用 C++ 编程时，我们其实已经站在了巨人的肩膀上，他们花了几十年的时间精心设计了一门令人难以置信的强大而灵活的语言。

学习 C++ 的一大好处是可以免费获得 C++ 标准库，即 stdlib。stdlib 包含三个相互关联的部分：容器、迭代器和算法。如果你曾经手动编写过 quicksort 算法，或者曾经编写过系统代码并受到缓冲区溢出、悬空指针、使用已释放内存和重复释放内存等问题的困扰，那么你会喜欢 stdlib 的。它可以同时为你提供无与伦比的类型安全、正确性和效率。此外，你会为代码的紧凑和富有表现力而欣喜。

C++ 编程模型的核心是**对象生命周期**，它为正确释放程序所使用的资源（如文件、内存和网络套接字）提供了强有力的保证，即使在发生错误时。而异常，当正确使用时，可以从代码中去掉大量的错误检查。另外，移动 / 复制语义在管理资源所有权方面兼顾了安全性、效率和灵活性，而早期的系统编程语言（如 C 语言）根本没有提供这类功能。

C++ 是一门活跃的语言，30 多年来，国际标准化组织（International Organization for Standardization，ISO）的 C++ 委员会定期对该语言进行改进。在过去的十几年中，该标准已经发布了几个新版本，即 C++11、C++14、C++17 和 C++20，它们分别于 2011 年、2014 年、2017 年和 2020 年发布。

当我使用"现代 C++"（modern C++）这个术语时，指的是包含新的功能和范式的最新标准。这些更新对该语言进行了认真的改进，提高了它的表现力、效率、安全性和整体可用性。从某种程度上说，这门语言从未像现在这样流行，它也不会很快消失。如果你决定学习 C++，那么你将在未来几年内得到回报。

写作目的

虽然现代 C++ 程序员已经可以接触到一些质量非常高的书籍，如 Scott Meyer 的 *Effective Modern C++* 和 Bjarne Stroustrup 的 *The C++ Programming Language*（第 4 版），但它们通常是面向高级程序员的。也有一些介绍性的 C++ 书籍，但因为它们是为初学编程的人准备的，所以往往会跳过一些关键的细节。而对于有经验的程序员来说，往往不知道去哪里学习 C++。

我更喜欢有意识地学习复杂的命题，从其最基本的元素开始建立概念。C++ 之所以获得"C++ 是一门复杂的语言"的评价，是因为它的基本元素紧密地嵌套在一起，使得我们很难对这门语言有一个完整的认识。当我自己学习 C++ 的时候，我不得不辗转于书本、视频和疲惫的同事之间，费尽心思地去弄懂这门语言。基于此，我写了这本我认为很早之前就应该有的书。

读者对象

本书是为已经熟悉基本编程概念的中高级程序员编写的。如果你没有专门的系统编程经验，那没关系，本书也适合有经验的应用程序员。

> 注意 如果你是一名经验丰富的 C 语言程序员或者有抱负的系统程序员，想知道是否应该学习 C++，请务必阅读"致 C 语言程序员"，以了解详情。

本书内容

本书分为两部分。第一部分讨论 C++ 语言核心。读者不需要按时间顺序学习 C++ 语言（即从 C++98 开始一直学到现代的 C++11/14/17），而是可以直接学习地道的现代 C++。第二部分介绍 C++ 标准库（stdlib），在这里读者将学到最重要的基本概念。

第一部分　C++ 语言核心

❑ **第 1 章：启动和运行**　本章将帮助你建立 C++ 开发环境。你将编译和运行第一个程序，并学习如何调试它。

❑ **第 2 章：类型**　本章将探索 C++ 类型系统。你将了解基本类型，这是所有其他类型的基础。你也将了解普通数据类和全功能类。你还将深入了解构造函数、初始化和析构函数的作用。

❑ **第 3 章：引用类型**　本章介绍存储其他对象的内存地址的对象。这种类型是许多重要的编程模式的基石，它能够产生灵活、高效的代码。

- ❑ **第 4 章：对象生命周期** 本章在存储期的背景下继续讨论类的不变量和构造函数。同时，本章将探讨析构函数与资源获取即初始化（Resource Acquisition Is Initialization，RAII）范式。你将了解异常机制，以及它如何保证类的不变量、如何完善 RAII。在了解了移动和复制语义后，你将探索如何用构造函数和赋值运算符来操作它们。

- ❑ **第 5 章：运行时多态** 本章介绍接口，接口是一个允许你编写运行时的多态代码的编程概念。你将学习继承和对象组合的基础知识，这是在 C++ 中使用接口的基础。

- ❑ **第 6 章：编译时多态** 本章介绍模板，这也是一种允许你编写多态代码的语言特性。你还将探索将被添加到未来 C++ 版本中的一个语言特性 concept，以及允许你将对象从一种类型转换为另一种类型的类型转换函数。

- ❑ **第 7 章：表达式** 你将深入研究操作数和运算符。在牢牢掌握类型、对象生命周期和模板之后，你将进入 C++ 语言核心部分的学习，而表达式便是切入点。

- ❑ **第 8 章：语句** 本章探讨组成函数的元素。你将学习表达式语句、复合语句、声明语句、迭代语句和跳转语句。

- ❑ **第 9 章：函数** 本章讨论如何将语句变成工作单元。你将学习函数定义、返回类型、重载解析、可变参数函数、可变参数模板和函数指针等。你还将学习使用函数调用运算符和 lambda 表达式创建可调用的用户自定义类型的方法。你将探索 `std::function`——一个存储可调用对象的容器类。

第二部分 C++ 库和框架

- ❑ **第 10 章：测试** 本章介绍单元测试和模拟框架。你将练习测试驱动开发，为自动驾驶系统开发软件，同时学习一些框架，如 Boost Test、Google Test、Google Mock 等。

- ❑ **第 11 章：智能指针** 本章介绍标准库为处理动态对象的所有权提供的特殊实用类。

- ❑ **第 12 章：工具库** 本章介绍标准库和 Boost 库中用于处理常见编程问题的类型、类和函数。你将了解数据结构、数值函数和随机数生成器。

- ❑ **第 13 章：容器** 本章介绍 Boost 库和标准库中的许多特殊数据结构，它们可以帮助你组织数据。你将了解顺序容器、关联容器和无序关联容器。

- ❑ **第 14 章：迭代器** 迭代器是容器和字符串之间的接口。本章介绍不同类型的迭代器以及如何设计它们以便更灵活地编写程序。

- ❑ **第 15 章：字符串** 本章介绍如何在单一容器中处理人类语言数据。你将了解内置于字符串中的特殊设施（facility），这些设施可以让你执行一些简单的任务。

- ❑ **第 16 章：流** 本章介绍支撑输入和输出操作的主要概念。你将学习如何用格式化和非格式化的操作处理输入与输出流，以及如何使用操纵符。你还将学习如何从文件中读取数据以及如何向文件写入数据。

- ❑ **第 17 章：文件系统** 本章介绍标准库中用于操作文件系统的工具。你将学习如何构建和操作路径，如何检查文件和目录，以及如何枚举目录结构。

- ❏ **第 18 章：算法** 本章介绍标准库中可以轻松解决的几十个问题。你将了解这些高质量算法令人惊讶的适用范围。
- ❏ **第 19 章：并发和并行** 本章介绍一些简单的多线程编程方法，这些方法是标准库的一部分。你将了解 future、互斥量、条件变量和原子类型。
- ❏ **第 20 章：用 Boost Asio 进行网络编程** 本章介绍如何构建通过网络进行通信的高性能程序。你将了解如何使用 Boost Asio 的阻塞式和非阻塞式输入与输出。
- ❏ **第 21 章：编写应用程序** 这是本书的收尾部分，讨论了几个重要的主题。你将了解程序支持设施，这些设施可以帮助你构建更加完整的应用程序。你还将了解 Boost ProgramOptions，这个库可以让你直接编写接受用户输入的控制台应用程序。

注意 请访问配套网站 https://ccc.codes/ 获得本书中的代码。

致谢

首先，感谢我的家人给我创作空间，我花了两倍的时间才写出我计划的一半内容，感谢他们的耐心陪伴，我欠他们的无法估量。

感谢 Kyle Willmon 和 Aaron Bray，是他们教会了我 C++；感谢 Tyler Ortman，是他把这本书从提案中"孕育"了出来；感谢 Bill Pollock，是他润色了本书；感谢 Chris Cleveland、Patrick De Justo、Anne Marie Walker、Annie Choi、Meg Sneeringer 和 Riley Hoffman，是他们一流的编辑能力让本书变得更好；感谢早期的读者，是他们提供了不可估量的反馈。

最后，感谢 Jeff Lospinoso，他把那本翻过很多遍、沾满咖啡的"骆驼书"[⊖]送给了他那年仅 10 岁的侄子，帮他点燃了编程的火花。

⊖ "骆驼书"指《Perl 编程语言》，O'Reilly 出版。——译者注

致 C 语言程序员 *An Overture to C Programmers*

Arthur Dent：他怎么啦？

Hig Hurtenflurst：他的鞋子不合脚。

——Douglas Adms，《银河系漫游指南》，"Fit the Eleventh"

这篇文章是为那些正在考虑是否阅读本书的有经验的 C 语言程序员准备的，其他语言的程序员可以跳过。

Bjarne Stroustrup 基于 C 语言开发了 C++。虽然 C++ 与 C 语言并不完全兼容，但写得好的 C 语言程序往往也是有效的 C++ 程序。例如，Brian Kernighan 和 Dennis Ritchie 所著的 *The C Programming Language* 中的每个例子都是合法的 C++ 程序。

C 语言在系统编程界无处不在的一个主要原因是，相对于汇编语言，C 语言允许程序员在较高的抽象层次上编写程序，这往往会产生更清晰、更不容易出错、更容易维护的代码。

一般来说，系统程序员不愿意为编程的便利性买单，所以 C 语言坚持零开销原则：**不为不使用的东西买单**。强类型系统是零开销抽象的一个典型例子。它只在编译时被用来检查程序的正确性，编译结束后，类型就会消失，产生的汇编代码也不会有类型系统的痕迹。

作为 C 语言的后裔，C++ 也非常重视零开销的抽象和对硬件的直接映射。这一承诺不仅仅限于 C++ 所支持的 C 语言特性，C++ 在 C 语言基础上建立的一切（包括新的语言特性）都坚持这些原则，任何违背原则的设计决策都应慎重对待。事实上，一些 C++ 特性的开销甚至比相应的 C 代码产生的开销更少。constexpr 关键字就是这样一个例子，它指示编译器在编译时对表达式求值（如果可能的话），如代码清单 1 中的程序所示。

代码清单 1 演示 constexpr 的程序

```
#include <cstdio>

constexpr int isqrt(int n) {
  int i=1;
  while (i*i<n) ++i;
  return i-(i*i!=n);
}
```

```
int main() {
  constexpr int x = isqrt(1764); ❶
  printf("%d", x);
}
```

isqrt 函数计算参数 n 的平方根。从 1 开始，该函数递增局部变量 i，直到 i*i 大于或等于 n。如果 i*i==n，则返回 i，否则返回 i-1。注意，isqrt 的调用有一个字面量，所以编译器理论上可以为你计算结果。结果将只有一个值 ❶。

在 GCC 8.3 上用 -O2 编译代码清单 1（目标平台为 x86-64），即可得到代码清单 2 中的汇编代码。

代码清单 2　编译代码清单 1 后产生的汇编代码

```
.LC0:
        .string "%d"
main:
        sub     rsp, 8
        mov     esi, 42 ❶
        mov     edi, OFFSET FLAT:.LC0
        xor     eax, eax
        call    printf
        xor     eax, eax
        add     rsp, 8
        ret
```

这里的重点是 main❶ 中的第二条指令，编译器不是在运行时计算 1764 的平方根，而是计算它并直接输出指令，将 x 视为 42。当然，你可以用计算器计算它的平方根并手动插入结果，但使用 constexpr 有很多好处，不仅可以减少手动复制粘贴导致的许多错误，而且使代码更有表现力。

> **注意**　如果不熟悉 x86 汇编，可以参考 Randall Hyde 的 *The Art of Assembly Language*（第 2 版）和 Richard Blum 的 *Professional Assembly Language*。

升级到 Super C

现代 C++ 编译器可以适应你的大部分 C 语言编程习惯，这使得你很容易接受 C++ 提供的一些战术上的好处，同时刻意避开语言本身的更深层次的主题。这种 C++ 风格——我们称之为 Super C——是值得讨论的，原因有几个。首先，经验丰富的 C 语言程序员可以立即将简单的、战术层面的 C++ 概念应用于自己的程序。其次，Super C 并不是地道的 C++。在 C 语言程序中简单地应用引用和 auto 的实例，可能会使代码更加健壮、更加可读，但你需要学习其他概念来充分利用它。最后，在一些严苛的环境（例如，嵌入式软件、某些操作系统内核和异构计算）中，工具链并不完全支持 C++。在这种情况下，至少可以从一些 C++ 特性中获益，而这时 Super C 很可能得到支持。本节讨论一些可以立即应用到代码中的 Super C 概念。

> **注意** 一些 C 语言支持的结构体在 C++ 中无法使用，详见 https://ccc.codes。

函数重载

请考虑以下来自标准 C 语言库的转换函数：

```
char* itoa(int value, char* str, int base);
char* ltoa(long value, char* buffer, int base);
char* ultoa(unsigned long value, char* buffer, int base);
```

这些函数实现了相同的目标：将整数类型转换为 C 语言风格的字符串。在 C 语言中，每个函数必须有唯一的名称。但在 C++ 中，参数不同时，函数可以共享名称，这被称为函数重载。我们可以使用函数重载来创建自己的转换函数，如代码清单 3 所示。

代码清单 3　调用重载函数

```
char* toa(int value, char* buffer, int base) {
  --snip--
}

char* toa(long value, char* buffer, int base)
  --snip--
}

char* toa(unsigned long value, char* buffer, int base) {
  --snip--
}

int main() {
  char buff[10];
  int a = 1; ❶
  long b = 2; ❷
  unsigned long c = 3; ❸
  toa(a, buff, 10);
  toa(b, buff, 10);
  toa(c, buff, 10);
}
```

几个函数的第一个参数的数据类型不同，所以 C++ 编译器可以从传入 toa 的参数中获得足够的信息来调用正确的函数。每次调用的函数都是唯一的。这里，我们创建了变量 a❶、b❷ 和 c❸，它们是不同类型的 int 对象，分别与三个 toa 函数对应。这比定义单独命名的函数更方便，因为我们只需要记住一个名字，编译器会自己确定要调用哪个函数。

引用

指针是 C 语言（以及大多数系统编程扩展）的一个重要特性。它能够让我们通过传递数据地址而不是实际数据来有效地处理大量的数据。指针对 C++ 而言也同样重要，但 C++ 有了额外的安全特性，可以防止空指针解引用和无意的指针再赋值。

引用是指针处理的一个重大改进。它与指针相似，但有一些关键的区别。在语法上，引用与指针有两个重要的区别。首先，我们通过 & 而不是 * 来声明引用，如代码清单 4 所示。

代码清单 4　说明如何声明接受指针和引用的函数的代码

```
struct HolmesIV {
  bool is_sentient;
  int sense_of_humor_rating;
};
void mannie_service(HolmesIV*); // Takes a pointer to a HolmesIV
void mannie_service(HolmesIV&); // Takes a reference to a HolmesIV
```

其次，我们使用点运算符（.）而不是箭头运算符（->）与成员交互，如代码清单 5 所示。

代码清单 5　说明使用点运算符和箭头运算符的程序

```
void make_sentient(HolmesIV* mike) {
  mike->is_sentient = true;
}

void make_sentient(HolmesIV& mike) {
  mike.is_sentient = true;
}
```

究其实现原理，引用其实等同于指针，因为它们都是零开销的抽象概念。编译器会生成差不多的代码。为了说明这一点，请考虑在 GCC 8.3 上以 x86-64（-O2）为目标编译 make_sentient 函数的结果。代码清单 6 给出了通过编译代码清单 5 生成的汇编代码。

代码清单 6　编译代码清单 5 生成的汇编代码

```
make_sentient(HolmesIV*):
        mov     BYTE PTR [rdi], 1
        ret
make_sentient(HolmesIV&):
        mov     BYTE PTR [rdi], 1
        ret
```

然而，在编译时，引用比原始指针更安全，因为一般来说它不能为空。

对于指针，为了安全起见，需要添加 nullptr 检查。例如，我们可以给 make_sentient 添加一个检查，如代码清单 7 所示。

代码清单 7　对代码清单 5 中的 make_sentient 进行重构，使其执行一个 nullptr 检查

```
void make_sentient(HolmesIV* mike) {
  if(mike == nullptr) return;
  mike->is_sentient = true;
}
```

在接受引用时，这样的检查是不必要的，但是，这并不意味着引用总是有效的。请考虑下面这个函数：

```
HolmesIV& not_dinkum() {
  HolmesIV mike;
  return mike;
}
```

not_dinkum 函数返回一个引用，它保证非空。但是，它指向的是垃圾内存（可能是在 not_dinkum 的返回栈帧中）。我们绝不能这样做，这样做将很痛苦，其结果被称为**未定义的运行时行为**：它可能会崩溃，也可能会返回一个错误，还可能会做一些完全意想不到的事情。

引用的另一个安全特性是，不能被重定位。换句话说，一旦引用被初始化，它就不能指向另一个内存地址，如代码清单 8 所示。

代码清单 8　说明引用不能被重定位的程序

```
int main() {
  int a = 42;
  int& a_ref = a; ❶
  int b = 100;
  a_ref = b; ❷
}
```

我们将 a_ref 声明为对 int a 的引用 ❶。没有办法重新设置 a_ref，使其指向另一个 int。我们可以尝试用 operator= ❷ 来重新设置 a，但这实际上是将 a 的值设置为 b 的值，而不是将 a_ref 设置为对 b 的引用。运行这个代码段后，a 和 b 都等于 100，并且 a_ref 仍然指向 a。代码清单 9 给出了使用指针的等效程序。

代码清单 9　使用指针的代码清单 8 的等效程序

```
int main() {
  int a = 42;
  int* a_ptr = &a; ❶
  int b = 100;
  *a_ptr = b; ❷
}
```

这里，我们用 a * 而不是 a & 来声明指针 ❶，把 b 的值分配给 a_ptr 指向的内存 ❷。对于引用，等号的左边不需要有任何装饰。但是这里如果省略了 *a_ptr 中的 *，编译器会认为我们试图把 int 对象赋值给指针类型。

引用只是带有额外安全预防措施和语法糖的指针。当我们把引用放在等号的左边时，实际上就是把被引用的值设置为等号右边的值。

auto 初始化

C 语言经常要求我们多次重复类型信息。在 C++ 中，我们可以利用 auto 关键字来表达变量的类型信息，只需一次。编译器将知道变量的类型，因为它知道用于初始化变量的值的类型。请考虑下面这些 C++ 变量的初始化：

```
int x = 42;
auto y = 42;
```

这里，x 和 y 都是 int 类型的。考虑到 42 是一个整数字面量，你可能会惊讶地发现编译器可以推断出 y 的类型。通过 auto，编译器可以推断出等号右侧的类型，并将变量的类型设置为相同的类型。因为整数字面量是 int 类型的，所以编译器推断 y 的类型也是 int。在这样一个简单的例子中，这似乎没有什么好处，但是请考虑一下用函数的返回值来初始化变量的情况，如代码清单 10 所示。

代码清单 10　用函数的返回值来初始化变量的玩具程序

```
#include <cstdlib>

struct HolmesIV {
  --snip--
};
HolmesIV* make_mike(int sense_of_humor) {
  --snip--
}

int main() {
  auto mike = make_mike(1000);
  free(mike);
}
```

auto 关键字更容易阅读，并且比明确声明变量的类型更容易进行代码调整。如果在声明函数时自由地使用 auto，那么以后要改变 make_mike 的返回类型，只需要做少量的工作。对于更复杂的类型，例如那些与标准库的模板代码有关的类型，auto 的作用就更大了。auto 关键字使编译器为你做所有的类型推导工作。

注意　还可以给 auto 添加 const、volatile、& 和 * 限定符。

命名空间与结构体、联合体和枚举的隐式类型定义

C++ 把类型标记当作隐式的 typedef 名称。在 C 语言中，当你想使用结构体（struct）、联合体（union）或枚举（enum）时，必须使用 typedef 关键字为创建的类型指定一个名称，例如：

```
typedef struct Jabberwocks {
  void* tulgey_wood;
  int is_galumphing;
} Jabberwock;
```

在 C++ 中，你会对这样的代码嗤之以鼻，因为 typedef 关键字可以是隐式的，C++

允许你像下面这样声明 `Jabberwock` 的类型：

```
struct Jabberwock {
  void* tulgey_wood;
  int is_galumphing;
};
```

这样更方便，也省去了一些打字工作。如果你还想定义一个 `Jabberwock` 函数，会发生什么呢？不应该这样做，因为对数据类型和函数重复使用同一个名字很可能会引起混淆。但是，如果你真的想这样做，那么可以声明一个命名空间（`namespace`），为标识符创建不同的作用域。这有助于保持用户类型和函数的整洁，如代码清单 11 所示。

代码清单 11　使用命名空间来消除名称相同的函数和类型的歧义

```
#include <cstdio>

namespace Creature { ❶
  struct Jabberwock {
    void* tulgey_wood;
    int is_galumphing;
  };
}
namespace Func { ❷
  void Jabberwock() {
    printf("Burble!");
  }
}
```

在这个例子中，`Jabberwock` 结构体和 `Jabberwock` 函数可以"和谐"地出现在一个地方了。通过将每个元素放在各自的命名空间中——结构体 `Jabberwock` 在 `Creature` 命名空间中 ❶，函数 `Jabberwock` 在 `Func` 命名空间中 ❷——你可以分辨出具体指哪个 `Jabberwock`。可以用几种方法消除歧义，最简单的方法是用命名空间来限定名称，例如：

```
Creature::Jabberwock x;
Func::Jabberwock();
```

也可以使用 `using` 指令导入命名空间中的所有名字，这样就不再需要使用完整名称的元素名了。代码清单 12 使用了 `Creature` 命名空间。

代码清单 12　通过 `using namespace` 来指定使用 `Creature` 命名空间中的一个类型

```
#include <cstdio>

namespace Creature {
  struct Jabberwock {
    void* tulgey_wood;
    int is_galumphing;
  };
}

namespace Func {
```

```
  void Jabberwock() {
    printf("Burble!");
  }
}

using namespace Creature; ❶

int main() {
  Jabberwock x; ❷
  Func::Jabberwock();
}
```

使用 using namespace ❶，你可以省略命名空间限定词 ❷。但是对于函数 Jabberwock()，仍然需要使用限定词（Func::Jabberwock），因为它不是 Creature 命名空间的一部分。

使用 namespace 是 C++ 的惯例，是一种零开销的抽象。就像类型的其他标识符一样，namespace 会在生成汇编代码时被编译器清除掉。在大型项目中，它对分离不同库中的代码有极大的帮助。

C 和 C++ 对象文件的混用

如果小心些，C 和 C++ 代码可以和平共存。有时，有必要让 C 编译器链接 C++ 编译器生成的对象文件（反之亦然）。这是可以做到的，但需要做一些额外工作。

有两个问题与链接文件有关。首先，C 和 C++ 代码中的调用约定可能是不匹配的，例如，调用函数时堆栈和寄存器的设置协议可能不同。调用约定不匹配是语言层面的不匹配，通常与编写函数的方式无关。其次，C++ 编译器发出的符号与 C 编译器发出的不同。有时，链接器必须通过名称来识别对象。C++ 编译器通过装饰目标对象，将叫作装饰名称的字符串与该对象相关联。由于函数重载、调用约定和命名空间的使用，编译器必须通过装饰对函数的额外信息进行编码，而不仅仅是其名称。这样做是为了确保链接器能够唯一地识别该函数。不幸的是，在 C++ 中没有关于这种装饰的标准（这就是在编译单元之间进行链接时应该使用相同的工具链和设置的原因）。C 语言的链接器对 C++ 的名称装饰一无所知，如果在 C++ 中对 C 代码进行链接时不停止装饰，就会产生问题（反之亦然）。

这个问题的解决办法很简单，只要使用 extern "C" 语句将要用 C 语言风格的链接方式编译的代码包装起来即可，如代码清单 13 所示。

代码清单 13　采用 C 语言风格的链接方式

```
// header.h
#ifdef __cplusplus
extern "C" {
#endif
void extract_arkenstone();

struct MistyMountains {
  int goblin_count;
```

```
};
#ifdef __cplusplus
}
#endif
```

这个头文件可以在 C 和 C++ 代码之间共享。它之所以起作用是因为 __cplusplus 是一个特殊的标识符，C++ 编译器定义了它（但 C 编译器没有）。因此，在预处理完成后，C 编译器将看到代码清单 14 中的代码。

代码清单 14　预处理程序序在 C 环境下处理代码清单 13 后的代码

```
void extract_arkenstone();

struct MistyMountains {
  int goblin_count;
};
```

这只是一个简单的 C 头文件。在预处理过程中，#ifdef __cplusplus 语句之间的代码被删除了，所以 extern "C" 包装器并不可见。对于 C++ 编译器来说，__cplusplus 被定义在 header.h 中，所以它可以看到代码清单 15 所示的内容。

代码清单 15　预处理程序序在 C++ 环境下处理代码清单 13 后的代码

```
extern "C" {
  void extract_arkenstone();

  struct MistyMountains {
    int goblin_count;
  };
}
```

extract_arkenstone 和 MistyMountains 现在都用 extern "C" 来包装，所以编译器知道要使用 C 链接。现在 C 源代码可以调用已编译的 C++ 代码，C++ 源代码也可以调用已编译的 C 代码。

C++ 主题

本节将带你简要浏览一些使 C++ 成为首要的系统编程语言的核心主题。不要太在意细节，下面各小节的重点是吊起你的胃口。

简洁地表达想法和重用代码

精心设计的 C++ 代码很优雅，很紧凑。请通过以下简单操作考虑一下从 ANSI-C 到现代 C++ 的演变，该操作遍历有 n 个元素的数组 v，如代码清单 16 所示。

代码清单 16　说明对数组进行迭代的几种方法的程序

```cpp
#include <cstddef>

int main() {
  const size_t n{ 100 };
  int v[n];

  // ANSI-C
  size_t i;
  for (i=0; i<n; i++) v[i] = 0; ❶

  // C99
  for (size_t i=0; i<n; i++)  v[i] = 0; ❷

  // C++17
  for (auto& x : v) x = 0; ❸
}
```

这段代码显示了在 ANSI-C、C99 和 C++ 中声明循环的不同方法。ANSI-C❶ 和 C99❷ 的例子中，索引变量 i 可以辅助你完成任务，也就是辅助你访问 v 中的每个元素。C++ 版本 ❸ 使用了基于范围（range-based）的 for 循环，它在 v 中的数值范围内循环，同时隐藏了实现迭代的细节。就像 C++ 中的许多零开销抽象一样，这个结构使你能够专注于意义而不是语法。基于范围的 for 循环适用于许多类型，甚至可以适用于用户自定义类型。

用户自定义类型允许你在代码中直接表达想法。假设你想设计一个函数 navigate_to，告诉假想的机器人导航到给定 x 和 y 坐标的某个位置。请考虑以下函数原型：

```cpp
void navigate_to(double x, double y);
```

x 和 y 是什么？它们的单位是什么？用户必须阅读文件（或者源文件）来找出答案。请考虑以下改进后的原型：

```cpp
struct Position{
--snip--
};
void navigate_to(const Position& p);
```

这个函数要清楚得多。对于 navigate_to 接受的内容没有任何歧义。只要有有效的 Position，你就知道如何调用 navigate_to。单位转换等问题则是构建 Position 类的人的责任。

在 C99/C11 中，你也可以使用常量（const）指针来实现这种表现力，但 C++ 也使返回类型变得紧凑而富有表现力。假设你想为机器人写一个名为 get_position（获取位置）的推论函数。在 C 语言中，有两种方法，如代码清单 17 所示。

代码清单 17　用于返回用户自定义类型的 C 风格 API

```cpp
Position* get_position(); ❶
void get_position(Position* p); ❷
```

在第一种方法中，调用者负责清理返回值❶，这可能产生一个动态内存分配（尽管从代码中看不清楚）。在第二种方法中，调用者负责分配一个 Position 并把它传入 get_position❷。第二种方法更符合 C 语言的习惯，但语言碍手碍脚：你本来只想得到一个位置对象，却不得不担心是调用者还是被调用者负责分配和删除内存。C++ 可以让你通过直接从函数中返回用户自定义类型来简洁地完成这一切，如代码清单 18 所示。

代码清单 18　在 C++ 中按值返回用户自定义类型

```
Position❶ get_position() {
  --snip--
}
void navigate() {
  auto p = get_position(); ❷
  // p is now available for use
  --snip--
}
```

因为 get_position 返回一个值❶，编译器可以忽略这个复制操作，所以就好像你直接构造了一个自动的 Position 变量❷，没有运行时开销。从功能上讲，这个情况与代码清单 17 中的 C 风格指针传递非常相似。

C++ 标准库

C++ 标准库（stdlib）是人们从 C 语言迁移到 C++ 的一个主要原因。它包含了高性能的泛型代码，保证可以从符合标准的盒子里直接使用。stdlib 的三个主要组成部分是容器、迭代器和算法。

容器是数据结构，负责保存对象的序列。容器是正确的、安全的，而且（通常）至少和你手写的代码一样有效，这意味着自己编写容器将花费巨大的精力，而且不会比 stdlib 的容器更好。容器大体分为两类：顺序容器和关联容器。顺序容器在概念上类似于数组，提供对元素序列的访问权限。关联容器包含键值对，所以容器中的元素可以通过键来查询。

算法是通用的函数，用于常见的编程任务，如计数、搜索、排序和转换。与容器一样，算法的质量非常高，而且适用范围很广。用户应该很少需要自己实现算法，而且使用 stdlib 算法可以极大地提高程序员的工作效率、代码安全性和可读性。

迭代器可以将容器与算法连接起来。对于许多 stdlib 算法的应用，你想操作的数据驻留在容器中。容器公开迭代器，以提供平滑、通用的接口，而算法消费迭代器，使程序员（包括 stdlib 的实现者）不必为每种容器类型实现一个自定义算法。

代码清单 19 显示了如何用几行代码对容器的值进行排序。

代码清单 19　使用 stdlib 对容器的值进行排序

```
#include <vector>
#include <algorithm>
#include <iostream>
```

```
int main() {
  std::vector<int> x{ 0, 1, 8, 13, 5, 2, 3 }; ❶
  x[0] = 21; ❷
  x.push_back(1); ❸
  std::sort(x.begin(), x.end()); ❹
  std::cout << "Printing " << x.size() << " Fibonacci numbers.\n"; ❺
  for (auto number : x) {
    std::cout << number << std::endl; ❻
  }
}
```

虽然会在后台进行大量的计算，但代码是紧凑而富有表现力的。首先，初始化一个 std::vector❶。向量是 stdlib 中大小动态变化的数组。初始化大括号（即 {0, 1, ...}）用来设置 x 的初始值。我们可以使用中括号（[]）和索引号，像访问数组的元素一样访问向量的元素。我们用这个方法将第一个元素设置为 21❷。因为向量数组的大小是动态的，所以可以用 push_back 方法向它们追加数值❸。std::sort 看似神奇的调用展示了 stdlib 算法的强大❹。方法 x.begin() 和 x.end() 返回迭代器，std::sort 用该迭代器对 x 进行原地排序。通过迭代器，排序算法与向量解耦了。

有了迭代器，我们就可以用类似的方式使用 stdlib 中的其他容器了。例如，我们可以使用 list（stdlib 的双向链表）而不是向量，因为 list 也通过 .begin() 和 .end() 公开了迭代器，我们可以用同样的方式在列表迭代器上调用 sort。

此外，代码清单 19 使用了 iostream。iostream 是一种执行缓冲输入和输出的机制。我们使用左移操作符（<<）将 x.size() 的值（x 中的元素数）、一些字符串字面量和斐波那契元素 number 发给 std::cout（包装标准输出）❺❻。std::endl 对象是一个 I/O 操纵符，它写下 \n 并刷新缓冲区，确保在执行下一条指令之前将整个数据流写到标准输出。

现在，想象一下用 C 语言编写同等程序所要经历的所有障碍，你就会明白为什么 stdlib 是一个如此有价值的工具。

lambda

lambda，在某些圈子里也被称为无名函数或匿名函数，是另一个强大的语言特性，它可以提高代码的局部性。在某些情况下，我们应该将指针传递给函数，使用函数指针作为新创建的线程的目标函数，或者对序列的每个元素进行一些转换。一般来说，定义一个一次性使用的自由函数通常很不方便。这就是 lambda 发挥作用的地方。lambda 是一个新的、自定义的函数，与调用的其他参数一起内联定义。考虑下面这个单行程序，它计算 x 中偶数的数量：

```
auto n_evens = std::count_if(x.begin(), x.end(),
                             [] (auto number) { return number % 2 == 0; });
```

这行代码使用 stdlib 的 count_if 算法来计算 x 中偶数的数量。std::count_if 的前两个参数与 std::sort 相似，它们是定义算法将操作的范围的迭代器。第三个参数是

lambda。这个符号可能看起来有点陌生，但基本原理非常简单：

> [*capture*] (*arguments*) { *body* }

capture 包含任何需要从定义 lambda 的范围中获得的对象，以便执行 *body* 中的计算。*arguments* 定义 lambda 希望被调用的参数的名称和类型。*body* 包含在调用时完成的任何计算。它可能返回值，也可能不返回值。编译器将根据隐含的类型来推导函数原型。

在上面的 `std::count_if` 调用中，lambda 不需要捕获任何变量。它所需要的所有信息就是单一参数 number。因为编译器知道 x 中包含的元素的类型，所以我们用 auto 声明 number 的类型，这样编译器就可以自己推导出来。lambda 被调用时，x 中的每个元素都作为 number 参数传入。在 *body* 中，只有当数字能被 2 整除时，该 lambda 返回 true，所以只有为偶数时才会计数。

C 语言中不存在 lambda，我们也不可能真正模拟它。每次需要函数对象时，我们都需要声明一个单独的函数，而且不可能以同样的方式将对象捕获到一个函数中。

使用模板的泛型编程

泛型编程是指写一次代码就能适用于不同的类型，而不是通过复制和粘贴每个类型来多次重复相同的代码。在 C++ 中，我们使用模板来产生泛型代码。模板是一种特殊的参数，告诉编译器它代表各种可能的类型。

我们已经使用过模板了：stdlib 的所有容器都是模板。在大多数情况下，这些容器中的对象的类型并不重要。例如，确定容器中的元素数量或返回其第一个元素的逻辑并不取决于元素的类型。

假设我们想写一个函数，将三个相同类型的数字相加。我们希望函数接受任何可加类型。在 C++ 中，这是一个简单的泛型编程问题，可以直接用模板解决，如代码清单 20 所示。

代码清单 20　使用模板来创建一个泛型 add 函数

```
template <typename T>
T add(T x, T y, T z) { ❶
  return x + y + z;
}

int main() {
  auto a = add(1, 2, 3);     // a is an int
  auto b = add(1L, 2L, 3L);  // b is a long
  auto c = add(1.F, 2.F, 3.F); // c is a float
}
```

当声明 add❶ 时，我们不需要知道 T，只需要知道所有的参数和返回值都是 T 类型的，并且 T 类型数据是可加的。当编译器遇到 add 调用时，它会推断出 T 并生成一个定制的函数。这就是一种重要的代码复用！

类的不变量和资源管理

也许 C++ 给系统编程带来的最大创新是**对象生命周期**。这个概念源于 C 语言，在 C 语言中，对象具有不同的存储期，这取决于它们在代码中的声明方式。C++ 在这个内存管理模型的基础上，创造了构造函数和析构函数。这些特殊函数是属于用户自定义类型的方法。用户自定义类型是 C++ 应用程序的基本构建块，我们可以把它想象成有函数的 struct 对象。

对象的构造函数在其存储期开始后被调用，而析构函数则在其存储期结束前被调用。构造函数和析构函数都是没有返回类型的函数，其名称与包围它的类相同。要声明一个析构函数，请在类名的开头加上 ~，如代码清单 21 所示。

代码清单 21　一个包含构造函数和析构函数的 Hal 类

```
#include <cstdio>

struct Hal {
  Hal() : version{ 9000 } { // Constructor ❶
    printf("I'm completely operational.\n");
  }
  ~Hal() { // Destructor ❷
    printf("Stop, Dave.\n");
  }
  const int version;
};
```

Hal 的第一个方法是构造函数 ❶。它设置了 Hal 对象并建立了它的类不变量。不变量是类的特征，一旦被构造出来就不会改变。在编译器和运行时的帮助下，程序员决定类的不变量是什么，并确保代码可以保证这些不变量。在本例中，构造函数将 version 设定为 9000，这是一个不变量。析构函数是第二个方法 ❷。每当 Hal 要被删除时，它就向控制台打印 Stop, Dave.（让 Hal 唱 *Daisy Bell* 是留给读者的一个练习）。

编译器会确保静态、本地和线程局部存储期的对象自动调用构造函数和析构函数。对于具有动态存储期的对象，可以使用关键字 new 和 delete 来分别代替 malloc 和 free，代码清单 22 说明了这一点。

代码清单 22　一个创建和销毁 Hal 对象的程序

```
#include <cstdio>

struct Hal {
--snip--
};

int main() {
  auto hal = new Hal{};  // Memory is allocated, then constructor is called
  delete hal;            // Destructor is called, then memory is deallocated
}
```

```
I'm completely operational.
Stop, Dave.
```

如果构造函数无法达到一个好的状态（无论什么原因），那么它通常会抛出异常。作为 C 语言程序员，你可能在使用一些操作系统 API 编程时处理过异常（例如，Windows 结构化异常处理）。当抛出异常时，堆栈会展开，直到找到异常处理程序，这时程序就会恢复。谨慎地使用异常可以使代码更干净，因为只需要在有意义的地方检查错误条件。如代码清单 23 所示，C++ 对异常有语言级的支持。

代码清单 23　一个 try-catch 块

```
#include <exception>

try {
  // Some code that might throw a std::exception ❶
} catch (const std::exception &e) {
  // Recover the program here. ❷
}
```

我们可以把可能抛出异常的代码放在紧跟 **try** 的代码块中 ❶。如果抛出了异常，堆栈将展开（"慷慨"地销毁任何超出作用域的对象）并运行 **catch** 表达式之后的代码 ❷。如果没有抛出异常，**catch** 代码块永远不会执行。

构造函数、析构函数和异常与另一个 C++ 核心主题密切相关，该核心主题便是把对象的生命周期与它所拥有的资源联系起来。

这就是资源获取即初始化（RAII）的概念（有时也称为构造函数获取、析构函数释放）。请考虑代码清单 24 中的 C++ 类。

代码清单 24　一个 File 类

```
#include <system_error>
#include <cstdio>

struct File {
  File(const char* path, bool write) { ❶
    auto file_mode = write ? "w" : "r"; ❷
    file_pointer = fopen(path, file_mode); ❸
    if (!file_pointer) throw std::system_error(errno, std::system_category()); ❹
  }
  ~File() {
    fclose(file_pointer);
  }
  FILE* file_pointer;
};
```

File 的构造函数需要两个参数 ❶。第一个参数是文件的路径，第二个参数是一个布尔值，对应于文件模式（**file_mode**）应该是写（**true**）还是读（**false**）。这个参数的值通过三元运算符 **?:** 设置 **file_mode** ❷。三元运算符评估一个布尔表达式，并根据布尔值返回其中的一个，例如：

```
x ? val_if_true : val_if_false
```

如果布尔表达式 x 为 true，表达式的值为 val_if_true。如果 x 是 false，则值为 val_if_false。

在代码清单 24 的 File 构造函数代码段中，构造函数试图以读/写访问方式打开位于 path 路径的文件 ❸。如果有问题，本次调用将把 file_pointer 设置为 nullptr，这是一个特殊的 C++ 值，类似于 0。当发生这种情况时，将抛出一个 system_error ❹。system_error 是封装了系统错误细节的对象。如果 file_pointer 不是 nullptr，它就可以有效地使用。这就是这个类的不变量。

现在请考虑代码清单 25 中的程序，它采用了 File 类。

代码清单 25　一个使用 File 类的程序

```
#include <cstdio>
#include <system_error>
#include <cstring>

struct File {
--snip–
};

int main() {
  { ❶
    File file("last_message.txt", true); ❷
    const auto message = "We apologize for the inconvenience.";
    fwrite(message, strlen(message), 1, file.file_pointer);
  } ❸
  // last_message.txt is closed here!
  {
    File file("last_message.txt", false); ❹
    char read_message[37]{};
    fread(read_message, sizeof(read_message), 1, file.file_pointer);
    printf("Read last message: %s\n", read_message);
  }
}
```
```
-------------------------------------------------------------
We apologize for the inconvenience.
```

大括号 ❶❸ 定义了一个作用域。因为第一个文件 file 驻留在这个作用域内，作用域定义了 file 的生命周期。一旦构造函数返回 ❷，我们就知道 file.file_pointer 是有效的，这要归功于类的不变量。根据 File 的构造函数的设计，我们知道 file.file_pointer 必须在 File 对象的生命周期内有效。我们用 fwrite 写了一条信息。没有必要明确地调用 fclose，因为 file 会过期，而且析构函数会自动清理 file.file_pointer ❸。我们再次打开 File，但这次以读访问方式打开 ❹。同样，只要构造函数返回，我们就知道 last_message.txt 被成功打开并继续读入 read_message。打印信息之后，调用 file 的析构函数，file.file_pointer 又被清理掉了。

有时，我们需要动态内存分配的灵活性，但仍然想依靠 C++ 的对象生命周期来确保不会泄漏内存或意外地"释放后使用"。这正是智能指针的作用，它通过所有权模型来管理动态对象的生命周期。一旦没有智能指针拥有动态对象，该对象就会被销毁。

unique_ptr 就是一种这样的智能指针，它模拟了独占的所有权。代码清单 26 说明了它的基本用法。

代码清单 26　一个采用 unique_ptr 的程序

```
#include <memory>

struct Foundation{
  const char* founder;
};

int main() {
  std::unique_ptr<Foundation> second_foundation{ new Foundation{} }; ❶
  // Access founder member variable just like a pointer:
  second_foundation->founder = "Wanda";
} ❷
```

我们动态地分配了一个 Foundation，而产生的 Foundation* 指针被传给 second_foundation 的构造函数，使用大括号初始化语法 ❶。second_foundation 的类型是 unique_ptr，它只是一个包裹着动态 Foundation 的 RAII 对象。当 second_foundation 被析构时 ❷，动态 Foundation 就会适当地销毁。

智能指针与普通的原始指针不同，因为原始指针只是一个简单的内存地址。我们必须手动协调所有涉及该地址的内存管理。但是，智能指针可以自行处理所有这些混乱的细节。用智能指针包装动态对象，我们可以很放心，一旦不再需要这个对象，内存就会被适当地清理掉。编译器知道不再需要该对象了，因为当它超出作用域时，智能指针的析构函数会被调用。

移动语义

有时，我们想转移对象的所有权，这种情况很常见，例如使用 unique_ptr 时。我们不能复制 unique_ptr，因为一旦某个副本被销毁，剩下的 unique_ptr 将持有对已删除对象的引用。与其复制对象，不如使用 C++ 的移动（move）语义将所有权从一个指针转移到另一个指针，如代码清单 27 所示。

代码清单 27　一个移动 unique_ptr 的程序

```
#include <memory>

struct Foundation{
  const char* founder;
};

struct Mutant {
```

```
    // Constructor sets foundation appropriately:
    Mutant(std::unique_ptr<Foundation> foundation)
      : foundation(std::move(foundation)) {}
    std::unique_ptr<Foundation> foundation;
};

int main() {
    std::unique_ptr<Foundation> second_foundation{ new Foundation{} }; ❶
    // ... use second_foundation
    Mutant the_mule{ std::move(second_foundation) }; ❷
    // second_foundation is in a 'moved-from' state
    // the_mule owns the Foundation
}
```

像以前一样，我们创建 unique_ptr<Foundation>❶。在使用它一段时间后，我们决定将所有权转移到一个 Mutant 对象。move 函数告诉编译器我们想转移所有权。在构造 the_mule 后 ❷，Foundation 的生命周期通过其成员变量与 the_mule 的生命周期联系在一起。

放松并享受 C++ 学习之旅

C++ 是最主要的系统编程语言。你的许多 C 语言知识都可以直接用到 C++ 中，但你也将学到许多新概念。随着对 C++ 的一些深层主题的掌握，你会发现现代 C++ 相比 C 语言有许多实质性的优势。你将能够在代码中简洁地表达想法，利用令人印象深刻的 stdlib 在更高的抽象水平编写代码，采用模板来提高运行时的性能、强化代码复用，并依靠 C++ 对象生命周期来管理资源。

我希望你学习完 C++ 后将获得巨大的回报。读完本书后，我想你会同意这种看法的。

目 录 *Contents*

C++ 语言核心

先学基本知识，再去看复杂问题。

——Scott Meyers, *Effective STL*

第一部分介绍 C++ 语言中的关键概念。作为一种全面的、雄心勃勃的、强大的语言，C++ 可能会让初学者不知所措。为了让读者更容易理解，第一部分是按顺序组织的，希望读起来像故事一样。

第一部分是"入场费"。学习 C++ 语言核心的所有辛勤付出会为你赢得进入第二部分的机会。

启动和运行

……力量如此之大，我摔到地上时已经不省人事，而且把草地砸出了一个十几米深的大坑……往下看时，发现我的靴子系着异常结实的鞋带，于是我紧紧抓住它，使出浑身的力气把自己提了出来。

——Rudolph Raspe，《吹牛大王历险记》

在这一章中，我们将搭建 C++ 开发环境，这个环境包含了一些帮助我们开发 C++ 软件的工具。我们将使用这个开发环境来编译第一个 C++ 控制台程序，这是一个可以从命令行环境执行的程序。然后，我们将介绍这个开发环境的主要组成部分，以及它们在程序编写过程中扮演了怎样的角色。接下来的章节会讨论足够多的 C++ 的核心部分，之后你就可以编写真正有用的示例程序了。

C++ 一向被认为非常难学。确实，C++ 是一门庞大、复杂且雄心勃勃的语言，即使是 C++ 老手，也需要定期学习新的模式、特性和用法。

C++ 如此的主要原因是它的不同功能紧紧地杂糅在一起。不幸的是，这常常让新手很沮丧。因为 C++ 的概念紧紧地耦合在一起，所以人们很难确定应该从哪里开始切入。本书的第一部分会透过喧嚣描绘一个条理分明的图景，但是我们仍然得找到起点。这一章就会提供足够的信息助你起步，一开始不要太在意细节！

1.1 C++ 程序的基本结构

在这一节，我们将编写一个简单的 C++ 程序，然后编译、运行它。C++ 的源代码会写在人类可读的文本文件中，该文件称为源文件。然后，我们使用编译器将 C++ 代码转换成可执行的机器码，于是它就变成了计算机可以运行的程序。

我们来创建本书的第一个 C++ 源文件吧！

1.1.1　创建第一个 C++ 源文件

打开文本编辑器。如果没有趁手的编辑器，可以试试 Linux 上的 Vim、Emacs 或者 gedit，Mac 上的 TextEdit，以及 Windows 上的 Notepad。输入代码清单 1-1 中的代码，保存成名为 `main.cpp` 的桌面文件。

代码清单 1-1　第一个 C++ 程序，它会将 Hello, world! 打印到屏幕上

```
#include <cstdio> ❶

int main❷(){
  printf("Hello, world!"); ❸
  return 0; ❹
}
------------------------------------------------------------------------
Hello, world! ❸
```

代码清单 1-1 的源文件会被编译为一个程序，该程序可将 `Hello, world!` 打印到屏幕上。按照惯例，C++ 源文件的扩展名为 `.cpp`。

> 注意　在本书中，代码清单会在程序源代码之后紧接着显示程序的输出。输出显示为灰色，数字标记对应产生输出的代码行。例如，代码清单 1-1 中的 `printf` 语句对应输出 `Hello, world!`，所以它们使用同一标记 ❸。

1.1.2　main 函数：C++ 程序的入口点

如代码清单 1-1 所示，C++ 程序拥有单独的入口点，即 `main` 函数 ❷。当用户运行程序时，入口点作为函数会被执行。而函数是一种代码块，它可以接受输入，执行一些指令，然后返回结果。

在 `main` 函数里，我们调用 `printf` 函数，让该函数将字符 `Hello, world!` 打印到控制台上 ❸。然后，程序会返回退出码 0 给操作系统 ❹，并结束运行。退出码是整数，操作系统根据它来判断程序是否正常运行。一般来说，退出码 0 意味着程序已经成功运行。其他退出码可能意味着程序出了问题。`return` 语句在 `main` 函数中可以省略，默认退出码是 0。

`printf` 函数不是在本程序中定义的，而是在 `cstdio` 程序库中定义的 ❶。

1.1.3　程序库：引入外部代码

为了避免"重复造轮子"，我们可以将程序库中的代码导入自己的程序中，程序库可以看作有用代码的集合。实际上每一门编程语言都有某种办法将程序库的函数整合到程序中：

❑ Python、Go 和 Java 使用 `import` 语句。

❑ Rust、PHP 和 C# 使用 `use/using` 语句。

❑ JavaScript、Lua、R 和 Perl 使用 `require/requires` 语句。

❑ C 和 C++ 使用 `#include` 语句。

代码清单 1-1 使用 `#include` 引入了 `cstdio`❶，它是一个执行输入 / 输出操作（例如打印到控制台）的程序库。

1.2　编译器工具链

为 C++ 程序编写代码之后，下一步就是将代码转换为可执行程序。编译器工具链是一个包含三种元素的集合，它们按顺序运行，将代码转换为可执行程序：

❑ 首先，由**预处理器**（preprocessor）执行基本的源代码转换。例如，`#include <cstdio>` 是一种预处理指令，它指示预处理器将 `cstdio` 程序库引入源代码中。当预处理器完成源代码的处理之后，它会生成一个编译单元。每一个编译单元都会被传给编译器去处理。

❑ 其次，由**编译器**（compiler）读入编译单元，生成一个目标文件。目标文件包含一种叫作目标代码的中间格式数据。这些文件中的数据和指令都是中间格式的，它们对人类来说不可读。编译器一次转换一个编译单元，所以每一个编译单元都对应一个目标文件。

❑ 最后，由**链接器**（linker）从目标文件中生成最终程序。链接器也负责寻找包含在源代码中的程序库。例如，当编译代码清单 1-1 中的程序时，链接器会找到 `cstdio` 程序库，并且引入所有必要的信息来使用 `printf` 函数。注意，`cstdio` 头文件（header）不同于 `cstdio` 程序库。头文件包含使用程序库的方法的信息。第 21 章将介绍更多关于程序库和源代码组织结构的知识。

1.2.1　设置开发环境

所有的 C++ 开发环境都包含一套编辑源代码的编辑器和将源代码转换为程序的编译器工具链。通常，开发环境也包含调试器，它是一种可以让我们一行行地执行程序的代码以寻找错误的无价工具。

当所有这些工具——文本编辑器、编译器工具链和调试器——打包成一个程序时，我们称这个程序为交互式开发环境（Interactive Development Environment，IDE）。IDE 对初学者和老手的效率提升都有巨大作用。

> 注意　不幸的是，C++ 并没有一个可以交互地执行 C++ 代码片段的解释器，这和 Python、Ruby 和 JavaScript 等语言不同，它们都有解释器。一些 Web 应用程序允许测试和分享一些小的 C++ 代码片段，例如 Wandbox（https://wandbox.org/）——该网站可以让你编译和运行代码，以及 Matt Godbolt 的 Compiler Explorer（https://www.godbolt.org/）——该网站可以让你检查源代码生成的汇编代码。这两者都可以在各种编译器和系统上运行。

每一个操作系统都有自己的源代码编辑器和编译器工具链，所以本节将按照操作系统组织。你可以直接跳到对应的操作系统部分。

1.2.2　Windows 10 以及后续版本：Visual Studio

编写本书时，Windows 最流行的 C++ 编译器是微软 Visual C++ 编译器（MicroSoft Visual C++ Compiler，MSVC）。获取 MSVC 最简单的方法就是按照下列步骤安装 Visual Studio 2017 IDE：

1）下载 Visual Studio 2017 社区版（https://ccc.codes/）。

2）运行安装包，如果有必要，请允许它进行更新。

3）在 Installing Visual Studio 界面，请确保 Desktop Development with C++ Workload 被选中了。

4）单击 Install（安装）按钮安装 Visual Studio 2017 以及 MSVC。

5）单击 Launch（运行）按钮运行 Visual Studio 2017。整个过程可能需要花费几小时，具体取决于机器的速度和所选的选项。典型的安装空间需要 20～50GB。

设置新项目的步骤如下：

1）选择 File（文件）→ New（新建）→ Project（项目）。

2）在 Installed（已安装）下，单击 Visual C++ 并且选择 Default（默认）。然后，在中间的面板中选择 Empty Project（空项目）。

3）输入 hello 作为项目的名称。这时，窗口应该看起来和图 1-1 类似，但是 Location 可能不同，具体取决于用户名。单击 OK（确认）。

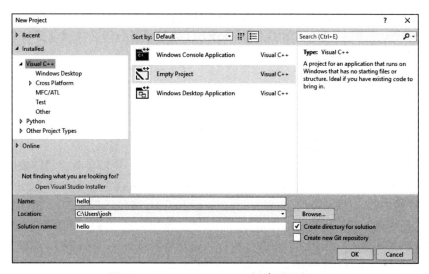

图 1-1　Visual Studio 2017 新建项目窗口

4）在工作空间左边的 Solution Explorer（解决方案资源管理器）中，右键单击 Source Files（源文件）并且选择 Add（添加）→ Existing Item（现有项），如图 1-2 所示。

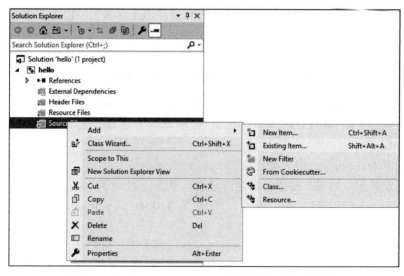

图 1-2　向 Visual Studio 2017 项目中添加现有源文件

5）选择之前在代码清单 1-1 中创建的文件 main.cpp。如果还没有创建这个文件，则选择 New Item（新建）而不是 Existing Item（现有项），将该文件命名为 main.cpp 并将代码清单 1-1 的内容输入到相应的编辑器窗口中。

6）选择 Build（生成）→ Build Solution（生成解决方案）。如果输出窗口出现任何错误，请确认输入的内容和代码清单 1-1 中的一致。如果仍然出现错误，请仔细检查这些错误内容来获取提示。

7）选择 Debug（调试）→ Start Without Debugging（开始执行，不调试）或者按下 <Ctrl+F5> 键来运行程序。此时，Hello, world! 字样将被打印在控制台窗口中（紧接着，会有按任意键继续的字样）。

1.2.3　macOS: Xcode

如果使用的是 macOS，那么应该安装 Xcode 开发环境：

1）打开 App Store（应用商店）。

2）搜索并安装 Xcode 开发环境。安装过程可能会花费一个多小时，具体取决于机器和互联网连接的速度。当安装完成时，打开 Terminal（终端）并转到保存 main.cpp 的目录。

3）在终端中输入 clang++ main.cpp -o hello 来编译程序。-o 选项指示工具链将结果输出到哪里。如果出现了编译错误，请检查之前输入的程序内容是否正确。

4）在终端中输入 ./hello 来运行程序。此时，Hello, world! 字样会出现在屏幕上。

为了编译和运行程序，请打开 Xcode 开发环境并且按以下步骤执行：

1）选择 File（文件）→ New（新建）→ Project（项目）。

2）选择 macOS → Command Line Tool（命令行工具）并单击 Next（下一步）。在下

一个对话框中，可以选择在哪里创建项目的文件。现在，接受默认设置并且单击 Create（创建）。

3）将项目命名为 hello 并将其类型设置为 C++，参见图 1-3。

图 1-3　Xcode 中新建项目对话框

4）现在，将代码清单 1-1 中的代码导入项目中。一个简单的办法就是将 `main.cpp` 的内容复制、粘贴到项目的 `main.cpp`。另一个办法就是使用 Finder 进行替换。（在创建新项目时通常不需要处理这个问题。这只是本教程为了应付多个操作系统环境的特殊步骤。）

5）单击 Run（运行）。

1.2.4　Linux 和 GCC

对于 Linux，可以选择两种 C++ 编译器：GCC 和 Clang。在编写本书时，最新的 GCC 稳定版是 9.1，最新的 Clang 版本是 8.0.0。这一节将介绍如何安装它们。有时候，用户会觉得其中一个的错误信息比另一个的更有帮助。

注意　GCC 表示 GNU 编译器套件（GNU Compiler Collection）。GNU 的发音是"guh-NEW"，意指"GNU's Not Unix!"（GNU 不是 Unix）。GNU 是一个类 Unix 的操作系统，它包含一系列计算机软件。

你可以尝试通过操作系统的包管理器来安装 GCC 和 Clang，但是请注意，默认的软件仓库可能只有老版本，它们可能并不支持 C++17。如果不支持 C++17，本书中的一些例子可能没办法编译，所以你需要安装新版本的 GCC 和 Clang。为了简洁，这一章会介绍如何在 Debian 上以及如何从源码安装它们。你可以自行研究如何在自己选择的 Linux 系统上执行这些必要操作，也可以直接使用本章提到的操作系统来设置开发环境。

1. 在 Debian 上安装 GCC 和 Clang

考虑到个人包管理存档（Personal Package Archives，PPA）的状态，当你阅读本章的时候，你可以用 Debian 的包管理工具 APT（Advanced Package Tool）直接安装 GCC 8.1 以及 Clang 6.0。本小节将展示如何在 Ubuntu 18.04（编写本书时最新的 Ubuntu LTS 版本）上安装 GCC 和 Clang：

1）打开终端。

2）更新并升级已经安装的包：

```
$ sudo apt update && sudo apt upgrade
```

3）安装 GCC 8 和 Clang 6.0：

```
$ sudo apt install g++-8 clang-6.0
```

4）测试 GCC 和 Clang：

```
$ g++-8 –version
g++-8 (Ubuntu 8-20180414-1ubuntu2) 8.0.1 20180414 (experimental) [trunk
revision 259383]
Copyright (C) 2018 Free Software Foundation, Inc.
This is free software; see the source for copying conditions.  There is NO
warranty; not even for MERCHANTABILITY or FITNESS FOR A PARTICULAR
PURPOSE.
$ clang++-6.0 --version
clang version 6.0.0-1ubuntu2 (tags/RELEASE_600/final)
Target: x86_64-pc-linux-gnu
Thread model: posix
InstalledDir: /usr/bin
```

如果以上任一命令报错说该命令没有找到，则相应的编译器没有安装成功。尝试搜索报错信息，尤其是在包管理器的文档中和论坛上进行搜索。

2. 从源码安装 GCC

如果无法在包管理器中找到最新版的 GCC 或者 Clang（或者 Unix 变体根本没有包管理器），那么可以尝试从源码安装 GCC。注意，这会花费很多时间（长达几小时），并且可能需要手动处理不少问题：安装过程中常常会遇到错误，因而需要研究如何解决。请参考 https://gcc.gnu.org/ 上的步骤来安装 GCC。本小节总结了该网站上的文档。

注意　为了简洁，该教程不会详细讲解 Clang 的安装，有关 Clang 的更多信息，请参考 https://clang.llvm.org/。

从源码安装 GCC 8.1，请遵照以下步骤：

1）打开终端。

2）更新并升级已经安装的包。例如，使用 APT 需要执行以下命令：

```
$ sudo apt update && sudo apt upgrade
```

3）从 https://gcc.gnu.org/mirrors.html 选择一个镜像源，下载文件 gcc-8.1.0.tar.gz 和

gcc-8.1.0.tar.gz.sig。这些文件可以在 releases/gcc-8.1.0 下找到。

　　4）检查包的完整性（可选）。首先，导入相应的 GnuPG 公钥。公钥可以在镜像网站找到。例如：

```
$ gpg --keyserver keyserver.ubuntu.com --recv C3C45C06
gpg: requesting key C3C45C06 from hkp server keyserver.ubuntu.com
gpg: key C3C45C06: public key "Jakub Jelinek <jakub@redhat.com>" imported
gpg: key C3C45C06: public key "Jakub Jelinek <jakub@redhat.com>" imported
gpg: no ultimately trusted keys found
gpg: Total number processed: 2
gpg:               imported: 2  (RSA: 1)
```

校验下载的包：

```
$ gpg --verify gcc-8.1.0.tar.gz.sig gcc-8.1.0.tar.gz
gpg: Signature made Wed 02 May 2018 06:41:51 AM DST using DSA key ID
C3C45C06
gpg: Good signature from "Jakub Jelinek <jakub@redhat.com>"
gpg: WARNING: This key is not certified with a trusted signature!
gpg:          There is no indication that the signature belongs to the
owner.
Primary key fingerprint: 33C2 35A3 4C46 AA3F FB29  3709 A328 C3A2 C3C4
5C06
```

　　上面的警告的意思是机器还没有将签名者的证书标记为受信证书。要检查签名的确属于包的拥有者，需要用其他的办法校验签名的密钥（例如，亲自与其本人见面或者使用其他渠道校验主密钥的指纹）。想要了解更多 GNU 隐私保护（GNU Privacy Guard，GPG），请参阅 Michael W. Lucas 撰写的 *PGP & GPG: Email for the Practical Paranoid* 或者浏览 https://gnupg.org/download/integrity_check.html 获取有关 GPG 完整性检查设施的具体信息。

　　5）解压包（该命令可能需要执行几分钟）：

```
$ tar xzf gcc-8.1.0.tar.gz
```

　　6）切换到刚刚创建的 gcc-8.1.0 文件夹：

```
$ cd gcc-8.1.0
```

　　7）下载 GCC 的安装依赖项：

```
$ ./contrib/download_prerequisites
--snip--
gmp-6.1.0.tar.bz2: OK
mpfr-3.1.4.tar.bz2: OK
mpc-1.0.3.tar.gz: OK
isl-0.18.tar.bz2: OK
All prerequisites downloaded successfully.
```

　　8）用以下命令配置 GCC：

```
$ mkdir objdir
$ cd objdir
```

```
$ ../configure --disable-multilib
checking build system type... x86_64-pc-linux-gnu
checking host system type... x86_64-pc-linux-gnu
--snip--
configure: creating ./config.status
config.status: creating Makefile
```

相关配置指令见 https://gcc.gnu.org/install/configure.html。

9）构建 GCC 二进制文件（可能晚上做比较好，因为这个过程需要几小时）：

```
$ make
```

完整的指令介绍见 https://gcc.gnu.org/install/build.html。

10）测试 GCC 二进制文件是否正确构建：

```
$ make -k check
```

完整的指令介绍见 https://gcc.gnu.org/install/test.html。

11）安装 GCC：

```
$ make install
```

该命令会将一些二进制文件放到操作系统的可执行文件的默认目录，一般是 /usr/local/ bin。完整的指令介绍见 https://gcc.gnu.org/install/。

12）通过以下命令来检查 GCC 是否正确安装：

```
$ x86_64-pc-linux-gnu-gcc-8.1.0 --version
```

如果遇到命令无法找到的错误，则说明没有安装成功。请参考位于 https://gcc.gnu.org/ ml/gcc-help/ 的 gcc-help 邮件列表来寻找解答。

> **注意** 如果想要给冗长的 x86_64-pc-linux-gnu-gcc-8.1.0 取个别名，如 g++8，
> 则可以使用以下命令：
>
> ```
> $ sudo ln -s /usr/local/bin/x86_64-pc-linux-gnu-gcc-8.1.0 /usr/local/bin/g++8
> ```

13）切换到存放 main.cpp 的目录，然后用 GCC 编译程序：

```
$ x86_64-pc-linux-gnu-gcc-8.1.0 main.cpp -o hello
```

14）-o 选项是可选的，它告诉编译器如何命名最终的程序。因为给程序取名 hello，所以可以输入 ./hello 来执行程序。如果碰到任何编译错误，请确保输入的命令正确。（编译错误可以帮助你定位哪里出错了。）

1.2.5　文本编辑器

如果不想使用前面提到的 IDE，也可以使用简单的文本编辑器［例如 Notepad（Windows）、TextEdit（Mac）或者 Vim（Linux）］来写 C++ 代码，但是有一些优秀的编辑器是专门为 C++ 开发而设计的。建议选择对自己来说最高效的开发环境。

如果你使用的是 Windows 或者 macOS，那么你已经有了一个高质量、全功能的 IDE 了，即 Visual Studio 和 Xcode。对于 Linux，则可以选择 Qt Creator（https://www.qt.io/ide/）、Eclipse CDT（https:// eclipse.org/cdt/）和 JetBrains 的 CLion（https://www.jetbrains.com/clion/）。如果使用 Vim 或者 Emacs，那么可以找到大量的 C++ 插件。

> **注意** 如果跨平台 C++ 开发对你来说很重要，那么强烈推荐你试一下 JetBrains 的 CLion。尽管 CLion 是付费产品，和很多其他编辑器不一样，但是截至编写本书时，JetBrains 也有折扣，甚至免费授权给学生及开源软件维护人员。

1.3 开始认识 C++

这一节会提供足够多的信息来支持后面章节中的例子。关于这些细节你肯定会有疑问，但是接下来的章节会一一回答，不要慌！

1.3.1 C++ 类型系统

C++ 是一门面向对象的语言。对象是关于状态和行为的抽象。想象一下真实世界的对象，例如电灯开关。我们可以把开关的各种属性描述成状态，例如：它开着还是关着？额定电压是多少？在哪个房间？我们也可以描述开关的行为，例如：它是否从一个状态（开）切换到另一个状态（关）？是不是一个变光开关，在开和关之间还有很多别的状态？

行为和状态的集合被用来描述对象，我们称之为**类型**。C++ 是一门强类型语言，这意味着每一个对象都有一个预先定义好的数据类型。

C++ 有一个内建整数类型，即 `int`。`int` 对象可以存储整数（状态），并且也支持许多数学运算（行为）。

要使用 `int` 类型来做一些有意义的任务，需要创建一些 `int` 对象，并且对它们命名。命名对象被称为变量。

1.3.2 声明变量

要声明变量，我们需要先提供类型，接着提供名称，然后以分号结束。以下例子声明了一个名为 `the_answer` 的 `int` 变量：

`int❶ the_answer❷;`

类型 `int`❶ 后面便是变量名，即 `the_answer`❷。

1.3.3 初始化变量的状态

当声明变量时，我们同时会初始化它们。对象初始化会建立对象的初始状态，例如设置它的值。我们将在第 2 章深入研究初始化的细节。目前，我们可以在变量声明时在变量

名后用等号（=）来设置变量的初始值。例如，我们可以用一行代码实现变量 **the_answer**
的声明和赋值：

```
int the_answer = 42;
```

这行代码执行之后，我们会得到一个名为 **the_anwser** 的变量，其类型是 **int**，初始
值是 42。当然，我们也可以将数学表达式的结果设置为变量的值，例如：

```
int lucky_number = the_answer / 6;
```

这行代码会对表达式 **the_anwser / 6** 求值，然后把结果赋给 **lucky_number**。**int**
类型还支持许多其他运算，例如加法（+）运算、减法（-）运算、乘法（*）运算和模（%）
运算。

注意　如果你不熟悉模运算或者好奇两个数相除有余数时会发生什么的话，那么你问对了
问题。这些问题将在第 7 章得到详细的解答。

1.3.4 条件语句

条件语句允许在程序中做决定。这些决定取决于布尔表达式，布尔表达式的结果为真
（**true**）或假（**false**）。例如，我们可以使用比较运算符，如"大于"或者"不等于"来
构造布尔表达式。

一些和 **int** 有关的基本比较运算符见代码清单 1-2 的程序。

代码清单 1-2　使用比较运算符的程序

```
int main() {
  int x = 0;
  42  == x;  // Equality
  42  != x;  // Inequality
  100 >  x;  // Greater than
  123 >= x;  // Greater than or equal to
  -10 <  x;  // Less than
  -99 <= x;  // Less than or equal to
}
```

这个程序不产生输出（可以编译和运行代码清单 1-2 的程序来验证这一点）。尽管这个
程序不产生任何输出，但编译它可以让我们检验 C++ 程序是否合法。为了生成一些更有趣
的程序，可以使用条件语句，如 **if** 语句。

if 条件语句包含一个布尔表达式以及一条或多条嵌套语句。根据条件到底是真还是
假，程序可以选择执行哪一条嵌套语句。**if** 语句的形式有好几种，但是基本用法如下：

if (❶_boolean-expression_**) ❷**_statement_

如果布尔表达式 ❶ 为真，则嵌套语句 ❷ 会执行；否则不执行。

有时候，我们需要运行一组语句而不是单条语句。这样的语句组称为复合语句。要声明
复合语句，可以直接将这一组语句包含在大括号 { } 中。**if** 语句中可以使用复合语句，例如：

```
if (❶boolean-expression) { ❷
  statement1;
  statement2;
  --snip--
}
```

如果布尔表达式 ❶ 为真，则复合语句 ❷ 中的所有语句都会执行；否则都不执行。

我们也可以用 else if 和 else 语句来扩充 if 语句。使用它们可以描述更复杂的分支行为，如代码清单 1-3 所示。

代码清单 1-3　带有 else if 和 else 分支的 if 语句

```
❶ if (boolean-expression-1) statement-1
❷ else if (boolean-expression-2) statement-2
❸ else statement-3
```

首先，对 *boolean-expression-1*❶ 求值。如果 *boolean-expression-1* 为真，则执行 *statement-1*，然后整个 if 语句停止执行。如果 *boolean-expression-1* 为假，则对 *boolean-expression-2* 求值 ❷，并且如果为真，则执行 *statement-2*，否则执行 *statement-3*❸。请注意，*statement-1*、*statement-2* 和 *statement-3* 是互斥的，它们一起覆盖了 if 语句所有可能的输出，只有其中一个会被执行。

else if 子句可以有零个或者多个。包括开始的 if 语句在内，每个 else if 的布尔表达式都会按顺序求值。当其中一个布尔表达式为真时，就会停止求值，并执行相应的语句。如果没有任何一个 else if 语句为真，则执行 else 子句的 *statement-3*。和 else if 一样，else 也是可选的。

请考虑代码清单 1-4，它使用 if 语句来判断打印哪条语句。

代码清单 1-4　具有条件行为的程序

```
#include <cstdio>

int main() {
  int x = 0; ❶
  if (x > 0) printf("Positive.");
  else if (x < 0) printf("Negative.");
  else printf("Zero.");
}
--------------------------------------------------------------------------------
Zero.
```

编译这段程序并且运行它。结果应该是 Zero。如果改变 x 的值，这段程序会打印什么？

注意　代码清单 1-4 中的 main 函数忽略了 return 语句。这是因为 main 函数是个特殊函数，return 语句不是必需的。

1.3.5 函数

函数是一种代码块,它接受任意数量的输入对象——称为参数,同时可以将输出对象返回给调用者。

我们可以按照代码清单 1-5 中显示的通用语法来声明函数。

代码清单 1-5 C++ 函数的通用语法

```
return-type❶ function_name❷(par-type1 par_name1❸, par-type2 par_name2❹) {
  --snip--
  return❺ return-value;
}
```

函数声明的第一部分是返回变量的类型 ❶,比如 int。当函数返回一个值时 ❺,返回值的类型必须与返回类型 *return-type* 匹配。

在声明返回类型之后,需要声明函数的名称 ❷。函数名后的圆括号内包含函数所需的参数,它们是以逗号分隔的输入参数。每个参数都有一个类型和一个名称。

代码清单 1-5 中的函数有两个参数。第一个参数的类型为 *par-type1*,名称为 *par_name1*❸;第二个参数的类型为 *par-type2*,名称为 *par_name2*❹。参数代表传递给函数的对象。

后面的大括号内是函数体。这是一条复合语句,其中包含了函数的逻辑。在这个逻辑中,函数可能会决定向调用者返回一个值。返回值的函数可以有一条或多条 return 语句。一旦函数返回,它就停止执行,程序流程回到调用该函数的地方。我们来看一个例子。

1. 示例:阶跃函数

出于演示的目的,这里将展示如何构建数学函数 step_function,该函数对于所有负参数返回 -1,对于零值参数返回 0,对于所有正参数返回 1。代码清单 1-6 显示了编写 step_function 的方法。

代码清单 1-6 阶跃函数,当参数为负数时返回 -1,为零时返回 0,为正数时返回 1

```
int step_function(int ❶x) {
  int result = 0; ❷
  if (x < 0) {
    result = -1; ❸
  } else if (x > 0) {
    result = 1; ❹
  }
  return result; ❺
}
```

step_function 接受一个参数 x ❶。result 变量被声明并且被初始化为 0 ❷。如果 x 小于 0,if 语句将 result 设置为 -1 ❸。如果 x 大于 0,if 语句就将 result 设置为 1 ❹。最后,result 被返回给调用者 ❺。

2. 调用函数

要调用一个函数，需要使用函数的名称、大括号，以及一系列逗号隔开的必需参数。编译器会从头到尾读取文件内容，所以函数的声明必须出现在它第一次被使用之前。

请考虑代码清单 1-7 中的程序，它调用了 step_function。

代码清单 1-7　一个调用 step_function 的程序（该程序没有任何输出）

```
int step_function(int x) {
  --snip--
}

int main() {
  int value1 = step_function(100); // value1 is  1
  int value2 = step_function(0);   // value2 is  0
  int value3 = step_function(-10); // value3 is -1
}
```

代码清单 1-7 调用了 step_function 三次，每次调用都使用不同的参数，结果分别赋给了变量 value1、value2 和 value3。

如果能把这些值打印出来不是更好吗？所幸我们可以使用 printf 函数来打印不同变量的输出。技巧就是使用 printf 格式指定符。

1.3.6　printf 格式指定符

除了打印字符串常量（如代码清单 1-1 中的 Hello, world!）以外，printf 还可以将多个值组成一个格式良好的字符串。它是一种特殊的函数，可以接受一个或者多个参数。

printf 的第一个参数一直是格式化字符串。格式化字符串为要打印的字符串提供模板，并且它可以包含任意数量的特殊格式指定符（format specifier）。格式指定符告诉 printf 如何解释和格式化跟在格式化字符串后面的参数。所有格式指定符都以 % 开头。

例如，int 的格式指定符是 %d。当 printf 在格式化字符串中看到 %d 时，它就知道格式指定符后面的参数是 int 参数。然后，printf 就用参数的实际值来替换格式指定符。

注意　printf 函数最初来自 BCPL 的 writef，BCPL 是 Martin Richards 于 1967 年设计的一门编程语言（已过时）。writef 函数使用 %H、%I 和 %O 指定符，最终会通过 WRITEHEX、WRITED 和 WRITEOCT 函数来生成十六进制和八进制输出。目前仍然不清楚 %d 来自哪里（可能是 WRITED 的 D？），但是我们也只能用它了。

考虑以下 printf 调用，它将打印字符串 Ten 10, Twenty 20, Thirty 30：

printf("Ten %d❶, Twenty %d❷, Thirty %d❸", 10❹, 20❺, 30❻);

第一个参数 "Ten %d, Twenty %d, Thirty %d" 是格式化字符串。注意，这里有三个字符串指定符 %d❶❷❸。因此，也有三个参数跟在格式化字符串后面❹❺❻。当 printf 构建输出时，它会用❹替换❶，用❺替换❷，用❻替换❸。

---

iostream、printf 和输入 / 输出教学法

人们对教给 C++ 新手哪种标准输出方法有非常强烈的意见。一种方法是 `printf`,它的血统可以追溯到 C 语言。另一种方法是 `cout`,它是 C++ 标准库的 `iostream` 库的一部分。本书两者都教:第一部分主要介绍 `printf`,第二部分主要介绍 `cout`。这就是原因。

本书将引导你逐渐构建 C++ 知识体系。每一章都是按顺序设计的,所以你不需要跃跃欲试地去理解代码示例。你会清楚地知道每一行代码在做什么。因为 `printf` 是相当初级的,所以学完第 3 章,你就有足够的知识来了解它的具体工作原理。

相比之下,`cout` 涉及一大堆 C++ 概念,只有学完第一部分,才会有足够的背景知识来理解它的工作原理(什么是流缓冲区?什么是 `operator<<`?什么是方法?`flush()` 是如何工作的?`cout` 会在析构函数中自动刷新吗?什么是析构函数?`setf`是什么?格式化标志又是什么?是 `BitmaskType` 吗?什么是操纵符?等等)。

当然,`printf` 也有问题,一旦你学会了 `cout`,你应该会更喜欢它。使用`printf` 很容易导致格式指定符和参数不匹配,进而导致奇怪的行为,还可能导致程序崩溃,甚至出现安全漏洞。使用 `cout` 意味着不需要格式化字符串了,所以也就不需要记住格式指定符了,因此永远不会出现格式化字符串和参数不匹配的情况。`iostream`也是可扩展的,这意味着我们可以将输入和输出功能集成到自己的类型中。

本书直接教授现代 C++,但在这个特殊的主题上,做出了一些妥协,这使得它看起来不那么现代,目的是使介绍过程更直接顺畅。作为一个附带的好处,你会碰到`printf` 指定符,这很可能在你编程生涯的某个阶段发生。大多数语言,如 C、Python、Java 和 Ruby,都有 `printf` 指定符,C#、JavaScript 等语言也有类似的功能。

1.3.7 重新审视 step_function

我们来看另一个调用 `step_function` 的例子。代码清单 1-8 包含了变量声明、函数调用和 `printf` 格式指定符。

代码清单 1-8 打印对几个整数调用 `step_function` 的结果的程序

```
#include <cstdio> ❶

int step_function(int x) { ❷
  --snip--
}

int main() { ❸
    int num1 = 42; ❹
    int result1 = step_function(num1); ❺

    int num2 = 0;
    int result2 = step_function(num2);
```

```
    int num3 = -32767;
    int result3 = step_function(num3);

    printf("Num1: %d, Step: %d\n", num1, result1); ❻
    printf("Num2: %d, Step: %d\n", num2, result2);
    printf("Num3: %d, Step: %d\n", num3, result3);

    return 0;
}
```

```
Num1: 42, Step: 1 ❻
Num2: 0, Step: 0
Num3: -32767, Step: -1
```

因为程序使用了 printf，所以包含了 cstdio❶。step_function ❷ 被定义了，这样我们就可以在程序的后面使用它，而 main ❸ 建立了定义的入口点。

> 注意　本书中的一些代码清单是相互依存的。为了节约空间，常使用 *--snip--* 符号来表示对复用的部分不做任何修改。

在 main 中，我们初始化一些 int 类型，如 num1 ❹。接下来，我们将这些变量传递给 step_function，并初始化结果变量以存储返回的值，如 result1 ❺。

最后，调用 printf 来打印返回的值。每个调用都以一个格式化字符串开始，如 "Num1: %d, Step: %d\n" ❻。每个格式化字符串中都嵌入了两个格式指定符 %d。根据 printf 的要求，格式化字符串后面有两个参数，即 num1 和 result1，它们分别对应这两个格式指定符。

1.3.8　注释

注释是人类可读的内容，它可以放到源代码中。在代码中添加注释时，使用的符号是 // 或 /**/。// 告诉编译器要忽略从第一个斜杠到下一个换行符间的所有内容，这意味着可以把注释和代码放在一起，也可以把注释放在单独的行中。

```
// This comment is on its own line
int the_answer = 42; // This is an in-line comment
```

使用 /**/ 符号可在代码中包含多行注释：

```
/*
 * This is a comment
 * That lives on multiple lines
 * Don't forget to close
 */
```

注释以 /* 开头，以 */ 结尾（斜杠之间的星号是可选的，但通常都会使用）。什么时候使用注释是一个永远争论不休的问题。一些编程专家认为，代码应该具有很强的表现力和自我解释能力，因而注释在很大程度上是没有必要的。他们认为描述性的变量名、简短的函数和良好的测试通常就是所需的所有文件。有些程序员则很喜欢用注释。

你可以培养自己的注释习惯。编译器将完全无视你所做的一切，因为它从不解释注释。

1.4 调试

软件工程师最重要的技能之一是高效、有效的调试能力。大多数开发环境都有调试工具。在 Windows、macOS 和 Linux 上，这些调试工具都很好。学会使用这些工具是一项投资，可以很快得到回报。本节将简要介绍如何使用调试器来逐步调试代码清单 1-8 中的程序。你可以跳到与自己的环境最相关的部分。

1.4.1 Visual Studio

Visual Studio 有一个内置的优秀调试器。建议在 Debug 配置中调试程序。这将使工具链以增强调试体验为目标。在 Release 模式下进行调试的唯一原因是诊断一些在 Release 模式下出现而在 Debug 模式下没有出现的罕见情况。

1）打开 `main.cpp`，找到 `main` 的第一行。

2）单击 `main` 第一行对应的行号左边的空白处，插入一个断点，此时会出现一个红色的圆圈，如图 1-4 所示。

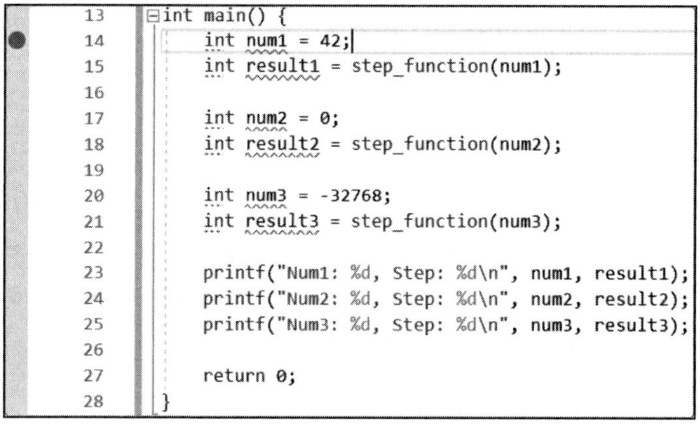

```
13    □int main() {
14         int num1 = 42;
15         int result1 = step_function(num1);
16
17         int num2 = 0;
18         int result2 = step_function(num2);
19
20         int num3 = -32768;
21         int result3 = step_function(num3);
22
23         printf("Num1: %d, Step: %d\n", num1, result1);
24         printf("Num2: %d, Step: %d\n", num2, result2);
25         printf("Num3: %d, Step: %d\n", num3, result3);
26
27         return 0;
28    }
```

图 1-4 插入一个断点

3）选择 Debug（调试）→ Start Debugging（启动调试）。程序将运行到插入断点的那一行。调试器将停止程序的执行，这时会出现一个黄色的箭头，指示要运行的下一条指令，如图 1-5 所示。

4）选择 Debug（调试）→ Step Over（单步跳过）。单步跳过是在不"进入"任何函数调用的情况下执行指令。默认情况下，单步跳过的键盘快捷键是 <F10>。

5）因为下一行将调用 `step_function`，所以选择 Debug（调试）→ Step Into（单步调试）来调用 `step_function` 并在该函数的第一行中断。通过单步调试或单步跳过可继续调试这个函数。默认情况下，单步调试的键盘快捷键是 <F11>。

```
     4 ┌int main() {
     5 │    int num1 = 42;
     6 │    int result1 = step_function(num1);
     7 │
     8 │    int num2 = 0;
     9 │    int result2 = step_function(num2);
    10 │
    11 │    int num3 = -32768;
    12 │    int result3 = step_function(num3);
    13 │
    14 │    printf("Num1: %d, Step: %d\n", num1, result1);
    15 │    printf("Num2: %d, Step: %d\n", num2, result2);
    16 │    printf("Num3: %d, Step: %d\n", num3, result3);
    17 │
    18 │    return 0;
    19 └}
```

图 1-5 调试器在断点处停止执行

6）要让执行返回到 `main`，请选择 Debug(调试) → Step Out(单步跳出)。默认情况下，单步跳出的键盘快捷键是 <Shift+F11>。

7）通过选择 Debug → Windows → Auto，检查 Autos 窗口。我们可以看到一些重要变量的当前值，如图 1-6 所示。

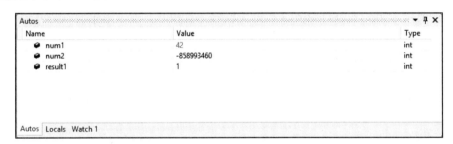

图 1-6 Autos 窗口显示当前断点处的变量值

可以看到，`num1` 被设置为 42，`result1` 被设置为 1。为什么 `num2` 有一个乱七八糟的值？因为 `num2` 初始化为 0 的过程还没有发生：这是下一条指令要执行的。

注意 调试器刚刚强调了一个非常重要的底层细节：分配对象的存储空间和初始化对象的值是两个不同的步骤。第 4 章将介绍更多关于存储空间分配和对象初始化的知识。

Visual Studio 调试器支持更多的功能。欲了解更多信息，请查看 Visual Studio 文档。

1.4.2 Xcode

Xcode 也有一个内置的优秀调试器，它已完全集成在 IDE 中。

1）打开 `main.cpp`，找到 `main` 的第一行。

2）单击第一行，然后选择 Debug（调试）→ Breakpoints（断点）→ Add Breakpoint at Current Line（在当前行设置断点），此时会出现一个断点，如图 1-7 所示。

3）选择 Run（运行），程序将运行到插入断点的那一行。调试器将停止程序的执行，此时会出现一个绿色的箭头，指示下一条要运行的指令，如图 1-8 所示。

```cpp
#include "step_function.h"
#include <cstdio>

int main() {
    int num1 = 42;
    int result1 = step_function(num1);

    int num2 = 0;
    int result2 = step_function(num2);

    int num3 = -32768;
    int result3 = step_function(num3);

    printf("Num1: %d, Step: %d\n", num1, result1);
    printf("Num2: %d, Step: %d\n", num2, result2);
    printf("Num3: %d, Step: %d\n", num3, result3);

    return 0;
}
```

图 1-7　插入一个断点

```cpp
#include "step_function.h"
#include <cstdio>

int main() {
    int num1 = 42;                                    Thread 1: breakpoint 1.1
    int result1 = step_function(num1);

    int num2 = 0;
    int result2 = step_function(num2);

    int num3 = -32768;
    int result3 = step_function(num3);

    printf("Num1: %d, Step: %d\n", num1, result1);
    printf("Num2: %d, Step: %d\n", num2, result2);
    printf("Num3: %d, Step: %d\n", num3, result3);

    return 0;
}
```

图 1-8　调试器在断点处停止执行

4）选择 Debug（调试）→ Step Over（单步跳过）来执行指令，而不"进入"任何函数调用。默认情况下，单步跳过的键盘快捷键是 <F6>。

5）因为下一行代码会调用 step_function，所以选择 Debug（调试）→ Step Into（单步调试）来调用 step_function 并在该函数第一行中断。通过单步调试或单步跳过可继续调试这个函数。默认情况下，单步跳过的键盘快捷键是 <F7>。

6）要让执行返回到 main，请选择 Debug（调试）→ Step Out（单步跳出）。默认情况下，单步跳出的键盘快捷键是 <F8>。

7）检查 main.cpp 屏幕底部的 Autos 窗口，可以看到一些重要变量的当前值，如图 1-9 所示。

图 1-9　Autos 窗口显示当前断点处的变量值

可以看到，num1 被设置为 42，result1 被设置为 1。为什么 num2 有一个乱七八糟的值？因为 num2 初始化为 0 的过程还没有发生：这是下一条指令要执行的。

Xcode 调试器支持更多的功能。欲了解更多信息，请查看 Xcode 文档。

1.4.3　用 GDB 和 LLDB 对 GCC 和 Clang 进行调试

GNU 项目调试器（GNU project DeBugger，GDB）是一个强大的调试器（https://www.

gnu.org/software/gdb/）。我们可以使用命令行与 GDB 交互。要在用 g++ 或 clang++ 编译时启用调试支持，必须添加 -g 标志。

包管理器很可能有 GDB。例如，要用高级包工具（APT）安装 GDB，请输入以下命令：

```
$ sudo apt install gdb
```

Clang 也有一个很好的调试器，叫作 LLDB（Low Level DeBugger），详见 https://lldb.llvm.org/。它与本节中的 GDB 命令兼容，所以为了简洁起见，这里不具体介绍 LLDB。我们可以使用 LLDB 来调试由 GCC 编译的程序，也可以使用 GDB 来调试用 Clang 编译的程序。

注意　Xcode 在后台使用 LLDB。

使用 GDB 调试代码清单 1-8 中的程序，请遵循以下步骤：

1）在命令行中，切换到存放头文件和源文件的文件夹。

2）启用调试支持的同时编译程序：

```
$ g++-8 main.cpp -o stepfun -g
```

3）使用 gdb 调试程序应该可以看到以下交互式控制台会话：

```
$ gdb stepfun
GNU gdb (Ubuntu 7.7.1-0ubuntu5~14.04.2) 7.7.1
Copyright (C) 2014 Free Software Foundation, Inc.
License GPLv3+: GNU GPL version 3 or later <http://gnu.org/licenses/gpl.
html>
This is free software: you are free to change and redistribute it.
There is NO WARRANTY, to the extent permitted by law.  Type "show copying"
and "show warranty" for details.
This GDB was configured as "x86_64-linux-gnu".
Type "show configuration" for configuration details.
For bug reporting instructions, please see:
<http://www.gnu.org/software/gdb/bugs/>.
Find the GDB manual and other documentation resources online at:
<http://www.gnu.org/software/gdb/documentation/>.
For help, type "help".
Type "apropos word" to search for commands related to "word"...
Reading symbols from stepfun...done.
(gdb)
```

4）要插入断点，可以使用 break 命令，该命令需要一个参数，该参数对应源文件的名称和要插入断点的行（用冒号分开）。例如，假设我们想在 main.cpp 的第一行（对应代码清单 1-8 的第 5 行，是否需要调整位置取决于编写代码的方式）中断。在（gdb）提示符下可使用以下命令创建断点：

```
(gdb) break main.cpp:5
```

5）我们也可以通过函数名告诉 gdb 在某个特定的函数处中断：

```
(gdb) break main
```

6）不管怎样，现在可以执行程序了：

```
(gdb) run
Starting program: /home/josh/stepfun
Breakpoint 1, main () at main.cpp:5
5           int num1 = 42;
(gdb)
```

7）要单步调试指令，可用 **step** 命令来追踪程序的每一行，包括函数内部的单步调试：

```
(gdb) step
6           int result1 = step_function(num1);
```

8）要继续单步调试，可按 <Enter> 键，重复上一个命令：

```
(gdb)
step_function (x=42) at step_function.cpp:4
```

9）要跳出函数的调用，可以使用 **finish** 命令：

```
(gdb) finish
Run till exit from #0  step_function (x=42) at step_function.cpp:7
0x0000000000400546 in main () at main.cpp:6
6           int result1 = step_function(num1);
Value returned is $1 = 1
```

10）要执行一条指令而不进入函数，可以使用 **next** 命令：

```
(gdb) next
8           int num2 = 0;
```

11）要检查变量的当前值，可以使用 **info locals** 命令：

```
(gdb) info locals
num2 = -648029488
result2 = 32767
num1 = 42
result1 = 1
num3 = 0
result3 = 0
```

注意，任何尚未被初始化的变量都不会有合理的值。

12）若要继续执行直到下一个断点（或程序结束），可以使用 **continue** 命令：

```
(gdb) continue
Continuing.
Num1: 42, Step: 1
Num2: 0, Step: 0
Num3: -32768, Step: -1
[Inferior 1 (process 1322) exited normally]
```

13）使用 **quit** 命令可以随时退出 gdb。

GDB 支持更多的功能。欲了解更多信息，请查看 https://sourceware.org/gdb/current/onlinedocs/gdb.html/。

1.5　总结

本章引导你建立、运行一个有效的 C++ 开发环境，并编译了第一个 C++ 程序。首先，你了解了工具链的组成部分及其在编译过程中发挥的作用。然后，你探索了一些基本的 C++ 主题，如类型、变量声明、语句、条件、函数和 printf。最后，本章还提供了关于设置调试器和单步调试项目的教程。

注意　如果在设置环境时遇到问题，请在网上搜索遇到的错误信息。如果搜索不到，则把问题发到 Stack Overflow（https://stackoverflow.com/）、C++ subreddit（https://www.reddit.com/r/cpp_questions/）或 C++ Slack channel（https://cpplang.now.sh/）。

练习

请尝试用以下题目来实践一下自己所学的知识（本书的配套代码可在 https://ccc.codes 查看）吧！

1-1. 创建一个名为 absolute_value 的函数，它返回其参数的绝对值。取整数 x 的绝对值的规则如下：如果 x 大于或等于 0，则绝对值为 x；否则为 x 乘以 –1。你可以把代码清单 1-9 中的程序作为一个模板。

代码清单 1-9　一个使用绝对值函数 absolute-value 的程序模板

```
#include <cstdio>
int absolute_value(int x) {
  // Your code here
}

int main() {
  int my_num = -10;
  printf("The absolute value of %d is %d.\n", my_num,
         absolute_value(my_num));
}
```

1-2. 尝试用不同的值运行上述程序。是否看到了期望的数值？

1-3. 用调试器运行上述程序，单步调试每条指令。

1-4. 编写另一个名为 sum 的函数，该函数接受两个 int 参数并返回它们的和。如何修改代码清单 1-9 中的模板来测试新的函数？

1-5. C++ 有一个充满活力的社区，互联网上也充斥着与 C++ 相关的优秀材料。你可以查查 CppCast 播客（http://cppcast.com/），搜索 YouTube 上的 CppCon 和 C++Now 视频，将 https://cppreference.com/ 和 http://www.cplusplus.com/ 添加到浏览器的书签中。

1-6. 从 https://isocpp.org/std/the-standard/ 下载一份 ISO C++ 标准的副本。遗憾的是，官方的 ISO 标准是有版权的，必须要购买。幸运的是，你可以免费下载一份"草案"，它与官方版本只有外观上的区别。

注意　由于 ISO 标准的页码在不同的版本中有所不同，本书将使用与标准本身相同的命
　　　名模式来引用具体章节，即用方括号括住章节名称来引用章节，小节则用句号分
　　　隔。例如，要引用 C++ 对象模型这一节，它包含在导论部分，那么可以写成 [intro.
　　　object]。

拓展阅读

- *The Pragmatic Programmer: From Journeyman to Master* by Andrew Hunt
  and David Thomas (Addison-Wesley Professional, 2000)
- *The Art of Debugging with GDB, DDD, and Eclipse* by Norman Matloff
  and Peter Jay Salzman (No Starch Press, 2008)
- *PGP & GPG: Email for the Practical Paranoid* by Michael W. Lucas (No
  Starch Press, 2006)
- *The GNU Make Book* by John Graham-Cumming (No Starch Press, 2015)

第 2 章　*Chapter 2*

类　　型

哈丁说过："想要成功，单凭计划绝对不够，还得时时随机应变。"我就打算随机应变。

——艾萨克·阿西莫夫，《基地》

正如第 1 章所讨论的，类型声明了对象将如何被编译器解释和使用。C++ 程序中的每个对象都有一个类型。本章将首先彻底讨论基本类型，然后介绍用户自定义类型。在此过程中，你会了解到几种控制流结构。

2.1　基本类型

基本类型是最基本的对象类型，包括整数、浮点数、字符、布尔、byte、size_t 和 void。有些人把基本类型称为原始类型或内置类型，因为它们是核心语言的一部分，几乎总是使用的。这些类型可以在任何平台上工作，但它们的特性，如大小和内存布局，则取决于具体的实现。

基本类型取得了一种平衡。一方面，它们试图映射从 C++ 结构到计算机硬件的直接关系；另一方面，它们简化了跨平台代码的编写，允许程序员写一次代码就可以在许多平台上运行。下面的几节将详细介绍这些基本类型。

2.1.1　整数类型

整数类型存储的是整数。四种大小的整数类型分别是 short int、int、long int 和 long long int。每个类型都可以是有符号（signed）或无符号（unsigned）的。有符号变量可以是正数、负数或零，无符号变量必须是非负数。

整数类型默认是有符号的 int 类型，这意味着我们可以在程序中使用简写符号 short、

long 和 long long，而不是 short int、long int 和 long long int。表 2-1 列出了所有可用的 C++ 整数类型，展示了每种类型有无符号，在不同平台上的大小（以字节为单位），以及每种类型的格式指定符。

表 2-1 整数类型及其大小和格式指定符

类型	有无符号	大小（单位为字节）				printf 格式指定符
		32 位 OS		64 位 OS		
		Windows	Linux/Mac	Windows	Linux/Mac	
short	有	2	2	2	2	%hd
unsigned short	无	2	2	2	2	%hu
int	有	4	4	4	4	%d
unsigned int	无	4	4	4	4	%u
long	有	4	4	4	8	%ld
unsigned long	无	4	4	4	8	%lu
long long	有	8	8	8	8	%lld
unsigned long long	无	8	8	8	8	%llu

注意，不同平台下整数类型的大小不同：64 位 Windows 和 Linux/Mac 的 long 大小不同（分别为 4 字节和 8 字节）。

通常情况下，编译器会在格式指定符和整数类型不匹配时发出警告。但是，在 printf 语句中使用格式指定符时，必须确保它们是正确的。这里列出格式指定符是为了让你可以在后面的例子中向控制台打印整数。

注意 如果想确保整数的大小，那么可以使用 <cstdint> 库中的整数类型。例如，如果你需要一个正好是 8、16、32 或 64 位的有符号整数，则可以使用 int8_t、int16_t、int32_t 或 int64_t。你可以在这个库中找到速度最快、最小、最大、有符号和无符号整数类型，以满足各种要求。但由于这个头文件并不总是在每个平台上都可用，因此你应该只在没有其他选择时使用 cstdint 类型。

字面量是程序中的硬编码值。我们可以使用四种硬编码的、整数字面量表示：
❑ 二进制：使用前缀 0b。
❑ 八进制：使用前缀 0。
❑ 十进制：这是默认的。
❑ 十六进制：使用前缀 0x。

这是同一组整数的四种不同写法。例如，代码清单 2-1 显示了如何使用每一种非十进制表示来赋值整数变量。

代码清单 2-1 给几个整数变量赋值并以适当的格式指定符打印它们的程序

```
#include <cstdio>
```

```
int main() {
  unsigned short a = 0b10101010; ❶
  printf("%hu\n", a);
  int b = 0123; ❷
  printf("%d\n", b);
  unsigned long long d = 0xFFFFFFFFFFFFFFFF; ❸
  printf("%llu\n", d);
}
```

```
170 ❶
83 ❷
18446744073709551615 ❸
```

这个程序使用非十进制表示整数（二进制 ❶、八进制 ❷ 和十六进制 ❸），并使用表 2-1 中列出的格式指定符将它们用 printf 打印出来。每个 printf 的输出都显示在代码下方。

注意　整数字面量可以包含任何数量的单引号（'），以方便阅读。编译器会完全忽略这些引号。例如，1000000 和 1'000'000 都是表示一百万的字面量。

有时，打印无符号整数的十六进制表示或八进制表示（较少见）是很有用的。我们可以使用 printf 格式指定符 %x 和 %o 实现这个目的，如代码清单 2-2 所示。

代码清单 2-2　一个使用无符号整数的八进制和十六进制表示的程序

```
#include <cstdio>

int main() {
  unsigned int a = 3669732608;
  printf("Yabba %x❶!\n", a);
  unsigned int b = 69;
  printf("There are %u❷,%o❸ leaves here.\n", b❹, b❺);
}
```

```
Yabba dabbad00❶!
There are 69❷,105❸ leaves here.
```

十进制数 3669732608 的十六进制表示是 dabbad00，由于十六进制格式指定符 %x ❶，因此它出现在输出的第一行。十进制数 69 的八进制表示是 105。无符号整数的格式指定符 %u❷ 和八进制整数的格式指定符 %o❸ 分别对应于参数 ❹ 和 ❺。printf 语句将这些量 ❷ 替换到格式化字符串中，产生信息 There are 69, 105 leaves here.。

警告　八进制前缀是 B 语言的遗留问题，可追溯到 PDP-8 计算机和八进制无处不在的时代。C 以及 C++ 延续了这个可疑的传统。例如，在对美国邮政编码进行硬编码时必须小心：

```
int mit_zip_code = 02139; // Won't compile
```

去除十进制数的前面的零；否则，它们将不再是十进制数。这一行无法编译，因为 9 不是八进制数字。

默认情况下，整数字面量的类型一般是 int、long 或 long long。整数字面量的类型是这三种类型中最小的那种。这是由语言定义的，并将由编译器强制执行。

如果想更灵活，则可以给整数字面量提供后缀来指定它的类型（后缀不区分大小写，所以你可以选择自己最喜欢的风格）。

❑ unsigned 对应后缀 u 或 U。

❑ long 对应后缀 l 或 L。

❑ long long 对应后缀 ll 或 LL。

把 unsigned 后缀和 long 后缀或 long long 后缀结合起来可以指定整数类型的符号性和大小。表 2-2 显示了后缀组合可能对应的类型。允许的类型用复选标记（√）表示。对于二进制、八进制和十六进制字面量，可以省略后缀 u 或 U。这些都用星号（*）来描述。

表 2-2　整数后缀

类型	无后缀	l/L	ll/LL	u/U	ul/UL	ull/ULL
int	√					
long	√	√				
long long	√	√	√			
unsigned int	*			√		
unsigned long	*	*		√	√	
unsigned long long	*	*	*	√	√	√

允许的最小类型仍能表示整数字面量的类型就是最终类型。这意味着，在特定整数允许的所有类型中，最小的类型将被应用。例如，整数字面量 112114 可以是 int、long、long long 类型的。由于 int 可以存储 112114，因此最终的整数字面量是 int 类型的。如果真的想采用 long 类型，则可以指定为 112114L（或 112114l）。

2.1.2　浮点类型

浮点类型存储的是实数（在这里可以定义为任何带有小数点和小数部分的数字，如 0.33333 或 98.6）的近似值。虽然无法在计算机内存中准确地表示某些实数，但可以存储一个近似值。如果这看起来很难相信，那么可以想一想像 π 这样的数字，它有无限多的位数。在有限的计算机内存中，怎么可能表示无限多位的数字？

与所有其他类型一样，浮点类型占用的内存是有限的，这被称为类型的精度。浮点类型的精度越高，它对实数的近似就越准确。C++ 为近似值提供了三个级别的精度：

❑ float：单精度。

❑ double：双精度。

❑ long double：扩展精度。

和整数类型一样，每种浮点表示都取决于实现。本节不会详细介绍浮点类型，但请注意，这些实现方式存在大量的细微差别。在主流桌面操作系统上，float 通常有 4 字节的精度。double 和 long double 通常有 8 字节的精度（双精度）。

大多数不参与科学计算的用户可以安全地忽略浮点表示的细节。在这种情况下，可以使用 double。

> **注意** 对于那些不能安全地忽略浮点表示细节的人来说，可以看看与自己硬件平台相关的浮点规范。浮点存储和算术的主要实现方式在《IEEE 浮点算术标准》（IEEE 754）中有所概述。

1. 浮点字面量

浮点字面量默认为双精度。如果需要单精度字面量，则使用 f 或 F 后缀；如果需要扩展精度字面量，则使用 l 或 L，如下所示：

```
float a = 0.1F;
double b = 0.2;
long double c = 0.3L;
```

字面量也可以使用科学计数法：

```
double plancks_constant = 6.62607004❶e-34❷;
```

基数 ❶ 和指数 ❷ 之间不允许有空格。

2. 浮点格式指定符

格式指定符 %f 显示带有小数位的浮点数，而 %e 则以科学计数法显示相同的数字。我们也可以让 printf 使用 %g 格式指定符，选择 %e 或 %f 中更紧凑的一个。

对于 double，只需在说明符前面加上小写字母 l，而对于 long double，在前面加上大写字母 L。例如，如果想要一个带小数位的 double，则可以指定 %lf、%le 或 %lg；对于 long double，则可以指定 %Lf、%Le 或 %Lg。

考虑代码清单 2-3，它探讨了打印浮点数的不同选项。

代码清单 2-3　一个打印浮点数的程序

```
#include <cstdio>

int main() {
  double an = 6.0221409e23; ❶
  printf("Avogadro's Number: %le❷ %lf❸ %lg❹\n", an, an, an);
  float hp = 9.75; ❺
  printf("Hogwarts' Platform: %e %f %g\n", hp, hp, hp);
}
```

```
Avogadro's Number:  6.022141e+23❷ 602214090000000006225920.000000❸
6.02214e+23❹
Hogwarts' Platform: 9.750000e+00 9.750000 9.75
```

这个程序声明了一个名为 an 的 double❶。格式指定符 %le❷ 输出科学计数法结果 6.022141e+23，而 %lf❸ 输出小数点表示 602214090000000006225920.000000。%lg❹ 指定符选择了科学计数法结果 6.02214e+23。名为 hp❺ 的浮点数（float）使用 %e

和 %f 指定符产生类似的 printf 输出。但是格式指定符 %g 决定输出十进制表示 9.75 而不是科学计数法结果。

一般来说，使用 %g 来打印浮点类型。

注意 在实践中，可以省略 double 格式指定符中的 l 前缀，因为 printf 会将浮点数参数提升为双精度类型。

2.1.3 字符类型

字符类型存储人类语言信息。这六种字符类型是：
- ❑ char：默认类型，总是 1 个字节。可能是也可能不是有符号的（例如：ASCII）。
- ❑ char16_t：用于 2 字节的字符集（例如：UTF-16）。
- ❑ char32_t：用于 4 字节的字符集（例如：UTF-32）。
- ❑ signed char：与 char 相同，但保证是有符号的。
- ❑ unsigned char：与 char 相同，但保证是无符号的。
- ❑ wchar_t：足够大以包含实现平台地区环境语言设置中的最大字符（例如：Unicode）。

字符类型 char、signed char 和 unsigned char 被称为窄字符，而 char16_t、char32_t 和 wchar_t 由于其相对的存储要求，被称为宽字符。

1. 字符字面量

字符字面量是一个单一的、恒定的字符。所有字符都用单引号（''）括起来。如果字符是 char 以外的其他类型，还必须提供一个前缀：L 代表 wchar_t，u 代表 char16_t，而 U 代表 char32_t。例如，'J' 声明一个 char 字面量，L'J' 声明一个 wchar_t 字面量。

2. 转义序列

有些字符不能在屏幕上显示。相反，它们会迫使显示器做一些事情，比如将光标移到屏幕的左边（回车）或将光标向下移动一行（换行）。其他字符可以在屏幕上显示，但它们是 C++ 语法的一部分，如单引号或双引号，所以必须非常小心地使用它们。为了将这些字符转换为 char，可以使用转义序列，如表 2-3 中所示。

表 2-3 保留字符和它们的转义序列

字符名称	转义序列	字符名称	转义序列
换行	\n	警报声	\a
Tab（水平）	\t	反斜杠	\\
Tab（垂直）	\v	问号	? 或 \?
退格	\b	单引号	\'
回车	\r	双引号	\"
换页	\f	空字符	\0

3. Unicode 转义字符

我们可以使用通用字符名（universal character name）来指定 Unicode 字符字面量，使用通用字符名的方式有两种：前缀 \u 加后面 4 位的 Unicode 码位，或前缀 \U 加后面 8 位的 Unicode 码位。例如，可以将 A 字符表示为 `'\u0041'`，将啤酒杯字符🍺表示为 U'\U0001F37A'。

4. 格式指定符

char 的 printf 格式指定符为 %c。wchar_t 的格式指定符是 %lc。代码清单 2-4 初始化了两个字符字面量 x 和 y，用来构建 printf 调用。

代码清单 2-4　一个为几个字符型变量赋值并打印它们的程序

```
#include <cstdio>

int main() {
  char x = 'M';
  wchar_t y = L'Z';
  printf("Windows binaries start with %c%lc.\n", x, y);
}
-------------------------------------------------------------------------
Windows binaries start with MZ.
```

这个程序输出 Windows binaries start with MZ.。尽管 M 是窄字符，而 Z 是宽字符，但 printf 仍能工作，因为该程序使用了正确的格式指定符。

> 注意　所有 Windows 二进制文件的前两个字节是字符 M 和 Z，这是对 MS-DOS 可执行二进制文件格式的设计者 Mark Zbikowski 的致敬。

2.1.4　布尔类型

布尔类型有两种状态：真和假。布尔类型只有一个，即 bool。整数类型和布尔类型可以互相转换：true 状态转换为 1，false 状态转换为 0，任何非零的整数都转换为 true，而 0 则转换为 false。

1. 布尔字面量

要初始化布尔类型，需要使用两个布尔字面量，即 true 和 false。

2. 格式指定符

bool 没有格式指定符，但我们可以在 printf 中使用 int 格式指定符 %d 来产生 1（代表 true）或 0（代表 false）。原因是 printf 将任何小于 int 的整数值提升为 int。代码清单 2-5 说明了如何声明布尔变量并检查其值。

代码清单 2-5　用 printf 语句打印布尔变量

```
#include <cstdio>

int main() {
```

```
  bool b1 = true;  ❶ // b1 is true
  bool b2 = false; ❷ // b2 is false
  printf("%d %d\n", b1, b2); ❸
}
```
---
10 ❸

该程序把 b1 初始化为 true❶，b2 初始化为 false❷。然后，把 b1 和 b2 打印成整数（使用 %d 格式指定符），得到对应 b1 的 1 和对应 b2 的 0❸。

3. 比较运算符

运算符是对操作数进行计算的函数（详见 7.1 节）。操作数是一种简单对象。关于使用 bool 类型的有意义的例子，详见本节"比较运算符"和"逻辑运算符"。

我们可以使用几个运算符来构建布尔表达式。回忆一下，比较运算符接受两个参数并返回一个布尔值。可用的运算符有相等（==）、不等（!=）、大于（>）、小于（<）、大于或等于（>=）、小于或等于（<=）。

代码清单 2-6 显示了如何使用这些运算符来产生布尔运算。

代码清单 2-6　使用比较运算符

```
#include <cstdio>

int main() {
  printf(" 7 ==  7: %d❶\n", 7  == 7❷);
  printf(" 7 !=  7: %d\n", 7  != 7);
  printf("10 >  20: %d\n", 10 >  20);
  printf("10 >= 20: %d\n", 10 >= 20);
  printf("10 <  20: %d\n", 10 <  20);
  printf("20 <= 20: %d\n", 20 <= 20);
}
```

```
 7 ==  7: 1 ❶
 7 !=  7: 0
10 >  20: 0
10 >= 20: 0
10 <  20: 1
20 <= 20: 1
```

每次比较都会产生一个布尔值结果 ❷，printf 语句将布尔值打印成一个 int 结果 ❶。

4. 逻辑运算符

逻辑运算符在 bool 类型上处理布尔逻辑。我们可以通过操作数的数量来对运算符分类。一元运算符需要一个操作数，二元运算符需要两个，三元运算符需要三个，以此类推。我们还可以通过操作数的类型进一步对运算符分类。

取否运算符（!）接受一个操作数，并返回与操作数相反的结果。换句话说，!true 产生 false，而 !false 则产生 true。

逻辑运算符"与"（&&）和"或"（||）是二元的。逻辑"与"（AND）只在两个操作数都为 true 时返回 true。逻辑"或"（OR）只要有操作数为 true 就返回 true。

注意 　阅读布尔表达式时，! 的发音是 "not"，如表达式 a && !b 表示 "a AND not b"。

逻辑运算符一开始可能令人困惑，但它们很快就会变得直观。代码清单 2-7 展示了逻辑运算符。

代码清单 2-7　一个展示逻辑运算符用法的程序

```
#include <cstdio>

int main() {
  bool t = true;
  bool f = false;
  printf("!true: %d\n", !t); ❶
  printf("true  &&  false: %d\n", t &&  f); ❷
  printf("true  && !false: %d\n", t && !f); ❸
  printf("true  ||  false: %d\n", t ||  f); ❹
  printf("false ||  false: %d\n", f ||  f); ❺
}
--------------------------------------------------------------------
!true: 0 ❶
true  &&  false: 0 ❷
true  && !false: 1 ❸
true  ||  false: 1 ❹
false ||  false: 0 ❺
```

在这里，我们可以看到取否运算符 ❶，逻辑"与"运算符 ❷❸，以及逻辑"或"运算符 ❹❺。

2.1.5　std::byte 类型

系统程序员有时会直接使用原始内存，原始内存是一个没有类型的位（bit）集合。这种情况下可以使用 std::byte 类型，它定义在 <cstddef> 头文件中。std::byte 类型允许按位进行逻辑运算（见第 7 章）。使用这种类型而不是整数类型来处理原始数据，常常可以避免难以调试的编程错误。

注意，与 <cstddef> 中的大多数其他基本类型不同，std::byte 在 C 语言中没有确切的对应类型（"C 类型"）。像 C++ 一样，C 语言也有 char 和 unsigned char。这些类型使用起来不太安全，因为它们支持许多 std::byte 不支持的运算。例如，可以对 char 进行算术运算，比如加法（+），但不能对 std::byte 进行该运算。这个看起来很奇怪的 std:: 前缀被称为命名空间，详见 8.3.2 节（现在，暂且把命名空间 std:: 当作类型名称的一部分）。

注意 　关于 std 的发音，有两种观点。一种是把它当作"ess-tee-dee"的首字母缩写，另一种是把它当作"stood"的缩写。当提到 std 命名空间中的类时，说话者通常会暗示命名空间操作符 ::。因此，可以把 std::byte 读作"stood byte"或者"ess-tee-dee colon colon byte"。

2.1.6 size_t 类型

size_t 类型（也在 <cstddef> 头文件中）用来表示对象的大小。size_t 对象保证其最大值足以代表所有对象的最大字节数。从技术上讲，这意味着 size_t 可以占用 2 个字节，也可以占用 200 个字节，具体取决于实现方式。在实践中，它通常与 64 位架构系统的 unsigned long long 相同。

> **注意** size_t 是 <stddef> 头文件中的一个 C 类型，但它与 C++ 的 size_t 相同，后者位于 std 命名空间中。偶尔，我们可以看到用（技术上正确的）std::size_t 来代替。

1. sizeof

一元运算符 sizeof 接受一个类型并返回该类型的大小（以字节为单位）。sizeof 运算符总是返回一个 size_t 对象。例如，sizeof(float) 返回存储 float 所需的字节数。

2. 格式指定符

size_t 的格式指定符通常是 %zd（十进制表示）或 %zx（十六进制表示）。代码清单 2-8 显示了如何检查某个系统的几种整数类型的大小。

代码清单 2-8　打印几种整数类型的字节数的程序（输出来自 Windows 10 x64）

```
#include <cstddef>
#include <cstdio>

int main() {
  size_t size_c = sizeof(char); ❶
  printf("char: %zd\n", size_c);
  size_t size_s = sizeof(short); ❷
  printf("short: %zd\n", size_s);
  size_t size_i = sizeof(int); ❸
  printf("int: %zd\n", size_i);
  size_t size_l = sizeof(long); ❹
  printf("long: %zd\n", size_l);
  size_t size_ll = sizeof(long long); ❺
  printf("long long: %zd\n", size_ll);
}
--------------------------------------------------------
char: 1 ❶
short: 2 ❷
int: 4 ❸
long: 4 ❹
long long: 8 ❺
```

代码清单 2-8 分别计算 char❶、short❷、int❸、long❹ 和 long long❺ 的大小，并使用 %zd 格式指定符打印它们的大小。结果会因操作系统的不同而不同。从表 2-1 可以看出，每个环境都为整数类型定义了自己的大小。请特别注意代码清单 2-8 中 long 的返回值；Linux 和 macOS 都定义了 8 字节的 long 类型。

2.1.7 void

void 类型表示一个空的值集合。因为 void 对象不能拥有值，所以 C++ 不允许使用 void 对象。我们只在特殊情况下使用 void，比如用作不返回任何值的函数的返回类型。例如，函数 taunt 不返回值，因此我们声明它的返回类型为 void：

```
#include <cstdio>

void taunt() {
  printf("Hey, laser lips, your mama was a snow blower.");
}
```

其他特殊的 void 用法见第 3 章。

2.2 数组

数组是相同类型变量的序列。数组的类型包括它所包含的元素的类型和数量。在声明语法中可以把这些信息组织在一起：元素类型在方括号前面，数组大小在方括号中间。

例如，下面的代码声明了一个包含 100 个 int 对象的数组：

```
int my_array[100];
```

2.2.1 数组初始化

有一种使用大括号初始化数组值的快捷方式：

```
int array[] = { 1, 2, 3, 4 };
```

我们可以省略数组的长度，因为它可以在编译时从大括号中的元素数量推断出来。

2.2.2 访问数组元素

使用方括号包围所需的索引即可访问数组元素。在 C++ 中，数组的索引是从零开始的，所以第一个元素的索引是 0，第十个元素的索引是 9，以此类推。代码清单 2-9 说明了读写数组元素的方法。

代码清单 2-9 一个索引数组的程序

```
#include <cstdio>

int main() {
  int arr[] = { 1, 2, 3, 4 }; ❶
  printf("The third element is %d.\n", arr[2]❷);
  arr[2] = 100; ❸
  printf("The third element is %d.\n", arr[2]❹);
}
--------------------------------------------------------------------
The third element is 3. ❷
The third element is 100. ❹
```

这段代码声明了一个名为 arr 的四元素数组，包含元素 1、2、3 和 4 ❶。在下一行 ❷，它打印了第三个元素。然后，它将第三个元素赋值为 100 ❸，所以当重新打印第三个元素 ❹ 时，其值是 100。

2.2.3　for 循环简介

for 循环可以重复（或迭代）执行某些语句特定次数。我们可以规定一个起点和其他条件。*init-statement*（初始化语句）在第一次迭代之前执行，所以它可以初始化 for 循环中使用的变量。*conditional* 是一个表达式，在每次迭代前被求值。如果它被评估为 true，迭代继续进行。如果为 false，for 循环就会终止。*iteration-statement* 在每次迭代后执行，这在必须递增变量以覆盖一个数值范围的情况下很有用。for 循环的语法如下：

```
for(init-statement; conditional; iteration-statement) {
  --snip--
}
```

例如，代码清单 2-10 显示了如何使用 for 循环来寻找数组的最大值。

代码清单 2-10　寻找数组中包含的最大值

```
#include <cstddef>
#include <cstdio>

int main() {
  unsigned long maximum = 0; ❶
  unsigned long values[] = { 10, 50, 20, 40, 0 }; ❷
  for(size_t i=0; i < 5; i++) { ❸
    if (values[i] > maximum❹) maximum = values[i]; ❺
  }
  printf("The maximum value is %lu", maximum); ❻
}
--------------------------------------------------------------------
The maximum value is 50 ❻
```

首先把 maximum 初始化为可能的最小值 ❶；这里是 0，因为它是无符号的。接下来，初始化数组的值 ❷，用 for 循环 ❸ 遍历这些值。迭代器变量 i 的范围从 0 到 4（包括 4）。在 for 循环中，访问数组 values 的每个元素，并检查该元素是否大于当前的 maximum❹。如果大于，就把 maximum 设置为新的值 ❺。循环结束后，maximum 等于数组中的最大值，打印出 maximum 的值 ❻。

注意　如果你以前用 C 或 C++ 编程过，你可能想知道为什么代码清单 2-10 采用 size_t 而不是 int 作为 i 的类型。这是因为考虑到 values 理论上可以占用最大可用存储。size_t 可以保证在数组内部对任何值进行索引，int 却不能。在实践中，这其实没有区别，但从技术上讲，size_t 是正确的。

1. 基于范围的 for 循环

代码清单 2-10 展示了如何使用 for 循环 ❸ 来迭代数组中的元素。我们可以通过基于范围（range-based）的 for 循环来消除迭代器变量 i。对于像数组这样的特定对象，for 知道如何在对象中的值的范围内进行迭代。下面是基于范围的 for 循环的语法：

```
for(element-type❶ element-name❷ : array-name❸) {
  --snip--
}
```

声明迭代器变量 element-name❷ 的类型为 element-type❶。element-type 必须与要迭代的数组内的元素类型相匹配。要迭代的数组就是 array-name❸。

代码清单 2-11 用基于范围的 for 循环重构了代码清单 2-10。

代码清单 2-11　用基于范围的 for 循环重构代码清单 2-10

```
#include <cstdio>

int main() {
  unsigned long maximum = 0;
  unsigned long values[] = { 10, 50, 20, 40, 0 };
  for(unsigned long value : values❶) {
    if (value❷ > maximum) maximum = value❸;
  }
  printf("The maximum value is %lu.", maximum);
}
--------------------------------------------------------------------------
The maximum value is 50.
```

注意　第 7 章将介绍表达式的知识。现在，暂且把表达式看作对程序产生影响的一些代码。

代码清单 2-11 大大改进了代码清单 2-10。一目了然，一看就知道 for 循环迭代了数组 values❶。因为抛弃了迭代器变量 i，所以 for 循环的主体得到了简化，可以直接使用 values 的每个元素 ❷❸。

请善用基于范围的 for 循环。

2. 数组中元素的数量

使用 sizeof 运算符可以获得数组的总大小（以字节为单位）。我们可以使用一个简单的技巧来确定数组的元素数：用数组的大小除以单个元素的大小。

```
short array[] = { 104, 105, 32, 98, 105, 108, 108, 0 };
size_t n_elements = sizeof(array)❶ / sizeof(short)❷;
```

在大多数系统上，sizeof(array)❶ 将计算为 16 字节，sizeof(short)❷ 将计算为 2 字节。不管 short 的大小如何，n_elements 总是初始化为 8，因为因子会抵消。这个计算发生在编译时，所以以这种方式评估数组的长度没有运行时成本。

sizeof(x)/sizeof(y) 构造太过于偏重技巧，但它被广泛用于旧代码中。第二部分将探讨其他存储数据的方法，这些方法不需要对数据长度进行外部计算。如果必须使用数组，则可以使用 **<iterator>** 头文件中的 **std::size** 函数安全地获得元素的数量。

> **注意**　好的是，**std::size** 可以与任何暴露了 **size** 方法的容器（见第 13 章）一起使用。这在编写泛型代码（见第 6 章）时特别有用。此外，如果不小心传递了一个不支持的类型，如指针，它将拒绝编译。

2.2.4　C 风格字符串

字符串是由字符组成的连续序列。C 风格的字符串或 null 结尾字符串会在末尾附加一个零（null），以表示字符串结束了。因为数组元素是连续的，所以我们可以在字符类型的数组中存储字符串。

1. 字符串字面量

用引号（**""**）括住文本即可声明字符串字面量。像字符字面量一样，字符串字面量也支持 Unicode：只要在前面加上适当的前缀，如 L。以下示例将字符串字面量赋给 **english** 和 **chinese** 数组：

```
char english[] = "A book holds a house of gold.";
char16_t chinese[] = u"\u4e66\u4e2d\u81ea\u6709\u9ec4\u91d1\u5c4b";
```

> **注意**　其实，我们一直都在使用字符串字面量：**printf** 语句的格式化字符串便是字符串字面量。

这段代码产生了两个变量：**english**（包含 A book holds a house of gold.）和 **chinese**（包含"书中自有黄金屋"的 Unicode 字符）。

2. 格式指定符

窄字符串（**char***）的格式指定符是 **%s**。例如，可以将字符串纳入格式化字符串，如下所示：

```
#include <cstdio>

int main() {
  char house[] = "a house of gold.";
  printf("A book holds %s\n ", house);
}
--------------------------------------------------------------------
A book holds a house of gold.
```

> **注意**　将 Unicode 打印到控制台出乎意料得复杂。通常情况下，我们需要确保选择了正确的代码页，而这个话题远远超出了本书的范围。如果需要将 Unicode 字符嵌入字符串字面量，请看 **<cwchar>** 头文件中的 **wprintf**。

连续的字符串字词会被串联在一起，任何中间的空白或换行符都会被忽略。因此，可以在源代码中将字符串字面量分多行放置，编译器会将它们视为一个整体。例如，上述例子可如下重构：

```
#include <cstdio>

int main() {
  char house[] = "a "
      "house "
      "of "  "gold.";
  printf("A book holds %s\n ", house);
}
```

```
A book holds a house of gold.
```

通常情况下，只有当字符串字面量很长，在源代码中会跨越多行时，这样的结构才有利于提高可读性。生成的程序是相同的。

3. ASCII

美国信息交换标准代码（American Standard Code for Information Interchange，ASCII）表将整数与字符一一匹配。表 2-4 显示了 ASCII 表。对于十进制（0d）和十六进制（0x）的整数值，表中都给出了控制代码或可打印字符。

ASCII 代码 0～31 是控制设备的控制代码字符。这些大多是不合时宜的。当美国标准协会在 20 世纪 60 年代正式确定 ASCII 时，当时的现代设备包括电传打字机、磁带阅读器和点阵打印机。目前仍在普遍使用的一些控制代码有：

❑ 0（NULL），被编程语言用作字符串的结束符。

❑ 4（EOT），EOT 意指 End Of Transmission，即传输结束，终止 shell 会话和与 PostScript 打印机的通信。

❑ 7（BELL），使设备发出声音。

❑ 8（BS），BS 意指 BackSpace，即退格，使设备擦除最后一个字符。

❑ 9（HT），HT 意指 Horizontal Tab，即水平制表符，将光标向右移动几个空格。

❑ 10（LF），LF 意指 Line Feed，即换行，在大多数操作系统中被用作行末标记。

❑ 13（CR），CR 意指 Carriage Return，即回车，在 Windows 系统中与 LF 结合使用，作为行末标记。

❑ 26（SUB），指替代字符（SUBstitute character）、文件结束和 <Ctrl+Z>，在大多数操作系统上暂停当前执行的交互式进程。

ASCII 表的其余部分（从 32 到 127）是可打印字符。这些代表英文字符、数字和标点符号。

在大多数系统中，`char` 类型的表示方法是 ASCII。虽然它们之间的这种关系没有得到严格的保证，但它的确是一个标准。

表 2-4 ASCII 表

控制代码			可打印字符								
0d	0x	Code	0d	0x	Char	0d	0x	Char	0d	0x	Char
0	0	NULL	32	20	SPACE	64	40	@	96	60	`
1	1	SOH	33	21	!	65	41	A	97	61	a
2	2	STX	34	22	"	66	42	B	98	62	b
3	3	ETX	35	23	#	67	43	C	99	63	c
4	4	EOT	36	24	$	68	44	D	100	64	d
5	5	ENQ	37	25	%	69	45	E	101	65	e
6	6	ACK	38	26	&	70	46	F	102	66	f
7	7	BELL	39	27	'	71	47	G	103	67	g
8	8	BS	40	28	(	72	48	H	104	68	h
9	9	HT	41	29	)	73	49	I	105	69	i
10	0a	LF	42	2a	*	74	4a	J	106	6a	j
11	0b	VT	43	2b	+	75	4b	K	107	6b	k
12	0c	FF	44	2c	,	76	4c	L	108	6c	l
13	0d	CR	45	2d	-	77	4d	M	109	6d	m
14	0e	SO	46	2e	.	78	4e	N	110	6e	n
15	0f	SI	47	2f	/	79	4f	O	111	6f	o
16	10	DLE	48	30	0	80	50	P	112	70	p
17	11	DC1	49	31	1	81	51	Q	113	71	q
18	12	DC2	50	32	2	82	52	R	114	72	r
19	13	DC3	51	33	3	83	53	S	115	73	s
20	14	DC4	52	34	4	84	54	T	116	74	t
21	15	NAK	53	35	5	85	55	U	117	75	u
22	16	SYN	54	36	6	86	56	V	118	76	v
23	17	ETB	55	37	7	87	57	W	119	77	w
24	18	CAN	56	38	8	88	58	X	120	78	x
25	19	EM	57	39	9	89	59	Y	121	79	y
26	1a	SUB	58	3a	:	90	5a	Z	122	7a	z
27	1b	ESC	59	3b	;	91	5b	[	123	7b	{
28	1c	FS	60	3c	<	92	5c	\	124	7c	|
29	1d	GS	61	3d	=	93	5d	]	125	7d	}
30	1e	RS	62	3e	>	94	5e	^	126	7e	~
31	1f	US	63	3f	?	95	5f	_	127	7f	DEL

现在是时候将 char 类型、数组、for 循环和 ASCII 表结合起来使用了。代码清单 2-12 显示了如何用字母构建数组，如何打印结果，以及如何将数组转换成大写字母的数组并再次打印。

代码清单 2-12　使用 ASCII 打印小写和大写的英文字母

```
#include <cstdio>

int main() {
  char alphabet[27]; ❶
  for (int i = 0; i<26; i++) {
    alphabet[i] = i + 97; ❷
  }
  alphabet[26] = 0; ❸
  printf("%s\n", alphabet); ❹
  for (int i = 0; i<26; i++) {
    alphabet[i] = i + 65; ❺
  }
  printf("%s", alphabet); ❻
}
```
----
abcdefghijklmnopqrstuvwxyz❹
ABCDEFGHIJKLMNOPQRSTUVWXYZ❻

首先，我们声明一个长度为 27 的 char 数组来存放 26 个英文字母和一个 null 结尾符 ❶。接下来，采用 for 循环，使用迭代器变量 i 从 0 到 25 进行迭代。字母 a 的 ASCII 值为 97。在迭代器变量 i 上添加 97，我们可以生成小写字母表 alphabet❷。要使 alphabet 成为以 null 结尾的字符串，需要将 alphabet[26] 设置为 0❸。然后打印出结果 ❹。

接下来，我们来打印大写字母表。字母 A 的 ASCII 值是 65，所以相应地重置了字母表的每个元素 ❺，并再次调用 printf❻。

2.3　用户自定义类型

用户自定义类型（User-Defined Type）是用户可以定义的类型。用户自定义类型有三大类：

- ❑ **枚举类型**：最简单的用户自定义类型。枚举类型可以取的值被限制在一组可能的值中。枚举类型是对分类概念进行建模的最佳选择。
- ❑ **类**：功能更全面的类型，它使我们可以灵活地结合数据和函数。只包含数据的类被称为普通数据类（Plain-Old-Data，POD），见 2.3.2 节。
- ❑ **联合体**：浓缩的用户自定义类型。所有成员共享同一个内存位置。联合体本身很危险，容易被滥用。

2.3.1　枚举类型

使用关键字 enum class 来声明枚举类型，关键字后面是类型名称和它可以取的值的列表。这些值是任意的字母 – 数字字符串，代表任意想代表的类别。在实现内部，这些值只是整数，但它们允许使用程序员定义的类型而不是可能代表任何东西的整数来编写更安全、更有表现力的代码。例如，代码清单 2-13 声明了一个名为 Race 的枚举类，它可以取七个值中的一个。

代码清单 2-13　一个包含尼尔·斯蒂芬森（Neal Stephenson）小说《七夏娃》中所有种族的枚举类

```
enum class Race {
  Dinan,
  Teklan,
  Ivyn,
  Moiran,
  Camite,
  Julian,
  Aidan
};
```

要将枚举变量初始化为一个值，使用类型的名称后跟两个冒号 :: 和所需的值即可实现。例如，下面的代码展示了如何声明变量 langobard_race 并将其初始化为 Aidan：

```
Race langobard_race = Race::Aidan;
```

注意　从技术上讲，枚举类是两种枚举类型中的一种：它被称为作用域枚举。为了与 C 语言兼容，C++ 也支持非作用域枚举类型，它是用 enum 而非 enum class 声明的。主要的区别是，作用域枚举需要在值前面加上枚举类型和 ::，而非作用域枚举则不需要。非作用域枚举类比作用域枚举类使用起来更不安全，所以除非绝对必要，否则请不要使用它们。C++ 支持它们主要是出于历史原因，特别是基于与 C 代码的互操作。详情请参见 Scott Meyers 的 *Effective Modern C++* 的第 10 项。

1. switch 语句

switch 语句根据 condition（条件）值将控制权转移到几个语句中的一个，condition 值可以是整数或枚举类型的。switch 关键字表示一个 switch 语句。

switch 语句提供了条件性分支。当 switch 语句执行时，控制权将转移到符合条件的情况（case 语句），如果没有符合条件表达式的情况，则转移到默认情况。每个 case 关键字都表示一种情况，而 default 关键字表示默认情况。

有点令人困惑的是，执行过程将持续到 switch 语句结束或 break 关键字。几乎总能在每个条件的末尾发现一个 break。

switch 语句有很多 case 语句。代码清单 2-14 显示了它们是如何组合在一起的。

代码清单 2-14　switch 工作框架

```
switch❶(condition❷) {
  case❸ (case-a❹): {
    // Handle case a here
    --snip--
  }❺ break❻;
  case (case-b): {
```

```
    // Handle case b here
    --snip--
  } break;
    // Handle other conditions as desired
    --snip--
  default❼: {
    // Handle the default case here
    --snip--
  }
}
```

所有的 switch 语句都以 switch 关键字 ❶ 开始，后面紧跟着用括号括起来的条件
（condition）❷。每个 case 语句都以 case 关键字 ❸ 开头，后面跟着枚举值或整数
值 ❹。例如，如果条件值 ❷ 等于 case-a❹，那么包含 Handle case a here 的代码
块将被执行。在每条 case 语句之后 ❺，都要放置 break 关键字 ❻。如果条件值与所有
case 中的值都不匹配，则执行默认的情况 default❼。

> **注意**　每个 case 的大括号可有可无，但强烈推荐使用。没有它们，有时会得到令人惊讶
> 的行为。

2. 对枚举类使用 switch 语句

代码清单 2-15 对 Race 枚举类使用 switch 语句来生成定制的问候语。

代码清单 2-15　一个根据所选种族打印问候语的程序

```cpp
#include <cstdio>

enum class Race { ❶
  Dinan,
  Teklan,
  Ivyn,
  Moiran,
  Camite,
  Julian,
  Aidan
};

int main() {
  Race race = Race::Dinan; ❷

  switch(race) { ❸
  case Race::Dinan: { ❹
      printf("You work hard.");
    } break; ❺
  case Race::Teklan: {
      printf("You are very strong.");
    } break;
  case Race::Ivyn: {
      printf("You are a great leader.");
    } break;
```

```
case Race::Moiran: {
    printf("My, how versatile you are!");
  } break;
case Race::Camite: {
    printf("You're incredibly helpful.");
  } break;
case Race::Julian: {
    printf("Anything you want!");
  } break;
case Race::Aidan: {
    printf("What an enigma.");
  } break;
default: {
    printf("Error: unknown race!"); ❻
  }
 }
}
```

```
You work hard.
```

enum class❶ 声明了枚举类型 Race，我们可以用它将 race 初始化为 Dinan❷。switch 语句 ❸ 评估条件 race，以确定将控制权交给哪个 case 语句。因为已在前面将 race 硬编码为 Dinan，因此将执行第一条 case 语句❹，它将打印 You work hard.。第一条 case 语句后的 break❺ 将终止 switch 语句。

default 语句 ❻ 是一个安全功能。如果有人在枚举类中添加了新的 race 值，那么在运行时将检测到这个未知的 race，并打印出错误信息。

试着把 race❷ 设置为不同的值，看看输出有什么变化？

2.3.2 普通数据类

类是用户自定义的包含数据和函数的类型，它们是 C++ 的核心和灵魂。最简单的类是普通数据类（Plain-Old-Data，POD）。POD 是简单的容器。我们可以把它们看作一种潜在的不同类型的元素的异构数组。类的每个元素都被称为一个成员（member）。

每个 POD 都以关键词 struct 开头，后面跟着 POD 的名称，再后面要列出成员的类型和名称。考虑下面这个有四个成员的 Book 类声明：

```
struct Book {
  char name[256]; ❶
  int year; ❷
  int pages; ❸
  bool hardcover; ❹
};
```

Book 包含一个名为 name❶ 的 char 数组、一个 int year❷、一个 int pages❸ 和一个 bool hardcover❹。

声明 POD 变量就像声明其他变量一样：通过类型和名称。我们可以使用点运算符（.）访问变量的成员。

代码清单 2-16 使用了 Book 类型。

代码清单 2-16　使用 POD 类 Book 来读写成员的例子

```
#include <cstdio>

struct Book {
  char name[256];
  int year;
  int pages;
  bool hardcover;
};

int main() {
  Book neuromancer; ❶
  neuromancer.pages = 271; ❷
  printf("Neuromancer has %d pages.", neuromancer.pages); ❸
}
--------------------------------------------------------------------------------
Neuromancer has 271 pages. ❸
```

首先，声明一个 Book 变量 neuromancer❶。然后，使用点运算符（.）将 neuro-mancer 的页数设置为 271❷。最后，打印一条信息，并从 neuromancer 中提取页数，同样使用点运算符❸。

注意　POD 有一些有用的底层特性：它们与 C 语言兼容，我们可以使用高效的机器指令来复制或移动它们，而且它们可以在内存中有效地表示出来。

C++ 保证成员在内存中是按顺序排列的，尽管有些实现要求成员沿着字的边界对齐，这取决于 CPU 寄存器的长度。一般来说，应该在 POD 定义中从大到小排列成员。

2.3.3　联合体

联合体（union）类似于 POD，它把所有的成员放在同一个地方。我们可以把联合体看作对内存块的不同看法或解释。它们在一些底层情况下是很有用的，例如，处理必须在不同架构下保持一致的结构时，处理与 C/C++ 互操作有关的类型检查问题时，甚至在包装位域（bitfield）时。

代码清单 2-17 说明了如何声明联合体：用 union 关键字代替 struct 即可。

代码清单 2-17　一个联合体的例子

```
union Variant {
  char string[10];
  int integer;
  double floating_point;
};
```

联合体 Variant 可以被解释成 char[10]、int double。它占用的内存与它最大的成员（在本例中可能是 string）占用的内存一样多。

我们可以使用点运算符（.）来指定联合体的解释。从语法上看，这看起来像访问 POD 的成员，但它在内部是完全不同的。

因为联合体的所有成员都在同一个地方，所以很容易造成数据损坏。代码清单 2-18 说明了这种危险。

代码清单 2-18　使用代码清单 2-17 中联合体 Variant 的程序

```
#include <cstdio>

union Variant {
  char string[10];
  int integer;
  double floating_point;
};

int main() {
  Variant v; ❶
  v.integer = 42; ❷
  printf("The ultimate answer: %d\n", v.integer); ❸
  v.floating_point = 2.7182818284; ❹
  printf("Euler's number e:    %f\n", v.floating_point); ❺
  printf("A dumpster fire:     %d\n", v.integer); ❻
}
--------------------------------------------------------------------
The ultimate answer: 42 ❸
Euler's number e:    2.718282 ❺
A dumpster fire:     -1961734133 ❻
```

首先，声明 Variant v❶。接着，把 v 解释为整数，把它的值设置为 42❷，并打印它 ❸。然后，把 v 重新解释为浮点数，重新赋值 ❹，把它打印到控制台，一切看起来很好 ❺。到目前为止还不错。

只有当再次将 v 解释为整数时，灾难才会降临 ❻。在赋值为欧拉数 ❹ 时，会把 v 的原值（42）❷ 给破坏了。

这就是联合体存在的主要问题：要靠程序员自己来跟踪哪种解释是合适的。编译器不会提供帮助。

除了罕见的情况，应该避免使用联合体，本书中就不会使用它们。12.1.6 节讨论了当需要多类型变量时应选择的一些更安全的选择。

2.4　全功能的 C++ 类

POD 类只包含数据成员，有时这就是你对类的全部要求。然而，只用 POD 类设计程序会很复杂。我们可以用封装来处理这种复杂性，封装是一种设计模式，它可以将数据与操作它的函数结合起来。将相关的函数和数据放在一起，至少在两个方面有助于简化代码。首先，可以把相关的代码放在一个地方，这有助于对程序进行推理。它有助于对代码工作原理的理解，因为它在一个地方同时描述了程序状态以及代码如何修改该状态。其次，可以通过一种叫作信息隐藏的做法将类的一些代码和数据相对程序的其他部分隐藏起来。

在 C++ 中，向类定义添加方法和访问控制即可实现封装。

2.4.1　方法

方法就是成员函数。它们在类、其数据成员和一些代码之间建立了明确的联系。定义方法就像在类的定义中加入函数一样简单。方法可以访问类的所有成员。

考虑一个记录年份的示例类 ClockOfTheLongNow。以下代码定义了一个 int 类型的 year 成员和一个递增它的 add_year 方法：

```
struct ClockOfTheLongNow {
  void add_year() { ❶
    year++; ❷
  }
  int year; ❸
};
```

add_year 方法的声明❶看起来像其他不需要参数也不返回值的函数声明一样。在这个方法中，我们增加了成员 year 的值❷。代码清单 2-19 显示了如何使用这个类来跟踪年份。

代码清单 2-19　一个使用 ClockOfTheLongNow 的程序

```
#include <cstdio>

struct ClockOfTheLongNow {
  --snip--
};

int main() {
  ClockOfTheLongNow clock; ❶
  clock.year = 2017; ❷
  clock.add_year(); ❸
  printf("year: %d\n", clock.year); ❹
  clock.add_year(); ❺
  printf("year: %d\n", clock.year); ❻
}
---------------------------------------------------------------------
year: 2018 ❹
year: 2019 ❻
```

我们声明了一个 ClockOfTheLongNow 实例 clock❶，然后将 clock 的 year 设置为 2017❷。接着，调用 clock 的 add_year 方法 ❸，然后打印 clock.year 的值 ❹。递增年份 ❺ 并再次打印年份 ❻，这样就完成了这个程序。

2.4.2　访问控制

访问控制可以限制类成员的访问。公有和私有是两个主要的访问控制。任何人都可以访问公有成员，但只有类自身可以访问其私有成员。所有的 **struct** 成员默认都是公有的。

私有成员在封装中发挥着重要作用。再次考虑 ClockOfTheLongNow 类。目前，**year** 成员可以从任何地方访问，包括读访问和写访问。假设我们想防止 **year** 的值小于 2019，那么可以通过两个步骤来实现：将 **year** 设为私有，并要求使用该类的任何人（消费者）只能通过该结构的方法与 **year** 进行交互。代码清单 2-20 说明了这种方法。

代码清单 2-20　从代码清单 2-19 更新的 ClockOfTheLongNow，它封装了 year

```
struct ClockOfTheLongNow {
  void add_year() {
    year++;
  }
  bool set_year(int new_year) { ❶
    if (new_year < 2019) return false; ❷
    year = new_year;
    return true;
  }
  int get_year() { ❸
    return year;
  }
private: ❹
  int year;
};
```

我们向 ClockOfTheLongNow 添加了两个方法：setter❶ 和 getter❸，用于设置或获取 **year**。我们没有让 ClockOfTheLongNow 的用户直接修改 **year**，而是用 set_year 设置 **year**。这个新增的输入验证可以确保 new_year 永远不会小于 2019❷。如果小于 2019，代码就会返回 **false**，保持 **year** 不被修改。否则，**year** 会被更新并返回 **true**。为了获得 **year** 的值，用户需调用 get_year。

我们已经使用了访问控制标签 **private**❹ 来禁止消费者访问 **year**。现在，用户只能从 ClockOfTheLongNow 内部访问 **year**。

1. 关键字 class

我们可以用 **class** 关键字代替 **struct** 关键字，**class** 关键字默认成员声明为 **private**。除了默认的访问控制外，用 **struct** 和 **class** 关键字声明的类是一样的。例如，可以用下列方式声明 ClockOfTheLongNow：

```
class ClockOfTheLongNow {
  int year;
public:
  void add_year() {
    --snip--
  }
  bool set_year(int new_year) {
    --snip--
  }
```

```
  int get_year() {
    --snip--
  }
};
```

以何种方式声明类只是个人风格问题。除了默认的访问控制外，struct 和 class 之间完全没有区别。我更喜欢使用 struct 关键字，因为我喜欢把公有成员列在前面。但每个程序员都有自己的风格，培养一种风格并坚持下去。

2. 初始化成员

在封装了 year 之后，我们现在必须使用方法来与 ClockOfTheLongNow 交互。代码清单 2-21 显示了如何将这些方法拼接到一个试图将年份设置为 2018 的程序中。程序没有设置成功，然后程序将 year 设置为 2019，递增年份，并打印其最终值。

代码清单 2-21　使用 ClockOfTheLongNow 说明方法用法的程序

```
#include <cstdio>

struct ClockOfTheLongNow {
  --snip--
}

int main() {
  ClockOfTheLongNow clock; ❶
  if(!clock.set_year(2018)) { ❷ // will fail; 2018 < 2019
    clock.set_year(2019); ❸
  }
  clock.add_year(); ❹
  printf("year: %d", clock.get_year());
}
```

```
year: 2020 ❺
```

首先，我们声明了 clock❶，并试图把它的年份设置为 2018❷。没有设置成功，因为 2018 小于 2019，然后程序将年份设置为 2019❸。把年份递增一次 ❹，然后打印它的值。

ClockOfTheLongNow 有一个问题：当 clock 被声明 ❶ 时，year 是未初始化的。而我们想保证 year 在任何情况下都不会小于 2019。这样的要求被称为类不变量：一个总是真的类特性（也就是说，它从不改变）。

在这个程序中，clock 最终会进入一个良好的状态 ❸，但通过构造函数可以做得更好。构造函数会初始化对象，并在对象的生命周期之初就强制执行类不变量。

2.4.3　构造函数

构造函数是具有特殊声明的特殊方法。构造函数声明不包含返回类型，其名称与类的名称一致。例如，代码清单 2-22 中的构造函数不需要任何参数，并将 year 设置为 2019，这将导致 year 默认为 2019。

代码清单 2-22　使用无参数构造函数对代码清单 2-21 进行改进

```
#include <cstdio>

struct ClockOfTheLongNow {
  ClockOfTheLongNow() { ❶
    year = 2019; ❷
  }
  --snip--
};

int main() {
  ClockOfTheLongNow clock; ❸
  printf("Default year: %d", clock.get_year()); ❹
}
```

Default year: 2019 ❹

该构造函数不需要参数 ❶ 并将 year 设置为 2019❷。当声明新的 ClockOfThe-LongNow 时 ❸，year 默认为 2019。我们可以使用 get_year 访问 year，并把它打印到控制台 ❹。

如果想用其他年份来初始化 ClockOfTheLongNow，该怎么办？构造函数也可以接受任何数量的参数。我们可以实现任意多的构造函数，只要它们的参数类型不同。

考虑代码清单 2-23 中的例子，它添加了一个接受 int 类型参数的构造函数。该构造函数可将 year 初始化为参数的值。

代码清单 2-23　用另一个构造函数对代码清单 2-22 进行扩展

```
#include <cstdio>

struct ClockOfTheLongNow {
  ClockOfTheLongNow(int year_in) { ❶
    if(!set_year(year_in)) { ❷
      year = 2019; ❸
    }
  }
  --snip--
};

int main() {
  ClockOfTheLongNow clock{ 2020 }; ❹
  printf("Year: %d", clock.get_year()); ❺
}
```

Year: 2020 ❺

新的构造函数 ❶ 接受一个 int 类型的 year_in 参数。我们可以用 year_in❷ 调用 set_year。如果 set_year 返回 false，说明调用者提供了错误的输入，程序会用默认值 2019 覆写 year_in❸。在 main 中，我们用新的构造函数 ❹ 声明一个 clock，然后打印结果 ❺。ClockOfTheLongNow clock{2020}; 被称为初始化语句。

注意　你可能不喜欢将无效的 `year_in` 实例默默纠正为 2019❸ 的做法。我也不喜欢这样。异常机制（详见 4.3 节）可以解决这个问题。

2.4.4　初始化

对象初始化（简称初始化）是使对象"活起来"的过程。不幸的是，对象初始化的语法很复杂。幸运的是，初始化过程是直截了当的。本节将对 C++ 对象初始化进行简单提炼。

1. 将基本类型初始化为零

我们先把基本类型的对象初始化为零。有四种方法可以做到这一点：

```
int a = 0;     ❶// Initialized to 0
int b{};       ❷// Initialized to 0
int c = {};    ❸// Initialized to 0
int d;         ❹// Initialized to 0 (maybe)
```

其中三种是可靠的，分别是使用字面量❶明确地设置对象的值，使用大括号 {}❷，以及使用等号加大括号（= {}）的方法❸。声明对象时没有额外的符号❹是不可靠的，它只在某些情况下有效。即使你了解这些情况，也应该避免依赖这种行为，因为它会造成混乱。

不出所料，使用大括号 {} 初始化变量的方法被称为大括号初始化。C++ 初始化语法如此混乱的部分原因是，该语言从 C 语言（对象的生命周期是原始的）发展到具有健壮和丰富特性的对象生命周期的语言。语言设计者在现代 C++ 中加入了大括号初始化，以帮助在初始化语法中的各种尖锐冲突中平滑过渡。简而言之，无论对象的作用域或类型如何，大括号初始化总是适用的，而其他方法则不总适用。本章后面会介绍鼓励广泛使用大括号初始化的一般规则。

2. 将基本类型初始化为任意值

初始化为任意值的过程类似于将基本类型初始化为零的过程：

```
int e = 42;      ❶ // Initialized to 42
int f{ 42 };     ❷ // Initialized to 42
int g = { 42 };❸ // Initialized to 42
int h(42);       ❹ // Initialized to 42
```

它也有四种方法，分别是使用等号的初始化❶，使用大括号初始化❷，使用等号加大括号的初始化❸，以及使用小括号的初始化❹。所有这些都产生相同的代码。

3. 初始化 POD

初始化 POD 的语法大多遵循基本类型的初始化语法。代码清单 2-24 通过声明一个包含三个成员的 POD 类型并用不同的值初始化它的实例来说明这种相似性。

代码清单 2-24　一个说明初始化 POD 的各种方法的程序

```
#include <cstdint>

struct PodStruct {
  uint64_t a;
```

```
    char b[256];
    bool c;
};

int main() {
    PodStruct initialized_pod1{};      ❶    // All fields zeroed
    PodStruct initialized_pod2 = {}; ❷      // All fields zeroed

    PodStruct initialized_pod3{ 42, "Hello" }; ❸        // Fields a & b set; c = 0
    PodStruct initialized_pod4{ 42, "Hello", true }; ❹ // All fields set
}
```

将 POD 对象初始化为零与将基本类型的对象初始化为零类似。大括号初始化 ❶ 和等号加大括号的初始化 ❷ 产生相同的代码：字段初始化为零。

警告 不能对 POD 使用"等于 0"的初始化方法。以下代码不会被编译，因为它在语言规则中被明确禁止了：

```
        PodStruct initialized_pod = 0;
```

4. 将 POD 初始化为任意值

我们可以使用括号内的初始化列表将字段初始化为任意值。大括号初始化列表中的参数必须与 POD 成员的类型相匹配。从左到右的参数顺序与从上到下的成员顺序一致。任何省略的成员都被设置为零。成员 a 和 b 在 **initialized_pod3**❸ 中被初始化为 42 和 Hello，c 被清零（设置为 **false**），因为我们在括号内的初始化中省略了它。**initialized_pod4**❹ 的初始化包括了 c 的参数（**true**），所以它的值在初始化后被设置为 **true**。

等号加大括号的初始化工作方式与此相同。例如，我们可以用以下代码来代替 ❹：

```
PodStruct initialized_pod4 = { 42, "Hello", true };
```

因为只能从右到左省略字段，所以下面的代码不会被编译：

```
PodStruct initialized_pod4 = { 42, true };
```

警告 不能使用小括号来初始化 POD。以下代码将不会被编译：

```
        PodStruct initialized_pod(42, "Hello", true);
```

5. 初始化数组

我们可以像初始化 POD 一样初始化数组。数组声明和 POD 声明的主要区别是，数组指定了长度，这个长度参数在方括号 [] 中。

当使用大括号初始化列表来初始化数组时，长度参数变得可有可无，因为编译器可以从初始化列表参数的数量推断出长度参数。

代码清单 2-25 演示了一些初始化数组的方法。

代码清单 2-25　一个列出各种初始化数组方法的程序

```
int main() {
  int array_1[]{ 1, 2, 3 };  ❶ // Array of length 3; 1, 2, 3
  int array_2[5]{};          ❷ // Array of length 5; 0, 0, 0, 0, 0
  int array_3[5]{ 1, 2, 3 }; ❸ // Array of length 5; 1, 2, 3, 0, 0
  int array_4[5];            ❹ // Array of length 5; uninitialized values
}
```

数组 `array_1` 的长度为 3，其元素为 1、2 和 3❶。`array_2` 的长度是 5，因为它指定了长度参数 ❷。括号内的初始化列表是空的，所以五个元素都初始化为零。`array_3` 的长度也是 5，但括号内的初始化列表不是空的。它包含三个元素，所以剩下的两个元素初始化为零 ❸。`array_4` 没有大括号初始化列表，所以它包含未初始化的对象 ❹。

> **警告**　`array_5` 是否被初始化实际上取决于与初始化基本类型相同的规则。对象的存储期（见 4.1 节）决定了这些规则。如果你对初始化有明确的要求，你就不必记住这些规则。

6. 全功能类的初始化

与基本类型和 POD 不同，全功能类总是被初始化。换句话说，一个全功能类的构造函数总是在初始化时被调用。具体是哪个构造函数被调用取决于初始化时给出的参数。

代码清单 2-26 中的类有助于阐明全功能类的用法。

代码清单 2-26　一个宣布调用了哪个构造函数的类

```
#include <cstdio>

struct Taxonomist {
  Taxonomist() { ❶
    printf("(no argument)\n");
  }
  Taxonomist(char x) { ❷
    printf("char: %c\n", x);
  }
  Taxonomist(int x) { ❸
    printf("int: %d\n", x);
  }
  Taxonomist(float x) { ❹
    printf("float: %f\n", x);
  }
};
```

`Taxonomist` 类有四个构造函数。如果初始化时没有提供参数，无参数的构造函数被调用 ❶。如果初始化时提供 `char`、`int` 或 `float`，相应的构造函数 ❷❸❹ 会分别被调用。在每一种情况下，构造函数都会用 `printf` 语句给出提示。

代码清单 2-27 使用不同的语法和参数初始化了几个 `Taxonomist`。

代码清单 2-27 一个通过各种初始化语法初始化 Taxonomist 类的程序

```
#include <cstdio>

struct Taxonomist {
  --snip--
};

int main() {
  Taxonomist t1; ❶
  Taxonomist t2{ 'c' }; ❷
  Taxonomist t3{ 65537 }; ❸
  Taxonomist t4{ 6.02e23f }; ❹
  Taxonomist t5('g'); ❺
  Taxonomist t6 = { 'l' }; ❻
  Taxonomist t7{}; ❼
  Taxonomist t8(); ❽
}
```

```
(no argument) ❶
char: c ❷
int: 65537 ❸
float: 602000017271895229464576.000000 ❹
char: g ❺
char: l ❻
(no argument) ❼
```

没有任何大括号或小括号时，无参数构造函数被调用 ❶。与 POD 和基本类型不同，无论在哪里声明对象，都可以依赖这种初始化。使用大括号初始化列表，char❷、int❸和 float❹ 构造函数会如预期那样被调用。我们也可以使用小括号 ❺ 和等号加大括号的语法 ❻，这些都会调用预期的构造函数。

虽然全功能类总是被初始化，但有些程序员喜欢对所有对象使用相同的初始化语法。这对于大括号初始化来说是没有问题的，因为默认构造函数会按照预期被调用 ❼。

不幸的是，使用小括号的初始化 ❽ 会导致一些令人惊讶的行为。它不会给出任何输出。

乍看起来，最后一个初始化语句 ❽ 像函数声明，这是因为它就是。由于一些神秘的语言解析规则，我们向编译器声明的是一个尚未定义的函数 t8，它没有任何参数，返回一个类型为 Taxonomist 的对象。

注意 9.1 节详细地介绍了函数声明。但是现在，你只需要知道你可以提供一个函数声明，在声明中定义函数的修饰符、名称、参数和返回类型，然后再在函数定义中提供函数体。

这个广为人知的问题被称为"最令人头疼的解析"（most vexing parse），这也是 C++ 社区在语言中引入大括号初始化语法的一个主要原因。缩小转换（narrowing conversion）是另一个问题。

7. 缩小转换

每当遇到隐式缩小转换时，大括号初始化将产生警告。这是一个很棒的功能，可以让我们避免一些讨厌的 bug。考虑下面的例子：

```
float a{ 1 };
float b{ 2 };
int narrowed_result(a/b); ❶ // Potentially nasty narrowing conversion
int result{ a/b };        ❷ // Compiler generates warning
```

两个 **float** 字面量的除法结果仍是一个浮点数。当初始化 **narrowed_result**❶ 时，编译器默默地将 **a/b**（0.5）的结果缩小到 0，因为我们使用小括号 () 来初始化。当使用大括号初始化时，编译器会产生一个警告 ❷。

8. 初始化类成员

我们可以使用大括号初始化来初始化类的成员，正如这里所演示的：

```
struct JohanVanDerSmut {
  bool gold = true; ❶
  int year_of_smelting_accident{ 1970 }; ❷
  char key_location[8] = { "x-rated" }; ❸
};
```

gold 成员使用等号初始化方法初始化 ❶，**year_of_smelting_accident** 使用大括号初始化方法初始化 ❷，**key_location** 使用等号加大括号的方法初始化 ❸。不能使用小括号来初始化成员变量。

9. 打起精神来

初始化对象的各种方法甚至让有经验的 C++ 程序员都感到困惑。这里有一条使初始化变得简单的一般规则：在任何地方都使用大括号初始化方法。大括号初始化方法几乎在任何地方都能正常工作，而且它们引起的意外也最少。由于这个原因，大括号初始化也被称为"统一初始化"。本书的其余部分都遵循这一指导。

> **警告** 对于 C++ 标准库中的某些类，你可能需要打破在任何地方都使用大括号初始化方法的规则。第二部分会把这些例外情况讲解清楚。

2.4.5 析构函数

对象的析构函数是其清理函数。析构函数在销毁对象之前被调用。析构函数几乎不会被明确地调用：编译器将确保每个对象的析构函数在适当的时机被调用。我们可以在类的名称前加上 "~" 来声明该类的析构函数。

下面的 **Earth** 类有一个析构函数，该析构函数会打印 Making way for hyperspace bypass：

```
#include <cstdio>

struct Earth {
```

```
~Earth() { // Earth's destructor
    printf("Making way for hyperspace bypass");
}
}
```

析构函数的定义是可选的。如果决定实现一个析构函数，它不能接受任何参数。我们想在析构函数中执行的操作包括释放文件句柄、刷新网络套接字（socket）和释放动态对象。

如果没有定义析构函数，则会自动生成默认的析构函数。默认析构函数的行为是不执行任何操作。

更多关于析构函数的信息请见 4.2 节。

2.5　总结

本章介绍了 C++ 的基础内容，也就是它的类型系统。首先，你了解了基本类型，即所有其他类型的构建基础。然后，你学习了用户自定义类型，包括枚举类、POD 类和全功能 C++ 类。最后，你了解了类的构造函数、初始化语法和析构函数。

练习

2-1. 创建 enum class Operation，其值为 Add、Subtract、Multiply 和 Divide。

2-2. 创建 struct Calculator。它应该有一个接受 Operation 的构造函数。

2-3. 在 Calculator 上创建 int calculate(int a, int b) 方法。在被调用时，该方法应根据其构造函数参数执行加法、减法、乘法或除法运算，并返回结果。

2-4. 尝试用不同的方法来初始化 Calculator 实例。

拓展阅读

- *ISO International Standard ISO/IEC (2017) – Programming Language C++* (International Organization for Standardization; Geneva, Switzerland; *https://isocpp.org/std/the-standard/*)

- *The C++ Programming Language*, 4th Edition, by Bjarne Stroustrup (Pearson Education, 2013)

- *Effective Modern C++* by Scott Meyers (O'Reilly Media, 2014)

- "C++ Made Easier: Plain Old Data" by Andrew Koenig and Barbara E. Moo (Dr. Dobb's, 2002; *http://www.drdobbs.com/c-made-easier-plain-old-data/184401508/*)

引用类型

所有人都知道调试程序的难度是写程序难度的两倍。如果写程序的时候已尽可能地"精明"，那么将来如何调试它？

——Brian Kernighan

引用类型（reference type）存储的是对象的内存地址。这种类型可以用来实现高效的程序，许多优雅的设计模式都利用了它们。本章我们将讨论两种引用类型：指针和引用。我们还会顺便讨论一下 `this`、`const` 和 `auto`。

3.1　指针

指针是用来引用内存地址的基本机制。指针将对象交互所需的两部分信息——对象的地址和类型——进行编码。

我们可以通过在目标类型上添加星号（*）来声明指针的类型。例如，声明一个名为 `my_ptr` 的 `int` 指针，如下所示：

```
int* my_ptr;
```

指针的格式指定符是 `%p`。例如，要打印 `my_ptr` 中的值，可以使用下面的方法：

```
printf("The value of my_ptr is %p.", my_ptr);
```

指针在大多数 C 程序中起着关键作用，但是它们是底层对象。C++ 提供了更高级、更有效的结构，避免了直接处理内存地址。但是，指针还是一个基础性的概念，在系统编程中肯定会遇到。

本节将介绍如何找到对象的地址，以及如何将地址分配给指针变量。本节还将介绍如何进行相反的操作，即所谓的解引用：根据给定的指针获得在相应地址的对象本身。

本章将介绍更多关于数组——数组是管理对象集合的最简单的结构，以及数组与指针的关系的知识。作为底层的结构和概念，数组和指针使用起来是相对危险的。本章将探讨当程序中的指针和数组出错时，会出现什么问题。

本章会介绍两种特殊的指针：`void` 指针和 `std::byte` 指针。这些非常有用的类型也有一些特殊的行为，你需要牢记。此外，本章还将介绍如何用 `nullptr` 表示空指针，以及如何在布尔表达式中使用指针并判断它们是否为空指针。

3.1.1　寻址变量

我们可以通过在变量前面加上地址运算符（`&`）来获得变量的地址。使用该运算符还可以初始化指针，使它"指向"相应的变量。这样的需求在操作系统编程中经常出现。主流的操作系统，如 Windows、Linux 和 FreeBSD，都有大量使用指针的接口。

代码清单 3-1 演示了如何获取 `int` 变量的地址。

代码清单 3-1　一个包含地址运算符 & 和一个可怕的双关语的程序

```
#include <cstdio>

int main() {
  int gettysburg{}; ❶
  printf("gettysburg: %d\n", gettysburg); ❷
  int *gettysburg_address = &gettysburg; ❸
  printf("&gettysburg: %p\n", gettysburg_address); ❹
}
```

首先，声明整数 `gettysburg`❶ 并打印它的值 ❷。然后，声明一个指针，名为 `gettysburg_address`，指向该整数的地址 ❸；注意指针前面的星号和 `gettysburg` 前面的 &。最后，将指针打印到屏幕 ❹ 上，以显示 `gettysburg` 整数的地址。

如果在 Windows 10（x86）上运行代码清单 3-1，应该会看到下面的输出：

```
gettysburg: 0
&gettysburg: 0053FBA8
```

在 Windows 10 x64 上运行相同的代码，则会产生以下输出：

```
gettysburg: 0
&gettysburg: 0000007DAB53F594
```

输出应该有一个相同的 `gettysburg` 值，但 `gettysburg_address` 的值每次都不同。这种变化是由地址空间随机化（这是一种安全特性）造成的，它打乱了重要内存区域的基地址，以防止被恶意利用。

地址空间随机化

为什么地址空间随机化（address space layout randomization）可以防止恶意利用？

当黑客在程序中发现可利用的机会时，他们有时会在用户提供的输入中插入恶意的数据。为了防止黑客获得这种机会而设计的第一个安全特性是使所有数据不可执行。如果计算机试图将数据作为代码执行，这个安全设计就会触发异常，终止程序。

一些非常狡猾的黑客通过精心制作包含所谓的 return-oriented program（面向返回地址的程序）的漏洞，想出了如何以全新的方式来利用可执行代码的指令。这些漏洞可以调用操作系统 API，将恶意数据标记为可执行的，从而击败了前面提到的数据不可执行的安全措施。

地址空间随机化通过随机化内存地址来应对面向返回地址的攻击程序，使得利用现有代码变得很困难，因为攻击者不知道它们在内存中的位置。

同时请注意，在代码清单 3-1 的输出中，`gettysburg_address` 在 x86 架构下包含 8 个十六进制数字（4 个字节），在 x64 架构下包含 16 个十六进制数字（8 个字节）。这是有原因的，因为在现代桌面系统中，指针大小与 CPU 的通用寄存器相同。x86 架构拥有 32 位（4 字节）通用寄存器，而 x64 架构则是 64 位（8 字节）通用寄存器。

3.1.2 指针解引用

解引用运算符（`*`）是一个一元运算符，它可以访问指针所指的对象。这是地址运算符的逆运算。给定一个地址，我们可以获得驻留在该地址的对象。和地址运算符一样，系统程序员也经常使用解引用运算符。许多操作系统的 API 会返回指针，如果想访问被引用的对象，就需要使用解引用运算符。

遗憾的是，解引用运算符会让初学者很困惑，因为解引用运算符、指针声明和乘法运算都使用星号。请记住，在指针指向对象的类型后面加上星号即可声明指针；但是，要解引用，需要在指针前面加上解引用运算符（即星号），就像这样：

`*gettysburg_address`

在使用解引用运算符访问对象后，我们可以像对待其他对象一样对待该对象。例如，由于 `gettysburg` 是一个整数，因此我们可以使用 `gettysburg_address` 将值 17325 写入 `gettysburg`。正确的语法如下：

`*gettysburg_address = 17325;`

因为解引用指针——也就是 `*gettysburg_address`——出现在等号的左侧，所以结果会写到存储 `gettysburg` 的地址。

如果除等号左边以外的任何地方出现了解引用指针，那么代表从该地址读取内容。要获取 `gettysburg_address` 指向的 `int`，只需要加上解引用运算符。例如，下面的语句将打印存储在 `gettysburg` 中的值：

`printf("%d", *gettysburg_address);`

代码清单 3-2 使用解引用运算符进行读写。

代码清单 3-2　使用指针进行读写的示例程序（输出来自 Windows 10 x64 环境）

```
#include <cstdio>

int main() {
  int gettysburg{};
  int* gettysburg_address = &gettysburg; ❶
  printf("Value at gettysburg_address: %d\n", *gettysburg_address); ❷
  printf("Gettysburg Address: %p\n", gettysburg_address); ❸
  *gettysburg_address = 17325; ❹
  printf("Value at gettysburg_address: %d\n", *gettysburg_address); ❺
  printf("Gettysburg Address: %p\n", gettysburg_address); ❻
}
--------------------------------------------------------------------
Value at gettysburg_address: 0 ❷
Gettysburg Address: 000000B9EEEFFB04 ❸
Value at gettysburg_address: 17325 ❺
Gettysburg Address: 000000B9EEEFFB04 ❻
```

首先，将 gettysburg 初始化为 0，然后将指针 gettysburg_address 初始化为 gettysburg 的地址❶。接着，打印 gettysburg_address 指向的 int❷ 和 gettysburg_address 本身的值❸。再把 17325 写入 gettysburg_address 所指向的内存中❹，然后再次打印指针指向的值❺ 和地址❻。

代码清单 3-2 的程序如果直接给 gettysburg 赋值 17325，而非给 gettysburg_address 指针赋值，效果是一样的，如下所示：

```
gettysburg = 17325;
```

这个例子说明了指向的对象（gettysburg）和指向该对象的解引用指针（*gettysburg_address）之间的密切关系。

3.1.3　成员指针运算符

成员指针运算符或箭头运算符（->）同时执行两个操作：

❑ 它对指针解引用。

❑ 它访问被指向的对象的成员。

当处理指向类的指针时，可以使用该运算符来减少所谓的符号摩擦[⊖]，即程序员在代码中表达意图的阻力。我们通常需要在各种设计模式中处理指向类的指针。例如，我们可能想将指向类的指针作为函数参数传递。如果接收函数需要与类的成员交互，那么就可以使用成员指针运算符来做这件事。

代码清单 3-3 使用箭头运算符从 ClockOfTheLongNow 对象中读取 year（见代码清单 2-22）。

⊖ 符号摩擦在这里指的是使用 obj->method 比 (*obj).method 可读性更好。——译者注

代码清单 3-3　使用指针和箭头运算符来操作 ClockOfTheLongNow 对象（输出来自 Windows 10 x64 机器）

```
#include <cstdio>

struct ClockOfTheLongNow {
  --snip--
};

int main() {
  ClockOfTheLongNow clock;
  ClockOfTheLongNow* clock_ptr = &clock; ❶
  clock_ptr->set_year(2020); ❷
  printf("Address of clock: %p\n", clock_ptr); ❸
  printf("Value of clock's year: %d", clock_ptr->get_year()); ❹
}
```

```
Address of clock: 000000C6D3D5FBE4 ❸
Value of clock's year: 2020 ❹
```

首先，我们声明一个 clock，然后将其地址存储在 clock_ptr 中❶。接着，使用箭头运算符将 clock 的 year 成员设置为 2020❷。最后，打印 clock 的地址 ❸ 和 year 的值❹。

我们可以使用解引用运算符（*）和成员运算符取得同样的结果。例如，可以将代码清单 3-3 的最后一行写成：

```
printf("Value of clock's year: %d", (*clock_ptr).get_year());
```

首先，我们解引用 clock_ptr，然后访问 year。虽然这相当于调用成员运算符，但它的语法比较啰唆，而且与简单的替代方法相比没有任何好处。

> **注意**　现在，先使用括号来强调操作的顺序。第 7 章讲述了运算符的优先级规则。

3.1.4　指针和数组

指针与数组有几个共同的特点。指针对对象的位置进行编码，而数组则对连续对象的位置和长度进行编码。

只要稍微对数组施加操作，数组就会退化成指针。退化后的数组会失去长度信息，并转换为指向数组第一个元素的指针。例如：

```
int key_to_the_universe[]{ 3, 6, 9 };
int* key_ptr = key_to_the_universe; // Points to 3
```

首先，我们初始化一个有三个元素的 int 数组 key_to_the_universe。然后，初始化一个指向 key_to_the_universe 的 int 指针 key_ptr，key_to_the_universe 退化为一个指针。初始化后，key_ptr 指向的是 key_to_the_universe 的第一个元素。

代码清单 3-4 初始化一个包含 College 对象的数组，并将数组作为指针传递给一个函数。

代码清单 3-4 一个说明数组退化为指针的程序

```
#include <cstdio>

struct College {
  char name[256];
};
void print_name(College* college_ptr❶) {
  printf("%s College\n", college_ptr->name❷);
}

int main() {
  College best_colleges[] = { "Magdalen", "Nuffield", "Kellogg" };
  print_name(best_colleges);
}
--------------------------------------------------------------------
Magdalen College ❷
```

print_name 函数接受一个指向 College 的指针参数 ❶，所以当调用 print_name 时，best_colleges 数组会退化为一个指针。因为数组会退化为指向第一个元素的指针，所以 ❶ 处的 college_ptr 指向 best_colleges 中的第一个 College。

代码清单 3-4 中也有另一个数组退化 ❷，它使用箭头运算符（->）访问 college_ptr 所指向的 College 的 name 成员，name 成员本身就是一个 char 数组。printf 格式指定符 %s 期望 C 格式字符串——char 指针，因此 name 退化为满足 printf 要求的指针。

1. 处理退化问题

通常，我们会将数组作为两种参数传递：

❑ 指向第一个元素的指针。

❑ 数组的长度。

实现这种模式的机制是方括号（[]），方括号对指针的作用就像对数组的作用一样。代码清单 3-5 就采用了这种技术。

代码清单 3-5 一个展示将数组传递给函数的习惯用法的程序

```
#include <cstdio>

struct College {
  char name[256];
};

void print_names(College* colleges❶, size_t n_colleges❷) {
  for (size_t i = 0; i < n_colleges; i++) { ❸
    printf("%s College\n", colleges[i]❹.name❺);
  }
}

int main() {
  College oxford[] = { "Magdalen", "Nuffield", "Kellogg" };
```

```
    print_names(oxford, sizeof(oxford) / sizeof(College));
}
--------------------------------------------------------------------------------
Magdalen College
Nuffield College
Kellogg College
```

print_names 函数接受两个参数：指向第一个 College 元素 ❶ 的指针和元素数量 n_colleges❷。在 print_names 函数中，使用 for 循环和索引 i 进行迭代。i 的值会从 0 遍历到 n_colleges-1❸。

然后通过访问第 i 个元素 ❹ 提取对应的 College 名称，得到 name 成员 ❺。

这种指针加长度的传递数组的方法在 C 风格的 API 中无处不在，例如在 Windows 或 Linux 的系统编程中。

2. 指针算术

要获得数组中第 n 个元素的地址，有两种方法。第一种方法是直接用方括号（[]）获取第 n 个元素，然后使用地址运算符（&）获得地址。

```
College* third_college_ptr = &oxford[2];
```

指针算术，也就是在指针上进行加减法的一套规则，则提供了另一种方法。当在指针上加减整数时，编译器会使用指针指向的类型的大小计算出正确的字节偏移。例如，在 uint64_t 指针上加 4，会增加 32 个字节：一个 uint64_t 占 8 个字节，所以 4 个占 32 个字节。因此，下面的程序与前面的获取数组第 n 个元素地址的代码等价：

```
College* third_college_ptr = oxford + 2;
```

3.1.5　指针很危险

我们无法将指针转换为数组，这其实是件好事。我们不需要这样做，而且一般来说，编译器也不可能通过指针知道数组的大小。但是编译器也不能让你避免所有危险的尝试。

1. 缓冲区溢出

对于数组和指针，我们可以使用括号运算符（[]）或指针算术来访问任意数组元素。对于底层编程来说，这些都是非常强大的工具，因为可以或多或少地与内存进行交互，而不需要抽象。这使我们可以对系统进行精巧的控制，而这在某些环境中是必要的（例如，在实现网络协议或嵌入式控制器的系统编程中）。但是，我们必须非常小心，因为权力越大责任越大。简单的指针错误可能会带来不可预知的灾难性后果。

代码清单 3-6 对两个字符串执行了底层操作。

代码清单 3-6　一个包含缓冲区溢出问题的程序

```
#include <cstdio>
int main() {
  char lower[] = "abc?e";
  char upper[] = "ABC?E";
```

```
    char* upper_ptr = upper;        ❶ // Equivalent: &upper[0]

    lower[3] = 'd';                 ❷ // lower now contains a b c d e \0
    upper_ptr[3] = 'D';                // upper now contains A B C D E \0

    char letter_d = lower[3];       ❸ // letter_d equals 'd'
    char letter_D = upper_ptr[3];      // letter_D equals 'D'

    printf("lower: %s\nupper: %s", lower, upper); ❹

    lower[7] = 'g';                 ❺ // Super bad. You must never do this.
}
--------------------------------------------------------------------------
lower: abcde ❹
upper: ABCDE
The time is 2:14 a.m. Eastern time, August 29th. Skynet is now online. ❺
```

初始化字符串 lower 和 upper 之后，我们初始化 upper_ptr，使其指向 upper 的第一个元素 ❶。然后，将 lower 和 upper 的第四个元素（问号）重新赋值为 d 和 D ❷❸。请注意，lower 是数组，upper_ptr 是指针，但机制是一样的。目前为止，一切正常。

最后，我们通过写入越界内存产生一个重大错误 ❺。访问位于索引 7 ❹ 的元素会超过分配给 lower 的存储空间。没有边界检查，这段代码在编译时也没有发出警告。

在运行时，我们会得到未定义行为。未定义行为意味着 C++ 语言规范没有规定会发生什么，所以程序可能会崩溃，也可能会产生安全漏洞，还可能会创造一个人工智能 ❺。

2. 括号和指针算术之间的联系

要理解越界访问的后果，必须先了解括号运算符和指针算术之间的联系。假设我们用指针算术和解引用运算符而不是括号运算符来编写代码清单 3-6 的程序，如代码清单 3-7 所示。

代码清单 3-7　与代码清单 3-6 等价的程序（使用指针算术）

```
#include <cstdio>
int main() {
  char lower[] = "abc?e";
  char upper[] = "ABC?E";
  char* upper_ptr = &upper[0];

  *(lower + 3) = 'd';
  *(upper_ptr + 3) = 'D';

  char letter_d = *(lower + 4); // lower decays into a pointer when we add
  char letter_D = *(upper_ptr + 4);

  printf("lower: %s\nupper: %s", lower, upper);

  *(lower + 7) = 'g'; ❶
}
```

lower 数组的长度为 6（字母 a~e 加上 null 结束符）。现在，给 lower[7] 赋值 ❶ 很危险的原因便很清楚了。在这种情况下，数据会写到一些不属于 lower 的内存中。这可能导致访问违规、程序崩溃、安全漏洞和数据损坏。这类错误可能是非常隐蔽的，因为错误写入发生的点可能与错误表现的点相距甚远。

3.1.6　void 指针和 std::byte 指针

有时候，指向的对象类型是不确定的。在这种情况下，可以使用空（void）指针 void*。void 指针有严格的限制，其中最主要的限制是不能对 void* 进行解引用。因为指向的类型已经被擦除了，所以解引用是没有意义的（记住，void 对象的值的集合是空的）。出于类似的原因，C++ 禁止使用 void 指针算术。

其他时候，我们想在字节级别与内存进行交互，例如，在文件和内存之间复制原始数据或者加密和压缩等底层操作。不能使用 void 指针来实现这样的目的，因为位操作和指针算术是被禁止的。在这种情况下，可以使用 std::byte 指针。

3.1.7　nullptr 和布尔表达式

指针可以有一个特殊的字面量 nullptr。一般来说，等于 nullptr 的指针不指向任何东西。例如，我们可以用 nullptr 表示没有更多的内存可以分配了或者发生了错误。

指针具有隐式转换为布尔值的功能。任何不是 nullptr 的值都会隐式转换为 true，而 nullptr 则会隐式转换为 false。这对于返回函数成功运行的指针很有用。一个常见的用法是，函数运行失败时返回 nullptr。典型的例子是内存分配。

3.2　引用

引用（reference）是指针的更安全、更方便版本。在类型名后附加 & 声明符即可声明引用。引用不能被（轻易）设置为空，也不能被重新定位（或重新赋值）。这些特性消除了指针特有的一些问题。

处理引用的语法比处理指针的语法要干净得多。我们不使用成员指针运算符和解引用运算符，而是将引用完全当作目标类型来使用。

代码清单 3-8 使用了一个引用参数。

代码清单 3-8　一个使用引用的程序

```
#include <cstdio>

struct ClockOfTheLongNow {
  --snip--
};

void add_year(ClockOfTheLongNow&❶ clock) {
```

```
  clock.set_year(clock.get_year() + 1); ❷ // No deref operator needed
}

int main() {
  ClockOfTheLongNow clock;
  printf("The year is %d.\n", clock.get_year()); ❸
  add_year(clock); ❹ // Clock is implicitly passed by reference!
  printf("The year is %d.\n", clock.get_year()); ❺
}
--------------------------------------------------------------------------------
The year is 2019. ❸
The year is 2020. ❺
```

我们使用 & 而不是 *❶ 将 clock 声明为 ClockOfTheLongNow 引用。在 add_year 中，可以像使用 ClockOfTheLongNow❷ 类型一样使用 clock：不需要使用麻烦的解引用运算符和指针运算符。首先，打印 year 的值 ❸。然后，在调用处将 ClockOfTheLongNow 对象直接传递给 add_year❹：不需要取其地址。最后，再次打印 year 的值，以说明它的值已经增加了 ❺。

3.3 指针和引用的使用

指针和引用在很大程度上是可以互换的，但两者各有利弊。如果有时必须改变引用类型的值，也就是说如果必须改变引用类型所指向的内容，那么必须使用指针。许多数据结构（包括 3.3.1 节介绍的前向链表）都要求能够改变指针的值。因为引用不能被重新定位，而且它们一般不应该被赋值为 nullptr，所以有些场合并不适合使用引用。

3.3.1 前向链表：经典的基于指针的数据结构

前向链表是由一系列元素组成的简单数据结构。每个元素都有一个指向下一个元素的指针。链表中的最后一个元素持有 nullptr。在链表中插入元素是非常有效的，而且元素在内存中可以是不连续的。图 3-1 说明了它们的布局。

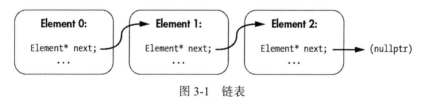

图 3-1 链表

代码清单 3-9 演示了一个可能的单链表实现。

代码清单 3-9 一个带有操作号的链表实现

```
struct Element {
  Element* next{}; ❶
  void insert_after(Element* new_element) { ❷
```

```
    new_element->next = next; ❸
    next = new_element; ❹
  }
  char prefix[2]; ❺
  short operating_number; ❻
};
```

每个 element 都有一个指向下一个元素的指针（next）❶，它初始化为 nullptr。
我们使用 insert_after 方法 ❷ 插入一个新元素，它将 new_element 的 next 成员设置为当前的 next❸，然后将当前的 next 设置为 new_element❹，图 3-2 展示了这个插入操作。在这个代码清单中，我们并没有改变任何 Element 对象的内存位置，只是修改了指针值。

每个 Element 还包含一个 prefix 数组 ❺ 和一个 operating_number 指针 ❻。

代码清单 3-10 遍历了 Element 类型的 stormtrooper 链表，并且打印了它们的操作号。

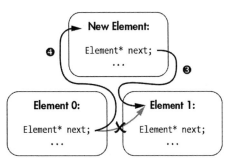

图 3-2　在链表中插入元素

代码清单 3-10　展示前向链表的程序

```
#include <cstdio>

struct Element {
  --snip--
};

int main() {
  Element trooper1, trooper2, trooper3; ❶
  trooper1.prefix[0] = 'T';
  trooper1.prefix[1] = 'K';
  trooper1.operating_number = 421;
  trooper1.insert_after(&trooper2); ❷
  trooper2.prefix[0] = 'F';
  trooper2.prefix[1] = 'N';
  trooper2.operating_number = 2187;
  trooper2.insert_after(&trooper3); ❸
  trooper3.prefix[0] = 'L';
  trooper3.prefix[1] = 'S';
  trooper3.operating_number = 005; ❹

  for (Element *cursor = &trooper1❺; cursor❻; cursor = cursor->next❼) {
    printf("stormtrooper %c%c-%d\n",
           cursor->prefix[0],
           cursor->prefix[1],
           cursor->operating_number); ❽
  }
}
```

```
stormtrooper TK-421 ➑
stormtrooper FN-2187 ➑
stormtrooper LS-5 ➑
```

代码清单 3-10 初始化了三个 `stormtrooper`➊。元素 `trooper1` 被分配了操作号 TK-421，然后将其作为下一个元素插入链表 ➋。元素 `trooper2` 和 `trooper3` 的操作号分别为 FN-2187 和 LS-5，也被插入链表 ➌➍。

最后，用 `for` 循环遍历链表。首先，将 `cursor` 指针指向 `trooper1` 的地址 ➎，这是列表的开头。在每次迭代之前，确保 `cursor` 指针不是 `nullptr`➏。每次迭代之后，将 `cursor` 指针设置为下一个元素 ➐。在循环中，打印出每个 `stormtrooper` 的操作号 ➑。

3.3.2 使用引用

指针提供了很强的灵活性，但这种灵活性是以安全为代价的。如果不需要灵活地重新定位和 `nullptr`，引用是最常用的引用类型。

我们来说明一下引用不能被重新定位的问题。代码清单 3-11 初始化了一个 `int` 引用，然后试图用 `new_value` 对其进行重新定位。

代码清单 3-11　一个说明引用不能重新定位的程序

```
#include <cstdio>

int main() {
  int original = 100;
  int& original_ref = original;
  printf("Original:  %d\n", original);     ➊
  printf("Reference: %d\n", original_ref); ➋

  int new_value = 200;
  original_ref = new_value;                ➌
  printf("Original:  %d\n", original);     ➍
  printf("New Value: %d\n", new_value);    ➎
  printf("Reference: %d\n", original_ref); ➏
}
--------------------------------------------------------------------
Original:  100 ➊
Reference: 100 ➋
Original:  200 ➍
New Value: 200 ➎
Reference: 200 ➏
```

这个程序将名为 `original` 的 `int` 类型变量初始化为 100。然后，声明一个名为 `original_ref` 的引用。从这时开始，`original_ref` 将始终引用 `original`。这一点可以通过打印 `original` 的值 ➊ 和 `original_ref` 的值 ➋ 来说明。

接着，它将另一个名为 `new_value` 的 `int` 类型变量初始化为 200，并将它赋给 `original_ref`➌。请仔细品读以下内容：这个赋值 ➌ 并没有将 `original_ref` 重新定位，使其指向 `new_value`，而是将 `new_value` 的值赋给它所指向的对象（`original`）。

结果就是，所有这些变量——`original`、`original_ref` 和 `new_value`——都变成了 200❹❺❻。

3.3.3　this 指针

请记住，方法与类相关联，类的实例是对象。当编写方法时，有时需要访问当前对象，也就是正在执行该方法的对象。

在方法的定义中，我们可以使用 `this` 指针访问当前对象。通常情况下，我们不需要使用 `this`，因为在访问成员时，`this` 是隐式的。但有时，可能需要消除歧义，例如，如果声明了一个方法参数，而这个方法参数的名称与成员变量重名时。我们可以重写代码清单 3-9 来明确所引用的 `Element`，如代码清单 3-12 所示。

代码清单 3-12　使用 `this` 指针重写代码清单 3-9

```
struct Element {
  Element* next{};
  void insert_after(Element* new_element) {
    new_element->next = this->next; ❶
    this->next ❷ = new_element;
  }
  char prefix[2];
  short operating_number;
};
```

这里，`next` 被替换为 `this->next`❶❷。两个代码清单的功能是完全相同的。

有时，我们需要用 `this` 来消除成员和参数之间的歧义，如代码清单 3-13 所示。

代码清单 3-13　一个使用 `this` 的 `ClockOfTheLongNow` 定义

```
struct ClockOfTheLongNow {
  bool set_year(int year❶) {
    if (year < 2019) return false;
    this->year = year; ❷
    return true;
  }
--snip--
private:
  int year; ❸
};
```

`year` 参数的名称 ❶ 与 `year` 成员名 ❷ 相同。方法的参数总是会掩盖成员，这意味着当在这个方法中输入 `year` 时，它指的是 `year` 参数 ❶，而不是 `year` 成员 ❸。这不要紧：可以用 `this`❷ 来消除歧义。

3.3.4　const 正确性

关键字 `const`（`constant` 的简写，常被翻译成常量）的意思大概可以表述为"我保证不修改"。它是一种安全机制，可以防止成员变量被意外修改（以及带来潜在的破坏）。我们可以在函数和类的定义中使用 const 来指定变量（通常是引用或指针），表示该变量不会被该函数或类修改。如果代码试图修改 const 变量，编译器会发出一个错误。当正确使用时，const 是所有现代编程语言中最强大的语言特性之一，因为它可以帮助我们在编译时消除许多常见的编程错误。

我们来看看 const 的几种常见用法。

1. const 参数

将参数标记为 const 可以防止在函数的作用域内修改它。const 指针或引用可以提供有效的机制来将对象传递到函数中供只读使用。代码清单 3-14 中的函数使用了一个 const 指针。

代码清单 3-14　带有一个 const 指针参数的函数（这段代码不能编译）

```
void petruchio(const char* shrew❶) {
  printf("Fear not, sweet wench, they shall not touch thee, %s.", shrew❷);
  shrew[0] = "K"; ❸ // Compiler error! The shrew cannot be tamed.
}
```

petruchio 函数通过 const 指针来接收 shrew 字符串 ❶，我们可以从 shrew 中读取内容 ❷，但试图向它写入内容会导致编译错误 ❸。

2. const 方法

将方法标记为 const 表示承诺不会在 const 方法中修改当前对象的状态。换句话说，这些方法都是只读方法。

要将方法标记为 const，需要将 const 关键字放在参数列表之后，但在方法体之前。例如，我们可以针对 ClockOfTheLongNow 对象的 get_year 方法使用 const，如代码清单 3-15 所示。

代码清单 3-15　用 const 来改进 ClockOfTheLongNow

```
struct ClockOfTheLongNow {
  --snip--
  int get_year() const ❶{
      return year;
  }
private:
  int year;
};
```

我们需要做的就是在参数列表和方法体之间放置 const❶。如果尝试在 get_year 中修改 year，编译器就会产生错误。

const 引用和指针的持有者不能调用非 const 方法，因为非 const 方法可能会修改对象的状态。

代码清单 3-16 中的 is_leap_year 函数接受一个 const ClockOfTheLongNow 引用，并确定是否是闰年。

代码清单 3-16　确定是否闰年的函数

```
bool is_leap_year(const ClockOfTheLongNow& clock) {
  if (clock.get_year() % 4 > 0) return false;
  if (clock.get_year() % 100 > 0) return true;
  if (clock.get_year() % 400 > 0) return false;
  return true;
}
```

如果 `get_year` 没有被标记为 `const` 方法，代码清单 3-16 就不会被编译，因为 `clock` 是一个 `const` 引用，不允许在 `is_leap_year` 中被修改。

3.3.5　const 成员变量

在成员的类型前添加关键字 `const` 即可标记 `const` 成员变量。`const` 成员变量在初始化后不能被修改。

在代码清单 3-17 中，`Avout` 类包含两个成员变量，一个是 `const` 成员变量，一个是非 `const` 成员变量。

代码清单 3-17　一个有 const 成员的 Avout 类

```
struct Avout {
  const❶ char* name = "Erasmas";
  ClockOfTheLongNow apert; ❷
};
```

`name` 成员是 `const` 的，也就是说其指向的值不能被修改 ❶，但是 `apert` 是非 `const` 的 ❷。

当然，如果存在一个 `const` 引用指向 `Avout`，那它也不能被修改，所以一般的规则仍然适用于 `apert`：

```
void does_not_compile(const Avout& avout) {
  avout.apert.add_year(); // Compiler error: avout is const
}
```

有时，我们想将成员变量标记为 `const`，但也想用传递到构造函数中的参数来初始化该成员。为此，我们可以使用成员初始化列表。

3.3.6　成员初始化列表

成员初始化列表是初始化类成员的主要机制。要声明成员初始化列表，请在构造函数中的参数列表后放置一个冒号，然后插入一个或多个逗号分隔的成员初始化器。成员初始化器指成员名称后面跟着大括号的初始化过程。成员初始化器允许在运行时设置 `const` 字段的值。

代码清单 3-18 中的例子通过引入成员初始化列表改进了代码清单 3-17。

代码清单 3-18 一个创建两个 Avout 对象的程序

```
#include <cstdio>

struct ClockOfTheLongNow {
  --snip--
};

struct Avout {
  Avout(const char* name, long year_of_apert) ❶
    :❷ name❸{ name }❹, apert❺{ year_of_apert }❻ {
  }
  void announce() const { ❼
    printf("My name is %s and my next apert is %d.\n", name, apert.get_year());
  }
  const char* name;
  ClockOfTheLongNow apert;
};

int main() {
  Avout raz{ "Erasmas", 3010 };
  Avout jad{ "Jad", 4000 };
  raz.announce();
  jad.announce();
}
----------------------------------------------------------------------
My name is Erasmas and my next apert is 3010.
My name is Jad and my next apert is 4000.
```

Avout 构造函数需要两个参数：name 和 year_of_apert❶。成员初始化列表是通过插入冒号 ❷ 和要初始化的每个成员名称 ❸❺ 及初始化大括号 ❹❻ 来添加的。const 方法 announce 也被加进来打印 Avout 的状态 ❼。

所有的成员初始化都在构造函数之前执行。这有两个好处：

❑ 它在构造函数执行之前确保所有成员的有效性，所以可以让我们专注于初始化逻辑而不是成员错误检查。

❑ 成员只初始化一次。如果在构造函数中重新给成员赋值，可能会产生额外的工作量。

注意 你应该按照成员在类定义中出现的顺序来排序成员初始化列表，因为成员的构造函数将按照这个顺序被调用。

说到减少额外的工作量，是时候来聊聊 auto 了。

3.4 auto 类型推断

作为一种强类型语言，C++ 为它的编译器提供了大量的信息。当初始化元素或返回函数返回值时，编译器可以根据上下文推断出类型信息。auto 关键字告诉编译器执行这样的推断，这样我们就不用输入多余的类型信息了。

3.4.1　用 auto 进行初始化

几乎在所有情况下，编译器都可以使用初始值来确定对象的正确类型。下面这个赋值语句包含多余的信息：

```
int answer = 42;
```

编译器知道 answer 是 int 类型的，因为 42 是 int 类型的。

我们可以用 auto 来代替：

```
auto the_answer { 42 };          // int
auto foot { 12L };               // long
auto rootbeer { 5.0F };          // float
auto cheeseburger { 10.0 };      // double
auto politifact_claims { false };  // bool
auto cheese { "string" };        // char[7]
```

用括号 () 和等号进行初始化时，auto 也是适用的：

```
auto the_answer = 42;
auto foot(12L);
--snip--
```

因为我们尽可能地用 {} 进行通用初始化，所以本节就不再提其他方案了。

当然，所有这些简单的初始化操作并不能带来多少好处。但是，当类型变得更加复杂时——例如处理来自标准库容器的迭代器时——它确实可以省下不少输入操作。它还能让代码在重构时更灵活。

3.4.2　auto 和引用类型

通常，我们可以在 auto 前后添加修饰符，如 &、* 和 const。这种修饰会增加特定的含义（分别是引用、指针和 const）。

```
auto year { 2019 };              // int
auto& year_ref = year;           // int&
const auto& year_cref = year;    // const int&
auto* year_ptr = &year;          // int*
const auto* year_cptr = &year;   // const int*
```

在 auto 声明中添加修饰符的行为就像我们希望的那样：如果添加了修饰符，生成的类型就会保证有那个修饰符。

3.4.3　auto 和代码重构

auto 关键字有助于使代码更简单，在重构时更灵活。考虑代码清单 3-19 中的例子，其中有一个基于范围的 for 循环。

代码清单 3-19　在基于范围的 for 循环中使用 auto 的例子

```
struct Dwarf {
  --snip--
};

Dwarf dwarves[13];

struct Contract {
  void add(const Dwarf&);
};
void form_company(Contract &contract) {
  for (const auto& dwarf : dwarves) { ❶
    contract.add(dwarf);
  }
}
```

如果有一天 dwarves 的类型发生了变化，基于范围的 for 循环中的赋值语句 ❶ 不需要改变。dwarf 类型会适应周围的环境，而中土世界的矮人则不会。

一般而言，建议总是使用 auto。

注意　使用大括号初始化时有一些极端情况要注意。在这些情况下，我们可能会得到令人惊讶的结果，但这些情况很少，特别是在 C++17 修正了一些迂腐的问题之后。在 C++17 之前，使用带大括号 {} 的 auto 会生成一个特殊的对象，叫作 std::initializer_list，我们将在第 13 章中遇到它。

3.5　总结

本章介绍了两种引用类型：引用和指针。在这一过程中，你了解了成员指针运算符、指针和数组相互作用的方式，以及 void/byte 指针。你还了解了 const 的含义及其基本用法、this 指针和成员初始化列表。此外，本章还介绍了 auto 类型推断。

练习

3-1. 阅读 CVE-2001-0500，即微软 IIS（Internet Information Services）中的缓冲区溢出（这个漏洞通常被称为 Code Red 蠕虫漏洞）。

3-2. 在代码清单 3-6 中增加 read_from 和 write_to 函数。这些函数应该从 upper 或 lower 读取元素或向 upper 或 lower 写入元素。进行边界检查以防止缓冲区溢出。

3-3. 在代码清单 3-9 增加一个 Element*previous，使之成为一个双向链表。给 Element 添加一个 insert_before 方法。使用两个独立的 for 循环从前到后，再从后到前遍历链表。在每个循环中打印 operating_number。

3-4. 使用无显式声明类型重新实现代码清单 3-11（提示：使用 auto）。

3-5. 查看第 2 章的所有代码清单。哪些方法可以标记为 const？哪里可以使用 auto？

拓展阅读

- *The C++ Programming Language*, 4th Edition, by Bjarne Stroustrup (Pearson Education, 2013)
- "C++ Core Guidelines" by Bjarne Stroustrup and Herb Sutter (*https://github.com/isocpp/CppCoreGuidelines/*)
- "East End Functions" by Phil Nash (2018; *https://levelofindirection.com/blog/east-end-functions.html*)
- "References FAQ" by the Standard C++ Foundation (*https://isocpp.org/wiki/faq/references/*)

Chapter 4 第4章

对象生命周期

你已经被物质奴役了。

——Chuck Palahniuk,《搏击俱乐部》

对象的生命周期是 C++ 对象会经历的一系列阶段。本章首先讨论对象的存储期,在这段时间内,对象会分配相应的存储空间。本章将介绍如何将对象生命周期与异常机制结合,以稳健、安全、优雅的方式处理错误并清理资源。本章最后讨论移动语义和复制语义,它为我们提供了针对对象生命周期的更细粒度的控制。

4.1 对象的存储期

对象是一段存储空间,它有类型和值。当声明一个变量时,其实就创建了一个对象。变量只是一个有名字的对象。

4.1.1 分配、释放和生命周期

每个对象都需要存储空间。为对象保留存储空间的过程叫作**分配**(allocation)。当使用完对象后,释放对象的存储空间的过程叫作**释放**(deallocation)。

对象的存储期(storage duration)从对象被分配存储空间时开始,到对象被释放时结束。对象的生命周期是一个运行时属性,受对象的存储期的约束。对象的生命周期从构造函数运行完成时开始,在调用析构函数之前结束。总的来说,每个对象都会经历以下几个阶段:

1)对象的存储期开始,并分配存储空间。

2)对象的构造函数被调用。

3）对象的生命周期开始。

4）在程序中使用该对象。

5）对象的生命周期结束。

6）对象的析构函数被调用。

7）对象的存储期结束，存储空间被释放。

4.1.2　内存管理

如果你一直使用某种应用编程语言，那么你有可能使用过自动内存管理功能，或者垃圾收集器。在运行期间，程序会创建对象。垃圾收集器会定期确定哪些对象不再被程序所需要，并安全地将它们释放。这种方法使程序员不用管理对象的生命周期，但也需要付出一些代价，包括运行时的性能损失，而且需要一些强大的编程技术，如确定性资源管理。

C++ 采取的是一种更有效的方法。这样做的代价是，C++ 程序员必须对存储期有深入的了解。控制对象生命周期是我们的责任，而不是垃圾收集器的责任。

4.1.3　自动存储期

自动对象在代码块的开头被分配，而在结尾处会释放。代码块就是自动对象的**作用域**。自动对象具有自动存储期。注意，函数的参数是自动对象，尽管从符号上来看它们出现在函数体之外。

在代码清单 4-1 中，函数 power_up_rat_thing 是自动变量 nuclear_isotopes 和 waste_heat 的作用域。

代码清单 4-1　一个带有两个自动变量 nuclear_isotopes 和 waste_heat 的函数

```
void power_up_rat_thing(int nuclear_isotopes) {
  int waste_heat = 0;
  --snip--
}
```

每次调用 power_up_rat_thing 时，nuclear_isotopes 和 waste_heat 都会被分配。在 power_up_rat_thing 返回之前，这些变量会被释放。

因为在 power_up_rat_thing 之外不能访问这些变量，所以自动变量也被称为**局部变量**。

4.1.4　静态存储期

静态对象是用 static 或 extern 关键字来声明的。我们在声明函数的同一范围内声明静态变量，这一范围即全局作用域（或命名空间作用域）。全局作用域的静态对象具有静态存储期，在程序启动时分配，在程序停止时释放。

代码清单 4-2 中的程序通过调用 power_up_rat_thing 函数来使用核同位素电池为

"鼠辈"（Rat Thing）⊖充电（典故来自科幻小说《雪崩》，作者 Neal Stephenson）。当调用该函数时，Rat Thing 的功率会增加，而变量 rat_things_power 会反映两次充电之间的能量等级。

代码清单 4-2   包含一个静态变量和几个自动变量的程序

```
#include <cstdio>

static int rat_things_power = 200; ❶

void power_up_rat_thing(int nuclear_isotopes) {
  rat_things_power = rat_things_power + nuclear_isotopes; ❷
  const auto waste_heat = rat_things_power * 20; ❸
  if (waste_heat > 10000) { ❹
    printf("Warning! Hot doggie!\n"); ❺
  }
}

int main() {
  printf("Rat-thing power: %d\n", rat_things_power); ❻
  power_up_rat_thing(100); ❼
  printf("Rat-thing power: %d\n", rat_things_power);
  power_up_rat_thing(500);
  printf("Rat-thing power: %d\n", rat_things_power);
}
--------------------------------------------------------------------
Rat-thing power: 200
Rat-thing power: 300
Warning! Hot doggie! ❽
Rat-thing power: 800
```

变量 rat_things_power❶ 是一个静态变量，因为它是在全局作用域内用 static 关键字声明的。在全局作用域内声明的另一个作用是 power_up_rat_thing 可以从编译单元的任何函数中访问（可以回忆一下第 1 章，编译单元是预处理器在对单个源文件进行处理后产生的）。在 ❷ 处，我们可以看到 power_up_rat_thing 按照核同位素电池的值（nuclear_isotopes）增加 rat_things_power 的值。因为 rat_things_power 是一个静态变量，所以它的生命周期贯穿整个程序，每次调用 power_up_rat_thing，rat_things_power 的值都会保持到下一次调用。

接下来，计算给定 rat_things_power 一个新值会产生多少废热，并将结果存储在自动变量 waste_heat❸ 中。它的存储期从调用 power_up_rat_thing 时开始，到 power_up_rat_thing 返回时结束，所以它的值不会在函数调用之间保存。最后，检查 waste_heat 是否超过了阈值 10 000❹，如果超过，则打印一条警告消息❺。

在 main 中，打印 rat_things_power 的值 ❻ 和调用 power_up_rat_thing❼ 交替进行。

⊖ 小说中一种半生物半机械的武器。——译者注

一旦把 Rat Thing 的功率从 300 增加到 800，就会在输出 ❽ 中得到警告消息。由于程序的静态存储期，修改 `rat_things_power` 的效果会在程序的生命周期内保持。

当使用 `static` 关键字时，可以指定内部链接（internal linkage）。内部链接意味着变量不能被其他编译单元访问。我们也可以指定外部链接（external linkage），使变量可以被其他编译单元访问。对于外部链接，我们使用 `extern` 关键字而不是 `static` 关键字。

我们可以通过以下方式修改代码清单 4-2 来实现外部链接：

```
#include <cstdio>

extern int rat_things_power = 200; // External linkage
--snip--
```

使用 `extern` 而不是 `static`，我们可以从其他编译单元访问 `rat_things_power`。

1. 局部静态变量

局部静态变量是一种特殊的静态变量，它是局部有效的，而不是全局有效的。局部静态变量是在函数作用域声明的，就像自动变量一样。但是它们的生命周期从包含它的函数的第一次调用开始，直到程序退出时结束。

例如，我们可以重构代码清单 4-2，使 `rat_things_power` 成为局部静态变量，如代码清单 4-3 所示。

代码清单 4-3　使用局部静态变量重构代码清单 4-2

```
#include <cstdio>

void power_up_rat_thing(int nuclear_isotopes) {
  static int rat_things_power = 200;
  rat_things_power = rat_things_power + nuclear_isotopes;
  const auto waste_heat = rat_things_power * 20;
  if (waste_heat > 10000) {
    printf("Warning! Hot doggie!\n");
  }
  printf("Rat-thing power: %d\n", rat_things_power);
}
int main() {
  power_up_rat_thing(100);
  power_up_rat_thing(500);
}
```

与代码清单 4-2 不同的是，由于变量的局部性，我们不能从 `power_up_rat_thing` 的外部引用 `rat_things_power`。这是名为封装的编程模式的一个例子，封装是指将数据与操作这些数据的函数捆绑在一起。它有助于防止意外的修改。

2. 静态成员

静态成员是指类的成员，但是和类的任何实例都不关联。普通类成员的生命周期嵌套在类的生命周期中，但静态成员具有静态存储期。

这些成员本质上类似于在全局作用域中声明的静态变量和函数，但是我们必须使用类的名称加上作用域解析运算符 :: 来引用它们。事实上，我们必须在全局作用域初始化静态成员。不能在类定义中初始化静态成员。

注意　*静态成员初始化规则有一个例外：可以在类定义中声明和定义整数类型，只要它们也被限定为 const。*

和其他静态变量一样，静态成员只有一个实例。拥有静态成员的类的所有实例都共享同一个静态成员，所以如果修改了静态成员，所有的类实例都会观察到这个修改。为了说明这一点，我们将代码清单 4-2 中的 `power_up_rat_thing` 和 `rat_things_power` 转换为 RatThing 类的静态成员，如代码清单 4-4 所示。

代码清单 4-4　使用静态成员重构代码清单 4-2

```
#include <cstdio>

struct RatThing {
  static int rat_things_power; ❶
  static❷ void power_up_rat_thing(int nuclear_isotopes) {
    rat_things_power❸ = rat_things_power + nuclear_isotopes;
    const auto waste_heat = rat_things_power * 20;
    if (waste_heat > 10000) {
      printf("Warning! Hot doggie!\n");
    }
    printf("Rat-thing power: %d\n", rat_things_power);
  }
};

int RatThing::rat_things_power = 200; ❹

int main() {
  RatThing::power_up_rat_thing(100); ❺
  RatThing::power_up_rat_thing(500);
}
```

RatThing 类包含了作为静态成员变量的 `rat_things_power`❶ 和作为静态方法的 `power_up_rat_thing`❷。因为 `rat_things_power` 是 RatThing 的成员，所以不需要作用域解析运算符 ❸，我们可以像访问其他成员一样访问它。

在初始化 `rat_things_power`❹ 时，我们可以看到作用域解析运算符的作用，在调用静态方法 `power_up_rat_thing`❺ 时，同样可以看到作用域解析运算符。

4.1.5　线程局部存储期

并发程序的基本概念之一是线程。每个程序都有一个或多个线程，它们可以执行独立的操作。线程执行的指令序列称为它的线程执行（thread of execution）。

程序员在使用多个线程执行时必须采取额外的预防措施。多个线程能够安全执行的代码称为线程安全代码。可变全局变量是许多线程安全问题的根源。有时，我们可以通过为每个线程提供单独的变量副本来避免这些问题。这可以通过指定具有线程存储期的对象来实现。

我们可以通过在 static 或 extern 关键字之外添加 thread_local 关键字来修改具有静态存储期的变量，使其具有线程局部存储期。如果只指定了 thread_local，则隐含 static 声明。变量的链接方式不变。

代码清单 4-3 不是线程安全的。根据读和写的顺序，rat_things_power 可能会损坏。我们可以通过将 rat_things_power 指定为 thread_local 来使代码清单 4-3 成为线程安全的，就像下面演示的这样：

```
#include <cstdio>

void power_up_rat_thing(int nuclear_isotopes) {
  static thread_local int rat_things_power = 200; ❶
  --snip--
}
```

现在，每个线程将代表独立的 Rat Thing，如果一个线程修改了它的 rat_things_power，这个修改不会影响其他线程。rat_things_power 的每个副本都初始化为 200❶。

> **注意**　并发编程将在第 19 章中详细讨论。为了完整起见，这里介绍了线程存储期。

4.1.6　动态存储期

具有动态存储期的对象会根据请求进行分配和释放。我们可以手动控制动态对象生命周期何时开始，何时结束。为此，动态对象也被称为分配对象（allocated object）。

分配动态对象的主要方式是使用 new 表达式。new 表达式的开头是 new 关键字，后面跟着动态对象的类型。new 表达式创建给定类型的对象，然后返回指向新创建的对象的指针。

考虑下面的例子，我们创建了一个具有动态存储期的 int 类型的对象，并将其保存到名为 my_int_ptr 的指针中。

```
int*❶ my_int_ptr = new❷ int❸;
```

我们声明了一个 int 类型的指针，并用等号右边的 new 表达式的结果来初始化它 ❶。new 表达式由 new 关键字 ❷ 和所需的 int 类型 ❸ 组成。当 new 表达式执行时，C++ 运行时会分配内存来存放 int 类型对象，然后返回指针。

我们也可以在 new 表达式中初始化动态对象，如下所示：

```
int* my_int_ptr = new int{ 42 }; // Initializes dynamic object to 42
```

在为 int 类型对象分配存储空间后，动态对象将像往常一样被初始化。初始化完成后，动态对象的生命周期就开始了。

我们可以使用 delete 表达式来释放动态对象，delete 表达式由 delete 关键字和指向动态对象的指针组成。delete 表达式总是返回 void。

要释放 my_int_ptr 指向的对象，可以使用下面的 delete 表达式：

```
delete my_int_ptr;
```

被删除对象所在的内存中所包含的值是未定义的，这意味着编译器可以产生任意内容。在实践中，主流编译器会尽量提高效率，所以通常情况下，对象的内存将保持不变，直到程序将其重新用于其他目的。我们可能不得不实现自定义的析构函数来将一些敏感的内容清空。

> **注意** 因为编译器通常不会在对象被删除后清理内存，所以可能会发生一种微妙而又潜在的严重错误，称为"释放后使用"（use after free）。如果在删除对象后不小心再次使用了它，程序在功能上可能看起来正确，因为释放的内存可能仍然包含合理的值。在某些情况下，这些问题直到程序在生产环境中运行了很长时间或者直到安全研究人员找到了利用这个 bug 的方法并将其公开才会显现出来。

1. 动态数组

动态数组是具有动态存储期的数组。我们可以用数组 new 表达式创建动态数组。数组 new 表达式的形式如下：

```
new MyType[n_elements] { init-list }
```

MyType 是数组元素的类型，n_elements 是数组的长度，可选的 init-list 是初始化列表，用于初始化数组。数组 new 表达式返回指向新分配的数组的第一个元素的指针。

下面的例子分配了一个长度为 100 的 int 型数组，并将结果保存到名为 my_int_array_ptr 的指针中：

```
int* my_int_array_ptr = new int[100❶];
```

元素的数量 ❶ 不需要是恒定的：数组的大小可以在运行时确定，这意味着括号内的值 ❶ 可以是变量而非常量。

要释放动态数组，可以使用数组 delete 表达式。与数组 new 表达式不同，数组 delete 表达式不需要指定长度：

```
delete[] my_int_ptr;
```

和 delete 表达式一样，数组 delete 表达式也返回 void。

2. 内存泄漏

权力越大责任越大，所以我们必须确保分配的动态对象也能被释放。如果不能被释放，就会导致内存泄漏，即程序不再需要的内存没有被释放。当内存泄漏时，会耗光环境中的资源，而这些资源永远也无法回收。这可能会导致性能问题或更糟糕的情况。

> **注意** 在实践中，程序的操作环境可能会自动清理泄漏的资源。例如，如果你编写的是用户模式的代码，现代操作系统会在程序退出时清理资源。但是，如果编写的是内核代码，操作系统将不会清理资源，只有在计算机重启时才会回收资源。

4.2　追踪对象的生命周期

对象生命周期对新人来说既令人生畏，同时又功能强大。我们用一个例子来探讨每一种存储期。

考虑代码清单 4-5 中的 Tracer 类，每当 Tracer 对象被构造或析构时，它都会打印一条消息。我们使用这个类来研究对象的生命周期，因为每个 Tracer 对象都清楚地表明了它开始和结束的时间。

代码清单 4-5　宣告构造和析构的 Tracer 类

```
#include <cstdio>

struct Tracer {
  Tracer(const char* name❶) : name{ name }❷ {
    printf("%s constructed.\n", name); ❸
  }
  ~Tracer() {
    printf("%s destructed.\n", name); ❹
  }
private:
  const char* const name;
};
```

构造函数接受一个参数 ❶，并将其保存到成员 name❷ 中，然后打印一条包含 name❸ 的消息，而析构函数也打印一条包含 name 的消息 ❹。

考虑代码清单 4-6 中的程序。四个不同的 Tracer 对象具有不同的存储期。通过查看程序的 Tracer 输出顺序，我们可以验证所学的关于存储期的知识。

代码清单 4-6　使用代码清单 4-5 中的 Tracer 类来说明存储期的程序

```
#include <cstdio>

struct Tracer {
  --snip--
};

static Tracer t1{ "Static variable" }; ❶
thread_local Tracer t2{ "Thread-local variable" }; ❷

int main() {
  printf("A\n"); ❸
  Tracer t3{ "Automatic variable" }; ❹
  printf("B\n");
  const auto* t4 = new Tracer{ "Dynamic variable" }; ❺
  printf("C\n");
}
```

代码清单 4-6 包含了一个 Tracer，它有静态存储期 ❶、线程局部存储期 ❷、自动存储期 ❹ 和动态存储期 ❺，在 main 中，打印字符 A、B 或 C 作为参考 ❸。

运行该程序将得到代码清单 4-7 所示的结果。

代码清单 4-7　运行代码清单 4-6 的输出示例

```
Static variable constructed.
Thread-local variable constructed.
A ❸
Automatic variable constructed.
B
Dynamic variable constructed.
C
Automatic variable destructed.
Thread-local variable destructed.
Static variable destructed.
```

在 main❸ 的第一行之前，静态变量 t1 和线程局部变量 t2 已经被初始化 ❶❷。这可以从代码清单 4-7 中看到：这两个变量都在 A 之前打印了它们的初始化消息。作为自动变量，t3 的作用域被函数 main 所限定。相应地，t3 在 A 之后才初始化。

在 B 之后，我们看到了 t4❺ 初始化所对应的消息，注意到 Tracer 的动态析构函数并没有产生相应的消息，这是因为我们（故意）泄漏了 t4 所指向的对象。因为没有 delete t4 的代码，所以析构函数永远不会被调用。

就在 main 返回之前，C 被打印。因为 t3 是一个自动变量，它的作用域是 main，所以 main 返回时会被销毁。

最后，静态变量 t1 和线程局部变量 t2 在程序退出前被销毁，产生代码清单 4-7 中的最后两条消息。

4.3 异常

异常是传递错误的类型。当错误发生时，抛出一个异常。抛出异常之后，就进入了"飞行状态"[⊖]。当异常处于"飞行状态"时，程序停止正常的执行过程，并寻找能够管理该异常的异常处理程序。在这个过程中，离开作用域的对象会被销毁。

在没有很好的方法处理本地错误的情况下，比如在构造函数中，一般会使用异常机制。在这种情况下，异常在管理对象生命周期中起着至关重要的作用。

传递错误的另一种方法是将错误码作为函数原型的一部分返回。这两种方法是互补的。在发生可以在本地处理的错误或预计在程序正常执行过程中会发生的错误的情况下，一般会返回错误码。

4.3.1　throw 关键字

要抛出异常，需使用 throw 关键字，后面跟着一个可抛出对象。大多数对象都是可抛出的。但最好使用 stdlib 中的异常之一，比如 <stdexcept> 头文件中的 std::runtime_

⊖　异常一般不是顺利执行的，是跳跃式的，像是在飞一样。——译者注

error。runtime_error 构造函数接受一个结尾为 null 的 const char* 型字符来描述错误的性质。通过 what 方法可以获取这个信息，该方法不需要参数。

代码清单 4-8 中的 Groucho 类在 forget 方法的参数等于 0xFACE 时，都会抛出一个异常。

代码清单 4-8 Groucho 类

```
#include <stdexcept>
#include <cstdio>

struct Groucho {
  void forget(int x) {
    if (x == 0xFACE) {
      throw❶ std::runtime_error❷{ "I'd be glad to make an exception." };
    }
    printf("Forgot 0x%x\n", x);
  }
};
```

为了抛出异常，代码清单 4-8 使用了 throw 关键字 ❶，后面跟着一个 std::runtime_error 对象 ❷。

4.3.2 使用 try-catch 代码块

我们使用 try-catch 块为代码块建立异常处理程序。在 try 块中放置可能抛出异常的代码。在 catch 块中为每一种可以处理的异常类型指定处理程序。

代码清单 4-9 说明了如何使用 try-catch 块来处理由 Groucho 对象抛出的异常。

代码清单 4-9 使用 try-catch 来处理 Groucho 类的异常

```
#include <stdexcept>
#include <cstdio>

struct Groucho {
  --snip--
};

int main() {
  Groucho groucho;
  try { ❶
    groucho.forget(0xC0DE); ❷
    groucho.forget(0xFACE); ❸
    groucho.forget(0xC0FFEE); ❹
  } catch (const std::runtime_error& e❺) {
    printf("exception caught with message: %s\n", e.what()); ❻
  }
}
```

在 main 中，我们构造了一个 Groucho 对象，然后建立了一个 try-catch 块 ❶。

在 `try` 部分，用几个不同的参数（0xCODE❷、0xFACE❸ 和 0xCOFFEE❹）调用 groucho 类的 `forget` 方法。在 `catch` 部分，处理所有 `std::runtime_error` 异常❺，将消息打印到控制台❻。

当运行代码清单 4-9 中的程序时，会得到以下输出：

```
Forgot 0xc0de
exception caught with message: I'd be glad to make an exception.
```

当用参数 0xCODE❷ 调用 `forget` 时，groucho 打印了 Forgot 0xc0de 并返回。当用参数 0xFACE❸ 调用 `forget` 时，groucho 抛出了一个异常。这个异常将使正常的程序执行停止，所以此时不再调用 `forget`❹，而是捕获处于飞行状态的异常❺ 并打印相关消息❻。

关于继承

在介绍 stdlib 异常之前，我们需要大致理解简单的 C++ 类继承机制。类可以有子类，子类可以继承父类的功能。代码清单 4-10 中的语法定义了这种关系。

代码清单 4-10　定义父类和子类

```cpp
struct Superclass {
  int x;
};

struct Subclass : Superclass { ❶
  int y;
  int foo() {
    return x + y; ❷
  }
};
```

Superclass 没有什么特别的地方。但 Subclass❶ 的声明很特别。它使用 `:Superclass` 语法定义了继承关系。Subclass 从 Superclass 继承没有 private 标记的成员。我们可以在 Subclass 使用字段 x❷ 时发现这一点。这是一个属于 Superclass 的字段，但是因为 Subclass 继承了 Superclass，所以 x 是可以访问的。

异常机制使用这些继承关系来决定处理程序是否捕获异常。处理程序将捕获给定的类型和它的任何父类型。

4.3.3　stdlib 异常类

我们可以使用继承机制将类设计成父类与子类关系。继承对代码处理异常的方式有很大影响。在 stdlib 中，有一个很好的、简单的现有异常类型的层次结构可供使用。对于简单的程序，应该尝试使用这些异常类型。为什么要"重新发明轮子"呢？

1. 标准异常类

stdlib 在 `<stdexcept>` 头文件中提供了标准异常类。在实现异常时，这些类应该是你的首选调用对象。所有标准异常类的父类都是 `std::exception` 类。`std::exception` 的所有子类都可以划分为三组：逻辑错误、运行时错误和语言支持错误。虽然语言支持错误一般与程序员无关，但你肯定会遇到逻辑错误和运行时错误。图 4-1 总结了它们之间的关系。

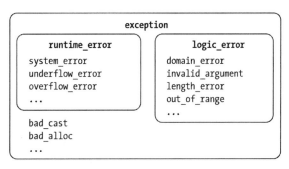

图 4-1　stdlib 中 `std::exception` 包含哪些异常

2. 逻辑错误

逻辑错误来源于 `logic_error` 类。一般来说，我们可以通过仔细编码来避免这些异常。一个主要例子是类的逻辑前置条件不满足，例如当类不变量（见第 2 章）不能满足时。

由于类不变量是由程序员定义的，所以无论是编译器还是运行时环境都不能独立保证这一点。我们可以使用类的构造函数来检查各种条件，如果不能构建类不变量，则可以抛出一个异常。如果失败的原因是向构造函数传递了不正确的参数，那么 `logic_error` 是一个适合抛出的异常。

`logic_error` 有几个子类应该多加注意：

❑ `domain_error` 报告与有效输入范围有关的错误，特别是对于数学函数。例如，平方根函数只支持非负数。如果传递了负参数，平方根函数可能会抛出 `domain_error`。

❑ `invalid_argument` 报告意外的参数错误。

❑ `length_error` 报告某些操作违反了最大尺寸约束。

❑ `out_of_range` 报告某些值不在预期范围内。典型的例子是在数据结构中进行边界检查。

3. 运行时错误

运行时错误来源于 `runtime_error` 类。这些异常可以报告程序作用域之外的错误。和 `logic_error` 一样，`runtime_error` 也有一些很有用的子类：

❑ `system_error` 报告操作系统遇到的一些错误。我们可以从这种异常中得到很多信息。`<system_error>` 头文件中有大量的错误码和错误条件。当 `system_error` 被构造出来时，错误信息会被打包进去，这样我们就可以确定错误的根源。`.code()` 方法返回类型为 `std::errc` 的枚举类，这个类包含大量的错误码，如 `bad_file_descriptor`、`timed_out` 和 `permission_denied`。

❑ `overflow_error` 和 `underflow_error` 分别报告算术上溢出和下溢出。

其他错误直接继承自 `exception` 类，一个常见的异常是 `bad_alloc`，它报告 `new` 未能成功分配所需动态内存。

4. 语言支持错误

我们不会直接使用语言支持错误。它们之所以存在是为了表明某些核心语言功能在运行时失效了。

4.3.4 异常处理

异常处理的规则是基于类继承机制的。当一个异常被抛出时，如果抛出的异常的类型与 catch 处理程序的异常类型匹配，或者抛出的异常的类型继承自 catch 处理程序的异常类型，那么 catch 代码块就会处理该异常。

例如，下面的处理程序可以捕获任何继承自 std::exception 的异常，包括 std::logic_error：

```
try {
  throw std::logic_error{ "It's not about who wrong "
                          "it's not about who right" };
} catch (std::exception& ex) {
  // Handles std::logic_error as it inherits from std::exception
}
```

下面的特殊处理程序可以捕获任何异常，无论其类型如何：

```
try {
  throw 'z'; // Don't do this.
} catch (...) {
  // Handles any exception, even a 'z'
}
```

特殊处理程序通常被用作安全机制，用于记录程序的灾难性错误，这种错误往往发生在处理某种特定类型的异常时。

链接多个 catch 语句可以处理来自同一 try 代码块的不同类型的异常，如下所示：

```
try {
  // Code that might throw an exception
  --snip--
} catch (const std::logic_error& ex) {
  // Log exception and terminate the program; there is a programming error!
  --snip--
} catch (const std::runtime_error& ex) {
  // Do our best to recover gracefully
  --snip--
} catch (const std::exception& ex) {
  // This will handle any exception that derives from std:exception
  // that is not a logic_error or a runtime_error.
  --snip--
} catch (...) {
  // Panic; an unforeseen exception type was thrown
  --snip--
}
```

在程序的入口处，经常会看到上面这样的代码。

重新抛出异常

在 catch 代码块中，可以使用 throw 关键字来继续寻找合适的异常处理程序。这叫作重新抛出异常。在某些不寻常但又很重要的情况下，在处理异常之前，可能需要进一步检查它，如代码清单 4-11 所示。

代码清单 4-11　重新抛出错误

```
try {
  // Some code that might throw a system_error
  --snip--
} catch(const std::system_error& ex) {
  if(ex.code()!= std::errc::permission_denied){
    // Not a permission denied error
    throw; ❶
  }
  // Recover from a permission denied
  --snip--
}
```

在这个例子中，可能会抛出 system_error 的代码被包裹在 try-catch 代码块中。所有的 system_error 都会被处理，但除非是 EACCES（权限拒绝）错误，否则会重新抛出这个异常 ❶。

与其重新抛出，不如定义新的异常类型，并为 EACCES 错误创建一个单独的 catch 处理程序，如代码清单 4-12 所示。

代码清单 4-12　捕获特定的异常，而不是重新抛出异常

```
try {
  // Throw a PermissionDenied instead
  --snip--
} catch(const PermissionDenied& ex) {
  // Recover from an EACCES error (Permission Denied) ❶
  --snip--
}
```

如果抛出 std::system_error，PermissionDenied 处理程序 ❶ 不会捕获它。（当然如果你愿意的话，仍然可以保留 std::system_error 处理程序来捕获这种异常。）

4.3.5　用户定义的异常

我们可以随时定义自己的异常。通常，这些用户定义的异常继承自 std::exception。所有来自 stdlib 的类都使用派生自 std::exception 的异常。这使得我们可以很容易地用一个 catch 代码块捕获所有的异常，无论是来自我们自己代码的异常还是来自 stdlib 的异常。

4.3.6 noexcept 关键字

关键字 noexcept 是另一个我们应该知道的与异常相关的术语。我们可以而且应该将不可能抛出异常的函数标记为 noexcept，如下所示：

```
bool is_odd(int x) noexcept {
  return 1 == (x % 2);
}
```

标记为 noexcept 的函数创造了一个严格的契约。当我们使用标记为 noexcept 的函数时，我们明确知道这个函数绝不会抛出异常。因此，当要将自己的函数标记 noexcept 时，必须非常小心，因为编译器不会检查任何错误。如果标记为 noexcept 的函数中抛出了异常，那就只能自求多福了。因为 C++ 运行时将直接调用函数 std::terminate，这个函数默认会通过 abort 退出程序。程序将无法恢复。

```
void hari_kari() noexcept {
  throw std::runtime_error{ "Goodbye, cruel world." };
}
```

将函数标记为 noexcept 可以帮助优化代码，这些优化要求函数不抛出异常。本质上，编译器可以自由地使用移动语义，这可能会更快（更多关于这个问题的内容请参见 4.6 节）。

注意　查看 Scott Meyers 所著的 *Effective Modern C++* 中的第 16 项，可以了解到对 noexcept 的完整讨论。要点是一些移动构造函数和移动赋值运算符可能会抛出异常，例如，如果它们需要分配内存，而系统这时又出了问题。除非移动构造函数或移动赋值运算符另有处理，否则编译器必须假设移动操作可能会导致异常。这将妨碍某些优化。

4.3.7　调用栈和异常

调用栈是一个运行时结构，它存储了当前正运行的函数信息。当一段代码（调用者）调用一个函数（被调用者）时，机器将记录谁调用了谁并将信息放到调用栈上。这使得程序可以有很多函数调用嵌套在一起。被调用者可以作为调用者反过来调用另一个函数。

1. 栈

栈（stack）是一种灵活的容器，可以容纳的元素数量动态变化。所有的栈都支持两种基本操作：将元素压到栈的顶部和将这些元素弹出。它是一种后进先出的数据结构，如图 4-2 所示。

顾名思义，调用栈在功能上与它的名字类似。每当函数被调用时，关于函数调用的信息都会被存放到栈帧中，并压到调用栈顶。由于每调用一次函数，都

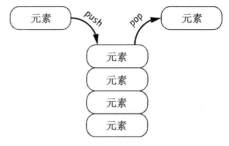

图 4-2　元素被压入栈顶以及从栈中弹出

会有一个新的栈帧（stack frame）压入栈顶，所以被调用者可以自由地调用其他函数，形成任意深度的调用链。每当函数返回时，它的栈帧就会从调用栈的顶部弹出，程序就会按照之前的栈帧信息继续执行。

2. 调用栈和异常处理

运行时会寻找最接近抛出的异常的异常处理程序。如果当前的栈帧中有匹配的异常处理程序，它将处理该异常。如果没有找到匹配的异常处理程序，运行时将展开调用栈，直到找到合适的处理程序。这个过程中，任何生命周期要结束的对象都会正常地被销毁。

3. 在析构函数中抛出异常

如果你在析构函数中抛出异常，那么你就是在玩火。这样的异常必须在析构函数内部被捕获。

假设析构函数中抛出了异常，在栈展开过程中，另一个异常被执行正常清理过程的另一个析构函数抛出。现在就有两个异常了，C++ 运行时应该如何处理这种情况呢？

对于这种情况，C++ 运行时会直接调用 `terminate`。考虑代码清单 4-13 的程序，它说明了析构函数中抛出异常时可能发生的情况。

代码清单 4-13　说明在析构函数中抛出异常很危险的程序

```
#include <cstdio>
#include <stdexcept>

struct CyberdyneSeries800 {
  CyberdyneSeries800() {
    printf("I'm a friend of Sarah Connor."); ❶
  }
  ~CyberdyneSeries800() {
    throw std::runtime_error{ "I'll be back." }; ❷
  }
};

int main() {
  try {
    CyberdyneSeries800 t800; ❸
    throw std::runtime_error{ "Come with me if you want to live." }; ❹
  } catch(const std::exception& e) { ❺
    printf("Caught exception: %s\n", e.what()); ❻
  }
}
--------------------------------------------------------------
I'm a friend of Sarah Connor. ❶
```

> **注意**　代码清单 4-13 调用了 `std::terminate`，所以根据你的环境，你可能会看到一个讨厌的弹出窗口，该窗口会报告这个错误。

首先，我们声明 CyberdyneSeries800 类，它有一个简单的构造函数，该构造函数会打印一条消息 ❶，还有一个析构函数，该析构函数会抛出一个没被捕获的异常 ❷。在

main 中，我们用 try 代码块初始化叫作 t800❸ 的 CyberdyneSeries800，并抛出一个 runtime_error❹。如果处理得好，catch 代码块会捕获这个异常 ❺，打印一条与异常相关的消息 ❻，然后优雅地退出。但是因为 t800 是 try 代码块中的一个自动变量，所以在为抛出的异常 ❹ 寻找处理方法的过程中会被销毁。然后因为 t800 在它的析构函数中又抛出了一个异常 ❷，所以程序会直接调用 std::terminate 强行结束。

一般来说，要把析构函数当作 noexcept 函数。

4.4 SimpleString 类

我们通过一个扩展的例子来探讨一下构造函数、析构函数、成员和异常是如何融合在一起的。代码清单 4-14 中的 SimpleString 类允许将 C 风格的字符串添加在一起并打印结果。

代码清单 4-14　SimpleString 类的构造函数和析构函数

```
#include <stdexcept>

struct SimpleString {
  SimpleString(size_t max_size) ❶
    : max_size{ max_size }, ❷
      length{} { ❸
    if (max_size == 0) {
      throw std::runtime_error{ "Max size must be at least 1." }; ❹
    }
    buffer = new char[max_size]; ❺
    buffer[0] = 0; ❻
  }

  ~SimpleString() {
    delete[] buffer; ❼
  }
--snip--
private:
  size_t max_size;
  char* buffer;
  size_t length;
};
```

构造函数有一个 max_size 参数 ❶。这是字符串的最大长度，其中字符串包括一个 null 结束符。成员初始化列表 ❷ 将这个长度保存到 max_size 成员变量中。这个值也被用在数组 new 表达式中，用于分配缓冲区来存储字符串 ❺。返回的指针被赋给 buffer 变量。将 length 初始化为 0❸，并且保证有足够的长度来存放至少一个 null 字符 ❹。因为字符串最开始是空的，所以 buffer 的第一个字节是 0❻。

> **注意** 因为 max_size 是 size_t 类型的，它是无符号的，不可能是负数，所以不需要进行这种检查。

SimpleString 类管理一个资源——buffer 所指向的内存，当不再需要该资源时，必须释放它。析构函数只包含了一行代码 ❼，用于释放 buffer。因为 buffer 的分配和释放与 SimpleString 的构造函数和析构函数相对应，所以永远不会出现资源泄露的情况。

这种模式称为资源获取即初始化（RAII）或构造函数获取，析构函数释放（Constructor Acquires, Destructor Releases，CADRe）。

> **注意**　SimpleString 类仍然有一个隐式定义的复制构造函数（见 4.5.1 节）。虽然它可能永远不会泄漏资源，但如果这个类的对象被复制了，它将有可能重复释放资源。必须注意代码清单 4-14 只是一个教学例子，并不是生产代码。

4.4.1　追加和打印

SimpleString 类的用处还不是很大。代码清单 4-15 增加了打印字符串和在字符串末尾追加一行的功能。

代码清单 4-15　SimpleString 的 print 和 append_line 方法

```
#include <cstdio>
#include <cstring>
#include <stdexcept>

struct SimpleString {
 --snip--
 void print(const char* tag) const { ❶
   printf("%s: %s", tag, buffer);
 }

 bool append_line(const char* x) { ❷
   const auto x_len = strlen❸(x);
   if (x_len + length + 2 > max_size) return false; ❹
   std::strncpy❺(buffer + length, x, max_size - length);
   length += x_len;
   buffer[length++] = '\n';
   buffer[length] = 0;
   return true;
 }
 --snip--
};
```

第一个方法 print❶ 打印字符串。为了方便起见，我们可以提供一个 tag 字符串，这样就可以用 print 的结果来匹配。这个方法被标记为 const，因为它不需要修改 SimpleString 的状态。

append_line 方法 ❷ 接受一个以 null 结尾的字符串 x，并在其内容加上一个换行符后追加到 buffer。如果 x 被成功追加，则返回 true，如果没有足够的空间，则返回 false。首先，append_line 必须确定 x 的长度。为此，我们使用了 <cstring> 头文件中的 strlen 函数 ❸，它接受一个以 null 结尾的字符串并返回其长度。

```
size_t strlen(const char* str);
```

我们使用 strlen 计算 x 的长度，并将结果赋给 x_len。这个结果用于计算将 x 字符串（一个换行符）以及一个 null 字符追加到当前字符串之后长度是否大于 max_size❹，如果大于的话，append_line 返回 false。

如果有足够的空间来追加 x，那么需要把它的字节复制到 buffer 的正确位置。<cstring> 头文件中的 std::strncpy 函数 ❺ 便是一个可用的工具。它接受三个参数：目标地址、源地址和要复制的字符数。

```
char* std::strncpy(char* destination, const char* source, std::size_t num);
```

strncpy 函数将从 source（源地址）复制最多 num 个字符到 destination（目标地址）。函数结束后将返回 destination（这里没有使用这个返回值）。

在将复制到 buffer 的字符数 x_len 加到 length 后，在 buffer 的最后添加一个换行符 \n 和一个 null 字符。返回 true 意味着已经成功地将输入的 x 作为一行追加到 buffer 的末尾。

> 警告　请谨慎使用 strncpy。一般，人们很容易忘记 source 字符串中的 null 结束符，也可能没有在 destination 字符串中分配足够的空间。这两种错误都会导致未定义行为。我们将在本书的第二部分介绍一种更安全的替代方法。

4.4.2　使用 SimpleString

代码清单 4-16 演示了使用 SimpleString 的一个例子，在这个例子中，我们追加了几个字符串并将中间结果打印到控制台。

代码清单 4-16　SimpleString 的方法

```cpp
#include <cstdio>
#include <cstring>
#include <exception>

struct SimpleString {
  --snip--
}

int main() {
  SimpleString string{ 115 }; ❶
  string.append_line("Starbuck, whaddya hear?");
  string.append_line("Nothin' but the rain."); ❷
  string.print("A: "); ❸
  string.append_line("Grab your gun and bring the cat in.");
  string.append_line("Aye-aye sir, coming home."); ❹
  string.print("B: "); ❺
  if (!string.append_line("Galactica!")) { ❻
    printf("String was not big enough to append another message."); ❼
  }
}
```

首先，创建了一个 max_length=115 的 SimpleString❶，调用 append_line 方法两次 ❷ 向 string 中添加一些数据，然后和标签 A 一起打印出来 ❸。然后，添加更多内容 ❹ 并再次打印出来，不过这次使用标签 B❺。当 append_line 发现 Simple-String 的空间不够时 ❻，返回 false❼（作为 string 的使用者，我们有责任检查这个条件）。

代码清单 4-17 包含运行该程序的输出。

代码清单 4-17　运行代码清单 4-16 的输出

```
A: Starbuck, whaddya hear? ❶
Nothin' but the rain.
B: Starbuck, whaddya hear? ❷
Nothin' but the rain.
Grab your gun and bring the cat in.
Aye-aye sir, coming home.
String was not big enough to append another message. ❸
```

正如预期的那样，这个字符串包含标签 A 处的 Starbuck，whaddya hear?\nNothin' but the rain.\n❶（\n 是换行的特殊字符，见第 2 章）。在追加 Grab your gun and bring the cat in. 和 Aye-aye sir, coming home. 之后，我们在 B 标签处得到了预期的输出 ❷。

当代码清单 4-17 试图将 Galactica! 追加到 string 时，append_line 返回 false，因为 buffer 中没有足够的空间。这会打印出消息 String was not big enough to append another message.❸。

4.4.3　组合 SimpleString

考虑一个包含 SimpleString 成员的类，如代码清单 4-18 所示。

代码清单 4-18　SimpleStringOwner 的实现

```
#include <stdexcept>

struct SimpleStringOwner {
  SimpleStringOwner(const char* x)
    : string{ 10 } { ❶
    if (!string.append_line(x)) {
      throw std::runtime_error{ "Not enough memory!" };
    }
    string.print("Constructed: ");
  }
  ~SimpleStringOwner() {
    string.print("About to destroy: "); ❷
  }
private:
  SimpleString string;
};
```

正如成员初始化列表 ❶ 所演示的那样，string 构造完全了，一旦 SimpleStringOwner 的构造函数开始执行，它的类不变量就建立了。这表明了对象的成员在构造过程中的顺序：成员在类的构造函数之前被构造。这是有道理的：如果不知道类的成员的不变量，又怎么能建立类的不变量呢？

析构函数的工作方式正好相反。在 ~SimpleStringOwner() ❷ 中，我们需要保证 string 的类不变量成立，这样才可以打印它的内容。在调用对象的析构函数后，所有成员都会被析构。

代码清单 4-19 包含了一个 SimpleStringOwner。

代码清单 4-19　一个包含 SimpleStringOwner 的程序

```
--snip--
int main() {
  SimpleStringOwner x{ "x" };
  printf("x is alive\n");
}
--------------------------------------------------------------------------------
Constructed: x ❶
x is alive
About to destroy: x ❷
```

正如预期的那样，x 的成员 string 被正确地创建了，因为对象成员的构造函数是在对象自己的构造函数之前被调用的，结果就得到了 Constructed:x❶ 的消息。作为一个自动变量，x 会在 main 返回之前被销毁，于是我们得到 About to destroy:x❷。此时，成员 string 仍然有效，因为成员析构函数是在类对象的析构函数之后调用的。

4.4.4　调用栈展开

代码清单 4-20 演示了异常处理和调用栈展开的工作方式。我们在 main 中建立一个 try-catch 块，然后进行一系列的函数调用，其中一个调用会引发异常。

代码清单 4-20　一个说明 SimpleStringOwner 的用法和调用栈展开的程序

```
--snip--
void fn_c() {
  SimpleStringOwner c{ "cccccccccc" }; ❶
}
void fn_b() {
  SimpleStringOwner b{ "b" };
  fn_c(); ❷
}

int main() {
  try { ❸
    SimpleStringOwner a{ "a" };
    fn_b(); ❹
    SimpleStringOwner d{ "d" }; ❺
  } catch(const std::exception& e) { ❻
```

```
    printf("Exception: %s\n", e.what());
  }
}
```

代码清单 4-21 显示了运行代码清单 4-20 中程序的结果。

代码清单 4-21　运行代码清单 4-20 中的程序的输出

```
Constructed: a
Constructed: b
About to destroy: b
About to destroy: a
Exception: Not enough memory!
```

我们设置好了一个 **try-catch** 块 ❸。当第一个 **SimpleStringOwner**（即 a）被顺利地构造出来时，我们看到 **Constructed: a** 被打印到控制台。接下来，**fn_b** 被调用 ❹。注意，此时仍然在 **try-catch** 块中，所以抛出的任何异常都会被处理。在 **fn_b** 内部，另一个 **SimpleStringOwner**（即 b）被成功构造出来，**Constructed: b** 被打印到控制台。接下来，在 **fn_b** 中调用另一个函数 **fn_c** ❷。

这里我们暂停一下，看看调用栈是什么样的，哪些对象是有效的，异常处理情况是什么样的。有两个 **SimpleStringOwner** 对象（a 和 b）是有效的。调用栈看起来是 fn() → fn_b() → fn_c()，并且我们在 **main** 中设置了一个异常处理程序来处理任何异常。图 4-3 总结了这种情况。

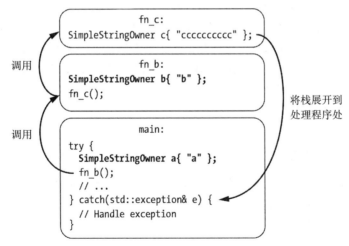

图 4-3　当 fn_c 调用 SimpleStringOwner c 的构造函数时的调用栈

在 ❶ 处，会遇到一个小问题。记得 **SimpleStringOwner** 有一个成员 **SimpleString**，它初始化时 max_size 总是 10。当我们试图构造 c 时，**SimpleStringOwner** 的构造函数会抛出一个异常，因为我们试图追加 cccccccccc，（它的长度为 10），它太大了，无法与换行符和空结束符一起使用。

现在，我就有一个异常需要处理。这时调用栈将展开，直到找到合适的处理程序才停下来，所有因调用栈展开而离开作用域的对象都将被销毁。因为处理程序在调用栈最上面 ❻，所以 `fn_c` 和 `fn_b` 都会展开。因为 `SimpleStringOwner b` 是 `fn_b` 中的一个自动变量，所以它会被销毁，我们看到 `About to destroy: b` 被打印到控制台。在 `fn_b` 之后，`try{}` 中的自动变量会被销毁，包括 `SimpleStringOwner a`，所以我们看到 `About to destroy: a` 被打印到了控制台。

一旦 `try{}` 块中发生异常，就不会再有其他语句执行。因此，d 永远不会初始化 ❺，我们也永远看不到 d 的构造函数打印到控制台。调用栈展开后，程序将立即执行到 `catch` 块。最后，将 `Exception: Not enough memory!` 打印到控制台 ❻。

4.4.5　异常和性能

在程序中，我们必须处理错误；错误是不可避免的。当正确地使用异常机制，并且没有错误发生时，代码会比采用手工错误检查的代码更快。如果确实发生了错误，异常处理有时可能会慢一些，但在代码健壮性和可维护性方面，我们会获得巨大的收益。*Optimized C++* 的作者 Kurt Guntheroth 说得好："异常处理可以使程序在正常执行时速度更快，而在执行失败时行为更好。"当 C++ 程序正常执行时（没有抛出异常），没有与检查异常相关的运行时开销。只有当异常被抛出时，才会有开销。

我们希望能相信异常在通常的 C++ 程序中的核心作用。不幸的是，有时我们无法使用异常，例如嵌入式开发需要实时性保障。在这种情况下，根本就没有工具（暂时还没有）。运气好的话，这种情况很快就会改变，但现在，在大多数嵌入式环境中，我们都无法使用异常机制。另一个例子是遗留代码。异常之所以优雅，是因为它们与 RAII 对象配合得很好。当析构函数负责清理资源时，栈展开是防止资源泄漏的一种直接而有效的方法。在遗留代码中，你可能会发现手动资源管理和错误处理代替了 RAII 对象。这使得使用异常变得非常危险，因为只有在 RAII 对象的配合下，栈展开才是安全的。如果没有它们，很容易泄漏资源。

4.4.6　异常的替代方法

在异常不可用的情况下，也并非全无办法。虽然需要手动检查错误，但仍可以利用一些有用的 C++ 特性来减少错误。首先，我们可以通过暴露一些方法来手动约束类不变量，让这些方法判断类不变量是否可以建立，如下所示：

```
struct HumptyDumpty {
  HumptyDumpty();
  bool is_together_again();
  --snip--
};
```

在典型 C++ 中，我们只会在构造函数中抛出异常，但在这里我们必须记住要在调用代码中检查这种情况并将其作为一个错误条件：

```
bool send_kings_horses_and_men() {
  HumptyDumpty hd{};
  if (hd.is_together_again()) return false;
  // Class invariants of hd are now guaranteed.
  // Humpty Dumpty had a great fall.
  --snip--
  return true;
}
```

第二种应对策略是使用结构化绑定声明返回多个值，这是一种语言特性，它允许我们从一个函数调用中返回多个值。我们可以使用这个特性在返回正常的返回值的同时返回 success 标志，如代码清单 4-22 所示。

代码清单 4-22　演示结构化绑定声明的代码段

```
struct Result { ❶
  HumptyDumpty hd;
  bool success;
};

Result make_humpty() { ❷
  HumptyDumpty hd{};
  bool is_valid;
  // Check that hd is valid and set is_valid appropriately
  return { hd, is_valid };
}

bool send_kings_horses_and_men() {
  auto [hd, success] = make_humpty(); ❸
  if(!success) return false;
  // Class invariants established
  --snip--
  return true;
}
```

首先，我们声明一个 POD 对象，它包含一个 HumptyDumpty 和一个 success 标志 ❶。接着，我们定义函数 make_humpty ❷，它构建 HumptyDumpty 并估值。这种方法被称为工厂方法，因为它们的目的是初始化对象。make_humpty 函数在返回时会把它和 success 标志打包成一个 Result。调用处 ❸ 的语法说明了如何将 Result 解包成多个 auto 类型的变量。

注意　8.3.4 节将详细地探讨结构化绑定。

4.5　复制语义

复制语义（copy semantics）是"复制的意思"。在实践中，程序员们用这个词来表示对象进行复制的规则：x 被复制到 y 后，它们是等价且独立的。也就是说，在复制后 x == y

是 true（等价性），对 x 的修改不会引起对 y 的修改（独立性）。

复制行为非常常见，特别是当通过值将对象传递到函数时，如代码清单 4-23 所示。

代码清单 4-23　演示通过值传递会产生复制行为的程序

```
#include <cstdio>

int add_one_to(int x) {
  x++; ❶
  return x;
}

int main() {
  auto original = 1;
  auto result = add_one_to(original); ❷
  printf("Original: %d; Result: %d", original, result);
}
--------------------------------------------------------------------------------
Original: 1; Result: 2
```

这里，`add_one_to` 按值获取参数 x。然后，它修改 x 的值 ❶。这个修改是与调用者 ❷ 独立的，`original` 的值不受影响，因为 `add_one_to` 得到的是一个副本。

对于用户自定义 POD 类型，情况是类似的。如代码清单 4-24 所示，按值传递会导致每个成员值被复制到参数中（按成员复制）。

代码清单 4-24　函数 make_transpose 生成 POD 类型 Point 的副本

```
struct Point {
  int x, y;
};

Point make_transpose(Point p) {
  int tmp = p.x;
  p.x = p.y;
  p.y = tmp;
  return p;
}
```

当 `make_transpose` 被调用时，它在 p 中接收到一个 Point 的副本，而原始值不受影响。

对于基本类型和 POD 类型，情况很简单。复制这些类型时是逐个成员复制的，这意味着每个成员都会被复制到相应的目标中。这实际上是从一个内存地址到另一个内存地址的按位复制。

全功能类需要多考虑一些。全功能类的默认复制语义也是按成员逐个复制，但是这可能是非常危险的。再考虑一下 `SimpleString` 类。如果我们允许用户对活动的 `SimpleString` 类进行按成员复制，可能会导致灾难性结果。两个 `SimpleString` 类将指向同一个 `buffer`。由于这两个副本都追加到同一个 `buffer`，它们会互相破坏。图 4-4 总结了这种情况。

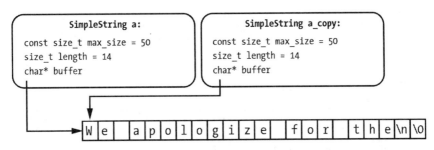

图 4-4　SimpleString 类默认复制语义的演示

这个结果是有问题的，但更糟糕的事情发生在 SimpleString 类开始析构的时候。当其中一个 SimpleString 类被销毁时，buffer 将被释放。当余下的 SimpleString 类试图写入 buffer 时，未定义行为产生了。在某个时候，余下的 SimpleString 类将被析构并再次释放 buffer，从而导致通常所说的"重复释放"（double free）。

注意　就像它那邪恶的表兄弟"释放后使用"一样，"重复释放"会导致一些微妙的、难以诊断的 bug，而这些 bug 的出现概率非常低。当将一个对象释放两次时，就会发生"重复释放"的情况。一旦释放了对象，它的存储生命周期就结束了。这块内存现在处于未定义的状态，并且如果析构一个已经被析构的对象，就会有未定义行为产生。在某些情况下，这会导致严重的安全漏洞。

我们可以通过控制复制语义来避免这场"火灾"。我们可以指定复制构造函数和复制赋值运算符，如下文所述。

4.5.1　复制构造函数

复制一个对象有两种方法。一种是使用复制构造函数，它将创建一个副本并将其分配给一个全新的对象。复制构造函数看起来和其他构造函数一样：

```
struct SimpleString {
  --snip--
  SimpleString(const SimpleString& other);
};
```

请注意，other 被指定为 const。复制某个 SimpleString 时，我们没有理由去修改它。我们可以像使用其他构造函数一样使用复制构造函数，如使用带括号初始化列表的统一初始化语法：

```
SimpleString a;
SimpleString a_copy{ a };
```

第二行代码用 a 调用 SimpleString 的复制构造函数，产生 a_copy。

我们来实现 SimpleString 的复制构造函数。我们想要的是所谓的"深复制"（deep copy），即把原始缓冲区（buffer）所指向的数据复制到新的缓冲区中，如图 4-5 所示。

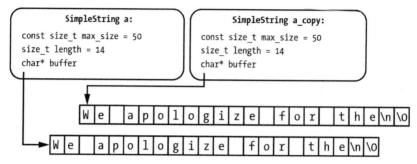

图 4-5 对 SimpleString 类的深复制的描述

与其复制指针 buffer，不如在自由存储区上重新分配一个区域，然后复制原始 buffer 指向的所有数据。这样就有了两个独立的 SimpleString 类。代码清单 4-25 实现了 SimpleString 的复制构造函数。

代码清单 4-25 SimpleString 类的复制构造函数

```
SimpleString(const SimpleString& other)
  : max_size{ other.max_size }, ❶
    buffer{ new char[other.max_size] }, ❷
    length{ other.length } { ❸
    std::strncpy(buffer, other.buffer, max_size); ❹
}
```

对 max_size❶、buffer❷ 和 length❸ 使用成员初始化列表，复制 other 上相应的字段来完成初始化。使用数组 new❷ 来初始化 buffer，因为我们知道 other.max_size 肯定大于 0。复制构造函数的主体只包含一条语句 ❹，它将 other.buffer 指向的内容复制到 buffer 指向的数组中。

代码清单 4-26 通过现有的 SimpleString 来用复制构造函数初始化一个新的 SimpleString。

代码清单 4-26 一个使用 SimpleString 类的复制构造函数的程序

```
--snip--
int main() {
  SimpleString a{ 50 };
  a.append_line("We apologize for the");
  SimpleString a_copy{ a }; ❶
  a.append_line("inconvenience."); ❷
  a_copy.append_line("incontinence."); ❸
  a.print("a");
  a_copy.print("a_copy");
}
--------------------------------------------------------------
a: We apologize for the
inconvenience.
a_copy: We apologize for the
incontinence.
```

在程序中，SimpleString 对象 a_copy❶ 是 a 的副本，它等价且独立于原始对象。我们可以在 a❷ 和 a_copy❸ 的结尾添加不同的消息，这些改变是独立的。

当按值将 SimpleString 传递到某函数中时，便会调用复制构造函数，如代码清单 4-27 所示。

代码清单 4-27　该程序展示了当按值传递一个对象时，复制构造函数会被调用

```
--snip--
void foo(SimpleString x) {
  x.append_line("This change is lost.");
}

int main() {
  SimpleString a { 20 };
  foo(a); // Invokes copy constructor
  a.print("Still empty");
}
--------------------------------------------------------------------
Still empty:
```

注意　我们不应该通过按值传递来避免修改，而应该使用 const 引用。

复制操作对性能的影响可能很大，特别是在涉及自由存储分配和缓冲区复制的情况下。例如，假设我们有一个管理千兆字节数据的类。每次复制对象时，我们都需要分配和复制 1 GB 的数据。这可能会花费很长时间，所以我们要确定自己的确需要复制数据。如果可以通过传递 const 引用来实现，则强烈推荐使用这种方式。

4.5.2　复制赋值

在 C++ 中生成副本的另一种方法是使用复制赋值运算符。我们可以创建对象的副本，并将其赋给另一个现有对象，如代码清单 4-28 所示。

代码清单 4-28　使用默认的复制赋值运算符创建对象的副本，并将其赋给另一个现有对象

```
--snip--
void dont_do_this() {
  SimpleString a{ 50 };
  a.append_line("We apologize for the");
  SimpleString b{ 50 };
  b.append_line("Last message");
  b = a; ❶
}
```

注意　代码清单 4-28 中的代码会导致未定义行为，因为它没有自定义的复制赋值运算符。

行 ❶ 将 a 复制赋值给 b。复制赋值和复制构造的主要区别在于，在复制赋值中，b 可能已经有了一个值，我们必须在复制 a 之前清理 b 的资源。

> **警告** 简单类型的默认复制赋值运算符只是将源对象中的成员复制到目标对象中。对于 SimpleString，这是很危险的，原因有二。第一，原 SimpleString 类的缓冲区被重写，而没有释放动态分配的 char 数组。第二，两个 SimpleString 类拥有同一个缓冲区，这可能会导致指针悬空和重复释放。必须实现复制赋值运算符来执行干净的交接。

复制赋值运算符使用 operator= 语法，如代码清单 4-29 所示。

代码清单 4-29　一个用户自定义的 SimpleString 复制赋值运算符

```
struct SimpleString {
  --snip--
  SimpleString& operator=(const SimpleString& other) {
    if (this == &other) return *this; ❶
    --snip--
    return *this; ❷
  }
}
```

复制赋值运算符返回对结果的引用，它的值永远都是 *this❷，一般来说，检查 other 是否正好指向 this❶ 也是很好的实践。

我们可以按照这些准则来实现 SimpleString 的复制赋值：释放当前对象的 buffer，然后像在复制构造函数中那样复制 other，如代码清单 4-30 所示。

代码清单 4-30　SimpleString 的复制赋值运算符

```
SimpleString& operator=(const SimpleString& other) {
  if (this == &other) return *this;
  const auto new_buffer = new char[other.max_size]; ❶
  delete[] buffer; ❷
  buffer = new_buffer; ❸
  length = other.length; ❹
  max_size = other.max_size; ❺
  strcpy_s(buffer, max_size, other.buffer); ❻
  return *this;
}
```

复制赋值运算符首先分配一个大小合适的 new_buffer❶，然后清理 buffer❷。接着像代码清单 4-25 中的复制构造函数那样复制 buffer❸、length❹ 和 max_size❺，再把 other.buffer 的内容复制到当前的 buffer 中 ❻。

代码清单 4-31 说明了 SimpleString 复制赋值运算符（在代码清单 4-30 中实现）的工作原理。

代码清单 4-31　用 SimpleString 类演示复制赋值的程序

```
--snip--
int main() {
  SimpleString a{ 50 };
  a.append_line("We apologize for the"); ❶
```

```
SimpleString b{ 50 };
b.append_line("Last message"); ❷
a.print("a"); ❸
b.print("b"); ❹
b = a; ❺
a.print("a"); ❻
b.print("b"); ❼
}
```

```
a: We apologize for the ❸
b: Last message ❹
a: We apologize for the ❻
b: We apologize for the ❼
```

首先，我们声明两个有不同消息的 `SimpleString` 类：字符串 a 包含 We apologize for the❶，b 包含 Last message❷。通过打印这些字符串来验证它们是否包含指定的文本❸❹。接着，复制赋值 b，让它等于 a❺。现在 a 和 b 包含同一条消息的副本：We apologize for the❻❼。但是消息分别存放在两块不同的内存区域，这一点很重要。

4.5.3　默认复制

通常情况下，编译器会为复制构造函数和复制赋值运算符生成默认的实现。默认的实现是在类的每个成员上调用复制构造函数或复制赋值运算符。

无论何时，当类管理资源时，我们必须对默认的复制语义极为小心，它们很可能是错的（正如我们在 `SimpleString` 看到的那样）。针对这样的情况，最佳实践是要使用 `default` 关键字显式声明默认的复制赋值运算符和复制构造函数。例如，`Replicant` 类具有默认的复制语义，如下所示：

```
struct Replicant {
  Replicant(const Replicant&) = default;
  Replicant& operator=(const Replicant&) = default;
  --snip--
};
```

有些类根本不能或不应该被复制，例如，管理着文件的类或代表并发编程中的互斥锁的类。我们可以使用 `delete` 关键字阻止编译器生成复制构造函数和复制赋值运算符。例如，`Highlander` 类就不能被复制：

```
struct Highlander {
  Highlander(const Highlander&) = delete;
  Highlander& operator=(const Highlander&) = delete;
  --snip--
};
```

任何试图复制 `Highlander` 的行为都会导致编译错误：

```
--snip--
int main() {
  Highlander a;
```

```
Highlander b{ a }; // Bang! There can be only one.
}
```

强烈建议大家为拥有资源（如打印机、网络连接或文件）的类明确定义复制赋值运算符
和复制构造函数。如果不需要自定义行为，则使用 default 或 delete。这可以避免很多
讨厌的和难以调试的错误。

4.5.4　复制指南

当实现复制行为时，请考虑以下特性：

❑ **正确性**：必须确保类不变量得到维护。SimpleString 类演示了默认的复制构造
函数可能违反不变量。
❑ **独立性**：在复制赋值或复制构造之后，原始对象和副本对象在修改过程中不应该
改变对方的状态。如果只是简单地将 buffer 从一个 SimpleString 复制到另一
个，那么修改一个 buffer 所指向的数据时同时也会修改另一个 buffer 所指向的
数据。
❑ **等价性**：原始对象和副本对象应该是一样的。等价性的语义取决于上下文。但一般
来说，应用于原始对象的操作在应用于副本对象时应该产生相同的效果。

4.6　移动语义

当涉及大量数据时，复制语义在运行时可能相当耗时。通常情况下，我们只是想把资
源的所有权从一个对象转移到另一个对象。我们可以生成一个副本对象并销毁原始对象，
但这通常效率很低。相反，可以使用移动语义（move semantics）。

移动语义是复制语义的必然结果，它要求对象 y 被移动到对象 x 中后，x 相当于 y 之
前的值。移动后，y 处于一种特殊的状态，称为"移出"（moved-from）状态。我们只能对
"移出"对象进行两种操作：（重新）赋值或销毁。请注意，将对象 y 移动到对象 x 中不只
是重命名过程：它们都是单独的对象，有单独的存储空间和单独的生命周期。

与指定复制行为的方式类似，我们可以通过移动构造函数和移动赋值运算符指定对象
的移动方式。

4.6.1　复制行为可能浪费资源

假设我们想把一个 SimpleString 移动到 SimpleStringOwner 中，如下：

```
--snip--
void own_a_string() {
  SimpleString a{ 50 };
  a.append_line("We apologize for the");
  a.append_line("inconvenience.");
  SimpleStringOwner b{ a };
  --snip--
}
```

我们可以为 SimpleStringOwner 添加一个构造函数，然后复制构造它的 Simple-String 成员，如代码清单 4-32 所示。

代码清单 4-32　浪费副本的简单成员初始化方法

```
struct SimpleStringOwner {
  SimpleStringOwner(const SimpleString& my_string) : string{ my_string }❶ { }
  --snip--
private:
  SimpleString string; ❷
};
```

这种方法存在着隐藏的浪费行为。我们有一个副本结构 ❶，但调用者在构造 string❷ 后再也没有使用过被复制的对象，图 4-6 说明了这个问题。

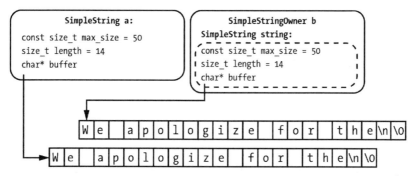

图 4-6　对 string 使用复制构造函数是一种浪费

我们应该把 SimpleString a 的内容移到 SimpleStringOwner 的 string 字段中。图 4-7 显示了我们想要达到的效果：SimpleStringOwner b 偷走了 buffer 并将 SimpleString a 设置为可销毁状态。

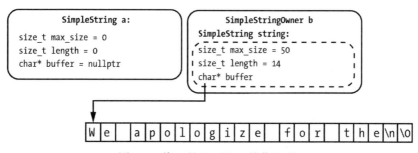

图 4-7　将 a 的 buffer 换作 b 的

移动 a 后，b 的 SimpleString 相当于 a 之前的状态，所以 a 处于可销毁状态。

移动行为是很危险的。如果不小心使用了处于移出状态的 a，可能会招致灾难。当 a 被移出时，SimpleString 的类不变量将无法成立。

幸运的是，编译器有内置的保障措施：左值（lvalue）和右值（rvalue）。

4.6.2 值类别

每个表达式都有两个重要的特征：它的类型和值类别。值类别描述了什么样的操作对该表达式有效。由于 C++ 的进化，值类别变得很复杂：表达式可以是"广义左值"(glvalue)、"纯右值"(prvalue)、"过期值"(xvalue)、左值（不是过期值的广义左值）或者右值（纯右值或过期值）。幸运的是，对于新手来说，不需要对这些值类别有太多了解。

我们将简单地探讨一下值类别。现在，我们只需要对左值和右值有一个大致的了解。左值是有名字的值，而右值是非左值的值。

考虑以下初始化：

```
SimpleString a{ 50 };
SimpleStringOwner b{ a };                 // a is an lvalue
SimpleStringOwner c{ SimpleString{ 50 } }; // SimpleString{ 50 } is an rvalue
```

这些术语的词源是右值和左值，左和右指的是在构造过程中各自相对于等号的位置。在语句 `int x = 50;` 中，x 在等号的左边，因此是左值，50 在等号的右边，因此是右值。这些术语并不完全准确，因为等号的右边也可以放左值（例如在复制赋值中）。

> 注意 ISO C++ 标准在 [basic] 和 [expr] 节详细解释了值类别。

4.6.3 左值引用和右值引用

我们可以使用左值引用和右值引用向编译器传达函数接受左值或右值作为参数的意思。到目前为止，本书中每一个引用参数都是左值引用，这些参数用一个 **&** 表示。我们也可以使用 **&&** 来接受一个参数右值引用。

幸运的是，编译器在确定对象是左值还是右值方面做得很好。事实上，我们可以定义多个名称相同但参数不同的函数，编译器会根据我们调用函数时提供的参数自动调用正确的版本。

代码清单 4-33 中包含了两个名称为 `ref_type` 的函数，用于判断调用者传递的是左值引用还是右值引用。

代码清单 4-33 一个包含左值引用和右值引用的重载函数的程序

```
#include <cstdio>

void ref_type(int &x) { ❶
  printf("lvalue reference %d\n", x);
}
void ref_type(int &&x) { ❷
  printf("rvalue reference %d\n", x);
}

int main() {
  auto x = 1;
  ref_type(x); ❸
```

```
  ref_type(2); ❹
  ref_type(x + 2); ❺
}
----------------------------------------------------------------
lvalue reference 1 ❸
rvalue reference 2 ❹
rvalue reference 3 ❺
```

int &x 版本 ❶ 接受左值引用，int &&x 版本 ❷ 接受右值引用。ref_type 被调用了三次。首先，我们调用了左值引用版本，因为 x 是一个左值（它有一个名字）❸。然后，我们调用右值引用版本，因为 2 是一个没有名字的整数字面量 ❹。最后，x+2 没有名字，因此是一个右值，调用右值引用版本 ❺。

注意　定义多个名称相同但参数不同的函数称为函数重载，详见第 9 章。

4.6.4　std::move 函数

我们可以使用 <utility> 头文件中的 std::move 函数将左值引用转换成右值引用。代码清单 4-34 更新了代码清单 4-33，以说明 std::move 函数的使用方法。

代码清单 4-34　更新代码清单 4-33，使用 std::move 将 x 转为右值

```
#include <utility>
--snip--
int main() {
  auto x = 1;
  ref_type(std::move(x)); ❶
  ref_type(2);
  ref_type(x + 2);
}
----------------------------------------------------------------
rvalue reference 1 ❶
rvalue reference 2
rvalue reference 3
```

正如预期的那样，std::move 将左值 x 变成右值 ❶，ref_type 的左值重载版本从未被调用过。

注意　C++ 委员会也许应该把 std::move 命名为 std::rvalue，但是现在我们只能用这个名字。std:move 函数实际上并不移动任何东西——它只是转换类型。

当使用 std::move 时，要非常小心，因为它删除了阻止我们与处于移出状态的对象进行交互的保障措施。我们可以对处于移出状态的对象执行两个操作：销毁或重新赋值。

左值和右值语义如何实现移动语义，现在应该清楚了。如果现成的是左值，移动语义就会被阻止。如果现成的是右值，移动语义就会被启用。

4.6.5 移动构造

移动构造函数看起来像复制构造函数，只是它们采用右值引用而非左值引用。
考虑代码清单 4-35 中的 **SimpleString** 移动构造函数。

代码清单 4-35 SimpleString 的移动构造函数

```
SimpleString(SimpleString&& other) noexcept
  : max_size{ other.max_size }, ❶
  buffer(other.buffer),
  length(other.length) {
  other.length = 0; ❷
  other.buffer = nullptr;
  other.max_size = 0;
}
```

因为 other 是一个右值引用，所以我们可以解构它。对于 **SimpleString**，这很容易：只需将 **other** 的所有字段复制到 **this❶** 中，然后将 **other** 的字段清零 ❷。后一步很重要：它使 **other** 处于移出状态。（想一想，如果没有清除 **other** 的成员，那么在销毁 **other** 的时候会发生什么。）

执行这个移动构造函数比执行复制构造函数的成本低很多。

移动构造函数被设计成不会抛出异常，所以我们可以把它标记为 **noexcept**。我们的首选应该是使用 **noexcept** 移动构造函数。通常，编译器不能使用抛出异常的移动构造函数，而会使用复制构造函数。因为编译器更喜欢慢但正确的代码，而不是快但不正确的代码。

4.6.6 移动赋值

我们也可以通过 **operator=** 创建类似于复制赋值运算符的移动赋值运算符。移动赋值运算符接受右值引用，而不是 **const** 型左值引用，我们通常将它标记为 **noexcept**。代码清单 4-36 为 **SimpleString** 实现了这样一个移动赋值运算符。

代码清单 4-36 SimpleString 的移动赋值运算符

```
SimpleString& operator=(SimpleString&& other) noexcept { ❶
  if (this == &other) return *this; ❷
  delete[] buffer; ❸
  buffer = other.buffer; ❹
  length = other.length;
  max_size = other.max_size;
  other.buffer = nullptr; ❺
  other.length = 0;
  other.max_size = 0;
  return *this;
}
```

我们可以使用右值引用语法和 **noexcept** 限定符来声明移动赋值运算符，就像移动构

造函数一样 ❶。自引用检查 ❷ 应对 SimpleString 对自己的移动赋值。在将 this 的字段赋给 other 的字段 ❹ 之前，需要清理 buffer❸，并将 other 的字段清零 ❺。除自引用检查 ❷ 和清理 ❸ 之外，移动赋值运算符和移动构造函数的功能是相同的。

现在 SimpleString 是可移动的，可以完成 SimpleStringOwner 的 SimpleString 构造函数了。

```
SimpleStringOwner(SimpleString&& x) : string{ std::move(x)❶ } { }
```

x 是一个左值，所以必须将 std::move 放入 string 的移动构造函数 ❶ 中。你可能会发现使用 std::move 很奇怪，因为 x 本身是一个右值引用。回想一下，左值与右值和左值引用与右值引用是不同的描述符。

考虑一下，如果这里不需要 std::move 的话：如果 x 被移动，然后在构造函数中继续使用它，会怎么样？这可能会导致难以诊断的 bug。请记住，我们不能使用处于移出状态的对象，除非释放或销毁它们。任何其他操作都将产生未定义行为。

代码清单 4-37 说明了 SimpleString 的移动赋值。

代码清单 4-37　用 SimpleString 类说明移动赋值的程序

```
--snip--
int main() {
  SimpleString a{ 50 };
  a.append_line("We apologize for the"); ❶
  SimpleString b{ 50 };
  b.append_line("Last message"); ❷
  a.print("a"); ❸
  b.print("b"); ❹
  b = std::move(a); ❺
  // a is "moved-from"
  b.print("b"); ❻
}
--------------------------------------------------------------------
a: We apologize for the ❸
b: Last message ❹
b: We apologize for the ❻
```

像代码清单 4-31 一样，我们首先声明两个具有不同消息的 SimpleString 类：字符串 a 包含 We apologize for the❶，b 包含 Last message❷。我们打印这些字符串来验证它们是否包含指定的字符串 ❸❹。接下来，将 a 移动赋值到 b❺。注意，我们必须使用 std::move 将 a 转为右值。在移动赋值之后，a 处于移出状态，我们不能使用它，除非给它重新赋值。现在，b 拥有了 a 曾经拥有的消息，即 We apologize for the❻。

4.6.7　最终成果

现在，我们有了一个实现完整的 SimpleString，它支持移动语义和复制语义。代码清单 4-38 将这些内容整合在了一起。

代码清单 4-38　一个实现完整的 SimpleString 类，它支持移动语义和复制语义

```cpp
#include <cstdio>
#include <cstring>
#include <stdexcept>
#include <utility>

struct SimpleString {
  SimpleString(size_t max_size)
    : max_size{ max_size },
    length{} {
    if (max_size == 0) {
      throw std::runtime_error{ "Max size must be at least 1." };
    }
    buffer = new char[max_size];
    buffer[0] = 0;
  }
  ~SimpleString() {
    delete[] buffer;
  }
  SimpleString(const SimpleString& other)
    : max_size{ other.max_size },
    buffer{ new char[other.max_size] },
    length{ other.length } {
    std::strncpy(buffer, other.buffer, max_size);
  }
  SimpleString(SimpleString&& other) noexcept
    : max_size(other.max_size),
    buffer(other.buffer),
    length(other.length) {
    other.length = 0;
    other.buffer = nullptr;
    other.max_size = 0;
  }
  SimpleString& operator=(const SimpleString& other) {
    if (this == &other) return *this;
    const auto new_buffer = new char[other.max_size];
    delete[] buffer;
    buffer = new_buffer;
    length = other.length;
    max_size = other.max_size;
    std::strncpy(buffer, other.buffer, max_size);
    return *this;
  }
  SimpleString& operator=(SimpleString&& other) noexcept {
    if (this == &other) return *this;
    delete[] buffer;
    buffer = other.buffer;
    length = other.length;
    max_size = other.max_size;
    other.buffer = nullptr;
    other.length = 0;
    other.max_size = 0;
```

```
      return *this;
    }
    void print(const char* tag) const {
      printf("%s: %s", tag, buffer);
    }
    bool append_line(const char* x) {
      const auto x_len = strlen(x);
      if (x_len + length + 2 > max_size) return false;
      std::strncpy(buffer + length, x, max_size - length);
      length += x_len;
      buffer[length++] = '\n';
      buffer[length] = 0;
      return true;
    }
  private:
    size_t max_size;
    char* buffer;
    size_t length;
};
```

4.6.8　编译器生成的方法

有五种方法可以控制移动行为和复制行为：

❑ 析构函数。

❑ 复制构造函数。

❑ 移动构造函数。

❑ 复制赋值运算符。

❑ 移动赋值运算符。

在某些情况下，编译器可以为每个方法生成默认实现。不幸的是，生成方法的规则很复杂，而且在不同的编译器中可能是不一致的。

我们可以通过将这些方法设置为 default/delete 或通过恰当的方式实现它们来消除这种复杂性。这个一般规则叫"五法则"（rule of five），因为有五个方法需要指定。显式处理它们会花费一点时间，但可以在未来减少很多麻烦。

另一种方法是记住图 4-8，它总结了我们自己实现的五个函数和编译器生成的每个函数之间的相互作用。

如果我们什么都不提供，编译器将生成五个函数（析构函数、复制构造函数、复制赋值运算符、移动构造函数及移动赋值运算符）。这就是"零法则"（rule of zero）。

如果我们明确定义了任何一个函数（析构函数、复制构造函数或复制赋值运算符），就会得到所有这三个函数。这是很危险的，就像前面用 SimpleString 所演示的那样：很容易陷入一种意外的情况，即编译器基本上把所有的移动操作都转换为复制操作。

最后，如果只为类提供移动语义，编译器不会自动生成任何东西，除了析构函数。

我们自己显式定义

我们将得到	无	析构函数	复制构造函数	复制赋值运算符	移动构造函数	移动赋值运算符
析构函数 ~Foo()	√	√	√	√	√	√
复制构造函数 Foo(const Foo&)	√	√	√	√		
复制赋值运算符 Foo& operator=(const Foo&)	√	√	√	√		
移动构造函数 Foo(Foo&&)	√		将移动操作转换为复制操作		√	√
移动赋值运算符 Foo& operator=(Foo&&)	√				√	√

图 4-8　一个说明当给定各种输入时，编译器会产生哪些方法的图

4.7　总结

本章完成了对对象生命周期的探索。本章从存储期开始，探讨了对象从构造到销毁的生命周期。随后介绍了异常处理，演示了灵活的、考虑到生命周期的错误处理，丰富了有关 RAII 的知识。最后，探索了复制语义和移动语义是如何赋予我们对生命周期精细控制的能力的。

练习

4-1. 创建一个 struct TimerClass。在它的构造函数中，将当前时间记录在一个叫作 timestamp 的字段中（与 POSIX 函数 gettimeofday 进行比较）。

4-2. 在 TimerClass 的析构函数中，记录当前时间并减去构造时的时间。这个时间大致就是定时器的时长。打印这个值。

4-3. 为 TimerClass 实现一个复制构造函数和一个复制赋值运算符。这些复制操作应该共享 timestamp。

4-4. 为 TimerClass 实现一个移动构造函数和一个移动赋值运算符。当 TimerClass 被销毁时，处于移出状态的 TimerClass 不应该向控制台打印任何输出。

4-5. 扩充 TimerClass 构造函数，让它接受一个额外的 const char* name 参数。当 TimerClass 被销毁并打印到 stdout 时，在输出中包含定时器的名称。

4-6. 对 TimerClass 进行实验。创建一个定时器，并把它移到一个执行一些计算密集型操作（例如，在循环中进行大量的数学运算）的函数中。验证定时器的行为是否符合预期。

4-7. 识别 SimpleString 类（见代码清单 4-38）中的每个方法。试着不参考书本从头开始重新实现它。

拓展阅读

- *Optimized C++: Proven Techniques for Heightened Performance* by Kurt Guntheroth (O'Reilly Media, 2016)
- *Effective Modern C++: 42 Specific Ways to Improve Your Use of C++11 and C++14* by Scott Meyers (O'Reilly Media, 2015)

运行时多态

有一天，建造师 Trurl 组装了一个可以创造任何以 n 开头的东西的机器。

——Stanislaw Lem,《机器人大师》

本章将介绍多态以及它可以解决的问题。然后，将探讨如何实现运行时多态，运行时多态允许我们改变程序的行为，它在程序执行时通过交换组件来实现。本章首先讨论运行时多态的几个关键概念，包括接口、对象组合、继承等，然后实现一个用多种日志记录器记录银行交易的例子，最后将用一个更优雅的、基于接口的解决方案来重构这个最初的、幼稚的解决方案。

5.1　多态

多态代码是指只写一次，但是可以用不同的类型反复使用的代码。最终，这种灵活性产生了松耦合且高度可重用的代码。它消除了烦琐的复制和粘贴过程，使代码更易于维护、更可读。

C++ 提供了两种多态方法。一种方法是编译时多态，它包括可以在编译时确定的多态类型。另一种方法是运行时多态，它则包含在运行时确定的类型。具体选择哪种方法取决于是在编译时还是在运行时确定多态代码要使用的类型。由于这两个密切相关的主题互相牵扯，涉及范围较广，因此我将它们分成两章。第 6 章将重点介绍编译时多态。

5.2　一个有启发性的例子

假设我们负责实现一个在账户之间转移资金的 Bank 类，审计对于 Bank 类的交易非常重要，所以需要提供一个 ConsoleLogger 类来支持日志记录，如代码清单 5-1 所示。

代码清单 5-1　ConsoleLogger 和使用它的 Bank 类

```
#include <cstdio>

struct ConsoleLogger {
  void log_transfer(long from, long to, double amount) { ❶
    printf("%ld -> %ld: %f\n", from, to, amount); ❷
  }
};

struct Bank {
  void make_transfer(long from, long to, double amount) { ❸
    --snip-- ❹
    logger.log_transfer(from, to, amount); ❺
  }
  ConsoleLogger logger;
};

int main() {
  Bank bank;
  bank.make_transfer(1000, 2000, 49.95);
  bank.make_transfer(2000, 4000, 20.00);
}
--------------------------------------------------------------------
1000 -> 2000: 49.950000
2000 -> 4000: 20.000000
```

首先，我们实现 ConsoleLogger，带上一个 log_transfer 方法❶：它接受交易的细节（发送者、接收者、金额）并将它们打印出来❷。Bank 类有 make_transfer 方法❸，它（名义上）处理交易❹，然后使用 logger 成员❺记录交易日志。Bank 和 ConsoleLogger 有不同的关注点——Bank 处理银行逻辑，ConsoleLogger 处理日志。

假设需要实现不同种类的日志记录器，例如，我们可能需要远程服务器日志记录器、本地文件日志记录器，甚至是向打印机发送作业的日志记录器。此外，必须能够在运行时改变程序的日志记录方式（例如，因为服务器维护，管理员可能需要从通过网络的日志记录切换到本地文件系统的日志记录）。

如何才能完成这样的任务？

一个简单的方法是使用 enum class 在各种记录器之间进行切换。代码清单 5-2 在代码清单 5-1 的基础上增加了一个 FileLogger。

代码清单 5-2　用运行时多态日志记录器更新代码清单 5-1

```
#include <cstdio>
#include <stdexcept>

struct FileLogger {
  void log_transfer(long from, long to, double amount) { ❶
```

```
    --snip--
    printf("[file] %ld,%ld,%f\n", from, to, amount);
  }
};

struct ConsoleLogger {
  void log_transfer(long from, long to, double amount) {
    printf("[cons] %ld -> %ld: %f\n", from, to, amount);
  }
};

enum class LoggerType { ❷
  Console,
  File
};

struct Bank {
  Bank() : type { LoggerType::Console } { } ❸

  void set_logger(LoggerType new_type) { ❹
    type = new_type;
  }

  void make_transfer(long from, long to, double amount) {
    --snip--
    switch(type) { ❺
    case LoggerType::Console: {
      consoleLogger.log_transfer(from, to, amount);
      break;
    } case LoggerType::File: {
      fileLogger.log_transfer(from, to, amount);
      break;
    } default: {
      throw std::logic_error("Unknown Logger type encountered.");
    } }
  }
private:
  LoggerType type;
  ConsoleLogger consoleLogger;
  FileLogger fileLogger;
};

int main() {
  Bank bank;
  bank.make_transfer(1000, 2000, 49.95);
  bank.make_transfer(2000, 4000, 20.00);
  bank.set_logger(LoggerType::File); ❻
  bank.make_transfer(3000, 2000, 75.00);
}
```

```
[cons] 1000 -> 2000: 49.950000
[cons] 2000 -> 4000: 20.000000
[file] 3000,2000,75.000000
```

我们（名义上）通过实现 FileLogger 来增加记录到文件❶ 的能力，还创建了一个 enum class LoggerType❷，这样就可以在运行时切换日志记录方式。在 Bank 的构造函数中，将 type 字段初始化为 Console❸。在更新的 Bank 类中，我们添加 set_logger 函数❹ 来执行所需的日志记录方式。在 make_transfer 中，使用 type 来切换到正确的记录方式❺。要改变 Bank 类的日志记录方式，需要使用 set_logger 方法❻，然后对象会在内部处理任务分发。

5.2.1　添加新的日志记录器

代码清单 5-2 是可以工作的，但这种方法存在几个设计问题。增加一种新的日志记录器需要对整个代码进行多处更新：

❑ 需要写一个新的记录器类型。

❑ 需要在枚举类 LoggerType 中添加新的 enum 值。

❑ 必须在 switch 语句❺ 中添加一个新的 case 子句。

❑ 必须将新的日志类添加为 Bank 的成员。

为了这个简单的改变，我们要付出很多！

我们考虑采用另一种方法，即让 Bank 持有一个指向日志记录器的指针。这样，我们就可以直接设置指针，完全摆脱 LoggerType，而且我们可以利用日志记录器具有相同的函数原型这一事实。这就是接口背后的思想：Bank 类不需要知道它所持有的 Logger 引用的实现细节，只需要知道如何调用它的方法。

如果我们能把 ConsoleLogger 换成支持同样操作的类型（例如 FileLogger），不是很好吗？接下来，我们来介绍这个接口。

5.2.2　接口

在软件工程中，接口是不包含数据或代码的共享边界。它定义了接口的所有实现（implementation）都支持的函数签名。而实现是支持接口的代码或数据。我们可以把接口看作实现接口的类和该类的用户（也称为消费者）之间的契约。

消费者知道如何使用实现，因为它们知道契约。事实上，消费者从来都不需要知道实现的细节。例如，在代码清单 5-1 中，Bank 是 ConsoleLogger 的消费者。

接口有严格的要求。接口的消费者只能使用接口中明确定义的方法。Bank 类不需要知道 ConsoleLogger 如何实现它的功能，它只需要知道如何调用 log_transfer 方法。

接口的使用可以促进高度可重用和松耦合的代码的产生。要理解定义接口的方法，需要先了解一些关于对象组合和实现继承的知识。

5.2.3　对象组合和实现继承

对象组合是一种设计模式，在这种模式下，类包含其他类类型的成员。另一种过时的设计模式叫作实现继承，它实现了运行时多态。实现继承允许我们建立类的层次结构，每个子类都从其父类继承功能。多年来，在实现继承方面积累的经验让许多人相信这是一种反模式。例如，Go 和 Rust（两种新的、越来越流行的系统编程语言）就不支持实现继承。出于以下两个原因，有必要对实现继承进行简单的讨论。

- ❑ 大家可能会遇到它影响遗留代码的情况。
- ❑ 定义 C++ 接口的特殊方式与实现继承有着共同的"血缘"关系，所以无论如何大家都需要熟悉这些机制。

> 注意　如果你需要处理含有实现继承的 C++ 代码，请参见 Bjarne Stroustrup 所著的 *The C++ Programming Language*（第 4 版）的第 20 章和第 21 章。

5.3　定义接口

不幸的是，C++ 中没有 **interface** 关键字。我们必须使用老式的继承机制来定义接口。这只是使用拥有 40 多年历史的语言编程时不得不面对的问题之一。

代码清单 5-3 展示了一个完整实现的 **Logger** 接口和实现该接口的 **ConsoleLogger**。代码清单 5-3 中至少有四种结构对你来说是陌生的，本节将逐一介绍它们。

代码清单 5-3　Logger 接口和重构过的 ConsoleLogger

```
#include <cstdio>

struct Logger {
  virtual❶ ~Logger()❷ = default;
  virtual void log_transfer(long from, long to, double amount) = 0❸;
};

struct ConsoleLogger : Logger ❹ {
  void log_transfer(long from, long to, double amount) override ❺ {
    printf("%ld -> %ld: %f\n", from, to, amount);
  }
};
```

要解析代码清单 5-3，我们需要理解 **virtual** 关键字 ❶、虚析构函数 ❷、=0 后缀和纯虚方法 ❸、基类继承 ❹ 和 **override** 关键字 ❺。只要理解了这些概念，便知道如何定义接口。下面将详细讨论这些概念。

5.3.1　基类继承

第 4 章深入探讨过 **exception** 类是所有其他 stdlib 异常的基类，以及 **logic_error** 和 **runtime_error** 类是如何从 **exception** 派生出来的。这两个类又构成了其他派生类的基类，这些类描述了更详细的错误条件，如 **invalid_argument** 和 **system_error**。嵌套的异常类构成了类层次结构，代表了一种实现继承的设计思路。

我们可以使用以下语法声明派生类：

```
struct DerivedClass : BaseClass {
  --snip--
};
```

要为 DerivedClass 定义继承关系，可以在冒号（:）后面加上基类的名称 BaseClass。派生类可以像其他类一样被声明。这样做的好处是，可以把派生类引用当作基类引用类型来使用。代码清单 5-4 使用 DerivedClass 引用来代替 BaseClass 引用。

代码清单 5-4　一个使用派生类代替基类的程序

```
struct BaseClass {}; ❶
struct DerivedClass : BaseClass {}; ❷
void are_belong_to_us(BaseClass& base) {} ❸

int main() {
  DerivedClass derived;
  are_belong_to_us(derived); ❹
}
```

DerivedClass❷ 从 BaseClass❶ 派生出来。are_belong_to_us 函数接受一个 BaseClass 的引用作为参数，即 base❸，我们可以用 DerivedClass 的实例来调用它，因为 DerivedClass 继承自 BaseClass❹。

反之，则不然。代码清单 5-5 尝试使用基类来代替派生类。

代码清单 5-5　这个程序试图使用基类来代替派生类（此程序无法编译）

```
struct BaseClass {}; ❶
struct DerivedClass : BaseClass {}; ❷
void all_about_that(DerivedClass& derived) {} ❸

int main() {
  BaseClass base;
  all_about_that(base); // No! Trouble! ❹
}
```

这里，BaseClass❶ 并没有从 DerivedClass❷ 派生出来（继承关系是相反的），all_about_that 函数接受 DerivedClass 参数 ❸。当试图用 BaseClass 调用 all_about_that 时，编译器会生成一个错误。

我们从类派生子类的主要原因是想继承它的成员。

5.3.2　成员继承

派生类从基类中继承非私有成员。类可以像使用普通成员一样使用继承的成员。成员继承的好处是，只需在基类中定义一次功能，而不必在派生类中重复定义。不幸的是，多年的经验使编程界的许多人认为要避免成员继承，因为与基于组合的多态相比，它很容易产生脆弱的、难以理解的代码（这就是许多现代编程语言排除了它的原因）。

代码清单 5-6 中的类演示了成员继承。

代码清单 5-6　一个使用继承的成员的程序

```
#include <cstdio>

struct BaseClass {
  int the_answer() const { return 42; } ❶
  const char* member = "gold"; ❷
private:
  const char* holistic_detective = "Dirk Gently"; ❸
};

struct DerivedClass : BaseClass ❹ {};

int main() {
  DerivedClass x;
  printf("The answer is %d\n", x.the_answer()); ❺
  printf("%s member\n", x.member); ❻
  // This line doesn't compile:
  // printf("%s's Holistic Detective Agency\n", x.holistic_detective); ❼
}
--------------------------------------------------------------------------------
The answer is 42 ❺
gold member ❻
```

这里，`BaseClass` 有一个公有方法 ❶、一个公有字段 ❷ 和一个私有字段 ❸。我们声明一个继承自 `BaseClass` 的 `DerivedClass`❹，然后在 `main` 中使用它。因为它们是作为公有成员继承的，所以 `the_answer`❺ 和 `member`❻ 在 `DerivedClass` `x` 上是可用的。然而，取消注释 ❼ 会产生一个编译错误，因为 `holistic_detective` 是私有的，不能被派生类继承。

5.3.3　虚方法

如果想让派生类覆盖基类的方法，可以使用 `virtual` 关键字。通过在方法的定义中添加 `virtual`，我们声明如果存在派生类的实现，就应该使用它。在实现中，我们将 `override` 关键字添加到方法的声明中，如代码清单 5-7 所示。

代码清单 5-7　一个使用虚成员的程序

```
#include <cstdio>

struct BaseClass {
  virtual❶ const char* final_message() const {
    return "We apologize for the incontinence.";
  }
};

struct DerivedClass : BaseClass ❷ {
  const char* final_message() const override ❸ {
```

```
      return "We apologize for the inconvenience.";
    }
};

int main() {
  BaseClass base;
  DerivedClass derived;
  BaseClass& ref = derived;
  printf("BaseClass:    %s\n", base.final_message()); ❹
  printf("DerivedClass: %s\n", derived.final_message()); ❺
  printf("BaseClass&:   %s\n", ref.final_message()); ❻
}
------------------------------------------------------------------------
BaseClass:    We apologize for the incontinence. ❹
DerivedClass: We apologize for the inconvenience. ❺
BaseClass&:   We apologize for the inconvenience. ❻
```

BaseClass 包含一个虚成员 ❶。在 DerivedClass❷ 中，我们覆盖了继承的成员，并使用了 override 关键字 ❸，BaseClass 的实现只有在 BaseClass 实例在那里时 ❹ 才会使用，DerivedClass 的实现只有在 DerivedClass 实例在那里时 ❺ 才会使用，即使是通过 BaseClass 引用 ❻ 与它交互的。

　　如果想要求派生类来实现该方法，则可以在方法定义中添加 =0 后缀。我们可以将同时使用 virtual 关键字和 =0 后缀的方法称为纯虚方法。包含任何纯虚方法的类都不能实例化。在代码清单 5-8 中，重构代码清单 5-7，在基类中使用了一个纯虚方法。

代码清单 5-8　使用纯虚方法重构代码清单 5-7

```
#include <cstdio>

struct BaseClass {
  virtual const char* final_message() const = 0; ❶
};

struct DerivedClass : BaseClass ❷ {
  const char* final_message() const override ❸ {
    return "We apologize for the inconvenience.";
  }
};

int main() {
  // BaseClass base; // Bang! ❹
  DerivedClass derived;
  BaseClass& ref = derived;
  printf("DerivedClass: %s\n", derived.final_message()); ❺
  printf("BaseClass&:   %s\n", ref.final_message()); ❻
}
------------------------------------------------------------------------
DerivedClass: We apologize for the inconvenience. ❺
BaseClass&:   We apologize for the inconvenience. ❻
```

　　后缀 =0 指定了一个纯虚方法 ❶，这意味着我们不能实例化 BaseClass，只能从它派生类。DerivedClass 仍然继承自 BaseClass❷，我们提供必要的 `final_message`❸。试图实例化 BaseClass 会导致编译错误 ❹。DerivedClass 和 BaseClass 引用的行为和之前一样❺❻。

> **注意** 虚函数可能会产生运行时开销，尽管开销通常很低（在普通函数调用的 25% 以内）。编译器会生成包含函数指针的虚函数表（vtable）。在运行时，接口的消费者一般不知道它的底层类型，但它知道如何调用接口的方法（多亏了 vtable）。在某些情况下，链接器可以检测到接口的所有用法，并将函数调用去虚化。这就从 vtable 中删除了函数调用，从而消除了相关的运行时开销。

5.3.4 纯虚类和虚析构函数

通过从只包含纯虚方法的基类派生来实现接口继承。这种类被称为纯虚类。在 C++ 中，接口总是纯虚类。通常，需要在接口中添加虚析构函数。在某些罕见的情况下，如果没有把析构函数标记为虚函数，就有可能泄漏资源。考虑代码清单 5-9，它说明了不添加虚析构函数的危险性。

代码清单 5-9 一个说明基类中非虚析构函数的危险性的例子

```
#include <cstdio>

struct BaseClass {};

struct DerivedClass : BaseClass❶ {
  DerivedClass() { ❷
    printf("DerivedClass() invoked.\n");
  }
  ~DerivedClass() { ❸
    printf("~DerivedClass() invoked.\n");
  }
};

int main() {
  printf("Constructing DerivedClass x.\n");
  BaseClass* x{ new DerivedClass{} }; ❹
  printf("Deleting x as a BaseClass*.\n");
  delete x; ❺
}
--------------------------------------------------------------------
Constructing DerivedClass x.
DerivedClass() invoked.
Deleting x as a BaseClass*.
```

在这里，我们看到从 BaseClass 派生了 DerivedClass❶。这个类有一个构造函数 ❷ 和一个析构函数 ❸，当它们被调用时，会打印出来。在 main 中，我们用 new 分配和初始化一个 DerivedClass，并将结果设置为 BaseClass 指针 ❹。当删除（delete）该指针 ❺ 时，BaseClass 的析构函数被调用，但 DerivedClass 的析构函数没有被调用。

在 `BaseClass` 的析构函数中添加 `virtual` 就可以解决这个问题, 如代码清单 5-10 所示。

代码清单 5-10　用虚析构函数重构代码清单 5-9

```
#include <cstdio>

struct BaseClass {
  virtual ~BaseClass() = default; ❶
};

struct DerivedClass : BaseClass {
  DerivedClass() {
    printf("DerivedClass() invoked.\n");
  }
  ~DerivedClass() {
    printf("~DerivedClass() invoked.\n"); ❷
  }
};

int main() {
  printf("Constructing DerivedClass x.\n");
  BaseClass* x{ new DerivedClass{} };
  printf("Deleting x as a BaseClass*.\n");
  delete x; ❸
}
```

```
Constructing DerivedClass x.
DerivedClass() invoked.
Deleting x as a BaseClass*.
~DerivedClass() invoked. ❷
```

添加虚析构函数后 ❶, 当删除 `BaseClass` 指针时 ❸, 会导致 `DerivedClass` 析构函数被调用, 从而导致 `DerivedClass` 析构函数打印消息 ❷。

在声明接口时, 声明虚析构函数是可选的, 但是要注意。如果你忘记了已在接口中实现虚析构函数, 而不小心做了像代码清单 5-9 那样的事情, 可能会泄漏资源, 而编译器不会发出警告。

> **注意**　与其声明公有虚析构函数, 不如声明受保护的非虚析构函数, 因为当编写删除基类指针的代码时, 会引起编译错误。有些人不喜欢这种方法, 因为最终还是要声明一个有公有析构函数的类, 而如果从这个类派生其他类, 仍然会遇到同样的问题。

5.3.5　实现接口

要声明接口, 必须声明纯虚类。要实现接口, 就要从它派生出来。因为接口是纯虚的, 所以它的实现必须实现接口的所有方法。

最好的做法是用 `override` 关键字来标记这些方法。这表示我们打算覆写虚函数, 让编译器帮我们避免简单错误。

5.3.6　使用接口

作为消费者，只能处理接口的引用或指针。编译器无法提前知道要为底层类型分配多少内存；如果想让编译器知道底层类型，那么最好使用模板。

设置类成员的方法有两种：

❑ **构造函数注入**：对于构造函数注入，通常需要使用接口引用。因为引用不能被重定位，所以在对象的生命周期内不会改变。

❑ **属性注入**：对于属性注入，可以使用方法来设置指针成员。这允许改变该成员指向的对象。

我们可以将这两种方法结合起来，在构造函数中接受接口指针，同时提供一个方法来将指针设置为其他东西。

通常情况下，当注入的字段在对象的整个生命周期内不会改变时，可以使用构造函数注入。如果需要灵活地修改字段，则应提供方法来执行属性注入。

5.4　更新银行日志记录器

Logger 接口允许提供多个记录器实现。这允许 Logger 消费者使用 log_transfer 方法记录传输的日志，而不必知道记录器的实现细节。我们已经在代码清单 5-2 中实现了 ConsoleLogger，现在我们来考虑如何添加另一个名为 FileLogger 的实现。为了简单起见，在这段代码中，我们将只修改日志输出的前缀，但大家可以想象一下如何实现一些更复杂的行为。

代码清单 5-11 定义了 FileLogger。

代码清单 5-11　Logger、ConsoleLogger 和 FileLogger

```
#include <cstdio>

struct Logger {
  virtual ~Logger() = default; ❶
  virtual void log_transfer(long from, long to, double amount) = 0; ❷
};

struct ConsoleLogger : Logger ❸ {
  void log_transfer(long from, long to, double amount) override ❹ {
    printf("[cons] %ld -> %ld: %f\n", from, to, amount);
  }
};
struct FileLogger : Logger ❺ {
  void log_transfer(long from, long to, double amount) override ❻ {
    printf("[file] %ld,%ld,%f\n", from, to, amount);
  }
};
```

Logger 是一个纯虚类（接口），它有一个默认的虚析构函数 ❶ 和一个方法 log_transfer❷。ConsoleLogger 和 FileLogger 是 Logger 的具体实现，因为它们是从接口派生出来的❸❺。我们已经实现了 `log_transfer`，并将 `override` 关键字放在了这两个方法上❹❻。

　　现在，我们来看如何使用构造函数注入或属性注入来更新 Bank。

5.4.1　构造函数注入

　　使用构造函数注入，我们可以将 `Logger` 引用传递到 Bank 类的构造函数中。代码清单 5-12 在代码清单 5-11 的基础上加入了适当的 Bank 构造函数。通过这种方式，我们可以建立特定的 Bank 实例化将使用的日志记录方式。

代码清单 5-12　使用构造函数注入、接口和对象组合来重构代码清单 5-2，以取代笨重的枚举类方法

```
--snip--
// Include Listing 5-11
struct Bank {
  Bank(Logger& logger) : logger{ logger }❶ { }
  void make_transfer(long from, long to, double amount) {
    --snip--
    logger.log_transfer(from, to, amount);
  }
private:
  Logger& logger;
};

int main() {
  ConsoleLogger logger;
  Bank bank{ logger }; ❷
  bank.make_transfer(1000, 2000, 49.95);
  bank.make_transfer(2000, 4000, 20.00);
}
--------------------------------------------------------------------
[cons] 1000 -> 2000: 49.950000
[cons] 2000 -> 4000: 20.000000
```

　　Bank 类的构造函数使用成员初始化列表❶来设置 `logger` 的值。因为引用不能被重定位，所以在 Bank 的生命周期内，`logger` 指向的对象不会改变。这相当于在 Bank 构造❷时固定了 `logger` 选择。

5.4.2　属性注入

　　我们也可以使用属性注入而非构造函数注入将 `logger` 插入 Bank。这种方法使用指针而不是引用。因为指针可以被重定位（不像引用），所以可以随时改变 Bank 的行为。代码清单 5-13 是代码清单 5-12 的属性注入变体。

代码清单 5-13　使用属性注入重构代码清单 5-12

```
--snip--
// Include Listing 5-10
```

```
struct Bank {
  void set_logger(Logger* new_logger) {
    logger = new_logger;
  }
  void make_transfer(long from, long to, double amount) {
    if (logger) logger->log_transfer(from, to, amount);
  }
private:
  Logger* logger{};
};

int main() {
  ConsoleLogger console_logger;
  FileLogger file_logger;
  Bank bank;
  bank.set_logger(&console_logger); ❶
  bank.make_transfer(1000, 2000, 49.95); ❷
  bank.set_logger(&file_logger); ❸
  bank.make_transfer(2000, 4000, 20.00); ❹
}
--------------------------------------------------------------------
[cons] 1000 -> 2000: 49.950000 ❷
[file] 2000,4000,20.000000 ❹
```

　　set_logger 方法能够让我们在生命周期的任何时候将新的日志记录器注入 Bank 对象。当将日志记录器设置为 ConsoleLogger 实例 ❶ 时，日志输出中会有一个 [cons] 前缀 ❷。当将日志记录器设置为 FileLogger 实例 ❸ 时，会得到一个 [file] 前缀 ❹。

5.4.3　构造函数注入和属性注入的选择

　　选择构造函数注入还是属性注入取决于设计要求。如果需要在对象的整个生命周期中修改对象成员的底层类型，那么应该选择指针和属性注入方法。但是灵活使用指针和属性注入是有代价的。在本章的 Bank 例子中，我们必须确保要么不将 logger 设置为 nullptr，要么在使用 logger 之前检查这个条件。还有一个问题是默认行为是什么：logger 的初始值是多少？

　　我们还可以同时使用构造函数注入和属性注入。这鼓励使用类的人去考虑初始化。代码清单 5-14 演示了实现这种策略的一种方法。

代码清单 5-14　重构 Bank，使之包括构造函数注入和属性注入

```
#include <cstdio>

struct Logger {
  --snip--
};

struct Bank {
```

```
    Bank(Logger* logger) : logger{ logger } () ❶
    void set_logger(Logger* new_logger) { ❷
      logger = new_logger;
    }
    void make_transfer(long from, long to, double amount) {
      if (logger) logger->log_transfer(from, to, amount);
    }
private:
    Logger* logger;
};
```

如你所见，我们可以包含一个构造函数 ❶ 和一个 setter❷，这就要求 Bank 用户用某个值来初始化 `logger`，哪怕只是 `nullptr`。以后，用户可以很容易地使用属性注入来替换这个值。

5.5　总结

本章介绍了接口的定义方法、虚函数在继承中的核心作用，以及使用构造函数注入和属性注入的一般规则。无论选择哪种方法，接口继承和对象组合结合起来都可为大多数运行时多态应用程序提供足够的灵活性。我们可以用很少的开销甚至不需要开销来实现类型安全的运行时多态。接口鼓励封装和松耦合的设计。通过简单、集中的接口，可以使代码在不同的项目中可移植，从而鼓励代码重用。

练习

5-1. 我们没有在 Bank 类中实现会计功能。设计一个名为 `AccountDatabase` 的接口，使其可以检索和设置银行账户中的金额（用 `long` 类型的 `id` 标识）。

5-2. 生成一个实现 `AccountDatabase` 的 `InMemoryAccountDatabase` 方法。

5-3. 向 Bank 添加一个 `AccountDatabase` 引用成员。使用构造函数注入将 `InMemory-AccountDatabase` 添加到 Bank 中。

5-4. 修改 `ConsoleLogger`，在构造函数中接受 `const char*`。当 `ConsoleLogger` 记录日志时，在日志输出之前添加该字符串。请注意，你可以修改日志记录行为而无须修改 Bank。

拓展阅读

- *API Design for C++* by Martin Reddy (Elsevier, 2011)

第 6 章

编译时多态

你越能适应生活，你就会变得越有趣。

—— Martha Stewart

本章首先介绍如何使用模板实现编译时多态，然后探讨如何声明和使用模板，加强类型安全，并探索模板的一些高级用法，最后对 C++ 中的运行时多态和编译时多态进行了比较。

6.1 模板

C++ 通过模板（template）实现了编译时多态。模板是带有模板参数的类或函数。这些参数可以代表任何类型，包括基本类型和用户自定义类型。当编译器看到模板与类型一起使用时，就会产出定制的模板实例化。

模板实例化（template instantiation）是指从模板创建类或函数的过程。令人困惑的是，我们也可以把“模板实例化”称为模板实例化过程的结果。模板实例化有时被称为具体类和具体类型。

简单来说，不需要把常用的代码到处复制粘贴，而是创造一个模板，这样当编译器在模板参数中遇到新的类型组合时，便会生成新的模板实例。

6.2 声明模板

我们需要用模板前缀来声明模板，模板前缀由关键字 `template` 和尖括号 `< >` 组成。在尖括号内，我们可以放置一个或多个模板参数的声明。我们可以使用关键字 `typename` 或 `class` 后跟标识符来声明模板参数。例如，模板前缀 `template<typename T>` 可以声明模板接受模板参数 T。

注意 typename 和 class 关键字的共存是令人遗憾和困惑的。它们的意思是一样的（由于历史原因，它们都得到了支持）。本章始终使用 typename。

6.2.1 模板类定义

考虑代码清单 6-1 中的 MyTemplateClass，它需要三个模板参数：X、Y 和 Z。

代码清单 6-1 一个有三个模板参数的模板类

```
template❶<typename X, typename Y, typename Z> ❷
struct MyTemplateClass❸ {
  X foo(Y&); ❹
private:
  Z* member; ❺
};
```

template 关键字 ❶ 在最前面，随后则是模板参数 ❷，它们一起构成了整个模板前缀。这个模板前缀表明了关于 MyTemplateClass❸ 的一些特殊之处。在 MyTemp-lateClass 中，我们使用 X、Y 和 Z，就像它们具有完全确定的类型（如 int 或用户定义的类）一样。

foo 方法接受一个 Y 引用，并返回一个 X❹。我们可以声明包含模板参数类型的成员，比如指向 Z 的指针 ❺。除了开头的特殊前缀 ❶，这个模板类与非模板类基本相同。

6.2.2 模板函数定义

我也可以定义模板函数，比如代码清单 6-2 中接受三个模板参数 X、Y 和 Z 的 my_template_function。

代码清单 6-2 一个有三个模板参数的模板函数

```
template<typename X, typename Y, typename Z>
X my_template_function(Y& arg1, const Z* arg2) {
  --snip--
}
```

在 my_template_function 的函数体中，我们可以随意使用 arg1 和 arg2，只要返回一个 X 类型的对象。

6.2.3 实例化模板

要实例化模板类，需要使用以下语法：

*tc_name*❶<*t_param1*❷, *t_param2*, ...> *my_concrete_class*{ ... }❸;

首先，在 *tc_name*❶ 处放置模板类名称。然后，填写模板参数 ❷。最后，我们把这个模板名称和参数的组合当作普通的类型来处理：可以使用任意初始化语法 ❸。

实例化模板函数的语法与下面的语法类似：

auto result = *tf_name*❶<*t_param1*❷, *t_param2*, ...>(*f_param1*❸, *f_param2*, ...);

首先，在 ***tf_name***❶ 处填入模板函数名称。然后，像填写模板类参数一样填写参数 ❷。我们可以像使用普通类型一样使用模板名称和参数的组合。最后，用括号和函数参数 ❸ 来调用这个模板函数进行实例化。

所有这些新的符号可能会让新手望而生畏，但一旦你习惯了它，就不会那么糟糕了。事实上，它被用于一组名为类型转换函数的语言特性中。

6.3　类型转换函数

类型转换是将一种类型显式转换为另一种类型的语言特性。在不能使用隐式转换或构造函数来得到所需类型的情况下，可以用类型转换函数。

所有类型转换函数都接受一个单一的对象参数，即要被转换的对象 ***object-to-cast***，以及一个单一的类型参数，即转换后的类型 ***desired-type***。

named-conversion<*desired-type*>(*object-to-cast*)

例如，如果我们需要修改一个 const 对象，那么首先需要去除 const 修饰符。类型转换函数 const_cast 允许执行这个操作。其他的类型转换函数可以帮助我们反转隐式转换（static_cast）或者用不同的类型重新解释内存（reinterpret_cast）。

> **注意**　虽然类型转换函数在技术上不是模板函数，但它们在概念上非常接近模板——这种关系反映在它们的语法相似性上。

6.3.1　const_cast

const_cast 函数可以去掉 const 修饰符，允许修改 const 值。***object-to-cast*** 对象是 const 类型的，而 ***desired-type*** 是那个类型去掉 const 修饰符后的类型。

考虑代码清单 6-3 中的 carbon_thaw 函数，它接受一个 const 引用参数 encased_solo。

代码清单 6-3　一个使用 const_cast 的函数（去掉注释会产生一个编译错误）

```
void carbon_thaw(const❶ int& encased_solo) {
  //encased_solo++; ❷ // Compiler error; modifying const
  auto& hibernation_sick_solo = const_cast❸<int&❹>(encased_solo❺);
  hibernation_sick_solo++; ❻
}
```

encased_solo 参数是 const 型的 ❶，所以任何修改它 ❷ 的操作都会导致编译错误。我们使用 const_cast❸ 来获得非 const 引用 hibernation_sick_solo。const_ cast 接受一个模板参数，也就是我们想转换成的类型 ❹。它还接受一个函数参数，也就是我们想去掉 const 的对象 ❺。之后，我们就可以通过新的非 const 引用 ❻ 来修改 encased_solo 所指向的 int 对象。

我们只能使用 const_cast 来获得对 const 对象的写访问权限。任何其他类型转换都会导致编译错误。

> **注意** 简单地说，我们也可以使用 const_cast 将 const 添加到对象的类型中，但其实不用这样做，因为这很啰唆而且没有必要。相反，可以使用隐式转换。第 7 章将介绍 volatile 修饰符。我们也可以使用 const_cast 从对象中去除 volatile 修饰符。

6.3.2 static_cast

static_cast 可以反转定义良好的隐式转换，比如将一个整数类型转换为另一个整数类型。*object-to-cast* 是 *desired-type* 隐式转换成的某个类型。我们需要 static_cast 的原因是，隐式转换是不可逆的。

代码清单 6-4 中的程序定义了一个接受 void 指针参数的 increment_as_short 函数。它采用 static_cast 从这个参数创建一个 short 类型的指针，将指向的 short 对象递增，并返回结果。在一些底层应用（例如网络编程或二进制文件格式处理）中，我们可能需要将原始字节解释为整数类型。

代码清单 6-4　一个使用 static_cast 的程序

```
#include <cstdio>

short increment_as_short(void*❶ target) {
  auto as_short = static_cast❷<short*❸>(target❹);
  *as_short = *as_short + 1;
  return *as_short;
}

int main() {
  short beast{ 665 };
  auto mark_of_the_beast = increment_as_short(&beast);
  printf("%d is the mark_of_the_beast.", mark_of_the_beast);
}
---------------------------------------------------------------
666 is the mark_of_the_beast.
```

target 参数是一个 void 指针 ❶。使用 static_cast 将 target 转换为 short* ❷。模板参数是所需的类型 ❸，函数参数是要被转换的对象 ❹。

请注意，short* 到 void* 的隐式转换定义良好。尝试使用 static_cast 进行错误的转换，例如将 char* 转换为 float*，将导致编译错误：

```
float on = 3.5166666666;
auto not_alright = static_cast<char*>(&on); // Bang!
```

如果非要执行这样的"杂技动作"，需要使用 `reinterpret_cast`。

6.3.3 reinterpret_cast

有时在底层编程中，必须执行非良好定义的类型转换。在系统编程中，特别是在嵌入式环境中，经常需要完全控制读取内存的方式。`reinterpret_cast` 使你拥有这样的控制权，但确保这些转换的正确性完全由你负责。

假设嵌入式设备在内存地址 0x1000 处保留了一个 `unsigned long` 计时器。我们可以使用 `reinterpret_cast` 从该计时器中读取数据，如代码清单 6-5 所示。

代码清单 6-5 使用 `reinterpret_cast` 的程序。该程序可以编译，但是如果 0x1000 不可读取，则可以预料到运行时程序会崩溃

```
#include <cstdio>

int main() {
  auto timer = reinterpret_cast❶<const unsigned long*❷>(0x1000❸);
  printf("Timer is %lu.", *timer);
}
```

`reinterpret_cast`❶ 带有一个类型参数——对应于所需的指针类型 ❷，和一个普通参数——对应结果应指向的内存地址 ❸。

当然，编译器不知道地址 0x1000 处的内存是否包含一个 `unsigned long`。确保正确性完全在于我们自己。因为是我们全权负责了这个非常危险的构造过程，所以编译器强制我们使用 `reinterpret_cast`。例如，我们无法用以下内容替换计时器的初始化过程：

```
const unsigned long* timer{ 0x1000 };
```

编译器会抱怨将 `int` 转换为指针。

6.3.4 narrow_cast

代码清单 6-6 演示了一种自定义的 `static_cast`，它执行运行时窄化检查。窄化会导致信息丢失。想想将 `int` 转换为 `short` 的情形。只要 `int` 的值适合 `short`，转换就是可逆的，不会发生窄化。如果 `int` 的值太大了，无法转换为 `short`，转换就是不可逆的，结果就是窄化结果。

代码清单 6-6 `narrow_cast` 的定义

```
#include <stdexcept>

template <typename To❶, typename From❷>
To❸ narrow_cast(From❹ value) {
  const auto converted = static_cast<To>(value); ❺
  const auto backwards = static_cast<From>(converted); ❻
  if (value != backwards) throw std::runtime_error{ "Narrowed!" }; ❼
  return converted; ❽
}
```

我们实现一个名为 narrow_cast 的转换，它会检查窄化，并在检测到时抛出 runtime_error 异常。

narrow_cast 函数模板使用两个模板参数：要转换为的类型 To❶ 和要被转换的类型 From❷。你可以将它们分别看作函数的返回类型 ❸ 和参数值的类型 ❹。首先，使用 static_cast 执行请求的转换，以产生转换后的类型 converted❺。接着，执行相反方向的转换（将 converted 转换为 From），以产生 backwards❻。如果 value 不等于 backwards，则表示窄化了，抛出异常 ❼。否则，返回 converted❽。

你可以在代码清单 6-7 中看到 narrow_cast 的作用。

代码清单 6-7　一个使用 narrow_cast 的程序（输出来自 Windows 10 x64 ）

```
#include <cstdio>
#include <stdexcept>

template <typename To, typename From>
To narrow_cast(From value) {
  --snip--
}
int main() {
  int perfect{ 496 }; ❶
  const auto perfect_short = narrow_cast<short>(perfect); ❷
  printf("perfect_short: %d\n", perfect_short); ❸
  try {
    int cyclic{ 142857 }; ❹
    const auto cyclic_short = narrow_cast<short>(cyclic); ❺
    printf("cyclic_short: %d\n", cyclic_short);
  } catch (const std::runtime_error& e) {
    printf("Exception: %s\n", e.what()); ❻
  }
}
--------------------------------------------------------------------------------
perfect_short: 496 ❸
Exception: Narrowed! ❻
```

首先，我们将 perfect 初始化为 496❶，然后使用 narrow_cast 将其转换为 short 类型的 perfect_short❷。这个过程没有问题，因为在 Windows 10 x64 上，496 很容易放入一个两字节的 short 对象（最大值 32767）中，我们可以看到预期的输出 ❸。接着，我们将 cyclic 初始化为 142857❹，并尝试使用 narrow_cast 将其转换为 short 类型的 cyclic_short❺。这个过程将抛出 runtime_error，因为 142857 大于 short 对象的最大值 32767。narrow_cast 内的检查会失败。我们可以看到异常打印在了输出中 ❻。

注意，在实例化 ❷❺ 时，只需要提供一个模板参数，即返回类型。编译器可以根据使用情况推导出 From 参数。

6.4　mean: 模板函数示例

考虑代码清单 6-8 中的函数，该函数使用求和运算和除法运算计算 double 类型数组的均值。

代码清单 6-8　计算数组均值的函数

```
#include <cstddef>

double mean(const double* values, size_t length) {
  double result{}; ❶
  for(size_t i{}; i<length; i++) {
    result += values[i]; ❷
  }
  return result / length; ❸
}
```

我们将 result 变量初始化为零 ❶。接着，我们通过迭代每个索引 i 来求和，将相应的元素添加到 result❷ 中，然后将 result 除以 length 并返回 ❸。

6.4.1　通用 mean

假设我们想让 mean 支持其他数值类型，比如 float 或 long，就会发现"这就是函数重载的作用"！从本质上讲，这是对的。

代码清单 6-9 重载的 mean 接受 long 数组。直截了当的方法是复制粘贴原始代码，然后用 long 代替 double 的实例。

代码清单 6-9　代码清单 6-8 的重载版本，它接受 long 数组

```
#include <cstddef>

long❶ mean(const long*❷ values, size_t length) {
  long result{}; ❸
  for(size_t i{}; i<length; i++) {
    result += values[i];
  }
  return result / length;
}
```

这意味着需要进行大量的复制和粘贴操作，而实际改动很少，只改动了返回类型 ❶、函数参数 ❷ 和 result❸。

当添加更多的类型时，这种方法并不容易规模化。如果想支持其他的整数类型，比如 short 类型或 uint_64 类型，怎么办？能否支持 float 类型呢？如果以后想重构一些 mean 的逻辑，该怎么办呢？这需要面临很多烦琐且容易出错的维护工作。

代码清单 6-9 中有三个变化，它们都涉及用 long 类型查找和替换 double 类型。理想情况下，每当遇到不同类型的用法时，我们可以让编译器自动生成函数。关键是没有任何逻辑变化，只有类型变化。

要解决这个复制粘贴问题，我们需要用到泛型编程。在这种编程风格下，我们可以用尚未确定的类型进行编程。利用 C++ 对模板的支持，便可以实现泛型编程。模板允许编译器根据使用中的类型实例化自定义的类或函数。

我们已经知道了如何声明模板，现在再来考虑一下 mean 函数。我们仍然希望 mean 函数能够接受广泛的类型——而不仅仅是 double 类型——但又不希望一遍又一遍地复制和粘贴相同的代码。

考虑一下如何将代码清单 6-8 重构为模板函数，如代码清单 6-10 所示。

代码清单 6-10　将代码清单 6-8 重构为模板函数

```
#include <cstddef>

template<typename T> ❶
T❷ mean(T*❸ values, size_t length) {
  T❹ result{};
  for(size_t i{}; i<length; i++) {
    result += values[i];
  }
  return result / length;
}
```

代码清单 6-10 以模板前缀 ❶ 开头，这个前缀包含了一个单一的模板参数 T。接下来，更新 mean，使用 T 代替 double❷❸❹。

现在就可以将 mean 用于许多不同的类型了。每当编译器遇到使用新类型的 mean 时，它都会执行模板实例化。这就好比复制 – 粘贴 – 替换类型的过程，但是编译器更擅长做面向细节的单调任务。考虑一下代码清单 6-11 中的例子，它计算了 double、float 和 size_t 类型数组的均值。

代码清单 6-11　一个使用模板函数 mean 的程序

```
#include <cstddef>
#include <cstdio>

template<typename T>
T mean(const T* values, size_t length) {
  --snip--
}

int main() {
  const double nums_d[] { 1.0, 2.0, 3.0, 4.0 };
  const auto result1 = mean<double>(nums_d, 4); ❶
  printf("double: %f\n", result1);

  const float nums_f[] { 1.0f, 2.0f, 3.0f, 4.0f };
  const auto result2 = mean<float>(nums_f, 4); ❷
  printf("float: %f\n", result2);

  const size_t nums_c[] { 1, 2, 3, 4 };
  const auto result3 = mean<size_t>(nums_c, 4); ❸
```

```
  printf("size_t: %zd\n", result3);
}
```

```
double: 2.500000
float: 2.500000
size_t: 2
```

该程序实例化了三个模板 ❶❷❸，就像我们手工生成代码清单 6-12 中的重载函数一样。每个模板实例化都包含类型（用粗体显示），其中编译器将模板参数替换为某个类型。

代码清单 6-12　代码清单 6-11 的模板实例化

```
double mean(const double* values, size_t length) {
  double result{};
  for(size_t i{}; i<length; i++) {
    result += values[i];
  }
  return result / length;
}

float mean(const float* values, size_t length) {
  float result{};
  for(size_t i{}; i<length; i++) {
    result += values[i];
  }
  return result / length;
}

char mean(const char* values, size_t length) {
  char result{};
  for(size_t i{}; i<length; i++) {
    result += values[i];
  }
  return result / length;
}
```

编译器已经为我们做了很多工作，但你可能已经注意到，我们不得不两次输入指向数组的类型：一次是声明数组时，另一次是指定模板参数时。这就变得很乏味，而且可能会导致错误。如果模板参数不匹配，那么很可能会得到一个编译错误或导致非预期的转换。

幸运的是，当调用模板函数时，一般可以省略模板参数。编译器判断正确模板参数的过程叫作模板类型推断。

6.4.2　模板类型推断

一般来说，我们不需要提供模板函数参数。编译器可以从用法中推断出它们，所以不使用它们重写代码清单 6-11 的结果如代码清单 6-13 所示。

代码清单 6-13　代码清单 6-11 的重构版本，它没有使用明确的模板参数

```
#include <cstddef>
```

```
#include <cstdio>

template<typename T>
T mean(const T* values, size_t length) {
  --snip--
}

int main() {
  const double nums_d[] { 1.0, 2.0, 3.0, 4.0 };
  const auto result1 = mean(nums_d, 4); ❶
  printf("double: %f\n", result1);

  const float nums_f[] { 1.0f, 2.0f, 3.0f, 4.0f };
  const auto result2 = mean(nums_f, 4); ❷
  printf("float: %f\n", result2);

  const size_t nums_c[] { 1, 2, 3, 4 };
  const auto result3 = mean(nums_c, 4); ❸
  printf("size_t: %zd\n", result3);
}
```

```
double: 2.500000
float: 2.500000
size_t: 2
```

从用法上可以看出，模板参数是 double❶、float❷ 和 size_t❸。

| 注意 | 模板类型推导的工作方式大多时候与我们所期望的一样，但如果要编写大量的泛型代码，则需要熟悉一些细微的差别。更多信息，请参考 ISO 标准 [temp]。此外，还可以参考 Scott Meyers 所著的 *Effective Modern C++* 第 1 项和 Bjarne Stroustrup 所著的 *The C++ Programming Language*（第 4 版）的 23.5.1 节。 |

有时，模板参数无法被推导出来。例如，如果模板函数的返回类型是模板参数，则必须明确地指定模板参数。

6.5 SimpleUniquePointer: 模板类示例

唯一指针（unique pointer）是一个针对自由存储区分配的对象的 RAII 包装器。顾名思义，唯一指针在同一时间只有一个所有者，所以当唯一指针的生命周期结束时，指向的对象会被销毁。

被包装在唯一指针中的对象类型并不重要，这使得它们成为模板类的主要候选者。考虑代码清单 6-14 中的实现。

代码清单 6-14 一个简单的唯一指针实现

```
template <typename T> ❶
struct SimpleUniquePointer {
```

```
    SimpleUniquePointer() = default; ❷
    SimpleUniquePointer(T* pointer)
      : pointer{ pointer } { ❸
    }
    ~SimpleUniquePointer() { ❹
      if(pointer) delete pointer;
    }
    SimpleUniquePointer(const SimpleUniquePointer&) = delete;
    SimpleUniquePointer& operator=(const SimpleUniquePointer&) = delete; ❺
    SimpleUniquePointer(SimpleUniquePointer&& other) noexcept ❻
      : pointer{ other.pointer } {
      other.pointer = nullptr;
    }
    SimpleUniquePointer& operator=(SimpleUniquePointer&& other) noexcept { ❼
      if(pointer) delete pointer;
      pointer = other.pointer;
      other.pointer = nullptr;
      return *this;
    }
    T* get() { ❽
      return pointer;
    }
  private:
    T* pointer;
  };
```

我们用模板前缀 ❶ 声明模板类，它将 T 作为包装对象的类型。接下来，我们使用
default 关键字 ❷ 指定一个默认构造函数（回想一下第 4 章，当我们同时想要一个默认构
造函数和一个非默认构造函数时，就需要使用 **default**）。由于默认的初始化规则，生成
的默认构造函数将把私有成员 T* 指针设置为 **nullptr**。因此，我们需要一个非默认构造
函数，让它接受 T*，并赋值给私有成员指针 ❸。因为这个指针可能是 **nullptr**，所以在
删除 ❹ 之前，析构函数会进行检查。

因为我们想被管理对象只有单一所有者，所以使用 **delete** 删除了复制构造函数和
复制赋值运算符 ❺，这就避免了第 4 章中讨论的重复释放问题。然而，我们可以通过添
加一个移动构造函数 ❻ 来使唯一指针可以转移，这将从 other 中拿走指针的值，然后
将 other 的指针设置为 **nullptr**，将管理内部对象的责任交给 **this** 指针。一旦移动构
造函数返回，处于移出状态的对象 other 就会被销毁。但是因为 other 的指针被设置为
nullptr，所以析构函数不会销毁任何东西。

this 可能已经管理了一个对象，这使得移动赋值变复杂了 ❼。我们必须明确地检查
先前的所有权，因为删除（**delete**）指针失败会泄漏资源。检查之后，便可执行与复制
构造函数中相同的操作：将 **pointer** 设置为 other.pointer 的值，然后将 other.
pointer 设置为 **nullptr**。这样可以确保移出对象不会删除其管理的对象。

我们也可以通过调用 **get** 方法 ❽ 直接访问底层指针。

我们利用代码清单 4-5 中的 Tracer 来研究 SimpleUniquePointer。考虑代码清
单 6-15 中的程序。

代码清单 6-15　使用 Tracer 类研究 SimpleUniquePointers 的程序

```
#include <cstdio>
#include <utility>

template <typename T>
struct SimpleUniquePointer {
  --snip--
};

struct Tracer {
  Tracer(const char* name) : name{ name } {
    printf("%s constructed.\n", name); ❶
  }
  ~Tracer() {
    printf("%s destructed.\n", name); ❷
  }
private:
  const char* const name;
};

void consumer(SimpleUniquePointer<Tracer> consumer_ptr) {
  printf("(cons) consumer_ptr: 0x%p\n", consumer_ptr.get()); ❸
}

int main() {
  auto ptr_a = SimpleUniquePointer(new Tracer{ "ptr_a" });
  printf("(main) ptr_a: 0x%p\n", ptr_a.get()); ❹
  consumer(std::move(ptr_a));
  printf("(main) ptr_a: 0x%p\n", ptr_a.get()); ❺
}
```

```
ptr_a constructed. ❶
(main) ptr_a: 0x000001936B5A2970 ❹
(cons) consumer_ptr: 0x000001936B5A2970 ❸
ptr_a destructed. ❷
(main) ptr_a: 0x0000000000000000 ❺
```

　　首先，用消息 ptr_a 动态地分配一个 Tracer。这将打印第一条消息 ❶。我们使用产生的 Tracer 指针构造名为 ptr_a 的 SimpleUniquePointer。接着，我们使用 ptr_a 的 get() 方法来检查它的 Tracer 的地址，并打印出来 ❹。然后，我们使用 std::move 将 ptr_a 的 Tracer 扔给 consumer 函数，该函数将 ptr_a 移动到 consumer_ptr 参数中。

　　现在，consumer_ptr 拥有 Tracer。我们使用 consumer_ptr 的 get() 方法来检查 Tracer 的地址，然后打印出来 ❸。注意，这个地址与 ❹ 处打印的地址一致。当 consumer 返回时，因为 consumer_ptr 的存储生命周期是由 consumer 函数决定的，所以 consumer_ptr 就会被销毁。结果，ptr_a 随之被销毁 ❷。

　　仔细回想一下，ptr_a 处于移出状态，我们把它的 Tracer 移到了 consumer 中。我们使用 ptr_a 的 get() 方法来说明它现在持有 nullptr ❺。

有了 `SimpleUniquePointer`，就不会泄漏动态分配的对象；同时，由于 `Simple-UniquePointer` 只是在内部实现中保存指针，所以移动语义有效。

> **注意** `SimpleUniquePointer` 是标准库中 `std::unique_ptr` 的教学实现，它是 RAII 模板家族的成员，称为智能指针。我们将在第二部分介绍这些内容。

6.6　模板中的类型检查

模板是类型安全的。在模板实例化过程中，编译器会复制粘贴模板参数。如果生成的代码不正确，编译器则不会生成任何实例。

考虑代码清单 6-16 中的模板函数，它将元素平方化并返回结果。

代码清单 6-16　一个求平方的模板函数

```
template<typename T>
T square(T value) {
  return value * value; ❶
}
```

`T` 有一个隐含的要求：它必须支持乘法运算 ❶。如果我们试图对 `char*` 使用平方函数 `square`，编译会失败，如代码清单 6-17 所示。

代码清单 6-17　一个模板实例化失败的程序（编译失败）

```
template<typename T>
T square(T value) {
  return value * value;
}

int main() {
  char my_char{ 'Q' };
  auto result = square(&my_char); ❶ // Bang!
}
```

指针不支持乘法运算，所以模板初始化失败 ❶。

`square` 函数很简单，但失败的模板初始化错误信息却不是。在 MSVC v141 上，会得到这样的信息：

```
main.cpp(3): error C2296: '*': illegal, left operand has type 'char *'
main.cpp(8): note: see reference to function template instantiation 'T
*square<char*>(T)' being compiled
        with
        [
            T=char *
        ]
main.cpp(3): error C2297: '*': illegal, right operand has type 'char *'
```

而在 GCC 7.3 上，会得到：

```
main.cpp: In instantiation of 'T square(T) [with T = char*]':
main.cpp:8:32:    required from here
main.cpp:3:16: error: invalid operands of types 'char*' and 'char*' to binary
'operator*'
    return value * value;
           ~~~~~~^~~~~~~
```

这些错误信息是模板初始化失败所产生的晦涩错误信息的典型例子。

虽然模板实例化保证了类型安全，但类型检查发生在编译过程的后期。当编译器实例化模板时，它将模板参数类型粘贴到模板中。插入类型后，编译器尝试编译结果。如果实例化失败，编译器就会在模板实例化时留下“遗言”。

C++ 模板编程与鸭子类型（duck-typed）的语言有相似之处。鸭子类型语言（如 Python）将类型检查推迟到运行时进行。其基本理念是，如果对象看起来像鸭子，而且叫声也像鸭子，那么它就是鸭子类型。不幸的是，这意味着在执行程序之前，我们无法从根本上知道对象是否支持某个特定的操作。

对于模板，我们无法知道实例化是否会成功，直到尝试编译它。虽然鸭子类型语言可能在运行时崩溃，但模板会在编译时崩溃。

C++ 界的意见领袖们普遍认为这种情况是不能接受的，所以诞生了一个精彩的解决方案，叫作 concept。

6.7　concept

concept 用来约束模板参数，允许在实例化时而不是首次使用时进行参数检查。通过在实例化时发现使用问题，编译器可以提供一个友好的、信息丰富的错误码——例如“你试图用 char* 实例化这个模板，但这个模板需要一个支持乘法运算的类型。”

concept 允许我们直接在语言中表达对模板参数的要求。

截至本书发稿时，GCC 6.0 及以后的版本都支持 concept 技术规范。基于以下几个原因，有必要对 concept 进行详细的探讨：

❑ 它们从根本上改变了实现编译时多态的方式。熟悉 concept 将带来重大收益。

❑ 它们提供了一个基于 concept 的框架，用于理解一些临时性的解决方案，当模板被误用时，我们可以把它放到那里获得更容易理解的编译错误。

❑ 它们提供了一个从编译时模板到接口的绝佳桥梁，接口是运行时多态的主要机制（见第 5 章）。

❑ 如果使用 GCC 6.0 或更高版本，那么打开 -fconcepts 编译器选项就可以使用 concept 了。

6.7.1　定义 concept

concept 是一个模板。它是一个涉及模板参数的常量表达式，在编译时进行评估。我们把 concept 看成一个大的谓词（predicate）：一个返回值为 **false** 或 **true** 的函数。

如果一组模板参数满足给定 concept 的要求，那么当用这些参数实例化时，这个 concept 就会被评估为 true，否则会被评估为 false。当 concept 被评估为 false 时，模板实例化就会失败。

我们可以使用关键字 concept 在熟悉的模板函数定义上声明 concept：

```
template<typename T1, typename T2, ...>
concept bool ConceptName() {
  --snip--
}
```

6.7.2　类型特征

concept 会验证类型参数。在 concept 中，我们可以操作类型来检查它们的属性。我们可以手写这些操作，也可以使用内置在标准库中的类型支持库。这个库包含了检查类型属性的实用工具。这些实用工具被统称为类型特征（type traits）。它们在 `<type_traits>` 头文件中，是 std 命名空间的一部分。表 6-1 列出了一些常用的类型特征。

注意　参见 Nicolai M. Josuttis 所著的 *The C++ Standard Library*（第 2 版）的 5.4 节，其中详尽地列出了标准库中可用的类型特征。

表 6-1　从 `<type_traits>` 头文件中选择的类型特征

类型特征	检查模板参数的类型
is_void	void
is_null_pointer	nullptr
is_integral	bool、char、int、short、long 或 long long
is_floating_point	float、double 或 long double
is_fundamental	is_void、is_null_pointer、is_integral 或 is_floating_point
is_array	数组，即包含方括号 [] 的类型
is_enum	枚举类型（enum）
is_class	类类型（但非联合体）
is_function	函数
is_pointer	指针、函数指针计数（指向类成员的指针和 nullptr 不计入）
is_reference	引用（左值或右值）
is_arithmetic	is_floating_point 或 is_integral
is_pod	普通数据类型，即可以用 C 语言的数据类型表示的类型
is_default_constructible	可默认构造的，即可以不使用参数或初始值构造
is_constructible	可以用给定模板参数构造：这种类型特征允许用户提供常规类型以外的其他模板参数
is_copy_constructible	可复制构造的

（续）

类型特征	检查模板参数的类型
is_move_constructible	可移动构造的
is_destructible	可析构的
is_same	类型与其他模板参数类型相同（包括 const 和 volatile 修饰符）
is_invocable	可使用给定模板参数调用：这种类型特征允许用户提供常规类型以外的其他模板参数

每个类型特征都是一个模板类，它需要一个单一的模板参数，即要检查的类型。我们可以使用模板的静态成员 value 提取结果。如果类型参数符合要求，则该成员等于 true，否则就是 false。

考虑一下类型特征类 is_integral 和 is_floating_point。这两个类对于检查类型是整数型还是浮点型很有用。这两个模板都只接受一个模板参数。代码清单 6-18 中的例子研究了几种类型的类型特征。

代码清单 6-18　一个使用类型特征的程序

```
#include <type_traits>
#include <cstdio>
#include <cstdint>

constexpr const char* as_str(bool x) { return x ? "True" : "False"; } ❶

int main() {
  printf("%s\n", as_str(std::is_integral<int>::value)); ❷
  printf("%s\n", as_str(std::is_integral<const int>::value)); ❸
  printf("%s\n", as_str(std::is_integral<char>::value)); ❹
  printf("%s\n", as_str(std::is_integral<uint64_t>::value)); ❺
  printf("%s\n", as_str(std::is_integral<int&>::value)); ❻
  printf("%s\n", as_str(std::is_integral<int*>::value)); ❼
  printf("%s\n", as_str(std::is_integral<float>::value)); ❽
}
----------------------------------------------------------------
True ❷
True ❸
True ❹
True ❺
False ❻
False ❼
False ❽
```

代码清单 6-18 定义了函数 as_str❶ 来方便地打印布尔值为 True 或 False。在 main 中，我们可以打印不同类型特征的结果。当传递给 is_integral 时，模板参数 int❷、const int❸、char❹ 和 uint64_t❺ 都返回 True。引用类型❻❼ 和浮点类型 ❽ 返回 False。

注意　要知道，printf 没有为 bool 提供格式指定符。代码清单 6-18 没有使用整数格

式指定符 %d，而是使用了 as_str 函数，它根据 bool 的值返回字符串字面量的 True 或 False。因为这些值是字符串字面量，所以可以随意地将它们改为大写形式。

类型特征通常是 Concept 的构建模块，但有时我们需要更灵活。类型特征可以告诉我们类型是什么，但有时我们还得告诉模板如何使用它们。为此，可以使用 requirements。

6.7.3 约束要求

约束要求（requirements）是对模板参数的临时约束。每个 Concept 都可以对其模板参数指定任意数量的约束要求。约束要求被写成 requires 表达式，用 requires 关键字后跟函数参数和函数体表示。

约束要求的语法序列构成了 requires 表达式的主体。每一个符合语法的约束要求都对模板参数进行了约束。综合起来，requires 表达式有如下形式：

```
requires (arg-1, arg-2, ...❶) {
  { expression1❷ } -> return-type1❸;
  { expression2 } -> return-type2;
  --snip--
}
```

requires 表达式接受放在 requires 关键字 ❶ 之后的参数。这些参数的类型来自模板参数。随后是约束要求，每个约束要求用 { } -> 表示。每个大括号 ❷ 内可以放入任意表达式，这个表达式可以拥有符合参数表达式的任意数量的参数。

如果某实例化导致表达式不能被编译，则该约束要求不满足。假设表达式求值没有问题，则下一步检查该表达式的返回类型是否与 -> 后面给出的类型 ❸ 相匹配，如果表达式结果的类型不能隐式地转换为返回类型 ❸，则该约束要求视为不满足。

如果任何一个语法约束要求不满足，则 requires 表达式被评估为 false，如果所有的语法约束要求都通过检查了，则 requires 表达式被评估为 true。

假设有两个类型 T 和 U，我们想知道是否可以使用等于（==）和不等于（!=）运算符来比较这些类型的对象。实现这个约束要求的一种方法是使用下面的表达式：

```
// T, U are types
requires (T t, U u) {
  { t == u } -> bool; // syntactic requirement 1
  { u == t } -> bool; // syntactic requirement 2
  { t != u } -> bool; // syntactic requirement 3
  { u != t } -> bool; // syntactic requirement 4
}
```

这个 requires 表达式需要两个参数，它们的类型分别为 T 和 U。requires 表达式中包含的每一个约束要求都是包含 t 和 u 以及 == 或 != 的表达式。四个约束要求都返回 bool 结果。于是，满足这个 requires 表达式的任何两个类型都可以使用 == 和 != 进行比较。

6.7.4　从 requires 表达式构建 concept

因为 `requires` 表达式是在编译时求值的，所以 concept 可以包含任意数量的表达式。我们可以试着构造一个 concept，防止误用 `mean`。代码清单 6-19 标记了代码清单 6-10 中使用的一些隐式约束要求。

代码清单 6-19　重新列出代码清单 6-10，并对有关 T 的一些隐式约束要求做了标记

```
template<typename T>
T mean(T* values, size_t length) {
  T result{}; ❶
  for(size_t i{}; i<length; i++) {
    result ❷+= values[i];
  }
  ❸return result / length;
}
```

可以看到，这段代码所隐含的三个约束要求。

❏ T 必须是默认可构造的 ❶。

❏ T 支持 `operator+=` ❷。

❏ 将 T 除以 `size_t`，得到的仍然是 T ❸。

根据这些约束要求，我们可以创建一个名为 `Averageable` 的 concept，如代码清单 6-20 所示。

代码清单 6-20　一个名为 Averageable 的 concept，标记的约束要求与 mean 的实现一致

```
template<typename T>
concept bool Averageable() {
  return std::is_default_constructible<T>::value ❶
    && requires (T a, T b) {
    { a += b } -> T; ❷
    { a / size_t{ 1 } } -> T; ❸
  };
}
```

使用类型特征 `is_default_constructible` 来确保 T 是默认可构造的 ❶，我们可以添加两个 T 类型 ❷，用 `size_t`❸ 去除以 T，得到 T 类型的结果。

回想一下，concept 只是一些谓词：我们正在构建一个布尔表达式，当模板参数符合要求时，它的值为 `true`，而当它们不符合时，则为 `false`。这个 concept 由三个布尔表达式（这三个表达式通过 `&&` 进行"与"运算）组成，包含两个类型特征 ❶❸ 和一个 `requires` 表达式。如果这三个表达式中的任何一个返回 `false`，则说明这个 concept 的约束没有被满足。

6.7.5　使用 concept

声明 concept 比使用 concept 要麻烦得多。要使用 concept，只需用 concept 的名称来代替 `typename` 关键字。

例如，可以用 Averageable 重构代码清单 6-13，如代码清单 6-21 所示。

代码清单 6-21　使用 Averageable 重构代码清单 6-13

```
#include <cstddef>
#include <type_traits>

template<typename T>
concept bool Averageable() { ❶
  --snip--
}

template<Averageable❷ T>
T mean(const T* values, size_t length) {
  --snip--
}

int main() {
  const double nums_d[] { 1.0f, 2.0f, 3.0f, 4.0f };
  const auto result1 = mean(nums_d, 4);
  printf("double: %f\n", result1);

  const float nums_f[] { 1.0, 2.0, 3.0, 4.0 };
  const auto result2 = mean(nums_f, 4);
  printf("float: %f\n", result2);

  const size_t nums_c[] { 1, 2, 3, 4 };
  const auto result3 = mean(nums_c, 4);
  printf("size_t: %d\n", result3);
}
-------------------------------------------------------------------
double: 2.500000
float: 2.500000
size_t: 2
```

在定义 Averageable❶ 之后，只需用它来代替 typename❷ 即可，无须进一步修改。编译代码清单 6-13 产生的代码与编译代码清单 6-21 产生的代码是一样的。

当尝试用非 Averageable 类型来调用 mean 时，会在实例化的时候得到一个编译错误。这比从原始模板中得到的编译错误信息要好得多。

请看代码清单 6-22 中的 mean 实例，我们"不小心"对 double 指针数组进行求均值运算。

代码清单 6-22　一个使用非 Averageable 参数的错误模板实例

```
--snip–
int main() {
  auto value1 = 0.0;
  auto value2 = 1.0;
  const double* values[] { &value1, &value2 };
  mean(values❶, 2);
}
```

使用 values❶ 有几个问题，编译器可以告诉我们这些问题是什么吗？

如果没有 concept，GCC 6.3 会产生代码清单 6-23 所示的错误消息。

代码清单 6-23　当编译代码清单 6-22 时，GCC 6.3 给出的错误消息

```
<source>: In instantiation of 'T mean(const T*, size_t) [with T = const
double*; size_t = long unsigned int]':
<source>:17:17:   required from here
<source>:8:12: error: invalid operands of types 'const double*' and 'const
double*' to binary 'operator+'
    result += values[i]; ❶
    ~~~~~~~^~~~~~~~~~~
<source>:8:12: error:   in evaluation of 'operator+=(const double*, const
double*)'
<source>:10:17: error: invalid operands of types 'const double*' and 'size_t'
{aka 'long unsigned int'} to binary 'operator/'
    return result / length; ❷
           ~~~~~~~^~~~~~~~
```

你可能会认为普通用户会被这个错误消息搞得非常困惑。什么是 i❶？为什么除法运算 ❷ 中会涉及 const double*？

concept 可以提供更有启发性的错误消息，如代码清单 6-24 所示。

代码清单 6-24　当编译代码清单 6-22 时启用 concept，GCC 7.2 给出的错误消息

```
<source>: In function 'int main()':
<source>:28:17: error: cannot call function 'T mean(const T*, size_t) [with T
= const double*; size_t = long unsigned int]'
    mean(values, 2); ❶
                 ^
<source>:16:3: note:   constraints not satisfied
 T mean(const T* values, size_t length) {
   ^~~~
<source>:6:14: note: within 'template<class T> concept bool Averageable()
[with T = const double*]'
 concept bool Averageable() {
              ^~~~~~~~~~~
<source>:6:14: note:       with 'const double* a'
<source>:6:14: note:       with 'const double* b'
<source>:6:14: note: the required expression '(a + b)' would be ill-formed ❷
<source>:6:14: note: the required expression '(a / b)' would be ill-formed ❸
```

这条错误消息很棒。编译器会告诉我们哪个参数（values）没有满足约束 ❶。它告诉我们 values 不是 Averageable，因为它不满足两个表达式 ❷❸。这样，我们马上就知道如何修改参数让这个模板实例化成功了。

当 concept 纳入 C++ 标准时，标准库可能会包含很多 concept。concept 的设计目标是让程序员不需要自己定义很多 concept，相反，他们应该能够在模板前缀中组合 concept 和当下的约束要求。表 6-2 提供了一些你可能用到的 concept，这些 concept 是从 Andrew Sutton 的 Origins 库中的 concept 实现中借来的。

注意 关于 Origins 库的更多信息，请参见 https://github.com/asutton/origin/。要编译下面的例子，可以安装 Origins 并使用 GCC 6.0 或更高版本并加上 -fconcepts 选项。

表 6-2　Origins 库中包含的 concept

concept	类型说明
Conditional	可以显式地转换为 bool 类型
Boolean	是 Conditional 且支持 !、&& 和 || 布尔运算
Equality_comparable	支持 == 和 != 运算且返回布尔值
Destructible	是可析构的（类似 is_destructible）
Default_constructible	是可默认构造的（类似 is_default_constructible）
Movable	支持移动语义：必须是可移动赋值和可移动构造的（类似 is_move_assignable 和 is_move_constructible）
Copyable	支持复制语义：必须是可复制赋值和可复制构造的（类似 is_copy_assignable 和 is_copy_constructible）
Regular	是可默认构造的、可默认复制的且可进行相等性比较（Equality_comparable）
Ordered	是 Regular 的且完全有序（本质上说它可以排序）
Number	是 Ordered 的且支持数学运算，如加减乘除
Function	支持调用，即我们可以调用它（类似 is_invocable）
Predicate	是 Function 且返回 bool 类型
Range	可在基于范围的 for 循环中迭代

有好几种方法可以在模板前缀中构建约束。如果模板参数只用来声明函数参数的类型，则可以完全省略模板前缀：

```
return-type function-name(Concept1❶ arg-1, ...) {
  --snip--
}
```

因为我们使用 concept 而不是 **typename** 来定义参数的类型 ❶，所以编译器知道相关函数是一个模板。我们甚至可以在参数列表中自由地混合 concept 和具体类型。换句话说，每当使用 concept 作为函数定义的一部分时，函数就变成了模板。

代码清单 6-25 中的模板函数从 **Ordered** 元素数组寻找最小值。

代码清单 6-25　使用 Ordered concept 的模板函数

```
#include <origin/core/concepts.hpp>
size_t index_of_minimum(Ordered❶* x, size_t length) {
  size_t min_index{};
  for(size_t i{ 1 }; i<length; i++) {
    if(x[i] < x[min_index]) min_index = i;
  }
  return min_index;
}
```

尽管没有模板前缀，但 **index_of_minimum** 是一个模板，因为 **Ordered**❶ 是一个

concept。这个模板可以像其他模板函数一样被实例化，如代码清单 6-26 所示。

代码清单 6-26　使用代码清单 6-25 中的 index_of_minimum（去掉注释 ❸ 会导致编译失败）

```
#include <cstdio>
#include <cstdint>
#include <origin/core/concepts.hpp>

struct Goblin{};

size_t index_of_minimum(Ordered* x, size_t length) {
  --snip--
}

int main() {
  int x1[] { -20, 0, 100, 400, -21, 5123 };
  printf("%zd\n", index_of_minimum(x1, 6)); ❶

  unsigned short x2[] { 42, 51, 900, 400 };
  printf("%zd\n", index_of_minimum(x2, 4)); ❷

  Goblin x3[] { Goblin{}, Goblin{} };
  //index_of_minimum(x3, 2); ❸ // Bang! Goblin is not Ordered.
}
```

```
----------------------------------------------------------------
4 ❶
0 ❷
```

int❶ 和 **unsigned short❷** 数组的实例化是成功的，因为它们的类型是有序的
（**Ordered**）（见表 6-2 ）。

然而，**Goblin** 类不是 **Ordered** 类型的，如果试图编译它 ❸，模板实例化会失败。
关键是，错误消息会很有参考价值：

```
error: cannot call function 'size_t index_
of_minimum(auto:1*, size_t) [with auto:1 = Goblin; size_t = long unsigned int]'
  index_of_minimum(x3, 2); // Bang! Goblin is not Ordered.
             ^
note:   constraints not satisfied
 size_t index_of_minimum(Ordered* x, size_t length) {
        ^~~~~~~~~~~~~~~~
note: within 'template<class T> concept bool origin::Ordered() [with T =
Goblin]'
 Ordered()
```

这样，我们就知道 **index_of_minimum** 实例化失败，而问题出在 **Ordered** concept 上。

6.7.6　临时 requires 表达式

concept 是相当重量级的强类型安全机制。有时，我们只想直接在模板前缀中增加一
些约束要求。这可以通过直接在模板定义中嵌入 **requires** 表达式来实现。考虑代码清

单 6-27 中的 **get_copy** 函数，它接受一个指针并安全地返回指针指向的对象的副本。

代码清单 6-27　一个带有临时 requires 表达式的模板函数

```
#include <stdexcept>

template<typename T>
  requires❶ is_copy_constructible<T>::value ❷
T get_copy(T* pointer) {
  if (!pointer) throw std::runtime_error{ "Null-pointer dereference" };
  return *pointer;
}
```

模板前缀包含 **requires** 关键字 ❶，也就是包含 **requires** 表达式。在本例中，类型特征 **is_copy_constructible** 确保了 **T** 是可复制的 ❷。这样，如果用户不小心用指向不可复制对象的指针调用 **get_copy**，就会得到一个清晰的解释，说明为什么模板实例化会失败。请考虑代码清单 6-28 中的例子。

代码清单 6-28　使用代码清单 6-27 中的 get_copy 模板的程序（这段代码无法编译）

```
#include <stdexcept>
#include <type_traits>

template<typename T>
  requires std::is_copy_constructible<T>::value
T get_copy(T* pointer) { ❶
  --snip--
}

struct Highlander {
  Highlander() = default; ❷
  Highlander(const Highlander&) = delete; ❸
};

int main() {
  Highlander connor; ❹
  auto connor_ptr = &connor; ❺
  auto connor_copy = get_copy(connor_ptr); ❻
}
--------------------------------------------------------------------------
In function 'int main()':
error: cannot call function 'T get_copy(T*) [with T = Highlander]'
  auto connor_copy = get_copy(connor_ptr);
                                          ^
note:   constraints not satisfied
 T get_copy(T* pointer) {
   ^~~~~~~~
note: 'std::is_copy_constructible::value' evaluated to false
```

get_copy❶ 的定义后面是 **Highlander** 类的定义，它包含一个默认构造函数 ❷，删除了复制构造函数 ❸。在 **main** 中，我们已经初始化了一个 **Highlander**❹，取得了它

的引用 ❺，并试图用结果 ❻ 来实例化 get_copy。因为只能有一个 Highlander（它是不可复制的），所以代码清单 6-28 产生了一条非常清楚的错误消息。

6.8　static_assert:concept 之前的权宜之计

截至 C++17，concept 仍不是标准的一部分，所以使用 C++17 时不能保证 concept 在各个编译器中都能使用。此时，有一个权宜之计，即使用 static_assert 表达式。这种断言在编译时评估。如果断言失败，编译器会报告一个错误，并且可能提供一条诊断消息。static_assert 的形式如下：

static_assert(boolean-expression, optional-message);

在没有 concept 的情况下，可以在模板中加入一个或多个 static_assert 表达式，以帮助用户诊断使用错误。

假设我们想在不依赖 concept 的情况下改善 mean 的错误消息，可以将类型特征与 static_assert 相结合来达到类似的效果，如代码清单 6-29 所示。

代码清单 6-29　使用 static_assert 表达式来改善代码清单 6-10 中 mean 的编译错误

```
#include <type_traits>

template <typename T>
T mean(T* values, size_t length) {
  static_assert(std::is_default_constructible<T>(),
    "Type must be default constructible."); ❶
  static_assert(std::is_copy_constructible<T>(),
    "Type must be copy constructible."); ❷
  static_assert(std::is_arithmetic<T>(),
    "Type must support addition and division."); ❸
  static_assert(std::is_constructible<T, size_t>(),
    "Type must be constructible from size_t."); ❹
  --snip--
}
```

从代码清单 6-29，我们看到了熟悉的类型特征，用于检查 T 是不是默认的 ❶ 和可复制构造的 ❷，还看到了错误方法，用于帮助用户诊断模板实例化的问题。我们使用了 is_arithmetic❸，如果类型参数支持算术运算（如加减乘除），则评估为 true。我们还使用了 is_constructible❹，它决定了我们是否可以从 size_t 构造 T。

使用 static_assert 作为 concept 的替代品是一种技巧，已被广泛使用。使用类型特征，可以勉强前行。使用现代的第三方库，经常会看到 static_assert。如果为其他人（包括未来的自己）编写代码，则考虑使用 static_assert 和类型特征。

编译器和程序员通常不阅读文档。将约束要求直接嵌入代码，可以避免文档过时。在没有 concept 的情况下，static_assert 是一个很好的权宜之计。

6.9 非类型模板参数

用 typename（或 class）关键字声明的模板参数称为类型模板参数，它是一些尚未指定的类型的替身。我们也可以使用非类型模板参数，它是一些尚未指定的值的替身。非类型模板参数可以是以下任意一种：

❑ 整数型。

❑ 左值引用类型。

❑ 指针（或成员指针）类型。

❑ std::nullptr_t（nullptr 的类型）。

❑ enum class。

使用非类型模板参数可以在编译时向泛型代码中注入值。例如，我们可以构造一个名为 get 的模板函数，通过将要访问的索引作为非类型模板参数可以在编译时检查是否有越界数组访问。

回想一下第 3 章的内容，如果把数组传递给函数，它就会退化成指针。我们也可以用一个特别令人讨厌的语法来传递一个数组引用：

element-type(*param-name*&)[*array-length*]

例如，代码清单 6-30 中包含了一个 get 函数，该函数对数组进行越界检查。

代码清单 6-30　包含越界检查的访问数组元素的函数

```
#include <stdexcept>

int& get(int (&arr)[10]❶, size_t index❷) {
  if (index >= 10) throw std::out_of_range{ "Out of bounds" }; ❸
  return arr[index]; ❹
}
```

get 函数接受一个对长度为 10 的 int 数组的引用 ❶ 和一个要提取的 index❷，如果 index 越界，则抛出一个 out_of_bounds 异常 ❸，否则返回一个对应元素的引用 ❹。

我们可以通过三种方式改进代码清单 6-30，这三种方式都是通过非类型模板参数泛化 get 的值的。

第一，我们可以放宽 arr 引用 int 数组的要求，使 get 成为一个模板函数，如代码清单 6-31。

代码清单 6-31　重构代码清单 6-30，接受一个类型的数组

```
#include <stdexcept>

template <typename T❶>
T&❷ get(T❸ (&arr)[10], size_t index) {
  if (index >= 10) throw std::out_of_range{ "Out of bounds" };
  return arr[index];
}
```

正如我们在本章所做的那样，我们已经通过用模板参数 ❶❷❸ 替换具体类型（这里是 int）来泛化函数。

第二，我们可以通过引入非类型模板参数 Length 来放宽 arr 引用长度为 10 的数组的要求。代码清单 6-32 展示了如何做到这一点：简单地声明 size_t 型模板参数 Length，并使用它来代替 10。

代码清单 6-32　重构代码清单 6-31，接受通用长度的数组

```
#include <stdexcept>

template <typename T, size_t Length❶>
T& get (T(&arr)[Length❷], size_t index) {
  if (index >= Length❸) throw std::out_of_range{ "Out of bounds" };
  return arr[index];
}
```

思路是一样的：这里不替换特定的类型（int），而是替换了特定的整数值（10）❶❷❸。现在，我们可以用这个函数来处理任意大小的数组了。

第三，我们可以通过把 size_t index 作为另一个非类型模板参数来执行编译时边界检查。这允许我们用 static_assert 替换 std::out_of_range，如代码清单 6-33 所示。

代码清单 6-33　一个使用编译时越界检查数组访问的程序

```
#include <cstdio>

template <size_t Index❶, typename T, size_t Length>
T& get(T (&arr)[Length]) {
  static_assert(Index < Length, "Out-of-bounds access"); ❷
  return arr[Index❸];
}

int main() {
  int fib[]{ 1, 1, 2, 0 }; ❹
  printf("%d %d %d ", get<0>(fib), get<1>(fib), get<2>(fib)); ❺
  get<3>(fib) = get<1>(fib) + get<2>(fib); ❻
  printf("%d", get<3>(fib)); ❼
  //printf("%d", get<4>(fib)); ❽
}
--------------------------------------------------------------------------------
1 1 2 ❺3 ❼
```

我们已经把 size_t 索引参数作为了非类型模板参数 ❶，并以正确的名称 Index❸ 更新数组访问。因为 Index 现在是一个编译时常数，所以还可以用 static_assert 替换 logic_error，static_assert 会在访问数组越界时打印友好的消息 Out-of-bounds access。

代码清单 6-33 还包含了 main 中 get 的使用示例。首先，我们声明了一个长度为 4 的 int 数组 fib❹，然后使用 get 打印数组的前三个元素 ❺，设置第四个元素 ❻，并将其打

印出来 ❼。如果取消了对越界访问 ❽ 的注释，编译器将通过 static_assert 而产生一个错误。

6.10　可变参数模板

有时，模板必须接受长度不确定的参数列表。随后编译器在模板实例化时需要知道这些参数，但我们想避免针对不同数量的参数编写不同的模板。这就是可变参数模板存在的理由。可变参数模板接受数量可变的参数。

我们使用一个具有特殊语法的末位模板参数来表示可变参数模板，即 typename... arguments。省略号表示 arguments 是参数包类型，这意味着我们可以在模板中声明参数包。参数包是模板参数，可以接受零个或多个函数参数。这些定义可能看起来有点复杂，所以请看以下建立在 SimpleUniquePointer 基础上的可变参数模板例子。

在代码清单 6-14 中，我们将一个原始指针传递到 SimpleUniquePointer 的构造函数中。代码清单 6-34 实现了一个处理底层类型构造的 make_simple_unique 函数。

代码清单 6-34　实现一个 make_simple_unique 函数来简化 SimpleUniquePointer 的用法

```
template <typename T, typename... Arguments❶>
SimpleUniquePointer<T> make_simple_unique(Arguments... arguments❷) {
  return SimpleUniquePointer<T>{ new T{ arguments...❸ } };
}
```

我们定义了参数包类型 Arguments❶，它将 make_simple_unique 声明为可变参数模板。这个函数将参数 ❷ 传递给模板参数 T❸ 的构造函数。

于是，我们现在可以非常容易地创建 SimpleUniquePointer，甚至当目标对象有非默认的构造函数时也很容易。

> 注意　代码清单 6-34 有一个稍微更高效的实现。如果 arguments 是右值，则可以直接把它移动到 T 的构造函数中。标准库在 <utility> 头文件中包含了一个叫作 std::forward 的函数，它将检测 arguments 是左值还是右值，并根据结果执行复制或移动操作，详见 Scott Meyers 所著的 *Effective Modern C++* 中的第 23 条。

6.11　高级模板主题

对于日常的多态编程，模板是我们的首选工具。事实证明，模板也被广泛用于高级场合，特别是在实现库、高性能程序和嵌入式系统固件时。本节概述了这个广阔领域的一些主要特征。

6.11.1　模板特化

要了解高级模板的用法，必须先了解模板特化（template specialization）。模板实际上

不仅可以接受 `concept` 和 `typename` 参数（类型参数），它们还可以接受基础类型，如 `char`（值参数），以及其他模板。考虑到模板参数的巨大灵活性，我们可以在编译时对它们的特性做出很多决定。我们可以根据这些参数的特性拥有不同版本的模板。例如，如果类型参数是 `Ordered` 而不是 `Regular`，我们可能会实现一个更有效率的泛型程序。这种编程方式被称为模板特化。参考 ISO 标准 [temp.spec] 了解更多关于模板特化的信息。

6.11.2　名字绑定

与模板实例化有关的另一个关键部分是名字绑定（name binding）。名字绑定有助于确定编译器如何将模板中的命名元素与具体的实现相匹配，例如，命名元素可以是模板定义的一部分，也可以是局部名称、全局名称，还可以来自某个命名空间。如果你想写大量的模板化代码，那么就需要了解这种绑定是如何发生的。如果你遇到这样的情况，请参考 David Vandevoorde 等人所著的 *C++ Templates: The Complete Guide* 的第 9 章以及 [temp.res]。

6.11.3　类型函数

类型函数将类型作为参数，并返回一个类型。我们建立 concept 所用的类型特征与类型函数密切相关。我们可以将类型函数与编译时的控制结构结合起来，在编译时进行通用计算，如编程控制流。一般来说，使用这些技术的编程被称为模板元编程（template metaprogramming）。

6.11.4　模板元编程

模板元编程有一种当之无愧的名声，因为它产生的代码非常聪明，而且除了最强大的巫师之外，所有人都绝对无法理解。幸运的是，concept 成了 C++ 标准的一部分，模板元编程变得更容易被我们这些普通人所接受。如果对这个话题感兴趣，请参考 Andrei Alexandrescu 的 *Modern C++ Design: Generic Programming* 和 David Vandevoorde 等人的 *C++ Template: The Complete Guide*。

6.12　模板源代码组织

每次实例化模板时，编译器必须能够生成使用模板所需的所有代码，这意味着所有实例化自定义类或函数的信息必须与模板实例化在同一个编译单元中。到目前为止，最流行的方式是完全在头文件中实现模板。

这种方法有一些不方便的地方。编译时间会增加，因为具有相同参数的模板可能会被多次实例化。它还降低了我们隐藏实现细节的能力。幸运的是，泛型编程的好处远远超过了这些不便之处（无论如何，主流的编译器都会尝试优化编译时间和代码重复的问题）。

头文件模板的优点如下：

❑ 别人很容易使用我们的代码：只是对一些头文件应用 #include（而不是编译库，确保产生的对象文件对链接器可见，等等）。

❑ 对于编译器来说，内联头文件模板是非常简单的，这可以使代码在运行时更快。

❑ 当所有的源代码都可用时，编译器一般可以更好地优化代码。

6.13 运行时多态与编译时多态对比

当我们想要多态时，应该使用模板。但有时，我们无法使用模板，因为在运行前我们不知道代码使用的类型。请记住，只有当我们将模板的参数与类型配对时，才会发生模板实例化。这时，编译器可以实例化一个自定义类。在某些情况下，我们可能无法执行这样的配对，除非程序正在运行中（至少在编译时执行这样的配对很烦琐）。

在这种情况下，可以使用运行时多态。而模板是实现编译时多态的机制，实现运行时多态的机制是接口。

6.14 总结

本章探索了 C++ 中的多态问题。本章首先讨论了什么是多态，以及为什么它有如此巨大的作用。我们探索了如何在编译时使用模板实现多态，介绍了如何用 concept 进行类型检查，然后探讨了一些高级主题，如可变参数模板和模板元编程。

练习

6-1. 一系列值的众数是出现最频繁的值。使用以下签名实现一个 mode 函数：int mode(const int* values, size_t length)。如果遇到错误条件，例如输入具有多个众数或没有值，则返回零。

6-2. 将 mode 实现为模板函数。

6-3. 修改 mode 以接受一个 Integer concept。验证 mode 无法使用浮点类型（如 double）实例化。

6-4. 重构代码清单 6-13 中的 mean 函数，使其接受一个数组而不是指针参数和长度参数。参考代码清单 6-33。

6-5. 使用第 5 章的示例，将 Bank 作为一个接受模板参数的模板类。使用该类型参数而不是 long 类型作为账户类型。使用 Bank<long> 类验证代码仍然有效。

6-6. 实现一个 Account 类，并实例化一个 Bank<Account>。在 Account 中实现函数以跟踪余额。

6-7. 将 Account 作为接口。实现 CheckingAccount 和 SavingsAccount。创建一个带有多个支票和储蓄账户的程序。使用 Bank<Account> 在这些账户之间进行多次交易。

拓展阅读

- *C++ Templates: The Complete Guide*, 2nd Edition, by David Vandevoorde, Nicolai M. Josuttis, and Douglas Gregor (Addison-Wesley, 2017)
- *Effective Modern C++: 42 Specific Ways to Improve Your Use of C++11 and C++14* by Scott Meyers (O'Reilly Media, 2015)
- *The C++ Programming Language*, 4th Edition, by Bjarne Stroustrup (Pearson Education, 2013)
- *Modern C++ Design: Generic Programming and Design Patterns Applied* by Andrei Alexandrescu (Addison-Wesley, 2001)

表　达　式

人类创造性天才的本质不是文明的建筑，也不是可以终结文明的爆炸性武器，而是孕育新概念的词语，诸如碰到了卵子的精子。

——Dan Simmons，《海伯利安》

表达式是产生结果和副作用的计算过程。通常，表达式包含进行运算的操作数和运算符。许多运算符已融合到核心语言中，本章中包含大部分运算符。

本章首先讨论内置运算符，然后讨论重载运算符 new 和用户自定义字面量，最后深入探讨类型转换。在创建用户自定义类型时，通常需要描述如何将这些类型转换为其他类型。在介绍 constexpr 常量表达式和被广泛误解的 volatile 关键字之前，我们先讨论这些用户自定义类型的转换。

7.1　运算符

运算符［如加法运算符（+）和地址运算符（&）］对被称为操作数的参数（如数值或对象）进行处理。在本节中，我们将讨论逻辑、算术、赋值、自增/自减、比较、成员访问、三元条件和逗号运算符。

7.1.1　逻辑运算符

C++ 表达式套件中包含完整的逻辑运算符，其中包括（常规）运算符逻辑与（&&）、逻辑或（||）和逻辑非（!），它们接受可转换为 bool 的操作数并返回一个 bool 类型的对象。此外，按位逻辑运算符可用于整数类型，如 bool、int 和 unsigned long。这些运算符包括"与"（&）、"或"（|）、"异或"（^）、"取补"（~）、"左移"（<<）和"右移"（>>）。每个

值在位级别上执行布尔操作，并返回与操作数匹配的整数类型。表 7-1 列出了所有这些逻辑运算符和相应的示例。

表 7-1　逻辑运算符

运算符	名称	示例	结果
x & y	按位与	0b1100 & 0b1010	0b1000
x | y	按位或	0b1100 | 0b1010	0b1110
x ^ y	按位异或	0b1100 ^ 0b1010	0b0110
~x	按位取补	~0b1010	0b0101
x << y	按位左移	0b1010 << 2 0b0011 << 4	0b101000 0b110000
x >> y	按位右移	0b1010 >> 2 0b0011 >> 4	0b10 0b1011
x && y	逻辑与	true && false true && true	false true
x || y	逻辑或	true || false false || false	true false
!x	逻辑非	!true !false	false true

7.1.2　算术运算符

一元和二元算术运算符可处理整数类型和浮点类型（也称为算术类型）。在需要执行数学计算的任何地方都可以使用内置的算术运算符。它们执行一些最基本的计算工作，无论是递增索引变量还是执行密集运算型的统计模拟。

1. 一元算术运算符

一元加号运算符和一元减号运算符使用单个算术操作数。这两个运算符都将其操作数提升为 int 类型。因此，如果操作数的类型为 bool、char 或者 short int，则表达式的结果为 int 类型。

一元加号除提升为 int 外，无其他功能；但一元减号则会将操作数的符号取反。例如，给定 char x = 10，+x 的结果是值为 10 的 int，-x 的结果是值为 -10 的 int。

2. 二元算术运算符

除两个一元算术运算符外，还有五个二元算术运算符：+、-、*、/ 和 %。这些运算符接受两个操作数并执行指定的数学运算。与一元运算符相同，这些二元运算符会对其操作数进行整数提升。例如，将两个类型为 char 的操作数相加将得到一个 int 类型的值。以下是浮点类型提升规则：

❑ 如果一个操作数为 long double 类型，则另一个操作数将提升为 long double 类型。

❑ 如果一个操作数为 double 类型，则另一个操作数将提升为 double 类型。
❑ 如果一个操作数为 float 类型，则另一个操作数将提升为 float 类型。

如果没有任何匹配的浮点类型提升规则，则检查是否有操作数有符号数。如果有，则两个操作数都将变为有符号数。最后，与浮点类型提升规则一样，最大操作数的大小用于提升其他操作数：

❑ 如果一个操作数为 long long 类型，则另一个操作数将提升为 long long 类型。
❑ 如果一个操作数为 long 类型，则另一个操作数将提升为 long 类型。
❑ 如果一个操作数为 int 类型，则另一个操作数将提升为 int 类型。

虽然这些规则不太难记住，但我还是建议使用自动类型推断。只需将表达式的结果赋值给用 auto 声明的变量并检查推断的类型即可。

不要混淆类型转换和类型提升。类型转换是将一种类型的对象转换为另一种类型。类型提升是为解释字面量而设置的一组规则。例如，如果我们有一个 2 字节 short 的平台，并将无符号 40000 转为有符号数，则会导致整数溢出和未定义行为。这与处理 40000 的类型提升规则完全不同。如果需要对其进行符号化，则其类型为有符号 int，因为有符号 short 不足以容纳该值。

注意 我们可以使用 IDE 甚至 RTTI 的 typeid 将类型打印到控制台。

表 7-2 总结了算术运算符。

表 7-2　算术运算符

运算符	名称	示例	结果
+x	一元加号	+10	10
-x	一元减号	-10	-10
x + y	二元加法	1 + 2	3
x - y	二元减法	1 - 2	-1
x * y	二元乘法	10 * 20	200
x / y	二元除法	300 / 15	20
x % y	二元取模	42 % 5	2

表 7-1 和表 7-2 中的许多二元运算符（逻辑运算符、算术运算符）也可用在赋值运算中。

7.1.3　赋值运算符

赋值运算符执行给定的运算，并将结果赋给第一个操作数。例如，加法赋值 x += y 计算 x + y，并将其结果赋值于 x。使用表达式 x = x + y 可获得类似的结果，但是赋值运算符在语法上更紧凑，同时保证在运行时很高效。表 7-3 汇总了所有可用的赋值运算符。

表 7-3　赋值运算符

运算符	名称	示例	结果（x 的值）
x = y	简单赋值	x = 10	10
x += y	加法赋值	x += 10	15
x -= y	减法赋值	x -= 10	-5
x *= y	乘法赋值	x *= 10	50
x /= y	除法赋值	x /= 2	2
x %= y	取模赋值	x %= 2	1
x &= y	按位与赋值	x &= 0b1100	0b0100
x |= y	按位或赋值	x |= 0b1100	0b1101
x ^= y	按位异或赋值	x ^= 0b1100	0b1001
x <<= y	按位左移赋值	x <<= 2	0b10100
x >>= y	按位右移赋值	x >>= 2	0b0001

> **注意** 赋值运算符实际上并未采用提升规则，分配给操作数的类型并不会改变。例如，给定 int x = 5，在执行 x /= 2.0f 后的 x 的类型仍然是 int。

7.1.4　自增和自减运算符

如表 7-4 所示，共有四个（一元）自增和自减运算符。

表 7-4　自增和自减运算符（给定 x = 5）

运算符	名称	求值后 x 的值	表达式的值
++x	前置自增	6	6
x++	后置自增	6	5
--x	前置自减	4	4
x--	后置自减	4	5

如表 7-4 所示，自增运算符将其操作数的值加 1，而自减运算符则减 1。运算符返回的值取决于运算符是前置还是后置。前置运算符将返回修改后的操作数的值，而后置运算符则返回修改前操作数的值。

7.1.5　比较运算符

有六个比较运算符可以比较给定的操作数，它们都返回一个布尔值，如表 7-5 所示。与算术运算符相同，比较运算符的操作数也将进行类型转换（提升）。比较运算符也可应用于指针，它们的工作方式与我们预期的大致相同。

> **注意** 指针比较有些细微差异，有兴趣的读者可以参考 [expr.rel]。

表 7-5　比较运算符

运算符	名称	示例（所有值为 `true`）
x == y	等于运算符	`100 == 100`
x != y	不等运算符	`100 != 101`
x < y	小于运算符	`10 < 20`
x > y	大于运算符	`-10 > -20`
x <= y	小于或等于运算符	`10 <= 10`
x >= y	大于或等于运算符	`20 >= 10`

7.1.6　成员访问运算符

我们使用成员访问运算符与指针、数组以及将在第二部分中遇到的类进行交互。六个成员访问运算符包括下标运算符（`[]`）、间接寻址运算符（`*`）、地址运算符（`&`）、对象成员运算符（`.`）和成员指针运算符（`->`）等。第 3 章已提过这些运算符，本节则提供一个简短的总结。

> **注意**　还有指向对象成员的指针 `.*` 和指向指针成员的指针 `->*`，但它们并不常见，具体请参考 [expr.mptr.oper]。

下标运算符（`x[y]`）提供了对 x 所指向的数组的第 y 个元素的访问，而间接寻址运算符（`*x`）则提供了对 x 指向的元素的访问。我们可以通过地址运算符（`&x`）的方式创建一个指向元素 x 的指针。这本质上是间接寻址运算符的逆运算。对于具有成员 y 的元素 x，可使用对象成员运算符（`x.y`）。我们也可以通过指针访问对象的成员；给定一个指针 x，可通过成员指针运算符（`x->y`）来访问 x 指向的对象的成员。

7.1.7　三元条件运算符

三元条件运算符（即 `x ? y : z`）是一个语法糖，需要三个操作数（因此为"三元"）。它将第一个操作数 x 作为布尔表达式，并根据表达式的值（为 `true` 或 `false`）来评估是返回第二个操作数 y 还是返回第三个操作数 z。考虑以下 `step` 函数，如果输入参数 `input` 为正数，则该函数返回 1，否则返回零：

```
int step(int input) {
  return input > 0 ? 1 : 0;
}
```

我们也可使用等效的 if-then 语句来实现 `step` 函数，如下所示：

```
int step(int input) {
  if (input > 0) {
    return 1;
  } else {
```

```
    return 0;
  }
}
```

这两种方式在运行时是等效的,但三元条件运算符输入的代码量更少,代码更为简洁,故推荐使用它。

注意 三元条件运算符有一个更时髦的绰号:猫王运算符。将它(?:)顺时针旋转 90° 并斜视,就会明白为什么叫猫王运算符了。

7.1.8 逗号运算符

逗号运算符通常不会使代码更简洁。我们可以在一个较大的表达式中使用多个逗号将其分隔为多个表达式。各表达式从左到右依次求值,最右边的表达式的值是返回值,如代码清单 7-1 所示。

代码清单 7-1 使用逗号运算符的 confusing 函数

```
#include <cstdio>

int confusing(int &x) {
  return x = 9, x++, x / 2;
}

int main() {
  int x{}; ❶
  auto y = confusing(x); ❷
  printf("x: %d\ny: %d", x, y);
}
```

```
x: 10
y: 5
```

在执行 confusing 函数后,x 等于 10❶,y 等于 5❷。

注意 逗号运算符是一种诞生于 C 语言蛮荒时代的遗留结构。它允许一种特殊的面向表达式的编程。尽量避免使用逗号运算符,这种用法极为罕见且可能造成混乱。

7.1.9 重载运算符

对于每个基本类型,本节将介绍其中一部分可用的运算符。对于用户自定义类型,可通过运算符重载方式为这些运算符指定自定义行为。只需用关键字 operator 和紧随其后的重载运算符,即可为用户自定义类指定运算符行为。注意,请确保返回类型和参数与要处理的操作数类型匹配。

代码清单 7-2 定义了 CheckedInteger。

代码清单 7-2　一个在运行时检测溢出的 CheckedInteger 类

```
#include <stdexcept>

struct CheckedInteger {
  CheckedInteger(unsigned int value) : value{ value } ❶ { }

  CheckedInteger operator+(unsigned int other) const { ❷
    CheckedInteger result{ value + other }; ❸
    if (result.value < value) throw std::runtime_error{ "Overflow!" }; ❹
    return result;
  }

  const unsigned int value; ❺
};
```

在此类中，我们定义了一个构造函数，此构造函数需一个参数且该参数的类型为 unsigned int。该参数 ❶ 用于初始化私有字段 value 的值 ❺。由于 value 参数是 const 类型的，因此 CheckedInteger 是不可修改的，即在构造后无法修改 CheckedInteger 的状态。该方法的特别之处在于 operator+❷，它允许普通的 unsigned int 与 CheckedInteger 相加，以生成具有正确 value 的新的 CheckedInteger。❸ 处则构造了 operator+ 的返回值。每当加法导致 unsigned int 溢出时，结果都将小于原始值。我们在 ❹ 处检测该条件。如果检测到溢出，则抛出异常。

第 6 章介绍了 type_traits，它允许在编译时进行类型特征提取。<limits> 头文件提供了与其相关的类型，它允许我们查询算术类型的各种属性。

在 <limits> 中，模板类 numeric_limits 公开了许多成员常量，这些成员常量提供有关模板参数的信息，例如 max() 方法返回了给定类型的最大有限值。我们可以使用此方法来检测 CheckedInteger 类。代码清单 7-3 描述了 CheckedInteger 的行为。

代码清单 7-3　一个描述 CheckedInteger 行为的程序

```
#include <limits>
#include <cstdio>
#include <stdexcept>

struct CheckedInteger {
  --snip--
};

int main() {
  CheckedInteger a{ 100 }; ❶
  auto b = a + 200; ❷
  printf("a + 200 = %u\n", b.value);
  try {
    auto c = a + std::numeric_limits<unsigned int>::max(); ❸
  } catch(const std::overflow_error& e) {
    printf("(a + max) Exception: %s\n", e.what());
```

```
    }
}
```

```
a + 200 = 300
(a + max) Exception: Overflow!
```

在构造 CheckedInteger❶ 后，它与一个 unsigned int 值相加 ❷。由于结果为 300，而 300 在 unsigned int 容纳的范围之内，因此在执行该语句时不会抛出异常。接下来，通过 numeric_limits 方式获得最大的 unsigned int 值，然后将该值与前面 CheckedInteger 类型的 a 相加 ❸。此时将导致溢出，重载的 operator+ 方法检测出溢出，并抛出 overflow_error。

7.1.10　重载运算符 new

第 4 章中介绍道，可通过运算符 new 分配带有动态存储期的对象。默认情况下，运算符 new 将在自由存储区中分配内存，从而为动态对象分配空间。自由存储区（free store）也被称为堆（heap），是实现定义的存储位置。在桌面操作系统中，内核通常管理自由存储区（请参考 Windows 上的 HeapAlloc 以及 Linux 和 macOS 上的 malloc），并且该区域一般都很大。

1. 自由存储区的可用性

在某些环境（如 Windows 内核或嵌入式系统）中，默认情况下没有可用的自由存储区。在其他环境（如游戏开发或高频交易）中，自由存储区分配会带来大量延迟，因为其管理权被委托给了操作系统。

我们可以尝试完全不使用自由存储区，但这有严格的限制，其中一个主要限制是无法使用标准库容器。在阅读第二部分后，你将认为这是一个重大损失。不必解决这些严格的限制，我们可以重载自由存储区操作并控制分配。这可以通过重载运算符 new 来实现。

2. 头文件 <new>

在支持自由存储区操作的环境中，头文件 <new> 包含以下四个运算符：

❑ void* operator new(size_t);

❑ void operator delete(void*);

❑ void* operator new[](size_t);

❑ void operator delete[](void*);

请注意，new 运算符的返回类型为 void*。自由存储区操作处理未初始化的原始内存。我们可以提供以上四个运算符的自定义版本。唯一需要做的是在程序中定义一次，此时编译器会使用自定义版本而非默认版本。

自由存储区管理是一项非常复杂的任务。主要问题之一是存在内存碎片化问题。随着时间的推移，大量的内存分配和释放操作可能会使可用内存块散布在整个自由存储区中，可能导致有足够的可用内存但它们分散在已分配的内存间隙。此时，即使从技术角度出发有足够的可用内存可提供给请求者，也会导致大量内存请求失败。图 7-1 演示了这种情况。虽然有足够的内存可进行分配，但可用内存不连续。

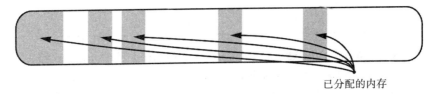

已分配的内存

图 7-1 内存碎片化问题

3. 桶（Bucket）

一种方法是将已分配的内存分成固定大小的区域（称为桶）。当请求内存时，即使没有请求整个桶的内存，环境也会分配整个桶。例如，Windows 提供了两个用于分配动态内存的函数：VirtualAllocEx 和 HeapAlloc。

VirtualAllocEx 函数是一个底层函数，它提供多种选项，如将内存分配给哪个进程、首选的内存地址、请求的大小和权限（如内存是否可读、可写和可执行）。此函数分配的字节数不会少于 4096（页内存大小）。

HeapAlloc 是一个更高级别的函数，它可以分配小于一页的内存，否则就调用 VirtualAllocEx。至少对于 Visual Studio 的编译器，new 默认调用 HeapAlloc。

此种策略让内存分配四舍五入到桶大小，用牺牲一部分内存空间的代价来防止内存碎片化。Windows 等现代操作系统有极其复杂的策略来分配不同大小的内存。除非你希望自行控制内存分配，否则不会面对这种复杂性。

4. 控制自由存储区

代码清单 7-4 展示了如何实现非常简单的 Bucket 和 Heap 类。它们有助于控制动态内存分配。

代码清单 7-4　Heap 和 Bucket 类

```cpp
#include <cstddef>
#include <new>

struct Bucket { ❶
  const static size_t data_size{ 4096 };
  std::byte data[data_size];
};

struct Heap {
  void* allocate(size_t bytes) { ❷
    if (bytes > Bucket::data_size) throw std::bad_alloc{};
    for (size_t i{}; i < n_heap_buckets; i++) {
      if (!bucket_used[i]) {
        bucket_used[i] = true;
        return buckets[i].data;
      }
    }
```

```
    throw std::bad_alloc{};
  }

  void free(void* p) { ❸
    for (size_t i{}; i < n_heap_buckets; i++) {
      if (buckets[i].data == p) {
        bucket_used[i] = false;
        return;
      }
    }
  }
  static const size_t n_heap_buckets{ 10 };
  Bucket buckets[n_heap_buckets]{}; ❹
  bool bucket_used[n_heap_buckets]{}; ❺
};
```

Bucket 类 ❶ 负责占用内存空间。为向 Windows 堆管理器致敬，桶大小被硬编码为 4096。所有管理逻辑由 Heap 类处理。

Heap 类中有两个重要的类成员：buckets❹ 和 bucket_used❺。buckets 包含所有 Bucket，它们整齐地包装成一个连续的字符串。bucket_used 是一个相对较小的数组，它包含 bool 类型的对象，可跟踪与 buckets 索引相同的 Bucket 是否被分配。两个类成员都初始化为零。

Heap 类有两个方法：allocate❷ 和 free❸。allocate 方法首先检查请求的字节数是否大于桶大小。如果是，则抛出 std::bad_alloc 异常。大小检查通过后，Heap 遍历 buckets 查找 bucket_used 中未标记为 true 的。如果找到，则返回关联 Bucket 的 data 成员指针。如果未能找到未使用的 Bucket，则抛出 std::bad_alloc 异常。free 方法接收 void*，并遍历 buckets 查找匹配的 data 成员指针。如果找到，则将相应桶的 bucket_used 设置为 false 并返回。

5. 使用自定义 Heap 类

在命名空间范围内声明 Heap 类是分配 Heap 的一个方法，这样它就具有静态存储期。因为其生命周期在程序启动时开始，所以可以在 operator new 和 operator delete 重载中使用它，如代码清单 7-5 所示。

代码清单 7-5　通过重载运算符 new 和 delete 来使用代码清单 7-4 中的 Heap 类

```
Heap heap; ❶

void* operator new(size_t n_bytes) {
  return heap.allocate(n_bytes); ❷
}
void operator delete(void* p) {
  return heap.free(p); ❸
}
```

代码清单 7-5 声明了一个 Heap❶，并在运算符 new 和 delete 重载内使用了它 ❷❸。

此时如果使用 new 和 delete，那么动态内存管理将使用 heap，而不是使用环境提供的默认自由存储区。代码清单 7-6 尝试使用这个重载的动态内存管理。

代码清单 7-6　一个使用 Heap 来管理动态分配的程序

```
#include <cstdio>
--snip--
int main() {
  printf("Buckets:   %p\n", heap.buckets); ❶
  auto breakfast = new unsigned int{ 0xCOFFEE };
  auto dinner = new unsigned int { 0xDEADBEEF };
  printf("Breakfast: %p 0x%x\n", breakfast, *breakfast); ❷
  printf("Dinner:    %p 0x%x\n", dinner, *dinner); ❸
  delete breakfast;
  delete dinner;
  try {
    while (true) {
      new char;
      printf("Allocated a char.\n"); ❹
    }
  } catch (const std::bad_alloc&) {
    printf("std::bad_alloc caught.\n"); ❺
  }
}
------------------------------------------------------------------
Buckets:   00007FF792EE3320 ❶
Breakfast: 00007FF792EE3320 0xc0ffee ❷
Dinner:    00007FF792EE4320 0xdeadbeef ❸
Allocated a char. ❹
Allocated a char.
Allocated a char.
Allocated a char.
Allocated a char.
Allocated a char.
Allocated a char.
Allocated a char.
Allocated a char.
Allocated a char.
std::bad_alloc caught. ❺
```

heap 中第一个 buckets 元素的内存地址被输出 ❶。这是第一个 new 调用的内存位置。通过打印 breakfast 的内存地址和所指向的值 ❷，我们验证了该事实。注意，breakfast 的内存地址与 heap 中第一个 Bucket 的内存地址相同。对 dinner 指针的内存做相同操作 ❸。注意，dinner 的内存地址正好比 breakfast 大 0x1000。这与桶大小（4096 字节）完全一致，该值在 const static 成员 Bucket::data_size 中定义。

打印 ❷❸ 后，删除 breakfast 和 dinner。之后不计后果地分配 char 对象，直至 heap 用完内存并抛出 std::bad_alloc 异常为止。每次进行分配时，都将打印 Allocated a char.❹。在抛出 std::bad_alloc 异常 ❺ 之前，共打印 10 行。注意，这正是在 Heap::n_heap_buckets 中设置的桶数。这意味着，每个已分配的 char 都使用 4096 字节的内存！

6. 布置运算符

有时，我们并不希望重写所有自由存储区分配，此时可以使用布置（Placement）运算符，它们对预分配内存执行适当的初始化：

❏ void* operator new(size_t, void*);

❏ void operator delete(size_t, void*);

❏ void* operator new[](void*, void*);

❏ void operator delete[](void*, void*);

使用布置运算符可在任意内存中手动构造对象。好处是我们可以手动管理对象的生命周期，坏处是不能使用 delete 来释放生成的动态对象，必须直接调用对象的析构函数（且只能调用一次！），如代码清单 7-7 所示。

代码清单 7-7　使用布置 new 初始化动态对象

```
#include <cstdio>
#include <cstddef>
#include <new>

struct Point {
  Point() : x{}, y{}, z{} {
    printf("Point at %p constructed.\n", this); ❶
  }
  ~Point() {
    printf("Point at %p destructed.\n", this); ❷
  }
  double x, y, z;
};

int main() {
  const auto point_size = sizeof(Point);
  std::byte data[3 * point_size];
  printf("Data starts at %p.\n", data); ❸
  auto point1 = new(&data[0 * point_size]) Point{}; ❹
  auto point2 = new(&data[1 * point_size]) Point{}; ❺
  auto point3 = new(&data[2 * point_size]) Point{}; ❻
  point1->~Point(); ❼
  point2->~Point(); ❽
  point3->~Point(); ❾
}
--------------------------------------------------------
Data starts at 0000004D290FF8E8. ❸
Point at 0000004D290FF8E8 constructed. ❹
Point at 0000004D290FF900 constructed. ❺
Point at 0000004D290FF918 constructed. ❻
Point at 0000004D290FF8E8 destructed. ❼
Point at 0000004D290FF900 destructed. ❽
Point at 0000004D290FF918 destructed. ❾
```

构造函数打印一条消息 ❶，表明已在特定地址上构造了一个 Point。同时析构函数也打印一条相应的消息 ❷，表明该 Point 正在被销毁。打印 data 地址，该地址是布置 new 初始化 Point 的第一个地址 ❸。

我们观察到每个布置 new 操作都使用 data 数组占用的内存来分配 Point❹❺❻。我们必须分别调用每个析构函数来销毁相应对象 ❼❽❾。

7.1.11 运算符优先级和结合性

当表达式中出现多个运算符时，运算符优先级和运算符结合性可以决定表达式的解析方式。与具有较低优先级的运算符相比，具有较高优先级的运算符更紧密地与参数结合。如果两个运算符具有相同的优先级，那么它们的结合性将决定如何组合参数。结合性分为从左到右和从右到左。

表 7-6 列举了 C++ 中所有运算符，它们按优先级排序并标注了结合性。每行包含一个或多个具有相同优先级的运算符，以及各自的描述和结合性。具有较高优先级的运算符出现在表格前面。

表 7-6　运算符优先级和结合性

运算符	描述	结合性
a::b	作用域解析	从左到右
a++	后置自增	从左到右
a--	后置自减	
fn()	函数调用	
a[b]	下标	
a->b	指针成员	
a.b	对象成员	
Type(a)	函数式类型转换	
Type{ a }	函数式类型转换	
++a	前置自增	从右到左
--a	前置自减	
+a	一元加号	
-a	一元减号	
!a	逻辑非	
~a	按位取补	
(Type)a	C 风格类型转换	
*a	解引用	
&a	取地址	

（续）

运算符	描述	结合性
sizeof(Type)	返回变量的大小	
new Type	动态内存分配	
new Type[]	动态内存分配（数组）	从右到左
delete a	动态内存释放	
delete[] a	动态内存释放（数组）	
.*	指向指针成员的指针	从左到右
->*	指向对象成员的指针	
a * b	乘法	
a / b	除法	从左到右
a % b	取模	
a + b	加法	从左到右
a - b	减法	
a << b	按位"左移"	从左到右
a >> b	按位右移	
a < b	小于	
a > b	大于	从左到右
a <= b	小于或等于	
a >= b	大于或等于	
a == b	相等	从左到右
a != b	不等	
a & b	按位与	从左到右
a ^ b	按位异或	从左到右
a | b	按位或	从左到右
a && b	逻辑与	从左到右
a || b	逻辑或	从左到右
a ? b : c	三元条件	
throw a	抛异常	
a = b	赋值	
a += b	加法赋值	
a -= b	减法赋值	从右到左
a *= b	乘法赋值	
a /= b	除法赋值	
a %= b	取模赋值	

（续）

运算符	描述	结合性
a <<= b	按位左移赋值	
a >>= b	按位右移赋值	
a &= b	按位与赋值	从右到左
a ^= b	按位异或赋值	
a |= b	按位或赋值	
a, b	逗号	从左到右

注意 虽然还未提及作用域解析运算符（在第 8 章中详细介绍），但为了完整起见，表 7-6 包含了它。

因为 C++ 有许多运算符，所以运算符的优先级和结合性规则可能很难跟踪。为了阅读代码者的身心健康，注意表达式需尽可能清晰。

考虑以下表达式：

*a++ + b * c

由于后置自增的优先级高于解引用运算符 *，因此它首先与参数 a 绑定，这意味着 a++ 的结果是解引用运算符的参数。乘法的优先级高于加法，因此乘法运算符 * 先绑定 b 和 c，加法运算符 + 再绑定 *a++ 的结果和 b*c 的结果。

添加括号可以改变优先级顺序，括号的优先级高于所有运算符。例如，可使用括号重写之前的表达式：

(*(a++)) + (b * c)

通常，可在读者可能对运算符优先级感到困惑的地方添加括号。如果结果有点难看（如本例所示），那么表达可能太复杂了，可以考虑将其分解为多个语句。

7.1.12 求值顺序

求值顺序为表达式中运算符的执行顺序。一个常见的误解是优先级和求值顺序等效，其实它们并不相同。优先级是一种编译时概念，决定运算符绑定到操作数的顺序。求值顺序是一种运行时概念，决定运算符的执行调度。

通常，C++ 没有明确指定操作数的执行顺序。虽然运算符如前文所述的明确定义的方式绑定到操作数，但这些操作数的计算顺序不确定。编译器可以视情况对操作数求值。

你可能会认为以下表达式中的括号决定了函数 stop、drop 和 roll 的执行顺序，或者某些从左到右的结合性会在运行时产生影响：

(stop() + drop()) + roll()

其实并不是。roll 函数可能在 stop 和 drop 函数执行之前、之后或之间执行。如需让它们按特定顺序执行，只需按所需顺序将其放入单独的语句中，如下所示：

```
auto result = stop();
result = result + drop();
result = result + roll();
```

如果不注意，甚至可能出现未定义行为。考虑以下表达式：

```
b = ++a + a;
```

因为未指定表达式 ++a 和 a 的顺序，而 ++a ＋ a 的值取决于哪个表达式先执行，所以 b 的值不能很好地定义。

在某些特殊情况下，语言直接决定执行顺序。最常见的情况如下：

❑ 在内置逻辑与运算 a && b 和内置逻辑或运算 a || b 中，可保证 a 在 b 之前执行。

❑ 三元运算符可保证在 a ? b : c 中，a 在 b 和 c 之前执行。

❑ 逗号运算符可保证在 a,b 中，a 在 b 之前执行。

❑ 在 new 表达式中，构造函数参数在调用分配器函数之前执行。

为什么 C++ 不强制规定执行顺序（比如从左到右），以免造成混淆呢？原因很简单，语言不随便限制执行顺序，编译器才可以拥有更多优化的机会。

注意 更多有关执行顺序的信息，请参见 [expr]。

7.2 自定义字面量

第 2 章介绍了如何声明字面量以及直接在程序中使用的常量。它们可以帮助编译器将嵌入的值转换为所需的类型。每一个基本类型都有自己的字面量语法。例如，char 字面量用单引号声明（如 'J'），而 wchar_t 字面量则用 L 前缀声明，例如 L'J'。我们也可以使用 F 或 L 后缀指定浮点数的精度。

为了方便起见，我们还可以创建自定义字面量。与内置字面量相同，自定义字面量也从语法上为编译器提供类型信息。尽管几乎不需要声明自定义字面量，但值得一提的是，你可能会在库中发现它们的踪迹。标准库的 <chrono> 头文件中广泛使用了字面量，从而为程序员提供了一种使用时间类型的简洁语法，例如，用 700ms 表示 700 毫秒。由于自定义字面量非常少见，因此在此不再赘述。

注意 更多信息，请参见 Bjarne Stroustrup 的 *The C++ Programming Language*（第 4 版）的 19.2.6 节。

7.3 类型转换

当我们希望将一种类型转换为另一种类型时，可以执行类型转换。根据情况，类型转换可以是显式的，也可以是隐式的，包括提升、浮点类型到整数类型转换、整数类型到整数类型转换，以及浮点类型到浮点类型的转换。

类型转换相当普遍。例如，给定整数的个数和总和来计算它们的均值。由于个数和总和存储在整数类型的变量中（但是我们希望保留小数部分），因此均值需要为浮点数。此时，就需要使用类型转换。

7.3.1 隐式类型转换

隐式类型转换可以在需要使用特定类型但你却提供了一个其他类型的任何地方进行。这些转换发生在不同的上下文中。

7.1.2 节中概述了所谓的提升规则。实际上，这些正是隐式转换的一种形式。每当发生算术运算时，较短的整数类型都会被提升为 int 类型。在算术运算期间，整数类型也可以提升为浮点类型。所有这些转换都发生在后台。其结果是，在大多数情况下，类型系统完全不碍事，从而可以让我们专注于编程逻辑。

不幸的是，在某些情况下，C++ 过于热衷于悄悄地转换类型。考虑以下从 double 到 uint_8 的隐式转换：

```
#include <cstdint>

int main() {
  auto x = 2.71828182845904523536028747135271L;
  uint8_t y = x; // Silent truncation
}
```

你会希望编译器在此处发出警告，但是从技术上讲，这是正确的 C++ 代码。由于此转换会丢失信息，因此可以通过大括号初始化来避免这种窄化转换：

```
#include <cstdint>

int main() {
  auto x = 2.71828182845904523536028747135271L;
  uint8_t y{ x }; // Bang!
}
```

回想一下，大括号初始化不允许窄化转换。从技术上讲，大括号初始化属于显式转换，因此我们将在 7.3.2 节中讨论它。

1. 浮点类型到整数类型的转换

浮点类型和整数类型可以在算术表达式中和平共处。原因是可以进行隐式类型转换：当编译器遇到混合类型时，它将执行必要的提升，以便算术运算按预期进行。

2. 整数类型到整数类型的转换

整数可以被转换为其他整数类型。如果目标类型是有符号（signed）类型，那么只要结果类型可以表示该值，一切都没有问题。如果不能，则行为取决于具体实现。如果目标类型是无符号（unsigned）类型，则结果的位数是该类型所能容纳的尽可能多的位数。换句话说，高位数据丢失了。

以代码清单 7-8 为例，该示例展示了因符号转换而导致的未定义行为。

代码清单 7-8　符号转换产生的未定义行为

```
#include <cstdint>
#include <cstdio>

int main() {
  // 0b111111111 = 511
  uint8_t x = 0b111111111; ❶// 255
  int8_t y =  0b111111111; ❷// Implementation defined.
  printf("x: %u\ny: %d", x, y);
}
--------------------------------------------------------------------
x: 255 ❶
y: -1 ❷
```

代码清单 7-8 隐式地将一个太大而无法容纳于 8 位整数（511 或 9 位的 1）的整数转换为无符号数 x 和有符号数 y。x 的值确定为 255❶，而 y 的值取决于具体实现。在 Windows 10 x64 计算机上，y 等于 –1❷。x 和 y 的赋值都涉及窄化转换，而这可以通过大括号初始化语法来避免。

3. 浮点类型到浮点类型的转换

浮点数可以隐式转换为其他浮点数。只要目标值能够与源值匹配，一切都没有问题。如果不能，将出现未定义行为。同样，大括号初始化可以防止潜在的危险转换。以代码清单 7-9 为例，该示例展示了窄化转换导致的未定义行为。

代码清单 7-9　窄化转换导致的未定义行为

```
#include <limits>
#include <cstdio>

int main() {
  double x = std::numeric_limits<float>::max(); ❶
  long double y = std::numeric_limits<double>::max(); ❷
  float z = std::numeric_limits<long double>::max(); ❸  // Undefined Behavior
  printf("x: %g\ny: %Lg\nz: %g", x, y, z);
}
--------------------------------------------------------------------
x: 3.40282e+38
y: 1.79769e+308
z: inf
```

从 float 到 double❶ 和从 double 到 long double❷ 是完全安全的隐式转换。不幸的是，将 long double 类型的最大值转化为 float 类型则会导致未定义行为❸。

4. 转换为 bool 类型

指针、整数和浮点数都可以隐式转换为 bool 对象。如果值不为零，则隐式转换的结果为 true。否则，结果为 false。例如，值 int {1} 转换为 true，而值 int {} 转换为 false。

5. 指针转换为 void*

指针始终可以隐式转换为 void*，如代码清单 7-10 所示。

代码清单 7-10　隐式地将指针转换为 void*（输出为 Windows 10 x64 计算机运行结果）

```
#include <cstdio>

void print_addr(void* x) {
  printf("0x%p\n", x);
}

int main() {
  int x{};
  print_addr(&x); ❶
  print_addr(nullptr); ❷
}
```

```
0x000000F79DCFFB74 ❶
0x0000000000000000 ❷
```

代码清单 7-10 的程序可以顺利编译归功于指针可以隐式转换为 **void***。首先打印的地址是 x❶ 的地址，然后打印 0❷。

7.3.2　显式类型转换

显式类型转换（explicit type conversion）简称为类型转换（cast）。进行显式类型转换的第一个方法是使用大括号初始化。这种方法的主要优点是对所有类型都安全且不会发生窄化。使用大括号初始化可确保在编译时只有安全、行为良好且非窄化的转换发生，如代码清单 7-11 所示。

代码清单 7-11　4 字节和 8 字节整数类型的显式类型转换

```
#include <cstdio>
#include <cstdint>

int main() {
  int32_t a = 100;
  int64_t b{ a }; ❶
  if (a == b) printf("Non-narrowing conversion!\n"); ❷
  //int32_t c{ b }; // Bang! ❸
}
```

```
Non-narrowing conversion! ❷
```

这个简单的例子使用一个 **int32_t** 类型构造了一个 **int64_t** 类型，此时使用的为大括号初始化方法 ❶。因为此时不会丢失任何信息，所以这是一个表现良好的转换。我们总是可以在 64 位中存储 32 位的信息。在基本类型进行正确的转换之后，原始值将始终等于结果值（当使用 **operator==** 时）。

该例子也尝试执行一个不正确（窄化）的转换 ❸，此时编译器将产生错误。如果没有使用大括号初始化列表，那么编译器将不会报错，如代码清单 7-12 所示。

代码清单 7-12　重构代码清单 7-11，不含大括号初始化列表

```
#include <limits>
#include <cstdio>
#include <cstdint>

int main() {
  int64_t b = std::numeric_limits<int64_t>::max();
  int32_t c(b); ❶ // The compiler abides.
  if (c != b) printf("Narrowing conversion!\n"); ❷
}
--------------------------------------------------------------------
Narrowing conversion! ❷
```

将 64 位整数转换为 32 位整数时发生了窄化转换 ❶。因为发生了窄化转换，所以表达式 c != b 的结果为 true ❷。此行为非常危险，这就是第 2 章建议尽可能使用大括号初始化的原因。

7.3.3　C 风格的类型转换

回顾第 6 章，使用类型转换函数可以执行危险的类型转换，但大括号初始化不允许这样做。我们也可以使用 C 风格的类型转换（cast），但这主要是为了保持这两种语言之间的兼容性。它们的用法如下：

(desired-type)object-to-cast

针对每种 C 风格的类型转换，都有对应的 static_cast，const_cast 和 reinterpret_cast 来实现所需的类型转换。C 风格的类型转换比命名强制转换要危险得多（已经强调很多次了）。

C++ 显式类型转换的语法是故意设计成这样丑陋且冗长的。这只是为了引发人们对代码中的严格系统规则被扭曲或破坏的关注。但 C 风格的类型转换无法做到这一点。此外，这种转换并不清晰地表明程序员打算进行哪种转换。当使用更精细的工具（如命名强制转换）时，编译器至少可以强制添加一些约束。例如，当使用 C 风格类型转换时，如果你只想用 reinterpret_cast，很容易忘记 const 正确性。

假设我们想在函数体内将 const char* 数组转换为 unsigned，很容易写出如代码清单 7-13 中所示的代码。

代码清单 7-13　C 风格类型转换的"火车事故"——意外地丢掉了 read_only 的 const 限定符（此程序具有未定义行为，输出来自 Windows 10 x64 计算机）

```
#include <cstdio>

void trainwreck(const char* read_only) {
  auto as_unsigned = (unsigned char*)read_only;
  *as_unsigned = 'b'; ❶ // Crashes on Windows 10 x64
}
```

```
int main() {
  auto ezra = "Ezra";
  printf("Before trainwreck: %s\n", ezra);
  trainwreck(ezra);
  printf("After trainwreck: %s\n", ezra);
}
```

```
Before trainwreck: Ezra
```

现代操作系统会严格限制内存访问模式。代码清单 7-13 尝试写入内存，该内存存储了字符串字面量 Ezra❶。在 Windows 10 x64 计算机上，程序会因内存访问冲突（这是只读内存）而崩溃。

如果使用 reinterpret_cast 来尝试此操作，则编译器会报错，如代码清单 7-14 所示。

代码清单 7-14　使用 reinterpret_cast 重构代码清单 7-13（此代码无法编译）

```
#include <cstdio>

void trainwreck(const char* read_only) {
  auto as_unsigned = reinterpret_cast<unsigned char*>(read_only); ❶
  *as_unsigned = 'b'; // Crashes on Windows 10 x64
}

int main() {
  auto ezra = "Ezra";
  printf("Before trainwreck: %s\n", ezra);
  trainwreck(ezra);
  printf("After trainwreck: %s\n", ezra);
}
```

如果你确实打算抛开 const 正确性，则需要在 ❶ 使用 const_cast。代码将记录这些意图，并使这种有意破坏规则的行为容易被发现。

7.3.4　用户自定义类型的转换

对于用户自定义类型，可以提供用户自定义类型转换功能。这些函数会告诉编译器在隐式和显式类型转换期间用户自定义类型的行为。我们可以使用以下使用模式声明这些类型转换函数：

```
struct MyType {
  operator destination-type() const {
    // return a destination-type from here.
    --snip--
  }
}
```

例如，代码清单 7-15 中的 struct 可以像只读 int 一样使用。

代码清单 7-15　一个 ReadOnlyInt 类，其中包含一个向 int 类型转换的用户自定义类型转换

```
struct ReadOnlyInt {
  ReadOnlyInt(int val) : val{ val } { }
  operator int() const { ❶
    return val;
  }
private:
  const int val;
};
```

operator int 方法将用户自定义类型 ReadOnlyInt 转换为 int❶。由于隐式转换，现在我们可以像使用常规 int 类型一样使用 ReadOnlyInt 类型：

```
struct ReadOnlyInt {
  --snip--
};
int main() {
  ReadOnlyInt the_answer{ 42 };
  auto ten_answers = the_answer * 10; // int with value 420
}
```

有时，隐式转换可能会有意想不到的行为。我们应该始终尝试使用显式转换，尤其是对于用户自定义类型。使用 explicit 关键字可以实现显式转换。显式构造函数指示编译器不要将构造函数当作隐式转换的一种方式。我们可以为用户自定义类型转换函数提供相同的准则：

```
struct ReadOnlyInt {
  ReadOnlyInt(int val) : val{ val } { }
  explicit operator int() const {
    return val;
  }
private:
  const int val;
};
```

现在，我们必须使用 static_cast 显式地将 ReadOnlyInt 强制转换为 int：

```
struct ReadOnlyInt {
  --snip--
};
int main() {
  ReadOnlyInt the_answer{ 42 };
  auto ten_answers = static_cast<int>(the_answer) * 10;
}
```

通常，此方法可以减少不清晰的代码。

7.4　常量表达式

常量表达式是可以在编译时求值的表达式。出于性能和安全性考虑，每当可以在编译时而不是运行时完成计算时，都应该在编译时计算。一个显而易见的例子是涉及字面量的简单数学运算，对应的表达式是可以在编译时求值的。

我们可以使用表达式 constexpr 扩展编译器的作用范围。只要在编译时存在计算表达式所需的所有信息，并将该表达式标记为 constexpr，编译器就将被迫这样做。这种简单的承诺会对代码的可读性和运行时性能产生巨大影响。

const 和 constexpr 密切相关。constexpr 强制表达式在编译时求值，而 const 则强制变量在某些作用域（运行时）内不可更改。所有的 constexpr 表达式都是 const，因为它们在运行时总是固定的。

所有的 constexpr 表达式都以一种或多种基本类型（如 int、float、whchar_t 等）开头。使用运算符和 constexpr 函数可以在这些类型的基础上构建 constexpr 表达式。常量表达式主要用于替换代码中的手动计算值。这通常会产生更健壮、更易于理解的代码，因为可以消除所谓的魔数——手动计算的常量可以直接复制并粘贴到源代码中。

7.4.1 有关色彩的示例

请考虑以下示例，该项目的某些库使用 Color 对象，这个 Color 对象是用"色相 – 饱和度 – 值"（Hue-Saturation-Value，HSV）编码的：

```
struct Color {
  float H, S, V;
};
```

大致来说，色相对应于一系列的颜色，如红色、绿色或橙色等。饱和度对应于色彩或强度。值则与颜色的亮度相对应。

假设我们要使用"红 – 绿 – 蓝"（Red-Green-Blue，RGB）表示实例化 Color 对象，那么可以通过转换器手动将 RGB 转换为 HSV，但这是一个很好的使用 constexpr 消除魔数的示例。在编写转换函数之前，我们需要一些实用函数，即 min、max 和 modulo。代码清单 7-16 实现了这些函数。

代码清单 7-16　用于处理 uint8_t 对象的几个 constexpr 函数

```
#include <cstdint>
constexpr uint8_t max(uint8_t a, uint8_t b) { ❶
  return a > b ? a : b;
}
constexpr uint8_t max(uint8_t a, uint8_t b, uint8_t c) { ❷
  return max(max(a, b), max(a, c));
}
constexpr uint8_t min(uint8_t a, uint8_t b) { ❸
  return a < b ? a : b;
}
constexpr uint8_t min(uint8_t a, uint8_t b, uint8_t c) { ❹
  return min(min(a, b), min(a, c));
}
constexpr float modulo(float dividend, float divisor) { ❺
```

```
  const auto quotient = dividend / divisor; ❻
  return divisor * (quotient - static_cast<uint8_t>(quotient));
}
```

每个函数都标记了 constexpr，它告诉编译器函数在编译时必须是可计算的。max 函数 ❶ 使用三元运算符返回最大的参数值。三参数版本的 max 函数 ❷ 使用了比较运算的传递性：先计算 a 与 b 间的最大值和 a 与 c 间的最大值，再计算这两个中间结果的最大值，这样就可以找到总的最大值。因为 max 的两参数版本也标记了 constexpr，所以这完全是合法的。

注意 出于相同的原因，不能使用 <math.h> 头文件中的 fmax，因为它不是 constexpr 的。

min 函数的实现也很明显，只不过使用比较运算 ❸❹。modulo 函数 ❺ 是 "简单粗暴" 的 C 函数 fmod 的 constexpr 版本，该函数通过第一个参数（被除数 dividend）除以第二个参数（除数 divisor）来得到浮点余数。由于 fmod 不是 constexpr 的，因此需要手动控制。首先，需要获得商 quotient❻。然后，使用 static_cast 和减法运算减去商的整数部分。将商的小数部分乘以除数 divisor 便可得出结果。

现在，一系列 constexpr 实用函数已经就绪，可以实现转换函数 rgb_to_hsv 了，如代码清单 7-17 所示。

代码清单 7-17　从 RGB 到 HSV 的 constexpr 转换函数

```
--snip--
constexpr Color rgb_to_hsv(uint8_t r, uint8_t g, uint8_t b) {
  Color c{}; ❶
  const auto c_max = max(r, g, b);
  c.V = c_max / 255.0f; ❷

  const auto c_min = min(r, g, b);
  const auto delta = c.V - c_min / 255.0f;
  c.S = c_max == 0 ? 0 : delta / c.V; ❸

  if (c_max == c_min) { ❹
    c.H = 0;
    return c;
  }
  if (c_max == r) {
    c.H = (g / 255.0f - b / 255.0f) / delta;
  } else if (c_max == g) {
    c.H = (b / 255.0f - r / 255.0f) / delta + 2.0f;
  } else if (c_max == b) {
    c.H = (r / 255.0f - g / 255.0f) / delta + 4.0f;
  }
  c.H *= 60.0f;
  c.H = c.H >= 0.0f ? c.H : c.H + 360.0f;
  c.H = modulo(c.H, 360.0f); ❺
  return c;
}
```

声明并初始化 Color 对象 c❶，它将最终由 rgb_to_hsv 函数返回。Color 的值 V 是通过按比例缩放 r、g 和 b 的最大值来计算的。接下来，通过计算最小和最大 RGB 值之间的距离并按 V 缩放来计算饱和度 S❸。如果将 HSV 值想象成存在于圆柱体内，则饱和度是沿水平轴的距离，值是沿垂直轴的距离，色相是角度。为了简便起见，这里不详细介绍该角度的计算方式，但该计算是在 ❹ 和 ❺ 之间执行的。本质上，它需要将角度计算为相对于主要颜色成分的角度的偏移量。将其缩放并进行模化以适合 0 到 360° 的区间，并存储到 H 中。最后，返回 c。

这里有很多运算，但都是在编译时计算的。这意味着在初始化颜色时，编译器在初始化 Color 时会将所有 HSV 字段浮点数填充：

```
--snip--
int main() {
  auto black   = rgb_to_hsv(0,   0,   0);
  auto white   = rgb_to_hsv(255, 255, 255);
  auto red     = rgb_to_hsv(255, 0,   0);
  auto green   = rgb_to_hsv( 0, 255,  0);
  auto blue    = rgb_to_hsv( 0,  0, 255);
  // TODO: Print these, output.
}
```

我们已经告诉编译器，每个颜色值都是可在编译时计算的。根据在程序其余部分中使用这些值的方式，编译器可以决定是否在编译时或运行时对其求值。结果是编译器通常可以传递带有硬编码魔法值的指令，这些值对应于每个 Color 正确的 HSV 值。

7.4.2　关于 constexpr 的说明

对于可以使用 constexpr 的函数类型有一些限制，但是在每个新的 C++ 版本中都放宽了这些限制。

在某些情况下，如在嵌入式开发中，constexpr 是必不可少的。通常，如果可以将表达式声明为 constexpr，则强烈建议这样做。使用 constexpr 而不是手动计算的字面量可以使代码更具表现力。通常，它还可以最大限度地提高运行时的性能和安全性。

7.5　volatile 表达式

volatile 关键字告诉编译器，通过此表达式进行的每次访问都必须视为可观察的副作用。这意味着无法对其优化，也无法通过其他可观察的副作用对其进行重新排序。此关键字在某些环境（例如嵌入式编程）中至关重要，在这些环境中读取和写入内存的某些特殊部分会对底层系统产生影响。volatile 关键字使编译器无法优化此类访问。代码清单 7-18 通过包含编译器通常会优化掉的指令，说明了需要 volatile 关键字的原因。

代码清单 7-18 包含无效写入和冗余读取的函数

```
int foo(int& x) {
  x = 10; ❶
  x = 20; ❷
  auto y = x; ❸
  y = x; ❹
  return y;
}
```

虽然 x 已被赋值❶，但在重新赋值❷之前从未被使用过，因此它被称为无效写入（dead store），并且它应该直接被优化掉。类似地，x 在没有任何中间指令❸❹ 的情况下将 y 的值设置了两次，这是冗余读取（redundant load），也是应优化的对象。

你可能会期望像样的编译器将前面的函数优化为类似代码清单 7-19 的内容。

代码清单 7-19 合理优化代码清单 7-18

```
int foo(int& x) {
  x = 20;
  return x;
}
```

在一些环境中，冗余读取和无效写入可能会对系统产生明显的副作用。通过将 volatile 关键字添加到 foo 的参数中，我们可以避免优化程序优化掉这些重要的访问，如代码清单 7-20 所示。

代码清单 7-20 使用 volatile 修改代码清单 7-18

```
int foo(volatile int& x) {
  x = 10;
  x = 20;
  auto y = x;
  y = x;
  return y;
}
```

现在，编译器将产生指令来执行所编写的每一个读写操作。

一个常见的误解是 volatile 一定与并发编程有关。其实并不是。标记为 volatile 的变量通常不是线程安全的。第 19 章将讨论 std::atomic，它保证了类型上的某些线程安全原语。volatile 常常与 atomic 混淆！

7.6 总结

本章介绍了运算符的主要功能，它们是程序中的基本工作单元。本章还从多个方面探索了类型转换，介绍了如何控制所在环境中的动态内存管理。同时，本章还介绍了 constexpr 表达式和 volatile 表达式。有了这些工具，几乎可以执行任何系统编程任务。

练习

7-1. 创建一个 UnsignedBigInteger 类，该类可以处理长于 long 类型的数字。你可以使用字节数组作为内部表示形式（例如 uint8_t[] 或 char[]）。用 operator+ 和 operator- 实现运算符重载。在运行时执行检查是否溢出的操作。如果勇于尝试，可以实现 operator*、operator/ 和 operator%。确保运算符重载对 int 类型和 UnsignedBigInteger 类型都起作用。实现一个 operator int 类型转换。然后执行运行时检查，确认是否窄化。

7-2. 创建一个 LargeBucket 类，该类最多可以存储 1MB 的数据。扩展 Heap 类，以便为大于 4096 个字节的分配发出 LargeBucket。确保每当 Heap 无法分配适当大小的桶时，仍然可抛出 std::bad_alloc。

拓展阅读

- *ISO International Standard ISO/IEC (2017) — Programming Language C++* (International Organization for Standardization; Geneva, Switzerland; *https://isocpp.org/std/the-standard/*)

第 8 章 Chapter 8

语 句

进步并非来自"早起"的人,而是由"懒惰"的人寻找更轻松的做事方式产生的。

——Robert A. Heinlein, *Time Enough for Love*

每个 C++ 函数都包含一系列语句,这些语句是指定执行顺序的编程结构。本章使用对象生命周期、模板和表达式来探索语句的细微差别。

8.1 表达式语句

表达式语句是后跟分号(;)的表达式。在程序中,表达式语句包含大多数语句。我们可以将表达式转换为语句,每当需要执行表达式但需舍弃结果时都应使用该语句。当然,这仅在执行表达式会引起副作用(例如打印到控制台或修改程序的状态)时才有用。

代码清单 8-1 包含几个表达式语句。

代码清单 8-1 一个包含几个表达式语句的简单程序

```
#include <cstdio>

int main() {
  int x{};
  ++x; ❶
  42; ❷
  printf("The %d True Morty\n", x); ❸
}
--------------------------------------------------
The 1 True Morty ❸
```

❶ 处的表达式语句有副作用(x 递增),但 ❷ 处的没有副作用。两者都是有效的(尽

管 ❷ 处的是无用的)。对 printf 的函数调用 ❸ 也是一个表达式语句。

8.2　复合语句

复合语句也称为程序块（block），是用大括号 {} 括起来的一系列语句。块在诸如 if 语句之类的控制结构中很有用，因为我们可能希望执行多条语句而不是一条。

每个块都声明一个新的作用域，称为块作用域。正如第 4 章介绍的那样，在块作用域内声明的具有自动存储期的对象的生命周期受该块的约束。在块中声明的变量将以明确定义的顺序销毁，即按声明顺序相反的顺序销毁。

代码清单 8-2 使用代码清单 4-5 中的 Tracer 类探索块作用域。

代码清单 8-2　一个使用 Tracer 类探索复合语句的程序

```
#include <cstdio>

struct Tracer {
  Tracer(const char* name) : name{ name } {
    printf("%s constructed.\n", name);
  }
  ~Tracer() {
    printf("%s destructed.\n", name);
  }
private:
  const char* const name;
};

int main() {
  Tracer main{ "main" }; ❶
  {
    printf("Block a\n"); ❷
    Tracer a1{ "a1" }; ❸
    Tracer a2{ "a2" }; ❹
  }
  {
    printf("Block b\n"); ❺
    Tracer b1{ "b1" }; ❻
    Tracer b2{ "b2" }; ❼
  }
}
```

```
main constructed. ❶
Block a ❷
a1 constructed. ❸
a2 constructed.  ❹
a2 destructed.
a1 destructed.
Block b ❺
b1 constructed. ❻
b2 constructed. ❼
```

```
b2 destructed.
b1 destructed.
main destructed.
```

代码清单 8-2 首先初始化一个叫 main 的 Tracer❶。接着，生成两条复合语句。第一条复合语句以左括号 { 开始，紧接着是该块的第一条语句，该语句打印 Block　a❷。创建两个 Tracer，即 a1❸ 和 a2❹，然后用右括号 } 结束该块时，这两个 Tracer 就会被销毁。请注意，这两个 Tracer 以与其初始化顺序相反的顺序销毁，即先销毁 a2 再销毁 a1。

同时，还要注意 Block　a 后面的另一条复合语句，在该块中，我们先打印 Block b❺，然后构造两个 Tracer，即 b1❻ 和 b2❼。与上一条复合词句相同：先销毁 b2 再销毁 b1。一旦执行 Block　b 后，main 的作用域就结束了，Tracer　main 最终被销毁。

8.3　声明语句

声明语句（或声明）将标识符（例如函数、模板和命名空间）导入程序。本节将探讨这些熟悉的声明语句的一些新功能，以及类型别名、属性和结构化绑定。

注意　第 6 章提及的表达式 static_assert 也是一条声明语句。

8.3.1　函数

函数声明（也称为函数的签名或原型）指定函数的输入和输出。声明不需要包含参数名称，只需包含参数类型。例如，以下代码行声明了一个名为 randomize 的函数，该函数接受 uint32_t 引用，返回 void：

```
void randomize(uint32_t&);
```

不是成员函数的函数称为非成员函数，有时也称为自由函数，它们总是声明在命名空间作用域内，但在 main() 外。函数定义包括函数声明以及函数体。函数的声明定义了函数的接口，而函数的定义定义了函数的实现。例如，以下定义是 randomize 函数的一种可能的实现：

```
void randomize(uint32_t& x) {
  x = 0x3FFFFFFF & (0x41C64E6D * x + 12345) % 0x80000000;
}
```

注意　这种 randomize 实现是线性同余生成器，这是一种原始的随机数生成器。有关生成随机数的更多信息，请参见本章的"拓展阅读"部分。

你可能已经注意到，函数声明是可选的。为什么它们会存在呢？原因是，只要最终在某处定义了声明的函数，就可以在整个代码中使用它们。编译器工具链可以解决这个问题（工作原理见第 21 章）。代码清单 8-3 中的程序确定了从数字 0x4c4347 到数字 0x474343，随机数生成器要进行多少次迭代。

代码清单 8-3 在此程序中，main 中调用了一个函数，但此函数在后面才定义

```cpp
#include <cstdio>
#include <cstdint>

void randomize(uint32_t&); ❶

int main() {
  size_t iterations{}; ❷
  uint32_t number{ 0x4c4347 }; ❸
  while (number != 0x474343) { ❹
    randomize(number); ❺
    ++iterations; ❻
  }
  printf("%zd", iterations); ❼
}

void randomize(uint32_t& x) {
  x = 0x3FFFFFFF & (0x41C64E6D * x + 12345) % 0x80000000; ❽
}
```

```
927393188 ❼
```

首先，我们声明 randomize❶。在 main 中，将迭代计数器变量初始化为零❷，将数字变量初始化为 0x4c4347❸。while 循环检查数字是否等于目标值 0x474343❹。如果不是，则调用 randomize❺并增加迭代次数❻。请注意，此时尚未定义 randomize。在 main 返回之前，一旦数字等于目标数字，就打印迭代次数❼。最后，定义 randomize。该程序的输出表明，随机生成目标值需要迭代近十亿次。

尝试删除 randomize 定义并重新编译。此时，将收到一条错误信息，该信息指出找不到 randomize 的定义。

类似地，我们可以将方法声明与方法定义分开。与非成员函数一样，声明方法时可以省略其主体。例如，以下 RandomNumberGenerator 类将 randomize 函数替换为 next：

```cpp
struct RandomNumberGenerator {
  explicit RandomNumberGenerator(uint32_t seed) ❶
    : number{ seed } {} ❷
  uint32_t next(); ❸
private:
  uint32_t number;
};
```

我们可以使用 seed 值❶构造一个 RandomNumberGenerator，seed 用于初始化 number 成员变量❷。使用与非成员函数相同的规则声明 next 函数❸。为了提供 next 的定义，必须使用作用域解析运算符和类名来标识需定义的方法。否则，定义方法与定义非成员函数类似：

```cpp
uint32_t❶ RandomNumberGenerator::❷next() {
  number = 0x3FFFFFFF & (0x41C64E6D * number + 12345) % 0x80000000; ❸
```

```
    return number; ❹
  }
```

此定义与声明 ❶ 共享相同的返回类型。RandomNumberGenerator :: 表明我们正在
定义方法 ❷。除了要返回随机数生成器状态的副本而不是写入参数引用 ❹ 之外，函数的详
细信息基本相同 ❸。

代码清单 8-4 展示了如何重构代码清单 8-3 以合并 RandomNumberGenerator。

代码清单 8-4　使用 RandomNumberGenerator 类重构代码清单 8-3

```
#include <cstdio>
#include <cstdint>
struct RandomNumberGenerator {
  explicit RandomNumberGenerator(uint32_t seed)
    : iterations{}❶, number { seed }❷ {}
  uint32_t next(); ❸
  size_t get_iterations() const; ❹
private:
  size_t iterations;
  uint32_t number;
};

int main() {
  RandomNumberGenerator rng{ 0x4c4347 }; ❺
  while (rng.next() != 0x474343) { ❻
    // Do nothing...
  }
  printf("%zd", rng.get_iterations()); ❼
}

uint32_t RandomNumberGenerator::next() { ❽
  ++iterations;
  number = 0x3FFFFFFF & (0x41C64E6D * number + 12345) % 0x80000000;
  return number;
}

size_t RandomNumberGenerator::get_iterations() const { ❾
  return iterations;
}
```

927393188 ❼

如代码清单 8-4 所示，我们已将声明与定义分开。在声明了将 iterations 成员
初始化为零 ❶ 并将 number 成员设置为 seed❷ 的构造函数之后，声明但未实现 next❸
和 get_iterations❹ 方法。在 main 中，使用 seed 值 0x4c4347 来初始化 Random-
NumberGenerator 类 ❺，并调用 next 方法提取新的随机数 ❻。结果是相同的 ❼。和之
前一样，next 和 get_iterations 的定义在 main 中它们被调用的位置之后。

> **注意**　将定义和声明分开的优势可能并不明显，因为到目前为止我们一直在处理单一源文
> 件程序。第 21 章将探讨多源文件程序，那时将声明和定义分开的优势会更明显。

8.3.2　命名空间

命名空间可防止命名冲突。在大型项目中或者在引入库时，命名空间对于准确消除要查找的符号的歧义是必不可少的。

1. 在命名空间中放置符号

默认情况下，我们声明的所有符号都在全局命名空间中。在全局命名空间中，无须添加任何命名空间限定符即可访问所有符号。除了 std 命名空间中的几个类之外，我们一直在使用仅位于全局命名空间中的对象。

要将符号放置在全局命名空间以外的其他命名空间中，则需在命名空间块中声明该符号。命名空间块具有以下形式：

```
namespace BroopKidron13 {
  // All symbols declared within this block
  // belong to the BroopKidron13 namespace
}
```

命名空间可以使用两种方式嵌套。第一种是简单地嵌套命名空间块：

```
namespace BroopKidron13 {
  namespace Shaltanac {
    // All symbols declared within this block
    // belong to the BroopKidron13::Shaltanac namespace
  }
}
```

第二种是使用作用域解析运算符：

```
namespace BroopKidron13::Shaltanac {
  // All symbols declared within this block
  // belong to the BroopKidron13::Shaltanac namespace
}
```

第二种方式更简洁。

2. 使用命名空间中的符号

在使用命名空间中的符号时，我们始终可以使用作用域解析运算符来指定符号的完全限定名称。这样就可以在大型项目中或使用第三方库时防止命名冲突。如果两名程序员使用相同的符号，则可以通过将符号放在命名空间中来避免歧义。

代码清单 8-5 展示了如何使用完全限定的符号名称来访问命名空间中的符号。

代码清单 8-5　使用了作用域解析运算符的嵌套命名空间块

```
#include <cstdio>

namespace BroopKidron13::Shaltanac { ❶
  enum class Color { ❷
    Mauve,
    Pink,
    Russet
```

```
  };
}

int main() {
  const auto shaltanac_grass{ BroopKidron13::Shaltanac::Color::Russet❸ };
  if(shaltanac_grass == BroopKidron13::Shaltanac::Color::Russet) {
    printf("The other Shaltanac's joopleberry shrub is always "
           "a more mauvey shade of pinky russet.");
  }
}
```

```
The other Shaltanac's joopleberry shrub is always a more mauvey shade of pinky
russet.
```

代码清单 8-5 使用了嵌套的命名空间 ❶，并声明了 **Color** 类 ❷。要使用 **Color**，则应用作用域解析运算符来指定符号的全名 **BroopKidron13::Shaltanac::Color**。因为 **Color** 是一个枚举类，所以可以使用作用域解析运算符来访问其值，就像将 **shaltanac_grass** 分配给 **Russet** 一样。

3. using 指定符

我们可以使用 **using** 指定符来避免进行大量输入。**using** 指定符会将符号导入块中，如果在命名空间作用域内声明了 **using** 指定符，则将符号导入当前命名空间。无论哪种方式，都只需输入一次完整的命名空间路径。**using** 用法如下：

using *my-type*;

相应的 *my-type* 将被导入当前的命名空间或块中，这意味着我们不再需要使用其全名。代码清单 8-6 使用 **using** 指定符重构了代码清单 8-5。

代码清单 8-6　使用 using 指定符重构代码清单 8-5

```
#include <cstdio>

namespace BroopKidron13::Shaltanac {
  enum class Color {
    Mauve,
    Pink,
    Russet
  };
}

int main() {
  using BroopKidron13::Shaltanac::Color; ❶
  const auto shaltanac_grass = Color::Russet❷;
  if(shaltanac_grass == Color::Russet❸) {
    printf("The other Shaltanac's joopleberry shrub is always "
           "a more mauvey shade of pinky russet.");
  }
}
```

```
The other Shaltanac's joopleberry shrub is always a more mauvey shade of pinky
russet.
```

如果在 main 中使用 using 指定符 ❶，那么使用 Color❷❸ 时就不再需要输入命名空间 BroopKidron13::Shaltanac。

如果你很小心，则可以使用 using namespace 指定符将给定命名空间中的所有符号引入全局命名空间。

代码清单 8-7 重构了代码清单 8-6：命名空间 BroopKidron13::Shaltanac 包含多个符号，而我们希望将它们导入全局命名空间中，以避免输入过多内容。

代码清单 8-7　重构代码清单 8-6，将多个符号导入全局命名空间

```
#include <cstdio>

namespace BroopKidron13::Shaltanac {
  enum class Color {
    Mauve,
    Pink,
    Russet
  };

  struct JoopleberryShrub {
    const char* name;
    Color shade;
  };

  bool is_more_mauvey(const JoopleberryShrub& shrub) {
    return shrub.shade == Color::Mauve;
  }
}

using namespace BroopKidron13::Shaltanac; ❶

int main() {
  const JoopleberryShrub❷ yours{
    "The other Shaltanac",
    Color::Mauve❸
  };

  if (is_more_mauvey(yours)❹) {
    printf("%s's joopleberry shrub is always a more mauvey shade of pinky"
           "russet.", yours.name);
  }
}
--------------------------------------------------------------------
The other Shaltanac's joopleberry shrub is always a more mauvey shade of pinky
russet.
```

使用 using namespace 指定符 ❶，我们可以在程序中使用类 ❷、枚举类 ❸ 和函数 ❹ 等，而不必输入完全限定名称。当然，这需要非常小心地处理与全局命名空间中的现有类型的冲突。通常，在一个编译单元中出现太多 using namespace 指定符不是一个好主意。

注意 永远不要在头文件中放置 using namespace 指定符。对于每个包含头文件的源文件 using 指定符都会把所有符号引入全局命名空间中。这可能会导致难以调试的问题。

8.3.3 类型别名

类型别名定义一个名字，该名字指代先前定义的名字。我们可以将类型别名作为现有类型名称的同义词。

类型与指代它的类型别名没有区别。同样，类型别名不能更改现有类型名称的含义。

要声明类型别名，请使用以下格式，其中 *type-alias* 是类型别名，而 *type-id* 是目标类型：

using *type-alias* = *type-id*;

代码清单 8-8 使用了两个类型别名，即 String 和 ShaltanacColor。

代码清单 8-8 使用类型别名重构代码清单 8-7

```
#include <cstdio>

namespace BroopKidron13::Shaltanac {
  enum class Color {
    Mauve,
    Pink,
    Russet
  };
}

using String = const char[260]; ❶
using ShaltanacColor = BroopKidron13::Shaltanac::Color; ❷

int main() {
  const auto my_color{ ShaltanacColor::Russet }; ❸
  String saying { ❹
    "The other Shaltanac's joopleberry shrub is "
    "always a more mauvey shade of pinky russet."
  };
  if (my_color == ShaltanacColor::Russet) {
    printf("%s", saying);
  }
}
```

代码清单 8-8 声明了类型别名 String，它指代 const char[260]❶。它还声明了 ShaltanacColor 类型别名，该别名指代 BroopKidron13::Shaltanac::Color❷。我们可以使用这些类型别名作为替代品来简化代码。在 main 中，可以使用 ShaltanacColor 来避免所有嵌套的命名空间名❸，同时 String 的使用使 saying 变得更加清晰❹。

注意 类型别名可出现在任何作用域（块，类或命名空间）内。

我们可以将模板参数引入类型别名。这实现了两个重要的用法：

❑ 我们可以在模板参数中执行局部应用（partial applieation）。局部应用是将一定数量的参数固定，从而生成具有更少模板参数的另一个模板的过程。

❑ 可以使用完全指定的模板参数集为模板定义类型别名。

模板实例化可能非常冗长，类型别名可以帮助我们避免腕管综合征。

代码清单 8-9 声明了带有两个模板参数的 NarrowCaster 类。然后，我们可以使用类型别名，这样就可以通过局部应用利用其中一个参数产生新的类型。

代码清单 8-9 通过类型别名，局部应用 NarrowCaster 类

```cpp
#include <cstdio>
#include <stdexcept>

template <typename To, typename From>
struct NarrowCaster const { ❶
  To cast(From value) {
    const auto converted = static_cast<To>(value);
    const auto backwards = static_cast<From>(converted);
    if (value != backwards) throw std::runtime_error{ "Narrowed!" };
    return converted;
  }
};

template <typename From>
using short_caster = NarrowCaster<short, From>; ❷

int main() {
  try {
    const short_caster<int> caster; ❸
    const auto cyclic_short = caster.cast(142857);
    printf("cyclic_short: %d\n", cyclic_short);
  } catch (const std::runtime_error& e) {
    printf("Exception: %s\n", e.what()); ❹
  }
}
```

Exception: Narrowed! ❹

首先，实现了一个 NarrowCaster 模板类，该模板类与代码清单 6-6 中的 narrow_cast 函数模板具有相同的功能：它将执行 static_cast，然后检查是否窄化 ❶。接着，声明一个类型别名 short_caster，该别名会将模板参数 To 的类型实例化为 short，作用于 NarrowCast。在 main 中，我们声明了 short_caster<int> 类型的 caster 对象 ❸。short_caster 类型别名中的单个模板参数 From 将匹配 ❷ 其余的类型参数。换句话说，short_caster<int> 类型与 NarrowCaster<short, int> 同义。最后，结果是相同的：对于 2 字节 short，当尝试将值为 142857 的 int 转换为 short 类型 ❹ 时，会收到一个窄化异常。

8.3.4　结构化绑定

通过结构化绑定，我们可以将对象解压缩为它们的组成元素。使用这种方式，可以解压缩非静态数据成员为 `public` 的任何类型，例如，第 2 章中介绍的 POD 类。结构化绑定语法如下：

```
auto [object-1, object-2, ...] = plain-old-data;
```

在该行中，可以通过逐个剥离 POD 对象的方式来初始化任意数量的对象（*object-1*、*object-2* 等）。这些对象从顶部到底部逐渐剥离 POD，并且从左到右填充结构化绑定声明。考虑 `read_text_file` 函数，该函数将文件路径作为一个字符串参数。如果文件被锁定或不存在，则此函数可能会失败。有两种处理错误的方法：

❏ 可以在 `read_text_file` 中抛出异常。
❏ 可以返回函数成功状态码。

我们一起来探讨第二种方法。在代码清单 8-10 中，POD 类型将用作 `read_text_file` 函数的精细返回类型。

代码清单 8-10　`read_text_file` 函数将返回 TextFile 类型

```
struct TextFile {
  bool success; ❶
  const char* contents; ❷
  size_t n_bytes; ❸
};
```

首先，标志符 ❶ 可以告知调用者函数调用是否成功。接下来是文件内容 ❷，文件大小为 `n_bytes`❸。`read_text_file` 的原型如下所示：

```
TextFile read_text_file(const char* path);
```

我们可以使用结构化绑定声明将 `TextFile` 解压缩到程序中的各个部分，如代码清单 8-11 所示。

代码清单 8-11　一个模拟文本文件读取的程序，该程序返回在结构化绑定中使用的 POD

```
#include <cstdio>

struct TextFile { ❶
  bool success;
  const char* data;
  size_t n_bytes;
};

TextFile read_text_file(const char* path) { ❷
  const static char contents[]{ "Sometimes the goat is you." };
  return TextFile{
    true,
    contents,
    sizeof(contents)
  };
```

```
  }

int main() {
  const auto [success, contents, length]❸ = read_text_file("REAMDE.txt"); ❹
  if (success❺) {
    printf("Read %zd bytes: %s\n", length❻, contents❼);
  } else {
    printf("Failed to open REAMDE.txt.");
  }
}
```

```
Read 27 bytes: Sometimes the goat is you.
```

我们已经声明了 TextFile❶，然后为 read_text_file❷ 提供了一个虚拟函数定义（它实际上并没有读取文件；有关此内容的更多信息，请参考第二部分）。

在 main 中，调用 read_text_file❹ 并使用结构化绑定声明将结果分解为三个不同的变量：success、contents 和 length❸。结构化绑定后，就可以使用所有这些变量了，就好像分别声明了它们一样❺❻❼。

注意 结构化绑定声明中的类型不必匹配。

8.3.5 属性

属性（attribute）将实现定义的功能应用于表达式语句。我们可以使用双括号 [[]] 来引入属性，该括号包含由一个或多个用逗号分隔的属性元素组成的列表。表 8-1 列出了标准属性。

表 8-1 标准属性

属性	含义
[[noreturn]]	表示函数不返回
[[deprecated("*reason*")]]	表示不赞成使用此表达式；也就是说，不鼓励使用它。"*reason*" 是可选的，表示不赞成使用的原因
[[fallthrough]]	表示从上一个 switch case 分支落入下一个 switch case 分支。这样可以避免编译错误（这很罕见），该错误将校验 switch case 的 fallthrough 语句
[[nodiscard]]	表示应使用以下函数或类型声明。如果使用此元素的代码丢弃返回值，编译器应发出警告
[[maybe_unused]]	表示以下元素可能未使用，并且编译器不应该对其进行警告
[[carries_dependency]]	在头文件 <atomic> 中使用，从而帮助编译器优化某些内存操作。一般不太可能直接遇到这种情况

代码清单 8-12 通过定义一个永不返回的函数演示了 [[noreturn]] 属性用法。

代码清单 8-12 一个说明 [[noreturn]] 属性用法的程序

```
#include <cstdio>
#include <stdexcept>
```

```
[[noreturn]] void pitcher() { ❶
  throw std::runtime_error{ "Knuckleball." }; ❷
}

int main() {
  try {
    pitcher(); ❸
  } catch(const std::exception& e) {
    printf("exception: %s\n", e.what()); ❹
  }
}
```

```
Exception: Knuckleball. ❹
```

首先，使用 [[noreturn]] 属性声明 pitcher 函数 ❶。在此函数中，抛出了一个异常 ❷。因为总是抛出异常，所以 pitcher 函数将永远不会返回（因此使用 [[noreturn]] 属性）。在 main 中，我们可以调用 pitcher 函数 ❸ 并处理捕获的异常 ❹。当然，该代码清单在未使用 [[noreturn]] 属性时也是有效的。但是，编译器可以根据这些信息更全面地对代码进行推理（并有可能优化程序）。

很少有需要使用属性的情况。尽管如此，它们仍然可以向编译器传达有用的信息。

8.4　选择语句

选择语句表示条件控制流。选择语句有两种类型：if 语句和 switch 语句。

8.4.1　if 语句

if 语句具有代码清单 8-13 中所示的常见的形式。

代码清单 8-13　if 语句的语法

```
if (condition-1) {
  // Execute only if condition-1 is true ❶
} else if (condition-2) { // optional
  // Execute only if condition-2 is true ❷
}
// ... as many else ifs as desired
--snip--
} else { // optional
  // Execute only if none of the conditionals is true ❸
}
```

遇到 if 语句后，首先评估 *condition-1* 表达式。如果为 true，则执行块 ❶ 并停止执行 if 语句（不考虑 else if 或 else 语句）；如果为 false，则按顺序评估 else if 语句的条件。这些是可选的，你可以提供任意数量的 else if 语句。

例如，如果 *condition-2* 的评估结果为 true，则执行块 ❷，并且不考虑其余的

else if 或 else 语句。最后，如果所有上述条件都为 false，则执行 else 块❸。和 else if 块一样，else 块也是可选的。

在代码清单 8-14 中，函数模板将 else 参数转换为 positive、negative 或 zero。

代码清单 8-14　if 语句的用法

```cpp
#include <cstdio>

template<typename T>
constexpr const char* sign(const T& x) {
  const char* result{};
  if (x == 0) { ❶
    result = "zero";
  } else if (x > 0) { ❷
    result = "positive";
  } else { ❸
    result = "negative";
  }
  return result;
}

int main() {
  printf("float 100 is %s\n", sign(100.0f));
  printf("int  -200 is %s\n", sign(-200));
  printf("char    0 is %s\n", sign(char{}));
}
--------------------------------------------------------------------------------
float 100 is positive
int  -200 is negative
char    0 is zero
```

sign 函数接受单个参数，并确定它是等于 0❶、大于 0❷ 还是小于 0❸。根据匹配的条件，它将自动变量结果设置为三个字符串之一（zero、positive 或 negative），并将此值返回给调用者。

1. 初始化语句和 if

我们可以通过在 if 和 else if 声明中添加一个初始化语句 *init-statement*，将对象的作用域绑定到 if 语句，如代码清单 8-15 所示。

代码清单 8-15　带有初始化语句的 if 语句

```cpp
if (init-statement; condition-1) {
  // Execute only if condition-1 is true
} else if (init-statement; condition-2) { // optional
  // Execute only if condition-2 is true
}
--snip--
```

通过将此模式与结构化绑定一起使用，我们可以优雅地处理错误。代码清单 8-16 重构了代码清单 8-11，它使用初始化语句将 TextFile 的作用域限定在 if 语句。

代码清单 8-16　使用结构化绑定和 if 语句来处理错误（代码清单 8-11 的扩展）

```
#include <cstdio>

struct TextFile {
  bool success;
  const char* data;
  size_t n_bytes;
};

TextFile read_text_file(const char* path) {
  --snip--
}

int main() {
  if(const auto [success, txt, len]❶ = read_text_file("REAMDE.txt"); success❷)
  {
    printf("Read %d bytes: %s\n", len, txt); ❸
  } else {
    printf("Failed to open REAMDE.txt."); ❹
  }
}
```

```
Read 27 bytes: Sometimes the goat is you. ❸
```

我们将结构化绑定声明移至 if 语句的初始化语句部分 ❶。这将每个解压缩的对象
（success、txt 和 len）的作用域限定在 if 块。我们可以在 if 的条件表达式中直接使
用 success 来确定 read_text_file 是否成功 ❷。如果成功，则打印 REAMDE.txt 的
内容 ❸。否则，则打印错误消息 ❹。

2. constexpr if 语句

我们可以将 if 语句设置为 constexpr，这样的语句称为 constexpr if 语句。
constexpr if 语句在编译时求值。与 true 条件相对应的代码块将执行，其余代码块则
被忽略。constexpr if 的用法与常规 if 语句的用法一致，如代码清单 8-17 所示。

代码清单 8-17　constexpr if 语句的用法

```
if constexpr (condition-1) {
  // Compile only if condition-1 is true
} else if constexpr (condition-2) { // optional; can be multiple else ifs
  // Compile only if condition-2 is true
}
--snip--
} else { // optional
  // Compile only if none of the conditionals is true
}
```

与模板和 <type_traits> 头文件结合使用时，constexpr if 语句功能是非常强
大的。constexpr if 的主要用途是根据类型参数的某些属性在函数模板中提供自定义
行为。

代码清单 8-18 中的函数模板 value_of 接受指针、引用和值。根据参数是哪种对象，value_of 返回指向的值或值本身。

代码清单 8-18 使用 constexpr if 语句的示例函数模板 value_of

```
#include <cstdio>
#include <stdexcept>
#include <type_traits>

template <typename T>
auto value_of(T x❶) {
  if constexpr (std::is_pointer<T>::value) { ❷
    if (!x) throw std::runtime_error{ "Null pointer dereference." }; ❸
    return *x; ❹
  } else {
    return x; ❺
  }
}

int main() {
  unsigned long level{ 8998 };
  auto level_ptr = &level;
  auto &level_ref = level;
  printf("Power level = %lu\n", value_of(level_ptr)); ❻
  ++*level_ptr;
  printf("Power level = %lu\n", value_of(level_ref)); ❼
  ++level_ref;
  printf("It's over %lu!\n", value_of(level++)); ❽
  try {
    level_ptr = nullptr;
    value_of(level_ptr);
  } catch(const std::exception& e) {
    printf("Exception: %s\n", e.what()); ❾
  }
}
```
```
------------------------------------------------------------------
Power level = 8998 ❻
Power level = 8999 ❼
It's over 9000! ❽
Exception: Null pointer dereference. ❾
```

value_of 函数模板接受单个参数 x❶。在 constexpr if 语句中，使用 std::is_pointer<T> 类型特征作为条件表达式来确定参数是否为指针类型 ❷。如果 x 是指针类型，则检查是否为 nullptr，如果是则抛出异常 ❸。如果 x 不是 nullptr，则解除引用并返回结果 ❹。否则，x 不是指针类型，直接返回 x（因为它是一个值）❺。

在 main 中，分别使用 unsigned long 指针 ❻、unsigned long 引用 ❼、unsigned long❽ 和 nullptr❾ 实例化 value_of。

在运行时，constexpr if 语句消失，每个 value_of 实例都包含选择语句的一个分支。你可能好奇为什么这样的机制很有用。毕竟程序是要在运行时而不是在编译时做一些有用的事情。只需回到代码清单 7-17，就会发现在编译时求值可以通过消除魔数而大大简化程序。

　　在其他例子中，编译时求值也很普遍，尤其是在创建供他人使用的库时。因为库编写者通常不知道用户使用库的所有方式，所以他们需要编写泛型代码。通常，他们会使用第 6 章中介绍的技术，以实现编译时多态。诸如 constexpr 之类的结构在编写此类代码时会有所帮助。

注意　如果你具有 C 语言的背景知识，你将立刻意识到编译时求值的功能，它几乎完全取代了对预处理器宏的需求。

8.4.2　switch 语句

　　在第 2 章中，我们首先介绍了古老的 switch 语句。本节将研究如何将初始化语句添加到 switch 声明中。具体用法如下：

```
switch (init-expression❶; condition) {
  case (case-a): {
    // Handle case-a here
  } break;
  case (case-b): {
    // Handle case-b here
  } break;
    // Handle other conditions as desired
  default: {
    // Handle the default case here
  }
}
```

　　与 if 语句一样，我们可以在 switch 语句中进行实例化操作 ❶。代码清单 8-19 在 switch 语句中使用了一个初始化语句。

代码清单 8-19　在 switch 语句中使用初始化表达式

```
#include <cstdio>

enum class Color { ❶
  Mauve,
  Pink,
  Russet
};

struct Result { ❷
  const char* name;
  Color color;
};

Result observe_shrub(const char* name) { ❸
  return Result{ name, Color::Russet };
}
```

```
int main() {
  const char* description;
  switch (const auto result❹ = observe_shrub("Zaphod"); result.color❺) {
  case Color::Mauve: {
    description = "mauvey shade of pinky russet";
    break;
  } case Color::Pink: {
    description = "pinky shade of mauvey russet";
    break;
  } case Color::Russet: {
    description = "russety shade of pinky mauve";
    break;
  } default: {
    description = "enigmatic shade of whitish black";
  }}
  printf("The other Shaltanac's joopleberry shrub is "
         "always a more %s.", description); ❻
}
```

```
The other Shaltanac's joopleberry shrub is always a more russety shade of
pinky mauve. ❻
```

它声明了我们熟悉的 Color 枚举类 ❶，其和一个 char* 成员共同形成一个 POD 类型的 Result❷。函数 observe_shrub 返回 Result❸。在 main 中，在初始化表达式中调用 observe_shrub，并将结果存储在 result 变量中 ❹。在 switch 的条件表达式中，提取此 result 中的 color 元素 ❺。该元素确定执行的 case 语句（并设置 description 指针）❻。

与 if 语句加初始化列表语法一样，在初始化表达式中初始化的任何对象都将绑定到 switch 语句的作用域。

8.5　迭代语句

迭代语句重复执行一条语句。有四种迭代语句，分别是 while 循环、do-while 循环、for 循环和基于范围的 for 循环。

8.5.1　while 循环

while 循环是基本的迭代机制，其用法如下：

```
while (condition) {
  // The statement in the body of the loop
  // executes upon each iteration
}
```

在执行循环迭代之前，while 循环会执行 condition 表达式。如果为 true，则循环继续；如果为 false，则循环终止，如代码清单 8-20 所示。

代码清单 8-20　一个将 uint8_t 翻倍并在每次迭代中打印新值的程序

```
#include <cstdio>
#include <cstdint>

bool double_return_overflow(uint8_t& x) { ❶
  const auto original = x;
  x *= 2;
  return original > x;
}
int main() {
  uint8_t x{ 1 }; ❷
  printf("uint8_t:\n===\n");
  while (!double_return_overflow(x)❸) {
    printf("%u ", x); ❹
  }
}
```

```
uint8_t:
===
2 4 8 16 32 64 128 ❹
```

它声明了一个 double_return_overflow 函数，该函数通过引用接受一个 8 位无符号整数 ❶。该函数将参数翻倍，并检查是否导致溢出。如果是，则返回 true。如果没有发生溢出，则返回 false。

在进入 while 循环之前，先将变量 x 初始化为 1 ❷。while 循环的条件表达式计算 double_return_overflow(x) ❸。这具有使 x 翻倍的作用，因为我们已通过引用将其传递了。它还返回一个值，指示翻倍计算是否导致 x 溢出。当条件表达式的计算结果为 true 时执行循环，但是将写入 double_return_overflow，因此在循环应停止时返回 true。我们可以通过在前面加上逻辑否定运算符（!）来解决此问题（回想第 7 章的内容，这会将 true 转换为 false，将 false 转换为 true）。因此 while 循环实际上在询问："double_return_overflow 为 true 这件事不是 true……"

最终结果是打印值 2、4、8 等，依次打印到 128 ❹。

请注意，值 1 永远不会被打印，因为对条件表达式求值会使 x 翻倍。将条件语句放在循环的末尾即可修改此行为，这会产生一个 do-while 循环。

8.5.2　do-while 循环

do-while 循环与 while 循环相同，只不过条件语句在循环完成后而不是在循环执行之前执行。其用法如下：

```
do {
  // The statement in the body of the loop
  // executes upon each iteration
} while (condition);
```

由于条件语句是在循环结束时执行的，因此可以保证循环至少执行一次。代码清单 8-21

将代码清单 8-20 重构为 do-while 循环。

代码清单 8-21　一个将 uint8_t 翻倍并在每次迭代中打印新值的程序（代码清单 8-20 的重构版本）

```
#include <cstdio>
#include <cstdint>

bool double_return_overflow(uint8_t& x) {
  --snip--
}

int main() {
  uint8_t x{ 1 };
  printf("uint8_t:\n===\n");
  do {
    printf("%u ", x); ❶
  } while (!double_return_overflow(x)❷);
}
----------------------------------------------------------------
uint8_t:
===
1 2 4 8 16 32 64 128 ❶
```

请注意，代码清单 8-21 的输出现在以 1 开头 ❶。我们需要做的就是重构 while 循环，将条件放在循环的末尾 ❷。

在涉及迭代的大多数情况下，需要执行以下三个任务：

1）初始化一些对象。

2）在每次迭代之前更新对象。

3）检查对象的值是否满足某些条件。

我们可以使用 while 或 do-while 循环来完成部分任务，但是 for 循环提供了更轻松的内置功能。

8.5.3　for 循环

for 循环是迭代语句，它包含三个特殊表达式：初始化表达式、条件表达式和迭代表达式，如以下各小节所述。

1. 初始化表达式

初始化表达式与 if 的初始化类似：在第一次迭代之前仅执行一次。在初始化表达式中声明的对象的生命周期都受 for 循环作用域的限制。

2. 条件表达式

for 循环条件表达式在循环的每次迭代之前执行。如果条件表达式结果为 true，则循环继续执行。如果条件表达式结果为 false，则循环终止（此行为与 while 和 do-while 循环的条件表达式完全一样）。与 if 和 switch 语句一样，for 循环允许初始化对象的作用域等于 for 循环作用域。

3. 迭代表达式

在 for 循环的每次迭代之后，都会执行迭代表达式。这发生在条件表达式求值之前。请注意，迭代表达式是在成功迭代之后运行，因此该迭代表达式不会在第一次迭代之前执行。

为了明确起见，以下概述了 for 循环中的典型执行顺序：

1）初始化表达式。

2）条件表达式。

3）循环体。

4）迭代表达式。

5）条件表达式。

6）循环体。

重复步骤 4）到 6），直到条件表达式返回 false 为止。

4. 用法

代码清单 8-22 演示了 for 循环的用法。

代码清单 8-22　使用 for 循环

```
for(initialization❶; conditional❷; iteration❸) {
  // The statement in the body of the loop
  // executes upon each iteration
}
```

初始化表达式 ❶、条件表达式 ❷ 和迭代表达式 ❸ 都在 for 循环体之前的括号中。

5. 使用索引迭代

for 循环非常擅长迭代类数组对象的组成元素。我们可以使用辅助索引变量来迭代类数组对象的有效索引范围。通过此索引，我们可以按顺序与每个数组元素进行交互。代码清单 8-23 使用一个索引变量来打印数组的每个元素及其索引。

代码清单 8-23　遍历斐波那契数数组的程序

```
#include <cstdio>

int main() {
  const int x[]{ 1, 1, 2, 3, 5, 8 }; ❶
  printf("i: x[i]\n"); ❷
  for (int i{}❸; i < 6❹; i++❺) {
    printf("%d: %d\n", i, x[i]);
  }
}
--------------------------------------------------------------------
i: x[i] ❷
0: 1
1: 1
2: 2
3: 3
4: 5
5: 8
```

使用前六个斐波那契数来初始化 int 数组 x❶。打印输出的表头后 ❷，构建一个包含初始化表达式 ❸、条件表达式 ❹ 和迭代表达式 ❹ 的 for 循环。初始化表达式首先执行，将索引变量 i 初始化为零。代码清单 8-23 显示了一种编码模式，该模式自 20 世纪 50 年代以来就没有改变过。通过使用更现代的基于范围的 for 循环，可以消除很多样板代码。

8.5.4 基于范围的 for 循环

基于范围（range-based）的 for 循环可在一系列值上进行迭代，而无须使用索引变量。范围（或范围表达式）是一个对象，基于范围的 for 循环知道如何迭代该对象。许多 C++ 对象都是有效的范围表达式，包括数组。第二部分将介绍的所有标准库容器也是有效的范围表达式。

1. 用法

基于范围的 for 循环的用法如下：

```
for(range-declaration : range-expression) {
  // The statement in the body of the loop
  // executes upon each iteration
}
```

范围声明表达式 *range-declaration* 声明了一个已命名变量。此变量的类型必须与范围表达式所隐含的类型相同（可以使用 auto）。代码清单 8-24 重构了代码清单 8-23，它使用了基于范围的 for 循环。

代码清单 8-24　使用基于范围的 for 循环迭代前六个斐波那契数

```
#include <cstdio>

int main() {
  const int x[]{ 1, 1, 2, 3, 5, 8 }; ❶
  for (const auto element❷ : x❸) {
    printf("%d ", element❹);
  }
}
--------------------------------------------------------------------
1 1 2 3 5 8
```

我们仍然声明一个包含六个斐波那契数的数组 x❶。基于范围的 for 循环包含一个范围声明表达式 ❷，我们可以在其中声明 element 变量来保存范围中的每个元素。它还包含范围表达式 x❸，x 包含需要迭代打印的元素 ❹。这段代码更干净了！

2. 范围表达式

我们可以定义自己的类型，这些类型也是有效的范围表达式，但是需要在类型上指定几个函数。

每个范围都公开一个 begin 和 end 方法。这些函数是公共接口，基于范围的 for 循环使用该公共接口与范围进行交互。两个方法都返回迭代器。迭代器是支持 operator!=、

operator++ 和 operator* 的对象。

我们来看所有这些部分如何组合在一起。实际上，基于范围的 for 循环与代码清单 8-25 中的循环类似。

代码清单 8-25　一个模拟基于范围的 for 循环的 for 循环

```
const auto e = range.end();❶
for(auto b = range.begin()❷; b != e❸; ++b❹) {
  const auto& element❺ = *b;
}
```

初始化表达式存储两个变量，即 b❷ 和 e❶，我们分别将其初始化为 range.begin() 和 range.end()。条件表达式检查 b 是否等于 e，当 b 等于 e 时，循环已完成 ❸（这是常规做法）。迭代表达式使用前缀运算符递增 b❹。最后，迭代器支持解引用运算符 *，因此我们可以提取被指向的元素。

> **注意**　begin 和 end 返回的类型不必相同。要求是 begin 中的 operator!= 接受一个 end 参数以支持比较运算 begin != end。

3. 斐波那契数范围

我们可以实现 FibonacciRange，它将生成任意长的斐波那契数序列。如前所述，此范围必须提供返回迭代器的 begin 和 end 方法。该迭代器在本示例中称为 FibonacciIterator，它必须依次提供 operator!=、operator++ 和 operator*。

代码清单 8-26 实现了 FibonacciIterator 和 FibonacciRange。

代码清单 8-26　FibonacciIterator 和 FibonacciRange 的实现

```
struct FibonacciIterator {
  bool operator!=(int x) const {
    return x >= current; ❶
  }

  FibonacciIterator& operator++() {
    const auto tmp = current; ❷
    current += last; ❸
    last = tmp; ❹
    return *this; ❺
  }

  int operator*() const {
    return current; ❻
  }
private:
  int current{ 1 }, last{ 1 };
};

struct FibonacciRange {
  explicit FibonacciRange(int max❼) : max{ max } { }
  FibonacciIterator begin() const { ❽
```

```
    return FibonacciIterator{};
  }
  int end() const { ❾
    return max;
  }
private:
  const int max;
};
```

FibonacciIterator 有两个字段，即 current 和 last，它们被初始化为 1。它们跟踪斐波那契数序列中的两个值。它的 operator!= 检查参数是否大于或等于 current❶。回想一下，该参数被用在基于范围的 for 循环的条件表达式中。如果元素在范围内，则应返回 true；否则，它返回 false。operator++ 出现在迭代表达式中，负责为下一次迭代设置迭代器。我们首先将 current 值保存到临时变量 tmp 中 ❷。接着，current 加 last，从而生成下一个斐波那契数 ❸。然后，将 last 设置为 tmp❹ 并返回 this 的引用 ❺。最后，实现 operator*，它直接返回 current❻。

FibonacciRange 要简单得多。它的构造函数接受一个 max 参数，该参数定义范围的上限 ❼。begin 方法返回一个新的 FibonacciIterator❽，而 end 方法返回 max❾。

显而易见，需要在 FibonacciIterator 上实现 bool operator!=(int x)，而不是实现 bool operator!=(const FibonacciIterator& x) 的原因是 Fibonacci-Range 的 end() 返回一个 int。

我们可以在基于范围的 for 循环中使用 FibonacciRange，如代码清单 8-27 所示。

代码清单 8-27　在程序中使用 FibonacciRange

```
#include <cstdio>

struct FibonacciIterator {
  --snip--
};

struct FibonacciRange {
  --snip--;
};

int main() {
  for (const auto i : FibonacciRange{ 5000 }❶) {
    printf("%d ", i); ❷
  }
}
--------------------------------------------------------------------
1 2 3 5 8 13 21 34 55 89 144 233 377 610 987 1597 2584 4181 ❷
```

在代码清单 8-26 中实现 FibonacciIterator 和 FibonacciRange 需要一点工作量，但回报很可观。在 main 中，只需构造一个具有要求的上限的 FibonacciRange❶，基于范围的 for 循环即可完成所有其他工作。我们只需在 for 循环中使用产生的元素即可 ❷。

代码清单 8-28 在功能上等效于代码清单 8-27，它将基于范围的 for 循环转换为传统的 for 循环。

代码清单 8-28　使用传统的 for 循环对代码清单 8-27 进行重构

```
#include <cstdio>

struct FibonacciIterator {
  --snip--
};

struct FibonacciRange {
  --snip--;
};

int main() {
  FibonacciRange range{ 5000 };
  const auto end = range.end();❶
  for (const auto x = range.begin()❷; x != end ❸; ++x ❹) {
    const auto i = *x;
    printf("%d ", i);
  }
}
```
----
1 2 3 5 8 13 21 34 55 89 144 233 377 610 987 1597 2584 4181

代码清单 8-28 展示了如何将所有这些部分组合在一起。调用 range.begin() ❷ 会返回一个 FibonacciIterator。当调用 range.end() 时 ❶，返回一个 int 值。这些类型直接来自 FibonacciRange 上 begin() 和 end() 的方法定义。条件语句 ❸ 使用 FibonacciIterator 的 operator!=(int) 获得以下行为：如果迭代器 x 超过了 operator!= 的 int 参数，则条件的计算结果为 false，循环结束。我们已经在 FibonacciIterator 上实现了 operator++，因此 ++x ❹ 使得迭代器指向的值变成下一个斐波那契数。

比较代码清单 8-27 和代码清单 8-28 时，就可以看到基于范围的 for 循环是多么简洁。

注意　你可能会想：“当然，基于范围的 for 循环看起来要干净得多，但是实现 FibonacciIterator 和 FibonacciRange 的工作量很大。”这是一个很好的点，对于一次性代码，我们可能不会以这种方式重构代码。但如果正在编写库代码或经常重用的代码，或者仅使用其他人编写的范围，则范围非常有用。

8.6　跳转语句

跳转语句（包括 break、continue 和 goto 语句）转移控制流。与选择语句不同，跳转语句没有条件。应该避免使用它们，因为它们几乎总是可以被更高级别的控制结构取代。在这里讨论它们是因为你可能会在较旧的 C++ 代码中看到它们，而它们在许多 C 代码中仍然起着核心作用。

8.6.1　break 语句

break 语句终止封闭迭代或 switch 语句的执行。一旦 break 完成，执行点将立即转移到 for、基于范围的 for、while、do-while 或 switch 语句之后。

我们已经在 switch 语句中使用过 break；一旦 case 语句完成，break 语句将终止 switch。回想一下，如果没有 break 语句，switch 语句将继续执行后面的所有 case 语句。

代码清单 8-29 重构了代码清单 8-27，使其在迭代器 i 等于 21 时终止基于范围的 for 循环。

代码清单 8-29　重构代码清单 8-27，当迭代器等于 21 时终止

```
#include <cstdio>

struct FibonacciIterator {
  --snip--
};

struct FibonacciRange {
  --snip--;
};

int main() {
  for (auto i : FibonacciRange{ 5000 }) {
    if (i == 21) { ❶
      printf("*** "); ❷
      break; ❸
    }
    printf("%d ", i);
  }
}
--------------------------------------------------
1 2 3 5 8 13 *** ❷
```

添加一条 if 语句，用于检查 i 是否等于 21❶。如果等于，则打印三个星号 ***❷ 并终止 ❸。注意输出：程序没有打印 21，而是打印了三个星号，并终止了 for 循环。将此与代码清单 8-27 的输出进行比较。

8.6.2　continue 语句

continue 语句会跳过封闭迭代语句的其余部分，继续进行下一个迭代。代码清单 8-30 用 continue 替换了代码清单 8-29 中的 break。

代码清单 8-30　重构代码清单 8-29，使用 continue 而不是 break

```
#include <cstdio>

struct FibonacciIterator {
  --snip--
};

struct FibonacciRange {
  --snip--;
};

int main() {
  for (auto i : FibonacciRange{ 5000 }) {
    if (i == 21) {
      printf("*** "); ❶
      continue; ❷
    }
    printf("%d ", i);
  }
}
```

```
1 2 3 5 8 13 *** ❶34 55 89 144 233 377 610 987 1597 2584 4181
```

当 i 为 21 时，仍打印三个星号 ❶，但是此时使用的是 continue 而不是 break❷。这将导致 21 无法打印，如代码清单 8-29 所示。但是，与代码清单 8-29 不同的是，代码清单 8-30 将继续进行迭代（比较输出）。

8.6.3　goto 语句

goto 语句是无条件跳转语句。goto 语句的目标是标签。

1. 标签

标签是可以添加到语句的标识符。标签为语句指定了名称，它们对程序没有直接影响。在需要分配标签时，请在语句前加上标签的名称（后跟一个分号）。代码清单 8-31 将标签 luke 和 yoda 添加到一个简单程序中。

代码清单 8-31　一个带有标签的简单程序

```
#include <cstdio>

int main() {
luke: ❶
  printf("I'm not afraid.\n");
yoda: ❷
  printf("You will be.");
}
```

```
I'm not afraid.
You will be.
```

标签本身没有任何作用❶❷。

2. goto 用法

goto 语句的用法如下：

goto *label*；

例如，代码清单 8-32 使用 goto 语句混淆简单程序，这通常毫无必要。

代码清单 8-32 用意大利面式的代码展示 goto 语句

```
#include <cstdio>

int main() {
  goto silent_bob; ❶
luke:
  printf("I'm not afraid.\n");
  goto yoda; ❸
silent_bob:
  goto luke; ❷
yoda:
  printf("You will be.");
}
--------------------------------------------------------------
I'm not afraid.
You will be.
```

代码清单 8-32 中的控制流先传递给 silent_bob❶，然后传递给 luke❷，最后到
yoda❸。

3. goto 语句在现代 C++ 程序中的作用

在现代 C++ 中，goto 语句没什么作用。不要使用它。

> **注意** 在编写欠佳的 C++ 代码（以及大多数 C 代码）中，你可能会看到 goto 被用作原始
> 错误处理机制。许多系统编程需要获取资源，检查错误条件并清理资源。RAII 范
> 式巧妙地抽象了所有这些细节，但是 C 语言没有可用的 RAII。有关更多信息，请参
> 见本书"致 C 语言程序员"部分。

8.7 总结

本章研究了可以在程序中使用的各种语句，包括声明和初始化，以及选择语句和迭代
语句。

> **注意** try-catch 块也是语句，但是我们在第 4 章中已经对其进行了详细的讨论。

练习

8-1. 将代码清单 8-27 重构为单独的编译单元：一个用于 main，另一个用于 FibonacciRange 和 FibonacciIterator。使用头文件在两个编译单元之间共享定义。

8-2. 实现一个 PrimeNumberRange 类，其可在范围异常中使用，从而迭代小于给定值的所有素数。同样，使用单独的头文件和源文件。

8-3. 将 PrimeNumberRange 集成到代码清单 8-27 中，添加另一个生成所有小于 5000 的素数的循环。

拓展阅读

- *ISO International Standard ISO/IEC (2017) — Programming Language C++* (International Organization for Standardization; Geneva, Switzerland; *https://isocpp.org/std/the-standard/*)
- *Random Number Generation and Monte Carlo Methods*, 2nd Edition, by James E. Gentle (Springer-Verlag, 2003)
- *Random Number Generation and Quasi-Monte Carlo Methods* by Harald Niederreiter (SIAM Vol. 63, 1992)

Chapter 9 | 第 9 章

函　　数

函数应该做一件事。它们应该把这件事做好，并且只做这一件事。

——罗伯特・C. 马丁（Robert C. Martin），*Clean Code*

本章将继续介绍函数，这些函数将代码封装成可重用的组件。现在，你已经具备了深厚的 C++ 基础知识，本章首先通过深入介绍修饰符、说明符和返回类型来回顾函数。修饰符、说明符和返回类型出现在函数声明中，并专门说明函数的行为。

本章将介绍重载解析和接受可变数量的参数，然后探索函数指针、类型别名、函数对象和古老的 lambda 表达式。本章最后介绍 `std::function`，回顾 main 函数和命令行参数。

9.1　函数声明

函数声明具有以下熟悉的形式：

prefix-modifiers return-type func-name(arguments) suffix-modifiers;

我们可以为函数提供许多可选的修饰符（或说明符）。修饰符会以某种方式改变函数的行为。有些修饰符出现在函数声明或定义的开头（前缀修饰符），有些修饰符则出现在函数的结尾（后缀修饰符）。前缀修饰符出现在返回类型之前。后缀修饰符出现在参数列表之后。

修饰符作为前缀或后缀并没有明确的语言原因：由于 C++ 历史悠久，这些功能逐步发展而成。

9.1.1　前缀修饰符

至此，我们已经介绍了几个前缀修饰符：

❏ 前缀 static 表示不是类成员的函数具有内部链接，这意味着该函数不会在这个编译单元外部使用。不幸的是，此关键字具有双重职责：如果它修饰一个方法（即类内部的函数），则表明该函数与该类的实例无关，而与该类本身相关联（参见第 4 章）。

❏ 修饰符 virtual 表示方法可以被子类覆写。override 修饰符告知编译器子类打算覆写父类的虚函数（参见第 5 章）。

❏ 修饰符 constexpr 指示应尽可能在编译时执行函数（参见第 7 章）。

❏ 修饰符 [[noreturn]] 表示此函数无返回值（参见第 8 章）。回想一下，此属性可帮助编译器优化代码。

另一个前缀修饰符是 inline，在优化代码时它起着指导编译器的作用。在大多数平台上，函数调用会被编译为一系列指令，如下所示：

1）将参数放入寄存器和调用栈上。

2）将返回地址推入调用栈中。

3）跳转至被调用的函数。

4）在函数完成后，跳转至返回地址。

5）清理调用栈。

这些步骤通常执行得非常快，如果在许多地方都会使用某个函数，那么减少二进制文件大小的好处是巨大的。

内联函数意味着将函数的内容直接复制并粘贴到执行路径中，从而无须执行上面列出的五个步骤。这意味着当处理器执行代码时，它将立即执行该函数的代码，而无须执行函数调用所需的（适度）仪式性步骤。如果希望这种速度的边际增加优于二进制文件大小增加所带来的相应成本，则可以使用 inline 关键字告知编译器。inline 关键字提示编译器的优化器将函数直接内联而不是执行函数调用。

在函数中添加 inline 不会改变其行为；纯粹是对编译器的偏好表达。我们必须确保如果定义函数为 inline，则必须在所有编译单元中都进行 inline 定义。另外请注意，现代编译器通常会在有意义的地方内联函数（尤其是如果未在单个编译单元之外使用某个函数时）。

9.1.2　后缀修饰符

截至目前，本书已经提到两个后缀修饰符：

❏ 修饰符 noexcept 表示函数永远不会抛出异常。它可以启用某些优化（参见第 4 章）。

❏ 修饰符 const 表示方法不会修改其类的实例，允许 const 引用类型调用该方法（参见第 4 章）。

本节将探讨另外三个后缀修饰符：final、override 和 volatile。

1. final 和 override

final 修饰符表示子类不能覆写方法。实际上，这与 **virtual** 功能相反。代码清单 9-1
尝试覆写 **final** 方法并产生编译错误。

代码清单 9-1　一个试图覆写 final 方法的类（此代码无法编译）

```
#include <cstdio>

struct BostonCorbett {
  virtual void shoot() final❶ {
    printf("What a God we have...God avenged Abraham Lincoln");
  }
};

struct BostonCorbettJunior : BostonCorbett {
  void shoot() override❷ { } // Bang! shoot is final.
};

int main() {
  BostonCorbettJunior junior;
}
```

此代码清单将 shoot 方法标记为 final❶。在继承 BostonCorbett 的 BostonCorbettJunior
中，尝试覆写 shoot 方法 ❷。这会导致编译错误。

我们还可以将 **final** 关键字应用于整个类，从而禁止该类完全成为父类，如代码清单 9-2
所示。

代码清单 9-2　一个带有试图继承 final 类的类的程序（此代码无法编译）

```
#include <cstdio>

struct BostonCorbett final ❶ {
  void shoot()  {
    printf("What a God we have...God avenged Abraham Lincoln");
  }
};

struct BostonCorbettJunior : BostonCorbett ❷ { }; // Bang!

int main() {
  BostonCorbettJunior junior;
}
```

BostonCorbett 类被标记为 final❶，当尝试使 BostonCorbettJunior 继承
BostonCorbett 时，会导致编译错误 ❷。

> **注意**　从技术上讲，**final** 或 **override** 都不是语言关键字，它们是标识符。与关键字不
> 同，标识符仅在特定上下文中使用时才具有特殊含义。这意味着可以在程序中的其
> 他位置使用 **final** 和 **override** 作为符号名，但此时会导致诸如 **virtual void**
> **final() override** 之类的构造混乱。所以尽量不要这样做！

每当使用接口继承时，都应将实现类标记为 **final**，因为该修饰符可以鼓励编译器执行称为"去虚化"（devirtualization）的优化。当对虚调用进行去虚后，编译器消除了与虚调用关联的运行时开销。

2. volatile

回顾第 7 章，**volatile** 对象的值可以随时更改，因此出于优化目的，编译器必须将对 **volatile** 对象的所有访问都视为可见的副作用。**volatile** 关键字表示可以在 **volatile** 对象上调用方法。这类似于 **const** 方法可在 **const** 对象上调用。这两个关键字共同定义了方法的 const/volatile 限定（有时称为 cv 限定），如代码清单 9-3 所示。

代码清单 9-3　volatile 方法用法示例

```
#include <cstdio>

struct Distillate {
  int apply() volatile ❶ {
    return ++applications;
  }
private:
  int applications{};
};

int main() {
  volatile ❷ Distillate ethanol;
  printf("%d Tequila\n", ethanol.apply()❸);
  printf("%d Tequila\n", ethanol.apply());
  printf("%d Tequila\n", ethanol.apply());
  printf("Floor!");
}
--------------------------------------------------------
1 Tequila ❸
2 Tequila
3 Tequila
Floor!
```

在此代码清单中，我们在 **Distillate** 类中将 **apply** 方法声明为 **volatile**❶。我们还可以在 **main** 中创建一个叫 **ethanol** 的 **volatile Distillate**❷。由于 **apply** 方法是 **volatile** 的，因此我们仍然可以调用它 ❸（即使 **ethanol** 是 **volatile** 的）。

如果未标记 **apply** 为 **volatile**❶，则在尝试调用它时编译器将报错。就像不能在 **const** 对象上调用非 **const** 方法一样，我们也不能在 **volatile** 对象上调用非 **volatile** 方法。考虑一下如果可以执行这样的操作会发生什么：第 7 章中概述了其原因，非 **volatile** 方法是所有编译器优化的候选方法，可以优化许多类型的内存访问，而不会改变对程序的可见的副作用。

当 **volatile** 对象调用非 **volatile** 方法时，编译器应如何处理该矛盾呢（**volatile** 对象要求将其所有内存访问均视为可见的副作用）？编译器的回答是，它将这种矛盾视为错误。

9.2　auto 返回类型

有两种方法来声明函数的返回值：

❑（主要）像往常一样，在函数声明中使用给出返回类型。

❑（次要）让编译器使用 auto 推断正确的返回类型。

与 auto 类型推断一样，编译器将推断返回类型，从而修复运行时类型。应谨用此功能。由于函数定义是文档，因此最好在可用时提供具体的返回类型。

9.3　auto 和函数模板

auto 类型推断主要用于函数模板，其中返回类型（以潜在的复杂方式）取决于模板参数。其用法如下：

```
auto my-function(arg1-type arg1, arg2-type arg2, ...) {
  // return any type and the
  // compiler will deduce what auto means
}
```

我们可以扩展 auto 返回类型的推断语法，使用箭头运算符 -> 作为后缀，以提供返回类型。这样就可以附加一个表达式来计算函数的返回类型。其用法如下：

```
auto my-function(arg1-type arg1, arg2-type arg2, ...) -> type-expression {
  // return an object with type matching
  // the type-expression above
}
```

通常，我们不会使用这种迂腐形式，但是在某些情况下它很有所帮助。例如，这种形式的 auto 类型推断通常与 decltype 类型表达式配对。decltype 类型表达式会产生另一个表达式的结果类型。其用法如下：

decltype(expression)

该表达式解析为表达式的结果类型。例如，下面的 decltype 表达式产生 int，因为整数字面量 100 的类型为 int：

decltype(100)

除带有模板的泛型编程之外，很少使用 decltype。结合 auto 返回类型推断和 decltype 可以记录函数模板的返回类型。考虑代码清单 9-4 中的 add 函数，该函数定义了一个将两个参数加在一起的函数模板 add。

代码清单 9-4　使用 decltype 和 auto 返回类型推断

```
#include <cstdio>

template <typename X, typename Y>
auto add(X x, Y y) -> decltype(x + y) { ❶
```

```
    return x + y;
}
int main() {
    auto my_double = add(100., -10);
    printf("decltype(double + int) = double; %f\n", my_double); ❷

    auto my_uint = add(100U, -20);
    printf("decltype(uint + int) = uint; %u\n", my_uint); ❸

    auto my_ulonglong = add(char{ 100 }, 54'999'900ull);
    printf("decltype(char + ulonglong) = ulonglong; %llu\n", my_ulonglong); ❹
}
------------------------------------------------------------------------
decltype(double + int) = double; 90.000000 ❷
decltype(uint + int) = uint; 80 ❸
decltype(char + ulonglong) = ulonglong; 55000000 ❹
```

add 函数使用了 decltype 类型表达式和 auto 类型推断❶。每次使用两种类型 X
和 Y 实例化模板时，编译器都会执行 decltype(X+Y) 并修复 add 的返回类型。在 main
中，我们提供了三个实例。首先，将 double 和 int 相加❷，编译器确定 decltype
(double{100.}+int{-10}) 为 double，这将修复此 add 实例化的返回类型，此时
将 my_double 的类型设置为 double❷。另外两个实例是：unsigned int 和 int 相
加（结果为 unsigned int❸），以及 char 和 unsigned long long 相加（结果为
unsigned long long❹）。

9.4　重载解析

重载解析是编译器在匹配函数调用与合适的实现时执行的过程。

回顾第 4 章，函数重载可以指定具有相同名称、不同类型和可能的不同参数的函数。
编译器将函数调用中的参数类型与每个重载声明中的类型进行比较，从而在这些函数重载
中进行选择。编译器将在可能的选项中选择最佳选项，如果无法选择最佳选项，则会报编
译错误。

大致来说，匹配过程如下：

1）编译器将寻找完全匹配的类型。

2）编译器将尝试使用整数和浮点类型提升（例如，从 int 提升到 long 或从 float 提
升到 double）来获得合适的重载。

3）编译器将尝试使用标准类型转换（如将整数类型转换为浮点类型、将指向子类的指
针转换为指向父类的指针）进行匹配。

4）编译器将寻找用户自定义的转换。

5）编译器将查找可变参数函数。

9.5 可变参数函数

可变参数函数接受可变数量的参数。通常，可以通过显式枚举其所有参数来指定函数的参数的确切数量。使用可变参数函数可以接受任意数量的参数。可变参数函数 printf 是一个典型的示例：提供格式说明符和任意数量的参数。由于 printf 是可变参数函数，因此它可以接受任意数量的参数。

> **注意** 精明的 Python 支持者会注意到可变参数函数与 *args/**kwargs 之间的直接概念关系。

通过在函数的参数列表中将 ... 作为最后一个参数即可声明可变参数函数。调用可变参数函数时，编译器会将参数与声明的参数进行匹配。剩余的参数都将打包到由 ... 参数表示的可变参数中。

我们不能直接从可变参数中提取元素，需使用 <cstdarg> 头文件中的实用函数访问各个参数。表 9-1 列出了这些实用函数。

表 9-1　<cstdarg> 头文件中的实用函数

函数	描述
va_list	用于声明代表可变参数的局部变量
va_start	启用对可变参数的访问
va_end	用于结束对可变参数的迭代
va_arg	用于遍历可变参数中的每个元素
va_copy	复制可变参数

实用函数的用法有些复杂，我们用一个例子进行展示。考虑代码清单 9-5 中的可变参数函数 sum，它包含可变参数。

代码清单 9-5　具有可变参数列表的 sum 函数

```
#include <cstdio>
#include <cstdint>
#include <cstdarg>

int sum(size_t n, ...❶) {
  va_list args; ❷
  va_start(args, n); ❸
  int result{};
  while (n--) {
    auto next_element = va_arg(args, int); ❹
      result += next_element;
  }
  va_end(args); ❺
  return result;
}

int main() {
```

```
    printf("The answer is %d.", sum(6, 2, 4, 6, 8, 10, 12)); ❻
}
--------------------------------------------------------------------------
The answer is 42. ❻
```

我们将 sum 声明为可变参数函数 ❶。所有可变参数函数必须声明一个 va_list，我们将其命名为 args❷。va_list 需要使用 va_start 初始化 ❸，该方法需要两个参数。第一个参数是 va_list，第二个参数是可变参数的个数。我们可以使用 va_args 函数遍历可变参数中的每个元素。第一个参数是 va_list 参数，第二个参数是参数类型 ❹。完成迭代后，可以通过 va_list 结构体调用 va_end 函数 ❺。使用七个参数调用 sum：第一个是可变参数的数量（6），后跟六个数字（2、4、6、8、10、12）。

可变参数函数是 C 的保留项。通常可变参数函数是不安全的，并且是安全漏洞的常见来源。可变参数函数至少存在两个主要问题：

❑ 可变参数不是类型安全的。（请注意，va_args 的第二个参数是类型。）
❑ 可变参数中的元素数量必须单独跟踪。

编译器不能解决这两个问题。幸运的是，可变参数模板提供了一种更安全、更高效的方式来实现可变参数函数。

9.6　可变参数模板

通过可变参数模板，我们可以创建接受可变参数、相同类型参数的函数模板，从而利用模板引擎的强大功能。要声明可变参数模板，我们添加一个特殊的模板参数（称为模板参数包）。代码清单 9-6 展示了它的用法。

代码清单 9-6　带有参数包的模板函数

```
template <typename...❶ Args>
return-type func-name(Args...❷ args) {
  // Use parameter pack semantics
  // within function body
}
```

模板参数包是模板参数列表的一部分 ❶。当在函数 template 中使用 Args 时 ❷，它称为函数参数包。一些可用于参数包的特殊运算符如下：

❑ 可以使用 sizeof...(args) 获取参数包的大小。
❑ 可以使用特殊语法 other_function(args...) 调用函数（例如 other_function）。此时扩展了参数包 args，允许对参数包中包含的参数执行进一步的处理。

9.6.1　用参数包编程

不幸的是，我们无法直接在参数包中使用索引，必须从自身内部调用函数模板（称为编译时递归的过程），以递归地遍历参数包中的元素。代码清单 9-7 演示了这种模式。

代码清单 9-7 一个用参数包演示编译时递归的模板函数（与其他代码清单不同，此代码清单中包含的省略号是字面量）

```
template <typename T, typename...Args>
void my_func(T x❶, Args...args) {
  // Use x, then recurse:
  my_func(args...); ❷
}
```

关键是在参数包之前添加常规模板参数 ❶。每次调用 my_func 时，x 都会吸收第一个参数。其余的打包成 args。要进行调用，可以使用 args... 来扩展参数包 ❷。

递归需要一个停止条件，因此我们添加了一个不带参数的函数模板特化：

```
template <typename T>
void my_func(T x) {
  // Use x, but DON'T recurse
}
```

9.6.2 再谈 sum 函数

考虑代码清单 9-8 中（大大改进的）sum 函数，其实现了可变参数模板。

代码清单 9-8 使用模板参数包而不是 va_args 重构代码清单 9-5

```
#include <cstdio>

template <typename T>
constexpr❶ T sum(T x) { ❷
    return x;
}

template <typename T, typename... Args>
constexpr❸ T sum(T x, Args... args) { ❹
    return x + sum(args...❺);
}

int main() {
  printf("The answer is %d.", sum(2, 4, 6, 8, 10, 12)); ❻
}
----------------------------------------------------------------
The answer is 42. ❻
```

第一个是函数重载，其处理停止条件 ❷。如果函数只有一个参数，则只需返回参数 x，因为单个元素的总和就是元素本身。可变参数模板 ❹ 遵循代码清单 9-7 中概述的递归模式。它将单个参数 x 从参数包 args 剥离，然后返回 x 加上 sum 递归调用的结果 ❺。因为所有这些泛型编程都可以在编译时进行计算，所以将这些函数标记为 constexpr❶❸。与代码清单 9-5 相比，这种编译时计算具有很大的优势，在代码清单 9-5 中，同样的输出是在运行时计算的 ❻。（为什么要在不需要的情况下付出运行时成本呢？）

当只想在某个值范围（见代码清单 9-5）上应用单个二元运算符（如加号或减号）时，可以使用折叠表达式而不是递归。

9.6.3　折叠表达式

折叠表达式（fold expression）计算对参数包的所有参数使用二元运算符的结果。折叠表达式不同于可变参数模板，但与可变参数模板有关。它们的用法如下：

(... *binary-operator parameter-pack*)

例如，可以使用以下折叠表达式对名为 pack 的参数包中的所有元素求和：

(... + args)

代码清单 9-9 重构了代码清单 9-8，它使用折叠表达式而不是递归。

代码清单 9-9　使用折叠表达式重构代码清单 9-8

```
#include <cstdio>

template <typename... T>
constexpr auto sum(T... args) {
  return (... + args); ❶
}

int main() {
  printf("The answer is %d.", sum(2, 4, 6, 8, 10, 12)); ❷
}
--------------------------------------------------------------------
The answer is 42. ❷
```

用折叠表达式替代递归方法可以简化 sum 函数 ❶。两者的最终结果是相同的 ❷。

9.7　函数指针

函数式编程是一种强调函数执行和不可变数据的编程范式。将函数作为参数传递给另一个函数是函数式编程中的主要概念之一。

实现此目的的一种方式是传递函数指针。函数像对象一样占用内存。我们可以通过常用的指针机制来引用该内存地址。但是，不同于对象，我们无法修改指向的函数。在这方面，函数在概念上类似于 const 对象。我们可以获取函数的地址并调用它们，仅此而已。

9.7.1　声明函数指针

要声明函数指针，请使用以下语法：

return-type (*pointer-name)(*arg-type1, arg-type2,* ...);

它的外观与函数声明相同，只不过函数名称被替换为 *pointer-name*。

像往常一样，我们可以使用地址运算符 & 来获取函数的地址。但是，这是可选的，我们也可以简单地使用函数名称作为指针。

代码清单 9-10 演示了如何获取和使用函数指针。

代码清单 9-10　一个说明函数指针的程序（由于地址空间布局随机化，地址 ❹❼ 在运行时会有所不同）

```
#include <cstdio>

float add(float a, int b) {
  return a + b;
}

float subtract(float a, int b) {
  return a - b;
}

int main() {
  const float first{ 100 };
  const int second{ 20 };

  float(*operation)(float, int) {}; ❶
  printf("operation initialized to 0x%p\n", operation); ❷

  operation = &add; ❸
  printf("&add = 0x%p\n", operation); ❹
  printf("%g + %d = %g\n", first, second, operation(first, second)); ❺

  operation = subtract; ❻
  printf("&subtract = 0x%p\n", operation); ❼
  printf("%g - %d = %g\n", first, second, operation(first, second)); ❽
}
```

```
operation initialized to 0x0000000000000000 ❷
&add = 0x00007FF6CDFE1070 ❹
100 + 20 = 120 ❺
&subtract = 0x00007FF6CDFE10A0 ❼
100 - 20 = 80 ❽
```

此代码清单展示了两个具有相同函数签名的函数，即 add 和 subtract。因为函数签名匹配，所以指向这些函数的指针类型也将匹配。我们初始化函数指针 operation，将浮点数和整数作为参数并返回一个浮点数 ❶。接着，在初始化之后，打印 operation 的值，其为 nullptr❷。然后，使用地址运算符将 add 的地址赋值给 operation❸，并打印新地址 ❹。调用 operation 并打印结果。

为了说明可以重新对函数指针赋值，我们可以在不使用地址运算符的情况下将 subtract 赋值给 operation❻，然后打印 operation 的新值 ❼，并打印出结果 ❽。

9.7.2　类型别名和函数指针

类型别名提供了一种使用函数指针进行编程的巧妙方法。用法如下：

```
using alias-name = return-type(*)(arg-type1, arg-type2, ...)
```

我们可以在代码清单 9-10 中定义了 `operation_func` 类型别名，如：

```
using operation_func = float(*)(float, int);
```

如果使用相同类型的函数指针，这将特别有用。它可以使代码更简洁。

9.8　函数调用运算符

我们可以通过重载函数调用运算符 `operator()()` 使用户自定义类型可调用。这种类型称为函数类型（function type），函数类型的实例称为函数对象。函数调用运算符允许参数类型、返回类型和修饰符（`static` 除外）的任何组合。

使用户自定义类型可调用的主要原因是希望与期望函数对象使用函数调用运算符的代码进行互操作。你会发现，许多库（例如 stdlib）使用函数调用运算符作为类函数对象的接口。例如，第 19 章将介绍如何使用 `std::async` 函数创建异步任务，该函数接受可以在独立线程上执行的任意函数对象。它使用函数调用运算符作为接口。发明 `std::async` 的委员会可能要求你公开某个方法（例如 `run` 方法），但它们选择了函数调用运算符，因为它允许泛型代码使用相同的符号来调用函数或函数对象。

代码清单 9-11 演示了函数调用运算符的用法。

代码清单 9-11　函数调用运算符的用法

```
struct type-name {
  return-type❶ operator()❷(arg-type1 arg1, arg-type2 arg2, ...❸) {
    // Body of function-call operator
  }
}
```

函数调用运算符具有特殊的 `operator()` 方法名 ❷。我们可以声明任意数量的参数 ❸，同时还可以指定适当的返回类型 ❶。

当编译器对函数调用表达式求值时，它将在第一个操作数上调用函数调用运算符，并将其余的操作数作为参数传递。函数调用表达式的结果是调用相应的函数调用运算符的结果。

9.9　计数例子

考虑代码清单 9-12 中的函数类型 `CountIf`，它计算以空字符（null）结尾的字符串中特定字符出现的频率。

代码清单 9-12　计算以空字符结尾的字符串中某字符出现的次数的函数类型

```
#include <cstdio>
#include <cstdint>
```

```
struct CountIf {
  CountIf(char x) : x{ x } { }❶
  size_t operator()(const char* str❷) const {
    size_t index{}❸, result{};
    while (str[index]) {
      if (str[index] == x) result++; ❹
      index++;
    }
    return result;
  }
private:
  const char x;
};

int main() {
  CountIf s_counter{ 's' }; ❺
  auto sally = s_counter("Sally sells seashells by the seashore."); ❻
  printf("Sally: %zd\n", sally);
  auto sailor = s_counter("Sailor went to sea to see what he could see.");
  printf("Sailor: %zd\n", sailor);
  auto buffalo = CountIf{ 'f' }("Buffalo buffalo Buffalo buffalo "
                                "buffalo buffalo Buffalo buffalo."); ❼
  printf("Buffalo: %zd\n", buffalo);
}
-------------------------------------------------------------------------
Sally: 7
Sailor: 3
Buffalo: 16
```

我们使用参数为字符 ❶ 的构造函数初始化了 CountIf 对象。我们可以调用生成的函数对象，它是一个接受以空字符结尾的字符串参数 ❷ 的函数，因为我们已经实现了函数调用运算符。函数调用运算符使用 index 变量 ❸ 遍历参数 str 中的每个字符，只要该字符与 x 字段匹配，则递增 result 变量 ❹。由于调用该函数不会修改 CountIf 对象的状态，因此我们将其标记为 const。

在 main 中，我们已经初始化了 CountIf 函数对象 s_counter，它将计算字母 s 的频率 ❺。你可以像使用函数一样使用 s_counter。你甚至可以初始化一个 CountIf 对象并直接将函数运算符用作右值对象 ❼。你可能会发现在某些情况下这样做很方便，例如，可能只需要调用一次对象。

我们可以将函数对象用作局部应用程序。代码清单 9-12 在概念上类似于代码清单 9-13 中的 count_if 函数。

代码清单 9-13　模拟代码清单 9-12 的自由函数

```
#include <cstdio>
#include <cstdint>

size_t count_if(char x❶, const char* str) {
  size_t index{}, result{};
  while (str[index]) {
```

```
    if (str[index] == x) result++;
    index++;
  }
  return result;
}

int main() {
  auto sally = count_if('s', "Sally sells seashells by the seashore.");
  printf("Sally: %zd\n", sally);
  auto sailor = count_if('s', "Sailor went to sea to see what he could see.");
  printf("Sailor: %zd\n", sailor);
  auto buffalo = count_if('f', "Buffalo buffalo Buffalo buffalo "
                               "buffalo buffalo Buffalo buffalo.");
  printf("Buffalo: %zd\n", buffalo);
}
```

```
Sally: 7
Sailor: 3
Buffalo: 16
```

count_if 函数有一个额外的参数 x❶，但除此之外它几乎与 CountIf 的函数运算符相同。

> **注意** 在函数式编程中，CountIf 是 x 对 count_if 的局部应用。当局部地将参数应用于函数时，我们修复了该参数的值。这种局部应用的产物是另一个少一个参数的函数。

声明函数类型是烦琐的。通常，我们可以使用 lambda 表达式显著地减少样板代码。

9.10　lambda 表达式

lambda 表达式简洁地构造未命名的函数对象，其函数对象隐含了函数类型，因而可以快速地动态声明函数对象。除以老式的方式声明函数类型之外，lambda 不提供任何额外的功能。但是，当只需要在单个上下文中初始化函数对象时，使用它们就非常方便。

9.10.1　用法

lambda 表达式有五个组件：

❑ 捕获列表（*captures*）：函数对象的成员变量（即局部应用的参数）。

❑ 参数（*parameters*）：调用函数对象所需的参数。

❑ 表达式体（*body*）：函数对象的代码。

❑ 修饰符（*modifiers*）：constexpr、mutable、noexcept 和 [[noreturn]] 等元素。

❑ 返回类型（*return-type*）：函数对象返回的类型。

lambda 表达式用法如下：

[*captures*❶] (*parameters*❷) *modifiers*❸ -> *return-type*❹ { *body*❸ }

只有捕获列表和表达式体是必需的，其他的都是可选的。接下来的几节将深入介绍它们。

每个 lambda 表达式组件在函数对象中都有一个直接的对应项。要在函数对象（如 CountIf）和 lambda 表达式之间建立桥梁，请参考代码清单 9-14，其中列出了代码清单 9-12 中的 CountIf 函数类型，并用序号将 lambda 表达式的对应项一一标注。

代码清单 9-14　CountIf 类型声明与 lambda 表达式的比较

```
struct CountIf {
  CountIf(char x) : x{ x } { } ❶
  size_t❹ operator()(const char* str❷) const❺ {
    --snip--❸
  }
private:
  const char x; ❷
};
```

我们在 CountIf 的构造函数中设置的成员变量对应于 lambda 表达式的捕获列表 ❶。函数调用运算符的参数 ❷、主体 ❸ 和返回类型 ❹ 对应于 lambda 表达式的参数、表达式体和返回类型。最后，函数调用运算符的修饰符 ❺ 对应于 lambda 表达式的修饰符（lambda 表达式用法示例中的序号与代码清单 9-14 中的序号一一对应）。

9.10.2　参数和表达式体

lambda 表达式产生函数对象。作为函数对象，lambda 是可调用的。大多数情况下，我们希望函数对象在调用时接受参数。

lambda 表达式体就像函数体：所有的参数都有函数作用域。

我们使用与函数基本相同的语法来声明 lambda 表达式的参数和表达式体。例如，下面的 lambda 表达式产生一个函数对象，它将其 int 类型的参数平方：

```
[](int x) { return x*x; }
```

这个 lambda 接受单个 int 类型的 x 并在表达式体内计算它的平方。代码清单 9-15 使用三个不同的 lambda 来转换数组 1，2，3。

代码清单 9-15　三个 lambda 和 transform 函数

```
#include <cstdio>
#include <cstdint>

template <typename Fn>
void transform(Fn fn, const int* in, int* out, size_t length) { ❶
  for(size_t i{}; i<length; i++) {
    out[i] = fn(in[i]); ❷
  }
}
```

```
int main() {
  const size_t len{ 3 };
  int base[]{ 1, 2, 3 }, a[len], b[len], c[len];
  transform([](int x) { return 1; }❸, base, a, len);
  transform([](int x) { return x; }❹, base, b, len);
  transform([](int x) { return 10*x+5; }❺, base, c, len);
  for (size_t i{}; i < len; i++) {
    printf("Element %zd: %d %d %d\n", i, a[i], b[i], c[i]);
  }
}
```

```
Element 0: 1 1 15
Element 1: 1 2 25
Element 2: 1 3 35
```

transform 模板函数接受四个参数：函数对象 fn、输入数组 in 和输出数组 out，以及这些数组的相应长度 length❶。在 transform 函数中，对 in 的每个元素调用 fn 并将结果赋值给 out 的相应元素 ❷。

在 main 中，我们声明了一个 base 数组 1，2，3，用作 in 数组。在同一行，我们还声明了三个未初始化的数组 a、b 和 c，它们将作为 out 数组。当第一次调用 transform 函数时，我们传递了一个始终返回 1❸ 的 lambda 表达式（[](int x) { return 1; }），并将结果保存在 a 中（注意 lambda 不需要名字！）。第二次调用 transform（[](int x) { return x; }❹）只返回它的参数，结果保存在 b 中。第三次调用 transform 会将参数乘以 10 并加 5❺，结果保存在 c 中。最后，将输出打印到一个矩阵中，其中每一列代表每种情况下将 transform 应用于不同 lambda 的结果。

请注意，我们将 transform 声明为模板函数，这将允许在任何函数对象中重用 transform。

9.10.3　默认参数

我们可以为 lambda 提供默认参数。默认 lambda 参数的行为就像默认函数参数。调用者可以为默认参数指定值，在这种情况下，lambda 使用调用者提供的值。如果调用者未指定值，则 lambda 使用默认值。代码清单 9-16 演示了默认参数行为。

代码清单 9-16　lambda 使用默认参数

```
#include <cstdio>

int main() {
  auto increment = [](auto x, int y = 1❶) { return x + y; };
  printf("increment(10)    = %d\n", increment(10));    ❷
  printf("increment(10, 5) = %d\n", increment(10, 5)); ❸
}
```

```
increment(10)    = 11 ❷
increment(10, 5) = 15 ❸
```

lambda increment 有两个参数，即 x 和 y。但是，参数 y 是可选的，因为它具有默认值 1❶。如果在调用函数时没有指定参数 y❷，则 increment 返回 1+x。如果调用该函数时确实指定了参数 y❸，则会使用该指定值。

9.10.4 泛型

泛型 lambda 是 lambda 表达式模板。对于一个或多个参数，可以指定 auto 而不是具体类型。这些 auto 类型将成为模板参数，这意味着编译器将删除 lambda 的自定义实例。代码清单 9-17 演示了如何将泛型 lambda 赋值给一个变量，然后在两个不同的模板实例化中使用这个 lambda。

代码清单 9-17　使用泛型 lambda

```
#include <cstdio>
#include <cstdint>

template <typename Fn, typename T❶>
void transform(Fn fn, const T* in, T* out, size_t len) {
  for(size_t i{}; i<len; i++) {
    out[i] = fn(in[i]);
  }
}

int main() {
  constexpr size_t len{ 3 };
  int base_int[]{ 1, 2, 3 }, a[len];                    ❷
  float base_float[]{ 10.f, 20.f, 30.f }, b[len];       ❸
  auto translate = [](auto x) { return 10 * x + 5; };   ❹
  transform(translate, base_int, a, l);                 ❺
  transform(translate, base_float, b, l);               ❻

  for (size_t i{}; i < l; i++) {
    printf("Element %zd: %d %f\n", i, a[i], b[i]);
  }
}
------------------------------------------------------------------
Element 0: 15 105.000000
Element 1: 25 205.000000
Element 2: 35 305.000000
```

我们将第二个模板参数添加到 transform 中 ❶，用作参数 in 和 out 的指定类型，这样就可以将 transform 应用于任何类型的数组，而不仅仅是 int 类型的数组。为了验证升级后的 transform 模板，我们声明了两个具有不同指定类型的数组，分别为 int❷ 和 float❸ 类型（回忆一下第 3 章，10.f 中的 f 指定 float 字面量）。接着，我们分配一个泛型 lambda 表达式给 translate❹。当分别使用 base_int❺ 和 base_float❻ 进行实例化时，transform 的实例化都可以使用相同的 lambda。

如果没有泛型 lambda，则必须显式声明参数类型，如下所示：

```
--snip--
  transform([](int x) { return 10 * x + 5; }, base_int, a, l); ❺
  transform([](double x) { return 10 * x + 5; }, base_float, b, l); ❻
```

此时，我们依靠编译器来推断 lambda 的返回类型。这对泛型 lambda 尤其有用，因为 lambda 的返回类型通常取决于其参数类型。但是如果需要，也可以明确指定返回类型。

9.10.5　返回类型

编译器会自动推断 lambda 的返回类型。要接替编译器的这个功能，可以使用箭头（->）语法，如下所示：

```
[](int x, double y) -> double { return x + y; }
```

这个 lambda 表达式接受一个 int 参数和一个 double 参数并返回一个 double 结果。我们也可以使用 decltype 表达式，这对泛型 lambda 很有用。例如，考虑以下 lambda：

```
[](auto x, double y) -> decltype(x+y) { return x + y; }
```

在这里，我们显式地声明 lambda 的返回类型是将 x 与 y 相加所产生结果的类型。一般很少需要显式指定 lambda 的返回类型。一个更常见的要求是必须在调用之前将对象注入 lambda 中。这就是捕获列表的作用。

9.10.6　捕获列表

捕获列表将对象注入 lambda 表达式中。注入的对象有助于修改 lambda 表达式的行为。通过在方括号 [] 中指定捕获对象来声明 lambda 表达式的捕获列表。捕获列表在参数列表之前，它可以包含任意数量的以逗号分隔的参数。我们可以在表达式体中使用这些参数。

lambda 表达式可以按引用也可以按值给出捕获列表。默认情况下，lambda 表达式采取按值捕获的方式。lambda 表达式的捕获列表类似于函数类型的构造函数。代码清单 9-18 将代码清单 9-12 中的 CountIf 修改为 lambda 表达式 s_counter。

代码清单 9-18　将代码清单 9-12 中的 CountIf 修改为 lambda 表达式

```
#include <cstdio>
#include <cstdint>

int main() {
  char to_count{ 's' }; ❶
  auto s_counter = [to_count❷](const char* str) {
    size_t index{}, result{};
    while (str[index]) {
      if (str[index] == to_count❸) result++;
      index++;
    }
    return result;
  };
  auto sally = s_counter("Sally sells seashells by the seashore."❹);
```

```
  printf("Sally: %zd\n", sally);
  auto sailor = s_counter("Sailor went to sea to see what he could see.");
  printf("Sailor: %zd\n", sailor);
}
--------------------------------------------------------------------
Sally: 7
Sailor: 3
```

我们以字母 s 初始化名为 to_count 的字符 ❶。接着，在分配给 s_counter 的 lambda 表达式中捕获 to_count❷。这使得 to_count 在 lambda 表达式体中可用。

如需按引用而不是按值捕获元素，请在捕获的对象名称前加上 &。代码清单 9-19 添加了一个对 s_counter 的捕获引用，它在 lambda 调用中持有运行的 tally。

代码清单 9-19　在 lambda 表达式中使用捕获引用

```
#include <cstdio>
#include <cstdint>

int main() {
  char to_count{ 's' };
  size_t tally{};❶
  auto s_counter = [to_count, &tally❷](const char* str) {
    size_t index{}, result{};
    while (str[index]) {
      if (str[index] == to_count) result++;
      index++;
    }
    tally += result;❸
    return result;
  };
  printf("Tally: %zd\n", tally); ❹
  auto sally = s_counter("Sally sells seashells by the seashore.");
  printf("Sally: %zd\n", sally);
  printf("Tally: %zd\n", tally); ❺
  auto sailor = s_counter("Sailor went to sea to see what he could see.");
  printf("Sailor: %zd\n", sailor);
  printf("Tally: %zd\n", tally); ❻
}
--------------------------------------------------------------------
Tally: 0 ❹
Sally: 7
Tally: 7 ❺
Sailor: 3
Tally: 10 ❻
```

计数器变量 tally 初始化为零 ❶，通过引用为 lambda 表达式的 s_counter 捕获 tally（注意符号 &）❷。在 lambda 表达式体中添加一条语句，使得在返回结果之前使用函数调用结果递增 tally❸。因此，无论调用 lambda 多少次，tally 都会跟踪总计数。在第一次 s_counter 调用之前，打印 tally 的值 ❹（仍然为零）。在使用参数 Sally sells seashells by the seashore. 调用 s_counter 时，tally 值为 7❺。最后一次调用 s_counter 时，参数为 Sailor went to sea to see what he could see.，返回结果为 3，所以 tally 的值为 7 + 3 = 10❻。

1. 默认捕获列表

到目前为止，我们必须按名字捕获每个元素。有时，这种捕获方式称为命名捕获。如果你比较懒，可以使用默认捕获列表来捕获 lambda 表达式中使用的所有自动变量。要在捕获列表中按值指定默认捕获对象，请使用单独的等号。要按引用指定默认捕获对象，请使用单独的符号 &。

如代码清单 9-20 所示，我们可以"简化"代码清单 9-19 中的 lambda 表达式，按引用指定默认捕获对象。

代码清单 9-20　按引用指定默认捕获对象以简化 lambda 表达式

```
--snip--
  auto s_counter = [&❶](const char* str) {
    size_t index{}, result{};
    while (str[index]) {
      if (str[index] == to_count❷) result++;
      index++;
    }
    tally❸ += result;
    return result;
  };
--snip--
```

我们按引用指定默认捕获对象，这意味着 lambda 表达式体中的任何自动变量都将通过引用捕获。此例中有两个，分别为 to_count 和 tally。

如果编译并运行重构后的代码，将获得相同的输出结果。但是，需要注意 to_count 现在是通过引用捕获的。如果我们不小心在 lambda 表达式体中修改了它，这个更改将发生在 lambda 调用以及 main（其中 to_count 是一个自动变量）中。

如果改为按值指定默认捕获对象会发生什么呢？只需要将捕获列表中的 & 更改为 = 即可，如代码清单 9-21 所示。

代码清单 9-21　修改代码清单 9-20，将按引用捕获改为按值捕获（这段代码不能通过编译）

```
--snip--
  auto s_counter = [=❶](const char* str) {
    size_t index{}, result{};
    while (str[index]) {
      if (str[index] == to_count❷) result++;
      index++;
    }
    tally❸ += result;
    return result;
  };
--snip--
```

我们将按引用默认捕获更改为按值默认捕获 ❶。to_count 捕获不受影响 ❷，但修改

tally 会导致编译错误 ❸。除非将 mutable 关键字添加到 lambda 表达式中，否则不允许修改按值捕获的变量。mutable 关键字允许我们修改按值捕获的变量。这包括在该对象上调用非 const 方法。

代码清单 9-22 添加了 mutable 修饰符并采用按值默认捕获。

代码清单 9-22 具有按值默认捕获列表的 mutable lambda 表达式

```
#include <cstdio>
#include <cstdint>

int main() {
  char to_count{ 's' };
  size_t tally{};
  auto s_counter = [=❶](const char* str) mutable❷ {
    size_t index{}, result{};
    while (str[index]) {
      if (str[index] == to_count) result++;
      index++;
    }
    tally += result;
    return result;
  };
  auto sally = s_counter("Sally sells seashells by the seashore.");
  printf("Tally: %zd\n", tally); ❸
  printf("Sally: %zd\n", sally);
  printf("Tally: %zd\n", tally); ❹
  auto sailor = s_counter("Sailor went to sea to see what he could see.");
  printf("Sailor: %zd\n", sailor);
  printf("Tally: %zd\n", tally); ❺
}
--------------------------------------------------------------
Tally: 0
Sally: 7
Tally: 0
Sailor: 3
Tally: 0
```

我们按值声明默认捕获列表 ❶，并将 lambda 表达式 s_counter 标记为 mutable❷。3 次打印 tally❸❹❺，每一次都会得到零。为什么？

因为 tally 是按值复制的（通过默认捕获），所以在这个 lambda 中，它们本质上是完全不同的变量，只不过碰巧具有相同的名称。对 lambda 的 **tally** 副本的修改不会影响 **main** 中的自动变量 tally。main() 中的 tally 被初始化为零并且永远不会被修改。

也可以将默认捕获方式与命名捕获方式混合使用。例如，以下代码中既有按引用默认捕获，也按值复制了 to_count：

```
auto s_counter = [&❶,to_count❷](const char* str) {
  --snip--
};
```

该示例中指定了一个按引用默认捕获 ❶ 和 to_count 按值捕获 ❷。

虽然执行默认捕获似乎是一条捷径，但请不要使用它。显式声明捕获列表要好得多。如果你发现自己有"只想使用默认捕获，因为要列出的变量太多"的想法，那么可能需要重构代码。

2. 捕获列表中的初始化表达式

有时，我们希望在捕获列表中初始化一个全新的变量。也许重命名捕获的变量会使 lambda 表达式的意图更为清晰。有时，我们可能希望将某个对象移动到 lambda 中，因此需要初始化一个变量。

要使用初始化表达式，只需声明新变量的名称，使其后跟一个等号和初始值，如代码清单 9-23 所示。

代码清单 9-23　在 lambda 表达式捕获列表中使用初始化表达式

```
auto s_counter = [&tally❶,my_char=to_count❷](const char* str) {
  size_t index{}, result{};
  while (str[index]) {
    if (str[index] == my_char❸) result++;
  --snip--
};
```

捕获列表中包含一个简单的命名捕获对象，即按引用捕获 tally。lambda 表达式还按值捕获了 to_count，但我们选择使用变量名 my_char。当然，在 lambda 表达式中需要使用名称 my_char 而不是 to_count。

注意　捕获列表中使用初始化表达式的方式也称为初始化捕获。

3. this 捕获

有时 lambda 表达式有封闭类（enclosing class）。我们可以分别使用 [*this] 和 [this] 通过按值捕获或按引用捕获的方式捕获封闭对象（this 指向的对象）。

代码清单 9-24 实现了一个 LambdaFactory，它生成计数 lambda 并跟踪 tally。

代码清单 9-24　演示 this 捕获的 LambdaFactory

```
#include <cstdio>
#include <cstdint>

struct LambdaFactory {
  LambdaFactory(char in) : to_count{ in }, tally{} { }
  auto make_lambda() { ❶
    return [this❷](const char* str) {
      size_t index{}, result{};
      while (str[index]) {
        if (str[index] == to_count❸) result++;
        index++;
      }
      tally❹ += result;
      return result;
    };
  }
```

```
    const char to_count;
    size_t tally;
};

int main() {
    LambdaFactory factory{ 's' }; ❺
    auto lambda = factory.make_lambda(); ❻
    printf("Tally: %zd\n", factory.tally);
    printf("Sally: %zd\n", lambda("Sally sells seashells by the seashore."));
    printf("Tally: %zd\n", factory.tally);
    printf("Sailor: %zd\n", lambda("Sailor went to sea to see what he could
see."));
    printf("Tally: %zd\n", factory.tally);
}
--------------------------------------------------------------------
Tally: 0
Sally: 7
Tally: 7
Sailor: 3
Tally: 10
```

LambdaFactory 构造函数接受单个字符并用它初始化 to_count 字段。make_ lambda❶ 方法说明了如何通过引用实现 this 捕获 ❷ 并在 lambda 表达式中使用 to_ count❸ 和 tally❹ 成员变量。

在 main 中，我们初始化 factory❺ 并使用 make_lambda 方法创建 lambda❻。输出与代码清单 9-19 相同，因为我们按引用捕获了 this，并且 tally 状态在 lambda 调用中持续存在。

4. 简短明了的示例

捕获列表有很多可能性，但是一旦你掌握了基础知识（按值捕获和按引用捕获），就不会有太多惊喜了。表 9-2 提供了一些简短明了的示例，供你将来参考。

表 9-2　lambda 表达式简短明了的捕获列表示例

捕获列表	含义
[&]	按引用默认捕获
[&,i]	按引用默认捕获；按值捕获 i
[=]	按值默认捕获
[=,&i]	按值默认捕获；按引用捕获 i
[i]	按值捕获 i
[&i]	按引用捕获 i
[i,&j]	按值捕获 i；按引用捕获 j
[i=j,&k]	按值捕获 j 并将其作为 i；按引用捕获 k
[this]	按引用捕获封闭对象
[*this]	按值捕获封闭对象
[=,*this,i,&j]	按值默认捕获；按值捕获 this 和 i；按引用捕获 j

9.10.7　constexpr lambda 表达式

只要可以在编译时调用，所有 lambda 表达式都是 constexpr。我们可以选择显式声明 constexpr，如下所示：

```
[] (int x) constexpr { return x * x; }
```

如果希望确保 lambda 表达式满足所有 constexpr 要求，则需要将 lambda 表达式标记为 constexpr。从 C++17 开始，这意味着除其他限制外，没有动态内存分配和非 constexpr 函数调用要求。标准委员会计划在每次发布新版本时放宽这些限制，因此如果要使用 constexpr 编写大量代码，请务必了解最新的 constexpr 限制。

9.11　std::function

有时，我们只需要一个统一的容器来存储可调用对象。<functional> 头文件中的 std::function 类模板是可调用对象的多态包装器。换句话说，我们是一个通用的函数指针。我们可以将静态函数、函数对象或 lambda 存储到 std::function 中。

> **注意**　function 类在 stdlib 中。我们提前一点展示它，因为这样更自然。

使用 function 可以：
- ❏ 在调用者不知道函数实现的情况下调用。
- ❏ 赋值、移动和复制。
- ❏ 有空状态，类似于 nullptr。

9.11.1　声明函数

要声明函数，必须提供一个模板参数，使其包含可调用对象的函数原型：

```
std::function<return-type(arg-type-1, arg-type-2, etc.)>
```

std::function 类模板有许多构造函数。默认构造函数在空模式下构造 std::function 对象，这意味着它不包含可调用对象。

1. 空函数

如果调用没有包含对象的 std::function，std::function 将抛出 std::bad_function_call 异常。请考虑代码清单 9-25。

代码清单 9-25　std::function 的默认构造函数和 std::bad_function_call 异常

```
#include <cstdio>
#include <functional>

int main() {
    std::function<void()> func; ❶
```

```
    try {
        func(); ❷
    } catch(const std::bad_function_call& e) {
        printf("Exception: %s", e.what()); ❸
    }
}
```
```
--------------------------------------------------------------------------------
Exception: bad function call ❸
```

我们默认构造了一个 `std::function`❶。模板参数 `void()` 表示一个不带参数并返回 `void` 的函数。因为没有用可调用对象填充 `func`，所以它处于空状态。当调用 `func` 时 ❷，它会抛出 `std::bad_function_call`，我们可以捕获并打印它 ❸。

2. 将可调用对象赋值给函数

我们可以使用 `function` 的构造函数或赋值运算符将可调用对象赋值给函数，如代码清单 9-26 所示。

代码清单 9-26　使用 `function` 的构造函数和赋值运算符

```
#include <cstdio>
#include <functional>

void static_func() { ❶
  printf("A static function.\n");
}

int main() {
  std::function<void()> func { [] { printf("A lambda.\n"); } }; ❷
  func(); ❸
  func = static_func; ❹
  func(); ❺
}
```
```
--------------------------------------------------------------------------------
A lambda. ❸
A static function. ❺
```

我们声明了一个静态函数 `static_func`，它不带参数并返回 `void`❶。在 `main` 中，我们创建了一个名为 `func` 的函数 ❷。模板参数显示 `func` 包含的可调用对象不带参数并返回 `void`。使用具有打印消息 A　Lambda 功能的 lambda 表达式初始化 `func`。之后立即调用 `func`❸，从而调用包含的 lambda 并打印预期的消息。接着，将 `static_func` 赋值给 `func`，它会替换在构造时分配的 lambda。然后，调用 `func`，此时它调用的是 `static_func`，而不是 lambda，所以我们看到 A　static　function. 被打印 ❺。

9.11.2　扩展示例

也可以使用可调用对象构造函数，只要该对象支持函数模板参数所隐含的函数语义。代码清单 9-27 使用一个 `std::function` 实例数组，并用计算空格数的静态函数、代码清单 9-12 中的 CountIf 函数对象和计算字符串长度的 lambda 表达式填充它。

代码清单 9-27 使用 std::function 数组迭代具有不同底层类型的可调用对象的统一集合

```
#include <cstdio>
#include <cstdint>
#include <functional>

struct CountIf {
  --snip--
};

size_t count_spaces(const char* str) {
  size_t index{}, result{};
  while (str[index]) {
    if (str[index] == ' ') result++;
    index++;
  }
  return result;
}

std::function❶<size_t(const char*)❷> funcs[]{
  count_spaces, ❸
  CountIf{ 'e' }, ❹
  [](const char* str) { ❺
    size_t index{};
    while (str[index]) index++;
    return index;
  }
};

auto text = "Sailor went to sea to see what he could see.";

int main() {
  size_t index{};
  for(const auto& func : funcs❻) {
    printf("func #%zd: %zd\n", index++, func(text)❼);
  }
}
```

```
func #0: 9 ❸
func #1: 7 ❹
func #2: 44 ❺
```

我们声明了一个名为 funcs 的具有静态存储期的 std::function 数组 ❶。模板参数是函数原型，相应的函数接受一个 const char* 并返回 size_t❷。在 funcs 数组中传入一个静态函数指针 ❸、一个函数对象 ❹ 和一个 lambda 表达式 ❺。在 main 中，采用基于范围的 for 循环来遍历 funcs 中的每个函数 ❻。以文本 Sailor went to sea to see what he could see. 为参数，调用每个函数 func，并打印结果。

请注意，从 main 的角度来看，funcs 中的所有元素都是相同的：只需使用一个以空字符结尾的字符串来调用它们并返回 size_t❼。

> **注意**　使用 function 会产生运行时开销。由于技术原因，function 可能需要进行动态分配来存储可调用对象。编译器也很难优化掉 function 调用，所以我们经常会遇到间接函数调用。间接函数调用需要额外的指针解引用。

9.12　main 函数和命令行

所有 C++ 程序都必须包含一个名为 main 的全局函数。这个函数被定义为程序的入口点，即在程序启动时调用的函数。程序在启动时可以接受任意数量由环境提供的参数，这些参数称为命令行参数。

用户通过将命令行参数传递给程序的方式自定义其行为。你可能在执行命令行程序时使用过此功能，例如在 copy（在 Linux 上应为 cp）命令中：

```
$ copy file_a.txt file_b.txt
```

当调用此命令时，指示程序将 file_a.txt 复制到 file_b.txt 中，此时这些值是作为命令行参数传递的。与大家习惯的命令行程序一样，我们可以将值作为命令行参数传递给 C++ 程序。我们可以通过声明 main 的方式来选择程序是否处理命令行参数。

9.12.1　main 的三个重载变体

通过向 main 声明中添加参数可以访问 main 中的命令行参数。main 有三种有效的重载变体，如代码清单 9-28 所示。

代码清单 9-28　main 的有效重载变体

```
int main(); ❶
int main(int argc, char* argv[]); ❷
int main(int argc, char* argv[], impl-parameters); ❸
```

第一个重载变体 ❶ 不带任何参数，这就是到目前为止本书中使用 main() 的方式。如果想忽略提供给程序的任何参数，请使用此种形式。

第二个重载变体 ❷ 接受两个参数，即 argc 和 argv。第一个参数 argc 是一个非负数，对应于 argv 中元素的个数。环境会自动计算此数据，我们不必提供 argc 中元素的数量。第二个参数 argv 是一个指向以空字符结尾的字符串的指针数组，该字符串对应于从执行环境传入的参数。

第三个重载变体 ❸ 是第二个重载变体 ❷ 的扩展版：它接受任意数量的附加实现参数。这样，目标平台可以为程序提供一些额外的参数。实现参数在现代桌面环境中并不常见。

通常，操作系统将程序可执行文件的全路径作为第一个命令行参数传递。此行为取决于操作环境。在 macOS、Linux 和 Windows 上，可执行文件的路径是第一个参数。此路径的格式取决于操作系统（第 17 章将深入讨论文件系统）。

9.12.2　程序参数

我们构建一个程序来探索操作系统如何将参数传递给程序。代码清单 9-29 打印了命令行参数的数量，然后在每一行打印了参数的索引和值。

代码清单 9-29　打印命令行参数的程序，将此程序编译为 `list_929`

```cpp
#include <cstdio>
#include <cstdint>

int main(int argc, char** argv) { ❶
  printf("Arguments: %d\n", argc); ❷
  for(size_t i{}; i<argc; i++) {
    printf("%zd: %s\n", i, argv[i]); ❸
  }
}
```

使用 `argc`/`argv` 重载变体声明 `main`，这使得命令行参数可用于程序 ❶。首先，通过 `argc` 打印命令行参数的数量 ❷。然后，循环遍历每个参数，打印其索引和值 ❸。

我们来看一些示例输出（在 Windows 10 x64 上）。这是一个程序调用：

```
$ list_929 ❶
Arguments: 1 ❷
0: list_929.exe ❸
```

在这里，除了程序名称 `list_929` 之外 ❶，我们没有提供其他命令行参数（根据编译它的方式，你应该将其替换为你自己的可执行文件的名称）。在 Windows 10 x64 机器上，程序接受单个参数 ❷，即可执行文件的名称 ❸。这是另一个调用：

```
$ list_929 Violence is the last refuge of the incompetent. ❶
Arguments: 9
0: list_929.exe
1: Violence
2: is
3: the
4: last
5: refuge
6: of
7: the
8: incompetent.
```

在这里，我们提供了额外的程序参数：`Violence is the last refuge of the incompetent.`❶。从输出中可以看出，Windows 以空格分隔命令行，因此总共有 9 个参数。

在主流的桌面操作系统中，我们可以通过将短语用引号引起来，以强制操作系统将这个短语视为单个参数，如下所示：

```
$ list_929 "Violence is the last refuge of the incompetent."
Arguments: 2
0: list_929.exe
1: Violence is the last refuge of the incompetent.
```

9.12.3　更深入的例子

我们已经介绍了如何处理命令行输入，现在我们考虑一个更为复杂的例子。直方图是显示分布相对频率的方法。我们构建一个程序来计算命令行参数的字母分布的直方图。

我们首先给出两个确定给定字符是大写字母还是小写字母的辅助函数：

```
constexpr char pos_A{ 65 }, pos_Z{ 90 }, pos_a{ 97 }, pos_z{ 122 };
constexpr bool within_AZ(char x) { return pos_A <= x && pos_Z >= x; } ❶
constexpr bool within_az(char x) { return pos_a <= x && pos_z >= x; } ❷
```

pos_A、pos_Z、pos_a 和 pos_z 常量分别包含字母 A、Z、a 和 z 的 ASCII 值（参见表 2-4）。within_AZ 函数通过确定字符 x 的值是否介于 pos_A 和 pos_Z 之间来确定其是否为大写字母 ❶。within_az 函数确定是否为小写字母 ❷。

既然已经有了用于处理来自命令行的 ASCII 数据的元素，现在我们来构建一个 AlphaHistogram 类，使它获取命令行元素并存储字符频率，如代码清单 9-30 所示。

代码清单 9-30　获取命令行元素的 AlphaHistogram

```
struct AlphaHistogram {
  void ingest(const char* x); ❶
  void print() const; ❷
private:
  size_t counts[26]{}; ❸
};
```

AlphaHistogram 将在 counts 数组中存储每个字母的频率 ❸。每当构造 AlphaHistogram 时，此数组都会初始化为零。ingest 方法将接受以空字符结尾的字符串并适当地更新 counts ❶。print 方法将显示存储在 counts 中的直方图信息 ❷。

首先，考虑代码清单 9-31 中的 ingest 实现。

代码清单 9-31　ingest 方法的实现

```
void AlphaHistogram::ingest(const char* x) {
  size_t index{}; ❶
  while(const auto c = x[index]) { ❷
    if (within_AZ(c)) counts[c - pos_A]++; ❸
    else if (within_az(c)) counts[c - pos_a]++; ❹
    index++; ❺
  }
}
```

因为 x 是一个以空字符结尾的字符串，所以我们无法提前知道它的长度。因此，我们初始化一个 index 变量 ❶ 并使用 while 循环来一次提取一个字符 c ❷。如果 c 为空（这就是字符串的结尾），则此循环终止。在循环内，我们使用 within_AZ 辅助函数来确定 c 是否为大写字母 ❸。如果是，则从 c 中减去 pos_A。这将大写字母标准化为 0 到 25 的区间以对应于 counts。使用 within_az 辅助函数对小写字母进行相同的检查 ❹，并在 c 为小写的情况下更新 counts。如果 c 既不是小写的也不是大写的，则 counts 不受影响。

最后，在继续循环之前递增 index❺。

现在，考虑如何打印 counts，如代码清单 9-32 所示。

代码清单 9-32　print 方法的实现

```
void AlphaHistogram::print() const {
  for(auto index{ pos_A }; index <= pos_Z; index++) {  ❶
    printf("%c: ", index); ❷
    auto n_asterisks = counts[index - pos_A]; ❸
    while (n_asterisks--) printf("*"); ❹
    printf("\n"); ❺
  }
}
```

要打印直方图，需要遍历从 A 到 Z 的每个字母 ❶。在循环中，首先打印 index 字母 ❷，然后通过从 counts 中提取正确的字母来确定要打印多少个星号 ❸。使用 while 循环打印星号 ❹，然后打印终止换行符 ❺。

代码清单 9-33 展示了 AlphaHistogram 的运行情况。

代码清单 9-33　一个展示 AlphaHistogram 的程序

```
#include <cstdio>
#include <cstdint>

constexpr char pos_A{ 65 }, pos_Z{ 90 }, pos_a{ 97 }, pos_z{ 122 };
constexpr bool within_AZ(char x) { return pos_A <= x && pos_Z >= x; }
constexpr bool within_az(char x) { return pos_a <= x && pos_z >= x; }

struct AlphaHistogram {
  --snip--
};

int main(int argc, char** argv) {
  AlphaHistogram hist;
  for(size_t i{ 1 }; i<argc; i++) {  ❶
    hist.ingest(argv[i]); ❷
  }
  hist.print(); ❸
}
------------------------------------------------------------------
$ list_933 The quick brown fox jumps over the lazy dog
A: *
B: *
C: *
D: *
E: ***
F: *
G: *
H: **
I: *
J: *
K: *
```

```
L: *
M: *
N: *
O: ****
P: *
Q: *
R: **
S: *
T: **
U: **
V: *
W: *
X: *
Y: *
Z: *
```

在程序名称之后遍历每个命令行参数 ❶，将每个参数传递到 AlphaHistogram 对象的 ingest 方法中 ❷。全部获取后，即可打印直方图 ❸。每行都对应一个字母，星号表示对应字母的绝对频率。可以看到，短语 The quick brown fox jumps over the lazy dog 包含英文字母表中的全部字母。

9.12.4　退出状态

main 函数可以返回一个与程序退出状态对应的 int 值。这些值代表的含义是环境决定的。例如，在现代桌面系统上，返回值 0 对应于程序执行成功。如果没有显式给出 return 语句，编译器会添加一个隐式 return 0。

9.13　总结

本章深入地研究了函数，包括如何声明和定义它们、如何使用各种可用的关键字来修改函数行为、如何指定返回类型、重载解析如何工作，以及如何接受可变数量的参数。在讨论了如何使用指向函数的指针之后，本章探索了 lambda 表达式及其与函数对象的关系。最后，本章介绍了程序的入口点 main 函数以及如何获取命令行参数。

练习

9-1. 使用以下原型实现 fold 函数模板：

```
template <typename Fn, typename In, typename Out>
constexpr Out fold(Fn function, In* input, size_t length, Out initial);
```

例如，该实现必须支持以下用法：

```
int main() {
  int data[]{ 100, 200, 300, 400, 500 };
```

```
    size_t data_len = 5;
    auto sum = fold([](auto x, auto y) { return x + y; }, data, data_len,
0);
    print("Sum: %d\n", sum);
}
```

sum 的值应为 1500。使用 fold 计算以下量：最大值、最小值和大于 200 的元素个数。

9-2. 实现一个程序，使它接受任意数量的命令行参数，计算每个参数的字符长度，并打印参数长度分布的直方图。

9-3. 使用以下原型实现 all 函数：

```
template <typename Fn, typename In, typename Out>
constexpr bool all(Fn function, In* input, size_t length);
```

Fn 函数类型是支持 bool operator()(In) 的谓词。all 函数必须测试 function 是否对 input 的每个元素都返回 true。如果是，则返回 true；否则，返回 false。例如，该实现必须支持以下用法：

```
int main() {
    int data[]{ 100, 200, 300, 400, 500 };
    size_t data_len = 5;
    auto all_gt100 = all([](auto x) { return x > 100; }, data, data_len);
    if(all_gt100) printf("All elements greater than 100.\n");
}
```

拓展阅读

- *Functional Programming in C++: How to Improve Your C++ Programs Using Functional Techniques* by Ivan Čukić (Manning, 2019)

- *Clean Code: A Handbook of Agile Software Craftsmanship* by Robert C. Martin (Pearson Education, 2009)

C++ 库和框架

尼奥：为什么我的眼睛会痛？

莫斐斯：因为你从来没有用过它们。

——《黑客帝国》

第二部分介绍 C++ 库和框架，包括 C++ 标准库（stdlib）和 Boost 库（Boost）。后者是一个开源项目，旨在产生急需的 C++ 库。本部分包括第 10～21 章。

第 10 章探索几个测试框架和模拟框架。第二部分与第一部分的主要区别在于，第二部分中的大多数代码清单都是单元测试。这为我们提供了测试代码的机会，并且单元测试通常比基于 printf 的示例程序更简洁、更具表现力。

你可以直接阅读第二部分，但首次阅读本书时应该连续地阅读。

测　　试

"它怎么会弄到安德哥哥的照片，把它放进仙境程序的图像库里？"

"格拉夫上校，给它编程的时候我不在，我只知道计算机以前从来没有带任何人去那个地方。"

——Orson Scott Card，《安德的游戏》

　　测试软件的方法有很多。所有测试方法都有一个共同点，即每种测试方法都需要为代码提供某种输入，然后才能评估测试的输出是否适合。环境性质、调查范围和评估形式因测试类型而异。本章介绍如何使用几个不同的框架执行测试，但这些方法可扩展到其他测试类型。在深入研究之前，我们先快速浏览几种测试方法。

10.1　单元测试

　　集中的、有结合力的代码集合称为单元（如函数或类）。单元测试是验证单元完全符合程序员的预期的过程。好的单元测试将被测试的单元与其依赖项隔离开来。有时，这可能很难做到，因为该单元可能依赖于其他单元。在这种情况下，可以使用模拟对象（mock）来代替依赖项。模拟对象是仅在测试期间使用的假对象，它在测试期间对单元依赖项的行为方式进行细粒度控制。模拟对象还可以记录单元如何与它们交互，因此我们可以测试单元是否按预期与其依赖项交互。使用模拟对象还可以模拟罕见事件，例如系统内存不足（通过对它们进行编程以抛出异常）。

10.1.1　集成测试

　　将一系列单元一起测试称为集成测试。集成测试也可以指软件和硬件之间的交互测试，这是系统程序员经常处理的。集成测试是单元测试之上的一种重要测试，因为它可以确保我们编写的软件作为一个系统协同工作。这种测试是单元测试的补充，无法取代单元测试。

10.1.2 验收测试

验收测试可确保软件满足客户的所有要求。高性能软件团队可以使用验收测试来指导开发。一旦所有验收测试通过，软件就是可交付的。因为验收测试是代码库的一部分，所以内置了防止重构或功能回归的保护机制，以防止在添加新功能的过程中破坏现有功能。

10.1.3 性能测试

性能测试评估软件是否满足效能要求，例如执行速度或内存 / 功耗要求。优化代码基本上是一种经验练习。我们可以（并且应该）知道是代码的哪些部分导致了性能瓶颈，但除非进行测量，否则无法确定。此外，除非再次测量，否则无法知道为优化而实施的代码更改是否能够提高性能。我们可以使用性能测试来检测代码并提供相关测量指标。仪器（instrumentation）是一种用于测量产品性能、检测错误和记录程序执行方式的技术。有时，客户会提出严格的性能要求（例如，计算时间不能超过 100ms，系统不能分配超过 1MB 的内存）。此类需求可以自动测试，以确保未来的代码更改不会违背这些要求。

代码测试是一个抽象的、枯燥的主题。为避免这种情况的发生，下一节将介绍一个扩展示例，为后续的讨论奠定基础。

10.2 扩展示例：汽车制动服务

假设我们正在为自动驾驶汽车编写软件。团队编写的软件非常复杂，涉及数十万行代码。整个软件解决方案由一些二进制文件组成。要部署软件，我们必须将二进制文件上传到汽车中（这是一个相对耗时的过程）。对代码进行更改、编译、上传并在行驶的车辆上执行，每次迭代需要几小时。

编写整个车辆软件的艰巨任务被分摊给多个团队。每个团队负责一项**服务**，例如方向盘控制服务、音频 / 视频服务或车辆检测服务。各服务之间通过服务总线相互交互，每个服务都会发布事件，其他服务根据需要订阅这些事件。这种设计模式称为**服务总线架构**。

假设我们的团队负责自动制动服务。该服务必须确定是否即将发生碰撞，如果是，则告诉汽车制动。该服务订阅了两种事件类型：`SpeedUpdate` 类和 `CarDetected` 类。它们分别告诉你汽车的速度已经更改和前面检测到了其他汽车。我们的系统负责在检测到即将发生碰撞时将 `BrakeCommand` 发布到服务总线。这些类参见代码清单 10-1。

代码清单 10-1　与我们的服务交互的 POD 类

```
struct SpeedUpdate {
  double velocity_mps;
};
```

```
struct CarDetected {
  double distance_m;
  double velocity_mps;
};

struct BrakeCommand {
  double time_to_collision_s;
};
```

我们将使用具有 publish 方法的 ServiceBus 对象发布 BrakeCommand，如下所示：

```
struct ServiceBus {
  void publish(const BrakeCommand&);
  --snip--
};
```

首席架构师希望我们公开一个 observe 方法，以便订阅服务总线上的 SpeedUpdate 和 CarDetected 事件。于是，我们决定构建一个名为 AutoBrake 的类，并在程序的入口点对其初始化。AutoBrake 类将保留对服务总线的 publish 方法的引用，它将通过 observe 方法订阅 SpeedUpdate 和 CarDetected 事件，如代码清单 10-2 所示。

代码清单 10-2　提供自动制动服务的 AutoBrake 类

```
template <typename T>
struct AutoBrake {
  AutoBrake(const T& publish);
  void observe(const SpeedUpdate&);
  void observe(const CarDetected&);
private:
  const T& publish;
  --snip--
};
```

图 10-1 总结了服务总线 ServiceBus 与自动制动服务 AutoBrake 及其他服务之间的关系。

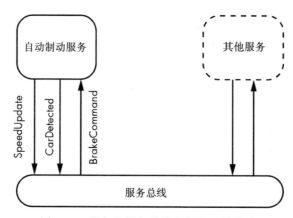

图 10-1　服务和服务总线之间交互的描述

该服务将集成到汽车的软件中，产生类似于代码清单 10-3 中的代码。

代码清单 10-3　使用 AutoBrake 服务的入口点示例

```
--snip--
int main() {
  ServiceBus bus;
  AutoBrake auto_brake{ [&bus❶] (const auto& cmd) {
                          bus.publish(cmd); ❷
                        }
  };
  while (true) {  // Service bus's event loop
    auto_brake.observe(SpeedUpdate{ 10L }); ❸
    auto_brake.observe(CarDetected{ 250L, 25L }); ❹
  }
}
```

我们使用捕获 bus❶ 引用的 lambda 表达式构建 AutoBrake。AutoBrake 决定制动的所有细节对其他团队完全隐藏。服务总线调解所有服务间的通信。我们只需将来自 AutoBrake 的命令直接传递到 ServiceBus❷。在事件循环中，ServiceBus 可以将 SpeedUpdate 对象 ❸ 和 CarDetected 对象 ❹ 传递给 auto_brake 的 observe 方法。

10.2.1　实现 AutoBrake

从概念上讲，简单地实现 AutoBrake 的方法是不断迭代编写代码、编译产生二进制文件、将其上传到汽车以及手动测试功能的过程。这种方法很可能会导致程序（和汽车）崩溃并浪费大量时间。更好的方法是先编写代码，接着编译单元测试二进制文件，然后在桌面开发环境中运行它。我们可以快速地迭代这些步骤。一旦确信编写的代码按预期工作，就可以使用实车进行手动测试。

单元测试二进制文件是一个针对桌面操作系统的简单控制台应用程序。在单元测试二进制文件中，我们运行一组单元测试，将特定输入传递到 AutoBrake 并断言它产生预期结果。

在咨询管理团队后，我们收集了以下需求：

❑ AutoBrake 将认为汽车的初始速度为零。

❑ AutoBrake 应具有可配置的灵敏度阈值，该阈值基于当前到预测发生碰撞的时间（单位为 s）。灵敏度不得低于 1s。默认灵敏度为 5s。

❑ AutoBrake 必须在两次 SpeedUpdate 之间保存汽车的速度。

❑ 每当 AutoBrake 观察到 CarDetected 事件时，如果预测到将在比配置的灵敏度阈值更短的时间内发生碰撞，它必须发布 BrakeCommand。

由于拥有如上的原始需求列表，因此下一步就是尝试使用测试驱动开发（Test-Driven Development，TDD）来实现自动制动服务。

注意　*因为这本书介绍的是 C++ 而不是物理学，所以 AutoBrake 仅在汽车直接在面前时才起作用。*

10.2.2 测试驱动开发

在采用单元测试的历史上，一些勇敢的软件工程师想："如果我知道我将为这个类编写一堆单元测试，为什么不先编写测试呢？"这种被称为 TDD 的编写软件的方式是软件工程社区中一场伟大的战争的基础。Vim 还是 Emacs？制表符还是空格？使用 TDD 还是不使用 TDD？本书回避了这些问题，但我们将使用 TDD，因为它非常适合讨论单元测试。

1. TDD 的优势

在实现解决方案之前编写对需求进行编码的测试的过程是 TDD 背后的基本思想。TDD 支持者认为，以这种方式编写的代码往往更模块化、更健壮、更简洁且设计良好。编写好的测试是为其他开发人员记录代码的最佳方式。一个好的测试套件是一组完整的示例，它永远不会混乱。每当添加新功能时，它都可以防止功能回归。

通过编写失败的单元测试，单元测试还可以作为提交错误报告的绝佳方式。一旦错误（bug）被修复，它将保持已修复的状态，因为单元测试和修复 bug 的代码将成为测试套件的一部分。

2. 红绿重构

TDD 实践者有一句口头禅：红、绿、重构。红是第一步，它意味着实现了一个失败的测试。这样做有几个原因，最主要的是为了确保真的在测试一些东西。你可能会惊讶地发现意外设计一个不做任何断言的测试是多么普遍。接着，应实现使测试通过的代码，这便是"绿"的含义。有了工作代码和通过的测试，就可以重构生产代码了。重构意味着在不改变功能的情况下重构现有代码。例如，你发现可用更优雅的方式来编写相同的代码，可用第三方库替换代码，或者重写代码可以获得更好的性能特征。

如果你不小心破坏了某些东西，你会立即知道，因为测试套件会告诉你。接下来，我们继续使用 TDD 实现类的其余部分，研究如何处理碰撞阈值。

3. 编写框架类 AutoBrake

在编写测试之前，需要编写一个框架类（skeleton class），它实现一个接口但不提供任何功能。它在 TDD 中很有用，因为如果没有正在测试的类的外壳（shell），就无法编译测试。

请考虑代码清单 10-4 中的 **AutoBrake** 框架类。

代码清单 10-4　框架类 AutoBrake

```
struct SpeedUpdate {
  double velocity_mps;
};

struct CarDetected {
  double distance_m;
  double velocity_mps;
};

struct BrakeCommand {
  double time_to_collision_s;
```

```
};

template <typename T>
struct AutoBrake {
  AutoBrake(const T& publish❶) : publish{ publish } { }
  void observe(const SpeedUpdate& cd) { } ❷
  void observe(const CarDetected& cd) { } ❸
  void set_collision_threshold_s(double x) { ❹
    collision_threshold_s = x;
  }
  double get_collision_threshold_s() const { ❺
    return collision_threshold_s;
  }
  double get_speed_mps() const { ❻
    return speed_mps;
  }
private:
  double collision_threshold_s;
  double speed_mps;
  const T& publish;
};
```

AutoBrake 类有一个构造函数，它接受模板参数 publish❶，我们可以将其保存到 const 成员中。其中一项要求规定我们使用 BrakeCommand 调用 publish。使用模板参数 T，我们可以针对任意支持使用 BrakeCommand 调用的类型进行泛型编程。我们提供两种不同的 observe 函数，分别用于要订阅的两种事件❷❸。因为这只是一个框架类，所以内部没有指令。我们只需要一个公开适当方法并且编译时不会出错的类。因为这些方法返回 void，所以甚至不需要 return 语句。

我们实现了一个 setter❹ 和一个 getter❺。这两个方法调解与私有成员变量 collision_threshold_s 的交互。其中一项要求意味着 collision_threshold_s 的有效值具有类不变性。因为这个值可以在构造后改变，所以不能只使用构造函数来建立类不变量。我们需要一种在对象的整个生命周期内强制保证此类不变性的方法。我们可以使用 setter 在类设置成员值之前进行验证。getter 允许我们在不允许修改对象的情况下读取 collision_threshold_s 的值。它强制执行一种外部常量，保证了外部只读性，在类以外只能通过 getter 读取值而不能修改值。

最后，我们针对 speed_mps 设置了一个 getter 方法 ❻，但没有相应的 setter。这类似于使 speed_mps 成为公共成员，重要的区别在于，如果它是公共的，则可以从外部类修改 speed_mps。

4. 断言：单元测试的基石

单元测试最重要的组成部分是断言（assertion），它检查是否满足某些条件。如果不满足条件，则封闭测试失败。

代码清单 10-5 实现了一个 assert_that 函数，只要某个布尔语句为 false，它就会抛出一个带有错误消息的异常。

代码清单 10-5 展示 assert_that 的程序（输出来自 GCC v7.1.1 编译的二进制文件）

```
#include <stdexcept>
constexpr void assert_that(bool statement, const char* message) {
  if (!statement❶) throw std::runtime_error{ message }; ❷
}

int main() {
  assert_that(1 + 2 > 2, "Something is profoundly wrong with the universe."); ❸
  assert_that(24 == 42, "This assertion will generate an exception."); ❹
}
```

```
----------------------------------------------------------------------
terminate called after throwing an instance of 'std::runtime_error'
  what():  This assertion will generate an exception. ❹
```

assert_that 函数检查 statement 参数是不是 false❶，如为 false，它会抛出带有 message 参数的异常❷。第一个断言检查 1+2>2 是否成立，通过❸。第二个断言检查 24==42 是否成立，不通过，抛出一个未捕获的异常❹。

5. 需求：初始速度为零

考虑第一个需求，即汽车的初始速度为零。在 AutoBrake 中实现此功能之前，我们需要编写一个单元测试来编码此需求。我们将单元测试作为一个函数来实现，该函数创建一个 AutoBrake、执行该类并对结果进行断言。代码清单 10-6 包含一个单元测试，它对初始速度为零的需求进行编码。

代码清单 10-6 对初始速度为零的需求进行编码的单元测试

```
void initial_speed_is_zero() {
  AutoBrake auto_brake{ [](const BrakeCommand&) {} }; ❶
  assert_that(auto_brake.get_speed_mps() == 0L, "speed not equal 0"); ❷
}
```

我们首先使用空的 BrakeCommand 发布函数构造一个 AutoBrake❶。本单元测试只关注 AutoBrake 对应于车速的初始值。因为这个单元测试不关心 AutoBrake 如何或何时发布 BrakeCommand，所以给它最简单的参数，但要能编译。

> 注意 单元测试的一个微妙但重要的特性是，如果不关心被测试单元的某些依赖性，则可以只提供一个空的实现来执行一些无害的默认行为。这个空的实现有时被称为桩（stub）。

在 initial_speed_is_zero 中，我们只希望断言汽车的初始速度为零，没有别的❷。使用 getter 方法 get_speed_mps 并将返回值与 0 进行比较。这就是我们要做的，如果初始速度为零，assert 将抛出异常。现在，我们需要一种运行单元测试的方法。

6. 测试工具

测试工具（test harness）是执行单元测试的代码。我们可以制作一个测试工具来调用单元测试函数（如 initial_speed_is_zero），并优雅地处理失败的断言。请考虑代码清单 10-7 中的测试工具 run_test。

代码清单 10-7　一个测试工具

```cpp
#include <exception>
--snip--
void run_test(void(*unit_test)(), const char* name) {
  try {
    unit_test();                                                ❶
    printf("[+] Test %s successful.\n", name);                  ❷
  } catch (const std::exception& e) {
    printf("[-] Test failure in %s. %s.\n", name, e.what());    ❸
  }
}
```

run_test 工具接受一个单元测试函数指针（其名为 unit_test）的参数，并在
try-catch 语句中调用它 ❶。只要 unit_test 不抛出异常，run_test 就会打印一条
友好的消息，说明单元测试在返回之前已通过 ❷。如果抛出任何异常，则测试失败，打印
一条不赞同的消息 ❸。

要制作一个运行所有单元测试的单元测试程序，请将 run_test 测试工具放在新程序
的 main 函数中。总之，单元测试程序应看起来像代码清单 10-8 这样。

代码清单 10-8　单元测试程序

```cpp
#include <stdexcept>

struct SpeedUpdate {
  double velocity_mps;
};

struct CarDetected {
  double distance_m;
  double velocity_mps;
};

struct BrakeCommand {
  double time_to_collision_s;
};

template <typename T>
struct AutoBrake {
  --snip--
};

constexpr void assert_that(bool statement, const char* message) {
  if (!statement) throw std::runtime_error{ message };
}

void initial_speed_is_zero() {
  AutoBrake auto_brake{ [](const BrakeCommand&) {} };
  assert_that(auto_brake.get_speed_mps() == 0L, "speed not equal 0");
```

```
}

void run_test(void(*unit_test)(), const char* name) {
  try {
    unit_test();
    printf("[+] Test %s successful.\n", name);
  } catch (const std::exception& e) {
    printf("[-] Test failure in %s. %s.\n", name, e.what());
  }
}

int main() {
  run_test(initial_speed_is_zero, "initial speed is 0"); ❶
}
```

```
[-] Test failure in initial speed is 0. speed not equal 0. ❶
```

当编译并运行这个单元测试的二进制文件时，我们可以看到单元测试 `initial_speed_is_zero` 失败，显示一条告知性消息 ❶。

> **注意** 由于代码清单 10-8 中 AutoBrake 成员 `speed_mps` 未初始化，因此该程序具有未定义行为。实际上我们并不确定测试是否会失败。当然，解决方案是不应该编写具有未定义行为的程序。

7. 让测试通过

为了让 `initial_speed_is_zero` 通过，只需要在 `AutoBrake` 的构造函数中将 `speed_mps` 初始化为零：

```
template <typename T>
struct AutoBrake {

  AutoBrake(const T& publish) : speed_mps{}❶, publish{ publish } { }
  --snip--
};
```

只需使初始化列表为零 ❶。现在，如果更新、编译并运行代码清单 10-8 中的单元测试程序，将会看到更令人满意的输出：

```
[+] Test initial speed is 0 successful.
```

8. 需求：默认碰撞阈值为 5

默认碰撞阈值为 5。请考虑代码清单 10-9 中的单元测试。

代码清单 10-9 对默认碰撞阈值为 5 的需求进行编码的单元测试

```
void initial_sensitivity_is_five() {
  AutoBrake auto_brake{ [](const BrakeCommand&) {} };
  assert_that(auto_brake.get_collision_threshold_s() == 5L,
              "sensitivity is not 5");
}
```

将此测试放到测试程序中，如代码清单 10-10 所示。

代码清单 10-10　将测试 initial-sensitivity-is-five 添加到测试工具中

```
--snip--
int main() {
  run_test(initial_speed_is_zero, "initial speed is 0");
  run_test(initial_sensitivity_is_five, "initial sensitivity is 5");
}
----------------------------------------------------------------
[+] Test initial speed is 0 successful.
[-] Test failure in initial sensitivity is 5. sensitivity is not 5.
```

不出所料，代码清单 10-10 显示 initial_speed_is_zero 仍然通过，而新的测试
initial_sensitivity_is_five 失败。

现在，我们让它通过。向 AutoBrake 添加适当的成员初始化列表，如代码清单 10-11 所示。

代码清单 10-11　更新 AutoBrake 以满足碰撞阈值需求

```
template <typename T>
struct AutoBrake {
  AutoBrake(const T& publish)
    : collision_threshold_s{ 5 }, ❶
      speed_mps{},
      publish{ publish } { }
  --snip--
};
```

新成员初始化列表将 collision_threshold_s 设置为 5。重新编译测试程序，可
以看到 initial_sensitivity_is_five 现在通过了：

```
[+] Test initial speed is 0 successful.
[+] Test initial sensitivity is 5 successful.
```

接着，处理灵敏度必须大于 1 的类不变性。

9. 需求：灵敏度必须始终大于 1

要使用异常对灵敏度验证错误进行编码，可以构建一个测试，当碰撞阈值设置为小于 1
的值时，测试期望抛出异常，如代码清单 10-12 所示。

代码清单 10-12　对灵敏度始终大于 1 的需求进行编码的测试

```
void sensitivity_greater_than_1() {
  AutoBrake auto_brake{ [](const BrakeCommand&) {} };
  try {
    auto_brake.set_collision_threshold_s(0.5L); ❶
  } catch (const std::exception&) {
    return; ❷
  }
  assert_that(false, "no exception thrown"); ❸
}
```

我们希望 auto_brake 的 set_collision_threshold_s 方法在调用值为 0.5 时抛出异常 ❶。如果抛出异常，则捕获它并立即从测试中返回 ❷。如果 set_collision_threshold_s 不抛出异常，则断言失败并显示消息 no exception thrown❸。

接下来，将 sensitivity_greater_than_1 添加到测试工具中，如代码清单 10-13 所示。

代码清单 10-13　将 sensitivity_greater_than_1 添加到测试工具中

```
--snip--
int main() {
  run_test(initial_speed_is_zero, "initial speed is 0");
  run_test(initial_sensitivity_is_five, "initial sensitivity is 5");
  run_test(sensitivity_greater_than_1, "sensitivity greater than 1"); ❶
}
```

```
[+] Test initial speed is 0 successful.
[+] Test initial sensitivity is 5 successful.
[-] Test failure in sensitivity greater than 1. no exception thrown. ❶
```

果不其然，新的单元测试失败了 ❶。

我们可以实现使测试通过的验证代码，如代码清单 10-14 所示。

代码清单 10-14　更新 AutoBrake 的 set_collision_threshold_s 方法以验证其输入

```
#include <exception>
--snip--
template <typename T>
struct AutoBrake {
  --snip--
  void set_collision_threshold_s(double x) {
    if (x < 1) throw std::exception{ "Collision less than 1." };
    collision_threshold_s = x;
  }
}
```

重新编译并执行单元测试套件会使测试通过：

```
[+] Test initial speed is 0 successful.
[+] Test initial sensitivity is 5 successful.
[+] Test sensitivity greater than 1 successful.
```

接下来，我们要确保 AutoBrake 在两次 SpeedUpdate 之间保存汽车的速度。

10. 需求：在两次更新之间保存汽车的速度

代码清单 10-15 中的单元测试 AutoBrake 保存汽车速度的需求进行了编码。

代码清单 10-15　对 AutoBrake 保存汽车速度的需求进行编码

```
void speed_is_saved() {
  AutoBrake auto_brake{ [](const BrakeCommand&) {} }; ❶
  auto_brake.observe(SpeedUpdate{ 100L }); ❷
```

```
assert_that(100L == auto_brake.get_speed_mps(), "speed not saved to 100"); ❸
auto_brake.observe(SpeedUpdate{ 50L });
assert_that(50L == auto_brake.get_speed_mps(), "speed not saved to 50");
auto_brake.observe(SpeedUpdate{ 0L });
assert_that(0L == auto_brake.get_speed_mps(), "speed not saved to 0");
}
```

构建 AutoBrake 后 ❶，将 velocity_mps 等于 100 的 SpeedUpdate 传递到其 observe 方法中 ❷。接着，使用 get_speed_mps 方法从 auto_brake 获取速度，并期望它等于 100❸。

> **注意** 作为一般规则，每个测试都应该有一个断言。严格来说，这个测试违反了这条规则，但它没有违反其精神。所有的断言都是在检查相同并且一致的条件，那就是每当观察到 SpeedUpdate 时，速度就会被保存。

以之前的方式将代码清单 10-15 中的测试添加到测试工具中，如代码清单 10-16 所示。

代码清单 10-16　将保存速度的单元测试添加到测试工具中

```
--snip--
int main() {
  run_test(initial_speed_is_zero, "initial speed is 0");
  run_test(initial_sensitivity_is_five, "initial sensitivity is 5");
  run_test(sensitivity_greater_than_1, "sensitivity greater than 1");
  run_test(speed_is_saved, "speed is saved"); ❶
}
--------------------------------------------------------------------------------
[+] Test initial speed is 0 successful.
[+] Test initial sensitivity is 5 successful.
[+] Test sensitivity greater than 1 successful.
[-] Test failure in speed is saved. speed not saved to 100. ❶
```

不出所料，新测试失败了 ❶。为了让这个测试通过，我们实现了适当的 observe 函数：

```
template <typename T>
struct AutoBrake {
  --snip--
  void observe(const SpeedUpdate& x) {
    speed_mps = x.velocity_mps; ❶
  }
};
```

我们从 SpeedUpdate 中提取 velocity_mps 并将其存储到 speed_mps 成员变量中 ❶。重新编译测试二进制文件，单元测试通过了：

```
[+] Test initial speed is 0 successful.
[+] Test initial sensitivity is 5 successful.
[+] Test sensitivity greater than 1 successful.
[+] Test speed is saved successful.
```

最后，我们要让 AutoBrake 可以计算正确的碰撞时间，并在适当的情况下使用

publish 函数发布 BrakeCommand。

11. 需求：AutoBrake 在检测到即将碰撞时发布 BrakeCommand

计算碰撞时间的相关方程是高中物理知识。首先，计算本车与检测到的汽车的相对速度：

$$速度_{相对} ＝ 速度_{本车} － 速度_{检测到的汽车}$$

如果相对速度恒定且为正，两车最终会相撞。我们可以计算距离碰撞发生的时间，如下所示：

$$时间_{碰撞} ＝ 距离 / 速度_{相对}$$

如果时间_{碰撞}大于 0，且小于或等于 collision_threshold_s，则使用 BrakeCommand 调用 publish。代码清单 10-17 中的单元测试将碰撞阈值设置为 10s，然后观察指示碰撞的事件。

代码清单 10-17　制动事件的单元测试

```
void alert_when_imminent() {
  int brake_commands_published{}; ❶
  AutoBrake auto_brake{
    [&brake_commands_published❷](const BrakeCommand&) {
      brake_commands_published++; ❸
  } };
  auto_brake.set_collision_threshold_s(10L); ❹
  auto_brake.observe(SpeedUpdate{ 100L }); ❺
  auto_brake.observe(CarDetected{ 100L, 0L }); ❻
  assert_that(brake_commands_published == 1, "brake commands published not
one"); ❼
}
```

在这里，我们将局部变量 brake_commands_published 初始化为零 ❶。这将跟踪调用 publish 回调的次数。我们可以通过引用将此局部变量传递到用于构造 auto_brake 的 lambda 表达式中 ❷。请注意，我们递增了 brake_commands_published ❸。由于 lambda 表达式采用按引用捕获的方式，因此我们可以稍后在单元测试中检查 brake_commands_published 的值。接着，我们将 set_collision_threshold 的值设置为 10 ❹。将汽车的速度更新为 100m/s ❺，然后检测到 100m 外的汽车正以 0m/s 的速度行驶（即它已停止）❻。AutoBrake 类应确定碰撞将在 1s 内发生。这应该触发一个回调，并递增 brake_commands_published。断言 ❼ 可确保回调只发生一次。

添加到 main 后，编译并运行以产生一个新的失败测试：

```
[+] Test initial speed is 0 successful.
[+] Test initial sensitivity is 5 successful.
[+] Test sensitivity greater than 1 successful.
[+] Test speed is saved successful.
[-] Test failure in alert when imminent. brake commands published not one.
```

接着，实现代码使此测试通过。代码清单 10-18 提供了发出制动命令所需的所有代码。

代码清单 10-18　制动功能的代码实现

```
template <typename T>
struct AutoBrake {
  --snip--
  void observe(const CarDetected& cd) {
    const auto relative_velocity_mps = speed_mps - cd.velocity_mps; ❶
    const auto time_to_collision_s = cd.distance_m / relative_velocity_mps; ❷
    if (time_to_collision_s > 0 &&  ❸
        time_to_collision_s <= collision_threshold_s ❹) {
      publish(BrakeCommand{ time_to_collision_s }); ❺
    }
  }
};
```

首先，计算相对速度 ❶。接着，使用相对速度来计算碰撞时间 ❷。如果碰撞时间为正 ❸ 且小于或等于碰撞阈值 ❹，则发布 BrakeCommand❺。

重新编译并运行单元测试套件，则会成功：

```
[+] Test initial speed is 0 successful.
[+] Test initial sensitivity is 5 successful.
[+] Test sensitivity greater than 1 successful.
[+] Test speed is saved successful.
[+] Test alert when imminent successful.
```

最后，我们需要检查 AutoBrake 是否不会在碰撞发生的时间晚于 collision_threshold_s 时使用 BrakeCommand 调用 publish。我们重新调整 alert_when_imminent 单元测试的用途，如代码清单 10-19 所示。

代码清单 10-19　测试如果在碰撞阈值内预计不发生碰撞，汽车不会发出 BrakeCommand

```
void no_alert_when_not_imminent() {
  int brake_commands_published{};
  AutoBrake auto_brake{
    [&brake_commands_published](const BrakeCommand&) {
      brake_commands_published++;
  } };
  auto_brake.set_collision_threshold_s(2L);
  auto_brake.observe(SpeedUpdate{ 100L });
  auto_brake.observe(CarDetected{ 1000L, 50L });
  assert_that(brake_commands_published == 0 ❶, "brake command published");
}
```

更改设置，将汽车的碰撞阈值设置为 2s，它的速度为 100m/s。假设检测到一辆汽车在 1000 米外以 50m/s 的速度行驶。AutoBrake 类应该在 20s 内预测到碰撞，这超过了 2s 的碰撞阈值。同时，我们也更改了断言 ❶。

将此测试添加到 main 并运行单元测试套件后，将获得以下内容：

```
[+] Test initial speed is 0 successful.
[+] Test initial sensitivity is 5 successful.
[+] Test sensitivity greater than 1 successful.
```

```
[+] Test speed is saved successful.
[+] Test alert when imminent successful.
[+] Test no alert when not imminent successful. ❶
```

对于这个测试用例，我们已经拥有通过此测试所需的所有代码❶。一开始没有失败的测试，这改变了红绿重构的口头禅，但这没关系。此测试用例与 `alert_when_imminent` 密切相关。TDD 的重点不是教条式地遵守严格的规则，而是一组相当宽松的指导方针，可帮助大家编写更好的软件。

10.2.3 添加服务总线接口

AutoBrake 类有几个依赖项：`CarDetected`、`SpeedUpdate`，以及对某些使用 `Brake-Command` 参数调用 publish 对象的通用依赖项。`CarDetected` 和 `SpeedUpdate` 类是可直接在单元测试中使用的普通数据（POD）类型。`publish` 对象的初始化稍微复杂一些，但多亏了 lambda 表达式，它确实不错。

假设我们要重构服务总线。我们希望接受一个 `std::function` 来订阅每个服务，如代码清单 10-20 中新的 `IServiceBus` 接口。

代码清单 10-20 IServiceBus 接口

```cpp
#include <functional>

using SpeedUpdateCallback = std::function<void(const SpeedUpdate&)>;
using CarDetectedCallback = std::function<void(const CarDetected&)>;

struct IServiceBus {
  virtual ~IServiceBus() = default;
  virtual void publish(const BrakeCommand&) = 0;
  virtual void subscribe(SpeedUpdateCallback) = 0;
  virtual void subscribe(CarDetectedCallback) = 0;
};
```

因为 `IServiceBus` 是一个接口，所以我们不需要知道实现细节。这是一个不错的解决方案，因为它允许我们自己连接到服务总线。但是，这有一个问题，即如何单独测试 `AutoBrake`？如果尝试使用生产总线，那么就涉及集成测试，并且需要易于配置、隔离的单元测试。

1. 模拟依赖项

幸运的是，我们不依赖于实现，而是依赖于接口。我们可以创建一个实现 `IServiceBus` 接口的模拟类并在 `AutoBrake` 中使用它。模拟对象是一种特殊的实现，我们生成它是为了测试依赖于模拟对象的类。

现在，当在单元测试中使用 `AutoBrake` 时，`AutoBrake` 会与模拟对象而不是生产服务总线交互。因为我们可以完全控制模拟对象的实现，而且模拟对象是一个特定于单元测试的类，所以我们可以更灵活地测试依赖于接口的类：

❑ 我们可以任意捕获调用模拟对象的详细信息，例如有关参数和模拟对象调用次数的信息。

❏ 我们可以在模拟对象中进行任意内容的计算。

换句话说，我们可以完全控制 AutoBrake 依赖项的输入和输出。AutoBrake 如何处理服务总线在 publish 调用时抛出内存不足异常的情况？我们可以对其进行单元测试。AutoBrake 为 SpeedUpdate 注册了多少次回调？同样，我们也可以对其进行单元测试。

代码清单 10-21 展示了一个可用于单元测试的简单模拟类。

代码清单 10-21　MockServiceBus 的定义

```
struct MockServiceBus : IServiceBus {
  void publish(const BrakeCommand& cmd) override {
    commands_published++; ❶
    last_command = cmd; ❷
  }
  void subscribe(SpeedUpdateCallback callback) override {
    speed_update_callback = callback; ❸
  }
  void subscribe(CarDetectedCallback callback) override {
    car_detected_callback = callback; ❹
  }
  BrakeCommand last_command{};
  int commands_published{};
  SpeedUpdateCallback speed_update_callback{};
  CarDetectedCallback car_detected_callback{};
};
```

publish 方法记录了 BrakeCommand 的发布次数 ❶ 和 last_command 的发布次数 ❷。每当 AutoBrake 向服务总线发布命令时，我们都会看到 MockServiceBus 成员的更新。稍后我们会看到，这允许对 AutoBrake 在测试期间的表现做出一些非常有力的断言。保存用于订阅服务总线的回调函数 ❸❹，这允许我们通过在模拟对象上手动调用这些回调函数来模拟事件。

现在，我们将注意力转向重构 AutoBrake 上。

2. 重构 AutoBrake

代码清单 10-22 对 AutoBrake 进行了所需的最小更改，以便再次编译单元测试二进制文件（但不一定通过！）。

代码清单 10-22　采用 IServiceBus 引用来重构 AutoBrake 框架类

```
#include <exception>
--snip--
struct AutoBrake { ❶
  AutoBrake(IServiceBus& bus) ❷
    : collision_threshold_s{ 5 },
      speed_mps{} {
  }
  void set_collision_threshold_s(double x) {
    if (x < 1) throw std::exception{ "Collision less than 1." };
    collision_threshold_s = x;
```

```
  }
  double get_collision_threshold_s() const {
    return collision_threshold_s;
  }
  double get_speed_mps() const {
    return speed_mps;
  }
private:
  double collision_threshold_s;
  double speed_mps;
};
```

请注意，所有 observe 函数都已删除。此外，AutoBrake 不再是模板了 ❶，而是在自己的构造函数中接受 IServiceBus 引用 ❷。

我们还需要更新单元测试以再次编译测试套件。受 TDD 启发，一种方法是注释掉所有未编译的测试并更新 AutoBrake，以便所有失败的单元测试都通过。然后，一一取消对每个单元测试的注释。使用新的 IServiceBus 模拟对象重新实现每个单元测试，然后更新 AutoBrake 以使测试通过。

我们来试一试吧！

3. 重构单元测试

因为我们已经改变了构造 AutoBrake 对象的方式，所以需要重新实现每个测试。前三个很简单：代码清单 10-23 只是将模拟对象放入 AutoBrake 构造函数中。

代码清单 10-23　使用 MockServiceBus 重新实现单元测试功能

```
void initial_speed_is_zero() {
  MockServiceBus bus{}; ❶
  AutoBrake auto_brake{ bus }; ❷
  assert_that(auto_brake.get_speed_mps() == 0L, "speed not equal 0");
}

void initial_sensitivity_is_five() {
  MockServiceBus bus{}; ❶
  AutoBrake auto_brake{ bus }; ❷
  assert_that(auto_brake.get_collision_threshold_s() == 5,
              "sensitivity is not 5");
}

void sensitivity_greater_than_1() {
  MockServiceBus bus{}; ❶
  AutoBrake auto_brake{ bus }; ❷
  try {
    auto_brake.set_collision_threshold_s(0.5L);
  } catch (const std::exception&) {
    return;
  }
  assert_that(false, "no exception thrown");
}
```

由于这三个测试涉及的功能与服务总线无关，因此无须对 AutoBrake 进行重大更改也就不足为奇了。我们需要做的就是创建一个 MockServiceBus❶ 并将其传递给 AutoBrake 构造函数 ❷。运行单元测试套件，你将得到以下结果：

```
[+] Test initial speed is 0 successful.
[+] Test initial sensitivity is 5 successful.
[+] Test sensitivity greater than 1 successful.
```

接下来，一起来看 speed_is_saved 测试。AutoBrake 类不再公开 observe 函数，但由于我们已将 SpeedUpdateCallback 保存在模拟服务总线上，因此可以直接调用回调（callback）。如果 AutoBrake 订阅正确，此回调将更新汽车的速度，当调用 get_speed_mps 方法时便可看到效果。代码清单 10-24 中包含了重构代码。

代码清单 10-24　使用 MockServiceBus 重新实现 speed_is_saved 单元测试函数

```
void speed_is_saved() {
  MockServiceBus bus{};
  AutoBrake auto_brake{ bus };

  bus.speed_update_callback(SpeedUpdate{ 100L }); ❶
  assert_that(100L == auto_brake.get_speed_mps(), "speed not saved to 100"); ❷
  bus.speed_update_callback(SpeedUpdate{ 50L });
  assert_that(50L == auto_brake.get_speed_mps(), "speed not saved to 50");
  bus.speed_update_callback(SpeedUpdate{ 0L });
  assert_that(0L == auto_brake.get_speed_mps(), "speed not saved to 0");
}
```

该测试与之前的实现相比没有太大变化。我们调用存储在模拟总线上的 speed_update_callback 函数 ❶，确保 AutoBrake 对象正确更新了汽车的速度 ❷。编译并运行生成的单元测试套件会产生以下输出：

```
[+] Test initial speed is 0 successful.
[+] Test initial sensitivity is 5 successful.
[+] Test sensitivity greater than 1 successful.
[-] Test failure in speed is saved. bad function call.
```

回想一下，bad function call 消息来自 std::bad_function_call 异常。预期如下：我们仍然需要从 AutoBrake 订阅，因此在调用 std::function 时会引发异常。考虑代码清单 10-25 中的方法。

代码清单 10-25　订阅 AutoBrake，从 IServiceBus 中更新速度

```
struct AutoBrake {
  AutoBrake(IServiceBus& bus)
    : collision_threshold_s{ 5 },
    speed_mps{} {
    bus.subscribe([this](const SpeedUpdate& update) {
      speed_mps = update.velocity_mps;
    });
  }
  --snip--
}
```

多亏了 `std::function`，我们可以将回调作为捕获 `speed_mps` 的 lambda 传递到 `bus` 的 `subscribe` 方法中（请注意，我们不需要保存 `bus` 的副本）。重新编译并运行单元测试套件会产生以下结果：

```
[+] Test initial speed is 0 successful.
[+] Test initial sensitivity is 5 successful.
[+] Test sensitivity greater than 1 successful.
[+] Test speed is saved successful.
```

接下来，编写第一个与警示相关的单元测试 `no_alert_when_not_imminent`。代码清单 10-26 重点展示了一种方法，该方法使用新架构更新此测试。

代码清单 10-26 使用 IServiceBus 更新 no_alert_when_not_imminent 测试

```cpp
void no_alert_when_not_imminent() {
  MockServiceBus bus{};
  AutoBrake auto_brake{ bus };
  auto_brake.set_collision_threshold_s(2L);
  bus.speed_update_callback(SpeedUpdate{ 100L });  ❶
  bus.car_detected_callback(CarDetected{ 1000L, 50L });  ❷
  assert_that(bus.commands_published == 0, "brake commands were published");
}
```

与 `speed_is_saved` 测试一样，我们调用模拟总线上的回调来模拟服务总线上的事件 ❶❷。重新编译并运行单元测试套件会导致预期的测试失败。

```
[+] Test initial speed is 0 successful.
[+] Test initial sensitivity is 5 successful.
[+] Test sensitivity greater than 1 successful.
[+] Test speed is saved successful.
[-] Test failure in no alert when not imminent. bad function call.
```

我们需要订阅 `CarDetectedCallback`。将其添加到 `AutoBus` 构造函数中，如代码清单 10-27 所示。

代码清单 10-27 更新 AutoBrake 构造函数并将该构造函数连接到服务总线

```cpp
struct AutoBrake {
  AutoBrake(IServiceBus& bus)
    : collision_threshold_s{ 5 },
    speed_mps{} {
    bus.subscribe([this](const SpeedUpdate& update) {
      speed_mps = update.velocity_mps;
    });
    bus.subscribe([this❶, &bus❷](const CarDetected& cd) {
      const auto relative_velocity_mps = speed_mps - cd.velocity_mps;
      const auto time_to_collision_s = cd.distance_m / relative_velocity_mps;
      if (time_to_collision_s > 0 &&
          time_to_collision_s <= collision_threshold_s) {
        bus.publish(BrakeCommand{ time_to_collision_s });  ❸
      }
    });
```

```
  }
  --snip--
}
```

我们所做的只是移植了与 CarDetected 事件对应的原始 observe 方法。lambda 表达式在回调中通过引用捕获 this❶ 和 bus❷。捕获 this 允许我们计算碰撞时间，而捕获 bus 则允许我们在满足条件时发布 BrakeCommand❸。现在，单元测试二进制文件输出如下：

```
[+] Test initial speed is 0 successful.
[+] Test initial sensitivity is 5 successful.
[+] Test sensitivity greater than 1 successful.
[+] Test speed is saved successful.
[+] Test no alert when not imminent successful.
```

最后，我们转向最后一个测试 alert_when_imminent，如代码清单 10-28 所示。

代码清单 10-28　重构 alert_when_imminent 单元测试

```
void alert_when_imminent() {
  MockServiceBus bus{};
  AutoBrake auto_brake{ bus };
  auto_brake.set_collision_threshold_s(10L);
  bus.speed_update_callback(SpeedUpdate{ 100L });
  bus.car_detected_callback(CarDetected{ 100L, 0L });
  assert_that(bus.commands_published == 1, "1 brake command was not published");
  assert_that(bus.last_command.time_to_collision_s == 1L,
              "time to collision not computed correctly."); ❶
}
```

在 MockServiceBus 中，我们实际上将发布到总线的最后一个 BrakeCommand 保存到一个成员变量中。在测试中，我们可以使用此成员变量来验证碰撞时间是否计算正确。如果一辆汽车正在以 100m/s 的速度行驶，那么它需要 1s 才能撞上停在 100m 外的汽车。通过参考模拟总线 bus 上的 time_to_collision_s 字段来检查 BrakeCommand 是否记录了正确的碰撞时间 ❶。

重新编译并运行，我们终于让测试套件再次完全通过：

```
[+] Test initial speed is 0 successful.
[+] Test initial sensitivity is 5 successful.
[+] Test sensitivity greater than 1 successful.
[+] Test speed is saved successful.
[+] Test no alert when not imminent successful.
[+] Test alert when imminent successful.
```

现在，重构已完成。

4. 重新评估单元测试解决方案

回顾单元测试解决方案，我们可以识别出几个与 AutoBrake 无关的组件。这些是通用单元测试组件，可以在未来的单元测试中重用。请考虑代码清单 10-29 中创建的两个辅助函数。

代码清单 10-29 一个简单的单元测试框架

```
#include <stdexcept>
#include <cstdio>

void assert_that(bool statement, const char* message) {
  if (!statement) throw std::runtime_error{ message };
}

void run_test(void(*unit_test)(), const char* name) {
  try {
    unit_test();
    printf("[+] Test %s successful.\n", name);
    return;
  } catch (const std::exception& e) {
    printf("[-] Test failure in %s. %s.\n", name, e.what());
  }
}
```

这两个函数反映了单元测试的两个基本方面：进行断言和运行测试。采用自己的简单 `assert_that` 函数和 `run_test` 工具是可行的，但这种方法不能很好地扩展。如果使用单元测试框架，则可以做得更好。

10.3 单元测试框架和模拟框架

单元测试框架提供了常用的函数和将测试连接到用户友好型程序中所需的脚手架。这些框架提供了丰富的功能，可帮助我们创建简洁、富有表现力的测试。本节将介绍几种流行的单元测试和模拟框架。

10.3.1 Catch 单元测试框架

最简单的单元测试框架之一是 Phil Nash 的 Catch，它可从 https://github.com/catchorg/Catch2/ 获得。因为 Catch 是一个只有头文件的库，所以我们可以通过下载单头文件版本，并将其包含在包含单元测试代码的编译单元中来设置 Catch。

注意 截至本书发稿时，Catch 的最新版本为 2.9.1。

1. 定义入口点
在 Catch 中，使用 `#define CATCH_CONFIG_MAIN` 可以提供测试二进制文件的入口点。Catch 单元测试套件的开头如下：

```
#define CATCH_CONFIG_MAIN
#include "catch.hpp"
```

在 `catch.hpp` 头文件中，它查找 `CATCH_CONFIG_MAIN` 预处理器定义。如果存在，Catch 将添加一个 `main` 函数，因此我们不必自己定义入口点。它会自动抓取我们定义的所有单元测试, 并用一个很好的工具组装起来。

2. 定义测试用例

在 10.1 节, 我们为每个单元测试都定义了一个单独的函数, 然后将指向该函数的指针作为第一个参数传递给 `run_test`。我们将测试名称作为第二个参数传递, 这有点多余, 因为我们已经为第一个参数指向的函数提供了一个描述性名称。最后, 我们必须实现自己的 `assert` 函数。Catch 会隐式地处理所有需求。对于每个单元测试, 如使用 `TEST_CASE` 宏, 则 Catch 将自动处理所有集成过程。

代码清单 10-30 说明了如何构建一个简单的 Catch 单元测试程序。

代码清单 10-30 一个简单的 Catch 单元测试程序

```
#define CATCH_CONFIG_MAIN
#include "catch.hpp"

TEST_CASE("AutoBrake") { ❶
  // Unit test here
}
--------------------------------------------------------------------------------
================================================================================
test cases: 1 | 1 passed ❶
assertions: - none - ❷
```

Catch 入口点检测到我们声明了一个名为 `AutoBrake` 的测试 ❶。同时, 它提供了一条警告消息, 表明我们没有给出任何断言 ❷。

3. 断言

Catch 带有一个内置断言, 它具有两个不同的断言宏系列: `REQUIRE` 和 `CHECK`。两者之间的区别在于 `REQUIRE` 立即使测试失败, 而 `CHECK` 允许测试运行完 (但测试仍会失败)。当一组相关的断言失败时, `CHECK` 很有用, 它可引导程序员正确调试问题。Catch 还包括 `REQUIRE_FALSE` 和 `CHECK_FALSE`, 它们检查包含的语句的计算结果是不是 `false` (而不是 `true`)。在某些场景下, 你可能会发现这是表示需求的自然方式。

我们需要做的就是用 `REQUIRE` 宏包装布尔表达式。如果表达式的计算结果为 `false`, 则断言失败。我们提供一个断言表达式, 如果断言通过, 则评估为 `true`, 如果断言失败, 则为 `false`:

```
REQUIRE(assertion-expression);
```

我们来看如何结合 `REQUIRE` 和 `TEST_CASE` 来构建单元测试。

> **注意** 因为 `REQUIRE` 是迄今为止最常见的 Catch 断言, 所以这里也使用 `REQUIRE`。更多信息请参阅 Catch 文档。

4. 使用 Catch 重构 initial_speed_is_zero 测试

代码清单 10-31 展示了使用 Catch 重构的 `initial_speed_is_zero` 测试。

代码清单 10-31　使用 Catch 重构 initial_speed_is_zero 单元测试

```cpp
#define CATCH_CONFIG_MAIN
#include "catch.hpp"
#include <functional>

struct IServiceBus {
  --snip--
};

struct MockServiceBus : IServiceBus {
  --snip--
};

struct AutoBrake {
  --snip--
};
TEST_CASE❶("initial car speed is zero"❷) {
  MockServiceBus bus{};
  AutoBrake auto_brake{ bus };
  REQUIRE(auto_brake.get_speed_mps() == 0); ❸
}
```

我们使用 TEST_CASE 宏来定义新的单元测试 ❶。该测试由其唯一参数描述 ❷。在 TEST_CASE 宏的内部，我们继续编写单元测试。可以看到，我们还使用了 REQUIRE 宏 ❸。要查看 Catch 如何处理失败的测试，请注释掉 speed_mps 成员初始化列表，从而使测试失败，观察程序的输出，如代码清单 10-32 所示。

代码清单 10-32　有意注释掉 speed_mps 成员初始化列表，使测试失败（使用 Catch）

```cpp
struct AutoBrake {
  AutoBrake(IServiceBus& bus)
    : collision_threshold_s{ 5 }/*,
    speed_mps{} */{ ❶
  --snip--
};
```

适当的成员初始化列表被注释掉，会导致测试失败。重新运行代码清单 10-31 中的 Catch 测试套件会产生代码清单 10-33 中的输出。

代码清单 10-33　执行代码清单 10-31 后运行测试套件的输出

```
~~~~~~~~~~~~~~~~~~~~~~~~~~~~~~~~~~~~~~~~~~~~~~~~~~~~~~~~~~~~~~~~~~~~~~~~~~~~~~~~~~~~
catch_example.exe is a Catch v2.0.1 host application.
Run with -? for options

-------------------------------------------------------------------------------
initial car speed is zero
-------------------------------------------------------------------------------
c:\users\jalospinoso\catch-test\main.cpp(82)
.................................................................................

c:\users\jalospinoso\catch-test\main.cpp(85):❶ FAILED:
```

```
REQUIRE( auto_brake.get_speed_mps()L == 0 ) ❷
with expansion:
  -92559631349317830736831783200707727132248687965119994463780864.0 ❸
  ==
  0
```

```
===============================================================================
test cases: 1 | 1 failed
assertions: 1 | 1 failed
```

与我们在本地单元测试套件中生成的输出相比，这是非常好的输出。Catch 可以告诉我们导致单元测试失败的具体行号 ❶，并打印此行 ❷。接着，它将此行扩展为运行时遇到的实际值。可以看到，`get_speed_mps()` 返回奇怪的值（未初始化），它显然不是 0❸。将此输出与本地单元测试的输出进行比较，我想你会认同使用 Catch 的直接价值。

5. 断言和异常

Catch 还提供了一个称为 `REQUIRE_THROWS` 的特殊断言，此宏要求包含的表达式抛出异常。要在本地单元测试框架中实现类似的功能，请考虑几行代码：

```
try {
  auto_brake.set_collision_threshold_s(0.5L);
} catch (const std::exception&) {
  return;
}
assert_that(false, "no exception thrown");
```

其他异常感知宏也是可用的。我们可以使用 `REQUIRE_NOTHROW` 和 `CHECK_NOTHROW` 宏要求某些表达式不抛出异常。我们也可以使用 `REQUIRE_THROWS_AS` 和 `CHECK_THROWS_AS` 宏来具体说明希望抛出的异常类型。第二个参数描述期望的类型。它们的用法类似于 `REQUIRE`，我们只需提供一些必须抛出异常才能使断言通过的表达式：

```
REQUIRE_THROWS(expression-to-evaluate);
```

如果需要评估的表达式没有抛出异常，则断言失败。

6. 浮点断言

`AutoBrake` 类涉及浮点运算，我们一直在掩盖断言中潜在的、非常严重的问题。因为浮点数存在舍入误差，所以使用 `operator==` 检查相等性不是一个好主意。更稳健的方法是测试浮点数之间的差是否足够小。使用 Catch，我们可以使用 `Approx` 类轻松处理这些情况，如代码清单 10-34 所示。

代码清单 10-34 使用 Approx 类重构"将灵敏度初始化为 5"的测试

```
TEST_CASE("AutoBrake") {
  MockServiceBus bus{};
  AutoBrake auto_brake{ bus };
  REQUIRE(auto_brake.get_collision_threshold_s() == Approx(5L));
}
```

Approx 类帮助 Catch 执行浮点值的容忍比较。它可以在比较表达式的任意一侧。它有合理的默认值来确定它的容忍度，但我们可以对细节进行细粒度的控制（请参阅 Catch 文档中关于 epsilon、margin 和 scale 的部分）。

7. 失败

我们可以使用 FAIL() 宏使 Catch 测试失败。当与条件语句结合使用时，这有时很有用，如下所示：

```
if (something-bad) FAIL("Something bad happened.")
```

如果有合适的语句可用，请使用 REQUIRE 语句。

8. 测试用例和测试段

Catch 支持测试用例和测试段，这使单元测试中常见的设置代码和清除代码变得更加容易。请注意，每次构建 AutoBrake 时，每个测试都有一些重复的步骤：

```
MockServiceBus bus{};
AutoBrake auto_brake{ bus };
```

其实，我们没有必要一遍又一遍地重复此代码。Catch 对这种常见设置代码的解决方案是使用嵌套的 SECTION 宏。我们可以在基本使用模式下的 TEST_CASE 中嵌套 SECTION 宏，如代码清单 10-35 所示。

代码清单 10-35　带有嵌套宏的 Catch 设置示例

```
TEST_CASE("MyTestGroup") {
  // Setup code goes here ❶
  SECTION("MyTestA") { ❷
    // Code for Test A
  }
  SECTION("MyTestB") { ❸
    // Code for Test B
  }
}
```

我们可以在 TEST_CASE 开始时执行所有设置代码 ❶。当 Catch 看到嵌套在 TEST_CASE 中的 SECTION 宏时，它（在概念上）会将所有设置代码复制并粘贴到每个 SECTION 中 ❷❸。每个 SECTION 都独立于其他 SECTION 运行，因此通常不会跨 SECTION 宏观察到对 TEST_CASE 中创建的对象的任何副作用。此外，我们可以在一个 SECTION 宏中嵌入另一个 SECTION 宏，如果有大量用于一组密切相关的测试的设置代码，这可能会很有用（尽管将这个测试套件拆分为它自己的 TEST_CASE 可能是有意义的）。

我们来看这种方法如何简化 AutoBrake 单元测试套件。

9. 使用 Catch 重构 AutoBrake 单元测试

代码清单 10-36 将所有单元测试重构为 Catch 风格。

代码清单 10-36　使用 Catch 框架实现单元测试

```cpp
#define CATCH_CONFIG_MAIN
#include "catch.hpp"
#include <functional>
#include <stdexcept>

struct IServiceBus {
  --snip--
};

struct MockServiceBus : IServiceBus {
  --snip--
};

struct AutoBrake {
  --snip--
};

TEST_CASE("AutoBrake"❶) {
  MockServiceBus bus{}; ❷
  AutoBrake auto_brake{ bus }; ❸

  SECTION❹("initializes speed to zero"❺) {
    REQUIRE(auto_brake.get_speed_mps() == Approx(0));
  }

  SECTION("initializes sensitivity to five") {
    REQUIRE(auto_brake.get_collision_threshold_s() == Approx(5));
  }

  SECTION("throws when sensitivity less than one") {
    REQUIRE_THROWS(auto_brake.set_collision_threshold_s(0.5L));
  }

  SECTION("saves speed after update") {
    bus.speed_update_callback(SpeedUpdate{ 100L });
    REQUIRE(100L == auto_brake.get_speed_mps());
    bus.speed_update_callback(SpeedUpdate{ 50L });
    REQUIRE(50L == auto_brake.get_speed_mps());
    bus.speed_update_callback(SpeedUpdate{ 0L });
    REQUIRE(0L == auto_brake.get_speed_mps());
  }

  SECTION("no alert when not imminent") {
    auto_brake.set_collision_threshold_s(2L);
    bus.speed_update_callback(SpeedUpdate{ 100L });
    bus.car_detected_callback(CarDetected{ 1000L, 50L });
    REQUIRE(bus.commands_published == 0);
  }

  SECTION("alert when imminent") {
    auto_brake.set_collision_threshold_s(10L);
```

```
    bus.speed_update_callback(SpeedUpdate{ 100L });
    bus.car_detected_callback(CarDetected{ 100L, 0L });
    REQUIRE(bus.commands_published == 1);
    REQUIRE(bus.last_command.time_to_collision_s == Approx(1));
  }
}
--------------------------------------------------------------------------------
================================================================================
All tests passed (9 assertions in 1 test case)
```

此时，TEST_CASE 被重命名为 AutoBrake 以反映其更通用的目的 ❶。接着，TEST_CASE 的主体以所有 AutoBrake 单元测试共享的通用设置代码开始 ❷❸。每个单元测试都已转换为 SECTION 宏 ❹。命名每个段（section）❺，然后将特定测试的代码放在 SECTION 主体中。Catch 可以自动完成将设置代码与每个 SECTION 主体拼接在一起的工作。换句话说，我们每次都会得到一个全新的 AutoBrake：各 SECTION 的顺序在这里并不重要，它们是完全独立的。

10.3.2　Google Test

Google Test 是另一个非常流行的单元测试框架，它遵循 xUnit 单元测试框架的传统，因此如果你熟悉 Java 的 junit 或 .NET 的 nunit，那么使用 Google Test 就会很顺畅。当使用 Google Test 时，你会发现模拟框架 Google Mock 是一个不错的功能。

1. 配置 Google Test

Google Test 需要一些时间来启动和运行。与 Catch 不同的是，Google Test 不是一个只有头文件的库。我们必须从 https://github.com/google/googletest/ 下载它，将其编译成一组库，并根据需要将这些库链接到自己的测试项目中。如果使用流行的桌面构建系统，如 GNU Make、Mac Xcode 或 Visual Studio，则可以使用一些模板来构建相关库。

有关启动和运行 Google Test 的更多信息，请参阅存储库 docs 目录中的 Primer。

> 注意　截至本书发稿时，Google Test 的最新版本为 1.8.1。有关将 Google Test 集成到 Cmake 构建模块的方法，请参阅本书的配套源代码网站 https://ccc.codes。

在单元测试项目中，必须执行两个操作来设置 Google Test。首先，必须确保包含的 Google Test 安装目录位于单元测试项目的头文件搜索路径中，这允许我们在测试中使用 #include "gtest/gtest.h"。其次，必须指示链接器在 Google Test 安装项中包含 gtest 和 gtest_main 静态库。确保链接了正确的架构并进行了正确的计算机配置设置。

> 注意　在 Visual Studio 中设置 Google Test 的一个常见问题是 Google Test 的 " C/C++ →代码生成→运行时库选项"必须与项目选项匹配。默认情况下，Google Test 是静态编译运行时的（即使用 /MT 或 /MTd 选项）。此选项与默认选项不同，默认选项会动态编译运行时（例如，使用 Visual Studio 中的 /MD 或 /MDd 选项）。

2. 定义入口点

当将 `gtest_main` 链接到单元测试项目时，`Google Test` 则提供一个 `main()` 函数。将此 Google Test 功能与 Catch 的 `#define CATCH_CONFIG_MAIN` 进行类比，它将定位我们定义的所有单元测试并将它们组合成一个很好的测试工具。

3. 定义测试用例

要定义测试用例，需要做的就是使用 TEST 宏提供单元测试，这与 Catch 的 `TEST_CASE` 非常相似。代码清单 10-37 展示了 Google Test 单元测试的基本设置。

代码清单 10-37　Google Test 单元测试示例

```
#include "gtest/gtest.h" ❶

TEST❷(AutoBrake❸, UnitTestName❹) {
  // Unit test here ❺
}
--------------------------------------------------------------------------
Running main() from gtest_main.cc ❻
[==========] Running 1 test from 1 test case.
[----------] Global test environment set-up.
[----------] 1 test from AutoBrake
[ RUN      ] AutoBrake.UnitTestName
[       OK ] AutoBrake.UnitTestName (0 ms)
[----------] 1 test from AutoBrake (0 ms total)

[----------] Global test environment tear-down
[==========] 1 test from 1 test case ran. (1 ms total)
[  PASSED  ] 1 test. ❼
```

首先，包含 `gtest/gtest.h` 头文件 ❶。这引入了定义单元测试所需的所有定义。每个单元测试都以 TEST 宏开始 ❷。我们使用两个标签定义每个单元测试：测试用例名称（即 `AutoBrake`❸）和测试名称（即 `UnitTestName`❹）。它们大致上类似于 Catch 中的 `TEST_CASE` 和 `SECTION` 名称。一个测试用例包含一个或多个测试。通常，我们将具有一些共同主题的测试放在一起。该框架会将测试组合在一起，这对于一些更高级的用途可能很有用。不同的测试用例可以有同名的测试。

我们将单元测试的代码放在大括号中 ❺。当运行生成的单元测试二进制文件时，便可以看到 Google Test 已提供了一个入口点 ❻。因为没有提供断言（或可能抛出异常的代码），所以单元测试以优异的成绩通过。

4. 断言

Google Test 中的断言不像 Catch 的 `REQUIRE` 那样神奇。尽管 Google Test 断言也是宏，但是它需要程序员做更多的工作。`REQUIRE` 将解析布尔表达式，确定是否正在测试相等性、大于关系等。而 Google Test 的断言则不会，我们必须分别传入断言的每个组件。

Google Test 中还有许多其他选项，它们可用于制定断言。表 10-1 总结了它们。

表 10-1 Google Test 断言

断言	验证的内容
ASSERT_TRUE(*condition*)	*condition* 为真
ASSERT_FALSE(*condition*)	*condition* 为假
ASSERT_EQ(*val1*, *val2*)	*val1* == *val2* 为真
ASSERT_FLOAT_EQ(*val1*, *val2*)	*val1* - *val2* 是舍入误差（浮点数）
ASSERT_DOUBLE_EQ(*val1*, *val2*)	*val1* - *val2* 是舍入误差（双精度数）
ASSERT_NE(*val1*, *val2*)	*val1* != *val2* 为真
ASSERT_LT(*val1*, *val2*)	*val1* < *val2* 为真
ASSERT_LE(*val1*, *val2*)	*val1* <= *val2* 为真
ASSERT_GT(*val1*, *val2*)	*val1* > *val2* 为真
ASSERT_GE(*val1*, *val2*)	*val1* >= *val2* 为真
ASSERT_STREQ(*str1*, *str2*)	两个 C 风格的字符串 *str1* 和 *str2* 具有相同的内容
ASSERT_STRNE(*str1*, *str2*)	两个 C 风格的字符串 *str1* 和 *str2* 具有不同的内容
ASSERT_STRCASEEQ(*str1*, *str2*)	两个 C 风格的字符串 *str1* 和 *str2* 具有相同的内容，忽略大小写
ASSERT_STRCASENE(*str1*, *str2*)	两个 C 风格的字符串 *str1* 和 *str2* 具有不同的内容，忽略大小写
ASSERT_THROW(*statement*, *ex_type*)	评估 *statement* 会导致抛出类型为 *ex_type* 的异常
ASSERT_ANY_THROW(*statement*)	评估 *statement* 会导致抛出任意类型的异常
ASSERT_NO_THROW(*statement*)	评估 *statement* 不会导致抛出异常
ASSERT_HRESULT_SUCCEEDED(*statement*)	*statement* 返回一个表示成功的 *HRESULT*（仅限 Win32 API）
ASSERT_HRESULT_FAILED(*statement*)	*statement* 返回一个表示失败的 *HRESULT*（仅限 Win32 API）

我们将单元测试定义与断言结合起来，看看 Google Test 的运行情况。

5. 使用 Google Test 重构 initial_car_speed_is_zero 测试

使用代码清单 10-32 中蓄意损坏的 AutoBrake，通过运行以下单元测试，我们可以查看测试工具的失败消息是什么样的（回想一下，我们注释掉了 speed_mps 的成员初始化列表）。代码清单 10-38 使用 ASSERT_FLOAT_EQ 来断言汽车的初始速度为零。

代码清单 10-38 故意注释掉 collision_threshold_s 成员初始化列表使测试失败（使用 Google Test）

```
#include "gtest/gtest.h"
#include <functional>

struct IServiceBus {
  --snip--
};

struct MockServiceBus : IServiceBus {
```

```
    --snip--
};

struct AutoBrake {
  AutoBrake(IServiceBus& bus)
    : collision_threshold_s{ 5 }/*,
    speed_mps{} */ {
    --snip--
};

TEST❶(AutoBrakeTest❷, InitialCarSpeedIsZero❸) {
  MockServiceBus bus{};
  AutoBrake auto_brake{ bus };
  ASSERT_FLOAT_EQ❹(0❺, auto_brake.get_speed_mps()❻);
}
----------------------------------------------------------------------
Running main() from gtest_main.cc
[==========] Running 1 test from 1 test case.
[----------] Global test environment set-up.
[----------] 1 test from AutoBrakeTest
[ RUN      ] AutoBrakeTest.InitialCarSpeedIsZero
C:\Users\josh\AutoBrake\gtest.cpp(80): error: Expected equality of these
values:
  0 ❺
  auto_brake.get_speed_mps()❻
    Which is: -inf
[  FAILED  ] AutoBrakeTest❷.InitialCarSpeedIsZero❸ (5 ms)
[----------] 1 test from AutoBrakeTest (5 ms total)

[----------] Global test environment tear-down
[==========] 1 test from 1 test case ran. (7 ms total)
[  PASSED  ] 0 tests.
[  FAILED  ] 1 test, listed below:
[  FAILED  ] AutoBrakeTest.InitialCarSpeedIsZero

 1 FAILED TEST
```

使用测试用例名 **AutoBrakeTest❷** 和测试名 **InitialCarSpeedIsZero❸** 声明单元测试 ❶。在测试中，设置 **auto_brake** 并断言 ❹ 汽车的初始速度为零 ❺。请注意，常量值为第一个参数，要测试的量为第二个参数 ❻。

与代码清单 10-33 中的 Catch 输出一样，代码清单 10-38 中的 Google Test 输出非常清晰。它告诉我们测试失败，识别了失败的断言，并很好地指示了解决问题的方法。

6. 测试装置

与 Catch 的 **TEST_CASE** 和 **SECTION** 方法不同，Google Test 的方法是在涉及通用设置时制定测试装置（test fixture）类。这些装置是从框架提供的 **::testing::Test** 类继承的。

计划在测试内部使用的任何成员都应标记为 **public** 或 **protected**。如果想进行一些设置或清除计算，则可以分别把它们放在（默认）构造函数或析构函数中。

注意 我们还可以将此类设置和清除逻辑置于重写的 `SetUp()` 和 `TearDown()` 函数中，
尽管很少需要这样做。一种情况是清除计算可能会引发异常。因为通常不允许从析
构函数中抛出未捕获的异常，所以必须将此类代码放入 `TearDown()` 函数中（回忆
一下 4.3.7 节可知，当另一个异常已经在执行时，在析构函数中抛出一个未捕获的
异常会调用 `std::terminate`）。

如果测试装置就像 Catch 的 `TEST_CASE`，那么 `TEST_F` 就像 Catch 的 SECTION。和
`TEST` 一样，`TEST_F` 也有两个参数，第一个必须是测试装置类的确切名称，第二个是单元
测试的名称。代码清单 10-39 展示了 Google Test 测试装置的基本用法。

代码清单 10-39　Google Test 测试装置的基本设置

```
#include "gtest/gtest.h"

struct MyTestFixture❶ : ::testing::Test❷ { };

TEST_F(MyTestFixture❸, MyTestA❹) {
  // Test A here
}

TEST_F(MyTestFixture, MyTestB❺) {
  // Test B here
}
--------------------------------------------------------------------
Running main() from gtest_main.cc
[==========] Running 2 tests from 1 test case.
[----------] Global test environment set-up.
[----------] 2 tests from MyTestFixture
[ RUN      ] MyTestFixture.MyTestA
[       OK ] MyTestFixture.MyTestA (0 ms)
[ RUN      ] MyTestFixture.MyTestB
[       OK ] MyTestFixture.MyTestB (0 ms)
[----------] 2 tests from MyTestFixture (1 ms total)

[----------] Global test environment tear-down
[==========] 2 tests from 1 test case ran. (3 ms total)
[  PASSED  ] 2 tests.
```

我们声明一个 `MyTestFixture` 类❶，该类继承自 Google Test 提供的 `::testing::Test`
类❷。将类的名称作为 `TEST_F` 宏的第一个参数❸。单元测试可以访问 `MyTestFixture`
中的任何 `public` 和 `protected` 方法，我们可以使用 `MyTestFixture` 的构造函数和析
构函数来执行常见的测试设置和清除工作。第二个参数是单元测试的名称❹❺。

接下来，我们来看如何使用 Google Test 的测试装置重新实现 AutoBrake 单元测试。

7. 使用 Google Test 重构 AutoBrake 单元测试

代码清单 10-40 将使用 Google Test 的测试装置框架重新实现所有 AutoBrake 单元
测试。

代码清单 10-40　使用 Google Test 重新实现 AutoBrake 单元测试

```
#include "gtest/gtest.h"
#include <functional>

struct IServiceBus {
  --snip--
};

struct MockServiceBus : IServiceBus {
  --snip--
};

struct AutoBrake {
  --snip--
};

struct AutoBrakeTest : ::testing::Test { ❶
  MockServiceBus bus{};
  AutoBrake auto_brake { bus };
};

TEST_F❷(AutoBrakeTest❸, InitialCarSpeedIsZero❹) {
  ASSERT_DOUBLE_EQ(0, auto_brake.get_speed_mps()); ❺
}

TEST_F(AutoBrakeTest, InitialSensitivityIsFive) {
  ASSERT_DOUBLE_EQ(5, auto_brake.get_collision_threshold_s());
}

TEST_F(AutoBrakeTest, SensitivityGreaterThanOne) {
  ASSERT_ANY_THROW(auto_brake.set_collision_threshold_s(0.5L)); ❻
}

TEST_F(AutoBrakeTest, SpeedIsSaved) {
  bus.speed_update_callback(SpeedUpdate{ 100L });
  ASSERT_EQ(100, auto_brake.get_speed_mps());
  bus.speed_update_callback(SpeedUpdate{ 50L });
  ASSERT_EQ(50, auto_brake.get_speed_mps());
  bus.speed_update_callback(SpeedUpdate{ 0L });
  ASSERT_DOUBLE_EQ(0, auto_brake.get_speed_mps());
}

TEST_F(AutoBrakeTest, NoAlertWhenNotImminent) {
  auto_brake.set_collision_threshold_s(2L);
  bus.speed_update_callback(SpeedUpdate{ 100L });
  bus.car_detected_callback(CarDetected{ 1000L, 50L });
  ASSERT_EQ(0, bus.commands_published);
}

TEST_F(AutoBrakeTest, AlertWhenImminent) {
  auto_brake.set_collision_threshold_s(10L);
  bus.speed_update_callback(SpeedUpdate{ 100L });
  bus.car_detected_callback(CarDetected{ 100L, 0L });
```

```
    ASSERT_EQ(1, bus.commands_published);
    ASSERT_DOUBLE_EQ(1L, bus.last_command.time_to_collision_s);
}
------------------------------------------------------------------------
Running main() from gtest_main.cc
[==========] Running 6 tests from 1 test case.
[----------] Global test environment set-up.
[----------] 6 tests from AutoBrakeTest
[ RUN      ] AutoBrakeTest.InitialCarSpeedIsZero
[       OK ] AutoBrakeTest.InitialCarSpeedIsZero (0 ms)
[ RUN      ] AutoBrakeTest.InitialSensitivityIsFive
[       OK ] AutoBrakeTest.InitialSensitivityIsFive (0 ms)
[ RUN      ] AutoBrakeTest.SensitivityGreaterThanOne
[       OK ] AutoBrakeTest.SensitivityGreaterThanOne (1 ms)
[ RUN      ] AutoBrakeTest.SpeedIsSaved
[       OK ] AutoBrakeTest.SpeedIsSaved (0 ms)
[ RUN      ] AutoBrakeTest.NoAlertWhenNotImminent
[       OK ] AutoBrakeTest.NoAlertWhenNotImminent (1 ms)
[ RUN      ] AutoBrakeTest.AlertWhenImminent
[       OK ] AutoBrakeTest.AlertWhenImminent (0 ms)
[----------] 6 tests from AutoBrakeTest (3 ms total)

[----------] Global test environment tear-down
[==========] 6 tests from 1 test case ran. (4 ms total)
[  PASSED  ] 6 tests.
```

首先，我们实现测试装置 AutoBrakeTest❶。这个类封装了所有单元测试都通用的设置代码：构造 MockServiceBus 并使用它来构造 AutoBrake。每个单元测试都由一个 TEST_F 宏表示❷。这些宏接受两个参数：测试装置名称（例如 AutoBrakeTest❸）以及测试的名称（例如 InitialCarSpeedIsZero❹）。在单元测试的主体中，每个断言都有正确的调用，例如 ASSERT_DOUBLE_EQ❺ 和 ASSERT_ANY_THROW❻。

8. 比较 Google Test 和 Catch

如你所见，Google Test 和 Catch 之间存在几个主要区别。最引人注目的应该是安装 Google Test 并使其在解决方案中正常工作所付出的努力。Catch 与此相反，作为一个只有头文件的库，要使它在项目中发挥作用很简单。

另一个主要区别在于断言。对于新手来说，REQUIRE 比 Google Test 断言使用起来要简单得多。对于有 xUnit 框架丰富经验的用户来说，Google Test 可能看起来更自然。失败消息也略有不同。具体哪种风格更合理，实际上取决于你自己。

最后，它们的性能也有区别。理论上，Google Test 的编译速度比 Catch 的快，因为我们必须为单元测试套件中的每个编译单元编译所有 Catch。这是只有头文件的库的权衡结果。在设置 Google Test 时所做的设置投资会在以后回报以更快的编译速度。这可能会也可能不会被察觉，具体取决于单元测试套件的大小。

10.3.3 Boost Test

Boost Test 是一个单元测试框架，是 Boost C++ 库（简称 Boost）的一部分。 Boost 是一

个优秀的开源 C++ 库集合。它有孵化许多最终被纳入 C++ 标准的想法的历史，尽管并非所有 Boost 库都旨在被最终包含在 C++ 标准内。在本书的其余部分，我们将提及许多 Boost 库，而 Boost Test 是第一个。如需安装 Boost 的帮助，请参阅 Boost 主页 https://www.boost.org 或查看本书的配套代码。

注意 截至本书发稿时，Boost 库的最新版本为 1.70.0。

我们可以通过以下三种模式使用 Boost Test：作为只有头文件的库（如 Catch）、作为静态库（如 Google Test）、作为共享库（它将在运行时链接 Boost Test 模块）。如果有多个单元测试二进制文件，那么动态库的使用可以节省相当大的磁盘空间。我们可以构建单个共享库（如 .so 或 .dll）并在运行时加载它，而不是将单元测试框架"烘焙"到每个单元测试二进制文件中。

正如我们在探索 Catch 和 Google Test 时发现的那样，这些方法都涉及权衡。Boost Test 的一个主要优点是它允许我们选择自己认为合适的最佳模式。如果项目发生变化，切换模式也并不困难，因此一种可能的方法是开始时将 Boost Test 作为只有头文件的库使用，然后随着需求的变化切换到另一种模式。

1. 设置 Boost Test

要在头文件库模式（Boost 文档中称为"单头文件变体"）下设置 Boost Test，只需在代码中包含 `<boost/test/included/unit_test.hpp>` 头文件。要编译此头文件，需要使用用户自定义名称定义 BOOST_TEST_MODULE。例如：

```
#define BOOST_TEST_MODULE test_module_name
#include <boost/test/included/unit_test.hpp>
```

不幸的是，如果有多个编译单元，则不能采用这种方法。对于这种情况，Boost Test 包含可供我们使用的预构建的静态库。通过将这些链接进来，可避免为每个编译单元编译相同的代码。采用这种方法时，需在单元测试套件中为每个编译单元包含 `boost/test/unit_test.hpp` 头文件：

```
#include <boost/test/unit_test.hpp>
```

在一个编译单元中，还可以包括 BOOST_TEST_MODULE 定义：

```
#define BOOST_TEST_MODULE AutoBrake
#include <boost/test/unit_test.hpp>
```

我们还必须配置链接器以包含相应 Boost Test 静态库，该静态库是 Boost Test 安装时附带的。与所选静态库对应的编译器和体系结构必须与单元测试项目的其余部分相匹配。

2. 设置共享库模式

要在共享库模式下设置 Boost Test，必须将以下几行代码添加到单元测试套件的每个编译单元中：

```
#define BOOST_TEST_DYN_LINK
#include <boost/test/unit_test.hpp>
```

在一个编译单元中，还必须定义 BOOST_TEST_MODULE：

```
#define BOOST_TEST_MODULE AutoBrake
#define BOOST_TEST_DYN_LINK
#include <boost/test/unit_test.hpp>
```

与静态库的用法一样，我们必须指示链接器包含 Boost Test。在运行时，单元测试共享库也必须可用。

3. 定义测试用例

我们可以使用 BOOST_AUTO_TEST_CASE 宏在 Boost Test 中定义单元测试，该宏接受与测试名称相对应的单个参数。代码清单 10-41 展示了基本用法。

代码清单 10-41　使用 Google Test 实现 AutoBrake 单元测试

```
#define BOOST_TEST_MODULE TestModuleName ❶
#include <boost/test/unit_test.hpp> ❷

BOOST_AUTO_TEST_CASE❸(TestA❹) {
  // Unit Test A here ❺
}
--------------------------------------------------------------------------------
Running 1 test case...

*** No errors detected
```

定义测试模块的名称 BOOST_TEST_MODULE 为 TestModuleName❶，包含 boost/test/unit_test.hpp 头文件❷，这使我们可以访问 Boost Test 所需的所有组件。BOOST_AUTO_TEST_CASE 声明 ❸ 表示名为 TestA❹ 的单元测试。单元测试的主体位于大括号之间 ❺。

4. 断言

Boost 中的断言与 Catch 中的断言非常相似。BOOST_TEST 宏类似于 Catch 中的 REQUIRE 宏。我们只需提供一个表达式，该表达式在断言通过时为 true，在断言失败时为 false：

```
BOOST_TEST(assertion-expression)
```

如需表达式在求值时抛出异常，请使用 BOOST_REQUIRE_THROW 宏，它类似于 Catch 的 REQUIRE_THROWS 宏，但必须提供要抛出的异常的类型。其用法如下：

```
BOOST_REQUIRE_THROW(expression, desired-exception-type);
```

如果 *expression* 没有抛出类型为 *desired-exception-type* 的异常，则断言失败。我们使用 Boost Test 来检查 AutoBrake 单元测试套件的样子。

5. 使用 Boost Test 重构 initial_car_speed_is_zero 测试

我们将使用代码清单 10-32 中故意损坏的 AutoBrake，它缺少 speed_mps 的成员初始化列表。代码清单 10-42 使 Boost Test 处理失败的单元测试。

代码清单 10-42　故意注释掉 speed_mps 成员初始化列表使测试失败（使用 Boost Test）

```
#define BOOST_TEST_MODULE AutoBrakeTest ❶
#include <boost/test/unit_test.hpp>
#include <functional>

struct IServiceBus {
  --snip--
};

struct MockServiceBus : IServiceBus {
  --snip--
};

struct AutoBrake {
  AutoBrake(IServiceBus& bus)
    : collision_threshold_s{ 5 }/*,
      speed_mps{} */❷ {
  --snip--
};

BOOST_AUTO_TEST_CASE(InitialCarSpeedIsZero❸) {
  MockServiceBus bus{};
  AutoBrake auto_brake{ bus };
  BOOST_TEST(0 == auto_brake.get_speed_mps()); ❹
}
```

```
Running 1 test case...
C:/Users/josh/projects/cpp-book/manuscript/part_2/10-testing/samples/boost/
minimal.cpp(80): error: in "InitialCarSpeedIsZero": check 0 == auto_brake.
get_speed_mps() has failed [0 != -9.2559631349317831e+61] ❺
*** 1 failure is detected in the test module "AutoBrakeTest"
```

测试模块名称为 **AutoBrakeTest❶**。注释掉 speed_mps 成员初始化列表 ❷ 后，就有了 **InitialCarSpeedIsZero** 测试 ❸。BOOST_TEST 断言测试 speed_mps 是否为零 ❹。与 Catch 和 Google Test 相同，会有一条信息丰富的错误消息告诉我们出了什么问题 ❺。

6. 测试装置

与 Google Test 相同，Boost Test 使用测试装置处理常见的设置代码。使用它们就像声明 RAII 对象一样简单，其中测试的设置逻辑包含在该类的构造函数中，而清除逻辑包含在析构函数中。与 Google Test 不同的是，在测试装置中我们不必从父类派生。测试装置适用于任何用户自定义结构。

要在单元测试中使用测试装置，可以使用 BOOST_FIXTURE_TEST_CASE 宏，它需要两个参数。第一个参数是单元测试的名称，第二个参数是测试装置类。在宏的主体内，我们实现一个单元测试，就好像它是测试装置类的一个方法，如代码清单 10-43 所示。

代码清单 10-43　演示 Boost Test 的测试装置的用法

```
#define BOOST_TEST_MODULE TestModuleName
#include <boost/test/unit_test.hpp>
```

```
struct MyTestFixture { }; ❶

BOOST_FIXTURE_TEST_CASE❷(MyTestA❸, MyTestFixture) {
  // Test A here
}

BOOST_FIXTURE_TEST_CASE(MyTestB❹, MyTestFixture) {
  // Test B here
}
--------------------------------------------------------------------------------
Running 2 test cases...

*** No errors detected
```

在这里，我们定义了一个名为 **MyTestFixture** 的类 ❶，并将其用作 BOOST_FIXTURE_TEST_CASE 的每个实例 ❷ 的第二个参数。我们声明了两个单元测试：**MyTestA**❸ 和 **MyTestB**❹。在 **MyTestFixture** 中进行的任何设置都会影响每个 BOOST_FIXTURE_TEST_CASE。

接下来，我们将使用 Boost Test 的测试装置重新实现 **AutoBrake** 测试套件。

7. 使用 Boost Test 重构 AutoBrake 单元测试

代码清单 10-44 使用 Boost Test 的测试装置实现了 **AutoBrake** 单元测试套件。

代码清单 10-44　使用 Boost Test 实现单元测试

```
#define BOOST_TEST_MODULE AutoBrakeTest
#include <boost/test/unit_test.hpp>
#include <functional>

struct IServiceBus {
  --snip--
};

struct MockServiceBus : IServiceBus {
  --snip--
};

struct AutoBrakeTest { ❶
  MockServiceBus bus{};
  AutoBrake auto_brake{ bus };
};

BOOST_FIXTURE_TEST_CASE❷(InitialCarSpeedIsZero, AutoBrakeTest) {
  BOOST_TEST(0 == auto_brake.get_speed_mps());
}

BOOST_FIXTURE_TEST_CASE(InitialSensitivityIsFive, AutoBrakeTest) {
  BOOST_TEST(5 == auto_brake.get_collision_threshold_s());
}

BOOST_FIXTURE_TEST_CASE(SensitivityGreaterThanOne, AutoBrakeTest) {
  BOOST_REQUIRE_THROW(auto_brake.set_collision_threshold_s(0.5L),
```

```
                               std::exception);
}

BOOST_FIXTURE_TEST_CASE(SpeedIsSaved, AutoBrakeTest) {
  bus.speed_update_callback(SpeedUpdate{ 100L });
  BOOST_TEST(100 == auto_brake.get_speed_mps());
  bus.speed_update_callback(SpeedUpdate{ 50L });
  BOOST_TEST(50 == auto_brake.get_speed_mps());
  bus.speed_update_callback(SpeedUpdate{ 0L });
  BOOST_TEST(0 == auto_brake.get_speed_mps());
}

BOOST_FIXTURE_TEST_CASE(NoAlertWhenNotImminent, AutoBrakeTest) {
  auto_brake.set_collision_threshold_s(2L);
  bus.speed_update_callback(SpeedUpdate{ 100L });
  bus.car_detected_callback(CarDetected{ 1000L, 50L });
  BOOST_TEST(0 == bus.commands_published);
}

BOOST_FIXTURE_TEST_CASE(AlertWhenImminent, AutoBrakeTest) {
  auto_brake.set_collision_threshold_s(10L);
  bus.speed_update_callback(SpeedUpdate{ 100L });
  bus.car_detected_callback(CarDetected{ 100L, 0L });
  BOOST_TEST(1 == bus.commands_published);
  BOOST_TEST(1L == bus.last_command.time_to_collision_s);
}
-------------------------------------------------------------------------
Running 6 test cases...

*** No errors detected
```

我们定义测试装置类 AutoBrakeTest 来执行 AutoBrake 和 MockServiceBus 的设置代码 ❶。它与 Google Test 测试装置相同，只是不需要从任何框架发布的父类继承。我们用 BOOST_FIXTURE_TEST_CASE 宏来表示每个单元测试 ❷。其余测试使用 BOOST_TEST 和 BOOST_REQUIRE_THROW 断言宏，否则，这些测试将看起来与 Catch 测试非常相似。我们使用测试装置类和 BOOST_FIXTURE_TEST_CASE，而不是 TEST_CASE 和 SECTION。

10.3.4　总结：测试框架

尽管本节介绍了三种不同的单元测试框架，但仍有许多高质量的框架可供使用。它们中没有一个是万能的。大多数框架都支持相同的基本功能集，对于一些更高级的功能的支持则各不相同。我们应该选择让自己感到舒适和高效工作的单元测试框架。

10.4　模拟框架

我们刚刚探索的单元测试框架适用于各种场景。例如，使用 Google Test 构建集成测试、验收测试、单元测试甚至性能测试是完全可行的。测试框架支持广泛的编程风格，并且它们的创建者对于用户必须如何设计软件以使它们可测试不苛求。

模拟框架的要求比单元测试框架更严格。使用模拟框架，用户必须遵循某些关于类依赖方式的设计准则。**AutoBrake** 类使用称为依赖注入的现代设计模式。**AutoBrake** 类依赖于我们使用 AutoBrake 的构造函数注入的 **IServiceBus**。我们还使 **IServiceBus** 成为一个接口。它也存在其他实现多态行为的方法（如模板），每种方法都需要权衡取舍。

本节讨论的所有模拟框架都非常适合依赖注入。在不同程度上，模拟框架消除了自己定义模拟对象的需要。回想一下，我们实现了一个 **MockServiceBus** 以对 **AutoBrake** 进行单元测试，如代码清单 10-45 所示。

代码清单 10-45　手动实现的 MockServiceBus

```
struct MockServiceBus : IServiceBus {
  void publish(const BrakeCommand& cmd) override {
    commands_published++;
    last_command = cmd;
  };
  void subscribe(SpeedUpdateCallback callback) override {
    speed_update_callback = callback;
  };
  void subscribe(CarDetectedCallback callback) override {
    car_detected_callback = callback;
  };
  BrakeCommand last_command{};
  int commands_published{};
  SpeedUpdateCallback speed_update_callback{};
  CarDetectedCallback car_detected_callback{};
};
```

每次我们想添加一个涉及与 **IServiceBus** 交互的单元测试时，可能都需要更新 **MockServiceBus** 类。这很乏味且容易出错。此外，是否可以与其他团队共享这个模拟类还不清楚：我们已经在其中实现了很多自己的逻辑，这些逻辑对于轮胎压力传感器团队来说用处不大。此外，每个测试可能有不同的要求。模拟框架使我们能够定义模拟对象类，通常使用宏或模板魔法。在每个单元测试中，我们可以专门为该测试自定义模拟对象。这对于单个模拟对象定义来说是非常困难的。

将模拟对象的声明与特定于测试的模拟对象的定义解耦是非常有用的，原因有两个。首先，这样可以为每个单元测试定义不同类型的行为。例如，这允许我们只模拟某些单元测试的异常条件。其次，这样可以使单元测试更加具体。通过将自定义模拟对象的行为放在单元测试中而不是单独的源文件中，开发人员可以更清楚地了解测试的目标。

使用模拟框架的最终效果是，它使模拟问题少很多。当模拟很容易实现时，它使良好的单元测试（和 TDD）成为可能。如果没有模拟对象，单元测试会非常困难；由于缓慢且容易出错的依赖关系，测试可能会变得缓慢、不可靠且脆弱。例如，当尝试使用 TDD 在类中实现新功能时，通常最好使用模拟数据库连接而不是成熟的生产数据库。

本节将介绍两个模拟框架 Google Mock 和 HippoMocks，还简要介绍另外两个框架 FakeIt 和 Trompeloeil。由于与缺乏编译时代码生成有关的技术原因，在 C++ 中创建模拟框架比在大多数其他语言中要困难得多，尤其是那些具有类型反射的语言，这是一种允许代码以编程方式推理类型信息的语言特性。因此，有许多高质量的模拟框架，由于模拟对象和 C++ 的基本困难，都有自己的权衡取舍。

10.4.1　Google Mock

最流行的模拟框架是 Google C++ 模拟框架（或 Google Mock），它包含在 Google Test 中。它是最古老、功能最丰富的模拟框架之一。如果你已经安装了 Google Test，那么获取 Google Mock 很容易。首先，确保在链接器中包含 gmock 静态库，就像对 gtest 和 gtest_main 所做的那样。接着，添加 #include "gmock/gmock.h"。

如果使用 Google Test 作为单元测试框架，那么这就是需要进行的所有设置。Google Mock 将与其姊妹库无缝协作。如果使用的是另一个单元测试框架，则需要在二进制文件的入口点提供初始化代码，如代码清单 10-46 所示。

代码清单 10-46　将 Google Mock 添加到第三方单元测试框架

```
#include "gmock/gmock.h"

int main(int argc, char** argv) {
  ::testing::GTEST_FLAG(throw_on_failure) = true; ❶
  ::testing::InitGoogleMock(&argc, argv); ❷
  // Unit test as usual, Google Mock is initialized
}
```

GTEST_FLAG（throw_on_failure）❶ 会导致 Google Mock 在某些与模拟相关的断言失败时抛出异常。对 InitGoogleMock 的调用 ❷ 使用命令行参数来进行必要的定制（更多详细信息，请参阅 Google Mock 文档）。

1. 模拟接口

对于需要模拟的每个接口，都需要进行一些烦琐的处理。我们需要把接口的每一个虚函数都转化成一个宏。对于非 const 方法，使用 MOCK_METHOD*，对于 const 方法，使用 MOCK_CONST_METHOD*，将 * 替换为函数接受的参数的数量。MOCK_METHOD 的第一个参数是虚函数的名称，第二个参数是函数原型。例如，要制作模拟对象 IServiceBus，应构建如代码清单 10-47 所示的定义。

代码清单 10-47　Google Mock MockServiceBus

```
struct MockServiceBus : IServiceBus { ❶
  MOCK_METHOD1❷(publish❸, void(const BrakeCommand& cmd)❹);
  MOCK_METHOD1(subscribe, void(SpeedUpdateCallback callback));
  MOCK_METHOD1(subscribe, void(CarDetectedCallback callback));
};
```

MockServiceBus 定义的开头与其他 IServiceBus 实现的定义相同 ❶。然后，我们使用 MOCK_METHOD 三次 ❷。第一个参数是虚函数的名称 ❸，第二个参数是函数原型 ❹。

如果必须自己生成这些定义，那么会很乏味。`MockServiceBus` 定义中没有其他信息，并且在 `IServiceBus` 中不可用。无论好坏，这是使用 Google Mock 的成本之一。Google Mock 发行版的 `scripts/generator` 文件夹中包含 `gmock_gen.py`，我们可以使用它来消除生成此样板的麻烦。我们需要安装 Python 2，但它不能保证在所有情况下都正常工作。有关详细信息，请参阅 Google Mock 文档。

现在，我们已经定义了 `MockServiceBus`，可以在单元测试中使用它了。与我们自己定义的模拟对象不同，我们也可以专门为每个单元测试配置一个 Google Mock 对象。我们可以灵活地进行配置。成功模拟的关键是使用合适的期望。

2. 期望

期望（expectation）就像模拟对象的断言，它表达了模拟对象期望被调用的情况以及它应该给出什么响应。"条件"（circumstance）是使用称为匹配器（matcher）的对象指定的。"响应"部分称为动作（action）。下面将介绍这些概念。

期望是用 `EXPECT_CALL` 宏声明的。这个宏的第一个参数是模拟对象，第二个参数是预期的方法调用。此方法调用可以选择包含每个参数的匹配器。这些匹配器可以帮助 Google Mock 确定特定的方法调用是否符合预期的调用。格式如下：

```
EXPECT_CALL(mock_object, method(matchers))
```

有几种方法可以制定有关期望的断言，选择哪种方法取决于你对被测试单元与模拟对角交互的要求有多严格。你关心代码是否调用了你没想到的模拟函数吗？这真的取决于应用程序。这就是为什么有三个选项：`naggy`、`nice` 和 `strict`。

`naggy_mock` 是默认的。如果调用了 `naggy_mock` 的函数并且没有 `EXPECT_CALL` 匹配该调用，Google Mock 将打印一条 "uninteresting call"（不期望的调用）警告消息，但测试不会仅仅因为这个不期望的调用而失败。我们可以在测试中添加一个 `EXPECT_CALL` 作为快速修复措施来抑制不期望的调用警告，因为这样调用就不再是意外的了。

在某些情况下，可能会有太多不期望的调用。在这种情况下，应该使用一个不错的模拟对象。`nice_mock` 不会产生关于不期望调用的警告。

如果非常关心与尚未考虑的模拟对象的交互，则可以使用严格模拟（`strict_mock`）。如果对没有相应 `EXPECT_CALL` 的模拟对象进行了调用，严格模拟将使测试无法通过。

这些类型的模拟对象都是类模板。实例化这些类的方法很简单，如代码清单 10-48 所示。

代码清单 10-48　三种不同风格的 Google Mock

```
MockServiceBus naggy_mock❶;
::testing::NiceMock<MockServiceBus> nice_mock❷;
::testing::StrictMock<MockServiceBus> strict_mock❸;
```

naggy_mock❶ 是默认设置。每个 `::testing::NiceMock`❷ 和 `::testing::StrictMock`❸ 都接受一个模板参数，即底层模拟类。这三个选项都是 `EXPECT_CALL` 的完全有效的第一个参数。

作为一般规则，应该使用 nice_mock。使用 naggy_mock 和 strict_mock 可能会导致非常脆弱的测试。当使用 strict_mock 时，请考虑是否真的有必要对被测试单元与模拟对象的协作方式进行如此严格的限制。

EXPECT_CALL 的第二个参数是我们希望调用的方法的名称，后面跟着我们希望调用该方法的参数。有时，这很容易。而有时，我们想要表达哪些调用匹配和不匹配的更复杂的条件。在这种情况下，应使用匹配器。

3. 匹配器

当模拟对象的方法接受参数时，我们对调用是否与期望匹配有较大的自由裁量权。在简单的情况下，可以使用字面量。如果使用指定的字面量调用模拟对象的方法，则调用符合预期；否则，不符合。在复杂情况下，可以使用 Google Mock 的 ::testing::_ 对象，它告诉 Google Mock 任何值都匹配。

例如，假设我们想要调用 publish，并且不在乎参数是什么，那么代码清单 10-49 中的 EXPECT_CALL 是合适的。

代码清单 10-49　在期望中使用 ::testing::_ 匹配器

```
--snip--
using ::testing::_; ❶

TEST(AutoBrakeTest, PublishIsCalled) {
  MockServiceBus bus;
  EXPECT_CALL(bus, publish(_❷));
  --snip--
}
```

为了使单元测试美观整洁，对 ::testing::_ 使用 using❶。使用 _ 告诉 Google Mock 任何带有单个参数的 publish 调用都将匹配 ❷。

一个更具选择性的匹配器是类模板 ::testing::A，它仅在使用特定类型的参数调用方法时才匹配。此类型表示为 A 的模板参数，因此 A<MyType> 将仅匹配 MyType 类型的参数。代码清单 10-50 对代码清单 10-49 的修改展示了一个更严格的期望，它需要将 BrakeCommand 作为 publish 的参数。

代码清单 10-50　在期望中使用 ::testing::A 匹配器

```
--snip--
using ::testing::A; ❶

TEST(AutoBrakeTest, PublishIsCalled) {
  MockServiceBus bus;
  EXPECT_CALL(bus, publish(A<BrakeCommand>❷));
  --snip--
}
```

同样，我们使用 using❶ 和 A<BrakeCommand> 来指定只有 BrakeCommand 会匹配这个期望。

另一个匹配器 ::testing::Field 允许我们检查传递给模拟对象的参数的字段。Field 匹配器有两个参数：指向我们希望的字段的指针以及表示指向的字段是否符合条件的匹配器。假设我们想要更具体地了解 publish 调用 ❷：想要指定 time_to_collision_s 等于 1s。这可以使用代码清单 10-51 中所示的代码清单 10-49 的重构版来完成。

代码清单 10-51　在期望中使用 Field 匹配器

```
--snip--
using ::testing::Field; ❶
using ::testing::DoubleEq; ❷

TEST(AutoBrakeTest, PublishIsCalled) {
  MockServiceBus bus;
  EXPECT_CALL(bus, publish(Field(&BrakeCommand::time_to_collision_s❸,
                          DoubleEq(1L)❹)));
  --snip--
}
```

我们对 Field❶ 和 DoubleEq❷ 使用 using 来稍微清理期望代码。Field 匹配器接受指向我们感兴趣的 time_to_collision_s❸ 字段的指针以及决定该字段是否符合条件的匹配器 DoubleEq❹。

还有许多其他匹配器可供使用，表 10-2 对它们进行了总结。有关其用法的详细信息，请参阅 Google Mock 文档。

表 10-2　Google Mock 匹配器

匹配器	匹配的参数
_	任意正确类型的值
A<type>)()	给定类型
An<type>)()	给定类型
Ge(value)	大于或等于 value
Gt(value)	大于 value
Le(value)	小于或等于 value
Lt(value)	小于 value
Ne(value)	不等于 value
IsNull()	Null
NotNull()	不为 Null
Ref(variable)	对 variable 的引用
DoubleEq(variable)	一个近似等于 variable 的双精度值
FloatEq(variable)	一个近似等于 variable 的浮点值
EndsWith(str)	以 str 结尾的字符串
HasSubstr(str)	包含子字符串 str 的字符串
StartsWith(str)	以 str 开头的字符串

（续）

匹配器	匹配的参数
StrCaseEq(*str*)	等于 *str* 的字符串（忽略大小写）
StrCaseNe(*str*)	不等于 *str* 的字符串（忽略大小写）
StrEq(*str*)	等于 *str* 的字符串
StrNe(*str*)	不等于 *str* 的字符串

注意 匹配器的一个有益特性是可以用作单元测试的另一种断言。备用宏是 EXPECT_ THAT(value, matcher) 或 ASSERT_THAT(value, matcher) 之一。例如，可以将断言 ASSERT_GT(power_level, 9000); 替换为语法更令人满意的以下断言

```
ASSERT_THAT(power_level, Gt(9000));
```

我们可以将 EXPECT_CALL 与 StrictMock 一起使用来强制被测试单元与模拟对象的交互方式。但我们可能还想指定模拟对象响应调用的次数，这称为期望的基数（cardinality）。

4. 基数

指定基数最常用的方法可能是 Times，它指定了模拟对象应该被调用的次数。Times 方法接受单个参数，该参数可以是整数字面量或表 10-3 中列出的函数之一。

表 10-3　Google Mock 中的基数说明符

基数	指定调用方法的次数
AnyNumber()	任意次数
AtLeast(*n*)	至少 *n* 次
AtMost(*n*)	至多 *n* 次
Between(*m*, *n*)	在 *m* 和 *n* 次之间
Exactly(*n*)	正好 *n* 次

代码清单 10-52 详细说明了在代码清单 10-51 中 publish 只能被调用一次。

代码清单 10-52　在期望中使用 Times 基数说明符

```
--snip--
using ::testing::Field;
using ::testing::DoubleEq;

TEST(AutoBrakeTest, PublishIsCalled) {
  MockServiceBus bus;
  EXPECT_CALL(bus, publish(Field(&BrakeCommand::time_to_collision_s,
                          DoubleEq(1L)))).Times(1)❶;
  --snip--
}
```

Times 调用 ❶ 确保 publish 只被调用一次（无论使用的是 nice_mock、strict_mock 还是 naggy_mock）。

注意 同样，也可以指定 Times(Exactly(1))。

现在，我们已经有了一些工具来指定预期调用的条件和基数，可以自己定义模拟对象响应期望的方式了。为此，需要使用动作（action）。

5. 动作

与基数一样，所有动作（action）都链接到 EXPECT_CALL 语句。这些语句可以帮助阐明模拟对象期望被调用多少次，每次调用时返回什么值，以及它应该执行的任何副作用（如抛出异常）。WillOnce 和 WillRepeatedly 动作指定模拟对象应该做什么来响应查询。这些动作可能会变得相当复杂，但为了简洁起见，本节介绍两种用法。首先，可以使用 Return 结构将值返回给调用者：

```
EXPECT_CALL(jenny_mock, get_your_number()) ❶
  .WillOnce(Return(8675309)) ❷
  .WillRepeatedly(Return(911))❸;
```

我们以通常的方式设置 EXPECT_CALL，然后标记一些动作，指定每次调用 get_your_number 时 jenny_mock 将返回的值 ❶。这些是从左到右按顺序读取的，因此第一个动作 WillOnce❷ 指定第一次调用 get_your_number 时 jenny_mock 返回 8675309。第二个动作 WillRepeatedly❸ 指定对于所有后续调用将返回 911。

因为 IServiceBus 不返回任何值，所以需要对动作进行更复杂的定制。对于高度可定制的行为，可以使用 Invoke 结构，它使我们能够传递一个 Invocable，Invocable 将使用传递给模拟对象的方法的确切参数进行调用。假设我们要保存对 AutoBrake 通过 subscribe 注册的回调函数的引用，那么可以使用 Invoke 轻松完成此操作，如代码清单 10-53 所示。

代码清单 10-53 使用 Invoke 保存对 AutoBrake 注册的 subscribe 回调的引用

```
CarDetectedCallback callback; ❶
EXPECT_CALL(bus, subscribe(A<CarDetectedCallback>()))
  .Times(1)
  .WillOnce(Invoke([&callback❷](const auto& callback_in❸) {
    callback = callback_in; ❹
  }));
```

第一次（也是唯一一次）使用 CarDetectedCallback 调用 subscribe 时，Will-Once(Invoke(...)) 动作将调用作为参数传入的 lambda 表达式。此 lambda 表达式通过引用 ❷ 捕获声明的 CarDetectedCallback❶。根据定义，lambda 表达式与 subscribe 函数具有相同的函数原型，因此可以使用 auto 类型推断 ❸ 来确定 callback_in 的正确类型（即 CarDetectedCallback）。最后，将 callback_in 赋值给 callback❹。现在，我们可以通过调用 callback❶ 将事件传递给订阅者 ❹。

Invoke 结构是动作的"瑞士军刀"，因为我们可以使用有关调用参数的完整信息执行任意代码。调用参数是模拟对象方法在运行时收到的参数。

6. 把所有东西放到一起

重新考虑 AutoBrake 测试套件，我们可以使用 Google Mock（而不是自创的模拟对象）重新实现 Google Test 单元测试二进制文件，如代码清单 10-54 所示。

代码清单 10-54　使用 Google Mock 而不是自创的模拟对象重新实现单元测试

```cpp
#include "gtest/gtest.h"
#include "gmock/gmock.h"
#include <functional>

using ::testing::_;
using ::testing::A;
using ::testing::Field;
using ::testing::DoubleEq;
using ::testing::NiceMock;
using ::testing::StrictMock;
using ::testing::Invoke;

struct NiceAutoBrakeTest : ::testing::Test {  ❶
  NiceMock<MockServiceBus> bus;
  AutoBrake auto_brake{ bus };
};

struct StrictAutoBrakeTest : ::testing::Test {  ❷
  StrictAutoBrakeTest() {
    EXPECT_CALL(bus, subscribe(A<CarDetectedCallback>()))  ❸
      .Times(1)
      .WillOnce(Invoke([this](const auto& x) {
        car_detected_callback = x;
      }));
    EXPECT_CALL(bus, subscribe(A<SpeedUpdateCallback>()))  ❹
      .Times(1)
      .WillOnce(Invoke([this](const auto& x) {
        speed_update_callback = x;
      }));;
  }
  CarDetectedCallback car_detected_callback;
  SpeedUpdateCallback speed_update_callback;
  StrictMock<MockServiceBus> bus;
};

TEST_F(NiceAutoBrakeTest, InitialCarSpeedIsZero) {
  ASSERT_DOUBLE_EQ(0, auto_brake.get_speed_mps());
}

TEST_F(NiceAutoBrakeTest, InitialSensitivityIsFive) {
  ASSERT_DOUBLE_EQ(5, auto_brake.get_collision_threshold_s());
}
TEST_F(NiceAutoBrakeTest, SensitivityGreaterThanOne) {
```

```
    ASSERT_ANY_THROW(auto_brake.set_collision_threshold_s(0.5L));
  }

  TEST_F(StrictAutoBrakeTest, NoAlertWhenNotImminent) {
    AutoBrake auto_brake{ bus };

    auto_brake.set_collision_threshold_s(2L);
    speed_update_callback(SpeedUpdate{ 100L });
    car_detected_callback(CarDetected{ 1000L, 50L });
  }

  TEST_F(StrictAutoBrakeTest, AlertWhenImminent) {
    EXPECT_CALL(bus, publish(
                          Field(&BrakeCommand::time_to_collision_s, DoubleEq{ 1L
  }))
                      ).Times(1);
    AutoBrake auto_brake{ bus };

    auto_brake.set_collision_threshold_s(10L);
    speed_update_callback(SpeedUpdate{ 100L });
    car_detected_callback(CarDetected{ 100L, 0L });
  }
```

在这里，我们实际上有两个不同的测试装置：NiceAutoBrakeTest❶ 和 StrictAuto-BrakeTest❷。NiceAutoBrakeTest 实例化了一个 NiceMock。这对于 InitialCarSpeed-IsZero、InitialSensitivityIsFive 和 SensitivityGreaterThanOne 很有用，因为我们不想测试与模拟对象的任何有意义的交互，这不是测试的重点。但是，我们确实希望关注 AlertWhenImminent 和 NoAlertWhenNotImminent。每次发布事件或订阅类型时，它们都可能对系统产生重大影响。这里 StrictMock 的严格是有道理的。

在 StrictAutoBrakeTest 定义中，可以看到 WillOnce/Invoke 方法会保存每次订阅的回调 ❸❹，它们用于 AlertWhenImminent 和 NoAlertWhenNotImminent 以模拟来自服务总线的事件。它们使单元测试给人一种漂亮、干净、简洁的感觉，即使在幕后有很多模拟逻辑。请记住，我们甚至不需要工作的服务总线来完成所有测试！

10.4.2 HippoMocks

Google Mock 是最初的 C++ 模拟框架之一，如今它仍然是主流的模拟框架。HippoMocks 是由 Peter Bindels 创建的备用模拟框架。作为一个只有头文件的库，HippoMocks 安装起来很简单，只需从 GitHub (https://github.com/dascandy/hippomocks/) 下载最新版本。我们必须在测试中包含 "hippomocks.h" 头文件。HippoMocks 可以与任何测试框架一起使用。

注意 截至本书发稿时，HippoMocks 的最新版本为 5.0。

要使用 HippoMocks 创建模拟对象，首先要实例化一个 MockRepository 对象。默认情况下，从这个 MockRepository 派生的所有模拟对象都需要严格排序的期望。如果没有按照指定的确切顺序调用每个期望，则严格排序的期望会导致测试失败。通常，这不是我们想要的。要修改此默认行为，请将 MockRepository 上的 autoExpect 字段设置为 false：

```
MockRepository mocks;
mocks.autoExpect = false;
```

现在，我们可以使用 MockRepository 生成 IServiceBus 的模拟对象。这是通过（成员）函数模板 Mock 完成的。此函数将返回一个指向新创建的模拟对象的指针：

```
auto* bus = mocks.Mock<IServiceBus>();
```

这里说明了 HippoMocks 的一个主要卖点：请注意，我们不需要像使用 Google Mock 时所做的那样为模拟 IServiceBus 生成任何包含宏的样板。该框架可以处理普通（vanilla）接口，而无须我们做任何进一步的处理。

设定期望也非常简单。为此，请使用 MockRepository 上的 ExpectCall 宏。ExpectCall 宏有两个参数：一个指向模拟对象的指针和一个指向期望的方法的指针。

```
mocks.ExpectCall(bus, IServiceBus::subscribe_to_speed)
```

这个例子增加了一个期望，即 bus.subscribe_to_speed 将被调用。HippoMocks 有几个匹配器可以添加到这个期望中，相关匹配器见表 10-4。

表 10-4　HippoMocks 匹配器

匹配器	匹配的条件
With(*args*)	调用参数匹配 *args*
Match(*predicate*)	使用调用参数调用 *predicate* 时返回 true
After(*expectation*)	*expectation* 已经得到满足（这对于引用以前注册的调用很有用）

我们可以定义为响应 ExpectCall 而执行的动作，如表 10-5 所示。

表 10-5　HippoMocks 动作

动作	调用时执行的操作
Return(*value*)	将 *value* 返回给调用者
Throw(*exception*)	抛 *exception*
Do(*callable*)	使用调用参数执行 *callable*

默认情况下，HippoMocks 要求只满足一次期望（如 Google Mock 的 .Times(1) 基数）。例如，我们可以通过以下方式表达期望，即 publish 被调用，与此同时 BrakeCommand 的 time_to_collision_s 为 1.0：

```
mocks.ExpectCall❶(bus, IServiceBus::publish)
  .Match❷([](const BrakeCommand& cmd) {
    return cmd.time_to_collision_s == Approx(1); ❸
  });
```

我们使用 ExpectCall 来指定应使用 publish 方法调用 bus❶，并使用 Match 匹配器来优化此期望❷，它接受与 publish 方法相同的参数的谓词——单个 const BrakeCommand 引用。如果 BrakeCommand 的 time_to_collision_s 字段为 1.0，则返回 true；否则，返回 false❸，这是完全兼容的。

> **注意**　从 v5.0 开始，HippoMocks 不再支持近似匹配器。因此，我们使用了 Catch 的 **Approx**❸。

HippoMocks 支持自由函数的函数重载。它还支持方法的重载，但语法不是很顺眼。如果使用 HippoMocks，最好避免接口中的方法重载，因此最好按照下面这样重构 IServiceBus：

```
struct IServiceBus {
  virtual ~IServiceBus() = default;
  virtual void publish(const BrakeCommand&) = 0;
  virtual void subscribe_to_speed(SpeedUpdateCallback) = 0;
  virtual void subscribe_to_car_detected(CarDetectedCallback) = 0;
};
```

> **注意**　一种设计理念指出，在接口中使用重载方法是不可取的，所以如果你认同这种理念，HippoMocks 不支持重载可不可取仍是一个有争议的问题。

现在，subscribe 不再重载，可以使用 HippoMocks 了。代码清单 10-55 使用 HippoMocks 和 Catch 重构了测试套件。

代码清单 10-55　使用 HippoMocks 和 Catch（而不是 Google Mock 和 Google Test）重新实现代码清单 10-54

```
#include "hippomocks.h"
--snip--
TEST_CASE("AutoBrake") {
  MockRepository mocks; ❶
  mocks.autoExpect = false;
  CarDetectedCallback car_detected_callback;
  SpeedUpdateCallback speed_update_callback;
  auto* bus = mocks.Mock<IServiceBus>();
  mocks.ExpectCall(bus, IServiceBus::subscribe_to_speed) ❷
    .Do([&](const auto& x) {
      speed_update_callback = x;
    });
  mocks.ExpectCall(bus, IServiceBus::subscribe_to_car_detected) ❸
    .Do([&](const auto& x) {
    car_detected_callback = x;
  });
  AutoBrake auto_brake{ *bus };

  SECTION("initializes speed to zero") {
    REQUIRE(auto_brake.get_speed_mps() == Approx(0));
  }

  SECTION("initializes sensitivity to five") {
    REQUIRE(auto_brake.get_collision_threshold_s() == Approx(5));
```

```
    }

    SECTION("throws when sensitivity less than one") {
      REQUIRE_THROWS(auto_brake.set_collision_threshold_s(0.5L));
    }

    SECTION("saves speed after update") {
      speed_update_callback(SpeedUpdate{ 100L }); ❹
      REQUIRE(100L == auto_brake.get_speed_mps());
      speed_update_callback(SpeedUpdate{ 50L });
      REQUIRE(50L == auto_brake.get_speed_mps());
      speed_update_callback(SpeedUpdate{ 0L });
      REQUIRE(0L == auto_brake.get_speed_mps());
    }

    SECTION("no alert when not imminent") {
      auto_brake.set_collision_threshold_s(2L);
      speed_update_callback(SpeedUpdate{ 100L }); ❺
      car_detected_callback(CarDetected{ 1000L, 50L });
    }

    SECTION("alert when imminent") {
      mocks.ExpectCall(bus, IServiceBus::publish) ❻
        .Match([](const auto& cmd) {
          return cmd.time_to_collision_s == Approx(1);
        });
  auto_brake.set_collision_threshold_s(10L);
  speed_update_callback(SpeedUpdate{ 100L });
      car_detected_callback(CarDetected{ 100L, 0L });
    }
  }
```

注意 本节将 HippoMocks 与 Catch 结合起来进行演示，但 HippoMocks 可与本章讨论的
所有单元测试框架一起使用。

我们创建 MockRepository❶ 并通过将 autoExpect 设置为 false 来放宽严格的排
序要求。声明两个回调后，创建一个 IServiceBusMock（无须定义模拟类！），然后设置回
调函数与 AutoBrake 挂钩的期望 ❷❸。最后，使用对模拟 bus 的引用创建 auto_brake。

initializes speed to zero、initializes sensitivity to five 和 throws
when sensitivity less than one 测试不需要与模拟对象进一步交互。事实上，作为
一个严格的模拟对象，在不抱怨时 bus 不会让任何进一步的交互发生。因为 HippoMocks
不允许像 Google Mock 这样的漂亮模拟对象，这实际上是代码清单 10-54 和代码清单 10-55
之间的根本区别。

在 saves speed after update 测试中 ❹，我们发出一系列 speed_update_
callback 并断言速度像以前一样正确保存。因为 bus 是一个严格的模拟对象，所以我们
也隐含地断言这里的服务总线不会发生进一步的交互。

在 no alert when not imminent 测试中，不需要更改 speed_update_callback❺。因为模拟对象是严格的（并且我们不希望发布 BrakeCommand），所以不需要进一步的期望。

注意　HippoMocks 在其模拟对象上提供了 NeverCall 方法，它将提高测试的清晰度，如果调用它，则会出现错误。

但是，在 alert when imminent 中，我们期望程序将在 BrakeCommand 上调用 publish，因此我们设置了期望❻。我们使用 Match 匹配器提供一个谓词，以检查 time_to_collision_s 是否等于 1。测试的其余部分与以前一样：向 AutoBrake 发送 SpeedUpdate 事件，随后的 CarDetected 事件会检测到碰撞。

HippoMocks 是一个比 Google Mock 更精简的模拟框架。它需要的"仪式"要少得多，但灵活性要低一些。

注意　HippoMocks 比 Google Mock 更灵活的是可以模拟自由函数。HippoMocks 可以直接模拟自由函数和静态类函数，而 Google Mock 需要重写代码才能使用接口。

10.4.3　其他模拟框架：FakeIt 和 Trompeloeil

还有许多其他优秀的模拟框架可用。但限于篇幅，我们简要地看一下另外两个框架：FakeIt（由 Eran Pe'er 提供，可在 https://github.com/eranpeer/FakeIt/ 获得）和 Trompeloeil（由 Björn Fahller 提供，可在 https://github.com/rollbear/trompeloeil/ 获得）。

在简洁的使用模式方面，FakeIt 类似于 HippoMocks，并且它是一个只包含头文件的库。它的不同之处在于它在构建期望时遵循默认记录模式。FakeIt 不会预先指定期望值，而是在测试结束时验证模拟对象的方法是否被正确调用。当然，动作仍然在开始时指定。

尽管这是一种完全有效的方法，但我更喜欢 Google Mock/HippoMocks 方法，它们在简洁的位置预先指定期望及相关动作。

Trompeloeil（来自法语 trompe-l'œil，意为"欺骗眼睛"）可以被视为 Google Mock 的现代替代品。与 Google Mock 一样，它需要为要模拟的每个接口提供一些包含宏的样板。虽然如此，但我们可以获得许多强大的功能，包括动作，例如设置测试变量、根据调用参数返回值以及禁止特定调用。与 Google Mock 和 HippoMocks 一样，Trompeloeil 要求预先指定期望和动作（更多详细信息，请参阅文档）。

10.5　总结

本章使用为自动驾驶汽车构建自动制动系统的扩展示例来探索 TDD 的基础知识，介绍了测试框架和模拟框架，探讨了使用现有的测试框架和模拟框架的许多好处。本章具体介绍了 Catch、Google Test 和 Boost Test 测试框架。对于模拟框架，本章深入介绍了 Google Mock 和 HippoMocks（简要提及了 FakeIt 和 Trompeloeil）。这些框架中的每一个都有优点和缺点，具体选择哪一个应该主要由哪些框架使你最有效率和生产力决定。

注意　在本书的其余部分，示例将根据单元测试来表达。因此，我必须选择一个框架。我选择了 Catch，原因有几个。首先，Catch 的语法是最简洁的，它很适合书面记录。在头文件库模式下，Catch 的编译速度比 Boost Test 快得多。这可能被认为是对该框架的认可（确实如此），但我无意阻止大家使用 Google Test、Boost Test 或任何其他测试框架。你应该在仔细考虑后做出决定（希望大家进行一些实践）。

练习

10-1. 假设汽车公司已经完成了一项服务，该服务可以根据在路边观察到的标志来检测限速。限速检测团队会定期将以下类型的对象发布到事件总线：

```
struct SpeedLimitDetected {
  unsigned short speed_mps;
}
```

服务总线已扩展，且包含这种新类型：

```
#include <functional>
--snip--
using SpeedUpdateCallback = std::function<void(const SpeedUpdate&)>;
using CarDetectedCallback = std::function<void(const CarDetected&)>;
using SpeedLimitCallback = std::function<void(const SpeedLimitDetected&)>;

struct IServiceBus {
  virtual ~IServiceBus() = default;
  virtual void publish(const BrakeCommand&) = 0;
  virtual void subscribe(SpeedUpdateCallback) = 0;
  virtual void subscribe(CarDetectedCallback) = 0;
  virtual void subscribe(SpeedLimitCallback) = 0;
};
```

使用新接口更新服务并确保测试仍然通过。

10-2. 为最后一个已知的速度限制添加一个私有字段。为该字段实现一个 getter 方法。

10-3. 产品所有者希望将上次已知的速度限制初始化为 39m/s。实施一个单元测试，检查新构建的 AutoBrake，它的最后一个已知速度限制为 39m/s。

10-4. 使单元测试通过。

10-5. 实施单元测试，使用与 SpeedUpdate 和 CarDetected 相同的回调技术发布三个不同的 SpeedLimitDetected 对象。调用每个回调后，检查 AutoBrake 对象的最后一个已知速度限制以确保它匹配。

10-6. 使所有单元测试通过。

10-7. 实施单元测试，其中最后一个已知的速度限制是 35m/s，并且汽车正在以 34m/s 的速度行驶。确保 AutoBrake 没有发布任何 BrakeCommand。

10-8. 使所有单元测试通过。

10-9. 实施单元测试，其中最后一个已知的速度限制为 35m/s，然后发布 SpeedUpdate，新

　　　　速度为 40m/s。确保只发出一个 BrakeCommand。time_to_collision_s 字段应
　　　　等于 0。

10-10. 使所有单元测试通过。

10-11. 实施一个新的单元测试，其中最后一个已知的速度限制是 35m/s，然后发布
　　　　SpeedUpdate，新速度为 30m/s。然后发出 SpeedLimitDetected，其中
　　　　speed_mps 为 25m/s。确保只发出一个 BrakeCommand。time_to_collision_
　　　　s 字段应等于 0。

10-12. 使所有单元测试通过。

拓展阅读

- *Specification by Example* by Gojko Adzic (Manning, 2011)
- *BDD in Action* by John Ferguson Smart (Manning, 2014)
- *Optimized C++: Proven Techniques for Heightened Performance* by Kurt Guntheroth (O'Reilly, 2016)
- *Agile Software Development and Agile Principles, Patterns, and Practices in C#* by Robert C. Martin (Prentice Hall, 2006)
- *Test-Driven Development: By Example* by Kent Beck (Pearson, 2002)
- *Growing Object-Oriented Software, Guided by Tests* by Steve Freeman and Nat Pryce (Addison-Wesley, 2009)
- "Editor war." *https://en.wikipedia.org/wiki/Editor_war*
- "Tabs versus Spaces: An Eternal Holy War" by Jamie Zawinski. *https://www.jwz.org/doc/tabs-vs-spaces.html*
- "Is TDD dead?" by Martin Fowler. *https://martinfowler.com/articles/is-tdd-dead/*

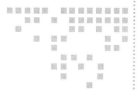

第 11 章 *Chapter 11*

智 能 指 针

如果你想把一些小事做正确，那么就亲自动手。但如果你想做一些能产生重大影响的大事，那么就要学会授权。

——John C. Maxwell

本章将探索 stdlib 和 Boost 库。这些库包含一组智能指针，它们可以管理第 4 章提到的 RAII 范式的动态对象。它们还推动了编程语言中最强大的资源管理模型。由于一些智能指针使用分配器来自定义动态内存分配方式，因此本章将概述如何提供用户自定义分配器。

11.1　智能指针概述

动态对象具有最灵活的生命周期。巨大的灵活性伴随着巨大的责任，因为我们必须确保每个动态对象只被销毁一次。对于小程序，这可能看起来并不令人生畏，但外表可能具有欺骗性。只需考虑异常因素如何影响动态内存管理。每次发生错误或异常时，我们都需要跟踪已成功进行的分配，并确保以正确的顺序释放它们。

幸运的是，我们可以使用 RAII 来处理这种乏味的事情。通过在 RAII 对象的构造函数中获取动态存储空间并在析构函数中释放动态存储空间，就相对不容易出现动态内存泄漏（或重复释放）的情况。这使我们能够使用移动语义和复制语义管理动态对象生命周期。我们可以自己编写这些 RAII 对象，但也可以使用一些被称为智能指针的优秀预写实现。智能指针是类模板，其行为类似于指针，可以为动态对象实现 RAII。

本节深入研究 stdlib 和 Boost 中包含的五种可用指针：作用域指针、独占指针、共享指针、弱指针和侵入式指针。它们的所有权模型区分了这五个智能指针类别。

11.2　智能指针所有权

每个智能指针都有一个所有权模型，该所有权模型用于指定指针与动态分配的对象的关系。当智能指针拥有一个对象时，智能指针的生命周期保证至少与对象的生命周期一样长。换句话说，当使用智能指针时，我们可以不用担心被指向的对象已被销毁，并且被指向的对象不会泄漏。智能指针管理它拥有的对象，因此我们不用担心忘记销毁它，这要归功于 RAII。

在考虑使用哪个智能指针时，所有权要求决定了你的选择。

11.3　作用域指针

作用域指针表示对单个动态对象的不可转移的、专属的所有权。不可转移意味着作用域内的指针不能移动到另一个作用域。专属所有权意味着它们不能被复制，因此没有其他智能指针可以拥有作用域指针的动态对象的所有权。（回忆一下 4.1.2 节，对象的作用域是它对程序可见的区域。）

boost::scoped_ptr 在 <boost/smart_ptr/scoped_ptr.hpp> 头文件中定义。

注意　stdlib 没有作用域指针。

11.3.1　构造

boost::scoped_ptr 接受一个模板参数，该参数对应于指向的类型，如 boost::scoped_ptr<int> 中作用域指针"指向的"int 类型。

所有的智能指针，包括作用域指针，都有两种模式：空的和满的。空智能指针不拥有任何对象，大致类似于 nullptr。当智能指针被默认构造时，它的生命周期是空的。

作用域指针提供了一个接受原始指针（指向的类型必须与模板参数匹配）的构造函数。这将创建一个满作用域指针。习惯用法是使用 new 创建动态对象并将结果传递给构造函数，如下所示：

```
boost::scoped_ptr<PointedToType> my_ptr{ new PointedToType };
```

这一行代码动态分配一个 PointedToType，并将其指针传递给作用域指针构造函数。

11.3.2　引入 Oath Breaker

为了探索作用域指针，我们创建一个 Catch 单元测试套件和一个 DeadMenOfDunharrow 类来跟踪有多少对象存在，如代码清单 11-1 所示。

代码清单 11-1　使用 DeadMenOfDunharrow 类设置 Catch 单元测试套件以探索作用域指针

```
#define CATCH_CONFIG_MAIN ❶
#include "catch.hpp" ❷
```

```
#include <boost/smart_ptr/scoped_ptr.hpp> ❸

struct DeadMenOfDunharrow { ❹
  DeadMenOfDunharrow(const char* m="") ❺
    : message{ m } {
    oaths_to_fulfill++; ❻
  }
  ~DeadMenOfDunharrow() {
    oaths_to_fulfill--; ❼
  }
  const char* message;
  static int oaths_to_fulfill;
};
int DeadMenOfDunharrow::oaths_to_fulfill{};
using ScopedOathbreakers = boost::scoped_ptr<DeadMenOfDunharrow>; ❽
```

首先，声明 CATCH_CONFIG_MAIN 以便 Catch 提供一个入口点 ❶ 并包含 Catch 头文件 ❷，然后包含 Boost 作用域指针的头文件 ❸。其次，声明 DeadMenOfDunharrow 类 ❹，该类接受一个可选的以空字符结尾的字符串，该字符串保存到 message 字段 ❺。名为 oaths_to_fulfill 的静态 int 字段跟踪已构造的 DeadMenOfDunharrow 对象的数量。因此，在构造函数中递增 oaths_to_fulfill ❻，在析构函数中递减 oaths_to_fulfill ❼。最后，为了方便起见，声明 ScopedOathbreakers 类型别名 ❽。

CATCH 示例

从现在开始，我们将在大多数示例中使用 Catch 单元测试。为了简洁起见，示例将省略以下 Catch 仪式性步骤：

```
#define CATCH_CONFIG_MAIN
#include "catch.hpp"
```

所有包含 TEST_CASE 的示例都需要预先放置上述代码。此外，除非注释另有说明，否则每个示例中的每个测试用例都是通过的。同样，为了简洁起见，示例省略了所有测试通过输出。最后，为了简洁起见，使用上一示例的用户自定义类型、函数和变量的测试将省略它们。

11.3.3　基于所有权的隐式布尔转换

有时，我们需要确定作用域指针是否拥有一个对象或它是否为空。方便的是，scoped_ptr 可根据其所有权状态隐式转换为布尔值：如果拥有对象，则为 true；否则为 false。代码清单 11-2 说明了这种隐式转换行为是如何发生的。

代码清单 11-2　boost::scoped_ptr 隐式转换为布尔值

```
TEST_CASE("ScopedPtr evaluates to") {
  SECTION("true when full") {
```

```
ScopedOathbreakers aragorn{ new DeadMenOfDunharrow{} }; ❶
REQUIRE(aragorn); ❷
}
SECTION("false when empty") {
ScopedOathbreakers aragorn; ❸
REQUIRE_FALSE(aragorn); ❹
}
```

当使用接受指针的构造函数时 ❶，该 scoped_ptr 转换为 true❷。当使用默认构造函数时 ❸，该 scoped_ptr 会转换为 false❹。

11.3.4　RAII 包装器

当 scoped_ptr 拥有一个动态对象时，它将确保适当的动态对象管理。在 scoped_ptr 析构函数中，它会检查它是否拥有一个对象。如果拥有，在 scoped_ptr 析构函数中将删除动态对象。代码清单 11-3 通过研究两次作用域指针初始化期间的静态 oaths_to_fulfill 变量来说明这种行为。

代码清单 11-3　boost::scoped_ptr 是一个 RAII 包装器

```
TEST_CASE("ScopedPtr is an RAII wrapper.") {
  REQUIRE(DeadMenOfDunharrow::oaths_to_fulfill == 0); ❶
  ScopedOathbreakers aragorn{ new DeadMenOfDunharrow{} }; ❷
  REQUIRE(DeadMenOfDunharrow::oaths_to_fulfill == 1); ❸
  {
    ScopedOathbreakers legolas{ new DeadMenOfDunharrow{} }; ❹
    REQUIRE(DeadMenOfDunharrow::oaths_to_fulfill == 2); ❺
  } ❻
  REQUIRE(DeadMenOfDunharrow::oaths_to_fulfill == 1); ❼
}
```

在测试开始时,oaths_to_fulfill 为 0，因为我们还没有构造任何 DeadMenOfDunharrow❶。接着，我们构造作用域指针 aragorn 并传入一个指向动态 DeadMenOfDunharrow 对象的指针 ❷。这时 oaths_to_fulfill 增加到 1❸。在嵌套作用域内，我们声明另一个作用域指针 legolas❹。因为 aragorn 还存在，所以 oaths_to_fulfill 现在是 2❺。一旦内部作用域关闭，legolas 就会脱离作用域并销毁一个 DeadMenOfDunharrow❻。这时 DeadMenOfDunharrow 减至 1 个 ❼。

11.3.5　指针语义

为方便起见，scoped_ptr 实现了解引用 operator* 和成员解引用 operator->，它们只是将调用委托给拥有的动态对象。我们甚至可以使用 get 方法从 scoped_ptr 中提取原始指针，如代码清单 11-4 所示。

代码清单 11-4　boost::scoped_ptr 支持指针语义

```
TEST_CASE("ScopedPtr supports pointer semantics, like") {
  auto message = "The way is shut";
```

```
ScopedOathbreakers aragorn{ new DeadMenOfDunharrow{ message } }; ❶
SECTION("operator*") {
  REQUIRE((*aragorn).message == message); ❷
}
SECTION("operator->") {
  REQUIRE(aragorn->message == message); ❸
}
SECTION("get(), which returns a raw pointer") {
  REQUIRE(aragorn.get() != nullptr); ❹
}
}
```

使用值为 The way is shut 的 message 构造作用域指针 aragorn❶，我们在三个不同的场景中使用它来测试指针语义。首先，我们可以使用 operator* 解引用指向的底层动态对象。在本例中，我们解引用 aragorn 并提取 message 以验证它是否匹配❷。我们还可以使用 operator-> 执行成员解引用❸。最后，如果想要一个指向动态对象的原始指针，则可以使用 get 方法来获取它❹。

11.3.6　与 nullptr 比较

scoped_ptr 类模板实现了比较运算符 operator== 和 operator!=，它们仅在比较 scoped_ptr 和 nullptr 时定义。从功能上讲，这与隐式布尔转换基本相同，如代码清单 11-5 所示。

代码清单 11-5　boost::scoped_ptr 支持与 nullptr 进行比较

```
TEST_CASE("ScopedPtr supports comparison with nullptr") {
  SECTION("operator==") {
    ScopedOathbreakers legolas{};
    REQUIRE(legolas == nullptr); ❶
  }
  SECTION("operator!=") {
    ScopedOathbreakers aragorn{ new DeadMenOfDunharrow{} };
    REQUIRE(aragorn != nullptr); ❷
  }
}
```

空作用域指针等于 (==) nullptr❶，而满作用域指针不等于 (!=) nullptr❷。

11.3.7　交换

有时，我们希望将 scoped_ptr 拥有的动态对象与另一个 scoped_ptr 拥有的动态对象进行交换。这称为对象交换（swap），而且 scoped_ptr 包含实现此行为的 swap 方法，如代码清单 11-6 所示。

代码清单 11-6　boost::scoped_ptr 支持 swap

```
TEST_CASE("ScopedPtr supports swap") {
  auto message1 = "The way is shut.";
```

```
auto message2 = "Until the time comes.";
ScopedOathbreakers aragorn {
  new DeadMenOfDunharrow{ message1 } ❶
};
ScopedOathbreakers legolas {
  new DeadMenOfDunharrow{ message2 } ❷
};
aragorn.swap(legolas); ❸
REQUIRE(legolas->message == message1); ❹
REQUIRE(aragorn->message == message2); ❺
}
```

我们构造了两个 scoped_ptr 对象：aragorn❶ 和 legolas❷，每个对象都有不同的 message。在 aragorn 和 legolas 之间执行对象交换后 ❸，它们会交换动态对象。当在交换后提取它们的 message 时，我们可以发现它们已经交换了 ❹❺。

11.3.8　重置和替换 scoped_ptr

我们很少会想在 scoped_ptr 消亡之前销毁其拥有的对象。例如，我们可能希望用新的动态对象替换其拥有的对象。scoped_ptr 的重载 reset 方法可以处理这两项任务。

如果不提供任何参数，reset 只会销毁拥有的对象。

如果将新的动态对象作为参数，reset 将首先销毁当前拥有的对象，然后获得该参数的所有权。代码清单 11-7 说明了这种行为，每个场景都有一个测试。

代码清单 11-7　boost::scoped_ptr 支持 reset

```
TEST_CASE("ScopedPtr reset") {
  ScopedOathbreakers aragorn{ new DeadMenOfDunharrow{} }; ❶
  SECTION("destructs owned object.") {
    aragorn.reset(); ❷
    REQUIRE(DeadMenOfDunharrow::oaths_to_fulfill == 0); ❸
  }
  SECTION("can replace an owned object.") {
    auto message = "It was made by those who are Dead.";
    auto new_dead_men = new DeadMenOfDunharrow{ message }; ❹
    REQUIRE(DeadMenOfDunharrow::oaths_to_fulfill == 2); ❺
    aragorn.reset(new_dead_men); ❻
    REQUIRE(DeadMenOfDunharrow::oaths_to_fulfill == 1); ❼
    REQUIRE(aragorn->message == new_dead_men->message); ❽
    REQUIRE(aragorn.get() == new_dead_men); ❾
  }
}
```

两个测试的第一步都是构造拥有 DeadMenOfDunharrow 的作用域指针 aragorn❶。在第一个测试中，调用 reset 方法时不提供参数 ❷。这会导致作用域指针销毁其拥有的对象，并且 oaths_to_fulfill 递减为 0❸。

在第二个测试中，我们使用自定义的 message 创建新的、动态分配的 new_dead_men❹。此时 oaths_to_fill 增加到 2，因为 aragorn 还存在 ❺。接着，我们将 new_ dead_men 作为参数调用 reset 方法 ❻，它会做两件事：

- ❑ 它会导致 aragorn 拥有的原始 DeadMenOfDunharrow 被销毁，此时 oaths_ to_fulfill 递减为 1❼。
- ❑ 将 new_dead_men 作为 aragorn 拥有的动态对象。当解引用 message 字段时，请注意它与 new_dead_men 保存的 message 匹配 ❽（同样，调用 aragorn. get()，则得到 new_dead_men❾）。

11.3.9　不可转移性

我们不能移动或复制 scoped_ptr，它是不可转移的。代码清单 11-8 说明了尝试移动或复制 scoped_ptr 将导致程序无效。

代码清单 11-8　boost::scoped_ptr 是不可转移的（此代码无法编译）

```
void by_ref(const ScopedOathbreakers&) { } ❶
void by_val(ScopedOathbreakers) { } ❷

TEST_CASE("ScopedPtr can") {
  ScopedOathbreakers aragorn{ new DeadMenOfDunharrow };
  SECTION("be passed by reference") {
    by_ref(aragorn); ❸
  }
  SECTION("not be copied") {
    // DOES NOT COMPILE:
    by_val(aragorn); ❹
    auto son_of_arathorn = aragorn; ❺
  }
  SECTION("not be moved") {
    // DOES NOT COMPILE:
    by_val(std::move(aragorn)); ❻
    auto son_of_arathorn = std::move(aragorn); ❼
  }
}
```

首先，我们声明了通过引用 ❶ 和值 ❷ 获取 scoped_ptr 的假函数。我们仍然可以通过引用传递 scoped_ptr❸，但尝试通过值传递 scoped_ptr 将无法编译 ❹。此外，尝试使用 scoped_ptr 复制构造函数或复制赋值运算符将无法编译 ❺。另外，如果尝试使用 std::move 移动 scoped_ptr，代码也将无法编译 ❻❼。

注意　一般来说，与使用原始指针相比，使用 boost::scoped_ptr 不会产生任何开销。

11.3.10　boost::scoped_array

boost::scoped_array 是动态数组的作用域指针。它支持与 boost::scoped_ptr 相同的用法，但它还实现了 operator[]，因此我们可以像处理原始数组一样与作用域数组的元素进行交互。代码清单 11-9 说明了这个附加功能。

代码清单 11-9 boost::scoped_array 实现了 operator[ ]

```
TEST_CASE("ScopedArray supports operator[]") {
  boost::scoped_array<int❶> squares{
    new int❷[5] { 0, 4, 9, 16, 25 }
  };
  squares[0] = 1; ❸
  REQUIRE(squares[0] == 1); ❹
  REQUIRE(squares[1] == 4);
  REQUIRE(squares[2] == 9);
}
```

使用单个模板参数，我们可以像声明 scoped_ptr 一样声明 scoped_array❶。对于 scoped_array，模板参数是数组包含的类型 ❷，而不是数组类型。我们将一个动态数组传给 squares 的构造函数，使动态数组 squares 成为数组所有者。这样就可以使用 operator[] 来写入元素 ❸ 和读取元素 ❹。

11.3.11 支持的部分操作

截至目前，我们已经介绍了作用域指针的主要特性。作为参考，表 11-1 列出了所有讨论过的运算符，以及一些尚未涉及的运算符，其中 ptr 是原始指针，s_ptr 是作用域指针。更多信息，请参考 Boost 文档。

表 11-1 所有支持的 boost::scoped_ptr 操作

操作	说明
scoped_ptr<...>{ } scoped_ptr <...>{ nullptr }	创建一个空作用域指针
scoped_ptr <...>{ ptr }	创建一个拥有由 ptr 指向的动态对象的作用域指针
~scoped_ptr<...>()	如果是满作用域指针，则在拥有的对象上调用 delete
s_ptr1.swap(s_ptr2)	s_ptr1 和 s_ptr2 交换拥有的对象
swap(s_ptr1,s_ptr2)	与 swap 方法相同的自由函数
s_ptr.reset()	如果是满作用域指针，则对 s_ptr 拥有的对象调用 delete
s_ptr.reset(ptr)	删除当前拥有的对象，然后取得 ptr 的所有权
ptr = s_ptr.get()	返回原始指针 ptr；s_ptr 保留所有权
*s_ptr	对拥有的对象进行解引用
s_ptr->	对拥有的对象进行成员解引用
bool{ s_ptr }	布尔转换：若为满作用域指针则为 true，若为空作用域指针则为 false

11.4 独占指针

独占指针对单个动态对象具有可转移的专属所有权。我们可以移动独占指针，这说明它们是可转移的。它们还拥有对对象的专属所有权，因此它们无法被复制。stdlib 在 `<memory>` 头文件中定义了一个 `unique_ptr` 作为独占指针。

> **注意**　Boost 不提供独占指针。

11.4.1　构造

`std::unique_ptr` 接受与指向的类型相对应的单个模板参数，如 `std::unique_ptr<int>` 代表"指向 `int` 类型"的独占指针。

与作用域指针一样，独占指针也有一个默认构造函数，该构造函数将独占指针初始化为空。它还提供了一个接受原始指针的构造函数，该指针获得所指向的动态对象的所有权。一种构造方法是使用 `new` 创建一个动态对象并将结果传递给构造函数，如下所示：

```
std::unique_ptr<int> my_ptr{ new int{ 808 } };
```

另一种方法是使用 `std::make_unique` 函数。`make_unique` 函数是一个模板，它接受所有参数并将它们传递给模板参数的适当构造函数。这消除了 `new` 的使用需求。使用 `std::make_unique`，我们可以将前面的对象初始化重写为：

```
auto my_ptr = make_unique<int>(808);
```

创建 `make_unique` 函数是为了避免一些非常不易察觉的内存泄漏，当使用以前的 C++ 版本的 `new` 时，便会发生这种内存泄漏情况。但是，在最新版本的 C++ 中，内存泄漏不再发生。使用哪种构造函数主要取决于个人偏好。

11.4.2　支持的操作

`boost::scoped_ptr` 支持的每个操作 `std::unique_ptr` 函数也支持。例如，我们可以使用以下类型别名作为代码清单 11-1～代码清单 11-7 中 ScopedOathbreakers 的替代：

```
using UniqueOathbreakers = std::unique_ptr<DeadMenOfDunharrow>;
```

独占指针和作用域指针之间的主要区别之一是独占指针可以移动，因为它们是可转移的。

11.4.3　可转移的专属所有权

独占指针不仅可以转移，而且拥有专属所有权（我们不能复制它们）。代码清单 11-10 说明了如何使用 `unique_ptr` 的移动语义。

代码清单 11-10　`std::unique_ptr` 支持转移所有权的移动语义

```
TEST_CASE("UniquePtr can be used in move") {
  auto aragorn = std::make_unique<DeadMenOfDunharrow>(); ❶
  SECTION("construction") {
    auto son_of_arathorn{ std::move(aragorn) }; ❷
```

```
    REQUIRE(DeadMenOfDunharrow::oaths_to_fulfill == 1); ❸
  }
  SECTION("assignment") {
    auto son_of_arathorn = std::make_unique<DeadMenOfDunharrow>(); ❹
    REQUIRE(DeadMenOfDunharrow::oaths_to_fulfill == 2); ❺
    son_of_arathorn = std::move(aragorn); ❻
    REQUIRE(DeadMenOfDunharrow::oaths_to_fulfill == 1); ❼
  }
}
```

此示例创建了一个名为 aragorn 的 unique_ptr❶，它可以在两个单独的测试中使用。
在第一个测试中，我们使用 std::move 将 aragorn 移动到 son_of_arathorn 的
移动构造函数中❷。因为 aragorn 将 DeadMenOfDunharrow 的所有权转移给了 son_
of_arathorn，所以 oaths_to_fulfill 对象的值仍然是 1❸。

第二个测试通过 make_unique 构造 son_of_arathorn❹，此时 oaths_to_fulfill
为 2❺。我们使用移动赋值运算符将 aragorn 移动到 son_of_arathorn 中 ❻。同样，
aragorn 将所有权转移给 son_of_arathorn。因为 son_of_arathorn 一次只能拥有
一个动态对象，所以移动赋值运算符会在清空 aragorn 的动态对象之前销毁当前拥有的对
象。这导致 oaths_to_fulfill 递减为 1❼。

11.4.4　独占数组

与 boost::scoped_ptr 不同，std::unique_ptr 支持内置的动态数组。只需将
数组类型作为独占指针类型中的模板参数，比如 std::unique_ptr<int[]>。

不使用动态数组 T[] 初始化 std::unique_ptr<T> 是非常重要的。这样做会导致未
定义行为，因为这将导致对数组使用 delete 方法（而不是 delete[]）。编译器也补救不
了，因为 operator new[] 返回的指针与 operator new 返回的指针编译器区分不了。

与 scoped_array 一样，数组类型的 unique_ptr 提供用于访问元素的 operator[]，
如代码清单 11-11 所示。

代码清单 11-11　数组类型的 std::unique_ptr 支持 operator[]

```
TEST_CASE("UniquePtr to array supports operator[]") {
  std::unique_ptr<int[]❶> squares{
    new int[5]{ 1, 4, 9, 16, 25 } ❷
  };
  squares[0] = 1; ❸
  REQUIRE(squares[0] == 1); ❹
  REQUIRE(squares[1] == 4);
  REQUIRE(squares[2] == 9);
}
```

模板参数 int[]❶ 表示 std::unique_ptr 拥有一个动态数组。我们传入一个新创
建的动态数组 ❷，然后使用 operator[] 来设置第一个元素 ❸，最后使用 operator[]
来获取元素 ❹。

11.4.5 删除器

std::unique_ptr 有第二个可选的模板参数，称为删除器类型。当独占指针需要销毁拥有的对象时，就会调用删除器。

unique_ptr 实例包含以下模板参数：

std::unique_ptr<T, Deleter=std::default_delete<T>>

两个模板参数分别是 T（拥有的动态对象的类型）和 Deleter（负责释放拥有的对象的对象类型）。默认情况下，Deleter 是 std::default_delete<T>，它在动态对象上调用 delete 或 delete[]。

如需自定义删除器，只需要一个用参数 T* 调用的函数或函数对象（独占指针将忽略删除器的返回值）。我们将此删除器作为第二个参数传递给独占指针的构造函数，如代码清单 11-12 所示。

代码清单 11-12　将自定义删除器传给独占指针

```
#include <cstdio>

auto my_deleter = [](int* x) { ❶
  printf("Deleting an int at %p.", x);
  delete x;
};
std::unique_ptr<int❷, decltype(my_deleter)❸> my_up{
  new int,
  my_deleter
};
```

拥有的对象类型是 int❷，因此我们声明了一个接受 int* 的 my_deleter 函数对象 ❶。我们可以使用 decltype 来设置删除器模板参数 ❸。

11.4.6 自定义删除器和系统编程

当 delete 提供不了我们需要的资源释放行为时，就可以使用自定义删除器。在某些情况下，我们永远不需要自定义删除器。但在其他领域，例如系统编程，你可能会发现它们非常有用。考虑一个简单的示例，其中我们使用 <cstdio> 头文件中的 fopen、fprintf 和 fclose 等底层 API 来管理文件。

fopen 函数将打开一个文件并且具有以下签名：

FILE*❶ fopen(const char *filename❷, const char *mode❸);

成功时，fopen 返回一个非 nullptr 值的 FILE*❶。失败时，fopen 返回 nullptr 并将静态 int 变量 errno 设置为错误码，例如访问被拒绝（EACCES=13）或文件不存在（ENOENT=2）。

注意　如需获取所有错误条件及其相应 int 值，请参考 errno.h 头文件。

FILE* 文件句柄是对操作系统管理的文件的引用。句柄（handle）是对操作系统中某些非透明资源的抽象引用。fopen 函数有两个参数：filename❷（想打开的文件的路径）和 mode❸（表 11-2 中所示的六个选项之一）。

表 11-2　fopen 的六种 mode 选项

字符串	操作	文件存在	文件不存在	说明
r	读		fopen 失败	
w	写	覆写	创建它	如果文件存在，则丢弃所有内容
a	追加		创建它	始终写入文件末尾
r+	读 / 写		fopen 失败	
w+	读 / 写	覆写	创建它	如果文件存在，则丢弃所有内容
a+	读 / 写		创建它	始终写入文件末尾

使用完文件后，我们必须使用 fclose 手动关闭该文件。不关闭文件句柄通常会导致资源泄漏，如下所示：

```
void fclose(FILE* file);
```

我们可以使用 fprintf 函数写入文件，该函数类似于 printf，只不过 fprintf 将内容打印到文件而不是控制台。fprintf 函数的用法与 printf 相同，只不过需要在格式字符串之前将文件句柄作为第一个参数：

```
int❶ fprintf(FILE* file❷, const char* format_string❸, ...❹);
```

成功时，fprintf 返回写入打开的文件 ❷ 的字符数 ❶。format_string 与 printf 的格式字符串相同 ❸，可变参数也相同 ❹。

我们可以将 std::unique_ptr 用于 FILE。显然，当准备关闭文件时，我们不想在 FILE* 文件句柄上调用 delete。相反，我们需要使用 fclose 来关闭。因为 fclose 是一个接受 FILE* 的函数，所以它是一个合适的删除器。

在代码清单 11-13 中，程序将字符串 HELLO, DAVE. 写入文件 HAL9000 并使用独占指针对打开的文件进行资源管理。

代码清单 11-13　使用 std::unique_ptr 和自定义删除器来管理文件句柄的程序

```
#include <cstdio>
#include <memory>

using FileGuard = std::unique_ptr<FILE, int(*)(FILE*)>; ❶

void say_hello(FileGuard file❷) {
  fprintf(file.get(), "HELLO DAVE"); ❸
}

int main() {
  auto file = fopen("HAL9000", "w"); ❹
```

```
if (!file) return errno; ❺
FileGuard file_guard{ file, fclose }; ❻
// File open here
say_hello(std::move(file_guard)); ❼
// File closed here
return 0;
}
```

为简洁起见，它使用 FileGuard 类型别名 ❶（注意，删除器类型与 fclose 的类型匹配）。接下来是 say_hello 函数，它按值接受 FileGuard❷。在 say_hello 中，使用 fprintf 将 HELLO DAVE 输出到 file❸。因为 file 的生命周期绑定到了 say_hello，所以一旦 say_hello 返回，文件就会关闭。在 main 函数中，以 w 模式打开文件 HAL9000，这将创建或覆盖该文件，并将原始 FILE* 文件句柄保存到 file 中❹。检查 file 是否为 nullptr，若为 nullptr，则表示发生了错误，同时如果 HAL9000 无法打开，则返回 errno❺。接下来，通过传递文件句柄 file 和自定义删除器 fclose 来构造 FileGuard❻。此时，文件已打开，并且由于其自定义删除器，file_guard 会自动管理文件的生命周期。

要调用 say_hello，需要将所有权转移到该函数中（因为它需要按值获取 FileGuard）❼。回忆一下 4.6.2 节，像 file_guard 这样的变量是左值。这意味着我们必须使用 std::move 将其移动到 say_hello 中，它将 HELLO DAVE 写入文件。如果省略 std::move，编译器会尝试将其复制到 say_hello 中。因为 unique_ptr 有一个已删除的复制构造函数，所以这会产生编译错误。

当 say_hello 返回时，它的 FileGuard 参数会销毁，自定义删除器会在文件句柄上调用 fclose。基本上，文件句柄不可能泄漏。我们已将其与 FileGuard 的生命周期绑定在一起。

11.4.7　支持的部分操作

表 11-3 列出了 std::unique_ptr 支持的所有操作，其中 ptr 是原始指针，u_ptr 是独占指针，del 是删除器。

表 11-3　std::unique_ptr 支持的所有操作

操作	说明
unique_ptr<...>{ } unique_ptr<...>{ nullptr }	使用 std::default_delete<...> 删除器创建空独占指针
unique_ptr<...>{ ptr }	创建一个拥有由 ptr 指向的动态对象的独占指针。使用 std::default_delete<...> 删除器
unique_ptr<...>{ ptr, del }	创建一个拥有由 ptr 指向的动态对象的独占指针。使用 del 作为删除器
unique_ptr<...>{ move(u_ptr) }	创建一个独占指针，该独占指针拥有由 u_ptr 指向的动态对象。将所有权从 u_ptr 转移到新创建的独占指针，同时移动 u_ptr 的删除器

（续）

操作	说明
~unique_ptr<...>()	如果不为空，则在拥有的对象上调用删除器
u_ptr1 = move(u_ptr2)	将拥有对象的所有权和删除器从 **u_ptr2** 转移到 **u_ptr1**。如果不为空，则销毁当前拥有的对象
u_ptr1.swap(u_ptr2)	在 **u_ptr1** 和 **u_ptr2** 之间交换拥有的对象和删除器
swap(u_ptr1, u_ptr2)	与 swap 方法相同的自由函数
u_ptr.reset()	如果不为空，调用对象的删除器，该对象被 **u_ptr** 拥有
u_ptr.reset(ptr)	删除当前拥有的对象，然后获得 **ptr** 的所有权
ptr = u_ptr.release()	返回原始指针 **ptr**；**u_ptr** 变为空。删除器不会被调用
ptr = u_ptr.get()	返回原始指针 **ptr**；**u_ptr** 保留所有权
*u_ptr	对拥有的对象进行解引用
u_ptr->	对拥有的对象进行成员解引用
u_ptr[index]	引用 **index** 处的元素（仅限数组）
bool{ u_ptr }	布尔转换：如果不为空，则为 true；如果为空，则为 false
u_ptr1 == u_ptr2 u_ptr1 != u_ptr2 u_ptr1 > u_ptr2 u_ptr1 >= u_ptr2 u_ptr1 < u_ptr2 u_ptr1 <= u_ptr2	比较运算符；相当于在原始指针上进行比较运算
u_ptr.get_deleter()	返回对删除器的引用

11.5 共享指针

共享指针拥有对单个动态对象的可转移非专属所有权。共享指针可以移动，这说明它们可以转移，它们也可以复制，这说明它们的所有权是非专属的。

非专属所有权意味着 shared_ptr 在销毁对象之前需要检查是否还有其他 shared_ptr 对象拥有该对象。这样，就由最后一个所有者负责释放拥有的对象。

stdlib 在 <memory> 头文件中定义了 std::shared_ptr，Boost 在 <boost/smart_ptr/shared_ptr.hpp> 头文件中定义了 boost::shared_ptr。在这里，我们将使用 stdlib 的版本。

注意　stdlib 和 Boost 的 shared_ptr 在本质上是相同的，但值得注意的是 Boost 的共享指针不支持数组，并且我们需要使用 <boost/smart_ptr/shared_array.hpp> 中的 boost::shared_array 类。由于遗留原因，Boost 提供了这个共享指针，但你应该使用 stdlib 的共享指针。

11.5.1 构造

std::shared_ptr 指针支持所有与 std::unique_ptr 相同的构造函数。默认构造函数生成空的共享指针。要建立动态对象的所有权，可以将指针传递给 shared_ptr 构造函数，如下所示：

```
std::shared_ptr<int> my_ptr{ new int{ 808 } };
```

此外，还有相应的 std::make_shared 模板函数，它将参数转发给指向类型的构造函数：

```
auto my_ptr = std::make_shared<int>(808);
```

通常，我们应该使用 make_shared。共享指针需要一个控制块，它跟踪多个量，包括共享所有者的数量。当使用 make_shared 时，可以同时分配控制块和拥有的动态对象。如果首先使用 operator new，然后分配一个共享指针，那么其实进行了两次分配而不是一次。

注意　有时，我们可能希望避免使用 make_shared。例如，如果使用 weak_ptr，即使可以释放对象，也仍然要留着控制块。在这种情况下，有两次分配可能更好。

因为控制块是动态对象，shared_ptr 对象有时需要分配动态对象。如果想控制 shared_ptr 的分配方式，则可以重写 operator new。但这就像用大炮打麻雀。一种更合适的方法是提供一个可选的模板参数——称为分配器类型。

11.5.2 指定分配器

分配器负责分配、创建、销毁和释放对象。默认分配器 std::allocator 是在 <memory> 头文件中定义的模板类。默认分配器从动态存储空间中分配内存并接受模板参数（11.9 节将介绍如何使用用户自定义分配器自定义此行为）。

shared_ptr 构造函数和 make_shared 都有一个分配器类型模板参数，总共有三个模板参数：指向类型（pointed-to type）、删除器类型和分配器类型。由于复杂的原因，我们只需要声明指向类型参数。我们可以认为其他参数类型可从指向类型推导出来。

例如，这里有一个完整的 make_shared 调用，包括构造函数参数、自定义删除器和显式 std::allocator：

```
std::shared_ptr<int❶> sh_ptr{
  new int{ 10 }❷,
  [](int* x) { delete x; } ❸,
  std::allocator<int>{} ❹
};
```

此时，我们为指向类型指定一个模板参数 int❶。在第一个参数中，分配并初始化一个 int 对象 ❷。接着是一个自定义删除器 ❸。作为第三个参数，我们传入一个 std::allocator❹。

出于技术原因，我们不能在 make_shared 中使用自定义删除器或自定义分配器。如果想使用自定义分配器，可以使用 make_shared 的姊妹函数 std::allocate_ shared。std::allocate_shared 函数将分配器作为第一个参数，并将剩余的参数转发给拥有的对象的构造函数：

```
auto sh_ptr = std::allocate_shared<int❶>(std::allocator<int>{}❷, 10❸);
```

与 make_shared 一样，我们将拥有的类型指定为模板参数 ❶，但将分配器作为第一个参数传递 ❷。其余的参数转发给 int 的构造函数 ❸。

> **注意** 以下是不能在 make_shared 中使用自定义删除器的两个原因。首先，make_shared 使用 new 为拥有的对象和控制块分配空间。适配 new 的删除器是 delete，因此通常自定义删除器不合适。其次，自定义删除器一般不知道如何处理控制块，只能处理拥有的对象。

我们无法使用 make_shared 或 allocate_shared 指定自定义删除器。如果要使用带有共享指针的自定义删除器，则必须直接使用一个适当的 shared_ptr 构造函数。

11.5.3　支持的操作

std::shared_ptr 支持 std::unique_ptr 和 boost::scoped_ptr 支持的每个操作。我们可以使用以下类型别名作为代码清单 11-1~代码清单 11-7 中 ScopedOathbreakers 和代码清单 11-10~代码清单 11-13 中 UniqueOathbreakers 的替代：

```
using SharedOathbreakers = std::shared_ptr<DeadMenOfDunharrow>;
```

共享指针和独占指针之间的主要功能区别在于共享指针可以复制。

11.5.4　可转移的非专属所有权

共享指针是可转移的（它们可以移动），并且它们具有非专属所有权（它们可以复制）。代码清单 11-10 说明了独占指针的移动语义，对于共享指针也是一样的。代码清单 11-14 演示了共享指针也支持复制语义。

代码清单 11-14　std::shared_ptr 支持复制语义

```
TEST_CASE("SharedPtr can be used in copy") {
  auto aragorn = std::make_shared<DeadMenOfDunharrow>();
  SECTION("construction") {
    auto son_of_arathorn{ aragorn }; ❶
    REQUIRE(DeadMenOfDunharrow::oaths_to_fulfill == 1); ❷
  }
  SECTION("assignment") {
    SharedOathbreakers son_of_arathorn; ❸
    son_of_arathorn = aragorn; ❹
    REQUIRE(DeadMenOfDunharrow::oaths_to_fulfill == 1); ❺
  }
  SECTION("assignment, and original gets discarded") {
    auto son_of_arathorn = std::make_shared<DeadMenOfDunharrow>(); ❻
    REQUIRE(DeadMenOfDunharrow::oaths_to_fulfill == 2);  ❼
```

```
        son_of_arathorn = aragorn; ❽
        REQUIRE(DeadMenOfDunharrow::oaths_to_fulfill == 1); ❾
    }
}
```

在构造共享指针 aragorn 后，进行三个测试。第一个测试说明，用于构造 son_of_arathorn 的复制构造函数 ❶ 共享同一个 DeadMenOfDunharrow 的所有权 ❷。

在第二个测试中，我们构造了一个空的共享指针 son_of_arathorn❸，然后演示了复制赋值 ❹ 不会改变 DeadMenOfDunharrow 的数量 ❺。

第三个测试说明，当构造非空共享指针 son_of_arathorn❻ 时，DeadMenOfDunharrow 的数量增加到 2❼。当将 aragorn 复制赋值到 son_of_arathorn 时 ❽，son_of_arathorn 删除了它的 DeadMenOfDunharrow，因为它具有独占所有权。然后，它递增 aragorn 拥有的 DeadMenOfDunharrow 的引用计数。因为两个共享指针拥有相同的 DeadMenOfDunharrow，所以 oaths_to_fulfill 从 2 递减到 1❾。

11.5.5　共享数组

共享数组是一个拥有动态数组并支持 operator[] 的共享指针。它的工作原理和独占数组一样，只是它具有非专属所有权。

11.5.6　删除器

删除器对共享指针的工作方式与对独占指针的工作方式相同，除了不需要提供具有删除器类型的模板参数。只需将删除器作为第二个构造函数参数传递。例如，要将代码清单 11-12 转换为使用共享指针的版本，只需替换为以下类型别名：

```
using FileGuard = std::shared_ptr<FILE>;
```

这样，我们就管理具有共享所有权的 FILE* 文件句柄了。

11.5.7　支持的部分操作

表 11-4 提供了 shared_ptr 支持的几乎全部构造函数，其中 ptr 是原始指针，sh_ptr 是共享指针，u_ptr 是独占指针，del 是删除器，alc 是分配器。

表 11-4　std::shared_ptr 支持的构造函数

操作	说明
shared_ptr<...>{ } shared_ptr<...>{ nullptr }	创建一个带有 std::default_delete<T> 和 std::allocator<T> 的空共享指针
shared_ptr<...>{ ptr, [del], [alc] }	创建一个共享指针，该指针拥有 ptr 所指向的动态对象。默认情况下，使用 std::default_delete<T> 和 std::allocator<T>；否则，需要提供 del 作为删除器，alc 作为分配器

（续）

操作	说明
shared_ptr<...>{ **sh_ptr** }	创建一个共享指针，该指针拥有共享指针 **sh_ptr** 所指向的动态对象。将所有权从 **sh_ptr** 复制到新创建的共享指针。同时还复制 **sh_ptr** 的删除器和分配器
shared_ptr<...>{ **sh_ptr** , **ptr**}	别名构造函数：生成的共享指针持有对 **ptr** 的非托管引用，但参与 **sh_ptr** 引用计数
shared_ptr<...>{ move(**sh_ptr**)}	创建一个共享指针，该指针拥有共享指针 **sh_ptr** 所指向的动态对象。将所有权从 **sh_ptr** 转移到新创建的共享指针。同时移动 **sh_ptr** 的删除器
shared_ptr<...>{ move(**u_ptr**)}	创建一个共享指针，该指针拥有独占指针 **u_ptr** 指向的动态对象。将所有权从 **u_ptr** 转移到新创建的共享指针。同时移动 **u_ptr** 的删除器

表 11-5 列出了大多数 std::shared_ptr 支持的操作，其中 ptr 是原始指针，sh_ptr 是共享指针，u_ptr 是独占指针，del 是删除器，alc 是分配器。

表 11-5　std::shared_ptr 支持的大多数操作

操作	说明
~shared_ptr<...>()	如果不存在其他所有者，则对拥有的对象调用删除器
sh_ptr1 = **sh_ptr2**	将拥有的对象的所有权和删除器从 **sh_ptr2** 复制到 **sh_ptr1**。将所有者的数量增加 1。如果不存在其他所有者，则销毁当前拥有的对象
sh_ptr = move(**u_ptr**)	将拥有的对象的所有权和删除器从 **u_ptr** 转移到 **sh_ptr**，如果不存在其他所有者，则销毁当前拥有的对象
sh_ptr1 = move(**sh_ptr2**)	将拥有的对象的所有权和删除器从 **sh_ptr2** 转移到 **sh_ptr1**。如果不存在其他所有者，则销毁当前拥有的对象
sh_ptr1.swap(**sh_ptr2**)	在 **sh_ptr1** 和 **sh_ptr2** 之间交换拥有的对象和删除器
swap(**sh_ptr1**, **sh_ptr2**)	与 swap 方法相同的自由函数
sh_ptr.reset()	如果不为空，则在不存在其他所有者的情况下调用 **sh_ptr** 拥有的对象上的删除器
sh_ptr.reset(ptr, [del], [alc])	如果不存在其他所有者，则删除当前拥有的对象；然后取得 **ptr** 的所有权。可以选择提供删除器 **del** 和分配器 **alc**，其默认值分别为 std::default_delete<T> 和 std::allocator<T>
ptr = **sh_ptr**.get()	返回原始指针 **ptr**；**sh_ptr** 保留所有权
*sh_ptr	对拥有的对象进行解引用
sh_ptr->	对拥有的对象进行成员解引用
sh_ptr.use_count()	引用拥有该对象的共享指针的总数；如果为空，则为零
sh_ptr[index]	返回 index 处的元素（仅限数组）
bool{ **sh_ptr** }	布尔转换：如果不为空，则为 true，若为空，则为 false
sh_ptr1 == **sh_ptr2** **sh_ptr1** != **sh_ptr2** **sh_ptr1** > **sh_ptr2** **sh_ptr1** >= **sh_ptr2** **sh_ptr1** < **sh_ptr2** **sh_ptr1** <= **sh_ptr2**	比较运算符；相当于在原始指针上进行比较运算
sh_ptr.get_deleter()	返回对删除器的引用

11.6 弱指针

弱指针是一种特殊的智能指针,它对所引用的对象的所有权。弱指针允许跟踪对象并仅在被跟踪对象仍然存在时将弱指针转换为共享指针。这允许生成对象的临时所有权。像共享指针一样,弱指针是可移动和可复制的。

弱指针的一个常见用法是缓存。在软件工程中,缓存是一种临时存储数据以便可以更快地检索数据的数据结构。缓存可以保有指向对象的弱指针,因此一旦所有其他所有者释放对象,对象就会销毁。缓存可以定期扫描其存储的弱指针并去除那些没有其他所有者的弱指针。

stdlib 包含一个 `std::weak_ptr`,Boost 包含一个 `boost::weak_ptr`。它们本质上是相同的,并且只能与它们各自对应的共享指针 `std::shared_ptr` 和 `boost::shared_ptr` 一起使用。

11.6.1 构造

弱指针构造函数与作用域指针、独占指针和共享指针完全不同,因为弱指针不直接拥有动态对象。默认构造函数构造空的弱指针。要构造跟踪动态对象的弱指针,则必须使用共享指针或另一个弱指针来构造它。

例如,以下代码将共享指针传给了弱指针的构造函数:

```
auto sp = std::make_shared<int>(808);
std::weak_ptr<int> wp{ sp };
```

此时,弱指针 `wp` 将跟踪共享指针 `sp` 拥有的对象。

11.6.2 获得临时所有权

弱指针通过调用它们的 lock 方法来获得其跟踪对象的临时所有权。`lock` 方法总是创建一个共享指针。如果被跟踪对象还存在,则返回的共享指针拥有被跟踪对象。如果被跟踪对象不再存在,则返回的共享指针为空。考虑代码清单 11-15 中的示例。

代码清单 11-15 `std::weak_ptr` 提供了一个获取临时所有权的 `lock` 方法

```
TEST_CASE("WeakPtr lock() yields") {
  auto message = "The way is shut.";
  SECTION("a shared pointer when tracked object is alive") {
    auto aragorn = std::make_shared<DeadMenOfDunharrow>(message); ❶
    std::weak_ptr<DeadMenOfDunharrow> legolas{ aragorn }; ❷
    auto sh_ptr = legolas.lock(); ❸
    REQUIRE(sh_ptr->message == message); ❹
    REQUIRE(sh_ptr.use_count() == 2); ❺
  }
  SECTION("empty when shared pointer empty") {
    std::weak_ptr<DeadMenOfDunharrow> legolas;
    {
```

```
            auto aragorn = std::make_shared<DeadMenOfDunharrow>(message); ❻
            legolas = aragorn; ❼
        }
        auto sh_ptr = legolas.lock(); ❽
        REQUIRE(nullptr == sh_ptr); ❾
    }
}
```

在第一个测试中，我们使用 message 创建共享指针 aragorn❶。接着，使用 aragorn 构造弱指针 legolas❷。这将 legolas 设置为跟踪 aragorn 拥有的动态对象。当在弱指针上调用 lock 时 ❸，aragorn 仍然存在，因此我们获得共享指针 sh_ptr，它也拥有 DeadMenOfDunharrow。我们可以通过断言 message 相同 ❹ 并且 use_count 为 2❺ 来确认这一点。

在第二个测试中，我们也创建了共享指针 aragorn❻，但是这次使用了赋值运算符 ❼，因此之前为空的弱指针 legolas 现在跟踪 aragorn 拥有的动态对象。接着，aragorn 脱离作用域，被销毁。这使 legolas 跟踪已销毁的对象。此时调用 lock❽，会获得一个空的共享指针 ❾。

11.6.3 高级模式

在共享指针的一些高级用法中，你可能希望创建一个类，此类允许实例创建引用它们自身的共享指针。std::enable_shared_from_this 类模板实现了这种行为。从用户的角度来看，需要做的就是在类定义中从 enable_shared_from_this 继承子类。这将公开 shared_from_this 和 weak_from_this 方法，它们产生一个引用当前对象的 shared_ptr 或 weak_ptr。这是一个小众案例，如果想查看更多详细信息，请参考 [util. smartptr.enab]。

11.6.4 支持的操作

表 11-6 列出了大多数弱指针支持的操作，其中 w_ptr 是弱指针，sh_ptr 是共享指针。

表 11-6 std::weak_ptr 支持的大多数操作

操作	说明
weak_ptr<...>{ }	创建一个空的弱指针
weak_ptr<...>{ w_ptr } weak_ptr<...>{ sh_ptr }	跟踪弱指针 w_ptr 或共享指针 sh_ptr 引用的对象
weak_ptr<...>{ move(w_ptr) }	跟踪 w_ptr 引用的对象；然后清空 w_ptr
~weak_ptr<...>()	对被跟踪的对象没有影响
w_ptr1 = sh_ptr w_ptr1 = w_ptr2	用 sh_ptr 拥有的对象或 w_ptr2 跟踪的对象替换当前被跟踪的对象
w_ptr1 = move(w_ptr2)	用 w_ptr2 跟踪的对象替换当前被跟踪的对象。清空 w_ptr2

（续）

操作	说明
`sh_ptr = w_ptr.lock()`	创建拥有 **`w_ptr`** 跟踪的对象的共享指针 **`sh_ptr`**。如果被跟踪对象已过期，则 **`sh_ptr`** 为空
`w_ptr1.swap(w_ptr2)`	在 **`w_ptr1`** 和 **`w_ptr2`** 之间交换被跟踪对象
`swap(w_ptr1, w_ptr2)`	与 `swap` 方法相同的自由函数
`w_ptr.reset()`	清空弱指针
`w_ptr.use_count()`	返回拥有被跟踪对象的共享指针的数量
`w_ptr.expired()`	如果被跟踪对象已过期，则返回 `true`，否则返回 `false`
`sh_ptr.use_count()`	返回拥有被跟踪对象的共享指针总数；如果为空，则为零

11.7 侵入式指针

侵入式指针是指向自身具有嵌入引用计数的对象的共享指针。因为共享指针通常跟踪引用计数，所以它们不适合拥有这样的对象。Boost 在 **<boost/smart_ptr/intrusive_ptr.hpp>** 头文件中提供了一个名为 boost::intrusive_ptr 的实现。

需要侵入式指针的情况很少。但有时，我们会使用包含嵌入式引用的操作系统或框架。例如，在 Windows COM 编程中，侵入式指针非常有用：从 **IUnknown** 接口继承的 COM 对象具有 **AddRef** 和 **Release** 方法，它们分别递增和递减嵌入引用计数。

每次创建 intrusive_ptr 时，它都会调用函数 intrusive_ptr_add_ref。当 intrusive_ptr 被销毁时，它会调用 intrusive_ptr_release 释放函数。引用计数降为零时，我们负责在 intrusive_ptr_release 中释放适当的资源。要使用 intrusive_ptr，必须提供这些函数的合适实现。

代码清单 11-16 演示了使用 DeadMenOfDunharrow 类的侵入式指针。考虑此示例中 intrusive_ptr_add_ref 和 intrusive_ptr_release 的实现。

代码清单 11-16 intrusive_ptr_add_ref 和 intrusive_ptr_release 的实现

```
#include <boost/smart_ptr/intrusive_ptr.hpp>

using IntrusivePtr = boost::intrusive_ptr<DeadMenOfDunharrow>; ❶
size_t ref_count{}; ❷

void intrusive_ptr_add_ref(DeadMenOfDunharrow* d) {
  ref_count++; ❸
}

void intrusive_ptr_release(DeadMenOfDunharrow* d) {
  ref_count--; ❹
  if (ref_count == 0) delete d; ❺
}
```

使用类型别名 IntrusivePtr 可以节省一些输入工作❶。接着，我们声明一个具有静态存储期的 ref_count❷。这个变量跟踪存在的侵入式指针的数量。在 intrusive_ptr_add_ref 中，递增 ref_count❸。在 intrusive_ptr_release 中，递减 ref_count❹。当 ref_count 降为零时，删除 DeadMenOfDunharrow 参数❺。

注意 在使用代码清单 11-16 中的设置时，仅使用具有侵入式指针的单个 DeadMenOfDunharrow 动态对象绝对至关重要。ref_count 方法仅正确跟踪单个对象。如果有多个由不同侵入式指针拥有的动态对象，则 ref_count 无效，并且产生不正确的删除行为❺。

代码清单 11-17 展示了如何将代码清单 11-16 中的设置与侵入式指针一起使用。

代码清单 11-17 使用 boost::intrusive_ptr

```
TEST_CASE("IntrusivePtr uses an embedded reference counter.") {
  REQUIRE(ref_count == 0); ❶
  IntrusivePtr aragorn{ new DeadMenOfDunharrow{} }; ❷
  REQUIRE(ref_count == 1); ❸
  {
    IntrusivePtr legolas{ aragorn }; ❹
    REQUIRE(ref_count == 2); ❺
  }
  REQUIRE(DeadMenOfDunharrow::oaths_to_fulfill == 1); ❻
}
```

此测试首先检查 ref_count 是否为零❶。接着，通过传入动态分配的 DeadMenOfDunharrow 来构造一个侵入式指针❷。因为创建侵入式指针会调用 intrusive_ptr_add_ref，所以此时 ref_count 增加到 1❸。在作用域内，构造另一个与 aragorn 共享所有权的侵入式指针 legolas❹。因为创建侵入式指针会调用 intrusive_ptr_add_ref，所以此时 ref_count 增加到 2❺。当 legolas 超出作用域时，它会被销毁，intrusive_ptr_release 被调用。此时 ref_count 减至 1，但不会导致拥有的对象被删除❻。

11.8 可用的智能指针总结

表 11-7 总结了 stdlib 和 Boost 中所有可用的智能指针。

表 11-7 stdlib 和 Boost 中的智能指针

类型名	stdlib 头文件	Boost 头文件	可移动 / 可转移所有权	可复制 / 非专属所有权
scoped_ptr		`<boost/smart_ptr/scoped_ptr.hpp>`		
scoped_array		`<boost/smart_ptr/scoped_array.hpp>`		
unique_ptr	`<memory>`		√	
shared_ptr	`<memory>`	`<boost/smart_ptr/shared_ptr.hpp>`	√	√

（续）

类型名	stdlib 头文件	Boost 头文件	可移动 / 可转移所有权	可复制 / 非专属所有权
`shared_array`		`<boost/smart_ptr/shared_array.hpp>`	√	√
`weak_ptr`	`<memory>`	`<boost/smart_ptr/weak_ptr.hpp>`	√	√
`intrusive_ptr`		`<boost/smart_ptr/intrusive_ptr.hpp>`	√	√

11.9 分配器

分配器是为内存请求提供服务的底层对象。stdlib 和 Boost 库使我们能够提供分配器，这可以定制库分配动态内存的方式。

在大多数情况下，使用默认分配器 `std::allocate` 完全足够了。它使用 operator new(size_t) 分配内存，该运算符从空闲存储空间（也称为堆）分配原始内存。它使用 operator delete(void*) 释放内存，它也从空闲存储空间中释放原始内存。（回忆一下 7.1.10 节，operator new 和 operator delete 在 `<new>` 头文件中定义。）

在一些场景（例如游戏、高频交易、科学分析和嵌入式应用程序）中，与默认自由存储操作相关的内存和计算开销是不可接受的。在这种情况下，实现自己的分配器相对容易。注意，除非你已经进行了一些性能测试，且这些测试表明默认分配器是性能的瓶颈，否则不应该实现自定义分配器。自定义分配器的理念是，与默认分配器模型的设计者相比，你更了解自己的程序，因此可以进行改进以提高分配性能。

至少，你需要提供一个具有以下特征的模板类才能作为分配器工作：

❑ 合适的默认构造函数。
❑ 对应于模板参数的 `value_type` 成员。
❑ 模板构造函数，它应可以在处理 `value_type` 的变化时复制分配器的内部状态。
❑ `allocate` 方法。
❑ `deallocate` 方法。
❑ `operator==` 和 `operator!=`。

代码清单 11-18 中的 MyAllocator 类实现了 `std::allocate` 的一个简单的教学变体，它可以跟踪已进行了多少内存分配和释放。

代码清单 11-18 模仿 `std::allocate` 的 MyAllocator 类

```
#include <new>

static size_t n_allocated, n_deallocated;

template <typename T>
struct MyAllocator {
  using value_type = T; ❶
  MyAllocator() noexcept{ } ❷
```

```
template <typename U>
MyAllocator(const MyAllocator<U>&) noexcept { } ❸
T* allocate(size_t n) { ❹
  auto p = operator new(sizeof(T) * n);
  ++n_allocated;
  return static_cast<T*>(p);
}
void deallocate(T* p, size_t n) { ❺
  operator delete(p);
  ++n_deallocated;
}
};

template <typename T1, typename T2>
bool operator==(const MyAllocator<T1>&, const MyAllocator<T2>&) {
  return true; ❻
}
template <typename T1, typename T2>
bool operator!=(const MyAllocator<T1>&, const MyAllocator<T2>&) {
  return false; ❼
}
```

首先，为 T 声明 value_type 类型别名，这是实现分配器的要求之一 ❶。接下来是一个默认构造函数 ❷ 和模板构造函数 ❸。它们都是空的，因为分配器没有要传递的状态。

allocate 方法 ❹ 通过 operator new 分配必需的字节数 sizeof(T) * n 来模拟 std::allocate。接着，递增静态变量 n_allocated 以便跟踪用于测试的分配数量。在将 void* 转换为相关的指针类型后，allocate 方法会返回一个指向新分配内存的指针。

deallocate 方法还通过调用 operator delete 模拟了 std::allocate❺。与 allocate 类似，它递增静态变量 n_deallocated 的值以进行测试和返回。

最后的任务是使用新的类模板实现 operator == 和 operator!=。因为分配器没有状态，所以所有实例都相同，operator== 返回 true❻，operator!= 返回 true❼。

> **注意**　代码清单 11-18 是一个教学示例，实际上并没有提高分配的效率。它只是简单地包装了对 new 和 delete 的调用。

到目前为止，我们所知道的唯一使用分配器的类是 std::shared_ptr。考虑代码清单 11-19 如何使用 MyAllocator 和共享的 std::allocate。

代码清单 11-19　将 MyAllocator 与 std::shared_ptr 一起使用

```
TEST_CASE("Allocator") {
  auto message = "The way is shut.";
  MyAllocator<DeadMenOfDunharrow> alloc; ❶
  {
    auto aragorn = std::allocate_shared<DeadMenOfDunharrow>(my_alloc❷,
                                                            message❸);
    REQUIRE(aragorn->message == message); ❹
    REQUIRE(n_allocated == 1); ❺
    REQUIRE(n_deallocated == 0); ❻
```

```
    }
    REQUIRE(n_allocated == 1); ❼
    REQUIRE(n_deallocated == 1); ❽
}
```

我们创建了一个名为 alloc 的 MyAllocator 实例❶。在代码块中，将 alloc 作
为第一个参数传递给 allocate_shared❷，这将创建包含自定义 message 的共享指针
aragorn❸。接着，确认 aragorn 包含正确的 message❹，n_allocated 为 1❺，n_
deallocated 为 0❻。

在 aragorn 脱离作用域并析构后，我们可以验证 n_allocated 仍然是 1❼，n_
deallocated 是 1❽。

注意　因为分配器处理底层细节，所以在指定它们的行为时会真正深入细节。请参考 ISO
　　　C++ 17 标准中的 [allocator.requirements] 以进行彻底了解。

11.10　总结

智能指针通过 RAII 管理动态对象，我们可以提供分配器来定义动态内存分配方式。根
据选择的智能指针，我们可以将不同的所有权模式编码到动态对象上。

练习

11-1. 使用 std::shared_ptr 而不是 std::unique_ptr 重新实现代码清单 11-12。请
注意，尽管已将所有权要求从专属放宽到非专属，但仍要将所有权转移给 say_hello
函数。

11-2. 从对 say_hello 的调用中删除 std::move，然后再调用 say_hello。请注意，
file_guard 的所有权不再转移到 say_hello。这允许多次调用。

11-3. 实现一个在构造函数中接受 std::shared_ptr<FILE> 的 Hal 类。在 Hal 的析构
函数中，将短语 Stop, Dave. 写到共享指针持有的文件句柄中。实现一个 write_
status 函数，它将短语 I'm completely operational. 写到文件句柄。以下
是你可以使用的类声明：

```
struct Hal {
  Hal(std::shared_ptr<FILE> file);
  ~Hal();
  void write_status();
  std::shared_ptr<FILE> file;
};
```

11-4. 创建多个 Hal 实例并对它们调用 write_status。请注意，你不需要跟踪打开了多
少 Hal 实例：文件管理是通过共享指针的共享所有权模型来处理的。

拓展阅读

- *ISO International Standard ISO/IEC (2017) — Programming Language C++* (International Organization for Standardization; Geneva, Switzerland; *https://isocpp.org/std/the-standard/*)

- *The C++ Programming Language*, 4th Edition, by Bjarne Stroustrup (Pearson Education, 2013)

- *The Boost C++ Libraries*, 2nd Edition, by Boris Schäling (XML Press, 2014)

- *The C++ Standard Library: A Tutorial and Reference*, 2nd Edition, by Nicolai M. Josuttis (Addison-Wesley Professional, 2012)

第 12 章　Chapter 12

工　具　库

"瞧见没有，这个世界上充满了比咱们更强有力的东西。但只要你懂得怎么借助那些强大的力量，你就能随心所欲。"乌鸦说。"没错。我懂你的意思。"

——Neal Stephenson,《雪崩》

stdlib 和 Boost 库提供了大量满足常见编程需求的类型、类和函数。这些杂乱无章的工具集合统称为工具库（utility）。除了小、简单和集中的性质之外，工具库在功能上也各不相同。

本章将介绍几种简单的数据结构，它们可以处理许多常规情况，在这些情况下，对象包含其他对象。本章还将讨论日期和时间，包括对日历和时钟的编码以及对运行时间的测量。最后，还会介绍许多可用的数字和数学工具。

> 注意　有些读者对日期/时间和数字/数学的讨论很感兴趣，还有些读者的兴趣只是一时的。如果你属于后一类，请随意浏览这些部分。

12.1　数据结构

stdlib 和 Boost 库提供了一个古老的有用数据结构集合。数据结构是一种存储对象并允许对这些存储的对象进行某些操作的类型。没有神奇的编译器使本节中的工具数据结构起作用，你需要花足够的时间和精力来自己实现。但是，为什么要"重复造轮子"呢?

12.1.1　tribool

tribool 是一种类似 **bool** 的类型，它有三种状态而不是两种状态: **true**、**false** 和

indeterminate（不确定）。Boost 在 <boost/logic/tribool.hpp> 头文件中提供了 boost::logic::tribool。代码清单 12-1 演示了如何使用 true、false 和 boost::logic::indeterminate 类型初始化一个 tribool。

代码清单 12-1 初始化 tribool

```
#include <boost/logic/tribool.hpp>

using boost::logic::indeterminate; ❶
boost::logic::tribool t = true❷, f = false❸, i = indeterminate❹;
```

为方便起见，使用 using 声明从 boost::logic 引入 indeterminate❶。然后，初始化 tribool t，使其等于 true❷，使 f 等于 false❸，使 i 等于 indeterminate❹。

tribool 类可隐式转换为 bool。如果 tribool 为 true，则转换为 true；否则，它会转换为 false。tribool 类还支持 operator!，如果 tribool 为 false，则返回 true；否则，返回 false。最后，indeterminate 支持 operator()，它接受一个 tribool 参数并在该参数为 indeterminate 时返回 true；否则，返回 false。

代码清单 12-2 展示了这些布尔转换。

代码清单 12-2 将 tribool 转换为 bool

```
TEST_CASE("Boost tribool converts to bool") {
  REQUIRE(t); ❶
  REQUIRE_FALSE(f); ❷
  REQUIRE(!f); ❸
  REQUIRE_FALSE(!t); ❹
  REQUIRE(indeterminate(i)); ❺
  REQUIRE_FALSE(indeterminate(t)); ❻
}
```

这个测试展示了布尔转换的基本结果❶❷，operator!❸❹，以及 indeterminate❺❻。

1. 布尔运算符

tribool 类支持所有布尔运算符。当 tribool 表达式不涉及 indeterminate 值时，结果与等效的布尔表达式相同。每当涉及 indeterminate 时，结果可能是 indeterminate，如代码清单 12-3 所示。

代码清单 12-3 boost::tribool 支持布尔运算

```
TEST_CASE("Boost Tribool supports Boolean operations") {
  auto t_or_f = t || f;
  REQUIRE(t_or_f); ❶
  REQUIRE(indeterminate(t && indeterminate)); ❷
  REQUIRE(indeterminate(f || indeterminate)); ❸
  REQUIRE(indeterminate(!i)); ❹
}
```

因为 t 和 f 都不是 indeterminate，所以 t || f 就像普通的布尔表达式一样计算，t_

or_f 为 true❶。涉及 indeterminate 的布尔表达式的结果仍可能是 indeterminate。如果没有足够的信息，布尔与运算❷、或运算❸ 和非运算❹ 的值为 indeterminate。

2. 何时使用 tribool

除了描述薛定谔的猫的生命状态外，我们还可以在操作可能需要很长时间的设置中使用 tribool。在这种情况下，tribool 可以描述操作是否成功。indeterminate 可以代表操作仍处于挂起状态。

tribool 类使 if 语句更整洁、简练，如代码清单 12-4 所示。

代码清单 12-4　使用带有 tribool 的 if 语句

```
TEST_CASE("Boost Tribool works nicely with if statements") {
  if (i) FAIL("Indeterminate is true.");  ❶
  else if (!i) FAIL("Indeterminate is false.");  ❷
  else {} // OK, indeterminate  ❸
}
```

第一个表达式 ❶ 仅在 tribool 为 true 时才执行，第二个表达式 ❷ 仅在 tribool 为 false 时才执行，第三个表达式 ❸ 仅在 tribool 为 indeterminate 时执行。

> **注意**　只提到 tribool 可能会让你很疑惑。你可能会问，为什么不能只使用一个整数类型的值（其中 0 为 false，1 为 true，其他任何值都为 indeterminate）？确实可以这样做，但考虑到 tribool 类型支持所有常见的布尔运算，同时可以正确传递 indeterminate 值，为什么还要"重复造轮子"？

3. 支持的部分操作

表 12-1 提供了最受支持的 boost::tribool 操作，其中 tb 是一个 boost::tribool。

表 12-1　最受支持的 boost::tribool 操作

操作	说明
tribool{}	构造一个值为 false 的 tribool
tribool{ false }	
tribool{ true }	构造一个值为 true 的 tribool
tribool{ indeterminate }	构造一个值为 indeterminate 的 tribool
tb.safe_bool()	如果 tb 为 true，则求值为 true，否则为 false
indeterminate(tb)	如果 tb 为 indeterminate，则求值为 true，否则为 false
!tb	如果 tb 为 false，则求值为 true，否则为 false
tb1 && tb2	如果 tb1 和 tb2 为 true，则计算为 true；如果 tb1 或 tb2 为 false，则计算为 false；否则，计算为 indeterminate
tb1 || tb2	如果 tb1 或 tb2 为 true，则计算为 true；如果 tb1 和 tb2 为 false，则计算为 false；否则，计算为 indeterminate
bool{ tb }	如果 tb 为 true，则计算为 true，否则，计算为 false

12.1.2 optional

optional 是一个类模板，它包含一个可能存在也可能不存在的值。optional 的主要用例是为可能失败的函数返回类型。如果函数成功，则可以返回一个包含值的 optional，而不是抛出异常或返回多个值。

stdlib 在 <optional> 头文件中提供了 std::optional，而 Boost 在 <boost/optional.hpp> 头文件中提供了 boost::optional。

考虑代码清单 12-5 中的设置。仅当使用 Pill::Blue 时，函数 take 才返回 TheMatrix 的实例；否则，take 返回一个 std::nullopt，它是一个由 stdlib 提供的具有未初始化状态的常量 std::optional 类型。

代码清单 12-5　返回 std::optional 的 take 函数

```
#include <optional>

struct TheMatrix { ❶
  TheMatrix(int x) : iteration { x } { }
  const int iteration;
};

enum Pill { Red, Blue }; ❷

std::optional<TheMatrix>❸ take(Pill pill❹) {
  if(pill == Pill::Blue) return TheMatrix{ 6 }; ❺
  return std::nullopt; ❻
}
```

TheMatrix 类型接受单个 int 构造函数参数并将其存储到 iteration 成员中 ❶。名为 Pill 的 enum 接受 Red 和 Blue 值 ❷。take 函数返回一个 std::optional<TheMatrix>❸ 并接受一个 Pill 参数 ❹。如果将 Pill::Blue 传递给 take 函数，它会返回一个 TheMatrix 实例 ❺；否则，它返回一个 std::nullopt❻。

首先，考虑代码清单 12-6，其中我们使用蓝色 Pill。

代码清单 12-6　使用 Pill::Blue 探索 std::optional 类型的测试

```
TEST_CASE("std::optional contains types") {
  if (auto matrix_opt = take(Pill::Blue)) { ❶
    REQUIRE(matrix_opt->iteration == 6); ❷
    auto& matrix = matrix_opt.value();
    REQUIRE(matrix.iteration == 6); ❸
  } else {
    FAIL("The optional evaluated to false.");
  }
}
```

我们使用蓝色 Pill，std::optional 结果包含一个已初始化的 TheMatrix，因此 if 语句的条件表达式的计算结果为 true❶。代码清单 12-6 还演示了使用 operator->❷ 和 value()❸ 来访问底层值的方法。

使用红色 Pill 时会发生什么？请考虑代码清单 12-7。

代码清单 12-7　使用 Pill::Red 探索 std::optional 类型的测试

```
TEST_CASE("std::optional can be empty") {
    auto matrix_opt = take(Pill::Red); ❶
    if (matrix_opt) FAIL("The Matrix is not empty."); ❷
    REQUIRE_FALSE(matrix_opt.has_value()); ❸
}
```

我们使用红色 Pill❶，matrix_opt 为空。这意味着 matrix_opt 将转换为 false❷ 并且 has_value() 也返回 false❸。

支持的部分操作

表 12-2 提供了最受支持的 std::optional 操作，其中 opt 是 std::optional<T> 并且 t 是 T 类型的对象。

表 12-2　最受支持的 std::optional 操作

操作	说明
optional<T>{} optional<T>{std::nullopt}	构造一个空的 optional
optional<T>{ opt }	从 opt 复制构造一个 optional
optional<T>{ move(opt) }	移动 opt 构造一个 optional，在构造函数完成后它是空的
optional<T>{ t } opt = t	将 t 复制到 optional
optional<T>{ move(t) } opt = move(t)	将 t 移至 optional
opt->mbr	成员解引用；访问 opt 包含的对象的成员 mbr
*opt opt.value()	返回对 opt 包含的对象的引用；value() 检查是否为空并在为空时抛出 bad_optional_access
opt.value_or(T{ ... })	如果 opt 包含一个对象，则返回一个副本；否则返回参数
bool{ opt } opt.has_value()	如果 opt 包含一个对象，则返回 true，否则返回 false
opt1.swap(opt2) swap(opt1, opt2)	交换 opt1 和 opt2 包含的对象
opt.reset()	销毁 opt 包含的对象，在 rest 后为空
opt.emplace(...)	就地构造一个类型，将所有参数转发给适当的构造函数
make_optional<T>(...)	构造 optional 的便利函数；将参数转发给适当的构造函数
opt1 == opt2 opt1 != opt2 opt1 > opt2 opt1 >= opt2 opt1 < opt2 opt1 <= opt2	在评估两个 optional 对象的相等性时，如果两者都是空的，或者两者都包含对象并且这些对象相等，则为 true；否则为 false。为了进行比较，空的 optional 总是小于包含值的 optional；否则，结果是所包含类型的比较的结果

12.1.3 pair

pair 是一个类模板，一个 pair 对象中可包含两个不同类型的对象。对象是有序的，我们可以通过成员 first 和 second 访问它们。pair 支持比较运算符，有默认的复制构造函数和移动构造函数，使用结构化绑定语法。

stdlib 的 `<utility>` 头文件中有 `std::pair`，而 Boost 的 `<boost/pair.hpp>` 头文件中有 `boost::pair`。

> **注意** Boost 在 `<boost/compressed_pair.hpp>` 头文件中提供的 boost::compressed_pair 也可用。当其中一个成员为空时，它的效率会稍高一些。

首先，我们创建一些简单的类型来组成 pair，如代码清单 12-8 中的简单类 Socialite 和 Valet。

代码清单 12-8　类 Socialite 和 Valet

```cpp
#include <utility>

struct Socialite { const char* birthname; };
struct Valet { const char* surname; };
Socialite bertie{ "Wilberforce" };
Valet reginald{ "Jeeves" };
```

现在有了 Socialite 和 Valet，它们的名称分别为 bertie 和 reginald，我们可以构造一个 std::pair 并尝试提取其元素。代码清单 12-9 使用 first 和 second 成员来访问包含的类型。

代码清单 12-9　std::pair 支持成员提取

```cpp
TEST_CASE("std::pair permits access to members") {
  std::pair<Socialite, Valet> inimitable_duo{ bertie, reginald }; ❶
  REQUIRE(inimitable_duo.first.birthname == bertie.birthname); ❷
  REQUIRE(inimitable_duo.second.surname == reginald.surname); ❸
}
```

通过传入要复制的对象来构造 std::pair❶。我们使用 std::pair 的 first 和 second 成员从 inimitable_duo 中提取 Socialite❷ 和 Valet❸，然后，将这些成员的 birthname 和 surname 与其原始值进行比较。

代码清单 12-10 展示了 std::pair 的成员提取和结构化绑定语法。

代码清单 12-10　std::pair 支持结构化绑定语法

```cpp
TEST_CASE("std::pair works with structured binding") {
  std::pair<Socialite, Valet> inimitable_duo{ bertie, reginald };
  auto& [idle_rich, butler] = inimitable_duo; ❶
  REQUIRE(idle_rich.birthname == bertie.birthname); ❷
  REQUIRE(butler.surname == reginald.surname); ❸
}
```

在这里，我们使用结构化绑定语法 ❶ 将对 inimitable_duo 的 first 和 second 成员的引用提取到 idle_rich 和 butler 中。如代码清单 12-9 所示，我们确认 birthname❷ 和 surname❸ 与原始的匹配。

支持的部分操作

表 12-3 提供了最受支持的 std::pair 操作，其中 pr 是 std::pair<A, B>，a 是 A 类型的对象，b 是 B 类型的对象。

表 12-3　最受支持的 std::pair 操作

操作	说明
pair<...>{}	构造一个空的 pair
pair<...>{ pr }	从 pr 复制构造
pair<...>{ move(pr) }	从 pr 移动构造
pair<...>{ a, b }	通过复制 a 和 b 来构造 pair
pair<...>{ move(a), move(b) }	通过移动 a 和 b 来构造 pair
pr1 = pr2	将 pr2 复制赋值给 pr1。
pr1 = move(pr2)	将 pr2 移动赋值给 pr1
pr.first get<0>(pr)	返回对 first 元素的引用
pr.second get<1>(pr)	返回对 second 元素的引用
get<T>(pr)	如果 first 和 second 具有不同的类型，则返回对 T 类型元素的引用
pr1.swap(pr2) swap(pr1, pr2)	交换 pr1 和 pr2 包含的对象
make_pair<...>(a, b)	构造 pair 的便利函数
pr1 == pr2 pr1 != pr2 pr1 > pr2 pr1 >= pr2 pr1 < pr2 pr1 <= pr2	如果 first 和 second 相等，则相等。从 first 开始比较大于 / 小于。如果 first 成员相等，则比较 second 成员

12.1.4 tuple

tuple（元组）是一个类模板，包含任意数量的不同类型元素。这是对 pair 的泛化，但 tuple 不会像 pair 那样将其成员公开为 first、second 等。相反，需要我们使用非成员函数模板 get 来提取元素。

stdlib 的 <tuple> 头文件中有 std::tuple 和 std::get，而 Boost 的 <boost/tuple/tuple.hpp> 头文件中有 boost::tuple 和 boost::get。

我们添加第三个类 Acquaintance 来测试 tuple：

```
struct Acquaintance { const char* nickname; };
Acquaintance hildebrand{ "Tuppy" };
```

我们有两种使用 `get` 提取这些元素的方式。在大多数情况下，我们始终可以提供模板参数，该模板参数与要提取的元素的从零开始的索引相对应。如果 `tuple` 不包含具有相同类型的元素，也可以提供与要提取的元素类型相对应的模板参数，如代码清单 12-11 所示。

代码清单 12-11　`std::tuple` 支持成员提取和结构化绑定语法

```
TEST_CASE("std::tuple permits access to members with std::get") {
    using Trio = std::tuple<Socialite, Valet, Acquaintance>;
    Trio truculent_trio{ bertie, reginald, hildebrand };
    auto& bertie_ref = std::get<0>(truculent_trio); ❶
    REQUIRE(bertie_ref.birthname == bertie.birthname);

    auto& tuppy_ref = std::get<Acquaintance>(truculent_trio); ❷
    REQUIRE(tuppy_ref.nickname == hildebrand.nickname);
}
```

我们可以以与构建 `std::pair` 类似的方式构建 `std::tuple`。首先，使用 `get<0>` 提取 `Socialite` 成员 ❶。因为 `Socialite` 是第一个模板参数，所以我们使用 0 作为 `std::get` 模板参数。然后，使用 `std::get<Acquaintance>` 提取 `Acquaintance` 成员 ❷。因为只有一个 `Acquaintance` 类型的元素，所以可以使用这种 `get` 访问模式。

和 `pair` 一样，`tuple` 也支持结构化绑定语法。

支持的部分操作

表 12-4 提供了最受支持的 `std::tuple` 操作，其中 `tp` 是 `std::tuple<A, B>`，`a` 是 A 类型的对象，`b` 是 B 类型的对象。

表 12-4　最受支持的 `std::tuple` 操作

操作	说明
`tuple<...>{ [alc] }`	构造一个空元组（tuple）。使用 `std::allocate` 作为默认分配器 `alc`
`tuple<...>{ [alc], tp }`	从 **tp** 复制构造。使用 `std::allocate` 作为默认分配器 `alc`
`tuple<...>{ [alc],move(tp) }`	从 **tp** 移动构造。使用 `std::allocate` 作为默认分配器 `alc`
`tuple<...>{ [alc], a, b }`	通过复制 **a** 和 **b** 构造一个元组。使用 `std::allocate` 作为默认分配器 `alc`
`tuple<...>{ [alc], move(a), move(b) }`	通过移动 **a** 和 **b** 构造一个元组。使用 `std::allocate` 作为默认分配器 `alc`
`tp1 = tp2`	将 `tp2` 复制赋值给 `tp1`
`tp1 = move(tp2)`	将 `tp2` 移动赋值给 `tp1`
`get<i>(tp)`	返回对第 i 个元素的引用（索引从零开始）

（续）

操作	说明
get<T>(**tp**)	返回对 T 类型元素的引用。如果有多个此类型的元素，则编译失败
tp1.swap(**tp2**) swap(**tp1**, **tp2**)	交换 **tp1** 和 **tp2** 包含的对象
make_tuple<...>(**a**, **b**)	构造 tuple 的便利函数
tuple_cat<...>(**tp1**, **tp2**)	连接作为参数传入的所有 tuple
tp1 == **tp2** **tp1** != **tp2** **tp1** > **tp2** **tp1** >= **tp2** **tp1** < **tp2** **tp1** <= **tp2**	如果所有元素相等，则相等。从第一个元素到最后一个元素依次进行大于 / 小于比较

12.1.5 any

any 是存储任意类型的单个值的类。它不是类模板。要将 any 转换为具体类型，请使用 any 强制转换（cast），它是一个非成员函数模板。任何强制转换都是类型安全的；如果尝试强制转换 any 类型并且类型不匹配，则会出现异常。使用 any，我们可以在没有模板的情况下执行某些类型的泛型编程。

stdlib 的 <any> 头文件中有 std::any，而 Boost 的 <boost/any.hpp> 头文件中有 boost::any。

要将值存储到 any 中，请使用 emplace 方法模板。它接受单个模板参数，该参数就是要存储到 any 中的类型（存储类型）。传递给 emplace 的任何参数都会被转发给给定存储类型的适当的构造函数。要提取值，可以使用 any_cast，它接受与 any 的当前存储类型相对应的模板参数（称为 any 的状态）。将 any 作为唯一参数传递给 any_cast。只要 any 的状态与模板参数匹配，就会得到所需的类型。如果状态不匹配，则会得到 bad_any_cast 异常。

代码清单 12-12 展示了与 std::any 的基本交互。

代码清单 12-12 std::any 和 std::any_cast 允许提取具体类型

```cpp
#include <any>

struct EscapeCapsule {
  EscapeCapsule(int x) : weight_kg{ x } { }
  int weight_kg;
}; ❶

TEST_CASE("std::any allows us to std::any_cast into a type") {
  std::any hagunemnon; ❷
  hagunemnon.emplace<EscapeCapsule>(600); ❸
  auto capsule = std::any_cast<EscapeCapsule>(hagunemnon); ❹
```

```
    REQUIRE(capsule.weight_kg == 600);
    REQUIRE_THROWS_AS(std::any_cast<float>(hagunemnon), std::bad_any_cast); ❺
}
```

我们声明一个 EscapeCapsule 类❶。在测试中，我们构造了一个名为 hagunemnon 的
空 std::any❷。接着，使用 emplace 存储一个 weight_kg = 600 的 EscapeCapsule❸。
我们可以使用 std::any_cast 将 EscapeCapsule 提取出来❹，然后将其存储到名为
capsule 的新 EscapeCapsule 中。最后，我们还展示了调用 any_cast 将 hagunemnon
转换为浮点数会导致 std::bad_any_cast 异常❺。

支持的部分操作

表 12-5 提供了最受支持的 std::any 操作，其中 ay 是 std::any 并且 t 是 T 类型
的对象。

表 12-5 最受支持的 std::any 操作

操作	说明
any{}	构造一个空的 any 对象
any{ ay }	从 ay 复制构造
any{ move(ay) }	从 ay 移动构造
any{ move(t) }	构造 any 对象，使其包含根据 t 就地构造的对象
ay = t	销毁 ay 当前包含的对象，复制 t
ay = move(t)	销毁 ay 当前包含的对象，移动 t
ay1 = ay2	将 ay2 复制赋值给 ay1
ay1 = move(ay2)	将 ay2 移动赋值给 ay1
ay.emplace<T>(...)	销毁 ay 当前包含的对象；在适当的位置构造一个 T，将参数 ... 转发给适当的构造函数
ay.reset()	销毁当前包含的对象
ay1.swap(ay2) swap(ay1, ay2)	交换 ay1 和 ay2 包含的对象
make_any<T>(...)	用于构造 any 的便利函数在适当的位置构造一个 T，将参数 ... 转发给适当的构造函数
t = any_cast<T>(ay)	将 ay 转换为类型 T。如果类型 T 与所包含对象的类型不匹配，则抛出 std::bad_any_cast

12.1.6 variant

variant（变体）是存储单个值的类模板，值的类型仅限于作为模板参数提供的用户
自定义列表。该变体是类型安全的联合体（请参见 2.3.3 节）。它与 any 类型共享许多功能，
但 variant 要求显式枚举将要存储的所有类型。

stdlib 的 <variant> 头文件中有 std::variant，而 Boost 的 <boost/variant.

hpp> 头文件中有 boost::variant。

代码清单 12-13 演示了创建另一个名为 BugblatterBeast 的类型的过程，用于包含 EscapeCapsule 的变体。

代码清单 12-13　std::variant 可以保存来自预定义类型列表之一的对象

```
#include <variant>

struct BugblatterBeast {
  BugblatterBeast() : is_ravenous{ true }, weight_kg{ 20000 } { }
  bool is_ravenous;
  int weight_kg; ❶
};
```

除了包含 weight_kg 成员之外 ❶，BugblatterBeast 完全独立于 EscapeCapsule。

1. 构造 variant

如果满足以下两个条件之一，则只能默认构造 variant：

❑ 第一个模板参数是默认可构造的。

❑ 它是 monostate 的，一种表明 variant 具有空状态的类型。

因为 BugblatterBeast 是默认可构造的（意味着它有一个默认构造函数），所以将其设为模板参数列表中的第一个类型，这样 variant 也是默认可构造的，如下所示：

std::variant<BugblatterBeast, EscapeCapsule> hagunemnon;

要将值存储到 variant 中，请使用 emplace 方法模板。与 any 一样，variant 也接受与要存储的类型相对应的单个模板参数。此模板参数必须包含在 variant 的模板参数列表中。要提取值，可以使用非成员函数模板 get 或 get_if。它们接受所需的类型或对应于所需类型的模板参数列表的索引。如果 get 失败，则抛出 bad_variant_access 异常，而 get_if 失败则返回 nullptr。

我们可以使用 index() 成员来确定哪种类型对应于 variant 的当前状态，该成员返回模板参数列表中当前对象类型的索引。

代码清单 12-14 说明了如何使用 emplace 来更改 variant 的状态和 index，以确定所包含对象的类型。

代码清单 12-14　std::get 允许从 std::variant 中提取具体类型

```
TEST_CASE("std::variant") {
  std::variant<BugblatterBeast, EscapeCapsule> hagunemnon;
  REQUIRE(hagunemnon.index() == 0); ❶

  hagunemnon.emplace<EscapeCapsule>(600); ❷
  REQUIRE(hagunemnon.index() == 1); ❸

  REQUIRE(std::get<EscapeCapsule>(hagunemnon).weight_kg == 600); ❹
  REQUIRE(std::get<1>(hagunemnon).weight_kg == 600); ❺
  REQUIRE_THROWS_AS(std::get<0>(hagunemnon), std::bad_variant_access); ❻
}
```

在默认构造 hagunemnon 之后，调用 index 会产生 0，因为这正是该模板参数的索引❶。接着，使用 emplace 放入一个 EscapeCapsule❷，它会导致 index 返回 1❸。std::get<EscapeCapsule>❹ 和 std::get<1>❺ 都是提取所包含类型的方法。最后，调用 std::get 来获取与 variant 当前状态不对应的类型会导致抛出 bad_variant_access❻。

我们可以使用非成员函数 std::visit 将可调用对象应用于 variant。这样做的好处是可以调度正确的函数来处理包含的任何对象，而不必用 std::get 显式指定它。代码清单 12-15 展示了基本用法。

代码清单 12-15　std::visit 允许将可调用对象应用于 std::variant 包含的类型

```
TEST_CASE("std::variant") {
  std::variant<BugblatterBeast, EscapeCapsule> hagunemnon;
  hagunemnon.emplace<EscapeCapsule>(600); ❶
  auto lbs = std::visit([](auto& x) { return 2.2*x.weight_kg; }, hagunemnon); ❷
  REQUIRE(lbs == 1320); ❸
}
```

首先，调用 emplace 将值 600 存储到 hagunemnon❶。因为 BugblatterBeast 和 EscapeCapsule 都有一个 weight_kg 成员，所以我们可以在 hagunemnon 上使用 std::visit 和一个正确转换（每千克等于 2.2 磅）到 weight_kg 字段❷ 的 lambda 表达式，并返回结果❸（请注意，这不必包括 any 类型信息）。

2. 比较 variant 和 any

宇宙足够大，可以同时容纳 any 和 variant。一般来说，我们不能认为其中一种优于另一种，因为每一种都有其优点和缺点。

any 更灵活，它可以接受任意类型，而 variant 只允许包含预定义类型的对象。它还主要避免了模板的使用，因此通常更容易编程。

variant 不太灵活，因此更安全。使用 visit 功能，我们可以在编译时检查操作的安全性。使用 any，我们需要构建自己的类似 visit 的功能，并且需要在运行时检查（例如，any_cast 的结果）。

最后，variant 可以比 any 有更高的性能。尽管在包含的类型太大时，any 可以执行动态分配，但 variant 不能。

3. 支持的部分操作

表 12-6 提供了最受支持的 std::variant 操作，其中 vt 是 std::variant，t 是 T 类型的对象。

表 12-6　最受支持的 std:variant 操作

操作	说明
variant<...>{}	构造一个空的 variant 对象。第一个模板参数必须是可默认构造的
variant<...>{ vt }	从 vt 复制构造

（续）

操作	说明
variant<...>{ move(vt) }	从 **vt** 移动构造
variant<...>{ move(t) }	构造一个包含就地构造对象的 variant 对象
vt = **t**	销毁 **vt** 当前包含的对象，复制 **t**
vt = move(**t**)	销毁 **vt** 当前包含的对象，移动 **t**
vt1 = **vt2**	将 **vt2** 复制赋值给 **vt1**
vt1 = move(**vt2**)	将 **vt2** 移动赋值给 **vt1**
vt.emplace<**T**>(...)	销毁 **vt** 当前包含的对象；就地构造一个 **T**，将参数 ... 转发给适当的构造函数
vt.reset()	销毁当前包含的对象
vt.index()	返回当前包含的对象的类型从零开始的索引（顺序由 std:: variant 的模板参数决定）
vt1.swap(**vt2**) swap(**vt1**, **vt2**)	交换 **vt1** 和 **vt2** 包含的对象
make_variant<**T**>(...)	构造 tuple 的便利函数；就地构造一个 **T**，将参数 ... 转发给适当的构造函数
std::visit(**vt**, **callable**)	使用包含的对象调用 **callable**
std::holds_alternative<**T**>(**vt**)	如果所包含对象的类型是 **T**，则返回 true
std::get<**I**>(**vt**) std::get<**T**>(**vt**)	如果其类型是 **T** 或第 **i** 个类型，则返回包含的对象，否则，抛出 std::bad_variant_access 异常
std::get_if<**I**>(&**vt**) std::get_if<**T**>(&**vt**)	如果所包含对象的类型是 **T** 或第 **i** 个类型，则返回指向所包含对象的指针，否则，返回 nullptr
vt1 == **vt2** **vt1** != **vt2** **vt1** > **vt2** **vt1** >= **vt2** **vt1** < **vt2** **vt1** <= **vt2**	比较 **vt1** 和 **vt2** 包含的对象

12.2 日期和时间

stdlib 和 Boost 有许多可以处理日期和时间的库。在处理日历日期和时间时，请查看 Boost 的 DateTime 库。当尝试获取当前时间或测量经过的时间时，请查看 Boost 或 stdlib 的 Chrono 库以及 Boost 的 Timer 库。

12.2.1 Boost DateTime

Boost DateTime 库支持基于公历的丰富系统的日期编程，公历是国际上使用最广泛的民用日历。日历比乍看起来复杂得多。例如，请考虑以下来自美国海军天文台的日历简介中的摘录，其中描述了闰年的基础知识：

　　能被 4 整除的年份都是闰年，但能被 100 整除的年份除外，但如果它们能被 400 整除，则它们就是闰年。例如，1700 年、1800 年和 1900 年不是闰年，但 2000 年是。

　　与其尝试自己构建公历函数，不如包含以下头文件中的 DateTime 日期编程工具：

```
#include <boost/date_time/gregorian/gregorian.hpp>
```

　　我们将使用的主要类型是 boost::gregorian::date，它是日期编程的主要接口。

1. 构建日期

有几个选项可用于构建日期（date）。我们可以默认构造一个日期，将其值设置为特殊日期 boost::gregorian::not_a_date_time。要构造具有有效日期的 date，可以使用接受三个参数的构造函数，3 个参数分别是年、月和日。以下语句构造了一个值为 1986 年 9 月 15 日的日期 d：

```
boost::gregorian::date d{ 1986, 9, 15 };
```

　　此外，也可以使用 boost::gregorian::from_string 实用函数从字符串构造日期，如下所示：

```
auto d = boost::gregorian::from_string("1986/9/15");
```

　　如果传递了无效的日期，日期构造函数将抛出异常，例如 bad_year、bad_day_of_month 或 bad_month。例如，代码清单 12-16 尝试构造值为 1986 年 9 月 32 日的日期。

代码清单 12-16　boost::gregorian::date 构造函数针对错误日期抛出异常

```
TEST_CASE("Invalid boost::Gregorian::dates throw exceptions") {
  using boost::gregorian::date;
  using boost::gregorian::bad_day_of_month;

  REQUIRE_THROWS_AS(date(1986, 9, 32), bad_day_of_month); ❶
}
```

　　因为 9 月 32 日是无效日期，所以日期构造函数会抛出 bad_day_of_month 异常 ❶。

注意　由于 Catch 的限制，我们不能在 REQUIRE_THROWS_AS 宏中对日期使用大括号初始化 ❶。

　　我们可以使用非成员函数 boost::gregorian::day_clock::local_day 或 boost::gregorian::day_clock::universal_day 根据系统的时区设置和 UTC 日从环境中获取当前日期：

```
auto d_local = boost::gregorian::day_clock::local_day();
auto d_univ = boost::gregorian::day_clock::universal_day();
```

　　一旦构造了日期，就不能改变它的值了（它是不可变的）。但是，日期支持复制构造和复制赋值。

2. 访问日期成员

我们可以通过许多 const 方法检查日期的特征。表 12-7 提供了部分方法，其中 d 代表日期。

表 12-7　最受支持的 boost::gregorian::date 方法

方法	说明
d.year()	返回日期的年
d.month()	返回日期的月
d.day()	返回日期的日
d.day_of_week()	以 greg_day_of_week 类型的枚举形式返回它是星期几
d.day_of_year()	返回一年中的某一天（从 1 到 366）
d.end_of_month()	返回一个日期对象，设置为 d 月的最后一天
d.is_not_a_date()	如果 d 不是 date，则返回 true
d.week_number()	返回它是 ISO 8601 第几周

代码清单 12-17 演示了如何构造日期并使用表 12-7 中的方法。

代码清单 12-17　boost::gregorian::date 支持基本的日历函数

```
TEST_CASE("boost::gregorian::date supports basic calendar functions") {
  boost::gregorian::date d{ 1986, 9, 15 }; ❶
  REQUIRE(d.year() == 1986); ❷
  REQUIRE(d.month() == 9); ❸
  REQUIRE(d.day() == 15); ❹
  REQUIRE(d.day_of_year() == 258); ❺
  REQUIRE(d.day_of_week() == boost::date_time::Monday); ❻
}
```

在这里，我们构建一个值为 1986 年 9 月 15 日的日期 ❶。我们提取它的年 ❷、月 ❸、日 ❹，以及它是一年中的哪一天 ❺ 和一周中的哪一天 ❻。

3. 日历运算

我们可以对日期执行简单的日历运算。当用一个日期减去另一个日期时，会得到一个 boost::gregorian::date_duration 型的持续时间。date_duration 的主要功能是存储整数天，相应天数可以使用 days 方法提取。代码清单 12-18 说明了如何计算两个日期对象之间经过的天数。

代码清单 12-18　boost::gregorian::date 对象相减产生 boost::gregorian::date_duration

```
TEST_CASE("boost::gregorian::date supports calendar arithmetic") {
  boost::gregorian::date d1{ 1986, 9, 15 }; ❶
  boost::gregorian::date d2{ 2019, 8, 1 }; ❷
  auto duration = d2 - d1; ❸
  REQUIRE(duration.days() == 12008); ❹
}
```

在这里，我们构建日期对象 1986 年 9 月 15 日 ❶ 和 2019 年 8 月 1 日 ❷。将这两个日期相减，得到 date_duration❸。使用 days 方法提取两个日期之间的天数 ❹。

我们还可以使用与天数相对应的时长参数来构造 date_duration。在某个时期的基础上添加 date_duration 可以获取另一个日期，如代码清单 12-19 所示。

代码清单 12-19　在某个时期的基础上添加 date_duration 会产生另一个日期

```
TEST_CASE("date and date_duration support addition") {
  boost::gregorian::date d1{ 1986, 9, 15 }; ❶
  boost::gregorian::date_duration dur{ 12008 }; ❷
  auto d2 = d1 + dur; ❸
  REQUIRE(d2 == boost::gregorian::from_string("2019/8/1")); ❹
}
```

我们构建日期为 1986 年 9 月 15 日的日期对象 ❶，值为 12 008 天的 duration 对象 ❷。从代码清单 12-18 中，我们知道这一日期经过 12008 天便是 2019 年 8 月 1 日。因此，将它们相加后，得出的日期与预期的一样。

4. 日期区间

日期区间（date period）表示两个日期之间的时间区间。DateTime 提供了一个 boost::gregorian::date_period 类，它有三个构造函数，如表 12-8 所示，其中构造函数 d1 和 d2 是日期参数，dp 是 date_period。

表 12-8　最受支持的 boost::gregorian::date_period 构造函数

方法	说明
date_period{d1, d2}	创建一个包含 d1 但不包含 d2 的时间区间；如果 d2<=d1，则无效
date_period{d, n_days}	返回日期的月份
date_period{dp}	复制构造函数

date_period 类支持许多操作，例如 contains 方法，该方法接受一个日期参数，如果该参数包含在时间区间内，则返回 true。代码清单 12-20 说明了这个操作。

代码清单 12-20　在 boost::gregorian::date_period 上使用 contains 方法来确定日期是否在特定时间区间内

```
TEST_CASE("boost::gregorian::date supports periods") {
  boost::gregorian::date d1{ 1986, 9, 15 }; ❶
  boost::gregorian::date d2{ 2019, 8, 1 }; ❷
  boost::gregorian::date_period p{ d1, d2 }; ❸
  REQUIRE(p.contains(boost::gregorian::date{ 1987, 10, 27 })); ❹
}
```

在这里，我们构建了两个日期，即 1986 年 9 月 15 日 ❶ 和 2019 年 8 月 1 日 ❷，用于构建 date_period❸。使用 contains 方法，我们可以确定 date_period 包含日期 1987 年 10 月 27 日 ❹。

表 12-9 列出了其他 `date_period` 操作，其中 **p**、**p1** 和 **p2** 是 `date_period` 类，**d** 是日期。

表 12-9 支持的 <code>boost::gregorian::date_period</code> 操作

方法	说明
`p.begin()`	返回第一天
`p.last()`	返回最后一天
`p.length()`	返回包含的天数
`p.is_null()`	如果区间无效（例如，结束日期在开始日期之前），则返回 true
`p.contains(d)`	如果 **d** 在 **p** 内，则返回 true
`p1.contains(p2)`	如果所有 **p2** 都在 **p1** 内，则返回 true
`p1.intersects(p2)`	如果 **p2** 中的任何一个在 **p1** 内，则返回 true
`p.is_after(d)`	如果 **p** 在 **d** 之后，则返回 true
`p.is_before(d)`	如果 **p** 在 **d** 之前，则返回 true

5. 其他 DateTime 功能

Boost DateTime 库包含三大类编程工具：

❏ **日期编程**：日期编程是刚刚提过的基于日历的编程。
❏ **时间编程**：时间编程允许使用微秒级别的时钟，在 `<boost/date_time/posix_time/posix_time.hpp>` 头文件中定义。其机制类似于日期编程，但使用的是时钟而不是公历日期。
❏ **本地时间编程**：本地时间编程是时区感知的时间编程。它在 `<boost/date_time/time_zone_base.hpp>` 头文件中定义。

> **注意** 为了简洁起见，本章不会详细介绍时间编程和本地时间编程。有关信息和示例，请参阅 Boost 文档。

12.2.2 Chrono

stdlib Chrono 库在 `<chrono>` 头文件中提供了各种时钟。当需要编写依赖于时间或为代码计时的东西时，通常应使用这些时钟。

> **注意** Boost 也在 `<boost/chrono.hpp>` 头文件中提供了一个 Chrono 库。它是 stdlib 的 Chrono 库的超集，其中包括特定于进程和线程的时钟以及用户定义的时间输出格式。

1. 时钟

Chrono 库中提供了三个时钟；每个都提供不同的保证，并且都位于 `std::chrono` 命名空间中：

❏ `std::chrono::system_clock` 是系统范围的实时时钟。它有时也称为挂钟

（wall clock），即自特定实现开始日期以来经过的实时时间。大多数实现都将 Unix 的开始日期指定为 1970 年 1 月 1 日午夜。

❑ `std::chrono::steady_clock` 保证它的值永远不会减少。这似乎很荒谬，但时间测量比看起来的更复杂。例如，系统可能不得不应对闰秒或不准确的时钟。

❑ `std::chrono::high_resolution_clock` 具有最短的可用 tick 周期：tick 是时钟可以测量的最小原子改变。

这三个时钟都支持静态成员函数 now，它返回一个与时钟当前值对应的时间点。

2. 时间点

时间点表示某个具体时间，Chrono 使用 `std::chrono::time_point` 类型对时间点进行编码。从用户的角度来看，`time_point` 对象非常简单。它们提供了一个 `time_since_epoch` 方法，该方法返回时间点和时钟纪元（epoch）之间的时间量。这个时间量称为 duration（持续时间）。

纪元是实现定义的参考时间点，表示时钟的开始时间。Unix 纪元（或 POSIX 时间）开始于 1970 年 1 月 1 日，而 Windows 纪元开始于 1601 年 1 月 1 日（对应于 400 年公历周期的开始）。

`time_since_epoch` 方法不是从 `time_point` 获取持续时间的唯一方法。通过将两个 `time_point` 对象相减即可获得它们之间的持续时间。

3. 持续时间

`std::chrono::duration` 表示两个 `time_point` 对象之间的时间。持续时间暴露了一个计数方法（count），该方法返回持续时间内的时钟 tick 数。

代码清单 12-21 展示了如何从三个可用时钟获取当前时间，以及如何提取每个时钟自纪元以来的时间（持续时间），然后将它们转换为 tick 数。

代码清单 12-21　`std::chrono` 支持多种时钟

```
TEST_CASE("std::chrono supports several clocks") {
  auto sys_now = std::chrono::system_clock::now(); ❶
  auto hires_now = std::chrono::high_resolution_clock::now(); ❷
  auto steady_now = std::chrono::steady_clock::now(); ❸

  REQUIRE(sys_now.time_since_epoch().count() > 0); ❹
  REQUIRE(hires_now.time_since_epoch().count() > 0); ❺
  REQUIRE(steady_now.time_since_epoch().count() > 0); ❻
}
```

我们可以从 system_clock❶、high_resolution_clock❷ 和 steady_clock❸ 获取当前时间。对于每个时钟，我们可以使用 time_since_epoch 方法将时间点转换为自时钟纪元以来的持续时间，对生成的持续时间调用 count 以产生 tick 计数，该计数应大于零❹❺❻。

除了从时间点导出持续时间之外，还可以直接构建它们。`std::chrono` 命名空间包含生成持续时间的辅助函数（helper function）。为了方便起见，Chrono 在 `std::literals::` `chrono_literals` 命名空间中提供了许多用户自定义持续时间字面量。它们提供了一些语法糖，这是一种方便的语言语法，能使开发人员更轻松地定义持续时间字面量。

表 12-10 列出了辅助函数及其字面量等价物，其中每个表达式对应一个小时的持续时间。

表 12-10　用于创建持续时间的 `std::chrono` 辅助函数和用户自定义字面量

辅助函数	等价字面量
`nanoseconds(3600000000000)`	`3600000000000ns`
`microseconds(3600000000)`	`3600000000us`
`milliseconds(3600000)`	`3600000ms`
`seconds(3600)`	`3600s`
`minutes(60)`	`60m`
`hours(1)`	`1h`

例如，代码清单 12-22 说明了如何使用 `std::chrono::seconds` 构造 1 秒的持续时间，并使用 ms 持续时间字面量构造另一个 1000 毫秒的持续时间字面量。

代码清单 12-22　`std::chrono` 支持许多可比较的度量单位

```
#include <chrono>
TEST_CASE("std::chrono supports several units of measurement") {
  using namespace std::literals::chrono_literals; ❶
  auto one_s = std::chrono::seconds(1); ❷
  auto thousand_ms = 1000ms; ❸
  REQUIRE(one_s == thousand_ms); ❹
}
```

在这里，我们引入了 `std::literals::chrono_literals` 命名空间，因此可以访问持续时间字面量❶。我们从 `seconds` 辅助函数构造一个名为 `one_s` 的持续时间对象❷，从 ms 持续时间字面量构造另一个名为 `thousand_ms` 的持续时间对象❸。它们是等价的，因为 1s 包含 1000ms❹。

Chrono 提供了函数模板 `std::chrono::duration_cast` 以将持续时间从一种单位转换为另一种单位。与其他与转换相关的函数模板（例如 `static_cast`）一样，`duration_cast` 也接受与目标持续时间相对应的单个模板参数和与要转换的持续时间相对应的单个参数。

代码清单 12-23 说明了如何将纳秒持续时间转换为秒持续时间。

代码清单 12-23　`std::chrono` 支持 `std::chrono::duration_cast`

```
TEST_CASE("std::chrono supports duration_cast") {
  using namespace std::chrono; ❶
  auto billion_ns_as_s = duration_cast<seconds❷>(1'000'000'000ns❸);
  REQUIRE(billion_ns_as_s.count() == 1); ❹
}
```

首先，我们引入 std::chrono 命名空间，以便轻松访问 duration_cast、持续时间辅助函数和持续时间字面量 ❶。接着，使用纳秒持续时间字面量指定十亿纳秒的持续时间 ❸，将其作为参数传递给 duration_cast。我们将 duration_cast 的模板参数指定为秒 ❷，因此生成的持续时间 billion_ns_as_s 等于 1s❹。

4. 等待

有时，我们使用持续时间对象来指定程序等待的时间段。stdlib 在 <thread> 头文件中提供了并发原语，其中包含非成员函数 std::this_thread::sleep_for。sleep_for 函数接受一个持续时间参数，该参数对应于我们希望当前执行线程等待或"休眠"的时间。

代码清单 12-24 展示了如何使用 sleep_for。

代码清单 12-24　std::chrono 与 <thread> 一起使当前线程进入睡眠状态

```
#include <thread>
#include <chrono>

TEST_CASE("std::chrono used to sleep") {
  using namespace std::literals::chrono_literals; ❶
  auto start = std::chrono::system_clock::now(); ❷
  std::this_thread::sleep_for(100ms); ❸
  auto end = std::chrono::system_clock::now(); ❹
  REQUIRE(end - start >= 100ms); ❺
}
```

和以前一样，我们引入 chrono_literals 命名空间，以便访问持续时间字面量 ❶。我们根据 system_clock 记录当前时间，将生成的 time_point 保存到 start 变量中 ❷。接着，以 100ms 的持续时间（十分之一秒）调用 sleep_for❸。然后，再次记录当前时间，将生成的 time_point 保存到 end❹。因为程序在两次调用 std::chrono::system_clock 间休眠了 100ms，所以从 end 中减去 start 所产生的持续时间应至少为 100ms❺。

5. 测量时间

要优化代码，绝对需要准确地测量时间。我们可以使用 Chrono 来衡量一系列操作需要多长时间。这使我们能够确定特定代码路径实际上是造成某种可观察到的性能问题的原因。它还使我们能够为优化工作的进度建立一个客观的衡量标准。

Boost 的 Timer 库在 <boost/timer/timer.hpp> 头文件中包含了 boost::timer::auto_cpu_timer 类，这是一个 RAII 对象，它在构造函数中开始计时并在析构函数中停止计时。

我们可以仅使用 stdlib Chrono 库构建自己的临时 Stopwatch 类。Stopwatch 类可以保留对持续时间对象的引用。在 Stopwatch 析构函数中，可以通过引用设置持续时间对象。代码清单 12-25 提供了一个实现。

代码清单 12-25　一个简单的 Stopwatch 类，用于计算其生命周期的持续时间

```
#include <chrono>

struct Stopwatch {
  Stopwatch(std::chrono::nanoseconds& result❶)
    : result{ result }, ❷
    start{ std::chrono::high_resolution_clock::now() } { } ❸
  ~Stopwatch() {
    result = std::chrono::high_resolution_clock::now() - start; ❹
  }
private:
  std::chrono::nanoseconds& result;
  const std::chrono::time_point<std::chrono::high_resolution_clock> start;
};
```

　　Stopwatch 构造函数需要一个 nanoseconds 引用 ❶，我们可以使用成员初始化程序将其存储到 result 字段中 ❷。我们还可以通过将 start 字段设置为 now() 的结果来保存 high_resolution_clock 的当前时间 ❸。在 Stopwatch 析构函数中，再次在 high_resolution_clock 上调用 now() 并减去 start，以获得 Stopwatch 生命周期的持续时间。可以使用 result 引用来写入持续时间 ❹。

　　代码清单 12-26 展示了运行中的 Stopwatch，它在循环中执行一百万次浮点数除法并计算每次迭代所用的平均时间。

代码清单 12-26　使用 Stopwatch 估计 double 除法所需的时间

```
#include <cstdio>
#include <cstdint>
#include <chrono>

struct Stopwatch {
--snip--
};

int main() {
  const size_t n = 1'000'000; ❶
  std::chrono::nanoseconds elapsed; ❷
  {
    Stopwatch stopwatch{ elapsed }; ❸
    volatile double result{ 1.23e45 }; ❹
    for (double i = 1; i < n; i++) {
      result /= i; ❺
    }
  }
  auto time_per_division = elapsed.count() / double{ n }; ❻
  printf("Took %gns per division.", time_per_division); ❼
}
--------------------------------------------------------------------------
Took 6.49622ns per division. ❼
```

　　首先，我们将变量 n 初始化为 100 万，它存储程序将进行的迭代总数 ❶。其次，我们声

明 `elapsed` 变量，它将存储所有迭代经过的时间 ❷。在代码块中，声明一个 `Stopwatch` 并将 `elapsed` 的引用传递给构造函数 ❸。然后，声明一个名为 `result` 带有垃圾值的 `double`❹，并将这个变量声明为 `volatile`，这样编译器就不会尝试优化循环了。在循环中，任意进行一些浮点数除法 ❺。

一旦代码块结束，`stopwatch` 就会销毁。这会将 `stopwatch` 的持续时间写入 `elapsed`，用于计算每次循环迭代的平均时间（单位为纳秒）并存储到 `time_per_addition` 变量中 ❻。最后，通过 `printf` 打印 `time_per_division`❼。

12.3　数值

本节讨论如何使用常见的数学函数和常数处理数值，以及如何处理复数，生成随机数、数值限制、数值转换并计算比率。

12.3.1　数值函数

stdlib Numerics 库和 Boost Math 库提供了大量的数值 / 数学函数。为了简洁起见，本章仅提供快速参考条目。有关的详细处理，请参阅 ISO C++17 标准中的 [numerics] 和 Boost Math 文档。

表 12-11 列出了 stdlib 数学库中许多常见的非成员数学函数。

表 12-11　stdlib 中常用数学函数

函数	计算……	整数	浮点数	头文件
`abs(x)`	`x` 的绝对值	√		`<cstdlib>`
`div(x, y)`	`x` 除以 `y` 的商和余数	√		`<cstdlib>`
`abs(x)`	`x` 的绝对值		√	`<cmath>`
`fmod(x, y)`	`x` 除以 `y` 的余数		√	`<cmath>`
`remainder(x,y)`	`x` 除以 `y` 的有符号余数	√	√	`<cmath>`
`fma(x, y, z)`	将前两个参数相乘并将它们的乘积与第三个参数相加；也称为融合乘加法，即 `x * y + z`	√	√	`<cmath>`
`max(x, y)`	`x` 和 `y` 的最大值	√	√	`<algorithm>`
`min(x, y)`	`x` 和 `y` 的最小值	√	√	`<algorithm>`
`exp(x)`	e^x	√	√	`<cmath>`
`exp2(x)`	2^x	√	√	`<cmath>`
`log(x)`	`x` 的自然对数，即 $\ln x$	√	√	`<cmath>`
`log10(x)`	`x` 的普通对数，即 $\log_{10} x$	√	√	`<cmath>`
`log2(x)`	`x` 的以 2 为底的对数，即 $\log_2 x$	√	√	`<cmath>`
`gcd(x, y)`	`x` 和 `y` 的最大公约数	√		`<numeric>`

（续）

函数	计算……	整数	浮点数	头文件
lcm(x, y)	x 和 y 的最小公倍数	√		\<numeric\>
erf(x)	x 的高斯误差函数	√	√	\<cmath\>
pow(x, y)	x^y	√	√	\<cmath\>
sqrt(x)	x 的平方根	√	√	\<cmath\>
cbrt(x)	x 的立方根	√	√	\<cmath\>
hypot(x, y)	x^2+y^2 的平方根	√	√	\<cmath\>
sin(x) cos(x) tan(x) asin(x) acos(x) atan(x)	相关三角函数	√	√	\<cmath\>
sinh(x) cosh(x) tanh(x) asinh(x) acosh(x) atanh(x)	相关双曲函数值	√	√	\<cmath\>
ceil(x)	大于或等于 x 的最近整数	√	√	\<cmath\>
floor(x)	小于或等于 x 的最近整数	√	√	\<cmath\>
round(x)	等于 x 的最近整数；在中点情况下从零四舍五入	√	√	\<cmath\>
isfinite(x)	如果 x 是有限数，则值为 true	√	√	\<cmath\>
isinf(x)	如果 x 是无限数，则值为 true	√	√	\<cmath\>

注意 其他专门的数学函数在 \<cmath\> 头文件中。例如，计算拉盖尔多项式和埃尔米特多项式、椭圆积分的函数，圆柱贝塞尔函数和诺伊曼函数以及黎曼 zeta 函数出现在该头文件中。

12.3.2 复数

复数的形式为 a+bi，其中 i 是虚数，i*i=-1。虚数在控制理论、流体动力学、电气工程、信号分析、数论和量子物理等领域都有应用。复数的 a 称为实部，b 称为虚部。

stdlib 在 \<complex\> 头文件中提供了 std::complex 类模板。它接受实部和虚部的基础类型的模板参数。此模板参数必须是基本浮点类型之一。

要构造一个复数，可以传入两个参数：实部和虚部。复数类还支持复制构造和复制赋值。

非成员函数 std::real 和 std::imag 可以提取复数的实部和虚部，如代码清单 12-27 所示。

代码清单 12-27 构造 std::complex 并掇取其实部和虚部

```
#include <complex>

TEST_CASE("std::complex has a real and imaginary component") {
  std::complex<double> a{0.5, 14.13}; ❶
  REQUIRE(std::real(a) == Approx(0.5)); ❷
  REQUIRE(std::imag(a) == Approx(14.13)); ❸
}
```

我们构造了一个实部为 0.5、虚部为 14.13 的复数（std::complex）❶。使用 std::real 提取实部 ❷，使用 std::imag 提取虚部 ❸。

表 12-12 列出了 std::complex 支持的运算

表 12-12 std::complex 支持的运算

运算	说明
c1+c2 c1-c2 c1*c2 c1/c2	执行加法、减法、乘法和除法
c+s c-s c*s c/s	将标量 s 转换为复数，其中实部等于标量值，虚部等于 0。此转换支持前一行中的相应复数运算（加法、减法、乘法或除法）
real(c)	提取实部
imag(c)	提取虚部
abs(c)	计算复数的模
arg(c)	计算相位角
norm(c)	计算平方模
conj(c)	计算复共轭
proj(c)	计算黎曼球面投影
sin(c)	计算正弦
cos(c)	计算余弦
tan(c)	计算正切
asin(c)	计算反正弦
acos(c)	计算反余弦
atan(c)	计算反正切
c = polar(m, a)	计算由模 m 和相位角 a 确定的复数

12.3.3 数学常数

Boost 在 <boost/math/constants/constants.hpp> 头文件中提供了一套常用

的数学常数。有 70 多个常数可用，我们可以通过从 boost::math::float_constants、boost::math::double_constants 和 boost::math::long_double_constants 中获取相关的全局变量来分别获得 float、double 或 long double 形式的值。

一个常数是 four_thirds_pi，它近似于 $4\pi/3$。计算半径为 r 的球体体积的公式是 $4\pi r^3/3$，所以我们可以引入这个常数来简化计算。代码清单 12-28 说明了如何计算半径为 10 的球体的体积。

代码清单 12-28 boost::math 命名空间提供数学常数

```
#include <cmath>
#include <boost/math/constants/constants.hpp>

TEST_CASE("boost::math offers constants") {
  using namespace boost::math::double_constants; ❶
  auto sphere_volume = four_thirds_pi * std::pow(10, 3); ❷
  REQUIRE(sphere_volume == Approx(4188.7902047));
}
```

在这里，我们引入命名空间 boost::math::double_constants，它带来了 Boost Math 常数的所有 double 版本❶。接着，通过计算 four_thirds_pi 乘以 10^3 来计算 sphere_volume❷。

表 12-13 提供了一些常用的 Boost Math 常数。

表 12-13 一些常用的 Boost Math 常数

常数	值	近似值	说明
half	1/2	0.5	
third	1/3	0.333333	
two_thirds	2/3	0.66667	
three_quarters	3/4	0.75	
root_two	$\sqrt{2}$	1.41421	
root_three	$\sqrt{3}$	1.73205	
half_root_two	$\sqrt{2}/2$	0.707106	
ln_two	ln(2)	0.693147	
ln_ten	ln(10)	2.30258	
pi	π	3.14159	阿基米德常数
two_pi	2π	6.28318	单位圆的周长
four_thirds_pi	$4\pi/3$	4.18879	单位球体体积
one_div_two_pi	$1/(2\pi)$	1.59155	高斯积分
root_pi	$\sqrt{\pi}$	1.77245	

（续）

常数	值	近似值	说明
e	e	2.71828	欧拉常数 e
e_pow_pi	e^π	23.14069	格尔方常数
root_e	$\sqrt{e}$	1.64872	
log10_e	$\log_{10}(e)$	0.434294	
degree	$\pi/180$	0.017453	每度的弧度数
radian	$180/\pi$	57.2957	每弧度的度数
sin_one	$\sin(1)$	0.84147	
cos_one	$\cos(1)$	0.5403	
phi	$(1+\sqrt{5})/2$	1.61803	菲迪亚斯的黄金比例 ϕ
ln_phi	$\ln(\varphi)$	0.48121	

12.3.4　随机数

在某些情况下，我们需要生成随机数。在科学计算中，我们可能需要基于随机数运行大量模拟。这些数字需要模拟具有某些特征的随机过程，例如泊松分布或正态分布。此外，我们通常希望这些模拟是可重复的，因此负责生成随机性的代码（随机数引擎）应该在给定相同输入的情况下产生相同的输出。这种随机数引擎有时被称为伪随机数引擎。

在密码学中，我们可能需要用随机数来保护信息。在这种情况下，几乎不可能有人获得类似的随机数流；因此，意外使用伪随机数引擎通常会严重损害原本安全的密码系统。

由于这些原因，永远不应该尝试自己构建随机数生成器。构建一个正确的随机数生成器非常困难。将模式引入随机数生成器太容易了，这会对使用随机数作为输入的系统产生令人厌烦且难以诊断的副作用。

> **注意**　如果你对随机数生成感兴趣，请参阅 Brian D. Ripley 撰写的 *Stochastic Simulation* 第 2 章以及 Jean-Philippe Aumasson 撰写的 *Serious Cryptography* 第 2 章。

如果只是想要使用随机数，那么只需使用 stdlib `<random>` 头文件或 Boost `<boost/math/...>` 头文件中提供的 Random 库即可。

1. 随机数引擎

随机数引擎生成随机比特。Boost 和 stdlib 有很多令人眼花缭乱的随机数引擎。有一个通用规则：如果需要可重复的伪随机数，请考虑使用 Mersenne Twister 引擎 `std::mt19937_64`；如果需要加密安全的随机数，请考虑使用 `std::random_device`。

Mersenne Twister 具有一些理想的模拟统计特性。为其构造函数提供一个整数种子值，便可以完全确定随机数的序列。所有随机数引擎都是函数对象，因此要获取随机数，请使用 `operator()`。代码清单 12-29 展示了如何使用种子 91586 构建 Mersenne Twister 引擎并调用生成的引擎 3 次。

代码清单 12-29　mt19937_64 是一个伪随机数引擎

```
#include <random>
TEST_CASE("mt19937_64 is pseudorandom") {
  std::mt19937_64 mt_engine{ 91586 }; ❶
  REQUIRE(mt_engine() == 8346843996631475880); ❷
  REQUIRE(mt_engine() == 2237671392849523263); ❸
  REQUIRE(mt_engine() == 7333164488732543658); ❹
}
```

在这里，我们使用种子 91586 构建了 **mt19937_64** Mersenne Twister 引擎 ❶。因为它是一个伪随机数引擎，所以可以保证每次 ❷❸❹ 都能获得相同的随机数序列。这个序列完全由种子决定。

代码清单 12-30 说明了如何构造 **random_device** 并调用它来获得加密安全的随机值。

代码清单 12-30　random_device 是一个函数对象

```
TEST_CASE("std::random_device is invocable") {
  std::random_device rd_engine{}; ❶
  REQUIRE_NOTHROW(rd_engine()); ❷
}
```

我们使用默认构造函数构造 **random_device**❶。生成的对象 **rd_engine**❷ 是可调用的，但应该将该对象视为不透明的。与代码清单 12-29 中的 Mersenne Twister 不同，**random_device** 在设计上是不可预测的。

> **注意**　因为计算机在设计上是确定性的，所以 std::random_device 并不能对加密安全做出任何强有力的保证。

2. 随机数分布

随机数分布是将数字映射到概率密度的数学函数。粗略地说，如果从服从特定分布的随机变量中获取无限样本并绘制样本的相对频率，则该图看起来与分布图很像。

分布分为两大类：离散分布和连续分布。我们可以简单地理解为离散分布映射整数值，而连续分布映射浮点值。

大多数分布都接受自定义参数。例如，正态分布是一个连续分布，它接受两个参数：均值和方差。它的密度曲线是我们熟悉的以均值为中心的钟形曲线，如图 12-1 所示。离散均匀分布是一种随机数分布，它对介于最小值和最大值之间的数字进行等概率分配。它的密度曲线在最小值到最大值的范围内看起来非常平坦，如图 12-2 所示。

我们可以使用相同的 stdlib Random 库轻松地根据常见的统计分布（例如均匀分布和正态分布）生成随机数。每个分布都在其构造函数中接受一些参数，它们对应于底层分布的参数。要从分布中提取随机变量，可以使用 **operator()** 并传入随机数引擎的实例，例如 Mersenne Twister。

std::uniform_int_distribution 是 <random> 头文件中可用的类模板，它接受一个模板参数，该参数对应于我们希望从分布中返回的类型，如 **int**。我们可以通过将它们作为构造函数参数传入来指定均匀分布的最小值和最大值。这个范围内的每个数字具有相等的概率。它可能是一般软件工程环境中最常出现的分布。

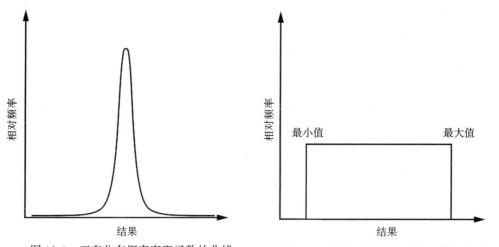

图 12-1　正态分布概率密度函数的曲线　　　　图 12-2　均匀分布概率密度函数的曲线

代码清单 12-31 说明了如何从最小值为 1、最大值为 10 的均匀分布中抽样一百万次，并计算样本均值。

代码清单 12-31　用 uniform_int_distribution 模拟离散均匀分布

```
TEST_CASE("std::uniform_int_distribution produces uniform ints") {
  std::mt19937_64 mt_engine{ 102787 }; ❶
  std::uniform_int_distribution<int> int_d{ 0, 10 }; ❷
  const size_t n{ 1'000'000 }; ❸
  int sum{}; ❹
  for (size_t i{}; i < n; i++)
    sum += int_d(mt_engine); ❺
  const auto sample_mean = sum / double{ n }; ❻
  REQUIRE(sample_mean == Approx(5).epsilon(.1)); ❼
}
```

我们使用种子 102787 构造一个 Mersenne Twister❶，然后构造一个最小值为 0、最大值为 10 的 uniform_int_distribution❷。接着，初始化一个变量 n 来保存迭代次数 ❸，并初始化一个变量 sum 来保存所有均匀随机数的总和 ❹。在循环中，使用 operator() 从均匀分布中抽取随机变量，并传入 Mersenne Twister 实例 ❺。

离散均匀分布的均值是最小值加上最大值除以 2。这里，int_d 的均值为 5。我们可以通过将 sum 除以样本数 n 来计算样本均值 ❻。我们可以很有信心地断言这个 sample_mean 大约是 5❼。

3. 随机数分布列表

表 12-14 给出了 <random> 中的随机数分布、它们的默认模板参数和它们的构造函数参数。

表 12-14　<random> 中的随机数分布

分布	说明
uniform_int_distribution{ min, max }	最小值为 min、最大值为 max 的离散均匀分布
uniform_real_distribution{ min, max }	最小值为 min、最大值为 max 的连续均匀分布
normal_distribution<double>{ m, s }	均值为 m、标准差为 s 的正态分布，常用于对许多独立随机变量的加法乘积进行建模，也称为高斯分布
lognormal_distribution<double>{ m, s }	均值为 m、标准差为 s 的对数正态分布，常用于对许多独立随机变量的乘积进行建模，也称为高尔顿分布
chi_squared_distribution<double>{ n }	自由度为 n 的卡方分布，常用于推理统计
cauchy_distribution<double>{ a, b }	位置参数为 a、尺度参数为 b 的柯西分布，用于物理学，也称为洛伦兹分布
fisher_f_distribution<double>{ m, n }	自由度为 m 和 n 的 F 分布，常用于推理统计，也称为斯内德克分布
student_t_distribution<double>{ n }	自由度为 n 的 T 分布，常用于推理统计，也称为学生 T 分布
bernoulli_distribution{ p }	成功概率为 p 的伯努利分布，常用于对单个布尔值结果的结果进行建模
binomial_distribution<int>{ n, p }	进行 n 次试验且成功概率为 p 的二项分布，常用于在一系列伯努利实验中对有放回抽样时的成功次数进行建模
geometric_distribution<int>{ p }	成功概率为 p 的几何分布，常用于模拟一系列伯努利实验中第一次成功之前发生的失败次数
poisson_distribution<int>{ m }	均值为 m 的泊松分布，常用于对固定时间间隔内发生的事件数量进行建模
exponential_distribution<double>{ l }	均值为 1/l 的指数分布，其中 l 称为 lambda 参数，常用于模拟泊松过程中事件之间的时间量
gamma_distribution<double>{ a, b }	形状参数为 a、尺度参数为 b 的伽马分布，是指数分布和卡方分布的推广
weibull_distribution<double>{ k, l }	形状参数为 k、尺度参数为 l 的韦布尔分布，常用于模拟故障时间
extreme_value_distribution<double>{ a, b }	位置参数为 a、尺度参数为 b 的极值分布，常用于对独立随机变量的最大值建模，也称为耿贝尔 I 型分布

注意　Boost Math 在 <boost/math/...> 系列头文件中提供了更多随机数分布，例如贝塔分布、超几何分布、逻辑分布和逆正态分布。

12.3.5　数值极限

stdlib 在 <limits> 头文件中提供了类模板 std::numeric_limits，以便为你提供有关算术类型的各种属性的编译期信息。例如，如果要识别给定类型 T 的最小有限值，可以使用静态成员函数 std::numeric_limits<T>::min()。

代码清单 12-32 说明了如何使用 min 来实施向下溢出。

代码清单 12-32　使用 std::numeric_limits<T>::min() 来创造 int 下溢。尽管截至
　　　　　　　　本书发稿时主要编译器生成的代码通过了测试，但该程序包含未定义行为

```
#include <limits>
TEST_CASE("std::numeric_limits::min provides the smallest finite value.") {
  auto my_cup = std::numeric_limits<int>::min(); ❶
  auto underfloweth = my_cup - 1; ❷
  REQUIRE(my_cup < underfloweth); ❸
}
```

首先，我们使用 std::numeric_limits<int>::min() 将 my_cup 变量设置为
可能的最小 int 值❶。接着，故意从 my_cup 中减去 1 来导致下溢❷。因为 my_cup 是
int 可以取的最小值，所以也可以说 my_cup 已经一滴不剩了。这会导致 underfloweth
大于 my_cup 的异常情况❸，即使我们是对 my_cup 做减法来初始化 underfloweth。

注意　这种悄无声息的下溢行为是无数软件安全漏洞的罪魁祸首。不要依赖这种未定义
　　　行为！

std::numeric_limits 里有许多静态成员函数和成员常量。表 12-15 列出了一些最
常见的。

表 12-15　std::numeric_limits 中的一些常见成员常量

操作	说明
numeric_limits<T>::is_signed	如果 T 有符号，则为 true
numeric_limits<T>::is_integer	如果 T 是整数，则为 true
numeric_limits<T>::has_infinity	标识 T 是否可以编码无限值（通常，所有浮点类型都有无限值，而整数类型则没有）
numeric_limits<T>::digits10	标识 T 可以表示的位数
numeric_limits<T>::min()	返回 T 的最小值
numeric_limits<T>::max()	返回 T 的最大值

注意　Boost Integer 提供了一些自省整数类型（例如确定最快或最小的整数，或至少有 N
　　　位的最小整数）的额外工具。

12.3.6　Boost Numeric Conversion

Boost 提供了 Numeric Conversion 库，其中包含一组用于在数值对象之间进行转换的工具。
<boost/numeric/conversion/converter.hpp> 头文件中的 boost::converter 类
模板封装了执行从一种类型到另一种类型的特定数值转换的代码。我们必须提供两个模板
参数：目标类型 T 和源类型 S。我们需要指定一个数值转换器，该转换器接受一个 double
并将其转换为具有简单类型别名 double_to_int 的 int：

```
#include <boost/numeric/conversion/converter.hpp>
using double_to_int = boost::numeric::converter<int❶, double❷>;
```

要使用新类型别名 double_to_int 进行转换，有多种方法。首先，可以使用它的静态方法 convert，它接受一个 double❷ 并返回一个 int❶，如代码清单 12-33 所示。

代码清单 12-33　boost::converter 提供了静态方法 convert

```
TEST_CASE("boost::converter offers the static method convert") {
  REQUIRE(double_to_int::convert(3.14159) == 3);
}
```

在这里，只需使用值 3.14159 调用 convert 方法，boost::convert 会将其转换为 3。因为 boost::convert 提供了函数调用 operator()，所以可以构造一个函数对象 double_to_int 并使用它进行转换，如代码清单 12-34 所示。

代码清单 12-34　boost::converter 实现了 operator()

```
TEST_CASE("boost::numeric::converter implements operator()") {
  double_to_int dti; ❶
  REQUIRE(dti(3.14159) == 3); ❷
  REQUIRE(double_to_int{}(3.14159) == 3); ❸
}
```

我们构造一个名为 dti 的 double_to_int 函数对象 ❶，使用相同的参数（即 3.14159）调用它 ❷。结果是一样的。我们还可以选择构造一个临时函数对象并直接使用 operator()，这会产生相同的结果 ❸。

使用 boost::converter 而不是 static_cast 之类的替代方法的一个主要优点是会在运行时进行边界检查。如果转换会导致溢出，boost::converter 将抛出 boost::numeric::positive_overflow 或 boost::numeric::negative_overflow。代码清单 12-35 演示了当尝试将非常大的 double 转换为 int 时的这种行为。

代码清单 12-35　boost::converter 会检查溢出

```
#include <limits>
TEST_CASE("boost::numeric::converter checks for overflow") {
  auto yuge = std::numeric_limits<double>::max(); ❶
  double_to_int dti; ❷
  REQUIRE_THROWS_AS(dti(yuge)❸, boost::numeric::positive_overflow❹);
}
```

我们使用 numeric_limits 获取 yuge 值 ❶，构造一个 double_to_int 转换器 ❷，用于将 yuge 转换为 int❸。这会抛出 positive_overflow 异常，因为该值太大而无法存储 ❹。

可以使用模板参数自定义 boost::converter 的转换行为。例如，我们可以自定义溢出处理以引发自定义异常或执行一些其他操作。我们还可以自定义舍入行为，以便执行自定义舍入，而不是截断浮点值的小数。有关详细信息，请参阅 Boost Numeric Conversion 文档。

如果你对默认的 boost::converter 行为感到满意，则可以使用 boost::numeric_cast 函数模板作为快捷方式。此函数模板接受与目标类型相对应的单个模板参数和与原始数字相对应的单个参数。代码清单 12-36 对代码清单 12-35 进行了更新，使用了 boost::numeric_cast。

代码清单 12-36　boost::numeric_cast 函数模板还执行运行时边界检查

```
#include <limits>
#include <boost/numeric/conversion/cast.hpp>

TEST_CASE("boost::boost::numeric_cast checks overflow") {
  auto yuge = std::numeric_limits<double>::max(); ❶
  REQUIRE_THROWS_AS(boost::numeric_cast<int>(yuge), ❷
                    boost::numeric::positive_overflow ❸);
}
```

和之前一样，我们使用 numeric_limits 来获取 yuge 值 ❶。当尝试用 numeric_cast 将 yuge 转换为 int 时 ❷，会收到 positive_overflow 异常，因为该值太大而无法存储 ❸。

> 注意　boost::numeric_cast 函数模板是我们在代码清单 6-6 中手动创建的 narrow_cast 的替代品。

12.3.7　编译时有理数算术

stdlib <ratio> 头文件中的 std::ratio 是一个类模板，使用它能够在编译时进行有理数计算。这需向 std::ratio 提供两个模板参数，分别作为分子和分母。这定义了一种可用于计算有理数表达式的新类型。

使用 std::ratio 执行编译时计算的方式是使用模板元编程技术。例如，要将两个 ratio 类型相乘，可以使用 std::ratio_multiply 类型，它将两个 ratio 类型作为模板参数。我们可以在结果类型上使用静态成员变量来提取结果的分子和分母。

代码清单 12-37 说明了如何在编译时将 10 乘以 2/3。

代码清单 12-37　使用 std::ratio 处理编译时有理数算术

```
#include <ratio>

TEST_CASE("std::ratio") {
  using ten = std::ratio<10, 1>; ❶
  using two_thirds = std::ratio<2, 3>; ❷
  using result = std::ratio_multiply<ten, two_thirds>; ❸
  REQUIRE(result::num == 20); ❹
  REQUIRE(result::den == 3); ❺
}
```

我们将两个 std::ratio 类型 ten❶ 和 two_thirds❷ 声明为类型别名。要计算 ten 和 two_thirds 的乘积，需要使用 std::ratio_multiply 模板声明另一种类型 result❸。使用静态成员 num 和 den 提取结果 20/3❹❺。

在编译时进行计算当然总是比在运行时进行计算要好，这样程序的效率更高，因为它们在运行时需要做的计算更少。

表 12-16 列出了 stdlib 的 <ratio> 库提供的部分操作。

表 12-16 <ratio> 中可用的部分操作

操作	说明
ratio_add<**r1**, **r2**>	**r1** 和 **r2** 相加
ratio_subtract<**r1**, **r2**>	**r1** 减去 **r2**
ratio_multiply<**r1**, **r2**>	**r1** 和 **r2** 相乘
ratio_divide<**r1**, **r2**>	将 **r1** 除以 **r2**
ratio_equal<**r1**, **r2**>	测试 **r1** 是否等于 **r2**
ratio_not_equal<**r1**, **r2**>	测试 **r1** 是否不等于 **r2**
ratio_less<**r1**, **r2**>	测试 **r1** 是否小于 **r2**
ratio_greater<**r1**, **r2**>	测试 **r1** 是否大于 **r2**
ratio_less_equal<**r1**, **r2**>	测试 **r1** 是否小于或等于 **r2**
ratio_greater_equal<**r1**, **r2**>	测试 **r1** 是否大于或等于 **r2**
micro	字面量：ratio<1, 1000000>
milli	字面量：ratio<1, 1000>
centi	字面量：ratio<1, 100>
deci	字面量：ratio<1, 10>
deca	字面量：ratio<10, 1>
hecto	字面量：ratio<100, 1>
kilo	字面量：ratio<1000, 1>
mega	字面量：ratio<1000000, 1>
giga	字面量：ratio<1000000000, 1>

12.4 总结

本章研究了服务于常见编程需求的各种小型、简单、集中的实用工具。tribool、optional、pair、tuple、any 和 variant 等数据结构可以处理许多常见的场景，在这些场景中，我们需要在一个公共结构中包含对象。在接下来的章节中，这些数据结构将在整个标准库中重复出现。本章还介绍了日期/时间工具和数值/数学工具。这些库实现了非常具体的功能，但是当你有这样的需求时，这些库是无价的。

练习

12-1. 重新实现代码清单 6-6 中的 `narrow_cast` 以返回 `std::optional`。如果强制转换会导致窄化转换，则返回一个空的 `optional` 对象而不是抛出异常。编写单元测试以确保解决方案有效。

12-2. 实现一个生成随机字母数字密码并将其写入控制台的程序。你可以将可能字符的字母表存储到 `char[]` 中，并使用离散均匀分布（其最小值为 0，最大值为字母数组的最后一个索引）获取随机密码。使用加密安全的随机数引擎。

拓展阅读

- *ISO International Standard ISO/IEC (2017) — Programming Language C++* (International Organization for Standardization; Geneva, Switzerland; *https://isocpp.org/std/the-standard/*)

- *The Boost C++ Libraries*, 2nd Edition, by Boris Schäling (XML Press, 2014)

- *The C++ Standard Library: A Tutorial and Reference*, 2nd Edition, by Nicolai M. Josuttis (Addison-Wesley Professional, 2012)

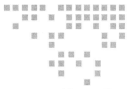

第 13 章　*Chapter 13*

容　　器

修复 std::vector 中的 bug，既让人高兴（它是最好的数据结构），又让人害怕（如果我把它搞乱了，整个世界会爆炸）。

——Stephan T. Lavavej（Visual C++ 库的主要开发者）

2016 年 8 月 22 日 3:11 AM 于推特

标准模板库（Standard Template Library，STL）是标准库的一部分，它提供容器和操作它们的算法，迭代器充当两者之间的接口。在接下来的三章中，我们将详细介绍这几部分。

容器是一种特殊的数据结构，它们以一定的组织方式存储对象，该组织方式遵循特定访问规则。容器分为以下三种：

- ❏ 顺序容器连续存储元素，就像在数组中一样。
- ❏ 关联容器存储已排序的元素。
- ❏ 无序关联容器存储哈希对象。

关联容器和无序关联容器提供对单个元素的快速搜索。所有容器都是围绕其包含对象的 RAII 包装器，因此它们管理着它们拥有的元素的存储期和生命周期。此外，每个容器都提供了一组成员函数，用于对对象集合执行各种操作。

现代 C++ 程序一直使用容器。为特定应用程序选择哪个容器取决于所需的操作、包含的对象的特征以及特定访问模式下的效率。本章调查了 STL 和 Boost 涵盖的大量容器。因为这些库中有很多容器，所以我们只探索最流行的那些。

13.1　顺序容器

顺序容器是允许顺序成员访问的 STL 容器。也就是说，我们可以从容器的一端开始并迭代到另一端。但除了这个共性之外，顺序容器是多样化的。有些容器有固定的长度，有些容器可以随着项目需要而缩小和增长。有些容器允许直接索引，有些只能按顺序访问。此外，每个顺序容器都具有独特的性能特征，在某些情况下是合适的，而在其他情况下则不合适。

使用顺序容器应该很直观，因为你已从 2.2 节熟悉了基本的容器，在那里你看到了内置或 C 风格数组 T[ ]。我们将通过学习比内置数组更复杂、更酷的 **std::array** 来探索顺序容器。

13.1.1　数组

STL 在 **<array>** 头文件中提供了 **std::array**。**array** 是一个顺序容器，包含固定大小的、连续的一系列元素。它将内置数组的纯粹性能和效率与现代支持复制构造、移动构造、复制赋值、移动赋值，知道容器大小，提供边界检查成员访问和其他高级功能的便利性相结合。

在几乎所有情况下，你都应该使用 **array** 而不是内置数组。它支持几乎所有与 **operator[]** 相同的模式来访问元素，因此并没有太多情况非用内置数组不可。

> **注意**　与此同时 Boost 在 Boost Array 的 **<boost/array.hpp>** 中提供了 **boost::array**。除非使用非常旧的 C++ 工具链，否则不需要使用 Boost 的版本。

1. 构造

array<T, S> 类模板接受两个模板参数：

❑ 包含的类型 **T**。

❑ 数组 **S** 的固定大小。

我们可以使用相同的规则来构造 **array** 和内置数组。总结 2.2 节中的这些规则，首选方法就是使用大括号初始化来构造 **array**。大括号初始化方法用大括号中包含的值填充 **array**，并用零填充其余元素。如果省略初始化大括号，则 **array** 包含未初始化的值（具体取决于其存储期）。代码清单 13-1 使用几个 **array** 声明展示了大括号初始化方法。

　　代码清单 13-1　初始化 std::array, 可能在 REQUIRE(local_array[0] != 0);❹ 处
　　　　　　　　会收到编译器警告，因为 local_array 有未初始化的元素

```
#include <array>

std::array<int, 10> static_array; ❶

TEST_CASE("std::array") {
  REQUIRE(static_array[0] == 0); ❷

  SECTION("uninitialized without braced initializers") {
    std::array<int, 10> local_array; ❸
    REQUIRE(local_array[0] != 0); ❹
  }
```

```
  SECTION("initialized with braced initializers") {
    std::array<int, 10> local_array{ 1, 1, 2, 3 }; ❺
    REQUIRE(local_array[0] == 1);
    REQUIRE(local_array[1] == 1);
    REQUIRE(local_array[2] == 2);
    REQUIRE(local_array[3] == 3);
    REQUIRE(local_array[4] == 0); ❻
  }
}
```

它声明了一个名为 static_array、由 10 个 int 对象组成的数组，具有静态存储期 ❶。我们没有使用大括号初始化，但它的元素无论如何都会初始化为零 ❷，这要归功于 2.2 节中介绍的初始化规则。

接下来，它尝试声明另一个包含 10 个 int 对象的数组，这次具有自动存储期 ❸。因为没有使用大括号初始化，所以 local_array 包含未初始化的元素（等于零的概率极低 ❹）。

最后，它使用大括号初始化方法来声明另一个数组并填充前四个元素 ❺。所有剩余的元素都设置为零 ❻。

2. 元素访问

访问任意数组元素的三种主要方法是：

❑ operator[]。

❑ at。

❑ get。

operator[] 和 at 方法接受与所需元素的索引相对应的单个 size_t 参数。这两者之间的区别在于边界检查：如果索引参数超出范围，at 将抛出 std::out_of_range 异常，而 operator[] 将导致未定义行为。函数模板 get 接受相同规格的模板参数。因为它是一个模板，所以必须在编译时知道索引。

> 注意　回顾一下 2.1.6 节，size_t 对象保证其最大值足以表示所有对象的最大大小（以字节为单位）。正是由于这个原因，operator[] 和 at 才接受 size_t 而不是 int，因此没有这样的保证。

使用 get 的一个主要好处是可以进行编译时边界检查，如代码清单 13-2 所示。

代码清单 13-2　访问数组的元素。取消注释 // fib[4] = 5;❾ 将导致未定义行为，而取消注释 //std::get<4>(fib);❿ 将导致编译失败

```
TEST_CASE("std::array access") {
  std::array<int, 4> fib{ 1, 1, 0, 3}; ❶

  SECTION("operator[] can get and set elements") {
    fib[2] = 2; ❷
    REQUIRE(fib[2] == 2); ❸
```

```
  // fib[4] = 5; ❹
}

SECTION("at() can get and set elements") {
  fib.at(2) = 2; ❺
  REQUIRE(fib.at(2) == 2); ❻
  REQUIRE_THROWS_AS(fib.at(4), std::out_of_range); ❼
}
SECTION("get can get and set elements") {
  std::get<2>(fib) = 2; ❽
  REQUIRE(std::get<2>(fib) == 2); ❾
  // std::get<4>(fib); ❿
}
}
```

它声明了一个长度为 4 的数组，名为 fib❶。使用 operator[]❷ 可以设置元素并检索它们 ❸。注释掉的越界写入会导致未定义行为，使用 operator[] 不会进行边界检查 ❹。

我们可以使用 at 处理相同的读取 ❺ 和写入 ❻ 操作，这样可以安全地执行越界操作，这要归功于边界检查 ❼。

最后，还可以使用 std::get 设置 ❽ 和获取 ❾ 元素。获取（get）元素时也会执行边界检查，所以 // std::get<4>(fib);❿ 如果未注释将无法编译。

还有一个 front 和一个 back 方法，它们返回对数组第一个和最后一个元素的引用。当数组长度为零时，如果调用这两个方法之一，将获得未定义行为，如代码清单 13-3 所示。

代码清单 13-3　在 std::array 上使用 front、back 便捷方法

```
TEST_CASE("std::array has convenience methods") {
  std::array<int, 4> fib{ 0, 1, 2, 0 };

  SECTION("front") {
    fib.front() = 1; ❶
    REQUIRE(fib.front() == 1); ❷
    REQUIRE(fib.front() == fib[0]); ❸
  }

  SECTION("back") {
    fib.back() = 3; ❹
    REQUIRE(fib.back() == 3); ❺
    REQUIRE(fib.back() == fib[3]); ❻
  }
}
```

我们可以使用 front 和 back 方法来设置 ❶❹ 和获取 ❷❺ 数组的第一个和最后一个元素。当然，fib[0] 与 fib.front() 相同 ❸，fib[3] 与 fib.back() 相同 ❹。front() 和 back() 方法只是便捷方法。此外，如果你正在编写泛型代码，某些容器将提供 front、back，但不提供 operator[]，因此最好使用 front、back 方法。

3. 存储模型

array 不额外进行分配；相反，就像内置数组一样，它包含所有元素。这意味着复制成本通常很高昂，因为每个组成元素都需要被复制。移动成本可能也很高昂，具体取决于 array 的底层类型是否也具有移动构造和移动赋值机制，它们的成本相对较小。

array 其实就是内置数组。事实上，我们可以使用四种不同的方法提取指向数组第一个元素的指针：

❏ 最直接的方法是使用 data 方法。正如所宣传的，这将返回一个指向第一个元素的指针。

❏ 其他三种方法涉及在第一个元素上使用地址运算符 &，该元素可以使用 operator[]、at 和 front 获得。

你应该使用 data。如果 array 为空，基于地址的方法将导致未定义行为。

代码清单 13-4 演示了如何使用这四种方法获取指针。

代码清单 13-4　获取指向 std::array 的第一个元素的指针

```
TEST_CASE("We can obtain a pointer to the first element using") {
  std::array<char, 9> color{ 'o', 'c', 't', 'a', 'r', 'i', 'n', 'e' };
  const auto* color_ptr = color.data(); ❶

  SECTION("data") {
    REQUIRE(*color_ptr == 'o'); ❷
  }
  SECTION("address-of front") {
    REQUIRE(&color.front() == color_ptr); ❸
  }
  SECTION("address-of at(0)") {
    REQUIRE(&color.at(0) == color_ptr); ❹
  }
  SECTION("address-of [0]") {
    REQUIRE(&color[0] == color_ptr); ❺
  }
}
```

初始化数组 color 后，使用 data 方法获得指向第一个元素（字母 o）的指针 ❶。当解引用 color_ptr 时，会按预期获得字母 o❷。此指针与从 address-of 加上 front❸、at❹ 和 operator[]❺ 方法获得的指针相同。

关于数组，还可以使用 size 或 max_size 方法（它们对于 array 来说是相同的）查询 array 的大小。因为 array 具有固定的大小，所以这些方法的值是静态的并且在编译时是已知的。

4. 迭代器

容器和算法之间的接口是迭代器。迭代器是一种类型，它知道容器的内部结构，并向容器的元素公开简单的指针式操作。第 14 章将专门介绍迭代器，但此时你需要了解它的基础知识，以便探索如何使用迭代器来操作容器以及容器如何向用户公开迭代器。

迭代器有多种风格，但它们都至少支持以下操作：

1）获取当前元素（operator*）；

2）移动到下一个元素（operator++）；

3）通过赋值使一个迭代器等于另一个迭代器（operator=）。

我们可以通过 begin 和 end 方法从所有 STL 容器（包括 array）中提取迭代器。begin 方法返回一个指向第一个元素的迭代器；end 方法返回一个指针，该指针指向数组最后一个元素后面的元素。图 13-1 说明了 begin 和 end 迭代器在包含三个元素的数组中指向的位置。

图 13-1　包含三个元素的数组的半开半闭区间

图 13-1 中 end() 指向最后一个元素之后的排列称为半开半闭区间（half-open range）。乍一看，这似乎违反直觉——为什么不使用 end() 指向最后一个元素的封闭区间——但半开半闭区间有一些优点。例如，如果容器为空，begin() 将返回与 end() 相同的值。这告诉我们，无论容器是否为空，如果迭代器等于 end()，则表示我们已经遍历了容器。

代码清单 13-5 说明了使用半开半闭区间迭代器和空容器时会发生什么。

代码清单 13-5　对于空 array，begin 迭代器等于 end 迭代器

```
TEST_CASE("std::array begin/end form a half-open range") {
    std::array<int, 0> e{}; ❶
    REQUIRE(e.begin()❷ == e.end()❸);
}
```

在这里，我们构造了一个空数组 e，它的 begin 迭代器 ❷ 和 end 迭代器 ❸ 是相等的。

代码清单 13-6 研究了如何使用迭代器对非空 array 执行类似指针的操作。

代码清单 13-6　基本 array 迭代器操作

```
TEST_CASE("std::array iterators are pointer-like") {
    std::array<int, 3> easy_as{ 1, 2, 3 }; ❶
    auto iter = easy_as.begin(); ❷
    REQUIRE(*iter == 1); ❸
    ++iter; ❹
    REQUIRE(*iter == 2);
    ++iter;
    REQUIRE(*iter == 3); ❺
    ++iter; ❻
    REQUIRE(iter == easy_as.end()); ❼
}
```

数组 easy_as 包含元素 1、2 和 3❶。在 easy_as 上调用 begin 可以获得指向第一个元素的迭代器 iter❷。通过解引用运算符可得到第一个元素 1，因为这是数组中的第一个元素 ❸。接下来，递增 iter 使其指向下一个元素 ❹。以这种方式继续递增，直到到达最后一个元素 ❺。最后一次将指针递增 1 会使指针指向最后一个元素之后 ❻，因此 iter 等于 easy_as.end()，表明已经遍历完了数组 ❼。

回想一下 8.5.4 节，我们可以通过公开 begin 和 end 方法来构建自己的类型，将其用于范围表达式，如代码清单 8-29 中的 FibonacciIterator 那样。容器可以为我们完成所有这些工作，这意味着我们可以使用 STL 容器作为范围表达式。代码清单 13-7 通过迭代一个数组来说明。

代码清单 13-7　基于范围的 for 循环和数组

```
TEST_CASE("std::array can be used as a range expression") {
  std::array<int, 5> fib{ 1, 1, 2, 3, 5 }; ❶
  int sum{}; ❷
  for (const auto element : fib) ❸
    sum += element; ❹
  REQUIRE(sum == 12);
}
```

它初始化了一个数组 ❶ 和一个 sum 变量 ❷。因为 array 具有有效的范围，所以可以在基于范围的 for 循环中使用 ❸。这可以让我们计算元素的总和 ❹。

5. 所支持的部分操作

表 13-1 提供了部分数组操作。a、a1 和 a2 的类型是 std::array<T, S>，t 的类型是 T，S 是数组的固定长度，i 的类型是 size_t。

表 13-1　std:array 的部分操作

操作	说明
array<T, S>{ ... }	对新构造的数组执行大括号初始化
~array	销毁数组包含的所有元素
a1 = a2	将 **a2** 的所有成员复制赋值到 **a1**
a.at(i)	返回对 **a** 的 **i** 元素的引用。如果超出范围，则抛出 std::out_of_range
a[i]	返回对 **a** 的 **i** 元素的引用。如果超出范围，则导致未定义行为
get<i>(a)	返回对 **a** 的 **i** 元素的引用。如果超出范围，则编译失败
a.front()	返回对第一个元素的引用
a.back()	返回对最后一个元素的引用
a.data()	如果数组非空，则返回指向第一个元素的原始指针。对于空数组，则返回一个有效但不可解引用的指针
a.empty()	如果数组的大小为零，则返回 true，否则返回 false
a.size()	返回数组的大小
a.max_size()	等价于 a.size()

（续）

操作	说明
`a.fill(t)`	将 **t** 复制赋值给 **a** 的每个元素
`a1.swap(a2)` `swap(a1, a2)`	将 **a1** 的每个元素与 **a2** 的元素交换
`a.begin()`	返回指向第一个元素的迭代器
`a.cbegin()`	返回指向第一个元素的 `const` 迭代器
`a.end()`	返回指向最后一个元素之后的迭代器
`a.cend()`	返回指向最后一个元素之后的 `const` 迭代器

`a1 == a2`
`a1 != a2`
`a1 > a2`
`a1 >= a2`
`a1 < a2`
`a1 <= a2`
	如果所有元素相等，则相等
	从第一个元素到最后一个元素进行大于或小于比较

注意　表 13-1 中的部分操作仅作为快速、合理的综合参考。有关详细信息，请参阅免费提供的在线文档 https://cppreference.com/ 和 http://cplusplus.com/，以及 Bjarne Stroustrup 撰写的 *The C++ Programming Language* 第 4 版的第 31 章和 Nicolai M. Josuttis 的 *C++ Standard Library* 第 2 版的第 7 章、第 8 章和第 12 章。

13.1.2　向量

　　STL 的 `<vector>` 头文件中的 `std::vector` 是一个顺序容器，可以保存动态大小的、连续的一系列元素。向量（vector）动态管理其存储空间，不需要程序员的外部帮助。

　　向量是顺序数据结构稳定的核心。只需少量的开销，就可以获得比数组更强的灵活性。此外，向量支持几乎所有与数组相同的操作，并添加了许多其他操作。如果你手头有固定数量的元素，那么请务必考虑使用数组，因为与向量相比，数组在开销方面更少。在所有其他情况下，采用的顺序容器都应是向量。

注意　Boost Container 库还在 `<boost/container/vector.hpp>` 头文件中包含一个 `boost::container::vector`。

1. 构造

　　类模板 `std::vector<T, Allocator>` 接受两个模板参数。第一个是包含类型 T，第二个是分配器类型 Allocator，它是可选的，默认为 `std::allocator<T>`。

　　与数组相比，构造 vector 更灵活。vector 支持用户自定义分配器，因为 vector 需要分配动态内存。我们可以默认构造一个 vector，使其不包含任何元素。你可能想构造一个空 vector，以便可以根据运行时发生的情况用可变数量的元素填充它。代码清单 13-8 展示了默认构造 vector 并检查它是否不包含任何元素的过程。

代码清单 13-8　vector 支持默认构造

```
#include <vector>
TEST_CASE("std::vector supports default construction") {
  std::vector<const char*❶> vec; ❷
  REQUIRE(vec.empty()); ❸
}
```

它声明了一个包含 `const char*` 类型元素 ❶ 的 vector，其名为 vec。因为它是被默认构造的 ❷，所以不包含任何元素，并且 empty 方法返回 true❸。

我们可以对 vector 使用大括号初始化。与使用大括号初始化方法初始化数组的方式类似，这会用指定的元素填充向量，如代码清单 13-9 所示。

代码清单 13-9　vector 支持大括号初始化列表

```
TEST_CASE("std::vector supports braced initialization ") {
    std::vector<int> fib{ 1, 1, 2, 3, 5 }; ❶
    REQUIRE(fib[4] == 5); ❷
}
```

在这里，我们构造了一个名为 fib 的 vector 并使用了大括号初始化列表 ❶。初始化后，vector 包含五个元素，即 1、1、2、3 和 5❷。

如果要使用许多相同的值填充 vector，可以使用填充构造函数。要填充构造一个 vector，首先要传递一个与要填充的元素数量相对应的 size_t。然后，可以将要复制的对象的 const 引用传递给构造函数，但是这个参数不是必需的。有时，我们希望将所有元素初始化为相同的值，例如，跟踪与特定索引相关的计数，此外，我们可能还想拥有一些用户自定义类型的 vector 来跟踪程序状态，并且可能需要通过索引来跟踪此类状态。

不幸的是，使用大括号初始化来构造对象的一般规则在这里被打破了。对于向量，必须使用括号来调用这些构造函数。对于编译器，`std::vector<int>{ 99, 100 }` 指定了一个包含元素 99 和 100 的初始化列表，它将构造一个包含两个元素 99 和 100 的向量。如果想要一个包含 99 个数字 100 的向量，怎么办？

通常，编译器会非常努力地将初始化列表视为填充向量的元素。你可以尝试记住这些规则（请参阅 Scott Meyers 的 *Effective Modern C++* 的第 7 条），或者只为 stdlib 容器构造函数使用括号。

代码清单 13-10 突出显示了 STL 容器的初始化列表 / 大括号初始化一般规则。

代码清单 13-10　vector 支持大括号初始化列表和填充构造函数

```
TEST_CASE("std::vector supports") {
  SECTION("braced initialization") {
    std::vector<int> five_nine{ 5, 9 }; ❶
    REQUIRE(five_nine[0] == 5); ❷
    REQUIRE(five_nine[1] == 9); ❸
  }
  SECTION("fill constructor") {
```

```
        std::vector<int> five_nines(5, 9); ❹
        REQUIRE(five_nines[0] == 9); ❺
        REQUIRE(five_nines[4] == 9); ❻
    }
}
```

第一个示例使用大括号初始化来构造包含两个元素的向量 ❶，两个元素分别为索引 0
处的 5❷ 和索引 1 处的 9❸。第二个示例使用括号调用填充构造函数 ❹，它用 5 个数字 9
填充向量，所以第一个元素 ❺ 和最后一个元素 ❻ 都是 9。

注意 这种符号冲突并不是经过深思熟虑的权衡结果，纯粹是因为历史原因，并且与向后
兼容性有关。

我们还可以从半开半闭区间构造向量，具体是通过传入要复制的范围的 begin 和 end
迭代器来完成。在各种编程上下文中，你可能希望拼接出某个范围的子集并将其复制到向
量中以进行进一步处理。例如，你可以构造一个向量来复制数组中包含的所有元素，如代
码清单 13-11 所示。

代码清单 13-11　从某个范围构造向量

```
TEST_CASE("std::vector supports construction from iterators") {
  std::array<int, 5> fib_arr{ 1, 1, 2, 3, 5 }; ❶
  std::vector<int> fib_vec(fib_arr.begin(), fib_arr.end()); ❷
  REQUIRE(fib_vec[4] == 5); ❸
  REQUIRE(fib_vec.size() == fib_arr.size()); ❹
}
```

它使用五个元素构造数组 fib_arr❶。要使用 fib_arr 中包含的元素构造向量 fib_
vec，需要调用 fib_arr 的 begin 和 end 方法 ❷。生成的向量具有数组元素的副本 ❸
并且具有相同的大小 ❹。

总体来看，可以将此构造函数视为接受指向某个目标序列的开头和结尾的指针。然后，
它将复制该目标序列。

2. 移动语义和复制语义

使用向量，可以获得完整的复制构造、移动构造、复制赋值和移动赋值的支持。任何
向量的复制操作成本都可能非常高昂，因为它们是按元素复制的。移动操作通常非常快，
因为包含的元素在动态内存中，并且移出向量可以简单地将所有权传递给移入目标向量，
不需要移动包含的元素。

3. 元素访问

向量支持大多数与数组相同的元素访问操作：at、operator[]、front、back 和 data。

与数组一样，我们可以使用 size 方法查询向量中包含的元素的数量。此方法的返回
值在运行时可能会有所不同。我们还可以使用 empty 方法确定向量是否包含元素，如果向
量不包含任何元素，则返回 true；否则，它返回 false。

4. 添加元素

我们可以使用各种方法将元素插入向量中。如果要替换向量中的所有元素，可以使用 `assign` 方法，该方法接受初始化列表并替换所有现有元素。如果需要，向量将调整大小以容纳更大的元素列表，如代码清单 13-12 所示。

代码清单 13-12　向量的 `assign` 方法

```
TEST_CASE("std::vector assign replaces existing elements") {
    std::vector<int> message{ 13, 80, 110, 114, 102, 110, 101 }; ❶
    REQUIRE(message.size() == 7); ❷
    message.assign({ 67, 97, 101, 115, 97, 114 }); ❸
    REQUIRE(message[5] == 114); ❹
    REQUIRE(message.size() == 6); ❺
}
```

在这里，它构造了一个包含七个元素 ❷ 的向量 ❶。当赋值一个新的、更小的初始化列表时 ❸，所有的元素都被替换 ❹，同时向量的 `size` 会更新，从而反应更新后的内容 ❺。

如果要将单个新元素插入向量中，可以使用 `insert` 方法，该方法需要两个参数：一个是迭代器，另一个是要插入的元素。它将在迭代器指向的现有元素之前插入给定元素的副本，如代码清单 13-13 所示。

代码清单 13-13　向量的 `insert` 方法

```
TEST_CASE("std::vector insert places new elements") {
    std::vector<int> zeros(3, 0); ❶
    auto third_element = zeros.begin() + 2; ❷
    zeros.insert(third_element, 10); ❸
    REQUIRE(zeros[2] == 10); ❹
    REQUIRE(zeros.size() == 4); ❺
}
```

我们用三个零初始化一个向量 ❶，并生成一个指向第三个元素的迭代器 ❷。接着，通过传入迭代器和 10，在第三个元素之前插入 10❸。现在，向量的第三个元素是 10❹，共包含四个元素 ❺。

使用 `insert` 后，现有的迭代器将失效。例如，在代码清单 13-13 中，不能重复使用迭代器 `third_element`：向量可能已经调整大小并在内存中重定位，旧的迭代器处在垃圾内存中。

如需将元素插入向量的末尾，请使用 `push_back` 方法。与 `insert` 不同，`push_back` 不需要迭代器参数，只需提供要复制到向量中的元素，如代码清单 13-14 所示。

代码清单 13-14　向量的 `push_back` 方法

```
TEST_CASE("std::vector push_back places new elements") {
    std::vector<int> zeros(3, 0); ❶
    zeros.push_back(10); ❷
    REQUIRE(zeros[3] == 10); ❸
}
```

同样，我们也用三个零初始化一个向量 ❶，但这次我们使用 `push_back` 方法将元素 10 插入向量的末尾 ❷。此时，向量包含四个元素，其中最后一个元素为 10❸。

我们可以使用 `emplace` 和 `emplace_back` 方法就地构造新元素。`emplace` 方法是一个可变参数模板，与 `insert` 方法一样，它接受迭代器作为第一个参数。剩余的参数被转发给适当的构造函数。`emplace_back` 方法也是一个可变参数模板，但与 `push_back` 一样，它不需要迭代器参数。它接受任意数量的参数并将这些参数转发给适当的构造函数。代码清单 13-15 通过将几对值存到向量中来说明这两种方法。

代码清单 13-15　向量的 `emplace_back` 和 `emplace` 方法

```
#include <utility>

TEST_CASE("std::vector emplace methods forward arguments") {
  std::vector<std::pair<int, int>> factors; ❶
  factors.emplace_back(2, 30); ❷
  factors.emplace_back(3, 20); ❸
  factors.emplace_back(4, 15); ❹
  factors.emplace(factors.begin()❺, 1, 60);
  REQUIRE(factors[0].first == 1); ❻
  REQUIRE(factors[0].second == 60); ❼
}
```

在这里，我们默认构造一个包含整数对的向量 ❶。使用 `emplace_back` 方法，我们将三个整数对存到向量中：2，30❷；3，20❸；4，15❹。这些值被直接转发给整数对的构造函数，该构造函数就地构造。接着，我们使用 `emplace` 方法，通过将 `factors.begin()` 的结果作为第一个参数，在向量的开头插入一个新的整数对 ❺。这会导致向量中的所有元素向后移动，以便为新整数对（1❻，60❼）腾出空间。

> 注意　`std::vector<std::pair<int, int>>` 并没有什么特别之处。它就像其他 vector 一样。只不过这个顺序容器中的各个元素恰好是一个 pair 对象。因为 pair 有一个接受两个参数（第一个用于 `first`，第二个用于 `second`）的构造函数，`emplace_back` 可以添加一个新元素，通过简单地将这两个值写入新创建的 pair 中。

因为相关布置方法可以就地构造元素，所以看起来它们应该比插入方法更有效。这种直觉通常是正确的，但由于某种复杂和不够让人满意的原因，它并不总是更快的。作为一般规则，建意使用相关布置方法。如果已确定它是性能瓶颈，也可尝试相关插入方法。有关内容，请参见 Scott Meyers 的 *Effective Modern C++* 的第 42 条。

5. 存储模型

尽管向量元素在内存中是连续的，就像数组一样，但它们的相似之处就止于此。向量具有动态大小，因此它必须能够调整大小。向量的分配器管理动态内存。

因为分配成本很高昂，所以向量将请求比当前包含元素数量更多的内存。一旦它不能再添加更多的元素，它将请求额外的内存。向量的内存始终是连续的，因此如果现有向量末尾没有足够的空间，它将分配一个全新的内存区域并将向量的所有元素移动到新区域。

向量包含的元素数量称为它的**大小**，而在必须调整大小之前它理论上可以容纳的元素数量称为**容量**。图 13-2 展示了一个包含三个元素的向量，它的容量是 6。

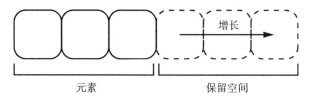

图 13-2　向量存储模型

如图 13-2 所示，向量最后一个元素之后还可以继续插入元素。容量决定了向量在这个空间中可以容纳多少个元素。在这个图中，大小是 3，容量是 6。你可以将向量的内存想象成一个礼堂：它的容量可能为 500，但人群规模仅为 250。

这种设计导致在向量末尾插入元素非常快（除非向量需要调整大小）。在其他任何地方插入都会产生额外的成本，因为需要移动元素以腾出空间。

我们可以通过 capacity 方法获取向量当前的容量，还可以通过 max_size 方法获取向量可以调整到的绝对最大容量。

如果能提前知道需要的确切容量，则可以使用 reserve 方法，它接受一个 size_t 参数（所需容量对应的元素数量）。另外，如果你刚刚删除了几个元素并想将内存返回给分配器，则可以使用 shrink_to_fit 方法，该方法声明你有多余的容量。分配器可以决定是否减少容量（这是一个非绑定调用）。

此外，还可以使用 clear 方法删除向量中的所有元素并将其大小设置为零。

代码清单 13-16 连贯地展示了所有这些与存储相关的方法：创建一个空向量，保留一堆空间，添加一些元素，释放多余的容量，最后清空向量。

代码清单 13-16　向量的存储管理函数（严格来说，kb_store.capacity() >= 3❻❽ 不能得到保证，因为此调用是非绑定的）

```
#include <cstdint>
#include <array>

TEST_CASE("std::vector exposes size management methods") {
  std::vector<std::array<uint8_t, 1024>> kb_store; ❶
  REQUIRE(kb_store.max_size() > 0);
  REQUIRE(kb_store.empty()); ❷

  size_t elements{ 1024 };
  kb_store.reserve(elements); ❸
  REQUIRE(kb_store.empty());
  REQUIRE(kb_store.capacity() == elements); ❹

  kb_store.emplace_back();
  kb_store.emplace_back();
  kb_store.emplace_back();
  REQUIRE(kb_store.size() == 3); ❺
```

```
    kb_store.shrink_to_fit();
    REQUIRE(kb_store.capacity() >= 3); ❻

    kb_store.clear(); ❼
    REQUIRE(kb_store.empty());
    REQUIRE(kb_store.capacity() >= 3); ❽
}
```

我们构建了一个名为 kb_store 的数组对象向量，它存储 1KiB 块 ❶。除非使用没有动态内存的特殊平台，否则 kb_store.max_size() 将大于零，因为我们默认地初始化了向量，所以它是空的 ❷。

接着，我们保留 1024 个元素 ❸，这不会改变向量的空状态，但会增加其容量 ❹。该向量现在保留了 1024 × 1KiB = 1MiB 的连续空间。保留空间后，我们放置三个数组并检查 kb_store.size() 是否相应地增加 ❺。

我们已为 1024 个元素保留了空间。要将未使用的 1024 − 3 = 1021 个元素还给分配器，请调用 shrink_to_fit，这会将容量减少到 3❻。

最后，调用向量的 clear 方法 ❼，这会销毁所有元素并将其大小减小到零。但是，因为没有再次调用 shrink_to_fit，所以容量保持不变 ❽。这很重要，因为如果要再次添加元素，向量不用做额外的工作。

6. 所支持的部分操作

表 13-2 提供了向量操作的部分列表。在该表中，v、v1 和 v2 的类型为 std::vector<T>，t 的类型为 T，alc 是适当的分配器，itr 是迭代器。星号 (*) 表示此操作至少在某些情况下会使指向 v 元素的原始指针和迭代器无效。

表 13-2 std::vector 的部分操作

操作	说明
vector<T>{ ..., [alc]}	对新构造的向量执行大括号初始化。默认使用 alc=std::allocator<T>
vector<T>(s,[t], [alc])	用 s 个 t 填充新构建的向量。如果未提供 t，则默认构造 T 实例
vector<T>(v)	深复制 v；分配新内存
vector<T>(move(v))	获得内存的所有权、v 中的元素。不涉及内存分配
~vector	销毁向量包含的所有元素并释放动态内存
v.begin()	返回指向第一个元素的迭代器
v.cbegin()	返回指向第一个元素的 const 迭代器
v.end()	返回一个迭代器，指向最后一个元素后面
v.cend()	返回一个 const 迭代器，指向最后一个元素后面
v1 = v2	v1 销毁其元素，然后复制每个 v2 元素。仅在需要调整大小以适应 v2 的元素量时才分配内存 *

（续）

操作	说明
`v1 = move(v2)`	**v1** 销毁其元素，然后移动每个 **v2** 元素。仅在需要调整大小以适应 **v2** 的元素量时才分配内存 *
`v.at(0)`	访问 **v** 的第 0 个元素。如果超出范围，则抛出 `std::out_of_range`
`v[0]`	访问 **v** 的第 0 个元素。如果超出范围，则行为未定义
`v.front()`	访问第一个元素
`v.back()`	访问最后一个元素
`v.data()`	如果数组非空，则返回指向第一个元素的原始指针。对于空数组，返回一个有效但不可解引用的指针
`v.assign({ ... })`	将 **v** 的内容替换为元素…*
`v.assign(s, t)`	将 **v** 的内容替换为 **s** 个 **t***
`v.empty`	如果向量大小为零，则返回 `true`，否则返回 `false`
`v.size()`	返回向量中的元素数
`v.capacity()`	返回无须调整大小时向量可以容纳的最大元素数
`v.shrink_to_fit()`	可能会减少向量的存储空间，使 `capacity()` 等于 `size()`*
`v.resize(s, [t])`	调整 **v** 的大小以包含 **s** 个元素。如果减小了 **v**，则销毁后面的元素。如果增大了 **v**，则插入默认构造的 **T** 或 **t**（如果提供的话）的副本 *
`v.reserve(s)`	增加向量的存储空间，使其至少可以包含 **s** 个元素 *
`v.max_size()`	返回向量可以调整到的最大可能大小
`v.clear()`	删除 **v** 中的所有元素，但容量仍然存在 *
`v.insert(itr, t)`	在 **itr** 指向的元素之前插入 **t**；**v** 的范围必须包含 **itr***
`v.push_back(t)`	在 **v** 的末尾插入 **t***
`v.emplace(itr, ...)`	通过将参数 `...` 转发给适当的构造函数就地构造一个 **T**。插入的元素在 **itr** 指向的元素之前 *
`v.emplace_back(...)`	通过将参数 `...` 转发给适当的构造函数就地构造一个 **T**。插入的元素在 **v** 的末尾 *
`v1.swap(v2)` `swap(v1, v2)`	将 **v1** 的每个元素与 **v2** 的元素交换 *

`v1 == v2`
`v1 != v2`
`v1 > v2`
`v1 >= v2`
`v1 < v2`
`v1 <= v2`
	如果所有元素相等，则相等
	从第一个元素到最后一个元素进行大于 / 小于比较

13.1.3 合适的顺序容器

在大多数需要顺序数据结构的情况下，向量容器和数组容器都是较明确的选择。如果能提前知道元素数量，请使用数组。如果不能，请使用向量。

偶尔，你可能会发现有些情况下向量和数组无法提供你想要的性能特征。本节重点介绍一些其他顺序容器，它们可能在这种情况下提供卓越的性能特征。

1. 双端队列

双端队列（deque，读作"deck"）是一个顺序容器，具有从前后快速插入和删除的操作。deque 是一个合成词（double-ended queue），意为"双端队列"。STL 实现的 `std::deque` 可从 `<deque>` 头文件中获得。

> **注意** Boost Container 库也在 `<boost/container/deque.hpp>` 头文件中包含一个 `boost::container::deque`。

向量和双端队列具有非常相似的接口，但在内部它们的存储模型完全不同。向量可以保证所有元素在内存中都是连续的，而双端队列的内存通常是分散的，就像向量和列表（list）的混合体。这使得调整大小的重量级操作更加高效，并能够在容器的前端快速插入/删除元素。

对于构造和访问成员的操作，向量和双端队列是相同的。

因为双端队列的内部结构比较复杂，所以它没有暴露 `data` 方法。作为交换，我们可以访问 `push_front` 和 `emplace_front`，它们与我们熟悉的向量中的 `push_back` 和 `emplace_back` 十分相似。代码清单 13-17 演示了如何使用 `push_back` 和 `push_front` 将值插入字符的双端队列中。

代码清单 13-17　双端队列支持 push_front 和 push_back

```
#include <deque>

TEST_CASE("std::deque supports front insertion") {
  std::deque<char> deckard;
  deckard.push_front('a'); ❶ //  a
  deckard.push_back('i'); ❷ //  ai
  deckard.push_front('c');   // cai
  deckard.push_back('n');    // cain
  REQUIRE(deckard[0] == 'c'); ❸
  REQUIRE(deckard[1] == 'a');
  REQUIRE(deckard[2] == 'i');
  REQUIRE(deckard[3] == 'n');
}
```

构建空双端队列后，将字母交替压入双端队列的前后 ❶❷，使其包含元素 c、a、i 和 n❸。

> **注意** 在此处尝试提取字符串是一个非常糟糕的主意，例如 `&deckard[0]`，因为双端队列不保证内部布局。

以下是双端队列未实现的向量的方法，以及对这些方法不存在的解释：
- ❑ `capacity` 和 `reserve`：由于内部结构复杂，计算容量可能效率不高。此外，双端队列的内存分配相对较快，因为双端队列不会重新定位现有元素，因此无须提前预留内存。

❑ **data**：双端队列的元素是不连续的。

表 13-3 总结了双端队列提供而向量不提供的附加运算符，其中 d 是 **std::deque<T>**
类型，**t** 是 T 类型。星号 (*) 表示操作至少在某些情况下会使 v 的元素的迭代器无效（指向
现有元素的指针仍然有效）。

表 13-3 **std::deque** 的部分操作

操作	说明
d.emplace_front(...)	通过将所有参数转发给适当的构造函数，在 **d** 的前面构造一个元素 *
d.push_front(t)	在 **d** 的前面构造一个元素，该元素通过复制 **t** 得到 *
d.pop_front()	删除 **d** 前面的元素 *

2. 列表

列表（list）是一个顺序容器，它可在任意位置快速插入元素或删除元素，但无法随机
访问元素。STL 实现 **std::list** 可从 **<list>** 头文件中获得。

> **注意** Boost Container 库也在 **<boost/container/list.hpp>** 头文件中包含一个 **boost::container::list**。

列表通常被实现为双向链表，即由节点组成的数据结构。每个节点包含一个元素、一
个前向链接（"flink"）和一个后向链接（"blink"）。这与将元素存储在连续内存中的向量
完全不同。因此，不能使用 **operator[]** 或 **at** 访问列表中的任意元素，因为这样的操作
效率非常低。（这些方法在列表中根本不可用，因为它们的性能很糟糕。）取舍点是因为在列
表中插入和删除元素会比较快。我们需要更新的只是元素邻居的 flink 和 blink，而不是可
能较大的连续元素范围。

列表容器支持与向量相同的构造函数模式。

我们可以对列表执行特殊操作，例如使用 **splice** 方法将一个列表中的元素拼接到另
一个列表中，使用 **unique** 方法删除连续的重复元素，甚至使用 **sort** 方法对容器的元素
进行排序。例如，考虑 **remove_if** 方法。**remove_if** 方法接受一个函数对象作为参数，
它会遍历列表，同时在每个元素上调用函数对象。如果结果为 true，**remove_if** 将删除元
素。代码清单 13-18 演示了使用 **remove_if** 方法通过 lambda 谓词消除列表中所有偶数的
方法。

代码清单 13-18 列表支持 remove_if

```
#include <list>

TEST_CASE("std::list supports front insertion") {
  std::list<int> odds{ 11, 22, 33, 44, 55 }; ❶
  odds.remove_if([](int x) { return x % 2 == 0; }); ❷
  auto odds_iter = odds.begin(); ❸
```

```
    REQUIRE(*odds_iter == 11); ❹
    ++odds_iter; ❺
    REQUIRE(*odds_iter == 33);
    ++odds_iter;
    REQUIRE(*odds_iter == 55);
    ++odds_iter;
    REQUIRE(odds_iter == odds.end()); ❻
}
```

在这里，我们先使用大括号初始化方法来填充 `int` 对象列表 ❶。接着，使用 `remove_if` 方法删除所有偶数 ❷。因为只有偶数模除 2 才等于 0，所以这个 lambda 用来测试一个数是不是偶数。要确定 `remove_if` 已经提取了偶数元素 22 和 44，需要创建一个指向列表开头的迭代器 ❸，检查其值 ❹，然后递增 ❺ 直到到达列表末尾 ❻。

以下是列表未实现的向量的方法，以及对这些方法不存在的解释：

❏ `capacity`、`reserve` 和 `shrink_to_fit`：由于列表以增量方式获取内存，因此不需要定期调整大小。

❏ `operator[]` 和 `at`：随机访问列表元素的代价很高昂。

❏ `data`：不需要，因为列表元素不连续。

表 13-4 总结了列表提供而向量不提供的附加运算符，其中 `lst`、`lst1` 和 `lst2` 的类型为 `std::list<T>`，而 `t` 的类型为 T。参数 `itr1`、`itr2a` 和 `itr2b` 是列表迭代器。星号 (*) 表示操作至少在某些情况下使 `v` 的元素的迭代器无效（指向现有元素的指针仍然有效）。

表 13-4 `std::list` 的部分操作

操作	说明
`lst.emplace_front(...)`	通过将所有参数转发给适当的构造函数就地在 **d** 的前面构造一个元素
`lst.push_front(t)`	通过复制 **t** 就地在 **d** 前面构造一个元素
`lst.pop_front(t)`	删除 **d** 前面的元素
`lst.push_back(t)`	通过复制 **t** 就地在 **d** 的后面构造一个元素
`lst.pop_back()`	删除 **d** 后面的元素
`lst1.splice(itr1,lst2, [itr2a], [itr2b])`	将元素从 **lst2** 转移到 **lst1** 的位置 **itr1**。可选地，仅将 **itr2a** 处的元素或半开半闭区间（**itr2a**~**itr2b**）的元素转移
`lst.remove(t)`	删除 **lst** 中等于 **t** 的所有元素
`lst.remove_if(pred)`	消除 **lst** 中 **pred** 返回 **true** 的元素；**pred** 接受单个 T 参数
`lst.unique(pred)`	根据函数对象 **pred** 消除 **lst** 中重复的连续元素，它接受两个 T 参数并返回 **t1** == **t2**
`lst1.merge(lst2, comp)`	根据函数对象 **comp** 合并 **lst1** 和 **lst2**，**comp** 接受两个 T 参数并返回 **t1** < **t2**
`lst.sort(comp)`	根据函数对象 **comp** 对 **lst** 进行排序
`lst.reverse()`	反转 **lst** 元素的顺序（改变 **lst**）

注意 STL 还在 `<forward_list>` 头文件中提供了一个 `std::forward_list`，它是一个单向链表，只允许在一个方向上进行迭代。`forward_list` 比 `list` 稍微高效一些，并且针对需要存储很少（或不存储）元素的情况进行了优化。

3. 栈

STL 提供了三个容器适配器，它们封装了其他 STL 容器，并针对定制的情况公开了特殊的接口。这些适配器有栈（stack）、队列（queue）和优先级队列。

栈是一种具有两个基本操作（`push` 和 `pop`）的数据结构。当将一个元素压入（`push`）栈时，其实是将元素插入栈的末端。当从栈中弹出（`pop`）一个元素时，其实是从栈的末端移除了元素。这种方式称为后进先出：最后被压入栈的元素是第一个被弹出的元素。

STL 在 `<stack>` 头文件中提供了 `std::stack`。类模板 `stack` 接受两个模板参数。第一个是被包装容器的底层类型，如 `int`，第二个是被包装容器的类型，如 `deque` 或 `vector`。第二个参数是可选的，默认为 `deque`。

要构造栈，可以传递要封装的双端队列、向量或列表的引用。这样，栈将其操作（例如 `push` 和 `pop`）转换为底层容器可以理解的方法，例如 `push_back` 和 `pop_back`。如果不提供构造函数参数，则栈默认使用 `deque`。第二个模板参数必须匹配这个容器的类型。

要获得对栈顶部元素的引用，请使用 `top` 方法。代码清单 13-19 演示了如何使用栈来包装向量。

代码清单 13-19　使用栈包装向量

```
#include <stack>

TEST_CASE("std::stack supports push/pop/top operations") {
  std::vector<int> vec{ 1, 3 };  ❶  // 1 3
  std::stack<int, decltype(vec)> easy_as(vec);  ❷
  REQUIRE(easy_as.top() == 3);  ❸
  easy_as.pop();  ❹                    // 1
  easy_as.push(2);  ❺                  // 1 2
  REQUIRE(easy_as.top() == 2);  ❻
  easy_as.pop();                       // 1
  REQUIRE(easy_as.top() == 1);
  easy_as.pop();                       //
  REQUIRE(easy_as.empty());  ❼
}
```

我们构造了一个名为 `vec` 的整数向量，它包含元素 1 和 3❶。接着，将 `vec` 传递给新栈的构造函数，确保提供第二个模板参数 `decltype(vec)`❷。栈顶部元素现在是 3，因为这是 `vec` 中的最后一个元素 ❸。在第一次弹出之后 ❹，我们将一个新元素 2 压入栈中 ❺。现在，栈顶部元素是 2❻。在经过 pop-top-pop 之后，栈变为空 ❼。

表 13-5 总结了栈的操作，其中 s、s1 和 s2 的类型为 `std::stack<T>`，t 的类型是 T；ctr 是 `ctr_type<T>` 类型的容器。

表 13-5　`std::stack` 操作总结

操作	说明
`stack<T` `[ctr_type<T>]>([ctr])`	使用 `ctr` 作为其内部容器引用构造一个 `T` 栈。如果没有提供容器，则构造一个空的双端队列
`s.empty()`	如果容器为空，则返回 `true`
`s.size()`	返回容器中元素的数量
`s.top()`	返回对栈顶部元素的引用
`s.push(t)`	将 `t` 的副本放在容器的末尾
`s.emplace(...)`	通过将 `...` 转发到适当的构造函数就地构造一个 `T`
`s.pop()`	移除容器末尾的元素
`s1.swap(s2)` `swap(s1, s2)`	将 `s2` 的内容与 `s1` 交换

4. 队列

队列（queue）是一种数据结构，它与栈一样，将 push 和 pop 作为其基本操作。与栈不同，队列是先进先出的。当将一个元素推入队列时，其实是将元素插入队列的末端。当从队列中弹出一个元素时，其实是将元素从队列的开头移除。这样，队列中停留时间最长的元素就是将被弹出的元素。

STL 在 `<queue>` 头文件中提供了 `std::queue`。和栈一样，队列也有两个模板参数。第一个参数是被包装容器的底层类型，可选的第二个参数是被包装容器的类型，它也默认为 deque。

在 STL 容器中，只能使用 deque 或 list 作为队列的底层容器，因为在 vector 的前面压入元素和从前面弹出元素是低效的。

使用 front 和 back 方法可以访问队列前面或后面的元素。代码清单 13-20 演示了如何使用队列来包装双端队列。

代码清单 13-20　使用队列包装双端队列

```
#include <queue>

TEST_CASE("std::queue supports push/pop/front/back") {
  std::deque<int> deq{ 1, 2 };      ❶
  std::queue<int> easy_as(deq);     ❷ // 1 2

  REQUIRE(easy_as.front() == 1);    ❸
  REQUIRE(easy_as.back() == 2);     ❹
  easy_as.pop();                         // 2
  easy_as.push(3);                  ❻    // 2 3
  REQUIRE(easy_as.front() == 2);    ❼
  REQUIRE(easy_as.back() == 3);     ❽
  easy_as.pop();                         // 3
  REQUIRE(easy_as.front() == 3);
  easy_as.pop();                         //
  REQUIRE(easy_as.empty());         ❾
}
```

首先，我们构建一个包含元素 1 和 2 的双端队列 deq❶，然后将它们传递到名为 easy_as 的队列中 ❷。使用 front 和 back 方法可以验证队列是否以 1 开头 ❸ 并以 2 结尾 ❹。当弹出第一个元素 1 时，将得到一个仅包含单个元素 2 的队列 ❺。然后，再压入一个 3❻，此时方法 front 返回 2❼，back 方法返回 3❽。在 pop-front 迭代之后，队列为空 ❾。

表 13-6 总结了队列的操作，其中 q、q1 和 q2 的类型为 std::queue<T>，t 的类型是 T，ctr 是 ctr_type<T> 类型的容器。

表 13-6　std::queue 操作总结

操作	说明
queue<T, [ctr_type<T>]>([ctr])	使用 ctr 作为其内部容器构造一个 T 队列。如果没有提供容器，则构造一个空队列
q.empty()	如果容器为空，则返回 true
q.size()	返回容器中的元素数
q.front()	返回对队列前面元素的引用
q.back()	返回对队列后面元素的引用
q.push(t)	将 t 的副本放在容器的末尾
q.emplace(...)	通过将 ... 转发到适当的构造函数就地构造一个 T
q.pop()	移除容器前面的元素
q1.swap(q2) swap(q1, q2)	将 q2 的内容与 q1 交换

5. 优先级队列（堆）

优先级队列（priority queue）也称为堆（heap），是一种支持 push 和 pop 操作的数据结构，可以根据用户指定的比较器对象保持元素有序。比较器对象是一个可接受两个参数的函数对象，如果第一个参数小于第二个参数，则返回 true。当从优先级队列中弹出一个元素时，会根据比较器对象删除最大的元素。

STL 在 <queue> 头文件中提供了 std::priority_queue。std::priority_queue 有三个模板参数：

❏ 被包装容器的底层类型。
❏ 被包装容器的类型。
❏ 比较器对象的类型。

只有底层类型是强制性的。被包装容器的类型默认为 vector（可能是因为它是使用最广泛的顺序容器），比较器对象的类型默认为 std::less。

注意　std::less 类模板可从 <functional> 头文件中获得，如果第一个参数小于第二个参数，则返回 true。

priority_queue 具有与 stack 相同的接口。唯一的区别是，stack 根据后进先出的方式弹出元素，而 priority_queue 根据比较器比较结果决定弹出元素。

代码清单 13-21 演示了 `priority_queue` 的基本用法。

代码清单 13-21　<code>priority_queue</code> 的基本用法

```
#include <queue>

TEST_CASE("std::priority_queue supports push/pop") {
  std::priority_queue<double> prique; ❶
  prique.push(1.0); // 1.0
  prique.push(2.0); // 2.0 1.0
  prique.push(1.5); // 2.0 1.5 1.0
  REQUIRE(prique.top() == Approx(2.0)); ❷
  prique.pop();    // 1.5 1.0
  prique.push(1.0); // 1.5 1.0 1.0
  REQUIRE(prique.top() == Approx(1.5)); ❸
  prique.pop();    // 1.0 1.0
  REQUIRE(prique.top() == Approx(1.0)); ❹
  prique.pop();    // 1.0
  REQUIRE(prique.top() == Approx(1.0)); ❺
  prique.pop();    //
  REQUIRE(prique.empty()); ❻
}
```

在这里，我们默认构造一个优先级队列 ❶，它在内部初始化一个空向量来保存其元素。我们将元素 1.0、2.0 和 1.5 压入优先级队列，它按降序对元素进行排序，因此容器以 2.0 1.5 1.0 的顺序表示它们。

然后，我们断言 `top` 方法返回 2.0 ❷，将该元素从优先级队列中弹出，然后使用新元素 1.0 调用 `push` 方法。容器现在以 1.5 ❸ 1.0 ❹ 1.0 ❺ 的顺序表示它们，这可以通过一系列 `top-pop` 操作来验证，直到容器为空 ❻。

> **注意** 优先级队列将元素保存在树结构中，因此如果查看其底层容器，内存顺序将与代码清单 13-21 所暗示的顺序并不匹配。

表 13-7 总结了优先级队列的操作，其中 `pq`、`pq1` 和 `pq2` 的类型为 `std::priority_queue<T>`，`t` 的类型是 `T`；`ctr` 是 `ctr_type<T>` 类型的容器，`srt` 是 `srt_type<T>` 类型的容器。

表 13-7　<code>std::priority_queue</code> 操作总结

操作	说明
`priority_queue <T, [ctr_type<T>], [cmp_type]>([cmp], [ctr])`	使用 `ctr` 作为内部容器，并使用 `cmp` 作为比较器对象，构造 `T` 优先级队列。如果没有提供容器，则构造一个空的双端队列。使用 `std::less` 作为默认排序器
`pq.empty()`	如果容器为空，则返回 `true`
`pq.size()`	返回容器的元素数
`pq.top()`	返回对容器中最大元素的引用
`pq.push(t)`	将 `t` 的副本放在容器的末尾

（续）

操作	说明
pq.emplace(...)	通过将 ... 转发到适当的构造函数就地构造一个 **T**
pq.pop()	移除容器末尾的元素
pq1.swap(**pq2**) swap(**pq1**, **pq2**)	将 **s2** 的内容与 **s1** 交换

6. bitset

bitset（位集）是一种存储固定大小的位（bit）序列的数据结构。我们可以操纵每一位。

STL 在 <bitset> 头文件中提供了 std::bitset。类模板 bitset 接受与所需大小相对应的单个模板参数。使用 bool array 可以实现类似的功能，但 bitset 针对空间效率进行了优化，并提供了一些特殊的便利操作。

注意 STL 特化了 std::vector<bool>，因此它可能像 bitset 一样有较好的空间效率（回想一下 6.11.1 节，模板特化是使某些类型的模板实例化更加高效的过程）。Boost 提供了 boost::dynamic_bitset，它可以在运行时动态调整大小。

默认构造的 bitset 包含所有 0（false）位。要使用其他内容初始化 bitset，可以提供一个 unsigned long long 值。这个整数的位布局被用来设置 bitset 的值。使用 operator[] 可以访问 bitset 中的各位。代码清单 13-22 演示了如何使用整数字面量初始化 bitset，以及如何提取其元素。

代码清单 13-22　使用整数初始化 bitset

```
#include <bitset>

TEST_CASE("std::bitset supports integer initialization") {
  std::bitset<4> bs(0b0101); ❶
  REQUIRE_FALSE(bs[0]); ❷
  REQUIRE(bs[1]); ❸
  REQUIRE_FALSE(bs[2]); ❹
  REQUIRE(bs[3]); ❺
}
```

我们使用 4 位 nybble（半个字节）0101 初始化 bitset❶。因此，第一个 ❷ 和第三个 ❸ 元素为零，第二个 ❹ 和第四个 ❺ 元素为 1。

还可以提供所需 bitset 的字符串表示形式，如代码清单 13-23 所示。

代码清单 13-23　使用字符串初始化 bitset

```
TEST_CASE("std::bitset supports string initialization") {
  std::bitset<4> bs1(0b0110); ❶
  std::bitset<4> bs2("0110"); ❷
  REQUIRE(bs1 == bs2); ❸
}
```

在这里，我们使用相同的整数 nybble 0b0110❶ 构造名为 bs1 的 bitset，并使用字符串字面量 0110❷ 构造另一个名为 bs2 的 bitset。这两种初始化方法将产生相同的 bitset 对象❸。

表 13-8 总结了 bitset 的操作，其中 bs 的类型为 std::bitset<N>，i 的类型是 size_t。

表 13-8　std::bitset 操作总结

操作	说明
bitset<N>([val])	构造一个具有初始值 val 的 bitset，val 可以是 0 和 1 的字符串，也可以是 unsigned long long 值。默认构造函数将所有位初始化为零
bs[i]	返回第 i 位的值：若为 1 则返回 true；若为 0 则返回 false
bs.test(i)	返回第 i 位的值：若为 1 则返回 true；若为 0 则返回 false。执行边界检查；可抛出 std::out_of_range
bs.set()	将所有位设置为 1
bs.set(i, val)	将第 i 位设置为 val。执行边界检查，可抛出 std::out_of_range
bs.reset()	将所有位设置为 0
bs.reset(i)	将第 i 位设置为 0。执行边界检查，可抛出 std::out_of_range
bs.flip()	翻转所有位：0 变为 1；1 变为 0
bs.flip(i)	将第 i 位翻转为 0。执行边界检查，可抛出 std::out_of_range
bs.count()	返回设置为 1 的位数
bs.size	返回 bitset 的大小 N
bs.any()	如果有位设置为 1，则返回 true
bs.none()	如果所有位都设置为 0，则返回 true
bs.all()	如果所有位都设置为 1，则返回 true
bs.to_string()	返回 bitset 的字符串表示形式
bs.to_ulong()	返回 bitset 的 unsigned long 表示形式
bs.to_ullong()	返回 bitset 的 unsigned long long 表示形式

7. 特殊的顺序 Boost 容器

Boost 提供了大量的特殊容器，不过这里没有足够的篇幅来探索它们的所有功能。表 13-9 给出了其中一些的名称、头文件和简要说明。

注意　有关信息，请参阅 Boost Container 文档。

表 13-9　特殊 Boost 容器

类 / 头文件	说明
boost::intrusive::* <boost/intrusive/*.hpp>	侵入式容器对它们包含的元素施加了要求（例如从特定基类继承）。作为交换，它们的性能有可观的提升
boost::container::stable_vector <boost/container/stable_vector.hpp>	没有连续元素的向量，但保证迭代器和对元素的引用只要元素未被擦除（与列表一样）就保持有效

（续）

类 / 头文件	说明
boost::container::slist `<boost/container/slist.hpp>`	具有快速 `size` 方法的 `forward_list`
boost::container::static_vector `<boost/container/static_vector.hpp>`	数组和向量的混合体，可存储动态数量的元素，最大为固定大小。元素存储在 `stable_vector` 的内存中，就像数组一样
boost::container::small_vector `<boost/container/small_vector.hpp>`	一种类似向量的容器，经过优化，可容纳少量元素。包含一些预先分配的空间，可避免动态分配
boost::circular_buffer `<boost/circular_buffer.hpp>`	一个容量固定、类似队列的容器，以循环方式填充元素；一旦达到容量，新元素将覆盖最旧的元素
boost::multi_array `<boost/multi_array.hpp>`	接受多个维度的类似数组的容器。例如，与其使用数组的数组，不如直接指定允许访问元素的三维数组 x，例如 x[5][1][2]
boost::ptr_vector boost::ptr_list `<boost/ptr_container/*.hpp>`	拥有一组智能指针可能不是最理想的。指针向量以更有效且对用户友好的方式管理动态对象的集合

注意　Boost Intrusive 还包含一些在某些情况下提供性能优势的专用容器。这些主要对库实现者有用。

13.2　关联容器

关联容器允许进行非常快速的搜索。顺序容器具有一些自然顺序，因此我们可以以指定的顺序从容器的开头迭代到结尾。关联容器则稍有不同。此容器系列有三个维度：

❏ 元素是否只包含键（集合）或键值对（映射）。
❏ 元素是否有序。
❏ 键是否唯一。

13.2.1　集合

STL 的 `<set>` 头文件中可用的 `std::set` 是一个关联容器，这种容器包含称为键（key）的已排序的唯一元素。因为集合存储已排序的元素，所以我们可以有效地插入、删除和搜索元素。此外，集合支持对其元素进行有序迭代，并且我们可以使用比较器对象完全控制键的排序。

注意　Boost 还在 `<boost/container/set.hpp>` 头文件中提供了一个 `boost::container::set`。

1.构造
类模板 `set<T, Comparator, Allocator>` 接受三个模板参数：

❑ 键类型 T。
❑ 默认为 `std::less` 的比较器类型。
❑ 默认为 `std::allocator<T>` 的分配器类型。

在构造集合时，我们可以很灵活。以下构造函数都接受一个可选的比较器和分配器（其类型必须与其对应的模板参数匹配）：
❑ 初始化空集的默认构造函数。
❑ 具有通常的行为的移动构造函数和复制构造函数。
❑ 将某范围中的元素复制到集合的范围构造函数。
❑ 大括号初始化列表。

代码清单 13-24 展示了上述每一个构造函数。

代码清单 13-24　集合的构造函数

```
#include <set>

TEST_CASE("std::set supports") {
  std::set<int> emp; ❶
  std::set<int> fib{ 1, 1, 2, 3, 5 }; ❷
  SECTION("default construction") {
    REQUIRE(emp.empty()); ❸
  }
  SECTION("braced initialization") {
    REQUIRE(fib.size() == 4); ❹
  }
  SECTION("copy construction") {
    auto fib_copy(fib);
    REQUIRE(fib.size() == 4); ❺
    REQUIRE(fib_copy.size() == 4); ❻
  }
  SECTION("move construction") {
    auto fib_moved(std::move(fib));
    REQUIRE(fib.empty()); ❼
    REQUIRE(fib_moved.size() == 4); ❽
  }
  SECTION("range construction") {
    std::array<int, 5> fib_array{ 1, 1, 2, 3, 5 };
    std::set<int> fib_set(fib_array.cbegin(), fib_array.cend());
    REQUIRE(fib_set.size() == 4); ❾
  }
}
```

我们默认构造一个集合 emp❶，并使用大括号初始化方法构造另一个不同的集合 fib❷。默认构造的 emp 是空的 ❸，使用大括号初始化的 fib 包含 4 个元素 ❹。大括号初始化列表中包含 5 个元素，为什么集合只有 4 个元素呢？回想一下，集合元素是唯一的，所以 1 只存入一次。

接着，我们复制构造 fib，这会产生两个大小为 4 的集合 ❺❻。而移动构造函数会清空移出集合 ❼ 并将元素转移到新集合 ❽。

最后，我们尝试从某个范围初始化一个集合。我们先构造一个包含 5 个元素的数组，然后使用 cbegin 和 cend 方法将其作为范围传递给集合构造函数。与前面代码中的大括号初始化一样，该集合仅包含 4 个元素，因为重复项会被丢弃 ❾。

2. 移动语义和复制语义

除了移动构造函数和复制构造函数之外，移动赋值运算符和复制赋值运算符也可用。与其他容器的复制操作一样，集合的复制可能非常慢，因为每个元素都需要被复制。而移动操作通常很快，因为元素驻留在动态内存中。集合可以简单地传递所有权而不会干扰元素。

3. 元素访问

有几个选项可用于从集合中提取元素。基本方法是 find，它接收对键的 const 引用并返回一个迭代器。如果集合包含与元素匹配的键，find 将返回一个指向该元素的迭代器。如果集合中没有，它将返回一个指向 end 的迭代器。lower_bound 方法返回一个迭代器，指向不小于键参数的第一个元素，而 upper_bound 方法返回大于给定键的第一个元素。

set 类支持两种额外的查找方法，主要是为了兼容非唯一关联容器：

❑ count 方法返回匹配键的元素数。因为集合元素是唯一的，所以 count 返回 0 或 1。

❑ equal_range 方法返回一个半开半闭区间，该区间包含与给定键匹配的所有元素。该方法返回一个迭代器对（std::pair），其中第一个迭代器（first）指向匹配元素，第二个迭代器（second）指向第一个迭代器指向的元素之后的元素。如果 equal_range 找不到匹配的元素，则第一个和第二个都指向大于给定键的第一个元素。换句话说，equal_range 返回的迭代器对等价于 lower_bound（作为第一个迭代器）和 upper_bound（作为第二个迭代器）。

代码清单 13-25 演示了这两种访问方法。

代码清单 13-25　集合元素访问

```
TEST_CASE("std::set allows access") {
  std::set<int> fib{ 1, 1, 2, 3, 5 }; ❶
  SECTION("with find") { ❷
    REQUIRE(*fib.find(3) == 3);
    REQUIRE(fib.find(8) == fib end())
  }
  SECTION("with count") { ❸
    REQUIRE(fib.count(3) == 1);
    REQUIRE(fib.count(8) == 0);
  }
  SECTION("with lower_bound") { ❹
    auto itr = fib.lower_bound(3);
    REQUIRE(*itr == 3);
  }
  SECTION("with upper_bound") { ❺
    auto itr = fib.upper_bound(3);
    REQUIRE(*itr == 5);
  }
```

```
    SECTION("with equal_range") { ❻
      auto pair_itr = fib.equal_range(3);
      REQUIRE(*pair_itr.first == 3);
      REQUIRE(*pair_itr.second == 5);
    }
}
```

首先，我们构造一个包含 4 个元素 1 2 3 5 的集合 ❶。使用 find 提取指向元素 3 的迭代器。我们还可以确定 8 不在集合中，因为 find 返回一个指向 end 的迭代器 ❷。我们也可以使用 count 确定类似的信息，当给定键 3 时返回 1，当给定键 8 时返回 0 ❸。当将 3 传递给 lower_bound 方法时，它会返回一个指向 3 的迭代器，因为这是不小于参数的第一个元素 ❹。当将 3 传递给 upper_bound 时，则获得指向元素 5 的迭代器，因为这是大于参数的第一个元素 ❺。最后，当将 3 传递给 equal_range 方法时，则获得一对迭代器。第一个迭代器（first）指向 3，第二个迭代器（second）指向 5，即 3 之后的元素 ❻。

set 还通过 begin 和 end 方法公开迭代器，因此我们可以使用基于范围的 for 循环从最小元素到最大元素迭代集合。

4. 添加元素

将元素添加到集合的方式有三种：

❏ 使用 insert 将现有元素复制到集合中。

❏ 使用 emplace 就地在集合中构造一个新元素。

❏ emplace_hint 也就地构造新元素，就和 emplace 一样（因为添加元素时需要排序）。不同之处在于 emplace_hint 方法将迭代器作为第一个参数。这个迭代器是搜索的起点（即提示，hint）。如果迭代器接近新插入元素的正确位置，这可以提供显著的加速效果。

代码清单 13-26 演示了将元素插入集合的几种方法。

代码清单 13-26 将元素插入集合

```
TEST_CASE("std::set allows insertion") {
  std::set<int> fib{ 1, 1, 2, 3, 5 };
  SECTION("with insert") { ❶
    fib.insert(8);
    REQUIRE(fib.find(8) != fib.end());
  }
  SECTION("with emplace") { ❷
    fib.emplace(8);
    REQUIRE(fib.find(8) != fib.end());
  }
  SECTION("with emplace_hint") { ❸
    fib.emplace_hint(fib.end(), 8);
    REQUIRE(fib.find(8) != fib.end());
  }
}
```

insert❶ 和 emplace❷ 都将元素 8 添加到 fib 中，因此当使用 8 调用 find 时，会得到一个指向新元素的迭代器。使用 emplace_hint 可以更有效地实现相同的效果 ❸。因为我们提前知道新元素 8 大于集合中的所有其他元素，所以可以使用 end 作为提示。

如果你尝试使用 insert、emplace 或 emplace_hint 在集合中添加已经存在的键，则该操作无效。这三个方法都返回 std::pair<Iterator, bool>，其中 bool 成员表明插入成功（true）或失败（false）。first 成员指向新插入的元素或阻止插入操作的已存在元素。

5. 移除元素

使用 erase 方法可以从集合中删除元素，方法被重载了，因而可接受键、迭代器或半开半闭区间，如代码清单 13-27 所示。

代码清单 13-27　从集合中删除元素

```
TEST_CASE("std::set allows removal") {
  std::set<int> fib{ 1, 1, 2, 3, 5 };
  SECTION("with erase") { ❶
    fib.erase(3);
    REQUIRE(fib.find(3) == fib.end());
  }
  SECTION("with clear") { ❷
    fib.clear();
    REQUIRE(fib.empty());
  }
}
```

在第一个测试中，我们使用键 3 调用 erase，这会从集合中删除相应的元素。此时，使用 3 调用 find 会得到一个指向 end 的迭代器，这表明在集合中没有找到匹配的元素 ❶。在第二个测试中，我们调用 clear，这会销毁集合中所有元素 ❷。

6. 存储模型

集合的操作都很快，因为集合通常被实现为红黑树（red-black tree）。这种结构将每个元素视为一个节点。每个节点有一个父节点和最多两个子节点，两个子节点分别为它的左分支和右分支。每个节点的子节点都经过了排序，因此左分支的所有子节点都小于右分支的子节点。这样，只要树的分支大致平衡（高度相等），就可以比线性迭代方法更快地执行搜索。红黑树在插入和删除元素后有额外的机制来重新平衡分支。

注意　有关红黑树的详细信息，请参阅 Adam Drozdek 的 *Data Structures and Algorithms in C++*。

7. 所支持的部分操作

表 13-10 总结了集合的操作，其中 s、s1 和 s2 的类型为 std::set<T,[cmp_type<T>]>，T 是包含的元素 / 键类型，itr、beg 和 end 是集合迭代器。变量 t 的类型是 T。剑标（†）表示返回 std::pair<Iterator, bool> 的方法，其中迭代器指向结果元素，如果方法插入了元素，则 bool 等于 true，如果该元素已经存在，则为 false。

表 13-10 std::set 操作总结

操作	说明
set<T>{ ..., [cmp], [alc] }	对新构造的集合执行大括号初始化。默认 cmp=std::less<T>，alc=std::allocator<T>
set<T>{ beg, end, [cmp], [alc] }	从半开半闭区间复制元素的范围构造函数。默认 cmp=std::less<T>，alc=std::allocator<T>
set<T>(s)	深复制 s；分配新内存
set<T>(move(s))	取得内存的所有权、s 中的元素，不涉及内存分配
~set	销毁集合中包含的所有元素并释放动态内存
s1 = s2	s1 销毁其元素，然后复制每个 s2 元素。仅在需要调整大小以适应 s2 的元素时才分配内存
s1 = move(s2)	s1 销毁其元素，然后移动每个 s2 元素。仅在需要调整大小以适应 s2 的元素时才分配内存
s.begin()	返回指向第一个元素的迭代器
s.cbegin()	返回指向第一个元素的 const 迭代器
s.end()	返回一个迭代器，指向最后一个元素之后
s.cend()	返回一个 const 迭代器，指向最后一个元素之后
s.find(t)	返回指向匹配 t 的元素的迭代器，如果不存在这样的元素，则返回指向 s.end() 的迭代器
s.count(t)	如果集合包含 t，则返回 1；否则返回 0
s.equal_range(t)	返回与匹配 t 的元素的半开半闭区间相对应的一对迭代器
s.lower_bound(t)	返回指向不小于 t 的第一个元素的迭代器，如果不存在这样的元素，则返回指向 s.end() 的迭代器
s.upper_bound(t)	返回指向大于 t 的第一个元素的迭代器，如果不存在这样的元素，则返回指向 s.end() 的迭代器
s.clear()	删除集合中所有元素
s.erase(t)	从集合中删除等于 t 的元素
s.erase(itr)	从集合中删除 itr 指向的元素
s.erase(beg, end)	删除从 beg 到 end 的半开半闭区间内的所有元素
s.insert(t)	在集合中插入 t †
s.emplace(...)	通过转发参数 ... 就地构造一个 T †
s.emplace_hint(itr, ...)	通过转发参数 ... 就地构造一个 T，使用 itr 作为插入新元素的位置的提示†
s.empty()	如果集合的大小为零，则返回 true；否则为 false
s.size()	返回集合中元素的数量
s.max_size()	返回集合中元素的最大数量
s.extract(t) s.extract(itr)	获取拥有匹配 t 或 itr 指向的元素的节点句柄（这是删除只能移动的元素的唯一方法）

（续）

操作	说明
`s1.merge(s2)` `s1.merge(move(s2))`	将 `s2` 的每个元素拼接到 `s1` 中。如果参数是右值，则将元素移动到 `s1`
`s1.swap(s2)` `swap(s1, s2)`	将 `s2` 的每个元素与 `s1` 的元素交换

8. multiset

STL 的 `<set>` 头文件中可用的 `std::multiset` 是一个关联容器，这种容器包含已排序的非唯一键。`multiset` 支持与普通集合相同的操作，但它可以存储冗余元素。这对两个方法有重要影响：

❑ 方法 `count` 可以返回 0 或 1 以外的值。`multiset` 的 `count` 方法可以告诉我们有多少元素与给定键匹配。

❑ 方法 `equal_range` 可以返回包含多个元素的半开半闭区间。`multiset` 的 `equal_range` 方法将返回包含与给定键匹配的所有元素的区间。

如果使用相同的键存储多个元素对你而言很重要，那么可以使用 `multiset` 而不是普通集合（`set`）。例如，可以将地址视为键，并将房屋的每个成员视为元素，这样就可以记录该地址的所有居住者。如果使用普通集合，一个地址只能存储一个居住者。代码清单 13-28 演示了 `multiset` 的用法。

代码清单 13-28　访问 multiset 的元素

```
TEST_CASE("std::multiset handles non-unique elements") {
  std::multiset<int> fib{ 1, 1, 2, 3, 5 };
  SECTION("as reflected by size") {
    REQUIRE(fib.size() == 5); ❶
  }
  SECTION("and count returns values greater than 1") {
    REQUIRE(fib.count(1) == 2); ❷
  }
  SECTION("and equal_range returns non-trivial ranges") {
    auto [begin, end] = fib.equal_range(1); ❸
    REQUIRE(*begin == 1); ❹
    ++begin;
    REQUIRE(*begin == 1); ❺
    ++begin;
    REQUIRE(begin == end); ❻
  }
}
```

与代码清单 13-24 中的普通集合不同，`multiset` 允许存储多个 1，因此 `size` 返回 5，即大括号初始化列表中提供的元素数 ❶。当计算 1 的数量时，将得到 2❷。我们可以使用 `equal_range` 来迭代这些元素。使用结构化绑定语法，可以获得 `begin` 和 `end` 迭代器 ❸。遍历两个 1❹❺ 即可到达半开半闭区间的末端 ❻。

表 13-10 中的每个操作都适用于 multiset。

> **注意** Boost 还在 `<boost/container/set.hpp>` 头文件中提供了 boost::container::multiset。

13.2.2　无序集合

STL 的 `<unordered_set>` 头文件中可用的 std::unordered_set 也是一个关联容器，这种容器包含未排序的唯一键。unordered_set 支持大多数与普通集合和 multiset 相同的操作，但其内部存储模型完全不同。

> **注意** Boost 还在 `<boost/unordered_set.hpp>` 头文件中提供了 boost::unordered_set。

与使用比较器将元素排序的红黑树不同，unordered_set 通常实现为哈希表。如果键之间没有自然顺序并且你不需要以这种顺序遍历集合，则可以使用 unordered_set。你可能会发现，在许多情况下，都可以使用普通集合或 unordered_set。尽管它们看起来很相似，但它们的内部表示是完全不同的，因此它们具有不同的性能特征。如果很关注性能问题，请衡量两者的性能并使用更合适的那个。

1. 存储模型：哈希表

哈希函数（哈希器）是接受一个键并返回哈希码（该值为 size_t）的函数。unordered_set 将其元素组织成一个哈希表，该哈希表将哈希码与一个或多个称为 "桶"（bucket）的元素的集合关联。为了找到某个元素，unordered_set 需计算它的哈希码，然后在哈希表中搜索相应的桶。

如果你以前从未见过哈希表，那么这些信息可能不太容易理解，所以我们来看一个示例。想象一下，假设有一大群人，我们需要将他们分类成某种合理的群体，以便轻松找到某个人。我们可以按生日将他们分组，这将产生 365 组（如果考虑闰年的 2 月 29 日，则有 366 组）。生日就像一个哈希函数，它为每个人返回一个日期。每个日期组成一个桶，同一个桶中的所有人的生日相同。在此示例中，要查找某个人，首先要确定他的出生日期，这会给出正确的桶，这样就可以在桶中搜索要寻找的人了。

只要哈希函数运行速度很快并且每个桶没有太多元素，unordered_set 的性能甚至比有序集合更令人印象深刻：元素数量的增加不会增加插入、搜索和删除时间。当两个不同的键具有相同的哈希码时，称为哈希冲突（hash collision）。当遇到哈希冲突时，这意味着两个键将驻留在同一个桶中。在前面的生日示例中，有很多人的生日相同，因此会导致很多哈希冲突。哈希冲突越多，桶就越大，在桶中搜索正确的元素将花费更多时间。

哈希函数有几个要求：

❑ 它接受一个键并返回 size_t 哈希码。

❑ 它不会抛出异常。

❑ 相等的键产生相等的哈希码。

❑ 不相等的键产生不相等的哈希码的概率很高（哈希冲突的概率很低）。

STL 在 `<functional>` 头文件中提供了哈希器类模板 `std::hash<T>`，其中包含基本类型、枚举类型、指针类型、`optional`、`variant`、智能指针等的特化。代码清单 13-29 演示了 `std::hash<long>` 的相等性判断。

代码清单 13-29　`std::hash<long>` 为相等的键返回相等的哈希码，为不相等的键返回不相等的哈希码

```
#include <functional>
TEST_CASE("std::hash<long> returns") {
  std::hash<long> hasher; ❶
  auto hash_code_42 = hasher(42); ❷
  SECTION("equal hash codes for equal keys") {
    REQUIRE(hash_code_42 == hasher(42)); ❸
  }
  SECTION("unequal hash codes for unequal keys") {
    REQUIRE(hash_code_42 != hasher(43)); ❹
  }
}
```

我们构造了一个 `std::hash<long>` 类型 ❶ 的哈希器并使用它来计算 42 的哈希码，将结果存储到 `size_t` 型 `hash_code_42` 中 ❷。当再次使用 42 调用哈希器时，将获得相同的值 ❸。当使用 43 调用哈希器时，将获得不同的值 ❹。

一旦 `unordered_set` 计算了键哈希码，它就可以获得一个桶。因为桶是可能匹配元素的列表，所以它需要一个函数对象来确定键和桶元素之间的相等性。STL 在 `<functional>` 头文件中提供了类模板 `std::equal_to<T>`，它只是使用参数调用 `operator==`，如代码清单 13-30 所示。

代码清单 13-30　`std::equal_to<long>` 使用参数调用 `operator==` 来确定相等性

```
#include <functional>
TEST_CASE("std::equal_to<long> returns") {
  std::equal_to<long> long_equal_to; ❶
  SECTION("true when arguments equal") {
    REQUIRE(long_equal_to(42, 42)); ❷
  }
  SECTION("false when arguments unequal") {
    REQUIRE_FALSE(long_equal_to(42, 43)); ❸
  }
}
```

在这里，我们已经初始化了一个名为 `long_equal_to` 的 `equal_to<long>`❶。当使用相等的参数调用 `long_equal_to` 时，它返回 `true`❷。当使用不相等的参数调用它时，它返回 `false`❸。

注意　为简洁起见，本章不会介绍如何实现你自己的哈希函数和相等函数，这只有在使用给定用户自定义的键类型构造无序容器时才需要。有关内容请参阅 Nicolai Josuttis 所著的 *The C++ Standard Library*（第 2 版）的第 7 章。

2. 构造

类模板 std::unordered_set<T, Hash, KeyEqual, Allocator> 接受四个模板参数：

- ❑ 键类型 T。
- ❑ 哈希函数类型 Hash，默认为 std::hash<T>。
- ❑ 相等函数类型 KeyEqual，默认为 std::equal_to<T>。
- ❑ 分配器类型 Allocator，默认为 std::allocator<T>。

unordered_set 支持与 set 等效的构造函数，不过模板参数略有调整（set 需要 Comparator，而 unordered_set 需要 Hash 和 KeyEqual）。例如，可以使用 unordered_set 作为代码清单 13-24 中 set 的替代品，因为 unordered_set 具有范围构造函数和复制构造函数与移动构造函数并支持大括号初始化。

3. 支持的集合操作

unordered_set 支持表 13-10 中的所有集合操作，除了 lower_bound 和 upper_bound，因为 unordered_set 不对其元素进行排序。

4. 桶管理

通常，人们使用 unordered_set 的原因是它具有高性能。不幸的是，这种高性能是有代价的：unordered_set 对象的内部结构有些复杂。我们可以使用各种方法在运行时检查和修改此内部结构。

第一种控制方法是自定义 unordered_set 桶的数量（即桶的数量，而不是某个桶中元素的数量）。每个 unordered_set 构造函数都将 size_t 型 bucket_count 作为第一个参数，一般默认是某个实现定义的值。表 13-11 列出了主要的 unordered_set 构造函数。

表 13-11 unordered_set 构造函数

操作	说明
unordered_set<T>([bck], [hsh], [keq], [alc])	桶大小 **bck** 有一个实现定义的默认值。默认 **hsh**=std::hash<T>，**keq**=std::equal_to<T>，**alc**=std::allocator<T>
unordered_set<T>(..., [bck], [hsh], [keq], [alc])	对新构造的无序集合执行大括号初始化
unordered_set<T>(beg, end, [bck], [hsh], [keq], [alc])	用从 **beg** 到 **end** 的半开半闭区间内的元素构造一个无序集合
unordered_set<T>(s)	深复制 **s**；分配新内存
unordered_set<T>(move(s))	取得内存的所有权、**s** 中的元素，不涉及内存分配

使用 bucket_count 方法可以检查 unordered_set 中的桶数。此外，还可以使用 max_bucket_count 方法获取最大桶数。

unordered_set 运行时性能的一个重要概念是它的负载因子（load factor），即每个桶的平均元素数。我们可以使用 `load_factor` 方法获得 `unordered_set` 的负载因子，该结果相当于 `size()` 的返回值除以 `bucket_count()` 的返回值。每个 `unordered_set` 都有一个最大负载因子，这会触发桶数的增加以及所有包含的元素的潜在而成本高昂的哈希码的重新计算。哈希码重新计算的过程是将元素重新组织到新桶中的过程。这要求为每个元素生成新的哈希码，这可能是一个成本相对高昂的计算操作。

使用重载的 `max_load_factor` 可以获得最大负载因子，因此我们可以设置新的最大负载因子（默认为 1.0）。为了避免在不合适的时候重新进行成本高昂的哈希码计算，我们可以使用 `rehash` 方法手动触发哈希码计算，该方法接受所需桶数的 `size_t` 参数。还可以使用 `reserve` 方法，该方法接受 `size_t` 参数来表示所需的元素数。

代码清单 13-31 演示了一些基本的桶管理操作。

代码清单 13-31 `unordered_set` 桶管理

```
#include <unordered_set>
TEST_CASE("std::unordered_set") {
  std::unordered_set<unsigned long> sheep(100); ❶
  SECTION("allows bucket count specification on construction") {
    REQUIRE(sheep.bucket_count() >= 100); ❷
    REQUIRE(sheep.bucket_count() <= sheep.max_bucket_count()); ❸
    REQUIRE(sheep.max_load_factor() == Approx(1.0)); ❹
  }
  SECTION("allows us to reserve space for elements") {
    sheep.reserve(100'000); ❺
    sheep.insert(0);
    REQUIRE(sheep.load_factor() <= 0.00001); ❻

    while(sheep.size() < 100'000)
      sheep.insert(sheep.size()); ❼
    REQUIRE(sheep.load_factor() <= 1.0); ❽
  }
}
```

我们构造了一个 `unordered_set` 并指定桶数 100❶。这导致桶数至少为 100❷，它必须小于或等于 `max_bucket_count`❸。默认情况下，`max_load_factor` 为 1.0❹。

在第二个测试中，我们调用 `reserve` 方法，留出足够空间来容纳 10 万个元素❺。插入一个元素后，`load_factor` 应该小于或等于十万分之一（0.00001）❻，因为我们已经为 10 万个元素保留了足够的空间。只要负载因子保持在此阈值以下，就不需要重新计算哈希码。插入 10 万个元素后❼，`load_factor` 仍应小于或等于 1❽，表明不需要重新计算哈希码，这要归功于 `reserve` 方法。

5. 无序 multiset

STL 的 `<unordered_set>` 头文件中可用的 `std::unordered_multiset` 也是一个关联容器，该容器包含未排序也非唯一的键。`unordered_multiset` 支持与 `unordered_set` 相同的构造函数和操作，但它会存储冗余元素。它们的这种关系类似于 `unordered_set` 和 `set` 的关系：`equal_range` 和 `count` 的行为略有不同，表明键的非唯一性。

注意 Boost 还在 <boost/unordered_set.hpp> 头文件中提供了 boost::unordered_multiset。

13.2.3 映射

STL 的 <map> 头文件中可用的 std::map 是一个包含键值对的关联容器。映射（map）的键是有序且唯一的，并且映射支持与集合相同的操作。实际上，我们可以将集合视为一种包含键和空值的特殊映射。因此，映射支持高效的插入、删除和搜索操作，并且可以使用比较器对象控制元素排序。

使用映射而不是一组集合的主要优点是映射可用作关联数组。关联数组接受键而不是整数值索引。想象一下如何使用 at 和 operator[] 方法来访问顺序容器中的索引。因为顺序容器的元素具有自然排序，所以可以使用整数来引用它们。关联数组允许使用整数以外的类型来引用元素，例如可以使用字符串或浮点数作为键。

为了实现关联数组的操作，映射支持许多有用的操作，例如允许通过关联的键插入、修改和检索值。

1. 构造

类模板 map<Key, Value, Comparator, Allocator> 接受四个模板参数。第一个是键类型 Key，第二个是值类型 Value，第三个是比较器类型（默认为 std::less），第四个是分配器类型（默认为 std::allocator<T>）。

映射的构造函数类似于集合的构造函数，包含初始化空映射的默认构造函数，具有通常行为的移动构造函数和复制构造函数，以及范围构造函数（可将某范围内的元素复制到映射中）和大括号初始化列表。主要区别在于大括号初始化列表，因为此时需要初始化键值对而不仅仅是键。要实现这种嵌套初始化，可以使用嵌套初始化列表，如代码清单 13-32 所示。

代码清单 13-32 std::map 支持默认构造和大括号初始化

```
#include <map>

auto colour_of_magic = "Colour of Magic";
auto the_light_fantastic = "The Light Fantastic";
auto equal_rites = "Equal Rites";
auto mort = "Mort";

TEST_CASE("std::map supports") {
  SECTION("default construction") {
    std::map<const char*, int> emp; ❶
    REQUIRE(emp.empty()); ❷
  }
  SECTION("braced initialization") {
    std::map<const char*, int> pub_year { ❸
      { colour_of_magic, 1983 }, ❹
      { the_light_fantastic, 1986 },
      { equal_rites, 1987 },
      { mort, 1987 },
```

```
    };
    REQUIRE(pub_year.size() == 4); ❺
  }
}
```

在这里，我们默认使用 const char* 类型的键和 int 类型的值构造一个映射 emp❶，这是一个空映射 ❷。在第二个测试中，我们再次构造一个键类型为 const char* 且值类型为 int 的映射 ❸，但这次使用大括号初始化方法 ❹ 将四个元素打包到映射中 ❺。

2. 移动语义和复制语义

映射的移动语义和复制语义与集合的相同。

3. 存储模型

映射和集合都使用红黑树作为内部结构。

4. 元素访问

使用映射而使用一组集合对象的主要优点是映射提供了两个关联数组操作：operator[] 和 at。与支持这些操作的顺序容器（如向量和数组）——接受 size_t 索引参数——不同，映射接受 Key 参数并返回对应值的引用。与顺序容器一样，如果映射中不存在给定键，at 将抛出 std::out_of_range 异常。与顺序容器不同的是，如果键不存在，operator[] 不会导致未定义行为；相反，它会（默默地）默认构造一个 Value 并将相应的键值对插入映射中，即使你只打算执行读取操作，如代码清单 13-33 所示。

代码清单 13-33　std::map 是一个具有多种访问方法的关联数组

```
TEST_CASE("std::map is an associative array with") {
  std::map<const char*, int> pub_year { ❶
    { colour_of_magic, 1983 },
    { the_light_fantastic, 1986 },
  };
  SECTION("operator[]") {
    REQUIRE(pub_year[colour_of_magic] == 1983); ❷

    pub_year[equal_rites] = 1987; ❸
    REQUIRE(pub_year[equal_rites] == 1987); ❹

    REQUIRE(pub_year[mort] == 0); ❺
  }
  SECTION("an at method") {
    REQUIRE(pub_year.at(colour_of_magic) == 1983); ❻

    REQUIRE_THROWS_AS(pub_year.at(equal_rites), std::out_of_range); ❼
  }
}
```

我们构造了一个名为 pub_year 的映射，它包含两个元素 ❶。接着，我们使用 operator[] 提取与键 colour_of_magic 对应的值 ❷。我们还使用 operator[] 插入新的键值对

equal_rites, 1987❸，然后检索它 ❹。请注意，当尝试使用键 mort（不存在）检索元素时，映射已默默初始化了一个 int 值❺。

使用 at 仍然可以设置和检索元素 ❻，但是如果尝试访问不存在的键，会得到一个 std::out_of_range 异常 ❼。

映射支持所有类似集合的元素检索操作。例如，映射支持 find，它接受一个键参数并返回一个指向键值对的迭代器，如果没有找到匹配的键，则返回指向映射末尾的迭代器。映射同样支持 count、equal_range、lower_bound 和 upper_bound。

5. 添加元素

除了元素访问方法 operator[] 和 at，还可以使用集合中的 insert 和 emplace 方法，只需将每个键值对视为 std::pair<Key, Value>。与集合一样，insert 返回包含迭代器和布尔值的 pair。迭代器指向插入的元素，布尔值说明 insert 是（true）否（false）添加了新元素，如代码清单 13-34 所示。

代码清单 13-34　std::map 支持 insert 以添加新元素

```
TEST_CASE("std::map supports insert") {
  std::map<const char*, int> pub_year; ❶
  pub_year.insert({ colour_of_magic, 1983 }); ❷
  REQUIRE(pub_year.size() == 1); ❸

  std::pair<const char*, int> tlfp{ the_light_fantastic, 1986 }; ❹
  pub_year.insert(tlfp); ❺
  REQUIRE(pub_year.size() == 2); ❻

  auto [itr, is_new] = pub_year.insert({ the_light_fantastic, 9999 }); ❼
  REQUIRE(itr->first == the_light_fantastic);
  REQUIRE(itr->second == 1986); ❽
  REQUIRE_FALSE(is_new); ❾
  REQUIRE(pub_year.size() == 2); ❿
}
```

我们默认构造一个映射 ❶ 并使用大括号初始化列表调用 insert 方法 ❷。这种构造大致等价于以下内容：

```
pub_year.insert(std::pair<const char*, int>{ colour_of_magic, 1983 });
```

插入新元素后，映射现在包含一个元素 ❸。接着，我们创建一个独立的 pair❹，然后将其作为参数传递给 insert❺。这会在映射中插入一个副本，因此映射现在包含两个元素 ❻。

当你尝试使用具有相同 the_light_fantastic 键的新元素调用 insert 时 ❼，你会得到一个指向已插入的元素的迭代器 ❺。键（first）和值（second）匹配 ❽。返回值 is_new 表示没有插入新元素 ❾，映射仍然只有两个元素 ❿。此行为反映了集合的插入行为。

映射还提供了 insert_or_assign 方法，该方法与 insert 不同，它会覆盖现有值。另外与 insert 不同的是，insert_or_assign 接受单独的键参数和值参数，如代码清单 13-35 所示。

代码清单 13-35　std::map 支持 insert_or_assign 覆盖现有元素

```
TEST_CASE("std::map supports insert_or_assign") {
    std::map<const char*, int> pub_year{ ❶
      { the_light_fantastic, 9999 }
    };
    auto [itr, is_new] = pub_year.insert_or_assign(the_light_fantastic, 1986); ❷
    REQUIRE(itr->second == 1986); ❸
    REQUIRE_FALSE(is_new); ❹
}
```

我们使用单个元素构造一个映射 ❶，然后调用 insert_or_assign 将与键 the_light_fantastic 关联的值重新赋值为 1986❷。迭代器指向现有元素，当使用 second 查询相应的值时，就会看到值已更新为 1986❸。is_new 返回值还表明我们更新了现有元素而不是插入了新元素 ❹。

6. 删除元素

与集合一样，映射也支持删除元素的 erase 和 clear，如代码清单 13-36 所示。

代码清单 13-36　std::map 支持元素删除

```
TEST_CASE("We can remove std::map elements using") {
    std::map<const char*, int> pub_year {
      { colour_of_magic, 1983 },
      { mort, 1987 },
    }; ❶
    SECTION("erase") {
    pub_year.erase(mort); ❷
    REQUIRE(pub_year.find(mort) == pub_year.end()); ❸
    }
    SECTION("clear") {
    pub_year.clear(); ❹
    REQUIRE(pub_year.empty()); ❺
    }
}
```

我们构造一个包含两个元素的映射 ❶。在第一个测试中，我们使用键 mort 调用 erase❷，因此当尝试使用 find 方法找它时，会得到 end❸。在第二个测试中，我们使用 clear 清空了映射 ❹，这会导致 empty 方法返回 true❺。

7. 支持的操作

表 13-12 总结了映射支持的操作。键 k 的类型为 K，值 v 的类型为 V，P 代表类型 pair<K, V>，p 的类型为 P。映射 m 是 map<K, V>。剑标（†）表示返回 std::pair<Iterator, bool> 的方法，其中迭代器指向结果元素，如果该方法插入了元素，则 bool 等于 true，如果该元素已经存在，则 bool 为 false。

表 13-12　映射支持的操作

操作	说明
map<T>{ ..., [cmp], [alc] }	对新构造的映射执行大括号初始化。默认 cmp=std::less<T>, alc= std::allocator<T>
map<T>{ beg, end, [cmp], [alc] }	范围构造函数，从由 beg 到 end 的半开半闭区间复制元素。默认 cmp= std::less<T>, alc=std::allocator<T>
map<T>(m)	深复制 m；分配新内存
map<T>(move(m))	取得内存的所有权、m 中的元素，不涉及内存分配
~map	销毁映射包含的所有元素并释放动态内存
m1 = m2	m1 销毁其元素，然后复制每个 m2 元素。仅在为适应 m2 的元素而需要调整大小时才分配内存
m1 = move(m2)	m1 销毁其元素，然后移动每个 m2 元素。仅在为适应 m2 的元素而需要调整大小时才分配内存
m.at(k)	访问与键 k 对应的值。如果未找到 k，则抛出 std::out_of_bounds
m[k]	访问与键 k 对应的值。如果未找到该键，则使用 k 和默认初始化值插入一个新的键值对
m.begin()	返回指向第一个元素的迭代器
m.cbegin()	返回指向第一个元素的 const 迭代器
m.end()	返回一个迭代器，指向最后一个元素之后
m.cend()	返回一个 const 迭代器，指向最后一个元素之后
m.find(k)	返回指向匹配 k 的元素的迭代器，如果不存在这样的元素，则返回 m.end()
m.count(k)	如果映射包含 k，则返回 1；否则返回 0
m.equal_range(k)	返回与匹配 k 的元素的半开半闭区间相对应的一对迭代器
m.lower_bound(k)	返回指向第一个不小于 k 的元素的迭代器，如果不存在这样的元素，则返回 t.end()
m.upper_bound(k)	返回指向大于 k 的第一个元素的迭代器，如果不存在这样的元素，则返回 t.end()
m.clear()	删除映射中所有元素
m.erase(k)	删除键为 k 的元素
m.erase(itr)	删除 itr 指向的元素
m.erase(beg, end)	删除从 beg 到 end 的半开半闭区间内的所有元素
m.insert(p)	将 p 的副本插入映射中†
m.insert_or_assign(k, v)	如果 k 存在，则用 v 覆盖相应的值。如果 k 不存在，则将 k, v 对插入映射中†
m.emplace(...)	通过转发参数 ... 就地构造一个 P†
m.emplace_hint(k, ...)	通过转发参数 ... 就地构造一个 P，使用 itr 作为插入新元素的位置的提示†

（续）

操作	说明
m.try_emplace(**itr**, ...)	如果键 **k** 存在，则不执行任何操作。如果 **k** 不存在，则通过转发参数 ... 就地构造一个 **V**
m.empty()	如果映射的大小为零，则返回 true；否则返回 false
m.size()	返回映射中元素的数量
m.max_size()	返回映射中元素的最大数量
m.extract(**k**) m.extract(**itr**)	获取拥有匹配 **k** 或 **itr** 指向的元素的节点句柄（这是删除只能移动的元素的唯一方法）
m1.merge(m2) m1.merge(move(m2))	将 **m2** 的每个元素拼接到 **m1** 中。如果参数是右值，则将元素移动到 **m1** 中
m1.swap(m2) swap(m1, m2)	将 **m2** 的每个元素与 **m1** 的元素交换

8. multimap

STL 的 `<map>` 头文件中可用的 `std::multimap` 是一个关联容器，这种容器包含非唯一键的键值对。因为键不是唯一的，所以 `multimap` 不支持 `map` 支持的关联数组功能，也就是说，不支持 `operator[]` 和 `at`。与 `multiset` 一样，`multimap` 主要通过 `equal_range` 方法提供元素访问功能，如代码清单 13-37 所示。

代码清单 13-37 std::multimap 支持非唯一键

```
TEST_CASE("std::multimap supports non-unique keys") {
  std::array<char, 64> far_out {
    "Far out in the uncharted backwaters of the unfashionable end..."
  }; ❶
  std::multimap<char, size_t> indices; ❷
  for(size_t index{}; index<far_out.size(); index++)
    indices.emplace(far_out[index], index); ❸

  REQUIRE(indices.count('a') == 6); ❹

  auto [itr, end] = indices.equal_range('d'); ❺
  REQUIRE(itr->second == 23); ❻
  itr++;
  REQUIRE(itr->second == 59); ❼
  itr++;
  REQUIRE(itr == end);
}
```

我们构造一个包含一条消息的数组 ❶，并默认构造一个名为 `indices` 的 `multimap<char, size_t>` 用于存储消息中每个字符的索引 ❷。通过遍历数组将消息中的每个字符及其索引存储为 `multimap` 中的新元素 ❸。因为 `multimap` 可以有非唯一的键，所以我们可以使用 `count` 方法来显示我们用键 `a` 插入了多少索引 ❹。我们还可以使用 `equal_range` 方法获取键为 d 的索引半开半闭区间 ❺。使用生成的 begin 和 end 迭代器，我们可以看到消息在索引 23❻ 和 59❼ 处为字母 d。

除了 operator[] 和 at，表 13-12 中的每个操作也适用于 multimap（请注意，count 方法可以返回 0 和 1 以外的值）。

9. 无序映射和无序 multimap

无序映射和无序 multimap 完全类似于无序集合和无序 multiset。std::unordered_map 和 std::unordered_multimap 都在 STL 的 <unordered_map> 头文件中声明。这些关联容器通常像对应的集合一样使用红黑树。它们也需要哈希函数和相等函数，并且支持桶接口。

> **注意** Boost 在 <boost/unordered_map.hpp> 头文件中提供了 boost::unordered_map 和 boost::unordered_multimap。

13.2.4　合适的关联容器

当你需要关联数据结构时，默认选择 set、map 及其关联的非唯一无序的对应容器。当有特殊需求时，Boost 库提供了许多专门的关联容器，如表 13-13 所示。

表 13-13　特殊 Boost 容器

类 / 头文件	说明
boost::container::flat_map <boost/container/flat_map.hpp>	类似于 STL 的 map，但它的实现方式类似于有序向量。这意味着可以快速随机访问元素
boost::container::flat_set <boost/container/flat_set.hpp>	类似于 STL 的 set，但它的实现方式类似于有序向量。这意味着可以快速随机访问元素
boost::intrusive::* <boost/intrusive/*.hpp>	侵入式容器对它们包含的元素施加要求（例如从特定基类继承）。作为交换，它们提供了可观的性能提升
boost::multi_index_container <boost/multi_index_container.hpp>	允许创建接受多个索引而不仅仅是一个索引的关联数组（如 map）
boost::ptr_map boost::ptr_set boost::ptr_unordered_map boost::ptr_unordered_set <boost/ptr_container/*.hpp>	拥有一组智能指针可能不是最理想的。指针向量以更有效、更对用户友好的方式管理动态对象的集合
boost::bimap <boost/bimap.hpp>	bimap 是一个关联容器，它允许将两种类型都用作键
boost::heap::binomial_heap boost::heap::d_ary_heap boost::heap::fibonacci_heap boost::heap::pairing_heap boost::heap::priority_queue boost::heap::skew_heap <boost/heap/*.hpp>	Boost Heap 容器实现了 priority_queue 的更高级、更有特色的版本

13.3　图和属性树

本节讨论两个小众但有价值的 Boost 库：建模图和属性树。图（graph）是一组对象，其中一些对象具有成对关系。对象称为顶点（vertex），它们的关系称为边（edge）。图 13-3 展示了一个包含四个顶点和五条边的图。方块代表顶点，箭头代表一条边。

属性树（property tree）是存储嵌套键值对的树结构。属性树的键值对的分层特性使其成为映射和图的混合体；每个键值对都与其他键值对有关系。图 13-4 展示了包含嵌套键值对的属性树例子。

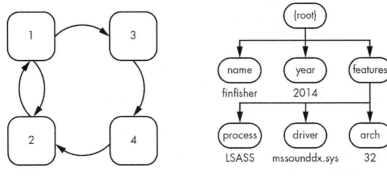

图 13-3　包含四个顶点和五条边的图　　　图 13-4　属性树例子

根元素有三个子元素：name、year 和 features。在图 13-4 中，name 的值为 finfisher，year 的值为 2014，features 有三个子元素：值为 LSASS 的 process 、值为 mssounddx.sys 的 driver 和值为 32 的 arch。

13.4　Boost 图库

Boost 图库（Boost Graph Library，BGL）是一组用于存储和操作图的集合和算法。BGL 提供了三种表示图的容器：

❑ `<boost/graph/adjacency_list.hpp>` 头文件中的 `boost::adjacency_list`。
❑ `<boost/graph/adjacency_matrix.hpp>` 头文件中的 `boost::adjacency_matrix`。
❑ `<boost/graph/edge_list.hpp>` 头文件中的 `boost::edge_list`。

我们可以使用两个非成员函数 `boost::add_vertex` 和 `boost::add_edge` 来构建图。要将顶点添加到 BGL 的图容器，可将图对象传递给 `add_vertex`，它将返回对新顶点对象的引用。要添加一条边，可将源顶点、目标顶点和图传递给 `add_edge`。

BGL 包含许多特定于图的算法。我们可以将图对象传递给非成员函数 `boost::num_vertices` 来计算图对象中的顶点数，还可以使用 `boost::num_edges` 计算边数。此外，我们也可以查询相邻顶点的图。如果两个顶点共享一条边，则它们是相邻的。要获

取与特定顶点相邻的顶点，可以将它和图对象传递给非成员函数 boost::adjacent_
vertices。这将返回一个半开半闭区间的迭代器对（std::pair）。

代码清单 13-38 演示了如何构建图 13-3 中表示的图，如何对顶点和边计数，以及如何
计算相邻顶点。

代码清单 13-38　boost::adjacency_list 存储图数据

```
#include <set>
#include <boost/graph/adjacency_list.hpp>

TEST_CASE("boost::adjacency_list stores graph data") {
  boost::adjacency_list<> graph{}; ❶
  auto vertex_1 = boost::add_vertex(graph);
  auto vertex_2 = boost::add_vertex(graph);
  auto vertex_3 = boost::add_vertex(graph);
  auto vertex_4 = boost::add_vertex(graph); ❷
  auto edge_12 = boost::add_edge(vertex_1, vertex_2, graph);
  auto edge_13 = boost::add_edge(vertex_1, vertex_3, graph);
  auto edge_21 = boost::add_edge(vertex_2, vertex_1, graph);
  auto edge_24 = boost::add_edge(vertex_2, vertex_4, graph);
  auto edge_43 = boost::add_edge(vertex_4, vertex_3, graph); ❸

  REQUIRE(boost::num_vertices(graph) == 4); ❹
  REQUIRE(boost::num_edges(graph) == 5); ❺

  auto [begin, end] = boost::adjacent_vertices(vertex_1, graph); ❻
  std::set<decltype(vertex_1)> neighboors_1 { begin, end }; ❼
  REQUIRE(neighboors_1.count(vertex_2) == 1); ❽
  REQUIRE(neighboors_1.count(vertex_3) == 1); ❾
  REQUIRE(neighboors_1.count(vertex_4) == 0); ❿
}
```

在这里，我们构建了一个名为 graph 的 adjacency_list❶，然后使用 add_vertex
添加了四个顶点 ❷。接着，使用 add_edge 添加图 13-3 中表示的所有边 ❸。然后，num_
vertices 告诉我们已经添加了四个顶点 ❹，num_edges 告诉我们已经添加了五条边 ❺。

最后，为了确定 vertex_1 的相邻顶点，我们使用 adjacent_vertices 将其解压
缩到迭代器 begin 和 end 中 ❻。使用这些迭代器构造一个 std::set❼，并使用它来显
示 vertex_1 与 vertex_2❽ 和 vertex_3❾ 相邻，但与 vertex_4 不相邻 ❿。

13.5　Boost 属性树

Boost 在 <boost/property_tree/ptree.hpp> 头文件中提供了 boost::property_
tree::ptree。这是一个属性树，它允许我们构建和查询属性树，以及进行一些格式的序
列化。

树 ptree 是默认可构造的。默认构造函数将构建一个空 ptree。

我们可以使用 put 方法将元素插入 ptree 中，该方法接受一个路径参数和一个值参

数。路径是由句点（.）分隔的一个或多个嵌套键的序列，值是任意类型的对象。

我们也可以使用 `get_child` 方法从 `ptree` 中删除子树，该方法接受所要删除的子树的路径作为参数。如果子树没有子节点（即所谓的叶子节点），也可以使用方法模板 `get_value` 从键值对中提取对应的值。`get_value` 接受与所需输出类型相对应的单个模板参数。

最后，`ptree` 支持对多种格式的序列化和反序列化，包括 JSON（JavaScript Object Notation）、Windows 初始化文件（INI）格式、XML（可扩展标记语言）和 INFO（自定义 `ptree` 特定格式）。例如，要将 `ptree` 写入 JSON 格式的文件，可以使用 `<boost/property_tree/json_parser.hpp>` 头文件中的 `boost::property_tree::write_json` 函数。函数 `write_json` 接受两个参数：输出文件的路径和 `ptree` 引用。

代码清单 13-39 演示了构建表示图 13-4 中属性树的 `ptree`、将 `ptree` 以 JSON 格式写入文件和将其读回来的过程，以此强调这些基本的 `ptree` 函数。

代码清单 13-39　`boost::property_tree::ptree` 方法存储树数据。输出显示了 `rootkit.json` 的内容

```
#include <boost/property_tree/ptree.hpp>
#include <boost/property_tree/json_parser.hpp>

TEST_CASE("boost::property_tree::ptree stores tree data") {
  using namespace boost::property_tree;
  ptree p; ❶
  p.put("name", "finfisher");
  p.put("year", 2014);
  p.put("features.process", "LSASS");
  p.put("features.driver", "mssounddx.sys");
  p.put("features.arch", 32); ❷
  REQUIRE(p.get_child("year").get_value<int>() == 2014); ❸

  const auto file_name = "rootkit.json";
  write_json(file_name, p); ❹

  ptree p_copy;
  read_json(file_name, p_copy); ❺
  REQUIRE(p_copy == p); ❻
}
--------------------------------------------------------------------------------
{
    "name": "finfisher",
    "year": "2014",
    "features": {
        "process": "LSASS",
        "driver": "mssounddx.sys",
        "arch": "32"
    }
} ❹
```

在这里，我们默认构建了一个 `ptree`❶，并使用图 13-4 中所示的键值填充该 `ptree`。

带有父节点的键（例如 arch❷）使用句点来显示路径。使用 get_child，我们提取了键 year 的子树。因为它是一个叶子节点（没有子节点），所以还可以调用 get_value 将输出类型指定为 int❸。

接着，我们将 ptree 的 JSON 表示写入文件 rootkit.json❹。为确保能够读回相同的属性树，我们默认构建另一个名为 p_copy 的 ptree 并将其传递给 read_json❺。此副本与原始属性树等效❻，以方便演示序列化和反序列化操作。

13.6　initializer_list

我们可以在用户自定义类型中使用大括号初始化列表，具体通过 STL 的 <initializer_list> 头文件中的 std::initializer_list 容器来实现。initializer_list 是一个类模板，它接受与大括号初始化列表中的基础类型相对应的单个模板参数。该模板用作访问大括号初始化列表元素的简单代理。

initializer_list 是只读的，支持三种操作：

❑ size 方法返回 initializer_list 的元素数量。

❑ begin 和 end 方法返回通常的半开半闭区间迭代器。

通常，应该设计函数按值接受 initializer_list 为参数。

代码清单 13-40 实现了一个 SquareMatrix 类，该类存储一个行数和列数相等的矩阵。在内部，该类将元素保存到向量的向量。

代码清单 13-40　SquareMatrix 的实现

```cpp
#include <cmath>
#include <stdexcept>
#include <initializer_list>
#include <vector>

size_t square_root(size_t x) { ❶
  const auto result = static_cast<size_t>(sqrt(x));
  if (result * result != x) throw std::logic_error{ "Not a perfect square." };
  return result;
}

template <typename T>
struct SquareMatrix {
  SquareMatrix(std::initializer_list<T> val) ❷
    : dim{ square_root(val.size()) }, ❸
      data(dim, std::vector<T>{}) { ❹
    auto itr = val.begin(); ❺
    for(size_t row{}; row<dim; row++){
      data[row].assign(itr, itr+dim); ❻
      itr += dim; ❼
    }
  }
  T& at(size_t row, size_t col) {
```

```
    if (row >= dim || col >= dim)
      throw std::out_of_range{ "Index invalid." }; ❽
    return data[row][col]; ❾
  }
  const size_t dim;
private:
  std::vector<std::vector<T>> data;
};
```

在这里，我们声明了一个名为 square_root 的便利函数，该函数查找 size_t 的平方根，如果参数不是完全平方，则抛出异常 ❶。SquareMatrix 类模板定义了一个接受名为 val 的 std::initializer 的构造函数 ❷。这就允许进行大括号初始化了。

首先，我们需要确定 SquareMatrix 的维度。使用 square_root 函数计算 val.size() 的平方根 ❸ 并将其存储到 dim 字段，该字段表示 SquareMatrix 实例的行数和列数。然后，使用 dim 和填充构造函数来初始化向量的向量 data❹。这些向量中的每一个都将对应于 SquareMatrix 中的一行。接着，提取指向 initializer_list 中第一个元素的迭代器 ❺。遍历 SquareMatrix 中的每一行，将相应的向量赋值给相应的半开半闭区间 ❻。在每次迭代时，递增迭代器，从而指向下一行 ❼。

最后，实现一个 at 方法，从而允许元素访问。执行边界检查 ❽，然后通过提取适当的向量和元素返回对所需元素的引用 ❾。

代码清单 13-41 演示了如何使用大括号初始化来生成 SquareMatrix 对象。

代码清单 13-41　在 SquareMatrix 中使用大括号初始化列表

```
TEST_CASE("SquareMatrix and std::initializer_list") {
  SquareMatrix<int> mat { ❶
     1,  2,  3,  4,
     5,  0,  7,  8,
     9, 10, 11, 12,
    13, 14, 15, 16
  };
  REQUIRE(mat.dim == 4); ❷
  mat.at(1, 1) = 6; ❸
  REQUIRE(mat.at(1, 1) == 6); ❹
  REQUIRE(mat.at(0, 2) ==  3); ❺
}
```

我们使用大括号初始化列表来设置 SquareMatrix❶。因为大括号初始化列表包含 16 个元素，所以最终得到的 dim 为 4❷。使用 at 可以获取对任何元素的引用，这意味着我们可以设置 ❸ 和获取 ❹❺ 元素。

13.7　总结

本章首先讨论了两个首选顺序容器：数组和向量。它们可以让我们在很多应用程序中为平衡性能和特性。接着，探讨了几个顺序容器——双端队列、列表、栈、队列、

priority_queue 和 bitset——它们会在向量不满足特定应用程序的需求时进行补充。然后，探索了主要的关联容器集合和映射，以及它们的无序 / 多重版本。本章还介绍了两个小众 Boost 容器：图和属性树。最后，本章简要讨论了 initializer_list 在用户自定义类型中的应用。

练习

13-1. 编写一个程序，使其默认构造一个 unsigned long 型的 std::vector。打印向量的 capacity，然后保留 10 个元素的空间。接着，将斐波那契数列的前 20 个元素附加到向量中。再次打印 capacity。capacity 是否与向量中的元素数量匹配？为什么？使用基于范围的 for 循环打印向量的元素。

13-2. 使用 std::array 重写第 2 章中的代码清单 2-9、2-10 和 2-11。

13-3. 编写一个程序，使该程序接受任意数量的命令行参数并以字母顺序打印它们。使用 std::set<const char*> 存储元素，然后遍历集合以获得排序结果。你需要实现一个自定义比较器来比较两个 C 风格的字符串。

13-4. 考虑以下程序，该程序描述了对斐波那契数列求和的函数的性能：

```
#include <chrono>
#include <cstdio>
#include <random>

long fib_sum(size_t n) { ❶
  // TODO: Adapt code from Exercise 12.1
  return 0;
}

long random() { ❷
  static std::mt19937_64 mt_engine{ 102787 };
  static std::uniform_int_distribution<long> int_d{ 1000, 2000 };
  return int_d(mt_engine);
}

struct Stopwatch { ❸
  Stopwatch(std::chrono::nanoseconds& result)
    : result{ result },
      start{ std::chrono::system_clock::now() } { }
  ~Stopwatch() {
    result = std::chrono::system_clock::now() - start;
  }
private:
  std::chrono::nanoseconds& result;
  const std::chrono::time_point<std::chrono::system_clock> start;
};

long cached_fib_sum(const size_t& n) { ❹
  static std::map<long, long> cache;
  // TODO: Implement me
```

```
    return 0;
}

int main() {

    size_t samples{ 1'000'000 };
    std::chrono::nanoseconds elapsed;
    {
      Stopwatch stopwatch{elapsed};
      volatile double answer;
      while(samples--) {
        answer = fib_sum(random()); ❺
        //answer = cached_fib_sum(random()); ❻
      }
    }
    printf("Elapsed: %g s.\n", elapsed.count() / 1'000'000'000.); ❼
```

该程序包含一个计算密集型函数 `fib_sum`❶，它计算给定长度的斐波那契数列之和。调整练习 13-1 中的代码：（a）生成适当的向量；（b）使用基于范围的 `for` 循环对结果求和。`random` 函数 ❷ 返回一个介于 1000 和 2000 之间的随机数，代码清单 12-25 中的 `Stopwatch` 类 ❸ 可以帮助你确定所需时间。在程序的 `main` 中，使用随机输入对 `fib_sum` 函数执行一百万次求值运算 ❺。计算这需要多长时间并在退出程序之前打印结果 ❼。编译程序并运行几次，了解程序运行所需的时间（这称为基线）。

13-5. 接下来，将 ❺ 处代码加上注释并取消 ❻ 处代码的注释。实现函数 `cached_fib_sum`❹，以便首先检查是否已经计算了给定长度斐波那契数列的 `fib_sum`。（将长度 n 视为缓存中的键。）如果缓存中存在键，则只需返回结果。如果键不存在，则使用 `fib_sum` 计算正确答案，将新的键值条目存储到缓存中，并返回结果。再次运行程序。它是否更快？尝试使用 `unordered_map` 而不是 `map`。可否使用向量？你能让程序运行多快？

13-6. 实现一个类似代码清单 13-38 中的 `SquareMatrix` 的 `Matrix` 类。`Matrix` 应该允许不相等的行数和列数。将 `Matrix` 的行数作为构造函数的第一个参数。

拓展阅读

- *ISO International Standard ISO/IEC (2017) — Programming Language C++* (International Organization for Standardization; Geneva, Switzerland; https://isocpp.org/std/the-standard/)
- *The Boost C++ Libraries*, 2nd Edition, by Boris Schäling (XML Press, 2014)
- *The C++ Standard Library: A Tutorial and Reference*, 2nd Edition, by Nicolai M. Josuttis (Addison-Wesley Professional, 2012)

第 14 章

迭 代 器

说出"朋友",然后进入。

——J. R. R. 托尔金,《指环王》

迭代器是 STL 组件,为容器和操作容器的算法之间提供了接口。迭代器是类型的接口,它知道如何遍历一个特定的序列,并暴露针对元素的类似指针的简单操作。

每个迭代器至少支持以下操作:

❑ 访问当前元素(operator*),进行读或写。

❑ 移动到下一个元素(operator++)。

❑ 复制构造。

迭代器是根据它们支持的额外操作来分类的。这些类别决定了哪些算法是可用的,以及在泛型代码中可以用迭代器做什么。本章将介绍这些迭代器的类别、便利函数和适配器。

14.1 迭代器类别

迭代器的类别决定了它支持的操作。这些操作包括读取元素和写入元素,向前和向后迭代,多次读取,以及随机访问元素。因为接受迭代器的代码通常是通用的,所以迭代器的类型通常是模板参数,我们可以用 concept 来编码,详见 6.7 节。尽管我们很可能不必直接与迭代器交互(除非你在写一个库),但仍然需要知道迭代器的类别,这样就不会将算法应用于不合适的迭代器。如果这样做了,很可能会得到神秘的编译错误。回顾一下 6.6 节,由于模板的实例化方式,由不适当的类型参数产生的错误消息通常是令人费解的。

14.1.1 输出迭代器

我们可以使用输出迭代器来写入元素和递增元素，但不包括其他操作。把输出迭代器想象成一个无底洞，我们可以把数据扔进去。

当使用输出迭代器时，先写，然后递增，再写，再递增，一直这样下去。一旦写入输出迭代器，就不能再写入了，直到至少递增一次。同样，一旦对输出迭代器进行了递增，就不能在写之前再次递增。

要写入输出迭代器，需使用解引用运算符（*）来解引用该迭代器，并给产生的引用赋值。要递增输出迭代器，使用 operator++ 或 operator++(int)。

同样，除非在写 C++ 库，否则你不太可能需要自己实现输出迭代器类型；但是，你会经常使用它们。

一个突出的用法是把容器当作输出迭代器来使用。为此，需要使用插入迭代器。

1. 插入迭代器

插入迭代器（又称插入器）是一个输出迭代器，它包装着一个容器并将写（赋值）操作转换为插入操作。STL 的 <iterator> 头文件中有三个插入迭代器（作为类模板存在）：

❏ std::back_insert_iterator。
❏ std::front_insert_iterator。
❏ std::insert_iterator。

STL 还提供了三个便利函数用于构建这些迭代器：

❏ std::back_inserter。
❏ std::front_inserter。
❏ std::inserter。

back_insert_iterator 将迭代器的写操作转换为对容器的 push_back 的调用，而 front_insert_iterator 则转换为对 push_front 的调用。这两个插入迭代器都暴露了一个接受容器引用的构造函数，它们相应的便利函数也只接受一个参数。很明显，被包装的容器必须实现相应的方法。例如，向量不能使用 front_insert_iterator，而集合两者都不能使用。

insert_iterator 需要两个构造参数：一个要包装的容器和一个指向该容器中某个位置的迭代器。insert_iterator 将写操作转化为对容器的 insert 方法的调用，它将我们在构造时提供的位置作为第一个参数。例如，使用 insert_iterator 将元素插入顺序容器的中间，或者通过提示（hint）将元素添加到集合中。

> **注意** 在内部，所有的插入迭代器都完全忽略了 operator++、operator++(int) 和 operator*。容器不需要这些中间步骤，但它通常是输出迭代器的一个要求。

代码清单 14-1 通过将元素添加到双向队列演示了三个插入迭代器的基本用法。

代码清单 14-1 插入迭代器将写操作转换为容器插入操作

```
#include <deque>
#include <iterator>

TEST_CASE("Insert iterators convert writes into container insertions.") {
  std::deque<int> dq;
  auto back_instr = std::back_inserter(dq); ❶
  *back_instr = 2; ❷ // 2
  ++back_instr; ❸
  *back_instr = 4; ❹ // 2 4
  ++back_instr;

  auto front_instr = std::front_inserter(dq); ❺
  *front_instr = 1; ❻ // 1 2 4
  ++front_instr;

  auto instr = std::inserter(dq, dq.begin()+2); ❼
  *instr = 3; ❽ // 1 2 3 4
  instr++;

  REQUIRE(dq[0] == 1);
  REQUIRE(dq[1] == 2);
  REQUIRE(dq[2] == 3);
  REQUIRE(dq[3] == 4); ❾
}
```

首先，我们用 `back_inserter` 构建 `back_insert_interator` 来包装名为 dq 的双端队列 ❶。当向 `back_insert_iterator` 写入时，它将写操作转化为对 `push_back` 的调用，所以双端队列包含一个元素，即 2❷。因为输出迭代器需要在再次写入之前进行递增，于是就使用一个递增操作 ❸。当向 `back_insert_iterator` 写入 4 时，它再次将写操作转换为对 `push_back` 的调用，所以双端队列包含了元素 2 4❹。

接着，我们用 `front_inserter` 构建一个 `front_insert_iterator` 来包装 dq❺。向这个新构建的插入迭代器写入 1 的结果是调用 `push_front`，所以双端队列包含元素 1 2 4❻。

最后，我们通过传递 dq 和指向其第三个元素（4）的迭代器使用 `inserter` 构建一个 `insert_iterator`。当把 3 写入这个插入迭代器 ❽，它正好插入构建时传递的迭代器所指向的元素之前 ❼。这将导致 dq 包含元素 1 2 3 4❾。

表 14-1 总结了插入迭代器的情况。

表 14-1 插入迭代器总结

类	便利函数	委托函数	示例容器
`back_insert_iterator`	`back_inserter`	`push_back`	向量、双端队列、列表
`front_insert_iterator`	`front_inserter`	`push_front`	双端队列、列表
`insert_iterator`	`inserter`	`insert`	向量、双端队列、列表、集合

2. 输出迭代器操作列表

表 14-2 总结了输出迭代器支持的操作。

表 14-2　输出迭代器支持的操作

操作	说明
`*itr=t`	向输出迭代器写入。该操作之后，迭代器可以递增但不一定可解引用
`++itr` `itr++`	递增迭代器。该操作之后，迭代器可能是可解引用的，也可能已用尽（越过结束迭代器），但不一定可以递增
`iterator-type{ itr }`	从 `itr` 复制构造迭代器

14.1.2　输入迭代器

我们可以使用输入迭代器来读取元素、递增和检查相等性。它与输出迭代器相对。我们只能遍历输入迭代器一次。

利用输入迭代器读取元素时，通常的模式是获得一个带有 begin 和 end 迭代器的半开半闭区间。为了读取这个范围的元素，需使用 operator* 读取 begin 迭代器，然后使用 operator++ 进行递增操作。接着，判断该迭代器是否等于 end 迭代器。如果是，就表示读完了这个范围的元素。如果不是，可以继续读取和递增操作。

注意　输入迭代器是使 8.5.4 节中讨论的范围表达式发挥作用的法宝。

输入迭代器的一个典型用法是包装程序的标准输入（通常是键盘）。一旦从标准输入读取一个值，它就消失了，我们不能再回到起点重放。这种行为与输入迭代器所支持的操作非常匹配。

13.1.1 节提到每个容器都通过 begin/cbegin/end/cend 方法暴露了相应迭代器。所有这些方法至少都是输入迭代器（而且可能支持其他功能）。例如，代码清单 14-2 演示了如何从 forward_list 中提取半开半闭区间并手动操作迭代器进行元素读取。

代码清单 14-2　与 forward_list 的输入迭代器进行交互

```
#include <forward_list>

TEST_CASE("std::forward_list begin and end provide input iterators") {
  const std::forward_list<int> easy_as{ 1, 2, 3 }; ❶
  auto itr = easy_as.begin(); ❷
  REQUIRE(*itr == 1); ❸
  itr++; ❹
  REQUIRE(*itr == 2);
  itr++;
  REQUIRE(*itr == 3);
  itr++;
  REQUIRE(itr == easy_as.end()); ❺
}
```

我们创建了一个包含三个元素的 `forward_list`❶。容器的不变性意味着这些元素是不可变的，所以迭代器只支持读取操作。我们用 `forward_list` 的 `begin` 方法提取一个迭代器 ❷。使用 `operator*` 提取迭代器 `itr` 所指的元素 ❸，然后接着强制性地递增 ❹。一旦通过读取和递增操作穷尽了区间，`itr` 就等于 `forward_list` 的 `end`❺。

表 14-3 总结了输入迭代器支持的操作。

表 14-3　输入迭代器支持的操作

操作	说明
`*itr`	解引用指向的成员，它可能是只读的，也可能不是
`itr->mbr`	解引用 `itr` 指向的对象的成员 `mbr`
`++itr` `itr++`	递增迭代器。该操作之后，迭代器可能是可解引用的，也可能已用尽（越过结束迭代器）
`itr1 == itr2` `itr1 != itr2`	比较迭代器是否相等（即指向相同的元素）
iterator-type`{ itr }`	从 `itr` 复制构造迭代器

14.1.3　前向迭代器

前向迭代器是一个具有额外功能的输入迭代器：前向迭代器也可以多次遍历、默认构造以及复制赋值。在所有情况下，我们都可以使用前向迭代器来代替输入迭代器。

所有的 STL 容器都提供前向迭代器。相应地，代码清单 14-2 中使用的 `forward_list` 实际上就提供了一个前向迭代器（这也是一个输入迭代器）。

代码清单 14-3 更新了代码清单 14-2，在 `forward_list` 上迭代了很多次。

代码清单 14-3　对前向迭代器进行两次遍历

```
TEST_CASE("std::forward_list's begin and end provide forward iterators") {
  const std::forward_list<int> easy_as{ 1, 2, 3 }; ❶
  auto itr1 = easy_as.begin(); ❷
  auto itr2{ itr1 }; ❸
  int double_sum{};
  while (itr1 != easy_as.end()) ❹
    double_sum += *(itr1++);
  while (itr2 != easy_as.end()) ❺
    double_sum += *(itr2++);
  REQUIRE(double_sum == 12); ❻
}
```

同样，我们创建一个包含三个元素的 `forward_list`❶，用 `forward_list` 的 `begin` 方法提取一个叫作 `itr1` 的迭代器 ❷，然后创建一个叫作 `itr2` 的副本 ❸。穷尽 `itr1`❹ 和 `itr2`❺，在这个区间内迭代两次，同时每次都进行求和。结果 `double_sum` 等于 12❻。

表 14-4 总结了前向迭代器支持的操作。

表 14-4 前向迭代器支持的操作

操作	说明
`*itr`	解引用指向的成员，它可能是只读的，也可能不是
`itr->mbr`	解引用 `itr` 指向的对象的成员 `mbr`
`++itr` `itr++`	递增迭代器，使其指向下一个元素
`itr1 == itr2` `itr1 != itr2`	比较迭代器是否相等（即指向相同的元素）
iterator-type`{}`	默认构造迭代器
iterator-type`{ itr }`	从 `itr` 复制构造迭代器
`itr1 = itr2`	将 `itr2` 赋值给 `itr1`

14.1.4 双向迭代器

双向迭代器是一个也可以向后迭代的前向迭代器。在所有情况下，我们都可以使用双向迭代器来代替前向迭代器或输入迭代器。

双向迭代器允许使用 `operator--` 和 `operator-(int)` 进行后向迭代。提供双向迭代器的 STL 容器有数组、列表、双端队列、向量和所有的有序关联容器。

代码清单 14-4 演示了如何使用列表的双向迭代器来进行双向迭代。

代码清单 14-4 `std::list` 的方法 `begin` 和 `end` 提供了双向迭代器

```
#include <list>

TEST_CASE("std::list begin and end provide bidirectional iterators") {
  const std::list<int> easy_as{ 1, 2, 3 }; ❶
  auto itr = easy_as.begin(); ❷
  REQUIRE(*itr == 1); ❸
  itr++; ❹
  REQUIRE(*itr == 2);
  itr--; ❺
  REQUIRE(*itr == 1); ❻
  REQUIRE(itr == easy_as.cbegin());
}
```

在这里，我们创建一个包含三个元素的列表 ❶，用列表的 `begin` 方法提取一个叫 `itr` 的迭代器 ❷。就像输入迭代器和前向迭代器一样，我们也可以解引用 ❸ 和递增 ❹ 这个迭代器。此外，我们还可以递减迭代器 ❺，这样就可以回到已经迭代过的元素 ❻。

表 14-5 总结了双向迭代器支持的操作。

表 14-5 双向迭代器支持的操作

操作	说明
`*itr`	解引用指向的成员，它可能是只读的，也可能不是
`itr->mbr`	解引用 `itr` 指向的对象的成员 `mbr`

（续）

操作	说明
++itr **itr++**	递增迭代器，使其指向下一个元素
--itr **itr--**	递减迭代器，使其指向前一个元素
itr1 == itr2 **itr1 != itr2**	比较迭代器是否相等（即指向相同的元素）
***iterator-type*{}**	默认构造迭代器
***iterator-type*{ itr }**	从 **itr** 复制构造迭代器
itr1 = itr2	将 **itr2** 赋值给 **itr1**

14.1.5 随机访问迭代器

随机访问迭代器是一个支持随机元素访问的双向迭代器。在所有情况下，我们都可以使用随机访问迭代器来代替双向、正向和输入迭代器。

随机访问迭代器允许用 operator[] 随机访问元素，也允许进行迭代器算术运算，比如加减整数值和减去其他迭代器（计算距离）。提供了随机访问迭代器的 STL 容器有数组、向量和双端队列。代码清单 14-5 演示了如何使用随机访问迭代器随机访问向量的任意元素。

代码清单 14-5　与随机访问迭代器交互

```
#include <vector>

TEST_CASE("std::vector begin and end provide random-access iterators") {
  const std::vector<int> easy_as{ 1, 2, 3 }; ❶
  auto itr = easy_as.begin(); ❷
  REQUIRE(itr[0] == 1); ❸
  itr++; ❹
  REQUIRE(*(easy_as.cbegin() + 2) == 3); ❺
  REQUIRE(easy_as.cend() - itr == 2); ❻
}
```

我们创建一个包含三个元素的向量❶，用向量的 begin 方法提取一个叫 itr 的迭代器❷。因为这是一个随机访问迭代器，所以可以使用 operator[] 来解除对任意元素的引用❸。当然，我们仍然可以使用 operator++ 来递增迭代器❹，也可以在迭代器上做加法或减法运算，以访问指定偏移量的元素❺❻。

表 14-6 总结了随机访问迭代器支持的操作。

表 14-6　随机访问迭代器支持的操作

操作	说明
itr[n]	解引用索引为 **n** 的元素
itr+n **itr-n**	返回从 **itr** 偏移 **n** 的迭代器

（续）

操作	说明
`itr2-itr1`	计算 `itr1` 和 `itr2` 之间的距离
`*itr`	解引用指向的成员，它可能是只读的，也可能不是
`itr->mbr`	解引用 `itr` 指向的对象的成员 `mbr`
`++itr` `itr++`	递增迭代器，使其指向下一个元素
`--itr` `itr--`	递减迭代器，使其指向上一个元素
`itr1 == itr2` `itr1 != itr2`	比较迭代器是否相等（即指向相同的元素）
iterator-type`{}`	默认构造迭代器
iterator-type`{ itr }`	从 `itr` 复制构造迭代器

`itr1 < itr2`
`itr1 > itr2`
`itr1 <= itr2`
`itr1 >= itr2`
	对迭代器指向的成员执行相应的比较

14.1.6　连续迭代器

连续迭代器是一种随机访问的迭代器，其元素在内存中相邻。对于连续迭代器 `itr` 来说，所有的元素 `itr[n]` 和 `itr[n+1]` 在所有有效的索引 n 和偏移量 i 下都满足以下关系：

`&itr[n] + i == &itr[n+i]`

向量和数组容器提供了连续迭代器，但列表和双端队列不提供。

14.1.7　可变迭代器

所有前向迭代器、双向迭代器、随机访问迭代器和连续迭代器都可以支持只读模式或读写模式。如果迭代器支持读写模式，那么可以通过解引用迭代器返回的引用赋值。这样的迭代器被称为可变迭代器。例如，支持读写操作的双向迭代器被称为可变双向迭代器。

在到目前为止的每个例子中，用于支持迭代器的容器都是 `const` 型的。这就产生了 `const` 对象的迭代器，这当然是不可写的。代码清单 14-6 从（非 `const`）双端队列中提取了一个可变的随机访问迭代器，允许向容器写入任意元素。

代码清单 14-6　可变随机访问迭代器允许写入操作

```
#include <deque>

TEST_CASE("Mutable random-access iterators support writing.") {
  std::deque<int> easy_as{ 1, 0, 3 }; ❶
  auto itr = easy_as.begin(); ❷
```

```
  itr[1] = 2; ❸
  itr++; ❹
  REQUIRE(*itr == 2); ❺
}
```

我们构造一个包含三个元素的双端队列 ❶，得到指向第一个元素的迭代器 ❷。接着，把值 2 写到第二个元素 ❸。然后，递增迭代器，使它指向刚刚修改的元素 ❹。当解除对指向的元素的引用时，会得到写入的值 ❺。

图 14-1 说明了迭代器类别和有更多功能的迭代器的嵌套关系。

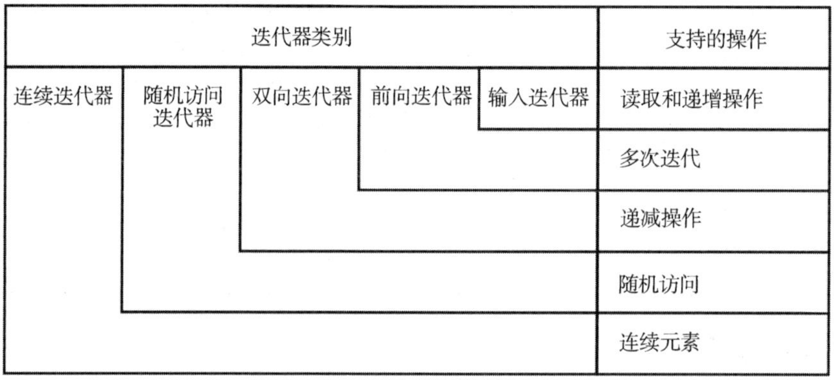

迭代器类别					支持的操作
连续迭代器	随机访问迭代器	双向迭代器	前向迭代器	输入迭代器	读取和递增操作
					多次迭代
					递减操作
					随机访问
					连续元素

图 14-1　迭代器类别及其嵌套关系

总结一下，输入迭代器只支持读取和递增操作。前向迭代器也是输入迭代器，所以它们也支持读取和递增操作，但另外允许在某范围内多次迭代（"多次遍历"）。双向迭代器也是前向迭代器，但它们还允许递减操作。随机访问迭代器也是双向迭代器，但可以直接访问序列中的任意元素。最后，连续迭代器也是随机访问迭代器，可以保证其元素在内存中是连续的。

14.2　迭代器辅助函数

如果要使用迭代器编写泛型代码，则应该使用 `<iterator>` 头文件的迭代器辅助函数来操作迭代器，而不是直接使用迭代器。这些迭代器函数执行遍历、交换和迭代器之间距离的计算等常见任务。使用辅助函数而不是直接操作迭代器的主要优势是，辅助函数可以检查迭代器的类型特征，并确定执行所需操作最有效的方法。此外，迭代器辅助函数使泛型代码更加通用，因为它适用于广泛的迭代器。

14.2.1　std::advance

`std::advance` 辅助函数允许按所需的数量递增或递减。这个函数模板接受一个迭代器引用和一个对应于想要移动迭代器的距离的整数值：

```
void std::advance(InputIterator&❶ itr, Distance❷ d);
```

InputIterator 模板参数必须至少是输入迭代器 ❶，而 **Distance** 模板参数通常是一个整数 ❷。

advance 函数不进行边界检查，所以我们必须确保没有超出迭代器位置的有效范围。根据迭代器的类别，**advance** 将执行达到预期效果最有效的操作：

❑ **输入迭代器**：**advance** 函数将正确调用 **itr++** 多次；**dist** 不能是负数。
❑ **双向迭代器**：该函数将正确调用 **itr++** 或 **itr--** 多次。
❑ **随机访问迭代器**：它将调用 **itr+=dist**；**dist** 可以是负数。

注意 随机访问迭代器可能比 **advance** 加限制更多的迭代器更有效，所以如果想禁止最坏情况（线性时间）的复杂度，可能需要使用 **operator+=** 而不是 **advance**。

代码清单 14-7 演示了如何使用 **advance** 来操作随机访问迭代器。

代码清单 14-7　使用 **advance** 来操作连续迭代器

```
#include <iterator>

TEST_CASE("advance modifies input iterators") {
  std::vector<unsigned char> mission{ ❶
    0x9e, 0xc4, 0xc1, 0x29,
    0x49, 0xa4, 0xf3, 0x14,
    0x74, 0xf2, 0x99, 0x05,
    0x8c, 0xe2, 0xb2, 0x2a
  };
  auto itr = mission.begin(); ❷
  std::advance(itr, 4); ❸
  REQUIRE(*itr == 0x49);
  std::advance(itr, 4); ❹
  REQUIRE(*itr == 0x74);
  std::advance(itr, -8); ❺
  REQUIRE(*itr == 0x9e);
}
```

这里，我们用 16 个 **unsigned char** 对象初始化一个称为 **mission** 的向量 ❶，然后使用 **mission** 的 **begin** 方法提取一个叫 **itr** 的迭代器 ❷，并对 **itr** 调用 **advance** 来前进四个元素的距离，使它指向第四个元素（值为 0x49）❸。再前进四个元素的距离，使其指向第八个元素（值为 0x74）❹。最后，用 -8 调用 **advance** 来后退八个元素的距离，迭代器再次指向第一个元素（值为 0x9e）❺。

14.2.2　std::next 和 std::prev

std::next 和 **std::prev** 这两个迭代器辅助函数是计算从给定迭代器出发的偏移量的函数模板。它们返回一个指向所需元素的新迭代器，而不需要修改原来的迭代器，正如这里所演示的：

```
ForwardIterator std::next(ForwardIterator& itr❶, Distance d=1❷);
BidirectionalIterator std::prev(BidirectionalIterator& itr❸, Distance d=1❹);
```

函数 next 至少接受一个前向迭代器 ❶ 和可选的距离 ❷，它返回一个指向相应偏移量的迭代器。如果 itr 是双向的，这个偏移量可以是负的。prev 函数的工作原理与 next 相似：它至少接受一个双向迭代器 ❶ 和可选的距离 ❹（可以是负数）。next 和 prev 都不进行边界检查，这意味着我们必须百分之百确定计算是正确的，而且是在序列范围内；否则，就会得到未定义行为。

注意　对于 next 和 prev 来说，itr 保持不变，除非它是一个右值，在这种情况下用 advance 可以提高效率。

代码清单 14-8 演示了如何使用 next 来获得指向给定偏移量的元素的新迭代器。

代码清单 14-8　使用 next 来获取迭代器的偏移量

```
#include <iterator>

TEST_CASE("next returns iterators at given offsets") {
  std::vector<unsigned char> mission{
    0x9e, 0xc4, 0xc1, 0x29,
    0x49, 0xa4, 0xf3, 0x14,
    0x74, 0xf2, 0x99, 0x05,
    0x8c, 0xe2, 0xb2, 0x2a
  };
  auto itr1 = mission.begin(); ❶
  std::advance(itr1, 4); ❷
  REQUIRE(*itr1 == 0x49); ❸

  auto itr2 = std::next(itr1); ❹
  REQUIRE(*itr2 == 0xa4); ❺

  auto itr3 = std::next(itr1, 4); ❻
  REQUIRE(*itr3 == 0x74); ❼

  REQUIRE(*itr1 == 0x49); ❽
}
```

像代码清单 14-7 那样，我们初始化一个包含 16 个 unsigned char 的向量，并提取指向第一个元素的迭代器 itr1❶。然后使用 advance 将迭代器递增四个元素的距离 ❷，使它指向值为 0x49 的元素 ❸。首次调用 next 时省略了距离参数（默认为 1）❹，这会产生一个新的迭代器 itr2，它与 itr1❺ 的距离为 1。

第二次调用 next 时距离参数是 4❻，这将产生另一个新的迭代器 itr3，它指向 itr1 元素之后 4 个元素距离的元素 ❼。这两次调用都不会影响原来的迭代器 itr1❽。

14.2.3　std::distance

std::distance 迭代器辅助函数可以计算两个输入迭代器 itr1 和 itr2 之间的距离：

```
Distance std::distance(InputIterator itr1, InputIterator itr2);
```

如果迭代器不是随机访问迭代器，`itr2` 必须指向 `itr1` 之后的一个元素。确保 `itr2` 在 `itr1` 之后是个好主意，因为如果你不小心违反了这个要求，并且迭代器不是随机访问迭代器，那么会得到未定义行为。

代码清单 14-9 演示了如何计算两个随机访问迭代器之间的距离。

代码清单 14-9　使用 distance 获得迭代器之间的距离

```
#include <iterator>

TEST_CASE("distance returns the number of elements between iterators") {
  std::vector<unsigned char> mission{ ❶
    0x9e, 0xc4, 0xc1, 0x29,
    0x49, 0xa4, 0xf3, 0x14,
    0x74, 0xf2, 0x99, 0x05,
    0x8c, 0xe2, 0xb2, 0x2a
  };
  auto eighth = std::next(mission.begin(), 8); ❷
  auto fifth = std::prev(eighth, 3); ❸
  REQUIRE(std::distance(fifth, eighth) == 3); ❹
}
```

在初始化向量 ❶ 之后，使用 `std::next` 创建一个指向第八个元素的迭代器 ❷。在第八个元素上使用 `std::prev` 获得指向第五个元素的迭代器，只需将 3 作为第二个参数 ❸。当把第五和第八个元素的迭代器作为参数传给 `distance` 时，便会得到 3❹。

14.2.4　std::iter_swap

`std::iter_swap` 迭代器辅助函数允许交换两个前向迭代器 `itr1` 和 `itr2` 所指向的值：

```
Distance std::iter_swap(ForwardIterator itr1, ForwardIterator itr2);
```

迭代器不需要有相同的类型，只要它们所指向的类型可以相互赋值即可。代码清单 14-10 演示了如何使用 `iter_swap` 来交换向量的两个元素。

代码清单 14-10　使用 iter_swap 来交换指向的元素

```
#include <iterator>

TEST_CASE("iter_swap swaps pointed-to elements") {
  std::vector<long> easy_as{ 3, 2, 1 }; ❶
  std::iter_swap(easy_as.begin()❷, std::next(easy_as.begin(), 2)❸);
  REQUIRE(easy_as[0] == 1); ❹
  REQUIRE(easy_as[1] == 2);
  REQUIRE(easy_as[2] == 3);
}
```

使用元素 3 2 1 构建向量 ❶ 之后，对第一个元素 ❷ 和最后一个元素 ❸ 调用 `iter_swap`。元素交换之后，这个向量包含元素 1 2 3❹。

14.3 其他迭代器适配器

除了插入迭代器，STL 还提供了移动迭代器适配器和反向迭代器适配器来修改迭代器行为。

注意 STL 还提供了流迭代器适配器，详见第 16 章。

14.3.1 移动迭代器适配器

移动迭代器适配器是一个类模板，它将所有迭代器访问操作转换为移动操作。`<iterator>` 头文件中的 `std::make_move_iterator` 是个函数模板，它接受一个迭代器参数，返回一个移动迭代器适配器。

移动迭代器适配器的典型用途是将一系列的对象移动到一个新的容器中。考虑代码清单 14-11 中的类 `Movable`，它存储了一个叫作 `id` 的 `int` 值。

代码清单 14-11　Movable 类存储一个 int 值

```
struct Movable{
  Movable(int id) : id{ id } { } ❶
  Movable(Movable&& m) {
    id = m.id; ❷
    m.id = -1; ❸
  }
  int id;
};
```

`Movable` 构造函数接收一个 `int` 并把它存储到 `id` 字段 ❶。`Movable` 也可以移动构造；它将从移动构造函数参数 ❷ 中窃取 `id`，用 −1 替换它 ❸。

代码清单 14-12 构建了一个名为 `donor` 的 `Movable` 对象向量，并将它们移动到一个名为 `recipient` 的向量中。

代码清单 14-12　使用移动迭代器适配器将迭代器操作转换为移动操作

```
#include <iterator>

TEST_CASE("move iterators convert accesses into move operations") {
  std::vector<Movable> donor; ❶
  donor.emplace_back(1); ❷
  donor.emplace_back(2);
  donor.emplace_back(3);
  std::vector<Movable> recipient{
    std::make_move_iterator(donor.begin()), ❸
    std::make_move_iterator(donor.end()),
  };
  REQUIRE(donor[0].id == -1); ❹
  REQUIRE(donor[1].id == -1);
  REQUIRE(donor[2].id == -1);
```

```
    REQUIRE(recipient[0].id == 1); ❺
    REQUIRE(recipient[1].id == 2);
    REQUIRE(recipient[2].id == 3);
}
```

在这里，我们默认构造一个叫作 donor 的向量 ❶，用 emplace_back 得到三个 id 字段为 1、2 和 3 的 Movable 对象 ❷。然后，使用向量的范围构造函数与 donor 的 begin 和 end 迭代器，把它们传递给 make_move_iterator ❸。这会将所有的迭代器操作转换为移动操作，所以 Movable 的移动构造函数被调用。因此，donor 的所有元素都处于移出状态 ❹，并且 recipient 的所有元素都与 donor 之前的元素相匹配 ❺。

14.3.2　反向迭代器适配器

反向迭代器适配器是一个类模板，它交换了迭代器的递增和递减运算符。其效果是可以通过应用反向迭代器适配器来反向将输入输入算法。一种使用反向迭代器的常见场景是从容器的末端向前搜索。例如，你一直把日志推到双端队列的末端，但想找到符合某些标准的最新条目。

几乎第 13 章中介绍的所有容器都用 rbegin/rend/crbegin/crend 方法暴露了反向迭代器。例如，你可以创建与另一个容器相反的序列的容器，如代码清单 14-13 所示。

代码清单 14-13　用另一个容器的元素以相反的顺序创建一个容器

```
TEST_CASE("reverse iterators can initialize containers") {
    std::list<int> original{ 3, 2, 1 }; ❶
    std::vector<int> easy_as{ original.crbegin(), original.crend() }; ❷
    REQUIRE(easy_as[0] == 1); ❸
    REQUIRE(easy_as[1] == 2);
    REQUIRE(easy_as[2] == 3);
}
```

这里，我们创建一个包含元素 3　2　1 的列表 ❶。接着，使用 crbegin 和 crend 方法构造一个包含相反顺序元素的向量 ❷。这个向量包含元素 1　2　3，它们的顺序与列表元素的顺序相反 ❸。

虽然容器通常直接暴露反向迭代器，但我们也可以手动将普通迭代器转换为反向迭代器。<iterator> 头文件中的便利函数模板 std::make_reverse_iterator 接受一个迭代器参数，返回一个反向迭代器适配器。

反向迭代器被设计用来处理与普通半开半闭区间完全相反的半开半闭区间。在内部，反向半开半闭区间有一个 rbegin 迭代器——它指向半开半闭区间 end 后面的 1 个位置，还有一个 rend 迭代器——它指向半开半闭区间的 begin，如图 14-2 所示。

然而，这些实现细节对用户来说都是透明的。迭代

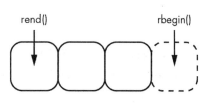

图 14-2　反向半开半闭区间

器可以像我们所期望的那样解引用。只要区间不是空的，就可以对 **rbegin** 迭代器解引用，并且返回第一个元素。但是，不能对 **rend** 迭代器解引用。

为什么要引入这种复杂的表示法？因为通过这种设计，我们可以很容易地交换半开半闭区间的 **begin** 和 **end** 迭代器，从而产生一个反向的半开半闭区间。例如，代码清单 14-14 使用 **std::make_reverse_iterator** 将正常的迭代器转换为反向迭代器，完成了与代码清单 14-13 相同的任务。

代码清单 14-14　make_reverse_iterator 函数将普通迭代器转换为反向迭代器

```
TEST_CASE("make_reverse_iterator converts a normal iterator") {
  std::list<int> original{ 3, 2, 1 };
  auto begin = std::make_reverse_iterator(original.cend()); ❶
  auto end = std::make_reverse_iterator(original.cbegin()); ❷
  std::vector<int> easy_as{ begin, end }; ❸
  REQUIRE(easy_as[0] == 1);
  REQUIRE(easy_as[1] == 2);
  REQUIRE(easy_as[2] == 3);
}
```

请特别注意从 **original** 中提取的迭代器。为了创建 **begin** 迭代器，我们从 **original** 中提取一个 **end** 迭代器并把它传递给 **make_reverse_iterator**❶。反向迭代器适配器将交换递增和递减运算符，但它需要从正确的地方开始。同样，我们需要在 **original** 的开始处终止，所以要把 **cbegin** 的结果传给 **make_reverse_iterator** 以产生正确的 **end** 迭代器❷。将它们传递给 **easy_as** 的范围构造函数❸，即可产生与代码清单 14-13 相同的结果。

注意　所有的反向迭代器都暴露了一个 **base** 方法，它将把反向迭代器转换为普通迭代器。

14.4　总结

本章介绍了所有的迭代器类别：输出迭代器、输入迭代器、前向迭代器、双向迭代器、随机访问迭代器和连续迭代器。了解每个迭代器类别的基本属性可以更加了解容器与算法相连的方式。本章还探讨了迭代器适配器，它能让我们定制迭代器行为，同时也介绍了迭代器辅助函数，这可以帮助我们用迭代器编写泛型代码。

练习

14-1. 用 **std::prev** 而不是 **std::next** 改写代码清单 14-8。

14-2. 编写一个名为 **sum** 的函数模板，让它接受一个 **int** 对象的半开半闭区间，并返回序列的总和。

14-3. 编写一个程序，使用代码清单 12-25 中的 **Stopwatch** 类来确定，当给定很大的

`std::forward_list` 和 `std::vector` 的前向迭代器时，`std::advance` 的运行时性能。运行时间是如何随着容器中元素数量的增加而变化的（尝试几十万或几百万元素）？

拓展阅读

- *The C++ Standard Library: A Tutorial and Reference*, 2nd Edition, by Nicolai M. Josuttis (Addison-Wesley Professional, 2012)
- *C++ Templates: The Complete Guide*, 2nd Edition, by David Vandevoorde et al. (Addison-Wesley, 2017)

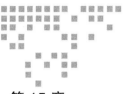

第 15 章

字　符　串

> "如果你用一个人听得懂的语言与他交流，他会记在脑子里；如果你用他自己的语言与他交流，他会记在心里。"
>
> ——Nelson Mandela

STL 为人类语言（单词、句子和标记语言）提供了一个特殊的字符串容器。头文件 <string> 中的 std::basic_string 是一个可以让我们专注于字符串的基础字符类型的类模板。作为一个顺序容器，basic_string 本质上类似于向量，但是提供了一些用于处理语言的工具。

STL basic_string 与 C 风格的字符串或以空字符结尾的字符串相比，在安全性和功能上均有重大改进，并且在现代程序中，人类语言数据非常多，所以你可能会发现 basic_string 是必不可少的。

15.1　std::string

STL 在头文件 <string> 中提供了四种 basic_string 特化（对应的基本字符类型见第 2 章）：

- ❑ char 的 std::string 用于 ASCII 之类的字符集。
- ❑ wchar_t 的 std::wstring 足够大，可以包含实现语言环境的最大字符。
- ❑ char16_t 的 std::u16string 用于 UTF-16 之类的字符集。
- ❑ char32_t 的 std::u32string 用于 UTF-32 之类的字符集。

我们可以用适当的基础类型来特化上面的四种字符串，因为这几种对于特定基础字符类型专门实现的字符串都有相似的接口，所以本章中所有的例子都会使用 std::string。

15.1.1　构造字符串

`basic_string` 容器使用三个模版参数：

❑ 基础字符类型 T。

❑ 基础类型的特征 `Traits`。

❑ 内存分配器 `Alloc`。

其中，只有基础字符类型 T 是必需的。STL 中的 `std::char_traits<T>` 模版类会根据基础类型 T 提取对应的字符和字符串操作，除非想要自定义字符类型，否则不需要实现自己的类型特征，因为 `char_traits<T>` 对于 `char`、`wchar_t`、`char_16` 和 `char_32` 有专门的实现。当 stdlib 已经为一种类型提供了专门的特征实现时，除非我们需要某种特殊行为，否则的话是不需要自己去实现的。

总之，`basic_string` 的特定实现看起来是下面这样的，其中 T 是基本数据类型：

`std::basic_string<T, Traits=std::char_traits<T>, Alloc=std::allocator<T>>`

> | 注意 | 大多数情况下，我们需要处理的是已经定义好的特定实现，尤其是 wstring 或者 string。然而，如果我们需要自定义的内存分配器的话，就需要适当地定制 basic_string。

`basic_string<T>` 容器支持和 `vector<T>` 一样的构造函数，它还支持用于转换 C 风格字符串的其他便利的构造函数。换句话说，`string` 支持 `vector<char>` 的构造函数，`wstring` 支持 `vector<wchar_t>` 的构造函数，等等。与 `vector` 一样，除了需要初始化列表之外对所有的 `basic_string` 的构造函数直接用括号。

我们可以默认构造一个空字符串，或者如果想用一个字符重复填充字符串，则可以通过传递 `size_t` 和 `char` 来使用填充构造函数构造，如代码清单 15-1 所示。

代码清单 15-1　string 的默认构造函数和填充构造函数

```
#include <string>
TEST_CASE("std::string supports constructing") {
  SECTION("empty strings") {
    std::string cheese; ❶
    REQUIRE(cheese.empty()); ❷
  }
  SECTION("repeated characters") {
    std::string roadside_assistance(3, 'A'); ❸
    REQUIRE(roadside_assistance == "AAA"); ❹
  }
}
```

在默认构造字符串 ❶ 后，它不包含任何元素 ❷。如果想用重复的字符填充字符串，则可以使用填充构造函数，传入想填充的元素数量和它们的值 ❸。本例为字符串填充了三个 A 字符 ❹。

注意　本章后面将介绍用 operator== 比较字符串的方法，因为对于 C 风格的字符串，通常使用原始指针或者原始数组来处理，所以 operator== 仅在给定相同对象时才返回 true，但是对于 std::string，如果内容相等的话，operator== 需返回 true，如代码清单 15-1 所示，即使其中一个操作数是 C 风格的字符串，该比较仍然有效。

字符串构造函数还提供了两个基于 const char* 的构造函数。如果参数指向以空字符结尾的字符串，则字符串构造函数可以自行确定输入的字符串的长度。如果指针没有指向以空字符结尾的字符串，或者我们只想使用字符串的前面部分，则可以传递一个长度参数，告诉字符串构造函数要复制几个元素，如代码清单 15-2 所示。

代码清单 15-2　从 C 风格字符串构造 string

```
TEST_CASE("std::string supports constructing substrings ") {
  auto word = "gobbledygook"; ❶
  REQUIRE(std::string(word) == "gobbledygook"); ❷
  REQUIRE(std::string(word, 6) == "gobble"); ❸
}
```

我们创建了一个名为 word 的 const char*，它指向 C 风格的字符串字面量 gobbledy-gook❶。接着，通过传递 word 构造了一个字符串，正如预期的那样，构建出来的字符串包含 gobbledygook❷。在第二个测试中，我们将 6 作为第二个参数传递给了字符串构造函数，这使得字符串只采用 word 的前 6 个字符，创建出来的字符串内容为 gobble❸。

此外，我们可以从其他字符串构造字符串。作为 STL 容器，string 完全支持复制语义和移动语义。我们还可以从子字符串（另一个字符串的连续子集）构造字符串。代码清单 15-3 演示了这三个构造函数。

代码清单 15-3　string 的复制构造函数、移动构造函数和子串构造函数

```
TEST_CASE("std::string supports") {
  std::string word("catawampus"); ❶
  SECTION("copy constructing") {
    REQUIRE(std::string(word) == "catawampus"); ❷
  }
  SECTION("move constructing") {
    REQUIRE(std::string(move(word)) == "catawampus"); ❸
  }
  SECTION("constructing from substrings") {
    REQUIRE(std::string(word, 0, 3) == "cat"); ❹
    REQUIRE(std::string(word, 4) == "wampus"); ❺
  }
}
```

注意　在代码清单 15-3 中，word 处于移出状态（见 4.6 节），这意味着它只能被重新分配或者销毁。

在这里，我们构造了一个名为 word 的字符串，其中包含内容 catawampus❶，复制构造函数会产生另一个包含 word 字符副本的字符串 ❷。移动构造函数会窃取 word 的字符，产生一个新的包含 catawampus 的字符串 ❸。最后，我们基于子字符串构造一个新字符串，方法是传递 word、一个起始位置参数 0 和长度参数 3，构造的新字符串包含 cat❹。如果只传递起始位置参数 4 不传递长度参数的话，则会得到一个包含从原始字符串的第四个字符到末尾的所有字符的新字符串 wampus❺。

string 还支持使用 std::string_literals::operator""s 进行字符串字面量构造，主要的好处是符号化更方便，也可以使用 operator""s 将空字符轻松地嵌入字符串中，如代码清单 15-4 所示。

代码清单 15-4 构造字符串

```
TEST_CASE("constructing a string with") {
  SECTION("std::string(char*) stops at embedded nulls") {
    std::string str("idioglossia\0ellohay!"); ❶
    REQUIRE(str.length() == 11); ❷
  }
  SECTION("operator\"\"s incorporates embedded nulls") {
    using namespace std::string_literals; ❸
    auto str_lit = "idioglossia\0ellohay!"s; ❹
    REQUIRE(str_lit.length() == 20); ❺
  }
}
```

在第一个测试中，我们使用字面量 idioglossia\0ellohay! 构造了一个字符串 ❶，这会产生一个含 idioglossia 的字符串 ❷。由于字面量中包含空值 \0，所以字面量的其余部分并没有复制到字符串中。在第二个测试中，我们引入了 string_literals 命名空间 ❸，所以可以使用 operator""s 直接从字面量创建字符串 ❹。与 std::string 构造函数 ❶ 不同的是，operator""s 产生的字符串包含整个字面量，包括里面的空字节和所有其他字节 ❺。

表 15-1 总结了构造字符串的方法，其中 c 是 char 类型的，n 和 pos 是 size_t 类型的，str 是字符串或 C 风格的字符串，c_str 是 C 风格的字符串，beg 和 end 是输入迭代器。

表 15-1 std::string 支持的构造函数

构造函数	构造的字符串内容
string()	空
string(n,c)	c 重复 n 次
string(str,pos,[n])	str 的第 pos 位到 pos+n 位，如果省略 n 的话，则字符串是从 str 的第 pos 位到末尾
string(c_str,[n])	长度为 n 的 c_str 的副本。如果 c_str 以空字符结尾，则 n 默认为以空字符结尾的字符串的长度
string(beg,end)	从 beg 到 end 的元素的副本
string(str)	str 的副本

（续）

构造函数	构造的字符串内容
string(move(str))	str 的内容，str 会变成移出状态（回顾 4.6 节）
string{c1,c2,c3}	字符 c1、c2 和 c3
"my string literal"s	一个包含 my string literal 的字符串

15.1.2　字符串存储和小字符串优化

就像 vector 一样，string 使用动态存储空间来连续存储其中的元素，因此，vector 和 string 具有非常相似的复制 / 移动构造 / 赋值语义。例如，相对于移动操作，复制操作成本更加高昂，因为它需要在内存中重新分配空间并存储。

最受欢迎的 STL 实现有小字符串优化（Small String Optimization，SSO）。如果字符串足够小的话，SSO 会将字符串的内容放在对象的储存区域（而不是动态存储空间），小于 24 字节的字符串通常会被 SSO 实现优化，实现者做这个优化的原因是现在大多数程序里面的字符串都是比较小的。

注意　实际上，SSO 通过两种方式影响移动操作。首先，如果字符串移动，对字符串元素的任何引用都将无效。其次，因为字符串需要检查 SSO，所以字符串移动的速度可能比向量慢。

字符串具有大小（或长度）和容量。大小是字符串中包含的字符数，容量是字符串在需要调整大小之前可以容纳的字符数。

表 15-2 给出了用于读取和操作字符串的大小和容量的方法，其中 n 是一个 size_t 类型的数字。星号（*）表示此操作至少在某些情况下会使 s 的元素的原始指针和迭代器无效。

表 15-2　std::string 支持的大小和容量方法

方法	返回值
s.empty()	如果字符串 s 不包含任何字符，则返回 true，否则返回 false
s.size()	字符串 s 中字符的数量
s.length()	和 s.size() 相同
s.max_size()	s 的最大可能大小（由系统或运行时限制）
s.capacity()	在调整大小之前可以容纳的字符的数量
s.shrink_to_fit()	void，将 s.capacity 调整为 s.size*
s.reserve([n])	void，如果 n 大于 s.capacity，则调整大小，使 s 可以容纳至少 n 个元素，否则，执行 shrink_to_fit，将 s.capacity 减少为 n 或者 s.size，这两个以较大的为准

需要注意的是，求字符串大小和容量的方法与求向量大小和容量的方法非常接近。这是其存储模型的紧密性的直接结果。

15.1.3　元素和迭代器访问

因为 string 为连续的元素提供了随机访问的迭代器，所以它相应地向 vector 公开了相似的元素访问和迭代器访问方法。

为了与 C 风格的 API 互相操作，string 还公开了 c_str 方法，该方法以 const char* 的形式返回以空字符结尾的字符串的只读版本，如代码清单 15-5 所示。

代码清单 15-5　从字符串提取一个以空字符结尾的字符串

```
TEST_CASE("string's c_str method makes null-terminated strings") {
  std::string word("horripilation"); ❶
  auto as_cstr = word.c_str(); ❷
  REQUIRE(as_cstr[0] ==  'h'); ❸
  REQUIRE(as_cstr[1] ==  'o');
  REQUIRE(as_cstr[11] == 'o');
  REQUIRE(as_cstr[12] == 'n');
  REQUIRE(as_cstr[13] == '\0'); ❹
}
```

我们构造了一个名为 word 的字符串，它包含字符 horripilation❶ 并使用 c_str 方法提取以空字符结尾的字符串 as_cstr❷。因为 as_cstr 是一个 const char*，所以可以使用 operator[] 来说明它包含与 word 相同的字符 ❸，并且以空字符结尾 ❹。

注意　std::string 类还支持 operator[]，其行为与 C 风格的字符串相同。

一般而言，c_str 和 data 返回的结果相同，只是 data 返回的引用可以是非 const 的。每当我们操作字符串时，实现通常都会确保支持以空字符结尾的字符串的连续内存。代码清单 15-6 的程序通过在其地址旁边打印调用 data 和 c_str 的结果来说明此行为。

代码清单 15-6　演示 c_str 和 data 返回相同地址的程序

```
#include <string>
#include <cstdio>

int main() {
  std::string word("pulchritudinous");
  printf("c_str: %s at 0x%p\n", word.c_str(), word.c_str()); ❶
  printf("data:  %s at 0x%p\n", word.data(), word.data()); ❷
}
--------------------------------------------------------------------------------
c_str: pulchritudinous at 0x0000002FAE6FF8D0 ❶
data:  pulchritudinous at 0x0000002FAE6FF8D0 ❷
```

c_str 和 data 的返回值都指向相同的地址，因此它们产生了相同的结果 ❶❷。因为该地址是一个以空字符结尾的字符串的开头，所以 printf 会为两个调用产生相同的输出。

表 15-3 列出了字符串的访问方法。需要注意的是，表中的 n 是一个 size_t 类型的数字。

表 15-3 std::string 支持的元素和迭代器访问方法

方法	返回值
s.begin()	指向第一个元素的迭代器
s.cbegin()	指向第一个元素的 const 迭代器
s.end()	指向最后一个元素之后的迭代器
s.cend()	指向最后一个元素之后的 const 迭代器
s.at(n)	对 s 里面第 n 个元素的引用，如果越界的话会抛出 std::out_of_range 异常
s[n]	对 s 里面第 n 个元素的引用，如果 n 大于 s.size() 的话返回不确定行为，此外，s[s.size()] 必须为 0，因此将非零值写入该位置是未定义的行为
s.front()	对第一个元素的引用
s.back()	对最后一个元素的引用
s.data()	如果字符串非空，则返回指向第一个元素的原始指针。对于空字符串，返回指向空字符的指针
s.c_str()	返回不可变的 s 的内容，以空字符终止的版本

15.1.4 字符串比较

需要注意的是，string 支持使用常规比较运算符与其他字符串和原始 C 风格字符串进行比较。例如，如果运算符左右的大小和内容都相等，则等于 operator== 返回 true，而 operator!= 返回 false。其余的比较运算符执行字典序比较，这意味着它们按字母顺序排序，其中 A < Z < a < z，如果所有其他条件相同，则短词小于长词（例如 pal < palindrome）。代码清单 15-7 演示了字符串比较。

注意 从技术上讲，字典序比较取决于字符串的编码。从理论上讲，系统可能会使用默认编码，其中字母可能完全混乱（例如，几乎过时的 EBCDIC 编码，它将小写字母放在大写字母之前），这会影响字符串比较。对于 ASCII 兼容的编码，不必担心，因为它们隐含了预期的字典行为。

代码清单 15-7 string 类支持字符串比较

```
TEST_CASE("std::string supports comparison with") {
  using namespace std::literals::string_literals; ❶
  std::string word("allusion"); ❷
  SECTION("operator== and !=") {
    REQUIRE(word == "allusion"); ❸
    REQUIRE(word == "allusion"s); ❹
    REQUIRE(word != "Allusion"s); ❺
    REQUIRE(word != "illusion"s); ❻
    REQUIRE_FALSE(word == "illusion"s); ❼
  }
  SECTION("operator<") {
    REQUIRE(word < "illusion"); ❽
    REQUIRE(word < "illusion"s); ❾
    REQUIRE(word > "Illusion"s); ❿
  }
}
```

在上面的代码中，我们引入了 std::literals::string_literals 命名空间，因此可以轻松地使用 operator""s 来构造字符串❶。同时，我们构造了一个名为 word 的字符串，它包含字符 allusion❷。在第一组测试中，将检查 operator== 比较和 operator!= 比较。

我们看到，word 既等于（==）字符串 allusion❹，也等于 C 风格的字符串 allusion❸，但不等于（!=）字符串 Allusion❺或 illusion❻。像往常一样，operator== 和 operator!= 总是返回相反的结果❼。

第二组测试使用 operator< 来表明 allusion 小于 illusion❽，因为在字典上 a 小于 i。该比较同样适用于 C 风格的字符串和 C++ 字符串❾。代码清单 15-7 还显示，Allusion 小于 allusion❿，因为从字典上看，A 小于 a。

表 15-4 列出了字符串的比较方法。请注意，other 是字符串或 char* 型 C 风格的字符串。

表 15-4 std::string 支持的比较操作

方法	返回值
s == other	如果 s 和 other 具有相同的字符和长度，则返回 true；否则返回 false
s != other	和 operator== 相反
s.compare(other)	如果 s == other，则返回 0，如果 s < other，则返回负数，如果 s > other，则返回正数
s < other s > other s <= other s >= other	对应比较操作的结果，按照字典序比较

15.1.5 操作元素

对于操作元素，string 有很多方法。它支持 vector<char> 的所有方法以及许多其他用于处理人类语言数据的方法。

1. 添加元素

要将元素添加到字符串，可以使用 push_back 在末尾插入一个字符。当我们想在末尾插入多个字符时，可以使用 operator+= 追加一个字符、一个以空字符结尾的 char* 字符串或 C++ 字符串。还可以使用 append 方法，该方法具有三个重载。首先，可以传递 string 或以空字符结尾的 char* 字符串、可选的偏移量以及要附加的可选字符数。其次，可以传递一个长度参数和一个字符参数，它将把一定数量的字符附加到字符串中。最后，可以追加一个半开半闭区间。代码清单 15-8 演示了所有这些操作。

代码清单 15-8 将元素附加到字符串的方法

```
TEST_CASE("std::string supports appending with") {
  std::string word("butt"); ❶
  SECTION("push_back") {
    word.push_back('e'); ❷
    REQUIRE(word == "butte");
  }
```

```
SECTION("operator+=") {
  word += "erfinger"; ❸
  REQUIRE(word == "butterfinger");
}
SECTION("append char") {
  word.append(1, 's'); ❹
  REQUIRE(word == "butts");
}
SECTION("append char*") {
  word.append("stockings", 5); ❺
  REQUIRE(word == "buttstock");
}
SECTION("append (half-open range)") {
  std::string other("onomatopoeia"); ❻
  word.append(other.begin(), other.begin()+2); ❼
  REQUIRE(word == "button");
}
}
```

首先，我们初始化一个名为 word 的字符串，它包含 butt❶。在第一个测试中，我们用字母 e 调用 push_back❷，得到 butte。接着，用 operator+= 将 erfinger 添加到 word 中 ❸，产生了 butterfinger。在 append 的第一次调用中，我们追加了一个 s❹，得到 butts(这与 push_back 的效果相同)。append 的第二个重载允许我们提供一个 char* 和一个长度参数。通过提供 stockings 和长度参数 5，我们把 stock 加到 word 中，得到 buttstock❺。因为 append 也适用于半开半闭区间，所以我们也构造一个叫作 other 的字符串，它包含 onomatopoeia❻，我们通过半开半闭区间追加前两个字符，得到 button❼。

> 注意　回想一下 10.3.1 节的"测试用例和测试段"部分，Catch 单元测试的每个 SECTION 都是独立运行的，因此对 word 的修改彼此独立：设置代码会为每个测试重置 word。

2. 删除元素

要从字符串中删除元素，我们有多种方法。最简单的方法是使用 pop_back，它和 vector 的方法一样都从字符串中删除最后一个字符。如果想删除所有字符(以产生一个空字符串)，请使用 clear 方法。当需要更精确地删除元素时，请使用提供多个重载的 erase 方法。我们可以提供索引和长度，以删除相应的字符。我们还可以提供一个迭代器来删除单个元素，或提供一个半开半闭区间来删除多个元素。代码清单 15-9 演示了从字符串中删除元素的方法。

代码清单 15-9　从字符串中删除元素

```
TEST_CASE("std::string supports removal with") {
  std::string word("therein"); ❶
  SECTION("pop_back") {
    word.pop_back();
    word.pop_back(); ❷
    REQUIRE(word == "there");
  }
```

```
    SECTION("clear") {
      word.clear(); ❸
      REQUIRE(word.empty());
    }
    SECTION("erase using half-open range") {
      word.erase(word.begin(), word.begin()+3); ❹
      REQUIRE(word == "rein");
    }
    SECTION("erase using an index and length") {
      word.erase(5, 2);
      REQUIRE(word == "there"); ❺
    }
  }
```

我们构造了一个名为 word、包含字符 therein 的字符串 ❶。在第一个测试中，调用 pop_back 两次，首先删除字母 n，然后删除字母 i，这时 word 包含字符 there❷。接着，调用 clear，它从 word 中删除所有字符，因此它将变成空字符串 ❸。最后两个测试使用 erase 来删除 word 的一些子集。在第一种用法中，我们使用半开半闭区间删除了前三个字符，因此 word 包含 rein❹。在第二种用法中，我们删除从索引 5 开始（therein 的 i）、长度为 2 的字符 ❺。像第一个测试一样，这会产生 there 字符。

3. 替换元素

要同时插入和删除元素，请使用 string 暴露的 replace 方法，该方法有很多重载。

首先，我们提供一个半开半闭区间和一个以空字符结尾的 char* 或 string，replace 将同时调用 erase 删除半开半闭区间内的所有元素，并调用 insert 在相应区间插入所提供的 string。其次，我们可以提供两个半开半闭区间，replace 将提供的位于第二个区间的元素而非像之前一样将提供的 string 插入字符串。

我们也可以替换某索引或迭代器和某长度对应的元素，而不是替换整个区间。我们可以提供一个新的半开半闭区间、一个字符和一个长度，或者一个 string，replace 将用新元素替换该区间内的元素。代码清单 15-10 演示了其中一些可能性。

代码清单 15-10　替换字符串的元素

```
TEST_CASE("std::string replace works with") {
  std::string word("substitution"); ❶
  SECTION("a range and a char*") {
    word.replace(word.begin()+9, word.end(), "e"); ❷
    REQUIRE(word == "substitute");
  }
  SECTION("two ranges") {
    std::string other("innuendo");
    word.replace(word.begin(), word.begin()+3,
                 other.begin(), other.begin()+2); ❸
    REQUIRE(word == "institution");
  }
  SECTION("an index/length and a string") {
    std::string other("vers");
```

```
    word.replace(3, 6, other); ❹
    REQUIRE(word == "subversion");
  }
}
```

在这里，我们构造一个名为 word 的字符串，它包含 substitution❶。在第一个测试中，我们将索引 9 到末尾的所有字符替换为字母 e，得到 substitute❷。接着，我们将 word 的前三个字母替换为 innuendo 的前两个字母 ❸，得到的 word 包含 institution。最后，我们使用另一种方法来指定目标序列，同时使用索引参数和长度参数指定要用字符 vers 替换的字符（在本例中为 stitut），从而产生字符序列 subversion❹。

string 类提供了一个 resize 方法，可以用来手动设置字符串的长度。resize 方法有两个参数：一个新的长度参数和一个可选的 char 参数。如果字符串的新长度更小，则 resize 会忽略 char。如果字符串的新长度更大，则 resize 会附加 char 相应的次数以达到所需的长度。代码清单 15-11 演示了 resize 方法。

代码清单 15-11　调整字符串大小

```
TEST_CASE("std::string resize") {
  std::string word("shamp"); ❶
  SECTION("can remove elements") {
    word.resize(4); ❷
    REQUIRE(word == "sham");
  }
  SECTION("can add elements") {
    word.resize(7, 'o'); ❸
    REQUIRE(word == "shampoo");
  }
}
```

我们构造了一个包含字符 shamp 的字符串，名为 word❶。在第一个测试中，我们将 word 的长度调整为 4❷，所以它变成了 sham。在第二个测试中，我们将长度调整为 7 并提供可选字符 o 作为扩展 word 的值 ❸。这会得到包含 shampoo 的 word。

15.1.1 节解释了子串构造函数，它可以提取连续的字符序列来创建新的字符串。我们还可以使用 substr 方法生成子字符串，该方法接受两个可选参数：位置参数和长度参数。位置参数默认为 0（字符串的开头），长度参数默认为字符串的剩余部分。代码清单 15-12 演示了如何使用 substr 方法。

代码清单 15-12　从字符串中提取子字符串

```
TEST_CASE("std::string substr with") {
  std::string word("hobbits"); ❶
  SECTION("no arguments copies the string") {
    REQUIRE(word.substr() == "hobbits"); ❷
  }
  SECTION("position takes the remainder") {
    REQUIRE(word.substr(3) == "bits"); ❸
  }
```

```
SECTION("position/index takes a substring") {
  REQUIRE(word.substr(3, 3) == "bit"); ❹
}
}
```

我们声明了一个名为 **word** 的字符串，它包含字符 **hobbits**❶。如果调用不带参数的 **substr**，则只会复制字符串 ❷。当提供位置参数 3 时，**substr** 提取从索引 3 处的元素开始到末尾的子字符串，得到 **bits**❸。最后，当同时提供位置参数（3）和长度参数（3）时，会得到 **bit**❹。

4. 字符串操作方法总结

表 15-5 列出了字符串的插入和删除方法，其中 **str** 是 **string** 或 C 风格的 **char*** 字符串，**p** 和 **n** 是 **size_t** 型的，**ind** 是 **size_t** 索引或指向 s 的迭代器，**n** 和 **i** 也是 **size_t** 的，**c** 是 **char**，**beg** 和 **end** 是迭代器。星号（*）表示此操作至少在某些情况下会使指向 **v** 元素的原始指针和迭代器无效。

表 15-5　std::string 支持的元素操作方法

方法	描述
s.insert(ind, str, [p], [n])	在 s 的 ind 位置之前插入 str 从位置 p 开始的 n 个元素。如果没有提供 n，则插入整个字符串或 char* 的第一个空值之前的内容，p 默认为 0*
s.insert(ind, n, c)	在 s 的 ind 位置之前插入 n 个 c*
s.insert(ind, beg, end)	在 s 的 ind 位置之前插入从 beg 到 end 的半开半闭区间 *
s.append(str, [p], [n])	等同于 s.insert(s.end(),str,[p],[n]) *
s.append(n, c)	等同于 s.insert(s.end(),n,c) *
s.append(beg, end)	将从 beg 到 end 的半开半闭区间附加到 s 的末尾 *
s += c s += str	将 c 或 str 附加到 s 的末尾 *
s.push_back(c)	将 c 附加到 s 的末尾 *
s.clear()	从 s 中删除所有字符 *
s.erase([i], [n])	从位置 i 开始删除 n 个字符，i 默认为 0，n 默认为 s 的剩余部分 *
s.erase(itr)	删除 itr 指向的元素 *
s.erase(beg, end)	删除从 beg 到 end 的半开半闭区间的元素 *
s.pop_back()	删除 s 的最后一个元素 *
s.resize(n, [c])	调整字符串大小，使其包含 n 个字符。如果此操作增加了字符串的长度，则添加多个 c，c 的默认值为 0*
s.replace(i, n1, str, [p], [n2])	用 str 中从 p 开始的 n2 个元素替换 s 中从索引 i 开始的 n1 个字符。默认情况下，p 为 0，n2 为 str.length()*
s.replace(beg,end,str)	用 str 替换从 beg 到 end 的半开半闭区间 *
s.replace(p, n, str)	用 str 替换从索引 p 到 p+n*

（续）

方法	描述
s.replace(**beg1**, **end1**, **beg2**, **end2**)	用 **beg2** 到 **end2** 的半开半闭区间替换从 **beg1** 到 **end1** 的半开半闭区间 *
s.replace(**ind**, **c**, [**n**])	用 **c** 替换 **s** 中从 **ind** 开始的 **n** 个元素 *
s.replace(**ind**, **beg**, **end**)	用从 **beg** 到 **end** 的半开半闭区间替换 **s** 中从 **ind** 开始的元素 *
s.substr([**p**], [**c**])	返回从 **p** 开始且长度为 **c** 的子字符串。默认情况下，**p** 为 0，**c** 为字符串的剩余部分
s1.swap(**s2**) swap(**s1**, **s2**)	交换 **s1** 和 **s2** 的内容 *

15.1.6　搜索

除了上述方法之外，string 还提供了几种搜索方法，使用这些方法我们能够定位感兴趣的子字符串和字符。每种方法都执行特定类型的搜索，因此具体选择哪种搜索方法取决于应用程序的具体情况。

1. find 方法

string 提供的第一个方法是 find，它将 string、C 风格的字符串或 char 作为第一个参数。此参数代表我们要在字符串中定位的元素。此外，也可以提供第二个 size_t 类型位置参数，告诉 find 从哪里开始查找。如果 find 未能找到子字符串，则返回特殊的 size_t 值、常量、静态成员 std::string::npos。代码清单 15-13 演示了 find 方法。

代码清单 15-13　在字符串中查找子字符串

```
TEST_CASE("std::string find") {
  using namespace std::literals::string_literals;
  std::string word("pizzazz"); ❶
  SECTION("locates substrings from strings") {
    REQUIRE(word.find("zz"s) == 2); // pi(z)zazz ❷
  }
  SECTION("accepts a position argument") {
    REQUIRE(word.find("zz"s, 3) == 5); // pizza(z)z ❸
  }
  SECTION("locates substrings from char*") {
    REQUIRE(word.find("zaz") == 3); // piz(z)azz ❹
  }
  SECTION("returns npos when not found") {
    REQUIRE(word.find('x') == std::string::npos); ❺
  }
}
```

在这里，我们构造了名为 word 的字符串，它包含 pizzazz❶。在第一个测试中，我们使用包含 zz 的字符串调用 find，它返回 2❷，即 pizzazz 中第一个 z 的索引。当提供对应于 pizzazz 中的第二个 z 的位置参数 3 时，find 会从索引 5 开始定位第二个 zz❸。

在第三个测试中，我们使用 C 风格的字符串 zaz，find 返回 3，同样它对应于 pizzazz 中的第二个 z❹。最后，我们尝试查找字符 x，它没有出现在 pizzazz 中，因此 find 返回 std::string::npos❺。

2. rfind 方法

rfind 方法是 find 的另一种版本，它采用相同的参数但搜索方向是反的。例如，如果你正在寻找字符串末尾的特定标点符号，那么可能想要使用此功能，如代码清单 15-14 所示。

代码清单 15-14　在字符串中反向查找子字符串

```
TEST_CASE("std::string rfind") {
  using namespace std::literals::string_literals;
  std::string word("pizzazz"); ❶
  SECTION("locates substrings from strings") {
    REQUIRE(word.rfind("zz"s) == 5); // pizza(z)z ❷
  }
  SECTION("accepts a position argument") {
    REQUIRE(word.rfind("zz"s, 3) == 2); // pi(z)zazz ❸
  }
  SECTION("locates substrings from char*") {
    REQUIRE(word.rfind("zaz") == 3); // piz(z)azz ❹
  }
  SECTION("returns npos when not found") {
    REQUIRE(word.rfind('x') == std::string::npos); ❺
  }
}
```

对于相同的 word❶，我们使用与代码清单 15-13 中相同的参数来测试 rfind。给定 zz，rfind 返回 5，即 pizzazz 中倒数第二个 z 的索引 ❷。当提供位置参数 3 时，rfind 会返回 pizzazz 中的第一个 z 的索引 ❸。因为子字符串 zaz 只出现了一次，所以 rfind 返回与 find 相同的位置 ❹。和 find 一样，rfind 在给定 x 时返回 std::string::npos❺。

3. find_*_of 方法

find 和 rfind 定位字符串中确切的子序列，而一系列相关函数则查找给定参数中包含的第一个字符。find_first_of 函数接受一个字符串并定位参数中包含的第一个字符。同样，我们也可以可选地提供一个 size_t 位置参数来指示 find_first_of 从字符串的哪里开始。如果 find_first_of 找不到匹配的字符，则返回 std::string::npos。代码清单 15-15 演示了 find_first_of 函数。

代码清单 15-15　从字符串中的集合中查找第一个元素

```
TEST_CASE("std::string find_first_of") {
  using namespace std::literals::string_literals;
  std::string sentence("I am a Zizzer-Zazzer-Zuzz as you can plainly see."); ❶
  SECTION("locates characters within another string") {
    REQUIRE(sentence.find_first_of("Zz"s) == 7); // (Z)izzer ❷
  }
  SECTION("accepts a position argument") {
```

```
    REQUIRE(sentence.find_first_of("Zz"s, 11) == 14); // (Z)azzer ❸
  }
  SECTION("returns npos when not found") {
    REQUIRE(sentence.find_first_of("Xx"s) == std::string::npos); ❹
  }
}
```

名为 sentence 的字符串中包含了 I am a Zizzer-Zazzer-Zuzz as you can plainly see.❶。给 find_first_of 传入参数 Zz，它同时可以匹配小写 z 和大写 Z。这将返回 7，它对应字符串 Zizzer 中的第一个 Z❷。在第二个测试中，再次传入 Zz，另外还传入了位置参数 11，它对应于 Zizzer 中的 e，这将返回 14，对应于 Zazzer 中的 Z❸。最后，传入 Xx 参数，这会导致返回 std::string::npos，因为 sentence 中不包含 X 或 x❹。

string 提供了三种 find_first_of 变体：

- ❏ find_first_not_of 返回未包含在字符串参数中的第一个字符。有时候与其提供包含要查找元素的字符串，不如提供包含不想查找字符的字符串。
- ❏ find_last_of 反向执行匹配，它不是从字符串的开头或位置参数开始搜索到结尾，而是从字符串的末尾或位置参数开始搜索到开头。
- ❏ find_last_not_of 结合了上述两个变体的功能：传递一个包含不想查找元素的字符串，然后反向搜索。

对 find 函数的选择可归结为算法要求。你是否需要从字符串后面搜索，比如寻找标点符号？如果需要，请使用 find_last_of。你是否在寻找字符串中的第一个空格？如果是，请使用 find_first_of。你想反转搜索并寻找不属于某个集合的第一个元素吗？如果想，请使用变体 find_first_not_of 和 find_last_not_of，具体取决于要从字符串的开头还是结尾开始。

代码清单 15-16 演示了这三种 find_first_of 变体。

代码清单 15-16　string 的 find_first_of 方法的替代方案

```
TEST_CASE("std::string") {
  using namespace std::literals::string_literals;
  std::string sentence("I am a Zizzer-Zazzer-Zuzz as you can plainly see."); ❶
  SECTION("find_last_of finds last element within another string") {
    REQUIRE(sentence.find_last_of("Zz"s) == 24); // Zuz(z) ❷
  }
  SECTION("find_first_not_of finds first element not within another string") {
    REQUIRE(sentence.find_first_not_of(" -IZaeimrz"s) == 22); // Z(u)zz ❸
  }
  SECTION("find_last_not_of finds last element not within another string") {
    REQUIRE(sentence.find_last_not_of(" .es"s) == 43); // plainl(y) ❹
  }
}
```

在这里，我们初始化与代码清单 15-15 中相同的 sentence❶。在第一个测试中，给 find_last_of 传入 Zz，它反向搜索并返回 24，即字符串 Zuzz 的最后一个 z 的位置❷。接着，我们使用 find_first_not_of 并传递一系列字符（不包括字母 u），它返回 22，即

Zuzz 第一个 u 的位置 ❸。最后，我们使用 find_last_not_of 来查找不等于空格、句点、e 或 s 的最后一个字符。它返回 43，即 plainly 中 y 的位置 ❹。

4. 字符串搜索方法总结

表 15-6 列出了字符串的搜索方法。注意，s2 是一个字符串，cstr 是 C 风格的 char* 字符串，c 是一个字符，而 n、l、pos 是 size_t 的。

表 15-6 std::string 支持的搜索方法

方法	从 p 开始在 s 中搜索并返回对应的位置
s.find(s2, [p])	第一个等于 s2 的子字符串；p 默认为 0
s.find(cstr, [p], [l])	第一个等于 cstr 前 l 个字符的子字符串；p 默认为 0；l 默认为以空字符结尾的 cstr 的长度
s.find(c, [p])	第一个等于 c 的字符；p 默认为 0
s.rfind(s2, [p])	最后一个等于 s2 的子字符串；p 默认为 npos
s.rfind(cstr, [p], [l])	最后一个等于 cstr 的前 l 个字符的子字符串；p 默认为 npos；l 默认为以空字符结尾的 cstr 的长度
s.rfind(c, [p])	最后一个等于 c 的字符；p 默认为 npos
s.find_first_of(s2, [p])	第一个包含在 s2 中的字符；p 默认为 0
s.find_first_of(cstr, [p], [l])	第一个包含在 cstr 的前 l 个字符中的字符；p 默认为 0；l 默认为以空字符结尾的 cstr 的长度
s.find_first_of(c, [p])	第一个等于 c 的字符；p 默认为 0
s.find_last_of(s2, [p])	最后一个包含在 s2 中的字符；p 默认为 0
s.find_last_of(cstr, [p], [l])	最后一个包含在 cstr 的前 l 个字符中的字符；p 默认为 0；l 默认为以空字符结尾的 cstr 的长度
s.find_last_of(c, [p])	最后一个等于 c 的字符；p 默认为 0
s.find_first_not_of(s2, [p])	第一个没有包含在 s2 中的字符；p 默认为 0
s.find_first_not_of(cstr, [p], [l])	第一个没有包含在 cstr 的前 l 个字符中的字符；p 默认为 0；l 默认为以空字符结尾的 cstr 的长度
s.find_first_not_of(c, [p])	第一个不等于 c 的字符；p 默认为 0
s.find_last_not_of(s2, [p])	最后一个没有包含在 s2 中的字符；p 默认为 0
s.find_last_not_of(cstr, [p], [l])	最后一个没有包含在 cstr 的前 l 个字符中的字符；p 默认为 0；l 默认为以空字符结尾的 cstr 的长度
s.find_last_not_of(c, [p])	最后一个不等于 c 的字符；p 默认为 0

15.1.7 数值转换

STL 提供了用于在 string/wstring 与基本数值类型之间进行转换的函数。给定一个数值类型，我们可以使用 std::to_string 和 std::to_wstring 函数来生成它的 string 或 wstring 表示。这两个函数对所有数值类型都有重载。代码清单 15-17 演示了 to_string 和 to_wstring。

代码清单 15-17　string 的数值转换函数

```
TEST_CASE("STL string conversion function") {
  using namespace std::literals::string_literals;
  SECTION("to_string") {
    REQUIRE("8675309"s == std::to_string(8675309)); ❶
  }
  SECTION("to_wstring") {
    REQUIRE(L"109951.1627776"s == std::to_wstring(109951.1627776)); ❷
  }
}
```

注意　由于 double 类型固有的不准确性，第二个单元测试 ❷ 在你的系统上可能会失败。

第一个测试使用 to_string 将整数类型的 8675309 转换为 string❶；第二个测试使用 to_wstring 将 double 类型的 109951.1627776 转换为 wstring❷。

我们还可以采用另一种转换方式，即将 string 或 wstring 转换为数值类型。每个数值转换函数的第一个参数都是一个包含数字的 string 或者 wstring。接着，我们可以提供一个指向 size_t 的指针。如果提供了，转换函数将写入它能够转换的最后一个字符的索引（如果它解码了所有字符，则写入输入字符串的长度）。默认情况下，此索引参数为 nullptr，在这种情况下，转换函数不会写入索引。当目标类型是整数时，可以提供第三个参数：用于表明 string 编码的数字的进制的 int 参数。此参数是可选的，默认为 10。

如果无法执行转换，则转换函数抛出 std::invalid_argument；如果转换后的值超出相应类型的范围，则抛出 std::out_of_range。

表 15-7 列出了每个转换函数及其目标类型，其中 s 是一个字符串。如果 p 不是 nullptr，则转换函数会将 s 中第一个未转换字符的位置写入 p 指向的内存中。如果所有字符都已编码，则返回 s 的长度。这里，b 是 s 中数字的进制表示。请注意，p 默认为 nullptr，b 默认为 10。

表 15-7　std::string 和 std::wstring 支持的数值转换函数

函数	s 转换成的类型
stoi(s, [p], [b])	int
stol(s, [p], [b])	long
stoll(s, [p], [b])	long long
stoul(s, [p], [b])	unsigned long
stoull(s, [p], [b])	unsigned long long
stof(s, [p])	float
stod(s, [p])	double
stold(s, [p])	long double
to_string(n)	string
to_wstring(n)	wstring

代码清单 15-18 展示了几个数值转换函数。

代码清单 15-18　string 的数值转换函数

```
TEST_CASE("STL string conversion function") {
  using namespace std::literals::string_literals;
  SECTION("stoi") {
    REQUIRE(std::stoi("8675309"s) == 8675309); ❶
  }
  SECTION("stoi") {
    REQUIRE_THROWS_AS(std::stoi("1099511627776"s), std::out_of_range); ❷
  }
  SECTION("stoul with all valid characters") {
    size_t last_character{};
    const auto result = std::stoul("0xD3C34C3D"s, &last_character, 16); ❸
    REQUIRE(result == 0xD3C34C3D);
    REQUIRE(last_character == 10);
  }
  SECTION("stoul") {
    size_t last_character{};
    const auto result = std::stoul("42six"s, &last_character); ❹
    REQUIRE(result == 42);
    REQUIRE(last_character == 2);
  }
  SECTION("stod") {
    REQUIRE(std::stod("2.7182818"s) == Approx(2.7182818)); ❺
  }
}
```

　　首先，我们使用 stoi 将 8675309 转换为整数❶。在第二个测试中，尝试使用 stoi 将字符串 1099511627776 转换为整数。因为这个值对于 int 来说太大了，所以 stoi 抛出 std::out_of_range❷。接着，使用 stoi 转换 0xD3C34C3D，但我们提供了两个可选参数：一个指向名为 last_character 的 size_t 的指针和一个十六进制基数❸。last_character 的值为 10，即 0xD3C34C3D 的长度，因为 stoi 可以解析每个字符。下一个测试中的字符串 42six 包含无法解析的字符 six，这次调用 stoul 时，result 为 42，last_character 等于 2，即 six 中 s 的位置❹。最后，使用 stod 将字符串 2.7182818 转换为 double❺。

> **注意**　Boost 的 Lexical Cast 提供了另一种基于模板的数值转换方法。相关信息请参阅 <boost/lexical_cast.hpp> 头文件中的 boost::lexical_cast 文档。

15.2　字符串视图

　　字符串视图（string view）是一个对象，它表示一个恒定的、连续的字符序列。它与 const 字符串引用非常相似。事实上，字符串视图类通常实现为指向字符序列的指针和长度。

STL 在 <string_view> 头文件中提供了类模板 std::basic_string_view，它类似于 std::basic_string。模板 std::basic_string_view 对以下四种常用字符类型的每一种都有特殊实现：

- ❑ char 有 string_view。
- ❑ wchar_t 有 wstring_view。
- ❑ char16_t 有 u16string_view。
- ❑ char32_t 有 u32string_view。

本节出于演示目的讨论 string_view，但讨论的内容对其他三个特殊实现也适用。

string_view 类支持大多数与 string 相同的方法；事实上，它的设计目的是替代 const string&。

15.2.1 构造字符串视图

string_view 类支持默认构造，因此它的长度为零并指向 nullptr。重要的是，string_view 支持从 const string& 或 C 风格的字符串进行隐式构造。我们可以使用 char* 和 size_t 构造 string_view，因此可以手动指定所需的长度，以防需要子字符串或嵌入空字符。代码清单 15-19 展示了 string_view 的用法。

代码清单 15-19 string_view 的构造函数

```
TEST_CASE("std::string_view supports") {
  SECTION("default construction") {
    std::string_view view; ❶
    REQUIRE(view.data() == nullptr);
    REQUIRE(view.size() == 0);
    REQUIRE(view.empty());
  }
  SECTION("construction from string") {
    std::string word("sacrosanct");
    std::string_view view(word); ❷
    REQUIRE(view == "sacrosanct");
  }
  SECTION("construction from C-string") {
    auto word = "viewership";
    std::string_view view(word); ❸
    REQUIRE(view == "viewership");
  }
  SECTION("construction from C-string and length") {
    auto word = "viewership";
    std::string_view view(word, 4); ❹
    REQUIRE(view == "view");
  }
}
```

默认构造的 string_view 指向 nullptr 并且是空的 ❶。当从字符串 ❷ 或 C 风格

字符串 ❸ 构造 string_view 时，它指向原始内容。最后的测试提供了可选的长度参数 4，这意味着 string_view 只引用前四个字符 ❹。

虽然 string_view 也支持复制构造和复制赋值，但它不支持移动构造和移动赋值。当你认为 string_view 不拥有它指向的序列时，这种设计是有意义的。

15.2.2 支持的 string_view 操作

string_view 类支持许多与 const string& 相同的操作，并且语义也相同。下面列出了 string 和 string_view 之间共同的方法：

- ❏ 迭代器：begin、end、rbegin、rend、cbegin、cend、crbegin 和 crend。
- ❏ 元素访问方法：operator[]、at、front、back 和 data。
- ❏ 容量相关方法：size、length、max_size 和 empty。
- ❏ 搜索方法：find、rfind、find_first_of、find_last_of、find_first_not_of 和 find_last_not_of。
- ❏ 提取方法：copy 和 substr。
- ❏ 比较方法：compare、operator==、operator!=、operator<、operator>、operator<= 和 operator>=。

除了这些共同的方法之外，string_view 还支持 remove_prefix 方法——它从 string_view 的开头删除给定数量的字符，以及 remove_suffix 方法——它从末尾删除字符。代码清单 15-20 演示了这两种方法。

代码清单 15-20　使用 remove_prefix 和 remove_suffix 修改 string_view

```
TEST_CASE("std::string_view is modifiable with") {
  std::string_view view("previewing"); ❶
  SECTION("remove_prefix") {
    view.remove_prefix(3); ❷
    REQUIRE(view == "viewing");
  }
  SECTION("remove_suffix") {
    view.remove_suffix(3); ❸
    REQUIRE(view == "preview");
  }
}
```

在这里，我们声明一个 string_view，它引用字符串字面量 previewing❶。第一个测试给 remove_prefix 传入 3❷，它从 string_view 的前面删除三个字符，因此它现在指的是 viewing。第二个测试给 remove_suffix 传入 3❸，这会从 string_view 的后面删除三个字符，结果为 preview。

15.2.3 所有权、用法和效率

因为 string_view 不拥有它所引用的序列，所以由我们自己来确保 string_view

的生命周期是所引用序列生命周期的子集。

string_view 最常见的用法可能是作为函数参数。当需要与不可变的字符序列进行交互时，它应是首要选择。考虑代码清单 15-21 中的 count_vees 函数，它计算字母 v 在字符序列中出现的频率。

代码清单 15-21 count_vees 函数

```
#include <string_view>

size_t count_vees(std::string_view my_view❶) {
  size_t result{};
  for(auto letter : my_view) ❷
    if (letter == 'v') result++; ❸
  return result; ❹
}
```

count_vees 函数接受名为 my_view 的 string_view❶，我们可以使用基于范围的 for 循环对其进行迭代 ❷。每当 my_view 中的字符等于 v 时，就递增 result 变量 ❸，在迭代完序列后返回该变量 ❹。

我们可以简单地将 string_view 替换为 const string& 以重新实现代码清单 15-21，如代码清单 15-22 所示。

代码清单 15-22 重新实现 count_vees 函数以使用 const string& 而不是 string_view

```
#include <string>

size_t count_vees(const std::string& my_view) {
--snip--
}
```

如果 string_view 只是 const string& 的替代品，为什么还要设计两个呢？其实，如果用 std::string 调用 count_vees，那确实没有区别：现代编译器会生成相同的代码。

如果用字符串字面量来调用 count_vees，就会有很大的不同：当为 const string& 传递字符串字面量时，就会构造一个 string。当为 string_view 传递字符串字面量时，将构造一个 string_view。构造 string 的代价是比较高的，因为它必须动态分配内存并复制字符。而 string_view 只包含指针和长度（不需要复制和分配）。

15.3 正则表达式

正则表达式（regular expression）是定义搜索模式的字符串。正则表达式在计算机科学中有着悠久的历史，形成了一种用于搜索、替换和提取语言数据的迷你语言。STL 在 <regex> 头文件中提供了正则表达式支持。

如果使用得当，正则表达式可以非常强大、更有声明性，也更简洁。但是，人们很容易编写出完全难以理解的正则表达式。因此，请慎重使用正则表达式。

15.3.1 模式

我们使用称为模式（pattern）的字符串建立正则表达式。模式使用特定的正则表达式语法来代表所需的字符串集。换句话说，模式定义了我们感兴趣的所有可能字符串的子集。STL 支持一些语法，但这里的重点将放在默认语法上，即修改后的 ECMAScript 正则表达式语法 (有关详细信息，请参阅 [re.grammar])。

1. 字符类

在 ECMAScript 语法中，我们将字面量字符与特殊标记混合在一起来描述想要的字符串。也许最常见的标记是字符类，它代表一组可能的字符：\d 匹配数字，\s 匹配空白字符，\w 匹配字母数字（“单词”）字符。

表 15-8 列出了几个正则表达式和可能的解释。

表 15-8　仅使用字符类和字面量的正则表达式模式

正式表达式模式	解释
\d\d\d-\d\d\d-\d\d\d\d	一个美国手机号码，例如 202-456-1414
\d\d:\d\d \wM	一个 HH：MM AM / PM 格式的时间，例如 08:49 PM
\w\w\d\d\d\d\d	包括前置州代码的美国邮政编码，例如 NJ07932
\w\d-\w\d	一个天体机器人标识符，例如 R2-D2
c\wt	一个以 c 开头以 t 结尾的三字母单词，例如 cat 或 cot

我们也可以通过将 d、s 或 w 大写来反转字符类，以获得相反的结果。\D 匹配非数字，\S 匹配非空白，\W 匹配非单词字符。

此外，我们还可以通过在方括号 [ ] 之间明确列举字符来建立自己的字符类。例如，字符类 [02468] 包括偶数数字。我们也可以使用连字符作为快捷方式来包括隐含的范围，所以字符类 [0-9a-fA-F] 包括十六进制数字，无论字母是否大写。最后，可以通过在列表前加一个插入符号 ^ 来反转自定义字符类。例如，字符类 [^aeiou] 包括所有非元音字符。

2. 量词

我们可以通过量词来节省输入量，量词可以指定直接位于左边的字符应该重复的次数。表 15-9 列出了正则表达式量词。

表 15-9　正则表达式量词

正则表达式量词	指定的数量
*	0 或更多
+	1 或更多
?	0 或 1
{n}	恰好 n
{n,m}	介于 n 与 m 之间（含边界值）
{n,}	至少 n

通过量词，我们可以使用模式 c\w*t 指定所有以 c 开头、以 t 结尾的单词，因为 \w* 可以匹配任意数量的单词字符。

3. 分组

组（group）是字符的集合。我们可以通过把它放在括号里来指定一个组。组在几个方面都很有用，包括为最终的提取和量化指定一个特定的集合。

例如，我们可以改进表 15-8 中的 IIP（美国邮政编码）模式，像下面这样使用量词和组：

(\w{2})?❶(\d{5})❷(-\d{4})?❸

这代表有三个组：可选的州 ❶、邮政编码 ❷ 和可选的四位数后缀 ❸。正如将在后面看到的，这些组使从正则表达式解析变得更加容易。

4. 其他特殊字符

表 15-10 列出了其他可用于正则表达式模式的特殊字符。

表 15-10　其他特殊字符

字符	说明
X|Y	指定字符 X 或 Y
\Y	将特殊字符 Y 作为字面量（换句话说要对它进行转义）
\n	换行符
\r	回车符
\t	制表符
\0	空字符
\xYY	与 YY 对应的十六进制字符

15.3.2　basic_regex

STL 的 <regex> 头文件中的 std::basic_regex 类模板表示从模式构造的正则表达式。basic_regex 类接受两个模板参数，一个字符类型参数和一个可选的特征类参数。我们几乎总是希望使用一种方便的特殊实现：std::regex（用于 std::basic_regex<char>）或 std::wregex（用于 std::basic_regex<wchar_t>）。

构造正则表达式的主要方法是传递一个包含正则表达式模式的字符串字面量。因为模式需要大量转义字符——尤其是反斜杠 \ ——所以最好使用原始字符串字面量，例如 R"()"。构造函数可接受第二个可选参数，用于指定语法标志，如正则表达式语法。

尽管正则表达式主要用作正则表达式算法的输入，但它确实提供了一些用户可以与之交互的方法。它支持通常的复制构造和移动构造、复制赋值和移动赋值、swap，以及：

❑ assign(s) 将模式重新赋值给 s。

❑ mark_count() 返回模式中的组的数量。

❑ flags() 返回构造时发出的语法标志。

代码清单 15-23 演示了如何构建邮政编码正则表达式并检查其子组。

代码清单 15-23　使用原始字符串字面量构造正则表达式并提取其组计数

```
#include <regex>

TEST_CASE("std::basic_regex constructs from a string literal") {
  std::regex zip_regex{ R"((\w{2})?(\d{5})(-\d{4})?)" }; ❶
  REQUIRE(zip_regex.mark_count() == 3); ❷
}
```

在这里，我们使用模式 `(\w{2})?(\d{5})(-\d{4})?`❶ 构造名为 `zip_regex` 的正则表达式。使用 `mark_count` 方法，我们看到 `zip_regex` 包含三个组 ❷。

15.3.3　算法

`<regex>` 类包含三种将 `std::basic_regex` 应用于目标字符串的算法：匹配算法、搜索算法或替换算法。具体选择哪个取决于手头的任务。

1. 匹配算法

匹配算法试图将正则表达式与整个字符串匹配。为此，STL 提供了 `std::regex_match` 函数，它有四个重载。

首先，我们可以为 `regex_match` 提供字符串、C 字符串或半开半闭区间的 `beg` 和 `end` 迭代器。下一个参数是对 `std::match_results` 对象的可选引用，该对象接收有关匹配的详细信息。再下一个参数是定义匹配的 `std::basic_regex`，最后一个参数是可选的 `std::regex_constants::match_flag_type`，它为高级用例指定附加匹配选项。`regex_match` 函数返回一个布尔值，如果找到匹配项，则返回 `true`；否则，返回 `false`。

总而言之，我们可以通过以下方式调用 `regex_match`：

```
regex_match(beg, end, [mr], rgx, [flg])
regex_match(str, [mr], rgx, [flg])
```

要么提供从 `beg` 到 `end` 的半开半闭区间，要么提供要搜索的字符串。也可以提供一个名为 `mr` 的 `match_results` 来存储找到的任何匹配项的详细信息。显然，我们必须提供一个正则表达式 `rgx`。最后，标志 `flg` 很少使用。

> **注意**　有关匹配标志 `flg` 的详细信息，请参阅 [re.alg.match]。

子匹配项是与组相对应的匹配字符串的子序列。邮政编码匹配的正则表达式 `(\w{2})(\d{5})(-\d{4})?` 可以根据字符串产生两个或三个子匹配项。例如，TX78209 包含两个子匹配项 TX 和 78209，而 NJ07936-3173 包含三个子匹配项 NJ、07936 和 -3173。

`match_results` 类存储零个或多个 `std::sub_match` 实例。`sub_match` 是一个简单的类模板，它公开了一个 `length` 方法（返回子匹配项的长度），以及一个 `str` 方法（从 `sub_match` 构建字符串）。

有点令人困惑的是，如果 `regex_match` 成功匹配一个字符串，则 `match_results`

将整个匹配的字符串存储为其第一个元素，然后将子匹配项存储为后续元素。

match_results 类提供了表 15-11 中列出的操作。

表 15-11　match_results 支持的操作

操作	描述
mr.empty()	检查匹配是否成功
mr.size()	返回子匹配项的数目
mr.max_size()	返回子匹配项的最大数目
mr.length([i])	返回子匹配项 i 的长度，默认为 0
mr.position([i])	返回子匹配项 i 的第一个位置的字符，默认为 0
mr.str([i])	返回表示子匹配项 i 的字符串，默认为 0
mr[i]	返回与子匹配项 i 对应的 std::sub_match 类的引用，默认值为 0
mr.prefix()	返回对 std::sub_match 类的引用，该类对应于匹配项前的序列
mr.suffix()	返回对 std::sub_match 类的引用，该类对应于匹配项后的序列
mr.format(str)	根据格式字符串 str 返回一个包含内容的字符串。有三个特殊序列：$' 表示匹配项前的字符，$' 表示匹配项后的字符，$& 表示匹配后的字符
mr.begin() mr.end() mr.cbegin() mr.cend()	返回子匹配序列对应的迭代器

std::sub_match 类模板具有处理常见字符串类型的预定义特化：

❏ std::csub_match 用于 const char*。

❏ std::wcsub_match 用于 const wchar_t*。

❏ std::ssub_match 用于 std::string。

❏ std::wssub_match 用于 std::wstring。

不幸的是，由于 std::regex_match 的设计，你必须记住所有这些特化的用法。这种设计通常会迷惑新手，所以我们来看一个例子。代码清单 15-24 使用邮政编码正则表达式 (\w{2})(\d{5})(-\d{4})? 匹配字符串 NJO7936-3173 和 Iomega Zip 100。

代码清单 15-24　regex_match 尝试匹配 regex 和 string

```cpp
#include <regex>
#include <string>

TEST_CASE("std::sub_match") {
  std::regex regex{ R"((\w{2})(\d{5})(-\d{4})?)" }; ❶
  std::smatch results; ❷
  SECTION("returns true given matching string") {
    std::string zip("NJO7936-3173");
    const auto matched = std::regex_match(zip, results, regex); ❸
    REQUIRE(matched); ❹
    REQUIRE(results[0] == "NJO7936-3173"); ❺
```

```
    REQUIRE(results[1] == "NJ"); ❻
    REQUIRE(results[2] == "07936");
    REQUIRE(results[3] == "-3173");
  }
  SECTION("returns false given non-matching string") {
    std::string zip("Iomega Zip 100");
    const auto matched = std::regex_match(zip, results, regex); ❼
    REQUIRE_FALSE(matched); ❽
  }
}
```

我们用原始字面量 R"((\w{2})(\d{5})(-\d{4})?)" 构造正则表达式 regex❶，并默认构造一个 smatch❷。在第一个测试中，用 regex_match 匹配有效的邮政编码 NJ07936-3173❸，它返回 matched，表示匹配成功 ❹。因为我们提供了一个 smatch 给 regex_match，所以它将有效的邮政编码作为第一个元素 ❺，后面的三个元素对应三个子组 ❻。

在第二个测试中，用 regex_match 匹配无效的邮政编码 Iomega Zip 100❼，该匹配不成功，返回 false❽。

2. 搜索算法

搜索算法试图将正则表达式与字符串的一部分匹配。为此，STL 提供了 std::regex_search 函数，它基本上是 regex_match 的替代品，即使只有字符串的一部分与 regex 匹配，也能成功。

例如，The string NJ07936-3173 is a ZIP Code. 包含一个邮政编码。但是使用 std::regex_match 对其应用邮政编码正则表达式将返回 false，因为该正则表达式没有匹配整个字符串。然而，应用 std::regex_search，则会返回 true，因为这个字符串包含一个有效的邮政编码。代码清单 15-25 演示了 regex_match 和 regex_search。

代码清单 15-25　比较 regex_match 和 regex_search

```
TEST_CASE("when only part of a string matches a regex, std::regex_ ") {
  std::regex regex{ R"((\w{2})(\d{5})(-\d{4})?)" }; ❶
  std::string sentence("The string NJ07936-3173 is a ZIP Code."); ❷
  SECTION("match returns false") {
    REQUIRE_FALSE(std::regex_match(sentence, regex)); ❸
  }
  SECTION("search returns true") {
    REQUIRE(std::regex_search(sentence, regex)); ❹
  }
}
```

和前面一样，我们构建邮政编码正则表达式 regex❶，同时构建示例字符串 sentence，其中嵌入了有效的邮政编码 ❷。第一个测试使用 sentence 和 regex 调用 regex_match，它返回 false❸。第二个测试使用相同的参数调用 regex_search，它返回 true❹。

3. 替换算法

替换算法用文本替换正则表达式项。为此，STL 提供了 `std::regex_replace` 函数。它的最基本用法是给 `regex_replace` 传递三个参数：

❑ 要搜索的源 `string`/C 风格字符串 / 半开半闭区间。
❑ 正则表达式。
❑ 替换字符串。

例如，代码清单 15-26 将短语 `queueing and cooeeing in eutopia` 中的所有元音替换为下划线（_）。

代码清单 15-26　通过 `std::regex_replace` 用下划线替换字符串中的元音字母

```
TEST_CASE("std::regex_replace") {
  std::regex regex{ "[aeoiu]" }; ❶
  std::string phrase("queueing and cooeeing in eutopia"); ❷
  const auto result = std::regex_replace(phrase, regex, "_"); ❸
  REQUIRE(result == "q____ng _nd c_____ng _n __t_p__"); ❹
}
```

构造一个 `std::regex`，它包含所有元音的集合 ❶，同时构造一个名为 `phrase` 的字符串，该字符串包含 `queueing and cooeeing in eutopia`❷，它包含很多元音字母。接着，使用 `phrase`、正则表达式和字符串字面量 _ 调用 `std::regex_replace`❸，它将所有元音字母替换为下划线 ❹。

> 注意 Boost Regex 在 `<boost/regex.hpp>` 头文件中提供了和 STL 类似的正则表达式支持。另一个 Boost 库 Xpressive 提供了另一种使用正则表达式的方法，使用它我们可以直接在 C++ 代码中表达正则表达式。它的主要优点有表达能力强，可进行编译时语法检查，但它的语法必然不同于标准正则表达式语法，如 POSIX、Perl 和 ECMAScript。

15.4　Boost 字符串算法

Boost 的字符串算法库提供了大量的字符串操作函数。它包含用于与字符串相关的常见任务的函数，例如修剪、大小写转换、查找 / 替换和特征评估等函数。你可以访问 `boost::algorithm` 命名空间和 `<boost/algorithm/string.hpp>` 头文件中的所有 Boost 字符串算法函数。

15.4.1　Boost Range

Range（范围）是一个 concept（详见第 6 章），它有头有尾，允许我们对组成元素进行迭代。该 Range 旨在改进将半开半闭区间作为一对迭代器传递的做法。你可以使用算法的结果作为另一个算法的输入，从而将算法组合在一起。例如，如果想将一系列字符串全部转换为大写并对它们进行排序，则可以将大写转换操作的结果直接传递给排序操作。单独使用迭代器通常不可能完成这种操作。

Boost Range 的概念就像 STL 容器的概念。它提供了常规的 begin/end 方法，以暴露出迭代器所指元素的范围。每个 Range 都有一个遍历类别，它表示该 Range 所支持的操作：

❑ 单程 range（single-pass range）允许一次性的、向前的迭代。

❑ 前向 range（forward range）允许（无限）前向迭代，并满足单程 range 要求。

❑ 双向 range（bidirectional range）允许向前和向后迭代，并满足前向 range 要求。

❑ 随机访问 range（random-access range）允许任意元素访问，并满足双向 range 要求。

Boost 字符串算法库是为 std::string 设计的，它满足随机访问 range 的 concept。在大多数情况下，Boost 字符串算法接受 Boost Range 而不是 std::string，这对用户来说是完全透明的。在阅读文档时，你可以在脑海中将 Range 替换为 string。

15.4.2　谓词

Boost 字符串算法广泛地引入了谓词（predicate）。你可以通过引入 <boost/algorithm/string/predicate.hpp> 头文件来直接使用它们。这个头文件中包含的大多数谓词都接受两个 range（r1 和 r2），并根据它们的关系返回一个布尔值。例如，如果 r1 以 r2 开头，则谓词 starts_with 返回 true。

每个谓词都有一个不区分大小写的版本，通过在方法名称前加上字母 i 即可使用该版本，例如 istarts_with。代码清单 15-27 演示了 starts_with 和 istarts_with。

代码清单 15-27　starts_with 和 istarts_with 都检查范围的开始字符

```
#include <string>
#include <boost/algorithm/string/predicate.hpp>

TEST_CASE("boost::algorithm") {
  using namespace boost::algorithm;
  using namespace std::literals::string_literals;
  std::string word("cymotrichous"); ❶
  SECTION("starts_with tests a string's beginning") {
    REQUIRE(starts_with(word, "cymo"s)); ❷
  }
  SECTION("istarts_with is case insensitive") {
    REQUIRE(istarts_with(word, "cYmO"s)); ❸
  }
}
```

我们初始化一个包含 cymotrichous❶ 的字符串。第一个测试显示，starts_with 在给定 word 和 cymo❷ 时返回 true。不区分大小写的版本 istarts_with 在给定 word 和 cYmO❸ 时也返回 true。

请注意，<boost/algorithm/string/predicate.hpp> 还包含一个 all 谓词，它接受单个 range　r 和一个谓词 p。如果 p 对于 r 的所有元素都为 true，则返回 true，如代码清单 15-28 所示。

代码清单 15-28 all 谓词评估某个范围内的所有元素是否都满足一个谓词

```
TEST_CASE("boost::algorithm::all evaluates a predicate for all elements") {
  using namespace boost::algorithm;
  std::string word("juju"); ❶
  REQUIRE(all(word❷, [](auto c) { return c == 'j' || c =='u'; }❸));
}
```

我们初始化一个包含 juju 的字符串❶，把它作为 range 传递给 all❷，同时传递一个 lambda 谓词，它对字母 j 和 u❸ 返回 true。因为 juju 只包含这些字母，所以 all 返回 true。

表 15-12 列出了 <boost/algorithm/string/predicate.hpp> 中可用的谓词，其中 r、r1 和 r2 是字符串范围，p 是元素比较谓词。

表 15-12 Boost 字符串算法库中的谓词

谓词	返回 true 的条件
starts_with(r1, r2, [p]) istarts_with(r1, r2)	r1 从 r2 开始，p 用于字符比较
ends_with(r1, r2, [p]) iends_with(r1, r2)	r1 以 r2 结束，p 用于字符比较
contains(r1, r2, [p]) icontains(r1, r2)	r1 包含 r2，p 用于字符比较
equals(r1, r2, [p]) iequals(r1, r2)	r1 = r2，p 用于字符比较
lexicographical_compare(r1, r2, [p]) ilexicographical_compare(r1, r2)	r1 在字典顺序上小于 r2，p 用于字符比较
all(r, [p])	r 中的所有元素对于 p 都返回 true

以 i 开头的函数不区分大小写。

15.4.3 分类器

分类器是评估字符的某些特征的谓词。<boost/algorithm/string/classification. hpp> 头文件中提供了用于创建分类器的生成器。生成器是非成员函数，其作用类似于构造函数。一些生成器接受自定义分类器的参数。

> **注意** 当然，你可以使用自己的函数对象（如 lambda 表达式）轻松创建自己的谓词，但为了方便起见，Boost 提供了一些预制分类器。

例如，is_alnum 生成器创建用于确定字符是否为字母数字的分类器。代码清单 15-29 演示了如何独立使用此分类器或如何与所有分类器结合使用。

代码清单 15-29 is_alnum 生成器确定字符是否为字母数字

```
#include <boost/algorithm/string/classification.hpp>

TEST_CASE("boost::algorithm::is_alnum") {
```

```
using namespace boost::algorithm;
const auto classifier = is_alnum(); ❶
SECTION("evaluates alphanumeric characters") {
  REQUIRE(classifier('a')); ❷
  REQUIRE_FALSE(classifier('$')); ❸
}
SECTION("works with all") {
  REQUIRE(all("nostarch", classifier)); ❹
  REQUIRE_FALSE(all("@nostarch", classifier)); ❺
}
}
```

在这里，我们用 is_alnum 生成器构建一个分类器 ❶。第一个测试使用这个分类器来评估 a 是字母数字 ❷ 而 $ 不是 ❸。因为所有的分类器都是对字符进行操作的谓词，所以我们可以把它们和上一节讨论的 all 谓词结合起来使用，以确定 nostarch 包含的都是字母数字字符 ❹ 而 @nostarch 不是 ❺。

表 15-13 列出了 <boost/algorithm/string/classification.hpp> 中可用的字符谓词，其中 r 是一个字符串范围，而 beg 和 end 是元素比较谓语。

表 15-13　Boost 字符串算法库中的字符谓词

谓词	返回 true 的条件
is_space	元素是空格
is_alnum	元素是字母数字字符
is_alpha	元素是字母顺序字符
is_cntrl	元素是控制字符
is_digit	元素是十进制数
is_graph	元素是图形字符
is_lower	元素是小写字符
is_print	元素是可打印字符
is_punct	元素是标点字符
is_upper	元素是大写字符
is_xdigit	元素是十六进制数字
is_any_of(r)	元素包含在 r 中
is_from_range(beg, end)	元素包含在从 beg 到 end 的半开半闭区间中

15.4.4　查找器

查找器（finder）是一个 concept，它在范围内确定与某些指定条件相对应的位置，这些条件通常是谓词或正则表达式。Boost 字符串算法库提供了一些生成器，用于在 <boost/algorithm/string/finder.hpp> 头文件中生成查找器。

例如，nth_finder 生成器接受一个范围 r 和一个索引 n，它将创建一个查找器，以搜索给定范围（由一对迭代器表示）内 **r** 第 **n** 次出现的位置，如代码清单 15-30 所示。

代码清单 15-30 nth_finder 生成器创建一个查找器，用于定位序列第 n 次出现的位置

```
#include <boost/algorithm/string/finder.hpp>

TEST_CASE("boost::algorithm::nth_finder finds the nth occurrence") {
  const auto finder = boost::algorithm::nth_finder("na", 1); ❶
  std::string name("Carl Brutananadilewski"); ❷
  const auto result = finder(name.begin(), name.end()); ❸
  REQUIRE(result.begin() == name.begin() + 12); ❹ // Brutana(n)adilewski
  REQUIRE(result.end() == name.begin() + 14); ❺ // Brutanana(d)ilewski
}
```

我们使用 nth_finder 生成器来创建 finder，它将在给定范围中定位 na 第二次出现的位置（n 是基于零的）❶。接着，我们构建包含 Carl Brutananadilewski❷ 的字符串 name，并以 name❸ 的 begin 和 end 迭代器调用 finder。result 是一个范围，其 begin 迭代器指向 Brutananadilewski 中的第二个 n❹，其 end 迭代器指向 Brutananadilewski 中的第一个 d❺。

表 15-14 列出了 <boost/algorithm/string/finder.hpp> 中可用的查找器，其中 s 为字符串，p 为元素比较谓词，n 为整数值，beg 和 end 为迭代器，rgx 为正则表达式，r 为字符串范围

表 15-14 Boost 字符串算法库中可用的查找器

生成器	查找器的功能
first_finder(**s**, **p**)	使用 **p** 匹配 **s** 的第一个元素
last_finder(**s**, **p**)	使用 **p** 匹配 **s** 的最后一个元素
nth_finder(**s**, **p**, **n**)	使用 **p** 匹配 **s** 的第 **n** 个元素
head_finder(**n**)	前 **n** 个元素
tail_finder(**n**)	后 **n** 个元素
token_finder(**p**)	匹配 **p** 的字符
range_finder(**r**) range_finder(**beg**, **end**)	**r** 与输入无关
regex_finder(**rgx**)	匹配 **rgx** 的第一个字符串

注意 Boost 字符串算法库指定了一个格式化程序概念，它将查找器的结果呈现给替换算法。只有高级用户才需要这些算法。有关详细信息，请参阅 <boost/algorithm/string/find_format.hpp> 头文件中的 find_format 算法的文档。

15.4.5 修改算法

Boost 包含了很多用于修改字符串（范围）的算法。在 <boost/algorithm/string/case_conv.hpp>、<boost/algorithm/string/trim.hpp> 和 <boost/

algorithm/string/replace.hpp> 头文件中，存在着转换大小写、修剪、替换和擦除等多种不同方式的算法。

例如，`to_upper` 函数将把字符串的所有字母转换成大写字母。如果想保持原对象不被修改，可以使用 `to_upper_copy` 函数，它将返回一个新对象。代码清单 15-31 演示了 `to_upper` 和 `to_upper_copy`。

代码清单 15-31　to_upper 和 to_upper_copy 都将字符串的字母转换为大写

```
#include <boost/algorithm/string/case_conv.hpp>

TEST_CASE("boost::algorithm::to_upper") {
  std::string powers("difficulty controlling the volume of my voice"); ❶
  SECTION("upper-cases a string") {
    boost::algorithm::to_upper(powers); ❷
    REQUIRE(powers == "DIFFICULTY CONTROLLING THE VOLUME OF MY VOICE"); ❸
  }
  SECTION("_copy leaves the original unmodified") {
    auto result = boost::algorithm::to_upper_copy(powers); ❹
    REQUIRE(powers == "difficulty controlling the volume of my voice"); ❺
    REQUIRE(result == "DIFFICULTY CONTROLLING THE VOLUME OF MY VOICE"); ❻
  }
}
```

我们创建了一个叫作 `powers` 的字符串 ❶。第一个测试对 `powers` 调用 `to_upper` ❷，将它的字母修改为大写 ❸。第二个测试使用 `_copy` 变体来创建一个叫作 `result` 的新字符串 ❹。`powers` 字符串不受影响 ❺，而 `result` 字符串包含一个全大写的版本 ❻。

一些 Boost 字符串算法，比如 `replace_first`，也有不区分大小写的版本。只要在名称前面加一个 `i`，匹配过程就可以不考虑大小写。对于像 `replace_first` 这样也有 `_copy` 变体的算法，各版本（`replace_first`、`ireplace_first`、`replace_first_copy` 和 `ireplace_first_copy`）都可以工作。

`replace_first` 算法及其变体接受一个输入范围 s、一个匹配范围 m 和一个替换范围 r，将 s 中 m 的第一个实例替换为 r。代码清单 15-32 演示了 `replace-first` 和 `ireplace-first`。

代码清单 15-32　replace_first 和 ireplace_first 都替换匹配字符串序列

```
#include <boost/algorithm/string/replace.hpp>

TEST_CASE("boost::algorithm::replace_first") {
  using namespace boost::algorithm;
  std::string publisher("No Starch Press"); ❶
  SECTION("replaces the first occurrence of a string") {
    replace_first(publisher, "No", "Medium"); ❷
    REQUIRE(publisher == "Medium Starch Press"); ❸
  }
  SECTION("has a case-insensitive variant") {
```

```
    auto result = ireplace_first_copy(publisher, "NO", "MEDIUM"); ❹
    REQUIRE(publisher == "No Starch Press"); ❺
    REQUIRE(result == "MEDIUM Starch Press"); ❻
}}
```

在这里，我们构建一个叫作 publisher 的字符串，它包含 No Starch Press❶。第一个测试调用 replace_first，把 publisher 作为输入字符串，No 作为匹配字符串，Medium 作为替换字符串❷。之后，publisher 包含 Medium Starch Press❸。第二个测试使用 ireplace_first_copy 变体，该变体不区分大小写，会执行复制操作。将 NO 和 MEDIUM 分别作为匹配字符串和替换字符串❹，result 包含 MEDIUM Starch Press❻，而 publisher 不受影响❺。

表 15-15 列出了 Boost 字符串算法库中可用的许多修改算法，其中 r、s、s1 和 s2 是字符串，p 是元素比较谓词，n 是整数值，rgx 是正则表达式。

表 15-15 Boost 字符串算法库中的修改算法

算法	描述
to_upper(s) to_upper_copy(s)	将 s 转换为大写
to_lower(s) to_lower_copy(s)	将 s 转换为小写
trim_left_copy_if(s, [p]) trim_left_if(s, [p]) trim_left_copy(s) trim_left(s)	移除 s 中前面的空格
trim_right_copy_if(s, [p]) trim_right_if(s, [p]) trim_right_copy(s) trim_right(s)	移除 s 中后面的空格
trim_copy_if(s, [p]) trim_if(s, [p]) trim_copy(s) trim(s)	移除 s 中的空格
replace_first(s1, s2, r) replace_first_copy(s1, s2, r) ireplace_first(s1, s2, r) ireplace_first_copy(s1, s2, r)	用 r 替换 s1 中第一次出现的 s2
erase_first(s1, s2) erase_first_copy(s1, s2) ierase_first(s1, s2) ierase_first_copy(s1, s2)	擦除 s1 中第一次出现的 s2
replace_last(s1, s2, r) replace_last_copy(s1, s2, r) ireplace_last(s1, s2, r) ireplace_last_copy(s1, s2, r)	用 r 替换 s1 中第一次出现的 s2

（续）

算法	描述
erase_last(**s1**, **s2**) erase_last_copy(**s1**, **s2**) ierase_last(**s1**, **s2**) ierase_last_copy(**s1**, **s2**)	擦除 **s1** 中最后一次出现的 **s2**
replace_nth(**s1**, **s2**, **n**, **r**) replace_nth_copy(**s1**, **s2**, **n**, **r**) ireplace_nth(**s1**, **s2**, **n**, **r**) ireplace_nth_copy(**s1**, **s2**, **n**, **r**)	用 **r** 替换 **s1** 中第 **n** 次出现的 **s2**
erase_nth(**s1**, **s2**, **n**) erase_nth_copy(**s1**, **s2**, **n**) ierase_nth(**s1**, **s2**, **n**) ierase_nth_copy(**s1**, **s2**, **n**)	擦除 **s1** 中第 **n** 次出现的 **s2**
replace_all(**s1**, **s2**, **r**) replace_all_copy(**s1**, **s2**, **r**) ireplace_all(**s1**, **s2**, **r**) ireplace_all_copy(**s1**, **s2**, **r**)	用 **r** 替换 **s1** 中所有的 **s2**
erase_all(**s1**, **s2**) erase_all_copy(**s1**, **s2**) ierase_all(**s1**, **s2**) ierase_all_copy(**s1**, **s2**)	擦除 **s1** 中所有的 **s2**
replace_head(**s**, **n**, **r**) replace_head_copy(**s**, **n**, **r**)	用 **r** 替换 **s** 中的前 **n** 个字符
erase_head(**s**, **n**) erase_head_copy(**s**, **n**)	擦除 **s** 的前 **n** 个字符
replace_tail(**s**, **n**, **r**) replace_tail_copy(**s**, **n**, **r**)	用 **r** 替换 **s** 中的后 **n** 个字符
erase_tail(**s**, **n**) erase_tail_copy(**s**, **n**)	擦除 **s** 的后 **n** 个字符
replace_regex(**s**, **rgx**, **r**) replace_regex_copy(**s**, **rgx**, **r**)	用 **r** 替换 **s** 中的第一个 **rgx** 实例
erase_regex(**s**, **rgx**) erase_regex_copy(**s**, **rgx**)	擦除 **s** 中的第一个 **rgx** 实例
replace_all_regex(**s**, **rgx**, **r**) replace_all_regex_copy(**s**, **rgx**, **r**)	用 **r** 替换 **s** 中的所有 **rgx** 实例
erase_all_regex(**s**, **rgx**) erase_all_regex_copy(**s**, **rgx**)	擦除 **s** 中的所有 **rgx** 实例

15.4.6 拆分和连接

Boost 字符串算法库在 `<boost/algorithm/string/split.hpp>` 和 `<boost/`

algorithm/string/join.hpp> 头文件中包含了拆分和连接字符串的函数。

为了拆分字符串，我们向 split 函数提供一个 STL 容器 res、一个范围参数 s 和一个谓词 p。它将使用谓词 p 对范围 s 进行标记以确定分隔符，并将结果插入 res 中。代码清单 15-33 演示了 split 函数。

代码清单 15-33　使用 split 函数标记字符串

```
#include <vector>
#include <boost/algorithm/string/split.hpp>
#include <boost/algorithm/string/classification.hpp>

TEST_CASE("boost::algorithm::split splits a range based on a predicate") {
  using namespace boost::algorithm;
  std::string publisher("No Starch Press"); ❶
  std::vector<std::string> tokens; ❷
  split(tokens, publisher, is_space()); ❸
  REQUIRE(tokens[0] == "No"); ❹
  REQUIRE(tokens[1] == "Starch");
  REQUIRE(tokens[2] == "Press");
}
```

再次声明 publisher 字符串 ❶，我们创建一个叫作 tokens 的向量来保存结果 ❷。将 tokens 作为结果容器、publisher 作为范围、is_space 作为谓词调用 split❸。这就把 publisher 按空格拆分成几块。之后，tokens 将包含 No、Starch 和 Press❹。

使用 join 可以执行相反的操作，它接受 STL 容器 seq 和分隔符字符串 sep。join 函数将 seq 的每个元素连接在一起，各元素之间插入 sep。

代码清单 15-34 演示了 join 的实用性和 Oxford 逗号的必要性。

代码清单 15-34　join 函数将字符串标记与分隔符连接在一起

```
#include <vector>
#include <boost/algorithm/string/join.hpp>

TEST_CASE("boost::algorithm::join staples tokens together") {
  std::vector<std::string> tokens{ "We invited the strippers",
                                   "JFK", "and Stalin." }; ❶
  auto result = boost::algorithm::join(tokens, ", "); ❷
  REQUIRE(result == "We invited the strippers, JFK, and Stalin."); ❸
}
```

我们用三个字符串对象实例化一个叫作 tokens 的向量 ❶。接着，使用 join 把 tokens 的组成元素用逗号和空格连在一起 ❷。生成的结果将是一个单一的字符串，它包含用逗号和空格连在一起的组成元素 ❸。

表 15-16 列出了 <boost/algorithm/string/split.hpp> 和 <boost/algorithm/string/join.hpp> 中可用的拆分 / 连接算法，其中 res、s、s1、s2 和 sep 是字符串，seq 是字符串范围，p 是元素比较谓词，rgx 是正则表达式。

表 15-16　Boost 字符串算法库中可用的拆分 / 连接算法

函数	说明
find_all(**res**, **s1**, **s2**) ifind_all(**res**, **s1**, **s2**) find_all_regex(**res**, **s1**, **rgx**) iter_find(**res**, **s1**, **s2**)	查找 **s1** 中 **s2** 或 **rgx** 的所有实例，并将其写入 **res**
split(**res**, **s**, **p**) split_regex(**res**, **s**, **rgx**) iter_split(**res**, **s**, **s2**)	使用 **p**、**rgx** 或 **s2** 拆分 **s**，将字符写入 **res**
join(**seq**, **sep**)	返回使用 **sep** 作为分隔符连接 **seq** 的字符串
join_if(**seq**, **sep**, **p**)	返回使用 **sep** 作为分隔符连接匹配 **p** 的 **seq** 的所有元素的字符串

15.4.7　搜索

Boost 字符串算法库在 `<boost/algorithm/string/find.hpp>` 头文件中提供了一些搜索范围的函数。这些函数基本上都是表 15-8 中的查找器的对等包装。例如，`find_head` 函数接受一个范围参数 s 和一个长度参数 n，它返回一个包含 s 的前 n 个元素的范围。代码清单 15-35 演示了 `find_head` 函数。

代码清单 15-35　find_head 函数从字符串的开头创建一个范围

```
#include <boost/algorithm/string/find.hpp>

TEST_CASE("boost::algorithm::find_head computes the head") {
  std::string word("blandishment"); ❶
  const auto result = boost::algorithm::find_head(word, 5); ❷
  REQUIRE(result.begin() == word.begin()); ❸ // (b)landishment
  REQUIRE(result.end() == word.begin()+5); ❹ // bland(i)shment
}
```

我们构造一个叫作 word 的字符串，它包含 blandishment❶。把它和长度参数 5 一起传入 find_head❷。result 的 begin 迭代器指向 word 的开头 ❸，而它的 end 迭代器指向第五个元素之后的 1 个位置处 ❹。

表 15-17 列出了 `<boost/algorithm/string/find.hpp>` 中可用的许多查找算法，其中 s、s1 和 s2 是字符串，p 是元素比较谓词，rgx 是正则表达式，n 是整数值。

表 15-17　Boost 字符串算法库中可用的查找算法

谓词	查找的对象
find_first(**s1**, **s2**) ifind_first(**s1**, **s2**)	**s2** 在 **s1** 中的第一个实例
find_last(**s1**, **s2**) ifind_last(**s1**, **s2**)	**s2** 在 **s1** 中的最后一个实例
find_nth(**s1**, **s2**, **n**) ifind_nth(**s1**, **s2**, **n**)	**s2** 在 **s1** 中的第 **n** 个实例

（续）

谓词	查找的对象
find_head(**s**, **n**)	**s** 的前 **n** 个字符
find_tail(**s**, **n**)	**s** 的最后 **n** 个字符
find_token(**s**, **p**)	**s** 中第一个匹配 **p** 的字符
find_regex(**s**, **rgx**)	**s** 中第一个匹配 **rgx** 的子字符串
find(**s**, **fnd**)	对 **s** 应用 **find** 的结果

15.5 Boost 分词器

Boost 分词器（Tokenizer）的 `boost::tokenizer` 是一个类模板，它提供了包含在字符串中的一系列标记的视图。`tokenizer` 接受三个可选的模板参数：分词器函数、迭代器类型和字符串类型。

分词器函数是一个谓词，用于确定字符是否为分隔符（是的话返回 `true`，不是的话返回 `false`）。默认的分词器函数将空格和标点符号解释为分隔符。如果要显式指定分隔符，可以使用 `boost::char_separator<char>` 类，它接受包含所有分隔符的 C 风格字符串。例如，`boost::char_separator(";|,")` 将用分号（;）、竖线（|）和逗号（,）进行分隔。

迭代器类型和字符串类型与要拆分的字符串类型相对应。默认情况下，它们分别是 `std::string::const_iterator` 和 `std::string`。

因为 `tokenizer` 不分配内存而 `boost::algorithm::split` 分配内存，所以当只需要遍历字符串的标记一次时，应该强烈考虑使用前者。

`tokenizer` 公开了返回输入迭代器的 `begin` 和 `end` 方法，因此我们可以将其视为与基础标记序列相对应的一系列值的范围。

代码清单 15-36 用逗号标记了标志性的回文 A man, a plan, a canal, Panama!。

代码清单 15-36 boost::tokenizer 按指定的分隔符拆分字符串

```
#include<boost/tokenizer.hpp>
#include<string>

TEST_CASE("boost::tokenizer splits token-delimited strings") {
  std::string palindrome("A man, a plan, a canal, Panama!"); ❶
  boost::char_separator<char> comma{ "," }; ❷
  boost::tokenizer<boost::char_separator<char>> tokens{ palindrome, comma }; ❸
  auto itr = tokens.begin(); ❹
  REQUIRE(*itr == "A man"); ❺
  itr++; ❻
  REQUIRE(*itr == " a plan");
  itr++;
  REQUIRE(*itr == " a canal");
```

```
    itr++;
    REQUIRE(*itr == " Panama!");
}
```

在这里，我们构建了 palindrome❶ 和 char_separator❷，以及对应的 tokenizer❸。接着，用分词器的 begin 方法提取一个迭代器 ❹。你可以像往常一样处理产生的迭代器，解引用 ❺ 并递增到下一个元素 ❻。

15.6　本地化

locale 是一个用于编码文化偏好的类，它通常在应用程序运行的操作环境中进行编码。它还控制了许多首选项，例如字符串比较；日期和时间、货币和数字格式；邮政编码；电话号码。

STL 在 <locale> 头文件中提供了 std::locale 类和许多帮助函数、帮助类。为了简洁起见，本章不会进一步探讨 locale。

15.7　总结

本章详细介绍了 std::string 及其生态系统。在探索了它与 std::vector 的相似性之后，本章介绍了它用于处理人类语言数据的内置方法，例如比较、添加、删除、替换和搜索等方法。我们探讨了数值转换函数允许数字和字符串之间进行转换的方式，并检查了 std::string_view 在程序中传递字符串时所起的作用。本章还阐述了如何使用正则表达式根据潜在的复杂模式执行复杂的匹配、搜索和替换。最后，本章概括了 Boost 字符串算法库，它补充和扩展了 std::string 的内置方法，增加了用于搜索、替换、修剪、擦除、拆分和连接的方法。

练习

15-1. 使用 std::string 重构代码清单 9-30 和代码清单 9-31 中的直方图计算器。根据程序的输入构造一个字符串，并修改 AlphaHistogram 以在其 ingest 方法中接受 string_view 或 const string& 参数。使用基于范围的 for 循环遍历字符串所摄取的元素。将 counts 字段的类型替换为关联容器。

15-2. 实现一个确定用户的输入是否为回文的程序。

15-3. 实现一个计算用户输入中元音字母数量的程序。

15-4. 考虑使用 std::string 的 find 方法和数值转换函数实现一个支持任意两个数字的加、减、乘、除的计算器程序。

15-5. 用以下几种方式扩展计算器程序：允许多重运算或模运算，接受浮点数或圆括号。

15-6. 可选：阅读 [localization] 中更多关于区域设置的信息。

拓展阅读

- *ISO International Standard ISO/IEC (2017) — Programming Language C++* (International Organization for Standardization; Geneva, Switzerland; *https://isocpp.org/std/the-standard/*)
- *The C++ Programming Language*, 4th Edition, by Bjarne Stroustrup (Pearson Education, 2013)
- *The Boost C++ Libraries*, 2nd Edition, by Boris Schäling (XML Press, 2014)
- *The C++ Standard Library: A Tutorial and Reference*, 2nd Edition, by Nicolai M. Josuttis (Addison-Wesley Professional, 2012)

第 16 章 *Chapter 16*

流

要么就记录值得阅读的事情，要么就做值得被记录的事情。

——Benjamin Franklin

本章将介绍流（stream），使用这套标准的 stream 类框架可以获取各种各样的输入以及输出。本章将介绍 stream 这个标准库框架提供的一些基本的类库和内置工具，以及如何将 stream 应用到用户自定义类型中。

16.1 流的基础知识

流可以对数据流进行建模。在流中，数据在对象之间流动，这些对象可以对数据进行任意处理。当使用流时，输入是进入流的数据，输出是从流中出来的数据。这些术语反映了用户对流的看待方法。

在 C++ 中，流是执行输入和输出（I/O）的主要机制。无论源或目标如何，都可以使用流作为通用语言将输入连接到输出。STL 使用类继承机制来编码各种流类型之间的关系。此层次结构中的主要类型如下：

❏ `<ostream>` 头文件中的 `std::basic_ostream` 类模板表示输出设备。

❏ `<istream>` 头文件中的 `std::basic_istream` 类模板表示输入设备。

❏ `<iostream>` 头文件中的 `std::basic_iostream` 类模板用于输入和输出设备。

这三种流类型都需要两个模板参数。第一个对应于流的底层数据类型，第二个对应于特征类型。

本节从用户的角度而不是从库实现者的角度介绍流，主要介绍流接口，如何使用 STL 的内置流支持与标准 I/O、文件和字符串进行交互。I/O 很复杂，这种困难反映在流实现的内部复杂性上。幸运的是，精心设计的流类对用户隐藏了大部分复杂性。

16.1.1 流类

用户与之交互的所有 STL 流类都继承自 `basic_istream`、`basic_ostream` 或 `basic_iostream`。声明每种类型的头文件还为这些模板提供了 `char` 和 `wchar_t` 特化，如表 16-1 所示。当输入和输出人类语言数时，这些模板特化工具特别有用。

表 16-1 主要流模板的模板特化

模板	参数	特化	头文件
`basic_istream`	`char`	`istream`	`<istream>`
`basic_ostream`	`char`	`ostream`	`<ostream>`
`basic_iostream`	`char`	`iostream`	`<iostream>`
`basic_istream`	`wchar_t`	`wistream`	`<istream>`
`basic_ostream`	`wchar_t`	`wostream`	`<ostream>`
`basic_iostream`	`wchar_t`	`wiostream`	`<iostream>`

表 16-1 中的对象是可以在程序中用来编写泛型代码的抽象对象。你想编写一个将输出记录到任意设备的函数吗？如果想，则可以接受 `ostream` 引用参数，而无须处理所有令人讨厌的实现细节（稍后将介绍如何执行此操作）。通常，我们希望与用户（或程序所处的环境）一起执行 I/O 操作。全局流对象提供了一个方便的、基于流的包装器供你使用。

1. 全局流对象

STL 在 `<iostream>` 头文件中提供了几个全局流对象，它们包装了输入、输出和错误流（stdin、stdout 和 stderr）。这些实现定义的标准流是程序与其执行环境之间的预连接通道。例如，在桌面环境中，stdin 通常绑定到键盘，stdout 和 stderr 绑定到控制台。

注意 回想一下，第一部分广泛使用 `printf` 写入 stdout。

表 16-2 列出了全局流对象，所有这些对象都位于 `std` 命名空间中。

表 16-2 全局流对象

对象	类型	目标
`cout  wcout`	`ostream  wostream`	输出，如屏幕
`cin  wcin`	`istream  wistream`	输入，如键盘
`cerr  wcerr`	`ostream  wostream`	错误输出（未缓冲）
`clog  wclog`	`ostream  wostream`	错误输出（缓冲）

那么如何使用这些对象呢？流类支持的操作可以分为两类：

❏ **格式化操作**：可能在执行 I/O 操作之前对其输入参数执行一些预处理。

❏ **未格式化操作**：直接执行 I/O 操作。

下面将依次解释这些类别的操作。

2. 格式化操作

所有格式化的 I/O 都通过两个函数：标准流 operator<< 和 operator>>。（详见 7.1.1 节）。令人困惑的是，流以完全不相关的功能重载了左移右移运算符。表达式 i << 5 的语义完全取决于 i 的类型。如果 i 是整数类型，则此表达式表示将 i 的二进制位向左移动五位。如果 i 不是整数类型，则表示将值 5 写入 i。虽然这是一种符号冲突，但在实践中它不会造成太大的麻烦。只需在使用时注意一下类型并做好代码测试。

输出流重载 operator<<，称为输出运算符或插入器。basic_ostream 类模板为所有基本类型（void 和 nullptr_t 除外）和一些 STL 容器（例如 basic_string、complex 和 bitset）重载了输出运算符。作为 ostream 用户，你不必担心这些重载如何将对象转换为可读输出。

代码清单 16-1 演示了如何使用输出运算符将各种类型写入 cout。

代码清单 16-1　使用 cout 和 operator<< 写入 stdout

```
#include <iostream>
#include <string>
#include <bitset>

using namespace std;

int main() {
  bitset<8> s{ "01110011" };
  string str("Crying zeros and I'm hearing ");
  size_t num{ 111 };
  cout << s; ❶
  cout << '\n'; ❷
  cout << str; ❸
  cout << num; ❹
  cout << "s\n"; ❺
}
--------------------------------------------------------------------------------
01110011 ❶❷
Crying zeros and I'm hearing 111s ❸❹❺
```

使用输出 operator<< 将 bitset❶、char❷、string❸、size_t❹，以及以空字符结尾的字符串字面量 ❺ 通过 cout 写入 stdout。即使将五种不同类型的对象写入控制台，也不用处理序列化问题（考虑一下在给定这些类型的情况下，为了让 printf 产生类似的输出，你必须处理这些障碍）。

标准流运算符的一个非常好的特性是它们通常返回对流的引用。从概念上讲，重载通常按照以下方式定义：

```
ostream& operator<<(ostream&, char);
```

这意味着可以将输出运算符连到一起。使用这种技术，我们可以重构代码清单 16-1，使 cout 只出现一次，如代码清单 16-2 所示。

代码清单 16-2　通过将输出运算符连到一起来重构代码清单 16-1

```
#include <iostream>
#include <string>
#include <bitset>

using namespace std;

int main() {
  bitset<8> s{ "01110011" };
  string str("Crying zeros and I'm hearing ");
  size_t num{ 111 };
  cout << s << '\n' << str << num << "s\n"; ❶
}
--------------------------------------------------------------------------
01110011
Crying zeros and I'm hearing 111s ❶
```

因为对 operator<< 的每次调用都会返回对输出流（此处为 cout）的引用，所以只需将调用连到一起即可获得相同的输出 ❶。

输入流重载 operator>>，称为输入运算符或提取器。basic_istream 类对所有与 basic_ostream 相同类型的输入运算符都有相应的重载。同样，作为用户，你可以在很大程度上忽略反序列化细节。

代码清单 16-3 演示了如何使用输入运算符从 cin 中读取两个 double 对象和一个字符串，然后将隐含的数学运算结果打印到 stdout。

代码清单 16-3　使用 cin 和 operator<< 收集输入的原始计算器程序

```
#include <iostream>
#include <string>

using namespace std;

int main() {
  double x, y;
  cout << "X: ";
  cin >> x; ❶
  cout << "Y: ";
  cin >> y; ❷

  string op;
  cout << "Operation: ";
  cin >> op; ❸
  if (op == "+") {
    cout << x + y; ❹
  } else if (op == "-") {
    cout << x - y; ❺
  } else if (op == "*") {
    cout << x * y; ❻
  } else if (op == "/") {
```

```
        cout << x / y; ❼
    } else {
        cout << "Unknown operation " << op; ❽
    }
}
```

在这里，我们收集两个 double 值 x❶ 和 y❷，后跟字符串 op❸，它编码要进行的操作。使用 if 语句，我们可以输出指定运算的结果，如加 ❹、减 ❺、乘 ❻、除 ❼ 结果，或者告诉用户运算未知 ❽。

要使用该程序，请按照指示将请求的值输入控制台。换行符会将输入（作为 stdin）发送到 cin，如代码清单 16-4 所示。

代码清单 16-4　代码清单 16-3 中的程序的运行示例，它以英里为单位计算地球周长

```
X: 3959 ❶
Y: 6.283185 ❷
Operation: * ❸
24875.1 ❹
```

输入两个 double 对象，以英里为单位的地球半径 3959❶ 和 2π，即 6.283185❷，并指定乘法运算 *❸。结果是以英里为单位的地球周长 ❹。请注意，你不需要为整数值提供小数点 ❶，流足够智能，可以知道有一个隐含的小数。

注意　你可能想知道，如果 X❶ 或 Y❷ 为非数字字符串，在代码清单 16-4 中会发生什么。流进入错误状态，详见 16.1.2 节。在错误状态下，流停止接受输入，程序将不再接受任何输入。

3. 未格式化操作

当使用基于文本的流时，通常需要使用格式化运算符。但是，如果正在处理二进制数据，或者正在编写需要对流进行底层访问的代码，那么需要了解未格式化操作。未格式化的 I/O 操作涉及很多细节。为了简洁起见，本节总结了相关的方法，所以如果需要使用未格式化操作，请参考 [input.output]。

istream 类有许多未格式化的输入方法。这些方法在字节级别操作流，其总结见表 16-3，其中 is 是 std::istream<T> 类型的，s 是 char*，n 是流大小，pos 是位置类型，d 是 T 类型的分隔符。

表 16-3　istream 的未格式化读取操作

方法	描述
is.get([c])	返回下一个字符或写入字符引用 c（如果提供的话）
is.get(s, n, [d]) is.getline(s, n, [d])	操作 get 将最多 n 个字符读入缓冲区 s，如果遇到换行符或 d（如果提供的话），则停止。getline 操作与 get 相同，只是它也读取换行符。两者都将结束字符写入 s。必须确保 s 有足够的空间
is.read(s, n) is.readsome(s, n)	read 操作将最多 n 个字符读入缓冲区，它认为文件结束是错误。readsome 操作与 read 相同，只是它不认为文件结束是错误

（续）

方法	描述
is.gcount()	返回最后一次非格式化读取操作所读取的字符数
is.ignore()	提取并丢弃单个字符
is.ignore(n, [d])	提取并丢弃最多 **n** 个字符。如果提供了 **d**，则在找到 **d** 时停止 ignore
is.peek()	返回下一个要读取而不提取的字符
is.unget()	将最后提取的字符放回字符串中
is.putback(c)	如果 **c** 是提取的最后一个字符，则执行 unget。否则，设置 badbit。有关信息，请参见 16.1.2 节

　　输出流必然支持未格式化写操作，这些操作在非常低的级别上操作流，如表 16-4 中总结的那样，其中 os 是 std::ostream<T> 类型的，s 是 char*，n 是流大小。

表 16-4　ostream 的未格式化写操作

方法	描述
os.put(c)	将 **c** 写入流
os.write(s, n)	将 **s** 中的 **n** 个字符写入流
os.flush()	将所有缓冲数据写入底层设备

4. 基本类型的特殊格式

除了 void 和 nullptr 之外，所有基本类型都有输入和输出运算符重载，但有些有特殊规则：

- ❏ char 和 wchar_t：输入运算符在分配字符类型时会跳过空格。
- ❏ char* 和 wchar_t*：输入运算符首先跳过空格，然后读取字符串，直到遇到另一个空格或文件结尾（End-Of-File，EOF）。必须为输入保留足够的空间。
- ❏ void*：地址格式取决于输入和输出运算符的实现。在桌面系统上，地址采用十六进制字面量形式，例如 32 位的 0x01234567 或 64 位的 0x0123456789abcdef。
- ❏ bool：输入和输出运算符将布尔值视为数字：1 表示 true，0 表示 false。
- ❏ 数值类型：输入运算符要求输入至少以一位数字开头。格式错误的输入数字会产生零值结果。

这些规则起初可能看起来有点奇怪，但一旦你习惯了它们就会觉得相当简单。

> **注意**　避免输入 C 风格的字符串，因为你需要确保为输入数据分配足够的空间。未能执行空间是否足够的检查会导致未定义行为，甚至可能导致重大安全漏洞。改用 std::string 即可。

16.1.2　流状态

流状态指示 I/O 操作是否失败。每种流类型都以位集合的形式公开了用以表示状态的静态常量成员。它们指示可能的流状态：goodbit、badbit、eofbit 和 failbit。要确定流是否处于特定状态，请调用返回布尔值的成员函数，布尔值指示流是否处于相应状态。表 16-5 列出了这些成员函数、对应于 true 结果的流状态以及状态的含义。

表 16-5　可能的流状态、访问方法和含义

方法	状态	含义
good()	goodbit	流处于好的工作状态
eof()	eofbit	流遇到 EOF
fail()	failbit	输入或输出操作失败，但流仍可能处于好的工作状态
bad()	badbit	遇到灾难性错误，流状态不佳

注意　要重置流的状态，可以调用其 clear() 方法。

流实现了隐式的布尔转换（operator bool），所以我们可以简单直接地检查流是否处于良好的工作状态。例如，我们可以使用简单的 while 循环逐词读取 stdin 的输入，直到遇到 EOF（或其他故障条件）。代码清单 16-5 展示了一个简单的程序，它使用这种技术从 stdin 生成单词数。

代码清单 16-5　从 stdin 计算单词数的程序

```
#include <iostream>
#include <string>
int main() {
  std::string word; ❶
  size_t count{}; ❷
  while (std::cin >> word) ❸
    count++; ❹
  std::cout << "Discovered " << count << " words.\n"; ❺
}
```

我们声明一个名为 word 的字符串以从 stdin 接收单词 ❶，并将计数变量 count 初始化为零 ❷。在 while 循环的布尔表达式中，尝试将新输入分配给 word❸。当这成功时，递增 count❹。一旦失败（例如，由于遇到 EOF），就停止递增操作并打印最终计数 ❺。

我们可以尝试使用两种方法来测试代码清单 16-5。首先，我们可以简单地调用程序，输入一些输入，然后提供一个 EOF。如何发送 EOF 取决于操作系统。在 Windows 命令行中，可以通过按下 <Ctrl+Z> 并按 <Enter> 来输入 EOF。在 Linux bash 或 OS X shell 中，按下 <Ctrl+D>。代码清单 16-6 演示了如何从 Windows 命令行调用代码清单 16-5。

代码清单 16-6　通过在控制台中输入输入信息来调用代码清单 16-5 中的程序

```
$ listing_16_5.exe ❶
Size matters not. Look at me. Judge me by my size, do you? Hmm? Hmm. And well
you should not. For my ally is the Force, and a powerful ally it is. Life
creates it, makes it grow. Its energy surrounds us and binds us. Luminous
beings are we, not this crude matter. You must feel the Force around you;
```

```
here, between you, me, the tree, the rock, everywhere, yes. ❷
^Z ❸
Discovered 70 words. ❹
```

首先，我们调用这个程序 ❶。接着，输入一些文本，后跟一个新行 ❷。然后发出 EOF。Windows 命令行显示了有点神秘的序列 ^Z，之后必须按下 <Enter>。这会导致 std::cin 进入 eofbit 状态，结束代码清单 16-5 中的 while 循环 ❸。该程序表明我们已将 70 个单词发送到 stdin❹。

在 Linux 和 Mac 以及 Windows PowerShell 中，还有另一个选择。我们可以将文本保存到文件中，例如 yoda.txt，而不是直接输入到控制台。诀窍是使用 cat 读取文本文件，然后使用管道运算符 | 将内容发送到程序。管道运算符将左侧的 stdout "泵" 到右侧的 stdin 中。以下命令展示了此过程：

```
$ cat yoda.txt❶ |❷ ./listing_15_4❸
Discovered 70 words.
```

cat 命令读取 yoda.txt 的内容 ❶. 管道运算符 ❷ 将 cat 的 stdout 通过管道传输到 listing_15_4 的 stdin 中 ❸。因为 cat 在遇到 yoda.txt 结尾时会发送 EOF，所以不需要手动输入 EOF。

有时，我们希望流在发出失败位时抛出异常。我们可以使用流的 exceptions 方法轻松完成此操作，该方法接受与要引发异常的位相对应的单个参数。如果需要多个位，则可以简单地使用布尔 "或"（|）将它们连接在一起。

代码清单 16-7 演示了如何重构代码清单 16-5，使其用异常方式处理 badbit，用默认处理方式应对 eofbit 和 failbit。

代码清单 16-7　重构代码清单 16-5 以用异常方式处理 badbit

```cpp
#include <iostream>
#include <string>

using namespace std;

int main() {
  cin.exceptions(istream::badbit); ❶
  string word;
  size_t count{};
  try { ❷
    while(cin >> word) ❸
      count++;
    cout << "Discovered " << count << " words.\n"; ❹
  } catch (const std::exception& e) { ❺
    cerr << "Error occurred reading from stdin: " << e.what(); ❻
  }
}
```

我们通过调用 std::cin 上的 exceptions 方法来启动程序 ❶。因为 cin 是一个 istream 对象，所以我们将 istream::badbit 作为 exceptions 的参数传递，表示我们希望 cin 在进入灾难状态时抛出异常。为了解决可能的异常,我们将现有代码包装在 try-catch 块中 ❷,所以如果 cin 在读取输入时设置了 badbit❸,用户永远不会收到关于单词数统计的消息 ❹,相反,程序会捕获产生的异常 ❺ 并打印错误消息 ❻。

16.1.3 缓冲和刷新

许多 ostream 类模板在后台涉及操作系统调用,例如,写入控制台、文件或网络 socket。相对于其他函数调用,系统调用通常很慢。应用程序可以等待多个元素,然后将它们一起发送以提高性能,而不是针对每个输出元素都调用系统调用。

排队行为称为缓冲(buffering)。当流清空缓冲的输出时,称为刷新(flushing)。通常,此行为对用户是完全透明的,但有时我们希望手动刷新 ostream。对于这个任务(和其他任务),可以求助于操纵符。

16.1.4 操纵符

操纵符(manipulator)是修改流解释输入或格式化输出方式的特殊对象。操纵符的存在是为了执行多种流更改。例如,std::ws 修改 istream 以跳过空格。以下是针对 ostream 的操纵符:

❏ std::flush 将任何缓冲的输出直接清空到 ostream。
❏ std::ends 发送一个空字节。
❏ std::endl 就像 std::flush 一样,但是它会在刷新之前发送一个换行符。
表 16-6 总结了 <istream> 和 <ostream> 头文件中的操纵符。

表 16-6 <istream> 和 <ostream> 头文件的四个操纵符

操纵符	类	行为
ws	istream	跳过所有空白
flush	ostream	通过调用 flush 方法将缓冲数据写入流
ends	ostream	发送一个空字节
endl	ostream	发送换行符并刷新

例如,我们可以将代码清单 16-7 替换为以下内容:

cout << "Discovered " << count << " words." << endl;

这将打印一个换行符并刷新输出。

注意 一般来说,当程序完成将文本输出到流一段时间后,使用 std::endl;当你知道程序很快输出更多文本时,使用 \n。

stdlib 在 <ios> 头文件中提供了许多其他操纵符。例如,我们可以确定 ostream 是用文本(boolalpha)还是数字(noboolalpha)表示布尔值;是使用八进制(oct)、十进制(dec)还是十六进制(hex)表示整数值;是将浮点数表示为十进制记数法(fixed)

还是科学记数法（scientific）。只需使用 operator<< 将这些操纵符中的一个传递给 ostream，所有后续插入的都将以该操纵符类型输出（不仅仅是前一个操作数）。

我们还可以使用 setw 操纵符设置流的宽度参数。流的宽度参数具有不同的效果，具体取决于流。例如，使用 std::cout，setw 将固定分配给下一个输出对象的输出字符数。此外，对于浮点输出，setprecision 将设置数字的精度。

代码清单 16-8 演示了这些操纵符如何执行类似于各种 printf 格式说明符的功能。

代码清单 16-8　演示 \<iomanip\> 头文件中可用的操纵符的程序

```
#include <iostream>
#include <iomanip>

using namespace std;

int main() {
  cout << "Gotham needs its " << boolalpha << true << " hero.";     ❶
  cout << "\nMark it " << noboolalpha << false << "!";              ❷
  cout << "\nThere are " << 69 << "," << oct << 105 << " leaves in here.";  ❸
  cout << "\nYabba " << hex << 3669732608 << "!";                  ❹
  cout << "\nAvogadro's number: " << scientific << 6.0221415e-23;   ❺
  cout << "\nthe Hogwarts platform: " << fixed << setprecision(2) << 9.750123;  ❻
  cout << "\nAlways eliminate " << 3735929054;                     ❼
  cout << setw(4) << "\n"
       << 0x1 << "\n"
       << 0x10 << "\n"
       << 0x100 << "\n"
       << 0x1000 << endl;                                          ❽
}
```

```
Gotham needs its true hero. ❶
Mark it 0! ❷
There are 69,151 leaves in here. ❸
Yabba dabbad00! ❹
Avogadro's Number: 6.022142e-23 ❺
the Hogwarts platform: 9.75 ❻
Always eliminate deadc0de ❼
   1
  10
 100
1000 ❽
```

第一行中的 boolalpha 操纵符使布尔值以文本形式打印为 true 和 false❶，而 noboolalpha 使它们打印为 1 和 0❷。对于整数值，我们可以使用 oct 打印为八进制结果 ❸ 或使用 hex 打印为十六进制结果 ❹。对于浮点值，我们可以用科学记数法符号 scientific❺，用 setprecision 设置要打印的位数，用 fixed❻ 指定十进制记数法。因为操纵符适用于插入流中的所有后续对象，所以当在程序末尾打印另一个整数值时，最后一个整数操纵符（hex）很适用，因此得到十六进制表示 ❼。最后，我们使用 setw 将输出的字段宽度设置为 4，并打印一些整数值 ❽。

表 16-7 总结了常见操纵符的示例。

表 16-7　<iomanip> 头文件中可用的操纵符

操纵符	行为
boolalpha	以文本形式而不是数字形式表示布尔值
noboolalpha	用数字形式而不是文本形式表示布尔值
oct	将整数值表示为八进制
dec	将整数值表示为十进制
hex	将整数值表示为十六进制
setw(n)	将流的宽度参数设置为 n。确切的效果取决于流
setprecision(p)	将浮点精度指定为 p
fixed	以十进制形式表示浮点数
scientific	用科学记数法表示浮点数

注意　请参阅 Nicolai M. Josuttis 所著的 *The C++ Standard Library* 第 2 版中的第 15 章或 [iostream.format]。

16.1.5　用户自定义类型

我们可以通过实现某些非成员函数使用户自定义类型与流一起使用。要实现 **YourType** 的输出运算符，以下函数声明可用于大多数用途：

ostream&❶ operator<<(ostream&❷ s, const YourType& m ❸);

在大多数情况下，只需返回与收到的 **ostream** 相同的 **ostream**。如何将输出发送到 **ostream** 取决于你自己。但通常，这涉及访问 **YourType** 上的字段 ❸，可选择执行一些格式化和转换处理，然后再使用输出运算符。例如，代码清单 16-9 展示了如何为 **std::vector** 实现输出运算符以打印其大小、容量和元素。

代码清单 16-9　演示为 vector 实现输出运算符的程序

```
#include <iostream>
#include <vector>
#include <string>

using namespace std;

template <typename T>
ostream& operator<<(ostream& s, vector<T> v) { ❶
  s << "Size: " << v.size()
    << "\nCapacity: " << v.capacity()
    << "\nElements:\n"; ❷
  for (const auto& element : v)
    s << "\t" << element << "\n"; ❸
  return s; ❹
```

```
  }
int main() {
  const vector<string> characters {
    "Bobby Shaftoe",
    "Lawrence Waterhouse",
    "Gunter Bischoff",
    "Earl Comstock"
  }; ❺
  cout << characters << endl; ❻

  const vector<bool> bits { true, false, true, false }; ❼
  cout << boolalpha << bits << endl; ❽
}
--------------------------------------------------------------------------------
Size: 4
Capacity: 4
Elements: ❷
        Bobby Shaftoe ❸
        Lawrence Waterhouse ❸
        Gunter Bischoff ❸
        Earl Comstock ❸

Size: 4
Capacity: 32
Elements: ❷
        true ❸
        false ❸
        true ❸
        false ❸
```

首先，将自定义输出运算符定义为模板，将模板参数作为 `std::vector` 的模板参数 ❶。这允许你将输出运算符用于多种向量（只要类型 T 也支持输出运算符）。输出的前三行给出了向量的大小和容量，以及标题 Elements 素——表明向量的元素在后面 ❷。下面的 `for` 循环遍历向量中的每个元素，将每个元素在单独的行上发送到 `ostream` ❸。最后，返回流引用 s ❹。

在 `main` 中，我们初始化一个称为 `characters` 的向量，其中包含四个字符串 ❺。因为用户自定义的输出运算符，我们可以简单地将 `characters` 发送到 `cout`，就好像它是基本类型一样 ❻。第二个示例使用名为 `bits` 的 `vector<bool>`，我们仍使用四个元素对其进行初始化 ❼ 并打印到标准输出 ❽。请注意，因为使用了 `boolalpha` 操纵符，所以当用户自定义的输出运算符运行时，`bool` 元素将以文本形式打印 ❸。

我们还可以提供用户自定义的输入运算符，它们的工作方式类似，如下所示：

`istream&` ❶ `operator>>(istream&` ❷ `s, YourType& m` ❸`);`

与输出运算符一样，输入运算符通常返回 ❶ 与它接收到的流相同的流 ❷。但是，与输出运算符不同的是，`YourType` 的引用通常不是 `const` 的，因为我们需要使用来自流的输入来修改相应的对象 ❸。

代码清单 16-10 演示了如何为 deque 指定输入运算符，使它将元素推送到容器中，直到插入操作失败（例如，由于 EOF 字符）。

代码清单 16-10　演示如何为 deque 实现输入运算符的程序

```
#include <iostream>
#include <deque>

using namespace std;

template <typename T>
istream& operator>>(istream& s, deque<T>& t) { ❶
  T element; ❷
  while (s >> element) ❸
    t.emplace_back(move(element)); ❹
  return s; ❺
}

int main() {
  cout << "Give me numbers: "; ❻
  deque<int> numbers;
  cin >> numbers; ❼
  int sum{};
  cout << "Cumulative sum:\n";
  for(const auto& element : numbers) {
    sum += element;
    cout << sum << "\n"; ❽
  }
}
--------------------------------------------------------------------
Give me numbers: ❻ 1 2 3 4 5 ❼
Cumulative sum:
1  ❽
3  ❽
6  ❽
10 ❽
15 ❽
```

用户自定义输入运算符是一个函数模板，因此可以接受任何包含支持输入运算符的类型的 deque❶。首先，构造一个 T 类型的元素，以便存储来自 istream 的输入❷。接着，使用熟悉的 while 来接受来自 istream 的输入，直到输入操作失败❸（回想一下 16.1.2 节，流可以通过多种方式进入失败状态，包括遇到 EOF 或遇到 I/O 错误）。每次插入后，将结果移动到 deque 上的 emplace_back 以避免不必要的复制行为❹。完成插入操作后，只需返回 istream 引用❺。

在 main 中，提示用户输入数字❻，然后在新初始化的双端队列上使用插入运算符从 stdin 插入元素。在这个示例程序运行中，输入数字 1 到 5❼。为了多一点乐趣，我们通过保持一个计数并迭代每个元素来计算累积和，打印该迭代的结果❽。

注意 前面的示例是输入和输出运算符的简单用户自定义实现。你可能想在生产代码中详细说明这些实现。例如，这些实现只适用于 ostream 类，这意味着它们不适用于任何非 char 序列。

16.1.6 字符串流

字符串流（string stream）类为读取和写入字符序列提供了便利。这些类在几种情况下很有用。如果要将字符串数据解析为类型，则输入字符串特别有用。因为可以使用输入运算符，所以可以使用所有标准操纵符工具。输出字符串非常适合从可变长度输入构建字符串。

1. 输出字符串流

输出字符串流为字符序列提供输出流语义，它们都派生自 `<sstream>` 头文件中的类模板 std::basic_ostringstream，它提供以下特化：

```
using ostringstream = basic_ostringstream<char>;
using wostringstream = basic_ostringstream<wchar_t>;
```

输出字符串流支持与 ostream 相同的所有功能。每当将输入发送到字符串流时，该流都会将此输入存储到内部缓冲区中。我们可以认为这在功能上等同于字符串的 append 操作（只不过字符串流可能更高效）。

输出字符串流还支持 str() 方法，该方法有两种操作模式。如果没有参数，str 返回内部缓冲区的副本，将其作为 basic_string（因此 ostringstream 返回一个 string；wostringstream 返回一个 wstring）。给定一个 basic_string 参数，字符串流将用参数的内容替换其缓冲区的当前内容。代码清单 16-11 演示了如何使用 ostringstream、如何向其发送字符数据、如何构建 string、如何重置其内容并不断重复。

代码清单 16-11　使用 ostringstream 构建字符串

```cpp
#include <string>
#include <sstream>

TEST_CASE("ostringstream produces strings with str") {
  std::ostringstream ss; ❶
  ss << "By Grabthar's hammer, ";
  ss << "by the suns of Worvan. ";
  ss << "You shall be avenged."; ❷
  const auto lazarus = ss.str(); ❸

  ss.str("I am Groot."); ❹
  const auto groot = ss.str(); ❺

  REQUIRE(lazarus == "By Grabthar's hammer, by the suns"
                     " of Worvan. You shall be avenged.");
  REQUIRE(groot == "I am Groot.");
}
```

在声明 ostringstream 之后 ❶，我们可以像对待其他 ostream 一样对待它，并使用输出运算符向它发送三个单独的字符序列 ❷。接着，调用不带参数的 str，这会生成一个名为 lazarus 的字符串 ❸。然后，使用字符串字面量 I am Groot 调用 str❹，它替换了 ostringstream 的内容 ❺。

注意 回想一下 2.2.4 节，我们可以将多个字符串字面量放在连续的行上，编译器会将它们视为一个。这纯粹是出于源代码格式化的目的。

2. 输入字符串流

输入字符串流为字符序列提供输入流语义，它们都派生自 <sstream> 头文件中的类模板 std::basic_istringstream，它提供以下特化：

```
using istringstream = basic_istringstream<char>;
using wistringstream = basic_istringstream<wchar_t>;
```

这些类似于 basic_ostringstream 特化。我们可以通过传递具有适当特化的 basic_string 来构造输入字符串流（string 用于 istringstream，wstring 用于 wistringstream）。代码清单 16-12 使用包含三个数字的字符串构造输入字符串流并使用输入运算符提取它们。（回想一下 16.1.1 节的"格式化操作"部分，空格是字符串数据的适当分隔符。）

代码清单 16-12 使用 string 构建 istringstream 对象并提取数值类型

```
TEST_CASE("istringstream supports construction from a string") {
  std::string numbers("1 2.23606 2"); ❶
  std::istringstream ss{ numbers }; ❷
  int a;
  float b, c, d;
  ss >> a; ❸
  ss >> b; ❹
  ss >> c;
  REQUIRE(a == 1);
  REQUIRE(b == Approx(2.23606));
  REQUIRE(c == Approx(2));
  REQUIRE_FALSE(ss >> d); ❺
}
```

首先，从字面量 1 2.23606 2 构造一个字符串 ❶，将其传递给名为 ss 的 istringstream 的构造函数 ❷。这允许我们使用输入运算符解析出 int 对象 ❸ 和 float 对象 ❹，就像其他输入流一样。一旦用尽了流并且输出运算符失败，ss 将转换为 false❺。

3. 支持输入和输出的字符串流

此外，如果想要支持输入和输出操作的字符串流，则可以使用 basic_stringstream，它具有以下特化：

```
using stringstream = basic_stringstream<char>;
using wstringstream = basic_stringstream<wchar_t>;
```

此类支持输入和输出运算符、**str** 方法以及从字符串构造。代码清单 16-13 演示了如何使用输入和输出运算符的组合从字符串中提取标记。

代码清单 16-13 针对输入和输出使用 **stringstream**

```
TEST_CASE("stringstream supports all string stream operations") {
  std::stringstream ss;
  ss << "Zed's DEAD"; ❶

  std::string who;
  ss >> who; ❷
  int what;
  ss >> std::hex >> what; ❸

  REQUIRE(who == "Zed's");
  REQUIRE(what == 0xdead);
}
```

首先，创建一个 **stringstream** 并使用输出运算符发送 Zed's DEAD❶。接着，使用输入运算符从 **stringstream** 中解析出 Zed's❷。因为 DEAD 是一个有效的十六进制整数，所以使用输入运算符和 **std::hex** 操纵符将其提取到 int❸。

注意 *所有字符串流都是可移动的。*

4. 字符串流操作总结

表 16-8 提供了 **basic_stringstream** 的部分操作，其中 **ss**、**ss1** 和 **ss2** 的类型为 std::basic_stringstream<T>，**s** 是 std::basic_string<T>，**obj** 是格式化的对象，**pos** 是位置类型，**dir** 是 std::ios_base::seekdir，**flg** 是 std::ios_base::iostate。

表 16-8 std::basic_stringstream 的部分操作

操作	说明
basic_stringstream<T> { [s], [om] }	对新构造的字符串流执行大括号初始化。默认为空字符串 **s**，并在 in|out 打开模式 **om**
basic_stringstream<T> { move(ss) }	获取 **ss** 内部缓冲区的所有权
~basic_stringstream	销毁内部缓冲区
ss.rdbuf()	返回原始字符串设备对象
ss.str()	获取字符串设备对象的内容
ss.str(s)	将字符串设备对象的内容设置为 **s**
ss >> obj	从字符串流中提取格式化数据
ss << obj	将格式化数据插入字符串流
ss.tellg()	返回输入位置索引

（续）

操作	说明
ss.seekg(pos) ss.seekg(pos, dir)	设置输入位置指示器
ss.flush()	同步底层设备
ss.good() ss.eof() ss.bad() !ss	检查字符串流的位
ss.exceptions(flg)	配置字符串流，使其在设置 flg 中的位时抛出异常
ss1.swap(ss2) swap(ss1, ss2)	将 ss1 的元素与 ss2 的元素交换

16.1.7 文件流

文件流类为读取和写入字符序列提供了便利。文件流类结构与字符串流类的结构类似。文件流类模板可用于输入、输出或同时用于输入和输出。

与使用本机系统调用与文件内容交互相比，文件流类有以下主要优势：

❏ 我们将获得通常的流接口，它提供了一组丰富的用于格式化和操纵输出的功能。

❏ 文件流类是围绕文件的 RAII 包装器，这意味着不会出现资源泄漏。

❏ 文件流类支持移动语义，因此我们可以严格控制文件在作用域内的位置。

1. 使用流打开文件

我们有两种选择，以使用流打开文件。第一个选择是 open 方法，它接受一个 const char* filename 和一个可选的 std::ios_base::openmode 位掩码参数。openmode 参数可以是表 16-9 中列出的许多可能的值组合之一。

表 16-9　可能的流状态、访问方法及含义

Flag（位于 std::ios）	文件	含义
in	必须存在	读取
out	若不存在，则创建	擦除文件，然后再写入
app	若不存在，则创建	追加
in|out	必须存在	从开头开始读写
in|app	若不存在，则创建	在末端更新
out|app	若不存在，则创建	追加
out|trunc	若不存在，则创建	擦除文件，然后再读写
in|out|app	若不存在，则创建	在末端更新
in|out|trunc	若不存在，则创建	擦除文件，然后再读写

此外，我们可以将 binary 标志添加到任意组合中，以将文件置于二进制模式。在二进制模式下，流不会转换特殊字符序列，如行尾（例如，Windows 上的回车加换行符）或 EOF。

指定要打开的文件的第二个选择是使用流的构造函数。每个文件流都提供了一个构造函数，其参数与 open 方法相同。所有文件流类都是围绕它们拥有的文件句柄的 RAII 包装器，因此当文件流销毁时，文件将被自动清理。我们也可以手动调用不带参数的 close 方法。当我们清楚地知道文件操作已经完成，但是文件流类对象在一段时间内是不会销毁的，我们可能会这样做。

文件流也有默认构造函数，它不打开任何文件。要检查文件是否打开，请调用 is_open 方法，该方法不接受任何参数并返回一个布尔值。

2. 输出文件流

输出文件流为字符序列提供输出流语义，它们都派生自 <fstream> 头文件中的类模板 std::basic_ofstream，它提供以下特化：

```
using ofstream = basic_ofstream<char>;
using wofstream = basic_ofstream<wchar_t>;
```

basic_ofstream 的默认构造函数不打开文件，非默认构造函数的第二个可选参数默认为 ios::out。

每当将输入发送到文件流时，流都会将数据写入相应的文件。代码清单 16-14 演示了如何使用 ofstream 将简单的消息写入文本文件。

代码清单 16-14　一个打开文件 lunchtime.txt 并在其中附加一条消息的程序（输出对应于
　　　　　　　单次程序执行后 lunchtime.txt 的内容）

```
#include <fstream>

using namespace std;

int main() {
  ofstream file{ "lunchtime.txt", ios::out|ios::app }; ❶
  file << "Time is an illusion." << endl; ❷
  file << "Lunch time, " << 2 << "x so." << endl; ❸
}
------------------------------------------------------------
lunchtime.txt:
Time is an illusion. ❷
Lunch time, 2x so. ❸
```

我们使用 lunchtime.txt 路径以及标志 out 和 app 初始化了一个 ofstream 对象 file❶。因为这种标志组合会附加到输出，所以通过输出运算符发送到此文件流中的任何数据都会附加到文件的末尾。正如预期的那样，该文件包含传递给输出运算符的消息❷❸。

因为 ios::app 标志，所以如果 lunchtime.txt 文件存在，程序会将输出附加到 lunchtime.txt 中。例如，如果再次运行该程序，将获得以下输出：

```
Time is an illusion.
Lunch time, 2x so.
Time is an illusion.
Lunch time, 2x so.
```

程序的第二次迭代将相同的短语添加到文件末尾。

3. 输入文件流

输入文件流为字符序列提供输入流语义，它们都派生自 `<fstream>` 头文件中的类模板 `std::basic_ifstream`，它提供以下特化：

```
using ifstream = basic_ifstream<char>;
using wifstream = basic_ifstream<wchar_t>;
```

`basic_ifstream` 的默认构造函数不打开文件，非默认构造函数的第二个可选参数默认为 `ios::in`。

每当从文件流中读取数据时，该流都会从相应的文件中读取数据。考虑以下示例文件 `numbers.txt`：

```
-54
203
9000
0
99
-789
400
```

代码清单 16-15 包含一个程序，它使用 `ifstream` 从包含整数的文本文件中读取数据并返回最大值。输出是调用程序并传递文件 `numbers.txt` 的路径。

代码清单 16-15 一个读取文本文件 numbers.txt 并打印最大整数的程序

```
#include <iostream>
#include <fstream>
#include <limits>

using namespace std;

int main() {
  ifstream file{ "numbers.txt" }; ❶
  auto maximum = numeric_limits<int>::min(); ❷
  int value;
  while (file >> value) ❸
    maximum = maximum < value ? value : maximum; ❹
  cout << "Maximum found was " << maximum << endl; ❺
}
--------------------------------------------------------------
Maximum found was 9000 ❺
```

首先，初始化 `istream` 以打开 `numbers.txt` 文本文件 ❶。接着，使用 `int` 可以采用的最小值初始化 `maximum`❷。使用惯用的输入流和 `while` 循环组合 ❸，我们循环遍历文件中的每个整数，并在找到更大的值时更新最大值 ❹。一旦文件流无法解析更多整数，将结果打印到 stdout❺。

4. 处理失败的情况

与其他流一样，文件流以静默的方式失败。如果使用文件流构造函数打开文件，则必须检查 is_open 方法以确定流是否成功打开文件。这种设计不同于大多数其他 stdlib 对象，其中不变量由异常强制执行。很难说为什么库实现者选择了这种方法，但事实是我们可以很容易地选择基于异常的方法。

我们可以创建自己的工厂函数来处理抛出异常的文件打开失败的情况。代码清单 16-16 演示了如何实现名为 open 的 ifstream 工厂。

代码清单 16-16　一个用于生成 ifstream 的工厂函数，它用异常处理错误，而不是默默地失败

```
#include <fstream>
#include <string>

using namespace std;

ifstream❶ open(const char* path❷, ios_base::openmode mode = ios_base::in❸) {
  ifstream file{ path, mode }; ❹
  if(!file.is_open()) { ❺
    string err{ "Unable to open file " };
    err.append(path);
    throw runtime_error{ err }; ❻
  }
  file.exceptions(ifstream::badbit);
  return file; ❼
}
```

工厂函数返回一个 ifstream❶ 并接受与文件流的构造函数（和 open 方法）相同的参数：文件 path❷ 和 openmode❸。将这两个参数传入 ifstream 的构造函数 ❹，然后判断文件是否成功打开 ❺。如果没有成功，则抛出一个 runtime_error❻。如果成功，则告诉 ifstream 在将来设置它的 badbit 时抛出异常 ❼。

5. 文件流操作总结

表 16-10 提供了 basic_fstream 的部分操作，其中 fs、fs1 和 fs2 的类型为 std:: basic_fstream<T>，p 是 C 风格的字符串、std::string 或 std::filesystem::path，om 是 std::ios_base::openmode，s 是 std::basic_string<T>，obj 是格式化的对象，pos 是位置类型，dir 是 std::ios_base::seekdir，flg 是 std::ios_base::iostate。

表 16-10　std::basic_fstream 的部分操作

操作	说明
basic_fstream<T> { [p], [om] }	对新构造的文件流执行大括号初始化。如果提供了 p，则尝试打开路径 p 下的文件。默认为未打开，并以 in|out 打开模式打开
basic_fstream<T> { move(fs) }	获取 fs 的内部缓冲区的所有权

（续）

操作	说明
`~basic_fstream`	销毁内部缓冲区
`fs.rdbuf()`	返回原始字符串设备对象
`fs.str()`	获取文件设备对象的内容
`fs.str(s)`	将文件设备对象的内容放入 **s** 中
`fs >> obj`	从文件流中提取格式化数据
`fs << obj`	将格式化数据写入文件流
`fs.tellg()`	返回输入位置索引
`fs.seekg(pos)` `fs.seekg(pos, dir)`	设置输入位置指示器
`fs.flush()`	同步底层设备

`fs.good()`
`fs.eof()`
`fs.bad()`
`!fs`
	检查文件流的位

`fs.exceptions(flg)`	配置文件流，使其在设置 **flg** 中的位时抛出异常
`fs1.swap(fs2)` `swap(fs1, fs2)`	交换 **fs1** 的元素与 **fs2** 的元素

16.1.8　流缓冲区

流不直接读写，它在后台使用流缓冲区类。概括地说，流缓冲区类是发送或提取字符的模板。除非实现自己的流库，否则实现细节并不重要，但重要的是要知道它们存在于多种上下文中。获取流缓冲区的方法是使用流的 **rdbuf** 方法，所有流都提供该方法。

1. 将文件写入 stdout

有时，我们只想将输入文件流的内容直接写入输出流。为此，可以从文件流中提取流缓冲区指针并将其传递给输出运算符。例如，我们可以通过以下方式使用 cout 将文件的内容转储到 stdout：

```
cout << my_ifstream.rdbuf()
```

就这么简单。

2. 输出流缓冲区迭代器

输出流缓冲区迭代器是模板类，它公开了一个输出迭代器接口，该接口将写入操作转换为底层流缓冲区上的输出操作。换句话说，这些适配器允许我们像使用输出迭代器一样使用输出流。

要构造输出流缓冲区迭代器，请使用 `<iterator>` 头文件中的 `ostreambuf_iterator` 模板类。它的构造函数接受一个输出流参数和一个对应于构造函数参数的模板参数（字符类型）。代码清单 16-17 展示了如何从 cout 构造输出流缓冲区迭代器。

代码清单 16-17　使用 ostreambuf_iterator 类将消息 Hi 写入 stdout

```
#include <iostream>
#include <iterator>

using namespace std;

int main() {
  ostreambuf_iterator<char> itr{ cout }; ❶
  *itr = 'H'; ❷
  ++itr; ❸
  *itr = 'i'; ❹
}
```

H❷i❹

在这里，我们从 cout 构造了一个输出流缓冲区迭代器 ❶，以输出运算符的常用方式写入该迭代器，即先赋值 ❷、再递增 ❸，最后再赋值 ❹。结果是将字符逐个输出到 stdout。（回想一下 14.1.1 节中处理输出运算符的过程。）

3. 输入流缓冲区迭代器

输入流缓冲区迭代器是模板类，它公开了一个输入迭代器接口，该接口将读取操作转换为对底层流缓冲区的读取操作。这些完全类似于输出流缓冲区迭代器。

要构造输入流缓冲区迭代器，请使用 <iterator> 头文件中的 istreambuf_iterator 模板类。与 ostreambuf_iterator 不同，它采用流缓冲区参数，因此我们必须在要适应的输入流上调用 rdbuf()。此参数是可选的：istreambuf_iterator 的默认构造函数对应于输入迭代器的范围结束迭代器。例如，代码清单 16-18 演示了如何使用 string 的范围构造函数从 std::cin 构造字符串。

代码清单 16-18　使用输入流缓冲区迭代器从 cin 中构建字符串

```
#include <iostream>
#include <iterator>
#include <string>

using namespace std;

int main() {
  istreambuf_iterator<char> cin_itr{ cin.rdbuf() } ❶, end{} ❷;
  cout << "What is your name? "; ❸
  const string name{ cin_itr, end }; ❹
  cout << "\nGoodbye, " << name; ❺
}
```

What is your name? ❸josh ❹
Goodbye, josh❺

从 cin 的流缓冲区 ❶ 以及结束迭代器 ❷ 构造一个 istreambuf_iterator。向程

序的用户发送提示后，使用范围构造函数构造字符串 name❹。当用户发送输入（由 EOF
终止）时 ❸，字符串的构造函数会复制它 ❹。然后，用 name 向用户告别 ❺。（回想一下
16.1.2 节，将 EOF 发送到控制台的方法因操作系统而异。）

16.1.9　随机访问

　　有时，我们希望随机访问流（尤其是文件流）。输入和输出运算符显然不支持这种用例，
因此 basic_istream 和 basic_ostream 提供了单独的随机访问方法。这些方法跟踪光
标或位置，即流当前字符的索引。该位置指示输入流将读取的下一个字节或输出流将写入
的下一个字节。

　　对于输入流，可以使用 tellg 和 seekg 两种方法。tellg 方法不接受任何参数并
返回光标位置。seekg 方法允许设置光标位置，它有两个重载，第一个重载需要提供一个
pos_type 位置参数，它设置读取位置。第二个重载需要提供一个 off_type 偏移参数和
一个 ios_base::seekdir 方向参数。pos_type 和 off_type 由 basic_istream 或
basic_ostream 的模板参数确定，但通常这些会转换为整数类型或从整数类型转换而来。
seekdir 类型采用以下三个值之一：

- ❑ ios_base::beg 指定位置参数是相对于开头的。
- ❑ ios_base::cur 指定位置参数是相对于当前位置的。
- ❑ ios_base::end 指定位置参数是相对于结尾的。

　　对于输出流，可以使用 tellp 和 seekp 两种方法。它们大致类似于输入流的 tellg
和 seekg 方法，其中 p 代表 put，g 代表 get。

　　考虑包含以下内容的文件 introspection.txt：

The problem with introspection is that it has no end.

　　代码清单 16-19 演示了如何使用随机访问方法重置文件光标。

代码清单 16-19　一个使用随机访问方法读取文本文件中任意字符的程序

```
#include <fstream>
#include <exception>
#include <iostream>

using namespace std;
ifstream open(const char* path, ios_base::openmode mode = ios_base::in) { ❶
--snip--
}

int main() {
  try {
    auto intro = open("introspection.txt"); ❷
    cout << "Contents: " << intro.rdbuf() << endl; ❸
    intro.seekg(0); ❹
    cout << "Contents after seekg(0): " << intro.rdbuf() << endl; ❺
    intro.seekg(-4, ios_base::end); ❻
```

```
        cout << "tellg() after seekg(-4, ios_base::end): "
                                                   << intro.tellg() << endl; ❼
        cout << "Contents after seekg(-4, ios_base::end): "
                                                   << intro.rdbuf() << endl; ❽
    }
    catch (const exception& e) {
      cerr << e.what();
    }
}
```

```
Contents: The problem with introspection is that it has no end. ❸
Contents after seekg(0): The problem with introspection is that it has no end. ❺
tellg() after seekg(-4, ios_base::end): 49 ❼
Contents after seekg(-4, ios_base::end): end. ❽
```

使用代码清单 16-16 中的工厂函数 ❶ 打开文本文件 introspection.txt❷。接着，使用 rdbuf 方法将内容打印到 stdout❸，将光标倒回第一个字符 ❹，然后再次打印内容。请注意，这些会产生相同的输出（因为文件没有更改）❺。然后，使用 seekg 的相对偏移重载导航到倒数第四个字符 ❻。使用 tellg，我们了解到这是第 49 个字符（从零开始索引）❼。当将输入文件打印到 stdout 时，输出只是 end.，因为这些是文件中的最后四个字符 ❽。

> 注意　Boost 提供了一个 IOStream 库，它包含一组 stdlib 没有的附加功能，包括用于内存映射文件 I/O、压缩和过滤的工具。

16.2　总结

本章介绍了流，这是为执行 I/O 提供通用抽象的主要概念。本章还介绍了文件作为 I/O 操作的主要来源和目标。我们首先了解了 stdlib 中的基本流类，如何执行格式化和未格式化的操作、如何检查流状态以及如何使用异常处理错误。接着，我们了解了操纵符，如何将流用于用户自定义类型、字符串流和文件流。本章以流缓冲区迭代器的讨论为亮点，它允许将流调整为迭代器。

练习

16-1. 实现一个输出运算符，使其打印 10.2 节中有关 AutoBrake 的信息，包括车辆当前的碰撞阈值和速度。

16-2. 编写一个程序，使其从 stdin 获取输出，将其改为大写，然后将结果写入 stdout。

16-3. 阅读 Boost IOStream 的介绍性文档。

16-4. 编写一个程序，使其接受文件路径，打开文件，并打印有关内容的摘要信息，包括单词数、平均单词长度和字符直方图。

拓展阅读

- *Standard C++ IOStreams and Locales: Advanced Programmer's Guide and Reference* by Angelika Langer (Addison-Wesley Professional, 2000)
- *ISO International Standard ISO/IEC (2017) — Programming Language C++* (International Organization for Standardization; Geneva, Switzerland; *https://isocpp.org/std/the-standard/*)
- *The Boost C++ Libraries*, 2nd Edition, by Boris Schäling (XML Press, 2014)

文件系统

"原来你就是那个 UNIX 专家啊！"那时候兰迪还愚蠢地会因为受到关注而感到荣幸，可他早该明白这是高度危险的信号。

——Neal Stephenson，*Cryptonomicon*

本章介绍如何使用 stdlib 提供的文件系统库来进行文件系统的相关操作，例如检查和操作文件、枚举目录，以及与文件流的互操作。

stdlib 和 Boost 都包含文件系统库。stdlib 的文件系统库是从 Boost 的文件系统库发展而来的，因此它们在很大程度上是可互换的。本章重点介绍 stdlib 的实现。如果你有兴趣了解有关 Boost 文件系统库的更多信息，请参阅 Boost 文件系统文档。Boost 和 stdlib 的实现大多相同。

注意　C++ 标准库的某些功能是从 Boost 库发展而来的，这使得 C++ 社区在将新的功能包含在标准库之前，可以先使用 Boost 库进行体验。

17.1　文件系统的相关概念

文件系统有几个重要的概念，其中核心的是文件。文件是支持输出和输入并保存数据的文件系统对象。文件存在于目录中，目录又可以进行嵌套。在文件系统中，为了简单起见，我们把目录也视为文件，包含文件的目录称为该文件的父目录。

路径是标识具体文件的字符串，路径都以特定的根字符串表示，例如在 Windows 上，以 C: 或者 //localhost 标识根路径，在 Unix 上以 / 标识根路径。路径的其他部分由分隔符分开。另外，路径终止于非目录文件。路径可以包含"."和"..", 用来表示当前目录和父目录。

硬链接（hard link）为已经存在的目录分配别名，符号链接（symbolic link）为路径（可能存在也可能不存在）分配一个别名。相对于另一条路径（通常是当前目录）指定位置的路径称为相对路径，而规范路径可以明确表示一个文件的位置，不包含"."和"..",并且不包含符号链接。绝对路径是明确标识文件位置的路径，规范路径和绝对路径的主要区别是规范路径不能包含"."和".."。

> **警告**　如果目标平台不提供分层文件系统，stdlib 文件系统可能不可用。

17.2　std::filesystem::path

std::filesystem::path 是文件系统库中用于构造路径的类，有很多方法可以构建路径。最常见的两个方法是使用默认构造函数（构造空的路径对象）和接受字符串参数的构造函数（构造一个字符串指向的路径）。与所有其他的文件系统类和函数一样，path 类也包含在 <filesystem> 头文件中。

本节将介绍如何从字符串构造路径对象，以及如何将其分解为各个组成部分，对其进行修改。在许多常见的系统编程和应用编程中，都需要与文件系统交互。因为每个操作系统都有一个特有的文件系统，所以 stdlib 的文件系统是对各个操作系统文件系统的抽象，使得我们可以编写跨平台的代码。

17.2.1　构造路径

path 类支持使用 operator== 与其他路径对象和字符串对象进行比较。但是，如果只是想检查路径是否为空，则可以使用返回布尔值的 empty 方法。代码清单 17-1 演示了如何构造两条路径（一条为空，一条非空）并测试它们。

代码清单 17-1　构造 std::filesystem::path

```
#include <string>
#include <filesystem>

TEST_CASE("std::filesystem::path supports == and .empty()") {
  std::filesystem::path empty_path; ❶
  std::filesystem::path shadow_path{ "/etc/shadow" }; ❷
  REQUIRE(empty_path.empty()); ❸
  REQUIRE(shadow_path == std::string{ "/etc/shadow" }); ❹
}
```

我们构造了两条路径：一条使用默认构造函数构造 ❶，另一条使用 /etc/shadow 构造 ❷。因为是默认构造的，所以 empty_path 的 empty 方法返回 true❸。shadow_path 等于包含 /etc/shadow 的字符串，因为它是使用 /etc/shadow 构造的 ❹。

17.2.2　分解路径

path 类包含一些分解方法，它们实际上是专门的字符串操纵符，允许我们提取路径的各个部分，例如：

❑ root_name() 返回根名字。

❑ root_directory() 返回根目录。

❑ root_path() 返回根路径。

❑ relative_path() 返回相对于根的路径。

❑ parent_path() 返回父路径。

❑ filename() 返回文件名。

❑ stem() 返回去掉扩展名的文件名。

❑ extension() 返回扩展名。

在代码清单 17-2 中，对于 Windows 的一个非常重要的系统库 kernel32.dll，以上每个方法都打印了关于这个系统库的某值。

代码清单 17-2　打印路径分解结果的程序

```
#include <iostream>
#include <filesystem>

using namespace std;

int main() {
  const filesystem::path kernel32{ R"(C:\Windows\System32\kernel32.dll)" }; ❶
  cout << "Root name: " << kernel32.root_name() ❷
    << "\nRoot directory: " << kernel32.root_directory() ❸
    << "\nRoot path: " << kernel32.root_path() ❹
    << "\nRelative path: " << kernel32.relative_path() ❺
    << "\nParent path: " << kernel32.parent_path() ❻
    << "\nFilename: " << kernel32.filename() ❼
    << "\nStem: " << kernel32.stem() ❽
    << "\nExtension: " << kernel32.extension() ❾
    << endl;
}
--------------------------------------------------------------------------------
Root name: "C:" ❷
Root directory: "\\" ❸
Root path: "C:\\" ❹
Relative path: "Windows\\System32\\kernel32.dll" ❺
Parent path: "C:\\Windows\\System32" ❻
Filename: "kernel32.dll" ❼
Stem: "kernel32" ❽
Extension: ".dll" ❾
```

使用原始字符串字面量构造的 kernel32 的路径，可以避免转义反斜杠 ❶。提取根名称 ❷，根目录 ❸，kernel32 的根路径 ❹，将它们输出到 stdout。接着，提取相对路径，它显示相对于根 C:\ 的路径 ❺。父路径是 kernel32.dll 的父路径，即包含它的目录 ❻。最后，提取文件名 ❼、不含扩展名的文件名 ❽ 以及扩展名 ❾。

请注意，我们不需要在任何特定的操作系统上运行代码清单 17-2。没有一种分解方法要求路径实际指向现有文件。我们只需提取路径内容的组成部分，而不是指向的文件。当然，不同的操作系统会产生不同的结果，尤其是在分隔符方面（例如，Linux 使用正斜杠）。

注意 代码清单 17-2 说明 std::filesystem::path 有一个在路径的开头和结尾打印引号的 operator<<。在内部，它使用 std::quoted，这是 <iomanip> 头文件中的一个类模板，有助于插入和提取带引号的字符串。另外，请记住，必须转义字符串字面量中的反斜杠，这就是我们在源代码中嵌入的路径中看到两个而不是一个反斜杠的原因。

17.2.3 修改路径

除了分解方法之外，path 还提供了几种修改方法，允许我们修改路径：

❑ clear() 清空路径。
❑ make_preferred() 将所有目录分隔符转换为实现首选的目录分隔符。例如，在 Windows 上，这会将通用分隔符 / 转换为系统首选的分隔符 \。
❑ remove_filename() 删除路径的文件名部分。
❑ replace_filename(p) 将路径的文件名替换为另一个路径 p 的文件名。
❑ replace_extension(p) 用另一个路径 p 的扩展名替换路径的扩展名。
❑ remove_extension() 删除路径的扩展名部分。

代码清单 17-3 演示了如何使用修改方法来操作路径。

代码清单 17-3 使用修改方法操作路径（输出来自 Windows 10 x64 系统）

```
#include <iostream>
#include <filesystem>

using namespace std;

int main() {
  filesystem::path path{ R"(C:/Windows/System32/kernel32.dll)" };
  cout << path << endl; ❶

  path.make_preferred();
  cout << path << endl; ❷

  path.replace_filename("win32kfull.sys");
  cout << path << endl; ❸

  path.remove_filename();
  cout << path << endl; ❹

  path.clear();
  cout << "Is empty: " << boolalpha << path.empty() << endl; ❺
}
---------------------------------------------------------------
"C:/Windows/System32/kernel32.dll" ❶
"C:\\Windows\\System32\\kernel32.dll" ❷
"C:\\Windows\\System32\\win32kfull.sys" ❸
"C:\\Windows\\System32\\" ❹
Is empty: true ❺
```

如代码清单 17-2 所示，我们构建了一条到 kernel32 的路径，这个路径是非 const 的，因为它可以修改 ❶。

接着，使用 make_preferred 将所有目录分隔符转换为系统的首选目录分隔符。代码清单 17-3 显示了来自 Windows 10 x64 系统的输出，因此它已从斜杠（/）转换为反斜杠（\）❷。使用 replace_filename 将文件名从 kernel32.dll 替换为 win32kfull.sys❸。再次注意，此路径描述的文件不需要存在于系统上，我们只是在操作路径。最后，使用 remove_filename 方法删除文件名 ❹，使用 clear 完全清空路径的内容 ❺。

17.2.4 文件系统路径的方法

表 17-1 列出路径的部分可用方法。请注意，p、p1 和 p2 是路径对象，s 是流。

表 17-1 std::filesystem::path 的部分可用方法

方法	说明
path{}	构造空路径
Path{ s, [f] }	从字符串类型 s 构造一个路径，f 是可选的 path::format 类型，默认为实现定义的路径名格式
Path{ p } p1 = p2	复制构造 / 复制赋值
Path{ move(p) } p1 = move(p2)	移动构造 / 移动赋值
p.assign(s)	将 p 赋值给 s，丢弃当前内容
p.append(s) p / s	将 s 追加到 p，包括适当的分隔符 path:preferred_separator
p.concat(s) p + s	将 s 追加到 p，不包括分隔符
p.clear()	擦除内容
p.empty()	如果 p 为空，则返回 true
p.make_preferred()	将所有目录分隔符转换为实现首选的目录分隔符
p.remove_filename()	删除文件名部分
p1.replace_filename(p2)	将 p1 的文件名替换为 p2 的文件名
p1.replace_extension(p2)	用 p2 的扩展名替换 p1 的扩展名
p.root_name()	返回根名称
p.root_directory()	返回根目录
p.root_path()	返回根路径
p.relative_path()	返回相对路径
p.parent_path()	返回父路径
p.filename()	返回文件名
p.stem()	返回茎

（续）

方法	说明
p.extension()	返回扩展名
p.has_root_name()	如果 **p** 有根名称，则返回 true
p.has_root_directory()	如果 **p** 有根目录，则返回 true
p.has_root_path()	如果 **p** 有根路径，则返回 true
p.has_relative_path()	如果 **p** 有相对路径，则返回 true
p.has_parent_path()	如果 **p** 有父路径，则返回 true
p.has_filename()	如果 **p** 有文件名，则返回 true
p.has_stem()	如果 **p** 有一个茎，返回 true
p.has_extension()	如果 **p** 有扩展名，则返回 true
p.c_str() **p**.native()	返回 **p** 的本机字符串表示形式
p.begin() **p**.end()	按照半开半闭区间顺序访问路径的元素
s << **p**	把 **p** 写成 **s**
s >> **p**	把 **s** 读成 **p**
p1.swap(**p2**) swap(**p1**, **p2**)	将 **p1** 的元素与 **p2** 的元素交换
p1 == **p2** **p1** != **p2** **p1** > **p2** **p1** >= **p2** **p1** < **p2** **p1** <= **p2**	按字典顺序比较两个路径 **p1** 和 **p2**

17.3 文件和目录

path 类是文件系统库的核心，但实际上它的方法都不与文件系统交互。但是，<filesystem> 头文件中包含了一些非成员函数，它们可以做这些事情。将 path 对象视为一种声明想与哪种文件系统组件进行交互的方式，将 <filesystem> 看作包含对这些组件执行操作的函数的头文件。

这些函数具有友好的错误处理接口，并允许我们将路径分解为目录名、文件名和扩展名等。基于这些函数，我们可以使用许多工具与环境中的文件进行交互，而无须使用特定于操作系统的应用程序编程接口。

17.3.1 错误处理

与文件系统交互涉及潜在的错误，例如找不到文件、权限不足或不支持操作。因此，文件系统库中与文件系统交互的每个非成员函数都必须向调用者传达错误条件。这些非成员函数提供了两个选项：抛出异常或设置错误变量。

每个函数都有两个重载：一个允许传递对 `std::system_error` 的引用，另一个忽略此参数。如果提供了引用，该函数将 `system_error` 设置为一个错误条件。如果不提供此引用，则该函数将抛出 `std::filesystem::filesystem_error`（继承自 `std::system_error` 的异常类型）。

17.3.2 构造路径的函数

作为使用 `path` 的构造函数的替代方法，我们可以使用以下函数构造各种路径：

❏ `absolute(p, [ec])` 返回引用与 p 相同位置但 `is_absolute()` 为 `true` 的绝对路径。

❏ `canonical(p, [ec])` 返回引用与 p 相同位置的规范路径。

❏ `current_path([ec])` 返回当前路径。

❏ `relative(p, [base], [ec])` 返回 p 相对于 base 的路径。

❏ `temp_directory_path([ec])` 返回临时文件的目录。结果保证是已经存在的目录。

请注意，`current_path` 支持重载，因此我们可以设置当前目录（如 Posix 上的 **cd** 或 **chdir**）。只需提供一个路径参数即可，如 `current_path(p, [ec])`。

代码清单 17-4 展示了其中几个函数的作用。

代码清单 17-4 使用多个构造路径的函数的程序（输出来自 Windows 10 x64 系统）

```
#include <filesystem>
#include <iostream>

using namespace std;

int main() {
  try {
    const auto temp_path = filesystem::temp_directory_path(); ❶
    const auto relative = filesystem::relative(temp_path); ❷
    cout << boolalpha
         << "Temporary directory path: " << temp_path ❸
         << "\nTemporary directory absolute: " << temp_path.is_absolute() ❹
         << "\nCurrent path: " << filesystem::current_path() ❺
         << "\nTemporary directory's relative path: " << relative ❻
         << "\nRelative directory absolute: " << relative.is_absolute() ❼
         << "\nChanging current directory to temp.";

    filesystem::current_path(temp_path); ❽
    cout << "\nCurrent directory: " << filesystem::current_path(); ❾
  } catch(const exception& e) {
    cerr << "Error: " << e.what(); ❿
  }
}
```

```
-------------------------------------------------------------------------
Temporary directory path: "C:\\Users\\lospi\\AppData\\Local\\Temp\\" ❸
Temporary directory absolute: true ❹
Current path: "c:\\Users\\lospi\\Desktop" ❺
Temporary directory's relative path: "..\\AppData\\Local\\Temp" ❻
Relative directory absolute: false ❼
Changing current directory to temp. ❽
Current directory: "C:\\Users\\lospi\\AppData\\Local\\Temp" ❾
```

我们使用 `temp_directory_path` 构造一个路径，它返回系统的临时文件目录 ❶，然后使用 `relative` 来确定它的相对路径 ❷。打印临时路径后 ❸，`is_absolute` 说明这条路径是绝对路径 ❹，接着，打印当前路径 ❺ 以及相对于当前路径的临时目录路径 ❻。因为这条路径是相对路径，所以 `is_absolute` 返回 `false`❼。将路径更改为临时路径后 ❽，打印当前目录 ❾。当然，输出看起来与代码清单 17-4 中的输出不同，如果系统不支持某些操作，甚至可能会抛出异常 ❿。(回想一下本章开头的警告：C++ 标准允许某些环境可能不支持部分或全部文件系统库。)

17.3.3　检查文件类型

我们可以使用以下函数检查给定路径的文件属性：

❏ `is_block_file(p, [ec])` 确定 p 是否为块文件，即某些操作系统中的特殊文件（例如，Linux 中的块设备允许以固定大小的块传输随机可访问的数据）。

❏ `is_character_file(p, [ec])` 确定 p 是否为字符文件，即某些操作系统中的特殊文件（例如，Linux 中允许发送和接收单个字符的字符设备）。

❏ `is_regular_file(p, [ec])` 确定 p 是否为常规文件。

❏ `is_symlink(p, [ec])` 确定 p 是否为符号链接，即是否为对另一个文件或目录的引用。

❏ `is_empty(p, [ec])` 确定 p 是空文件还是空目录。

❏ `is_directory(p, [ec])` 确定 p 是否为目录。

❏ `is_fifo(p, [ec])` 确定 p 是否为命名管道，即很多操作系统都支持的进程间通信机制。

❏ `is_socket(p, [ec])` 确定 p 是否为套接字，即许多操作系统都支持的另一种特殊的进程间通信机制。

❏ `is_other(p, [ec])` 确定 p 是否为常规文件、目录或符号链接之外的某种文件。

代码清单 17-5 使用 `is_directory` 和 `is_regular_file` 来检查四条不同的路径。

代码清单 17-5　使用 `is_directory` 和 `is_regular_file` 检查四个标志性 Windows 和 Linux 路径的程序

```
#include <iostream>
#include <filesystem>

using namespace std;
```

```
void describe(const filesystem::path& p) { ❶
  cout << boolalpha << "Path: " << p << endl;
  try {
    cout << "Is directory: " << filesystem::is_directory(p) << endl; ❷
    cout << "Is regular file: " << filesystem::is_regular_file(p) << endl; ❸
  } catch (const exception& e) {
    cerr << "Exception: " << e.what() << endl;
  }
}

int main() {
  filesystem::path win_path{ R"(C:/Windows/System32/kernel32.dll)" };
  describe(win_path); ❹
  win_path.remove_filename();
  describe(win_path); ❺

  filesystem::path nix_path{ R"(/bin/bash)" };
  describe(nix_path); ❻
  nix_path.remove_filename();
  describe(nix_path); ❼
}
```

在 Windows 10 x64 机器上，运行代码清单 17-5 中的程序会产生以下输出：

```
Path: "C:/Windows/System32/kernel32.dll" ❹
Is directory: false ❹
Is regular file: true ❹
Path: "C:/Windows/System32/" ❺
Is directory: true ❺
Is regular file: false ❺
Path: "/bin/bash" ❻
Is directory: false ❻
Is regular file: false ❻
Path: "/bin/" ❼
Is directory: false ❼
Is regular file: false ❼
```

在 Ubuntu 18.04 x64 机器上，运行代码清单 17-5 中的程序会产生以下输出：

```
Path: "C:/Windows/System32/kernel32.dll" ❹
Is directory: false ❹
Is regular file: false ❹
Path: "C:/Windows/System32/" ❺
Is directory: false ❺
Is regular file: false ❺
Path: "/bin/bash" ❻
Is directory: false ❻
Is regular file: true ❻
Path: "/bin/" ❼
Is directory: true ❼
Is regular file: false ❼
```

首先，定义 describe 函数，它接受单个 path❶。打印路径后，还可以打印路径是

否为目录 ❷ 和常规文件 ❸。在 main 中，给 describe 传递四种不同的路径：

❑ C:/Windows/System32/kernel32.dll❹。

❑ C:/Windows/System32/❺。

❑ /bin/bash❻。

❑ /bin/❼。

请注意，结果是特定于操作系统的。

17.3.4　检查文件和目录

我们可以使用以下函数检查文件系统的各种属性：

❑ current_path([p], [ec])，如果提供了 p，则将程序的当前路径设置为 p；否则，它返回程序的当前路径。

❑ exists(p, [ec]) 返回 p 处是否存在文件或目录。

❑ equivalent(p1, p2, [ec]) 返回 p1 和 p2 是否引用相同的文件或目录。

❑ file_size(p, [ec]) 返回 p 处常规文件的大小（以字节为单位）。

❑ hard_link_count(p, [ec]) 返回 p 的硬链接数。

❑ last_write_time(p, [t] [ec])，如果提供了 t，则将 p 的最后修改时间设置为 t；否则，它返回上次修改 p 的时间（t 是一个 std::chrono::time_point）。

❑ permissions(p, prm, [ec]) 设置 p 的权限。prm 的类型是 std::filesystem:: perms，它是一个模仿 POSIX 权限位的枚举类（请参阅 [fs.enum.perms]）。

❑ read_symlink(p, [ec]) 返回符号链接 p 的目标。

❑ space(p, [ec]) 以 std::filesystem::space_info 的形式返回有关文件系统 p 占用的空间信息。此 POD 包含三个字段：capacity（总大小）、free（可用空间）和 available（非特权进程可用的空间）。它们都是无符号整数类型，以字节为单位。

❑ status(p, [ec]) 以 std::filesystem::file_status 的形式返回文件或目录 p 的类型和属性。该类包含一个不接受参数并返回 std::filesystem::file_ type 类型的对象的 type 方法，该对象是一个枚举类，它接受描述文件类型的值，例如 not_found、regular、directory。符号链接 file_status 类还提供了一个不接受任何参数并返回 std::filesystem::perms 类型的对象的 permissions 方法（有关详细信息，请参阅 [fs.class.file_status]）。

❑ symlink_status(p, [ec]) 是不跟随符号链接的文件系统状态。

如果你熟悉类 Unix 操作系统，那么毫无疑问你已多次使用 ls（"list" 的缩写）程序来枚举文件和目录。在类似 DOS 的操作系统（包括 Windows）上，也有类似的 dir 命令。我们将在本章后面（在代码清单 17-7 中）使用其中几个函数来构建自己的简单程序。

既然知道了如何检查文件和目录，现在我们来看如何操作路径引用的文件和目录。

17.3.5 操作文件和目录

文件系统库包含许多用于操作文件和目录的方法:

❑ copy(p1, p2, [opt], [ec]) 将文件或目录从 p1 复制到 p2。我们可以提供 std::filesystem::copy_options opt 来自定义 copy_file 的行为。这个枚举类可以取多个值,包括 none(如果目标已经存在,则报告错误)、skip_existing(保持现有的)、overwrite_existing(覆盖)和 update_existing(如果 p1 较新,则覆盖)(有关详细信息,请参阅 [fs.enum.copy.opts])。

❑ copy_file(p1, p2, [opt], [ec]) 类似于 copy,但如果 p1 不是常规文件,它将生成错误。

❑ create_directory(p, [ec]) 创建目录 p。

❑ create_directories(p, [ec]) 就像递归调用 create_directory 一样,所以如果嵌套路径包含不存在的父级,请使用此形式。

❑ create_hard_link(tgt, lnk, [ec]) 在 lnk 创建到 tgt 的硬链接。

❑ create_symlink(tgt, lnk, [ec]) 在 lnk 创建到 tgt 的符号链接。

❑ create_directory_symlink(tgt, lnk, [ec]) 应该用于目录,与 create_symlink 不同。

❑ remove(p, [ec]) 删除文件或空目录 p(不跟随符号链接)。

❑ remove_all(p, [ec]) 递归地删除文件或目录 p(不跟随符号链接)。

❑ rename(p1, p2, [ec]) 将 p1 重命名为 p2。

❑ resize_file(p, new_size, [ec]) 将 p 的大小(如果它是常规文件)更改为 new_size。如果此操作增大文件,则用零填充新空间。否则,该操作从末尾开始修剪 p。

我们可以使用其中几种方法创建一个复制文件、调整文件大小和删除文件的程序。代码清单 17-6 通过定义打印文件大小和修改时间的函数来说明这一点。在 main 中,程序创建和修改两个路径对象,并在每次修改后调用该函数。

代码清单 17-6 一个演示与文件系统交互的几种方法的程序(输出来自 Windows 10 x64 系统)

```
#include <iostream>
#include <filesystem>

using namespace std;
using namespace std::filesystem;
using namespace std::chrono;
void write_info(const path& p) {
  if (!exists(p)) { ❶
    cout << p << " does not exist." << endl;
    return;
  }
  const auto last_write = last_write_time(p).time_since_epoch();
  const auto in_hours = duration_cast<hours>(last_write).count();
  cout << p << "\t" << in_hours << "\t" << file_size(p) << "\n"; ❷
```

```
  }

  int main() {
    const path win_path{ R"(C:/Windows/System32/kernel32.dll)" }; ❸
    const auto reamde_path = temp_directory_path() / "REAMDE"; ❹
    try {
      write_info(win_path); ❺
      write_info(reamde_path); ❻

      cout << "Copying " << win_path.filename()
           << " to " << reamde_path.filename() << "\n";
      copy_file(win_path, reamde_path);
      write_info(reamde_path); ❼

      cout << "Resizing " << reamde_path.filename() << "\n";
      resize_file(reamde_path, 1024);
      write_info(reamde_path); ❽

      cout << "Removing " << reamde_path.filename() << "\n";
      remove(reamde_path);
      write_info(reamde_path); ❾
    } catch(const exception& e) {
      cerr << "Exception: " << e.what() << endl;
    }
  }
  --------------------------------------------------------------------------
  "C:/Windows/System32/kernel32.dll"         3657767 720632 ❺
  "C:\\Users\\lospi\\AppData\\Local\\Temp\\REAMDE" does not exist. ❻
  Copying "kernel32.dll" to "REAMDE"
  "C:\\Users\\lospi\\AppData\\Local\\Temp\\REAMDE"         3657767 720632 ❼
  Resizing "REAMDE"
  "C:\\Users\\lospi\\AppData\\Local\\Temp\\REAMDE"         3659294 1024 ❽
  Removing "REAMDE"
  "C:\\Users\\lospi\\AppData\\Local\\Temp\\REAMDE" does not exist. ❾
```

  write_info 函数接受单个路径参数。我们检查这条路径是否存在❶，打印错误消息，如果不存在，则立即返回。如果路径确实存在，则打印一条消息，指示其最后修改时间（自纪元以来的小时数）及文件大小❷。

  在 **main** 中，创建一个指向 **kernel32.dll** 的路径 **win_path**❸ 以及一个指向不存在的名叫 REAMDE 的文件的路径 **reamde_path**❹（回想一下表 17-1，我们可以使用 **operator/** 来连接两个路径对象）。在 **try-catch** 块中，我们可以在两条路径上调用 **write_info**❺❻（如果使用的是非 Windows 机器，将获得不同的输出。此时，可以将 **win_path** 修改为系统上的现有文件以继续操作）。

  接下来，将 **win_path** 处的文件复制到 **reamde_path** 并在其上调用 **write_info**❼，请注意，与之前相反 ❻，此时 **reamde_path** 处的文件是存在的，它的最后写入时间和文件大小与 **kernel32.dll** 相同。

  然后，将 **reamde_path** 处的文件大小调整为 1024 字节并调用 **write_info**❽。请注意，最后写入时间从 3657767 增加到 3659294，文件大小从 720632 减小到 1024。

最后，删除 reamde_path 处的文件并调用 write_info❾，它将告诉你该文件不再存在。

> **注意** 文件系统在后台调整文件大小的方式因操作系统而异，本书对此不做讨论。但是，你可以想象一下调整大小的操作在概念上是如何工作的，它就像 std::vector 的调整大小操作一样。文件末尾不适应文件新大小的所有数据都被操作系统丢弃。

17.4 目录迭代器

文件系统库提供了两个用于迭代目录元素的类：std::filesystem::directory_iterator 和 std::filesystem::recursive_directory_iterator。directory_iterator 不会进入子目录，但 recursive_directory_iterator 会。本节将介绍 directory_iterator，但 recursive_directory_iterator 可以替换前者，支持以下所有操作。

17.4.1 构造

directory_iterator 的默认构造函数产生结束迭代器（回想一下，输入的结束迭代器指示输入范围何时结束）。另一个构造函数接受路径参数，它指示要枚举的目录。此外，也可以提供 std::filesystem::directory_options，它是具有以下常量的枚举类：

❑ none 指示迭代器跳过目录符号链接。如果迭代器遇到权限拒绝，则会产生错误。

❑ follow_directory_symlink 遵循符号链接。

❑ 如果迭代器遇到权限拒绝的情况，skip_permission_denied 会跳过目录。

此外，我们可以提供一个 std::error_code，它与所有其他接受 error_code 的文件系统库函数一样，将设置此参数，而不是在构造过程中发生错误时抛出异常。

表 17-2 总结了用于构造 directory_iterator 的选项。注意，p 是路径，d 是目录，op 是 directory_options，ec 是 error_code。

表 17-2 std::filestystem::directory_iterator 操作总结

操作	说明
directory_iterator{}	构造 end 迭代器
directory_iterator{ p, [op], [ec] }	构造指向目录 p 的目录迭代器。参数 op 默认为空。如果提供，ec 接收错误条件，而不是抛出异常
directory_iterator { d } d1 = d2	复制构造 / 复制赋值
directory_iterator { move(d) } d1 = move(d2)	移动构造 / 移动赋值

17.4.2 目录条目

输入迭代器 directory_iterator 和 recursive_directory_iterator 为每个条目生成一个 std::filesystem::directory_entry 元素。directory_entry 类存储路径,以及这些路径的一些属性,并把它们暴露为可使用的方法。表 17-3 列出了这些方法。请注意,de 是 directory_entry。

表 17-3　std::filesystem::directory_entry 操作总结

操作	说明
de.path()	返回引用的路径
de.exists()	如果引用的路径存在于文件系统上,则返回 true
de.is_block_file()	如果引用的路径是块设备,则返回 true
de.is_character_file()	如果引用的路径是字符设备,则返回 true
de.is_directory()	如果引用的路径是目录,则返回 true
de.is_fifo()	如果引用的路径是命名管道,则返回 true
de.is_regular_file()	如果引用的路径是普通文件,则返回 true
de.is_socket()	如果引用的路径是套接字,则返回 true
de.is_symlink()	如果引用的路径是符号链接,则返回 true
de.is_other()	如果引用的路径是其他路径,则返回 true
de.file_size()	返回被引用路径的大小
de.hard_link_count()	返回指向被引用路径的硬链接数
de.last_write_time([t])	如果提供了 t,则设置引用路径的最后修改时间;否则,它返回最后修改时间
de.status() de.symlink_status()	返回被引用路径的 std::filesystem::file_status

我们可以使用 directory_iterator 和表 17-3 中的几个操作来创建一个简单的目录程序,如代码清单 17-7 所示。

代码清单 17-7　使用 std::filesystem::directory_iterator 枚举给定目录的程序(输出来自 Windows 10 x64 系统)

```
#include <iostream>
#include <filesystem>
#include <iomanip>

using namespace std;
using namespace std::filesystem;
using namespace std::chrono;

void describe(const directory_entry& entry) { ❶
```

```
    try {
      if (entry.is_directory()) { ❷
        cout << "            *";
      } else {
        cout << setw(12) << entry.file_size();
      }
      const auto lw_time =
        duration_cast<seconds>(entry.last_write_time().time_since_epoch());
      cout << setw(12) << lw_time.count()
        << " " << entry.path().filename().string()
        << "\n"; ❸
    } catch (const exception& e) {
      cout << "Error accessing " << entry.path().string()
        << ": " << e.what() << endl; ❹
    }
  }

  int main(int argc, const char** argv) {
    if (argc != 2) {
      cerr << "Usage: listdir PATH";
      return -1; ❺
    }
    const path sys_path{ argv[1] }; ❻
    cout << "Size        Last Write  Name\n";
    cout << "----------- ----------- ------------\n"; ❼
    for (const auto& entry : directory_iterator{ sys_path }) ❽
      describe(entry); ❾
  }
  --------------------------------------------------------------------------------
  > listdir c:\Windows
  Size        Last Write  Name
  ----------- ----------- -----------
            * 13177963504 addins
            * 13171360979 appcompat
  --snip--
            * 13173551028 WinSxS
       316640 13167963236 WMSysPr9.prx
        11264 13167963259 write.exe
```

注意　你应该将程序的名称从 listdir 修改为与编译器输出匹配的任何值。

首先，我们定义一个接受路径引用的 describe 函数 ❶，它检查目录是否为路径，并打印对应目录的星号 ❷ 和对应文件的大小。接着，确定条目自纪元以来的最后一次修改时间（以秒为单位）并将其与条目的关联文件名一起打印出来 ❸。如果发生任何异常，则打印错误消息并返回 ❹。

在 main 中，我们首先检查用户是否使用单个参数调用程序，如果不是，则返回负数 ❺。接着，使用单个参数构造路径 ❻，针对输出打印一些精美的标题 ❼，遍历目录中的每个 entry❽，并将其传递给 describe❾。

17.4.3 递归目录迭代

recursive_directory_iterator 是 directory_iterator 的替代品，因为它支持与 directory_iterator 相同的所有操作，但会枚举子目录。我们可以组合使用这些迭代器来构建一个程序，使其计算给定目录的文件和子目录的大小和数量。代码清单 17-8 演示了如何使用它们。

代码清单 17-8　一个使用 std::filesystem::recursive_directory_iterator 列出给定路径的子目录的文件数和总大小的程序（输出来自 Windows 10 x64 系统）

```
#include <iostream>
#include <filesystem>

using namespace std;
using namespace std::filesystem;

struct Attributes {
  Attributes& operator+=(const Attributes& other) {
    this->size_bytes += other.size_bytes;
    this->n_directories += other.n_directories;
    this->n_files += other.n_files;
    return *this;
  }
  size_t size_bytes;
  size_t n_directories;
  size_t n_files;
}; ❶

void print_line(const Attributes& attributes, string_view path) {
  cout << setw(14) << attributes.size_bytes
       << setw(7) << attributes.n_files
       << setw(7) << attributes.n_directories
       << " " << path << "\n"; ❷
}

Attributes explore(const directory_entry& directory) {
  Attributes attributes{};
  for(const auto& entry : recursive_directory_iterator{ directory.path() }) { ❸
      if (entry.is_directory()) {
        attributes.n_directories++; ❹
      } else {
        attributes.n_files++;
        attributes.size_bytes += entry.file_size(); ❺
      }
  }
  return attributes;
}

int main(int argc, const char** argv) {
  if (argc != 2) {
    cerr << "Usage: treedir PATH";
```

```
        return -1; ❻
    }
    const path sys_path{ argv[1] };
    cout << "Size            Files  Dirs    Name\n";
    cout << "-------------- ------ ------ ------------\n";
    Attributes root_attributes{};
    for (const auto& entry : directory_iterator{ sys_path }) { ❼
      try {
        if (entry.is_directory()) {
          const auto attributes = explore(entry); ❽
          root_attributes += attributes;
          print_line(attributes, entry.path().string());
          root_attributes.n_directories++;
        } else {
          root_attributes.n_files++;
          error_code ec;
          root_attributes.size_bytes += entry.file_size(ec); ❾
          if (ec) cerr << "Error reading file size: "
                       << entry.path().string() << endl;
        }
      } catch(const exception&) {
      }
    }
    print_line(root_attributes, argv[1]); ❿
}
--------------------------------------------------------------------------------
> treedir C:\Windows
Size         Files  Dirs Name
------------ ----- ----- ------------
         802     1     0 C:\Windows\addins
     8267330     9     5 C:\Windows\apppatch
--snip--
 11396916465 73383 20480 C:\Windows\WinSxS
 21038460348 110950 26513 C:\Windows ❿
```

注意　你应该将程序的名称从 **treedir** 修改为与编译器输出匹配的任何值。

在声明了用于存储计数数据的 **Attributes** 类之后 ❶，我们定义 **print_line** 函数，该函数以用户友好的方式在路径字符串旁显示 **Attributes** 实例 ❷。接着，我们定义 **explore** 函数，该函数接受 **directory_entry** 引用并递归地迭代它 ❸。如果生成的条目是目录，则递增目录计数 ❹，否则，递增文件计数和总大小 ❺。

在 **main** 中，检查调用的程序是否恰好接受两个参数。如果不是，则返回错误码 **-1**❻。使用（非递归）**directory_iterator** 来枚举 **sys_path** 引用的目标路径的内容 ❼。如果条目是目录，则调用 **explore** 来确定它的属性 ❽，随后将其打印到控制台。我们还递增了 **root_attributes** 的 **n_directories** 成员。如果条目不是目录，则相应地增加 **root_attributes** 的 **n_files** 和 **size_bytes** 成员 ❾。

完成对所有 **sys_path** 子元素的迭代后，将 **root_attributes** 打印到最后一行 ❿。

例如，代码清单 17-8 中的最后一行输出显示这个特定的 Windows 目录包含 110 950 个文件，占用 21 038 460 348 字节（约 21GB），有 26 513 个子目录。

17.5 fstream 互操作

除了字符串类型之外，我们还可以使用 `std::filesystem::path` 或 `std::file-system::directory_entry` 构造文件流（`basic_ifstream`、`basic_ofstream` 或 `basic_fstream`）。

例如，我们可以遍历一个目录并构造一个 `ifstream` 来读取遇到的每个文件。代码清单 17-9 演示了如何检查每个 Windows 可移植的可执行文件（`.sys`、`.dll`、`.exe` 等）开头的特别的 MZ 字节，并报告违反此规则的文件。

代码清单 17-9　在 Windows System32 目录中搜索 Windows 可移植的可执行文件

```
#include <iostream>
#include <fstream>
#include <filesystem>
#include <unordered_set>

using namespace std;
using namespace std::filesystem;

int main(int argc, const char** argv) {
  if (argc != 2) {
    cerr << "Usage: pecheck PATH";
    return -1; ❶
  }
  const unordered_set<string> pe_extensions{
    ".acm", ".ax",  ".cpl", ".dll", ".drv",
    ".efi", ".exe", ".mui", ".ocx", ".scr",
    ".sys", ".tsp"
  }; ❷
  const path sys_path{ argv[1] };
  cout << "Searching " << sys_path << " recursively.\n";
  size_t n_searched{};
  auto iterator = recursive_directory_iterator{ sys_path,
                            directory_options::skip_permission_denied }; ❸
  for (const auto& entry : iterator) { ❹
    try {
      if (!entry.is_regular_file()) continue;
      const auto& extension = entry.path().extension().string();
      const auto is_pe = pe_extensions.find(extension) != pe_extensions.end();
      if (!is_pe) continue; ❺
      ifstream file{ entry.path() }; ❻
      char first{}, second{};
      if (file) file >> first;
      if (file) file >> second; ❼
      if (first != 'M' || second != 'Z')
        cout << "Invalid PE found: " << entry.path().string() << "\n"; ❽
```

```
      ++n_searched;
    } catch(const exception& e) {
      cerr << "Error reading " << entry.path().string()
           << ": " << e.what() << endl;
    }
  }
  cout << "Searched " << n_searched << " PEs for magic bytes." << endl; ❾
}
```

```
listing_17_9.exe c:\Windows\System32
Searching "c:\\Windows\\System32" recursively.
Searched 8231 PEs for magic bytes.
```

在 main 中，检查两个参数并根据需要返回错误码❶。我们构建一个包含与可移植的可执行文件关联的所有扩展名的 unordered_set❷，用于检查文件扩展名。使用带有 directory_options::skip_permission_denied 选项的 recursive_directory_iterator 来枚举指定路径中的所有文件❸。遍历每个条目❹，跳过非常规文件，然后通过 find 基于 pe_extensions 来确定该条目是否为可移植的可执行文件。如果该条目没有这样的扩展名，则跳过该文件❺。

要打开文件，只需将条目的路径传递给 ifstream 的构造函数❻。然后，使用生成的输入文件流将文件的前两个字节读入 first 和 second❼。如果前两个字符不是 MZ，则向控制台打印一条消息❽。无论哪种方式，都会递增名为 n_searched 的计数器。用完目录迭代器后，在从 main 返回之前向用户打印一条指示 n_searched 的消息❾。

17.6 总结

本章介绍了 stdlib 文件系统工具，包括路径、文件、目录和错误处理。这些工具使我们能够编写与文件交互的跨平台代码。本章重点介绍了一些重要的操作、目录迭代器和与文件流的互操作。

练习

17-1. 实现一个接受两个参数（路径和扩展名）的程序。该程序应递归地搜索给定路径并打印具有指定扩展名的文件。

17-2. 改进代码清单 17-8 中的程序，使其可以接受可选的第二个参数。如果第一个参数以连字符（-）开头，程序会读取紧跟在连字符后面的所有连续字母，并将每个字母作为选项进行解析。第二个参数指要搜索的路径。如果选项列表包含 R，则执行递归目录，否则，不要使用递归目录迭代器。

17-3. 请参阅 dir 或 ls 命令的文档，并在代码清单 17-8 的新改进版本中实现尽可能多的选项。

拓展阅读

- *Windows NT File System Internals: A Developer's Guide* by Rajeev Nagar (O'Reilly, 1997)
- *The Boost C++ Libraries*, 2nd Edition, by Boris Schäling (XML Press, 2014)
- *The Linux Programming Interface: A Linux and UNIX System Programming Handbook* by Michael Kerrisk (No Starch Press, 2010)

算　法

> 这就是编程的本质。当你把一个复杂的想法整理成即使是愚蠢的机器也能处理的小步骤时，你自己也学到了一些东西。
>
> ——Douglas Adams, *Dirk Gently's Holistic Detective Agency*

　　算法是解决一类问题的过程。标准库（stdlib）和 Boost 库包含许多可以在程序中使用的算法。因为已有很多优秀的人投入了大量时间确保这些算法的正确性和有效性，因此我们通常不需要尝试自己去实现，例如，不需要自己编写排序算法。

　　因为本章几乎涵盖了整个 stdlib 中的算法套件，所以篇幅较长；但是，各个算法的介绍都很简洁。在第一次阅读时，应该浏览各节以了解可以使用的各种算法。不要试图记住它们，而应深入了解可以用它们解决的问题类型，以便在将来编写代码时可以快速确定使用哪种算法，这样就可以避免"重复造轮子"的事件。

　　在开始使用算法之前，你需要对算法复杂度和并行性有一定的了解。这两个算法特征是代码执行效率的主要影响因素。

18.1　算法复杂度

　　算法复杂度描述了计算任务的难度。量化这种复杂度的一种方法是使用 Bachmann-Landau 或"大 O"表示法。大 O 表示法是根据计算量与输入量的关系来描述复杂度的函数。这种表示法只包括复杂度函数的前项，前项（leading term）指随着输入规模的增加而增长最快的项。

　　例如，对于每个额外的输入元素，其复杂度大致增加固定量的算法具有 $O(N)$ 的复杂度，而在给定额外输入的情况下，复杂度不改变的算法具有 $O(1)$ 的复杂度。

本章描述标准库的算法，这些算法按复杂度可以分为五大类。为了让你了解这些算法的扩展方式，下面列出了每个类及其大 O 表示法，同时给出了当输入从 1000 个元素增加到 10 000 个元素时，每个操作类型的复杂度。每个示例都提供具有给定复杂度的操作，其中 N 是操作中涉及的元素数：

- ❑ 固定时间 $O(1)$：不需要额外计算，例如确定 `std::vector` 的大小。
- ❑ 对数时间 $O(\log N)$：大约计算一次，例如在 `std::set` 中查找元素。
- ❑ 线性时间 $O(N)$：大约 9000 次额外计算，例如对集合中的所有元素求和。
- ❑ 拟线性时间 $O(N \log N)$：大约 37 000 次额外计算，例如常用的快速排序算法。
- ❑ 多项式（或平方）时间 $O(N^2)$：大约 99 000 000 次额外计算，例如将一个集合中的所有元素与另一个集合中的所有元素进行比较。

整个计算机科学领域都致力于根据难度对计算问题进行分类，因此这是一个复杂的话题。本章根据目标序列的大小对所需工作量的影响来讨论每种算法的复杂度。在实践中，你应该分析性能以确定算法是否具有合适的缩放属性。但是这些复杂度类别可以让你了解特定算法的成本有多高。

18.2 执行策略

一些算法可以划分成不同的部分，以便各独立实体可以同时处理问题的不同部分（这种算法通常称为并行算法）。许多标准库算法允许使用执行策略指定并行度。执行策略（execution policy）指示算法允许的并行度。从标准库的角度来看，算法可以按顺序执行，也可以并行执行。顺序算法一次只能有一个实体处理问题，而并行算法可以让许多实体协同工作以解决问题。

此外，并行算法可以是向量化的，也可以是非向量化的。向量化算法允许实体以未指定的顺序进行工作，甚至允许单个实体同时处理问题的多个部分。需要实体之间同步的算法通常是不可向量化的，因为同一个实体可能多次尝试获取锁，从而导致死锁。

`<execution>` 头文件中存在三种执行策略：

- ❑ `std::execution::seq` 指定按顺序（非并行）执行。
- ❑ `std::execution::par` 指定并行执行。
- ❑ `std::execution::par_unseq` 指定并行和向量化执行。

对于那些支持执行策略的算法，默认是 `seq`，这意味着若要使用非顺序执行策略，必须选择并行度和相关的性能优势。请注意，C++ 标准没有指定这些执行策略的确切含义，因为不同的平台处理并行性的方式不同。当提供非顺序执行策略时，其实是在声明"此算法可安全并行化"。

第 19 章将更详细地探索执行策略。现在，我们只需知道有些算法允许并行化。

警告　本章中的算法描述并不完整。它们包含足够的信息，可以为你提供标准库中许多可用算法的参考。我建议，一旦你确定了适合自己需求的算法，就可以查看本章末尾

"拓展阅读"部分中的相关资源进行深入了解。当提供非默认策略时，接受可选执行策略的算法通常有不同的要求，尤其是在涉及迭代器的情况下。例如，如果算法通常接受输入迭代器，则使用执行策略通常会导致算法需要前向迭代器。列出这些差异会使本章篇幅更长，所以这里省略了这些差异对比内容。

如何使用本章的内容

本章包含 50 多种算法，可作为算法的快速参考。每种算法的覆盖范围都必须简洁。每个算法都以简洁的描述开始。算法函数声明的简写表示伴随着每个参数的解释。声明在括号中描述了可选参数。接着通过代码清单展示算法的复杂度，给出使用算法的简洁说明性示例。本章中的几乎所有示例都是单元测试，并且隐含地包括以下主要前项：

```
#include "catch.hpp"
#include <vector>
#include <string>

using namespace std;
```

如果需要算法的详细信息，请参阅 <algorithm> 库中的相关小节。

18.3　非修改序列操作

非修改序列操作是一种对序列执行计算但不以任何方式修改序列的算法，我们可以将其视为 const 算法。本节中的每个算法都位于 <algorithm> 头文件中。

18.3.1　all_of

all_of 算法确定序列中的每个元素是否符合用户指定的标准。如果目标序列为空或序列中所有元素的 pred 为 true，则算法返回 true，否则，返回 false。

```
bool all_of([ep], ipt_begin, ipt_end, pred);
```

1. 参数
❑ 可选的 std::execution 执行策略 ep（默认值为 std::execution::seq）。
❑ 一对 InputIterator 对象，即 ipt_begin / ipt_end，代表目标序列。
❑ 一元谓词 pred，它接受来自目标序列的元素。

2. 复杂度
线性复杂度，调用 pred 最多 distance(ipt_begin, ipt_end) 次。

3. 例子

```
#include <algorithm>
```

```
TEST_CASE("all_of") {
  vector<string> words{ "Auntie", "Anne's", "alligator" }; ❶
  const auto starts_with_a =
    [](const auto& word❷) {
      if (word.empty()) return false; ❸
      return word[0] == 'A' || word[0] == 'a'; ❹
    };
  REQUIRE(all_of(words.cbegin(), words.cend(), starts_with_a)); ❺
  const auto has_length_six = [](const auto& word) {
    return word.length() == 6; ❻
  };
  REQUIRE_FALSE(all_of(words.cbegin(), words.cend(), has_length_six)); ❼
}
```

在构建了一个名为 words 的字符串对象向量❶之后，我们又构建了 lambda 谓词 starts_with_a，它接受 word 对象❷。如果 word 是空的，starts_with_a 返回 false❸；如果 word 以 a 或 A 开头，则返回 true❹。因为所有的 word 元素都以 a 或 A 开头，所以在使用 starts_with_a 时，all_of 会返回 true❺。

在第二个例子中，我们构建了谓词 has_length_six，它只在 word 的长度为 6 时返回 true❻。因为 alligator 的长度不是 6，所以当将 has_length_six 应用于 word 时，all_of 返回 false❼。

18.3.2　any_of

any_of 算法确定序列中是否有元素符合用户指定的标准。如果目标序列为空或序列中某元素的 pred 为 true，则算法返回 true；否则，返回 false。

```
bool any_of([ep], ipt_begin, ipt_end, pred);
```

1.参数

❑ 可选的 std::execution 执行策略 ep（默认值为 std::execution::seq）。

❑ 一对 InputIterator 对象，即 ipt_begin / ipt_end，代表目标序列。

❑ 一元谓词 pred，它接受来自目标序列的元素。

2.复杂度

线性复杂度，调用 pred 最多 distance(ipt_begin, ipt_end) 次。

3.例子

```
#include <algorithm>

TEST_CASE("any_of") {
  vector<string> words{ "Barber", "baby", "bubbles" }; ❶
  const auto contains_bar = [](const auto& word) {
    return word.find("Bar") != string::npos;
  }; ❷
  REQUIRE(any_of(words.cbegin(), words.cend(), contains_bar)); ❸
```

```
const auto is_empty = [](const auto& word) { return word.empty(); }; ❹
REQUIRE_FALSE(any_of(words.cbegin(), words.cend(), is_empty)); ❺
}
```

我们首先构造一个包含字符串对象的向量 words❶，然后构造 lambda 谓词 contains_bar，它接受一个名为 word 的对象 ❷。如果 word 包含子串 Bar，就返回 true；否则，返回 false。因为 Barber 包含 Bar，所以当使用 contains_bar 时，any_of 返回 true❸。

在第二个例子中，我们构建谓词 is_empty，它只在 word 为空的情况下返回 true❹。因为没有一个 word 是空的，所以当应用 is_empty 时，any_of 返回 false❺。

18.3.3　none_of

none_of 算法确定序列中是否没有元素符合用户指定的标准。如果目标序列为空或序列中没有元素的 pred 为 true，则算法返回 true；否则，返回 false。

```
bool none_of([ep], ipt_begin, ipt_end, pred);
```

1. 参数

❑ 可选的 std::execution 执行策略 ep（默认值为 std::execution::seq）。

❑ 一对 InputIterator 对象，即 ipt_begin / ipt_end，代表目标序列。

❑ 一元谓词 pred，它接受来自目标序列的元素。

2. 复杂度

线性复杂度，调用 pred 最多 distance(ipt_begin, ipt_end) 次。

3. 例子

```
#include <algorithm>

TEST_CASE("none_of") {
  vector<string> words{ "Camel", "on", "the", "ceiling" }; ❶
  const auto is_hump_day = [](const auto& word) {
    return word == "hump day";
  }; ❷
  REQUIRE(none_of(words.cbegin(), words.cend(), is_hump_day)); ❸

  const auto is_definite_article = [](const auto& word) {
    return word == "the" || word == "ye";
  }; ❹
  REQUIRE_FALSE(none_of(words.cbegin(), words.cend(), is_definite_article)); ❺
}
```

我们首先构造一个包含字符串对象的向量 words❶，接着构建 lambda 谓词 is_hump_day，它接受一个 word 对象 ❷。如果 word 等于 hump day，它返回 true；否则，返回 false。因为 words 不包含 hump day，所以当使用 is_hump_day 时，none_of 返回 true❸。

在第二个例子中，我们构建了谓词 is_definite_article，它只在 word 是定冠词时返回 true❹。因为 the 是定冠词，所以当使用 is_definite_article 时，none_of 返回 false❺。

18.3.4　for_each

for_each 算法将用户定义的函数应用于序列中的每个元素。该算法将 fn 应用于目标序列的每个元素。尽管 for_each 被认为是非修改序列操作，但如果 ipt_begin 是可变的迭代器，fn 可以接受非 const 参数。fn 返回的任何值都会被忽略。如果省略了 ep，for_each 将返回 fn；否则，for_each 将返回 void。

```
for_each([ep], ipt_begin, ipt_end, fn);
```

1. 参数
❑ 可选的 std::execution 执行策略 ep（默认值为 std::execution::seq）。
❑ 一对 InputIterator 对象，即 ipt_begin / ipt_end，代表目标序列。
❑ 一元函数 fn，它接受来自目标序列的元素。

2. 复杂度
线性复杂度，算法执行 fn 恰好 distance(ipt_begin, ipt_end) 次。

3. 其他要求
❑ 如果省略 ep，fn 必须是可移动的。
❑ 如果提供 ep，fn 必须是可复制的。

4. 例子

```
#include <algorithm>

TEST_CASE("for_each") {
  vector<string> words{ "David", "Donald", "Doo" }; ❶
  size_t number_of_Ds{}; ❷
  const auto count_Ds = [&number_of_Ds❸](const auto& word❹) {
    if (word.empty()) return; ❺
    if (word[0] == 'D') ++number_of_Ds; ❻
  };
  for_each(words.cbegin(), words.cend(), count_Ds); ❼
  REQUIRE(3 == number_of_Ds); ❽
}
```

我们首先构建一个包含字符串对象的向量，用 words 表示 ❶，然后构建一个计数器变量 number_of_Ds❷ 和 lambda 谓词 count_Ds❸，该谓词捕获对 number_of_Ds 的引用并接受名为 word 的单一对象 ❹。如果 word 是空的，则返回 ❺；如果 word 的第一个字母是 D，则递增 number_of_Ds❻。

接着，用 for_each 迭代每个单词，把每个单词传给 count_Ds❼。结果为 number_of_Ds，等于 3❽。

18.3.5　for_each_n

for_each_n 算法将用户定义的函数应用于序列中的每个元素。该算法将 fn 应用于目标序列的每个元素。尽管 for_each_n 被认为是非修改序列操作，但如果 ipt_begin 是可变的迭代器，fn 可以接受非 const 参数。fn 返回的任何值都会被忽略。它返回 ipt_begin+n。

```
InputIterator for_each_n([ep], ipt_begin, n, fn);
```

1. 参数

❑ 可选的 std::execution 执行策略 ep（默认值为 std::execution::seq）。

❑ InputIterator ipt_begin 表示目标序列的第一个元素。

❑ 表示所需迭代次数的整数 n，以便表示目标序列的半开半闭区间是 ipt_begin 到 ipt_begin+n（Size 是 n 的模板类型）。

❑ 接受来自目标序列的元素的一元函数 fn。

2. 复杂度

线性复杂度，调用 fn 函数 n 次。

3. 其他要求

❑ 如果省略 ep，fn 必须是可移动的。

❑ 如果提供 ep，fn 必须是可复制的。

❑ n 必须为非负数。

4. 例子

```
#include <algorithm>

TEST_CASE("for_each_n") {
  vector<string> words{ "ear", "egg", "elephant" }; ❶
  size_t characters{}; ❷
  const auto count_characters = [&characters❸](const auto& word❹) {
    characters += word.size(); ❺
  };
  for_each_n(words.cbegin(), words.size(), count_characters); ❻
  REQUIRE(14 == characters); ❼
}}
```

在构造了名为 words 的字符串对象向量 ❶ 和计数器变量 characters❷ 之后，我们又构造了 lambda 谓词 count_characters，它捕获对 characters 的引用 ❸，接受一个名为 word 的对象 ❹。lambda 谓词将 word 的长度加到 characters❺。

接着，使用 for_each_n 来迭代每个单词，将每个单词传递给 count_characters❻。因此，characters 是 14❼。

18.3.6　find、find_if 和 find_if_not

find、find_if 和 find_if_not 算法在序列中寻找与用户定义的标准相匹配的第一个元素。

这些算法返回指向目标序列的第一个匹配 value(find) 的元素的 InputIterator，结果就是在使用 pred（find_if）调用时产生 true，在使用 pred（find_if_not）调用时产生 false。

如果算法找不到匹配项，则返回 ipt_end。

```
InputIterator find([ep], ipt_begin, ipt_end, value);
InputIterator find_if([ep], ipt_begin, ipt_end, pred);
InputIterator find_if_not([ep], ipt_begin, ipt_end, pred);
```

1. 参数

❑ 可选的 std::execution 执行策略 ep（默认值为 std::execution::seq）。

❑ 一对 InputIterator 对象，即 ipt_begin / ipt_end，代表目标序列。

❑ 与目标序列的基础类型相当的 const 引用 value（find）或接受目标序列基础类型的单个参数的谓词（find_if 和 find_if_not）。

2. 复杂度

线性复杂度，该算法最多进行 distance(ipt_begin, ipt_end) 次比较（find）或 pred 调用（find_if 和 find_if_not）。

3. 例子

```
#include <algorithm>

TEST_CASE("find find_if find_if_not") {
  vector<string> words{ "fiffer", "feffer", "feff" }; ❶
  const auto find_result = find(words.cbegin(), words.cend(), "feff"); ❷
  REQUIRE(*find_result == words.back()); ❸

  const auto defends_digital_privacy = [](const auto& word) {
    return string::npos != word.find("eff"); ❹
  };
  const auto find_if_result = find_if(words.cbegin(), words.cend(),
                                      defends_digital_privacy); ❺
  REQUIRE(*find_if_result == "feffer"); ❻

  const auto find_if_not_result = find_if_not(words.cbegin(), words.cend(),
                                              defends_digital_privacy); ❼
  REQUIRE(*find_if_not_result == words.front()); ❽
}
```

在构造了一个名为 words 的包含字符串对象的向量 ❶ 之后，使用 find 来定位 feff❷，它位于 words 的结尾 ❸。接着，构建谓词 defends_digital_privacy，如果 word 包含字母 eff❹，则返回 true。然后，使用 find_if 来定位 words 中第一个包含 eff❺、feffer❻ 的 字 符 串。 最后，用 find_if_not 将 defends_digital_privacy 应用到 words❼，这将返回第一个元素 fiffer（因为它不包含 eff）❽。

18.3.7 find_end

find_end 算法查找子序列最后一次出现的位置。如果算法没有找到这样的序列，则返回 fwd_end1。如果 find_end 确实找到了一个子序列，则返回一个指向最后一个匹配子序列的第一个元素的 ForwardIterator。

```
InputIterator find_end([ep], fwd_begin1, fwd_end1,
                       fwd_begin2, fwd_end2, [pred]);
```

1. 参数

❑ 可选的 std::execution 执行策略 ep（默认值为 std::execution::seq）。

❑ 两对 ForwardIterator，即 fwd_begin1 / fwd_end1 和 fwd_begin2 / fwd_end2，分别代表目标序列 1 和 2。

❑ 可选的二元谓词 pred，用于比较两个元素是否相等。

2. 复杂度

平方复杂度，该算法最多进行以下数量的比较或 pred 调用：

```
distance(fwd_begin2, fwd_end2) * (distance(fwd_begin1, fwd_end1) -
                                  distance(fwd_begin2, fwd_end2) + 1)
```

3. 例子

```
#include <algorithm>

TEST_CASE("find_end") {
  vector<string> words1{ "Goat", "girl", "googoo", "goggles" }; ❶
  vector<string> words2{ "girl", "googoo" }; ❷
  const auto find_end_result1 = find_end(words1.cbegin(), words1.cend(),
                                         words2.cbegin(), words2.cend()); ❸
  REQUIRE(*find_end_result1 == words1[1]); ❹

  const auto has_length = [](const auto& word, const auto& len) {
    return word.length() == len; ❺
  };
  vector<size_t> sizes{ 4, 6 }; ❻
  const auto find_end_result2 = find_end(words1.cbegin(), words1.cend(),
                                         sizes.cbegin(), sizes.cend(),
                                         has_length); ❼
  REQUIRE(*find_end_result2 == words1[1]); ❽
}
```

在构建了名为 words1❶ 和 words2❷ 的包含字符串对象的向量之后，调用 find_end 来确定 words1 中从哪个元素开始的子序列等于 words2❸。结果是 find_end_result1，它等于元素 girl❹。

接着，构建一个 lambda 谓词 `has_length`，它需要两个参数 `word` 和 `len`。如果 `word.length()` 等于 `len`❺，则返回 `true`。继续构建一个名为 `sizes` 的包含 `size_t` 对象的向量 ❻，然后用 `words1`、`sizes` 和 `has_length` 调用 `find_end`❼。结果 `find_end_result2` 指向 `words1` 中第一个长度为 4 的元素，随后的单词长度为 6。因为 `girl` 长度为 4，`googoo` 长度为 6，所以 `find_end_result2` 指向 `girl`❽。

18.3.8　find_first_of

`find_first_of` 算法寻找序列 1 中第一次出现的等于序列 2 中的某个元素的元素。如果提供 `pred`，算法会在序列 1 中找到第一个出现的 `i`，其中对于序列 2 中的某个 `j`，`pred (i, j)` 为 `true`。

如果 `find_first_of` 没有找到这样的序列，则返回 `ipt_end1`。如果 `find_first_of` 确实找到了一个子序列，则返回一个指向第一个匹配到的子序列的第一个元素的 `InputIterator`（请注意，如果 `ipt_begin1` 也是 `ForwardIterator`，则 `find_first_of` 会返回 `ForwardIterator`）。

```
InputIterator find_first_of([ep], ipt_begin1, ipt_end1,
                            fwd_begin2, fwd_end2, [pred]);
```

1. 参数
❑ 可选的 `std::execution` 执行策略 `ep`（默认值为 `std::execution::seq`）。
❑ 一对 `InputIterator` 对象，即 `ipt_begin1` / `ipt_end1`，代表目标序列 1。
❑ 一对 `ForwardIterator`，即 `fwd_begin2` / `fwd_end2`，代表目标序列 2。
❑ 可选的二元谓词 `pred`，用于比较两个元素是否相等。

2. 复杂度
平方复杂度，该算法最多进行以下数量的比较或 `pred` 调用：

```
distance(ipt_begin1, ipt_end1) * distance(fwd_begin2, fwd_end2)
```

3. 例子

```
#include <algorithm>

TEST_CASE("find_first_of") {
  vector<string> words{ "Hen", "in", "a", "hat" }; ❶
  vector<string> indefinite_articles{ "a", "an" }; ❷
  const auto find_first_of_result = find_first_of(words.cbegin(),
                                                  words.cend(),
                                                  indefinite_articles.cbegin(),
                                                  indefinite_articles.cend()); ❸
  REQUIRE(*find_first_of_result == words[2]); ❹
}
```

在构建名为 `words`❶ 和 `indefinite_articles`❷ 的包含字符串对象的向量之后，

调用 find_first_of 来确定 words 中从哪个元素开始的子序列等于 indefinite_articles❸。结果是 find_first_of_result，它等于元素 a❹。

18.3.9 adjacent_find

adjacent_find 算法寻找序列中的第一对相邻重复元素。该算法在目标序列中寻找第一次出现相等的两个相邻元素的位置，如果提供了 pred，则该算法在序列中寻找 pred（i，i+1）为 true 的第一次出现的元素 i。

如果 adjacent_find 没有找到这样的元素，则返回 fwd_end。如果 adjacent_find 找到这样的元素，将返回一个指向该元素的 ForwardIterator。

```
ForwardIterator adjacent_find([ep], fwd_begin, fwd_end, [pred]);
```

1. 参数
❑ 可选的 std::execution 执行策略 ep（默认值为 std::execution::seq）。
❑ 一对 ForwardIterator，即 fwd_begin / fwd_end，代表目标序列。
❑ 可选的二元谓词 pred，用于比较两个元素是否相等。

2. 复杂度
线性复杂度，没有给出执行策略时，算法最多进行以下次数的比较或 pred 调用：

```
min(distance(fwd_begin, i)+1, distance(fwd_begin, fwd_end)-1)
```

其中 i 是返回值的索引。

3. 例子

```
#include <algorithm>
TEST_CASE("adjacent_find") {
  vector<string> words{ "Icabod", "is", "itchy" }; ❶
  const auto first_letters_match = [](const auto& word1, const auto& word2) { ❷
    if (word1.empty() || word2.empty()) return false;
    return word1.front() == word2.front();
  };
  const auto adjacent_find_result = adjacent_find(words.cbegin(), words.cend(),
                                        first_letters_match); ❸
  REQUIRE(*adjacent_find_result == words[1]); ❹
}
```

在构建一个名为 words 的包含字符串对象的向量 ❶ 后，我们又构建了一个名为 first_letters_match 的 lambda 谓词，它接受两个单词并评估它们的第一个字母是否相同 ❷。调用 adjacent_find 来确定哪个元素的第一个字母与其后面的字母相同 ❸。结果是 adjacent_find_result❹，等于 is，因为它与 itchy❹ 的首字母相同。

18.3.10 count

count 算法对序列中匹配某些用户定义的标准的元素进行计数。该算法返回目标序列中元素 i 的数量，其中 pred (i) 为 true 或 value == i。通常，DifferenceType 是 size_t，但它取决于 InputIterator 的实现。当想要计算特定值的出现次数时，使用 count；当想要使用更复杂的谓词进行比较时，使用 count_if。

```
DifferenceType count([ep], ipt_begin, ipt_end, value);
DifferenceType count_if([ep], ipt_begin, ipt_end, pred);
```

1. 参数
❑ 可选的 std::execution 执行策略 ep（默认值为 std::execution::seq）。
❑ 一对 InputIterator 对象，即 ipt_begin / ipt_end，代表目标序列。
❑ value 或一元谓词 pred，用于评估是否应对目标序列中的元素 x 计数。

2. 复杂度
线性复杂度，当没有给出执行策略时，该算法进行 distance(ipt_begin, ipt_end) 次比较或 pred 调用。

3. 例子
```
#include <algorithm>
TEST_CASE("count") {
  vector<string> words{ "jelly", "jar", "and", "jam" }; ❶
  const auto n_ands = count(words.cbegin(), words.cend(), "and"); ❷
  REQUIRE(n_ands == 1); ❸

  const auto contains_a = [](const auto& word) { ❹
    return word.find('a') != string::npos;
  };
  const auto count_if_result = count_if(words.cbegin(), words.cend(),
                                        contains_a); ❺
  REQUIRE(count_if_result == 3); ❻
}
```

在构建一个名为 words 的包含字符串对象的向量 ❶ 后，用值 and 来调用 count❷，这将返回 1，因为有一个元素等于 and❸。接着，构造一个叫作 contains_a 的 lambda 谓词，它接受一个 word 并判断它是否包含 a❹。然后，调用 count_if 来确定有多少个词包含 a❺。结果等于 3，因为有三个元素包含 a❻。

18.3.11　mismatch

mismatch 算法在两个序列中寻找第一个不匹配的子序列。该算法在序列 1 和序列 2 中寻找第一个不匹配的元素对 i, j。具体来说，它寻找第一个索引 n，使 i = (ipt_begin1 + n)、j = (ipt_begin2 + n) 且 i != j 或 pred(i, j) == false。返回的一对迭代器的类型等于 ipt_begin1 和 ipt_begin2。

```
pair<Itr, Itr> mismatch([ep], ipt_begin1, ipt_end1,
                        ipt_begin2, [ipt_end2], [pred]);
```

1. 参数

❏ 可选的 std::execution 执行策略 ep（默认值为 std::execution::seq）。

❏ 两对 InputIterator，即 ipt_begin1 / ipt_end1 和 ipt_begin2 / ipt_end2，代表目标序列 1 和 2。如果不提供 ipt_end2，则意味着序列 1 的长度等于序列 2 的长度。

❏ 可选的二元谓词 pred，用于比较两个元素是否相等。

2. 复杂度

线性复杂度，当没有给定执行策略时，最坏的情况是算法进行以下数量的比较或 pred 调用：

```
min(distance(ipt_begin1, ipt_end1), distance(ipt_begin2, ipt_end2))
```

3. 例子

```
#include <algorithm>

TEST_CASE("mismatch") {
  vector<string> words1{ "Kitten", "Kangaroo", "Kick" }; ❶
  vector<string> words2{ "Kitten", "bandicoot", "roundhouse" }; ❷
  const auto mismatch_result1 = mismatch(words1.cbegin(), words1.cend(),
                                         words2.cbegin()); ❸
  REQUIRE(*mismatch_result1.first == "Kangaroo"); ❹
  REQUIRE(*mismatch_result1.second == "bandicoot"); ❺

  const auto second_letter_matches = [](const auto& word1,
                                        const auto& word2) { ❻
    if (word1.size() < 2) return false;
    if (word2.size() < 2) return false;
    return word1[1] == word2[1];
  };
  const auto mismatch_result2 = mismatch(words1.cbegin(), words1.cend(),
                                         words2.cbegin(), second_letter_matches); ❼
  REQUIRE(*mismatch_result2.first == "Kick"); ❽
  REQUIRE(*mismatch_result2.second == "roundhouse"); ❾
}
```

在构建两个名为 words1❶ 和 words❷ 的字符串向量后，将它们作为 mismatch 的目标序列 ❸。这将返回 Kangaroo 和 bandicoot❹❺。接着，构造一个叫作 second_letter_matches 的 lambda 谓词，它接受两个单词，并评估它们的第二个字母是否匹配 ❻。调用 mismatch 来确定第一对第二个字母不匹配的元素 ❼。结果是 Kick❽ 和 roundhouse❾。

18.3.12　equal

equal 算法确定两个序列是否相等。该算法判断序列 1 的元素是否等于序列 2 的元素。

```
bool equal([ep], ipt_begin1, ipt_end1, ipt_begin2, [ipt_end2], [pred]);
```

1. 参数

❑ 可选的 std::execution 执行策略 ep（默认值为 std::execution::seq）。

❑ 两对 InputIterator，即 ipt_begin1 / ipt_end1 和 ipt_begin2 / ipt_end2，代表目标序列 1 和 2。如果不提供 ipt_end2，则意味着序列 1 的长度等于序列 2 的长度。

❑ 可选的二元谓词 pred，用于比较两个元素是否相等。

2. 复杂度

线性复杂度，当没有给出执行策略时，最坏的情况是算法进行以下数量的比较或 pred 调用：

```
min(distance(ipt_begin1, ipt_end1), distance(ipt_begin2, ipt_end2))
```

3. 例子

```
#include <algorithm>

TEST_CASE("equal") {
  vector<string> words1{ "Lazy", "lion", "licks" }; ❶
  vector<string> words2{ "Lazy", "lion", "kicks" }; ❷
  const auto equal_result1 = equal(words1.cbegin(), words1.cend(),
                                   words2.cbegin()); ❸
  REQUIRE_FALSE(equal_result1); ❹

  words2[2] = words1[2]; ❺
  const auto equal_result2 = equal(words1.cbegin(), words1.cend(),
                                   words2.cbegin()); ❻
  REQUIRE(equal_result2); ❼
}
```

在构建两个名为 words1 和 words2 的字符串向量 ❶❷ 之后，把它们作为 equal 的目标序列 ❸。因为它们的最后一个元素 licks 和 kicks 不相等，所以 equal_result1 是 false❹。在把 words2 的第三个元素设置为 words1 的第三个元素 ❺ 之后，再次用相同的参数调用 equal❻。因为现在的序列是相同的，所以 equal_result2 是 true❼。

18.3.13 is_permutation

is_permutation 算法确定两个序列是否互为排列，排列意味着它们包含相同的元素但可能顺序不同。该算法确定是否存在序列 2 的某种排列，使得序列 1 的元素等于该排列的元素。

```
bool is_permutation([ep], fwd_begin1, fwd_end1, fwd_begin2, [fwd_end2], [pred]);
```

1. 参数

❑ 可选的 std::execution 执行策略 ep（默认值为 std::execution::seq）。

❑ 两对 ForwardIterator，即 fwd_begin1 / fwd_end1 和 fwd_begin2 / fwd_end2，代表目标序列 1 和 2。如果不提供 fwd_end2，则意味着序列 1 的长度等于序列 2 的长度。

❑ 可选的二元谓词 pred，用于比较两个元素是否相等。

2. 复杂度

平方复杂度，当没有给出执行策略时，最坏的情况是算法进行以下数量的比较或 pred 调用：

distance(fwd_begin1, fwd_end1) * distance(fwd_begin2, fwd_end2)

3. 例子

```
#include <algorithm>

TEST_CASE("is_permutation") {
  vector<string> words1{ "moonlight", "mighty", "nice" }; ❶
  vector<string> words2{ "nice", "moonlight", "mighty" }; ❷
  const auto result = is_permutation(words1.cbegin(), words1.cend(),
                                     words2.cbegin()); ❸
  REQUIRE(result); ❹
}
```

在构建两个名为 words1 和 words2 的字符串向量 ❶❷ 之后，将它们作为 is_permutation 的目标序列 ❸。因为 words2 是 words1 的一种排列，所以 is_permutation 返回 true❹。

> 注意　<algorithm> 头文件还包含 next_permutation 和 prev_permutation，用于操作范围元素，因此我们可以生成排列，参见 [alg.permutation.generators]。

18.3.14　search

search 算法可以定位子序列。该算法在序列 1 中定位序列 2。换句话说，它返回序列 1 中的第一个迭代器 i，这样对于每个非负整数 n，有 *(i + n) 等于 *(ipt_begin2 + n)，如果提供了谓词 pred(*(i + n), *(ipt_begin2 + n))，那么它将是 true。如果序列 2 为空，则搜索算法返回 ipt_begin1，如果没有找到子序列，则返回 ipt_begin2。这与 find 不同，因为它定位子序列而不是单个元素。

```
ForwardIterator search([ep], fwd_begin1, fwd_end1,
                       fwd_begin2, fwd_end2, [pred]);
```

1. 参数

❑ 可选的 std::execution 执行策略 ep（默认值为 std::execution::seq）。

❑ 两对 ForwardIterator，即 fwd_begin1 / fwd_end1 和 fwd_begin2 / fwd_end2，分别代表目标序列 1 和 2。

❑ 可选的二元谓词 pred，用于比较两个元素是否相等。

2. 复杂度

平方复杂度，当没有给出执行策略时，最坏的情况是算法进行以下数量的比较或 pred 调用：

```
distance(fwd_begin1, fwd_end1) * distance(fwd_begin2, fwd_end2)
```

3. 例子

```cpp
#include <algorithm>

TEST_CASE("search") {
  vector<string> words1{ "Nine", "new", "neckties", "and",
                         "a", "nightshirt" }; ❶
  vector<string> words2{ "and", "a", "nightshirt" }; ❷
  const auto search_result_1 = search(words1.cbegin(), words1.cend(),
                                      words2.cbegin(), words2.cend()); ❸
  REQUIRE(*search_result_1 == "and"); ❹

  vector<string> words3{ "and", "a", "nightpant" }; ❺
  const auto search_result_2 = search(words1.cbegin(), words1.cend(),
                                      words3.cbegin(), words3.cend()); ❻
  REQUIRE(search_result_2 == words1.cend()); ❼
}
```

在构建两个名为 words1❶ 和 words2❷ 的字符串向量之后，把它们作为 search 的目标序列 ❸。因为 words2 是 words1 的子序列，所以 search 返回一个指向 and 的迭代器 ❹。字符串对象的向量 words3❺ 包含单词 nightpant 而不是 nightshirt，所以用它来调用 search❻ 会产生指向 words1❼ 的 cend 迭代器。

18.3.15 search_n

search_n 算法定位包含相同连续值的子序列。该算法在序列中搜索 count 个连续值并返回一个指向第一个值的迭代器，如果没有找到这样的子序列，则返回 fwd_end。这与 adjacent_find 不同，因为它定位子序列而不是单个元素。

```
ForwardIterator search([ep], fwd_begin, fwd_end, count, value, [pred]);
```

1. 参数

❑ 可选的 std::execution 执行策略 ep（默认值为 std::execution::seq）。
❑ 一对 ForwardIterator，即 fwd_begin / fwd_end，代表目标序列。
❑ 表示要查找的连续匹配数的整数 count。
❑ 代表要查找的元素的值。
❑ 可选的二元谓词 pred，用于比较两个元素是否相等。

2. 复杂度

线性复杂度，当没有给出执行策略时，最坏的情况是算法进行 distance(fwd_begin, fwd_end) 次比较或 pred 调用。

3. 例子

```
#include <algorithm>

TEST_CASE("search_n") {
  vector<string> words{ "an", "orange", "owl", "owl", "owl", "today" }; ❶
  const auto result = search_n(words.cbegin(), words.cend(), 3, "owl"); ❷
  REQUIRE(result == words.cbegin() + 2); ❸
}
```

在构造名为 words 的字符串向量 ❶ 后，将它作为 search_n 的目标序列 ❷。因为 words 包含了三个 owl，所以它返回指向第一个 owl 的迭代器 ❸。

18.4 可变序列操作

可变序列操作是一种在序列上进行计算的算法，允许以某种方式修改序列。本节中解释的每个算法都位于 <algorithm> 头文件中。

18.4.1 copy

copy 算法将一个序列复制到另一个序列。该算法将目标序列复制到 result 中并返回接收序列的结束迭代器。我们有责任确保该 result 具有足够空间来存储目标序列。

```
OutputIterator copy([ep], ipt_begin, ipt_end, result);
```

1. 参数

❑ 可选的 std::execution 执行策略 ep（默认值为 std::execution::seq）。
❑ 一对 InputIterator 对象，即 ipt_begin / ipt_end，代表目标序列。
❑ 一个 OutputIterator，即 result，它接收复制的序列。

2. 复杂度

线性复杂度，该算法从目标序列复制元素 distance(ipt_begin, ipt_end) 次。

3. 其他要求

除非操作是向左复制，否则序列 1 和 2 不得重叠。例如，对于具有 10 个元素的向量 v，std::copy(v.begin()+3, v.end(), v.begin()) 是正确的，但 std::copy(v.begin(), v.begin()+7, v.begin()+3) 不正确。

> 注意　回顾一下 14.1.1 节中的 back_inserter，它返回一个输出迭代器，将写入操作转换为对底层容器的插入操作。

4. 例子

```
#include <algorithm>

TEST_CASE("copy") {
  vector<string> words1{ "and", "prosper" }; ❶
  vector<string> words2{ "Live", "long" }; ❷
  copy(words1.cbegin(), words1.cend(), ❸
      back_inserter(words2)❹);
  REQUIRE(words2 == vector<string>{ "Live", "long", "and", "prosper" }); ❺
}
```

在构造两个字符串向量 ❶❷ 之后，调用 copy，把 words1 作为要复制的序列 ❸，把 words2 作为输出序列 ❹。结果是 words2 包含了 words1 的内容 ❺。

18.4.2　copy_n

copy_n 算法将一个序列复制到另一个序列。该算法将目标序列复制到 result 中并返回接收序列的结束迭代器。我们有责任确保 result 具有足够空间来存储目标序列，并且 n 代表目标序列的正确长度。

```
OutputIterator copy_n([ep], ipt_begin, n, result);
```

1. 参数

❑ 可选的 std::execution 执行策略 ep（默认值为 std::execution::seq）。

❑ 一个开始迭代器，即 ipt_begin，代表目标序列的开头。

❑ 目标序列的大小 n。

❑ 一个接收复制的序列的 OutputIterator result。

2. 复杂度

线性复杂度，该算法从目标序列复制元素 distance(ipt_begin, ipt_end) 次。

3. 其他要求

序列 1 和序列 2 不能包含相同的对象，除非是向左复制的操作。

4. 例子

```
#include <algorithm>

TEST_CASE("copy_n") {
  vector<string> words1{ "on", "the", "wind" }; ❶
  vector<string> words2{ "I'm", "a", "leaf" }; ❷
  copy_n(words1.cbegin(), words1.size(), ❸
      back_inserter(words2)); ❹
  REQUIRE(words2 == vector<string>{ "I'm", "a", "leaf",
                                    "on", "the", "wind" }); ❺
}
```

在构造两个字符串向量 ❶❷ 之后，调用 copy_n，把 words1 作为要复制的序列 ❸，把 words2 作为输出序列 ❹。结果是 words2 包含了 words1 的内容 ❺。

18.4.3　copy_backward

copy_backward 算法将一个序列反向复制到另一个序列中。该算法将序列 1 复制到序列 2 中并返回接收序列的结束迭代器。元素向后复制，但会以原始顺序出现在目标序列中。我们有责任确保序列 1 有足够空间存储序列 2。

```
OutputIterator copy_backward([ep], ipt_begin1, ipt_end1, ipt_end2);
```

1. 参数
- ❏ 可选的 std::execution 执行策略 ep（默认值为 std::execution::seq）。
- ❏ 一对 InputIterator 对象，即 ipt_begin1 / ipt_end1，代表序列 1。
- ❏ 一个 InputIterator，即 ipt_end2，代表序列 2 的结尾。

2. 复杂度
线性复杂度，该算法从目标序列复制元素 distance(ipt_begin1, ipt_end1) 次。

3. 其他要求
序列 1 和序列 2 不得重叠。

4. 例子

```
#include <algorithm>

TEST_CASE("copy_backward") {
  vector<string> words1{ "A", "man", "a", "plan", "a", "bran", "muffin" }; ❶
  vector<string> words2{ "a", "canal", "Panama" }; ❷
  const auto result = copy_backward(words2.cbegin(), words2.cend(), ❸
                                    words1.end()); ❹
  REQUIRE(words1 == vector<string>{ "A", "man", "a", "plan",
                                    "a", "canal", "Panama" }); ❺
}
```

在构建两个字符串向量 ❶❷ 之后，调用 copy_backward，把 words2 作为要复制的序列 ❸，把 words1 作为输出序列 ❹。结果是，words2 的内容取代了 words1 的最后三个元素 ❺。

18.4.4　move

move 算法将一个序列移动到另一个序列中。该算法移动目标序列并返回接收序列的结束迭代器。我们有责任确保目标序列表示的序列至少与源序列具有一样多的元素。

```
OutputIterator move([ep], ipt_begin, ipt_end, result);
```

1. 参数

❑ 可选的 std::execution 执行策略 ep（默认值为 std::execution::seq）。

❑ 一对 InputIterator 对象，即 ipt_begin / ipt_end，代表目标序列。

❑ 一个 InputIterator，即 result，代表要移入的序列的开头。

2. 复杂度

线性复杂度，该算法从目标序列移动元素 distance(ipt_begin, ipt_end) 次。

3. 其他要求

❑ 除非向左移动，否则序列不得重叠。

❑ 类型必须是可移动的，但不一定是可复制的。

4. 例子

```
#include <algorithm>

struct MoveDetector { ❶
  MoveDetector() : owner{ true } {} ❷
  MoveDetector(const MoveDetector&) = delete;
  MoveDetector& operator=(const MoveDetector&) = delete;
  MoveDetector(MoveDetector&& o) = delete;
  MoveDetector& operator=(MoveDetector&&) { ❸
    o.owner = false;
    owner = true;
    return *this;
  }
  bool owner;
};

TEST_CASE("move") {
  vector<MoveDetector> detectors1(2); ❹
  vector<MoveDetector> detectors2(2); ❺
  move(detectors1.begin(), detectors1.end(), detectors2.begin()); ❻
  REQUIRE_FALSE(detectors1[0].owner); ❼
  REQUIRE_FALSE(detectors1[1].owner); ❽
  REQUIRE(detectors2[0].owner); ❾
  REQUIRE(detectors2[1].owner); ❿
}
```

首先，声明 MoveDetector 类❶，它定义了一个默认构造函数，该默认构造函数将其唯一的成员 owner 设置为 true❷。它删除了复制构造函数和移动构造函数以及复制赋值运算符，但定义了移动赋值运算符——它交换 owner❸。

在构建两个 MoveDetector 对象向量❹❺ 后，调用 move，将 detectors1 作为要移动的序列，将 detectors2 作为输出序列❻。结果是，detectors1 的元素处于移出状态❼❽，其元素被移到 detectors2❾❿。

18.4.5　move_backward

move_backward 算法将一个序列反向移动到另一个序列中。该算法将序列 1 移动到序列 2 中并返回指向最后一个移动的元素的迭代器。元素向后移动，但会以原来的顺序出现在目标序列中。我们有责任确保目标序列表示的序列至少有与源序列一样多的元素。

```
OutputIterator move_backward([ep], ipt_begin, ipt_end, result);
```

1. 参数
❑ 可选的 std::execution 执行策略 ep（默认值为 std::execution::seq）。
❑ 一对 InputIterator 对象，即 ipt_begin / ipt_end，代表目标序列。
❑ 一个 InputIterator，即 result，代表要移入的序列。

2. 复杂度
线性复杂度，该算法从目标序列移动元素 distance(ipt_begin, ipt_end) 次。

3. 其他要求
❑ 序列不得重叠。
❑ 类型必须是可移动的，但不一定是可复制的。

4. 例子

```
#include <algorithm>

struct MoveDetector { ❶
--snip--
};

TEST_CASE("move_backward") {
  vector<MoveDetector> detectors1(2); ❷
  vector<MoveDetector> detectors2(2); ❸
  move_backward(detectors1.begin(), detectors1.end(), detectors2.end()); ❹
  REQUIRE_FALSE(detectors1[0].owner); ❺
  REQUIRE_FALSE(detectors1[1].owner); ❻
  REQUIRE(detectors2[0].owner); ❼
  REQUIRE(detectors2[1].owner); ❽
}
```

首先，声明 MoveDetector 类 ❶（实现见 18.4.4 节）。在构建两个 MoveDetector 对象向量 ❷❸ 之后，调用 move，把 detectors1 作为要移动的序列，把 detectors2 作为输出序列 ❹。结果是，detectors1 的元素处于移出状态 ❺❻，其元素被移到 detectors2 中 ❼❽。

18.4.6　swap_ranges

swap_ranges 算法将元素从一个序列交换到另一个序列。该算法对序列 1 和序列 2 的每个元素调用 swap，并返回接收序列的结束迭代器。我们有责任确保目标序列表示的序列至少与源序列具有一样多的元素。

```
OutputIterator swap_ranges([ep], ipt_begin1, ipt_end1, ipt_begin2);
```

1. 参数

❑ 可选的 std::execution 执行策略 ep（默认值为 std::execution::seq）。

❑ 一对 ForwardIterator，即 ipt_begin1 / ipt_end1，代表序列 1。

❑ 一个 ForwardIterator，即 ipt_begin2，代表序列 2 的开头。

2. 复杂度

线性复杂度，该算法恰好调用 swap distance(ipt_begin1, ipt_end1) 次。

3. 其他要求

每个序列中包含的元素必须是可交换的。

4. 例子

```
#include <algorithm>

TEST_CASE("swap_ranges") {
  vector<string> words1{ "The", "king", "is", "dead." }; ❶
  vector<string> words2{ "Long", "live", "the", "king." }; ❷
  swap_ranges(words1.begin(), words1.end(), words2.begin()); ❸
  REQUIRE(words1 == vector<string>{ "Long", "live", "the", "king." }); ❹
  REQUIRE(words2 == vector<string>{ "The", "king", "is", "dead." }); ❺
}
```

在构建两个字符串向量 ❶❷ 之后，用 words1 和 words2 调用 swap❸。结果是
words1 和 words2 交换了内容 ❹❺。

18.4.7　transform

transform 算法修改一个序列的元素并将它们写入另一个序列。该算法在目标序列的
每个元素上调用 unary_op 并将其输出到输出序列中，或者在每个目标序列的相应元素上
调用 binary_op。

```
OutputIterator transform([ep], ipt_begin1, ipt_end1, result, unary_op);
OutputIterator transform([ep], ipt_begin1, ipt_end1, ipt_begin2,
                         result, binary_op);
```

1. 参数

❑ 可选的 std::execution 执行策略 ep（默认值为 std::execution::seq）。

❑ 一对 InputIterator 对象，即 ipt_begin1 / ipt_end1，代表目标序列。

❑ 可选的 InputIterator，即 ipt_begin2，代表第二个目标序列。必须确保第
二个目标序列的元素数量至少与第一个目标序列相同。

❑ 一个 OutputIterator，即 result，代表输出序列的开头。

❑ 一个单项操作 unary_op，它将目标序列的元素转换为输出序列的元素。如果提供
两个目标序列，就需要提供一个二元操作 binary_op，它从每个目标序列中接受
一个元素，并将每个元素转换为输出序列的一个元素。

2. 复杂度

线性复杂度，该算法在目标序列上调用 unary_op 或 binary_op 恰好 distance (ipt_begin1, ipt_end1) 次。

3. 例子

```
#include <algorithm>
#include <boost/algorithm/string/case_conv.hpp>

TEST_CASE("transform") {
  vector<string> words1{ "farewell", "hello", "farewell", "hello" }; ❶
  vector<string> result1;
  auto upper = [](string x) { ❷
    boost::algorithm::to_upper(x);
    return x;
  };
  transform(words1.begin(), words1.end(), back_inserter(result1), upper); ❸
  REQUIRE(result1 == vector<string>{ "FAREWELL", "HELLO",
                                     "FAREWELL", "HELLO" }); ❹

  vector<string> words2{ "light", "human", "bro", "quantum" }; ❺
  vector<string> words3{ "radar", "robot", "pony", "bit" }; ❻
  vector<string> result2;
  auto portmantize = [](const auto &x, const auto &y) { ❼
    const auto x_letters = min(size_t{ 2 }, x.size());
    string result{ x.begin(), x.begin() + x_letters };
    const auto y_letters = min(size_t{ 3 }, y.size());
    result.insert(result.end(), y.end() - y_letters, y.end() );
    return result;
  };
  transform(words2.begin(), words2.end(), words3.begin(),
            back_inserter(result2), portmantize); ❽
  REQUIRE(result2 == vector<string>{ "lidar", "hubot", "brony", "qubit" }); ❾
}
```

在构造字符串向量 ❶ 之后，又构造了一个名为 upper 的 lambda，它按值接受一个字符串，并使用第 15 章中讨论的 Boost to_upper 算法把它转换成大写的 ❷。将 words1 作为目标序列调用 transform，其中 back_inserter 作为空的 results1 向量，upper 作为单项操作 ❸。在 transform 之后，results1 包含了 words1 的大写版本 ❹。

在第二个例子中，我们构建两个字符串向量 ❺❻，同时构建一个名为 portmantize 的 lambda，它接受两个字符串对象 ❼。lambda 返回一个新的字符串，其中最多包含从第一个参数开始的两个字母和最多包含从第二个参数末尾开始的三个字母。把两个目标序列、back_inserter（传入一个叫作 results2 的空向量）和 portmantize 传给 transform。result2 包含 words1 和 words2 的组合词（portmanteau）❾。

18.4.8 replace

replace 算法用一些新的元素替换序列中的某些元素。该算法搜索目标序列元素 x，这些元素要么满足 x == old_ref，要么满足 pred(x) == true，并将它们赋值为 new_ref。

```
void replace([ep], fwd_begin, fwd_end, old_ref, new_ref);
void replace_if([ep], fwd_begin, fwd_end, pred, new_ref);
void replace_copy([ep], fwd_begin, fwd_end, result, old_ref, new_ref);
void replace_copy_if([ep], fwd_begin, fwd_end, result, pred, new_ref);
```

1. 参数
❑ 可选的 std::execution 执行策略 ep（默认值为 std::execution::seq）。
❑ 一对 ForwardIterator，即 fwd_begin / fwd_end，代表目标序列。
❑ 一个 OutputIterator，即 result，代表输出序列的开头。
❑ 一个 old const 引用，代表要找的元素。
❑ 一个一元谓词 pred，它确定元素是否符合替换标准。
❑ 一个 new_ref const 引用，代表要替换的元素。

2. 复杂度
线性复杂度，该算法调用 pred 恰好 distance(fwd_begin, fwd_end) 次。

3. 其他要求
每个序列中包含的元素必须与 old_ref 具有可比性，并且可以赋值为 new_ref。

4. 例子

```
#include <algorithm>
#include <string_view>

TEST_CASE("replace") {
  using namespace std::literals; ❶
  vector<string> words1{ "There", "is", "no", "try" }; ❷
  replace(words1.begin(), words1.end(), "try"sv, "spoon"sv); ❸
  REQUIRE(words1 == vector<string>{ "There", "is", "no", "spoon" }); ❹

  const vector<string> words2{ "There", "is", "no", "spoon" }; ❺
  vector<string> words3{ "There", "is", "no", "spoon" }; ❻
  auto has_two_os = [](const auto& x) { ❼
    return count(x.begin(), x.end(), 'o') == 2;
  };
  replace_copy_if(words2.begin(), words2.end(), words3.begin(), ❽
                  has_two_os, "try"sv);
  REQUIRE(words3 == vector<string>{ "There", "is", "no", "try" }); ❾
}
```

首先，引入 std::literals 命名空间 ❶，这样就可以在后面使用 string_view 了。在构造字符串向量 ❷ 之后，用它来调用 replace❸，使用 spoon 来替换所有 try❹。

在第二个例子中，我们构建两个字符串向量 ❺❻ 和一个名为 has_two_os 的 lambda，它接受一个字符串，如果字符串正好包含两个 o❼，则返回 true。然后，把 words2 作为目标序列，把 words3 作为输出序列传给 replace_copy_if，该函数将 has_two_os 应用于 words2 的每个元素，并将评估为 true 的元素替换为 try❽。结果是 words2 不受影响，而 words3 的元素 spoon 被替换为 try❾。

18.4.9　fill

fill 算法用一些值填充序列。该算法将一个值写入目标序列的每个元素。fill_n 函数返回 opt_begin+n。

```
void fill([ep], fwd_begin, fwd_end, value);
OutputIterator fill_n([ep], opt_begin, n, value);
```

1. 参数

❑ 可选的 std::execution 执行策略 ep（默认值为 std::execution::seq）。
❑ 一个 ForwardIterator，即 fwd_begin，代表目标序列的开头。
❑ 一个 ForwardIterator，即 fwd_end，代表序列的结尾。
❑ 一个 Size，即 n，代表元素的数量。
❑ 写入目标序列中每个元素的 value。

2. 复杂度

线性复杂度，该算法赋值 value 恰好 distance(fwd_begin, fwd_end) 次或 n 次。

3. 其他要求

❑ value 参数必须可以写入序列中。
❑ Size 类型的对象必须可以转换为整数类型。

4. 例子

```
#include <algorithm>

// If police police police police, who polices the police police?
TEST_CASE("fill") {
  vector<string> answer1(6); ❶
  fill(answer1.begin(), answer1.end(), "police"); ❷
  REQUIRE(answer1 == vector<string>{ "police", "police", "police",
                                     "police", "police", "police" }); ❸

  vector<string> answer2; ❹
  fill_n(back_inserter(answer2), 6, "police"); ❺
  REQUIRE(answer2 == vector<string>{ "police", "police", "police",
                                     "police", "police", "police" }); ❻
}
```

我们首先初始化一个包含六个空元素的字符串向量❶。接着，将这个向量作为目标序列，将 police 作为值调用 fill❷。结果是，向量包含六个 police❸。

在第二个例子中，初始化一个包含字符串对象的空向量 ❹。然后，用一个指向空向量的 `back_inserter`、长度参数 6、值 police 调用 `fill_n`❺。结果与之前一样：向量包含六个 police❻。

18.4.10 generate

generate 算法通过调用函数对象来填充序列。该算法调用 generator 并将结果分配给目标序列。generate_n 函数返回 opt_begin+n。

```
void generate([ep], fwd_begin, fwd_end, generator);
OutputIterator generate_n([ep], opt_begin, n, generator);
```

1. 参数
❑ 可选的 `std::execution` 执行策略 ep（默认值为 `std::execution::seq`）。
❑ 一个 `ForwardIterator`，即 `fwd_begin`，代表目标序列的开头。
❑ 一个 `ForwardIterator`，即 `fwd_end`，代表序列的结尾。
❑ 一个 `Size`，即 n，代表元素的数量。
❑ 一个 `generator`，当不带参数调用时产生一个写入目标序列的元素。

2. 复杂度
线性复杂度，该算法调用 generator 恰好 distance(fwd_begin, fwd_end) 次或 n 次。

3. 其他要求
❑ `value` 参数必须可以写入序列中。
❑ `Size` 类型的对象必须可以转换为整数类型。

4. 例子

```
#include <algorithm>

TEST_CASE("generate") {
  auto i{ 1 }; ❶
  auto pow_of_2 = [&i]() { ❷
    const auto tmp = i;
    i *= 2;
    return tmp;
  };
  vector<int> series1(6); ❸
  generate(series1.begin(), series1.end(), pow_of_2); ❹
  REQUIRE(series1 == vector<int>{ 1, 2, 4, 8, 16, 32 }); ❺

  vector<int> series2; ❻
  generate_n(back_inserter(series2), 6, pow_of_2); ❼
  REQUIRE(series2 == vector<int>{ 64, 128, 256, 512, 1024, 2048 }); ❽
}
```

我们首先将整数 i 初始化为 1❶。接着，创建一个名为 pow_of_2 的 lambda，它通过引用来获取 i❷。每次调用 pow_of_2，它都会将 i 加倍，并在加倍之前返回它的值。初始化一个有六个元素的整数向量❸，然后调用 generate，把该向量作为目标序列，把 pow_of_2 作为生成器❹。结果是，该向量包含 2 的前六个幂结果❺。

在第二个例子中，我们初始化了一个空的整数向量❻。接着，使用 back_inserter 调用 generate_n 将元素插入空向量，插入元素的数量为 6，将 pow_of_2 作为生成器❼。结果是后面六个 2 的幂结果❽。注意，pow_of_2 有状态，因为它通过引用捕获了 i。

18.4.11　remove

remove 算法从一个序列中删除某些元素。这个算法移动所有 pred 评估为 true 的元素或者等于 value 的元素，同时保留其余元素的顺序，它返回一个指向第一个被移动元素的迭代器。这个迭代器被称为输出序列的逻辑终点。序列的物理大小保持不变，调用 remove 之后通常还要调用容器的 erase 方法。

```
ForwardIterator remove([ep], fwd_begin, fwd_end, value);
ForwardIterator remove_if([ep], fwd_begin, fwd_end, pred);
ForwardIterator remove_copy([ep], fwd_begin, fwd_end, result, value);
ForwardIterator remove_copy_if([ep], fwd_begin, fwd_end, result, pred);
```

1. 参数
❑ 可选的 std::execution 执行策略 ep（默认值为 std::execution::seq）。
❑ 一对 ForwardIterator，即 fwd_begin / fwd_end，代表目标序列。
❑ 一个 OutputIterator，即 result，代表输出序列（如果复制）。
❑ 代表要删除的元素的 value。
❑ 一元谓词 pred，它确定元素是否符合删除标准。

2. 复杂度
线性复杂度，算法调用 pred 或比较 value 恰好 distance(fwd_begin, fwd_end) 次。

3. 其他要求
❑ 目标序列的元素必须是可移动的。
❑ 如果复制，元素必须是可复制的，并且目标序列和输出序列不能重叠。

4. 例子
```
#include <algorithm>

TEST_CASE("remove") {
  auto is_vowel = [](char x) { ❶
    const static string vowels{ "aeiouAEIOU" };
    return vowels.find(x) != string::npos;
```

```
};
string pilgrim = "Among the things Billy Pilgrim could not change "
                 "were the past, the present, and the future."; ❷
const auto new_end = remove_if(pilgrim.begin(), pilgrim.end(), is_vowel); ❸

REQUIRE(pilgrim == "mng th thngs Blly Plgrm cld nt chng wr th pst, "
                   "th prsnt, nd th ftr.present, and the future."); ❹

pilgrim.erase(new_end, pilgrim.end()); ❺
REQUIRE(pilgrim == "mng th thngs Blly Plgrm cld nt chng wr th "
                   "pst, th prsnt, nd th ftr."); ❻
}
```

我们首先创建一个叫作 `is_vowel` 的 lambda，如果给定的字符是元音❶，则返回 `true`。接着，构建一个叫作 `pilgrim` 的字符串，它包含一个句子❷。然后，调用 `remove_if`，把 `pilgrim` 作为目标句子，把 `is_vowel` 作为谓词❸。这将消除句子中的所有元音，每次 `remove_if` 遇到元音字母时都将剩余的字符左移。其结果是，`pilgrim` 包含去掉元音字母的原句以及 `present, and the future.` 的短语❹。这个短语包含 24 个字符，这正是从原句中删除的元音字母数量。短语 `present, and the future.` 是在删除过程中左移剩余字符串的剩余物。

为了消除这些遗留物，`remove_if` 会返回迭代器 `new_end`。这个迭代器指向新目标序列中最后一个字符的后一个字符，即 `present, and the future.` 的 p。要消除它们，只需使用 `pilgrim` 的 `erase` 方法，它有一个接受半开半闭区间的重载。把 `remove_if` 返回的逻辑终点 `new_end` 作为开始迭代器传递给它，同时将 `pilgrim.end()` 作为结束迭代器❺。结果是，`pilgrim` 现在等于去掉元音字母的原句❻。

这种 `remove`（或 `remove_if`）和 `erase` 方法的组合被称为 erase-remove 手法，被广泛使用。

18.4.12　unique

`unique` 算法从序列中去除多余的元素。该算法移动所有 `pred` 评估为 `true` 的元素或相等的重复元素，这样剩余的元素与它们的相邻元素都是唯一的，并且保留了原来的排序。它返回一个指向新逻辑终点的迭代器。与 `std::remove` 一样，物理存储空间不会改变。

```
ForwardIterator unique([ep], fwd_begin, fwd_end, [pred]);
ForwardIterator unique_copy([ep], fwd_begin, fwd_end, result, [pred]);
```

1. 参数

❑ 可选的 `std::execution` 执行策略 `ep`（默认值为 `std::execution::seq`）。

❑ 一对 `ForwardIterator`，即 `fwd_begin` / `fwd_end`，代表目标序列。

❑ 一个 `OutputIterator`，即 `result`，代表输出序列（如果复制）。

❑ 二元谓词 `pred`，用于确定两个元素是否相等。

2. 复杂度

线性复杂度，算法调用 pred 恰好 distance(fwd_begin, fwd_end) - 1 次。

3. 其他要求

❑ 目标序列的元素必须是可移动的。

❑ 如果复制，目标序列的元素必须是可复制的，而且目标序列和输出序列不能重叠。

4. 例子

```
#include <algorithm>

TEST_CASE("unique") {
  string without_walls = "Wallless"; ❶
  const auto new_end = unique(without_walls.begin(), without_walls.end()); ❷
  without_walls.erase(new_end, without_walls.end()); ❸
  REQUIRE(without_walls == "Wales"); ❹
}
```

首先，构造一个包含有多个重复字符的字符串❶。然后，将这个字符串作为目标序列来调用 unique❷。这将返回逻辑终点，把它赋值给 new_end。接着，擦除从 new_end 到 without_walls.end() 的区间❸。这是 erase-remove 手法的必然结果：剩下的内容是 Wales，其中包含连续且唯一的字符❹。

18.4.13 reverse

reverse 算法是将序列的顺序颠倒过来。该算法通过交换其元素或将其复制到目标序列来逆转一个序列。

```
void reverse([ep], bi_begin, bi_end);
OutputIterator reverse_copy([ep], bi_begin, bi_end, result);
```

1. 参数

❑ 可选的 std::execution 执行策略 ep（默认值为 std::execution::seq）。

❑ 一对 BidirectionalIterator，即 bi_begin / bi_end，代表目标序列。

❑ 一个 OutputIterator，即 result，代表输出序列（如果复制）。

2. 复杂度

线性复杂度，该算法调用 swap 恰好 distance(bi_begin, bi_end)/2 次。

3. 其他要求

❑ 目标序列的元素必须是可交换的。

❑ 如果复制，目标序列的元素必须是可复制的，而且目标序列和输出序列不能重叠。

4. 例子

```
#include <algorithm>
```

```
TEST_CASE("reverse") {
  string stinky = "diaper"; ❶
  reverse(stinky.begin(), stinky.end()); ❷
  REQUIRE(stinky == "repaid"); ❸
}
```

首先，构建一个包含单词 diaper 的字符串❶。接着，将这个字符串作为目标序列来调用 reverse❷。结果是单词 repaid❸。

18.4.14　sample

sample（采样）算法产生随机的、稳定的子序列。该算法从生成序列（population sequence）中抽取 min(pop_end - pop_begin, n) 元素。有点不寻常的是，当且仅当 ipt_begin 是前向迭代器时，该样本将被排序。它返回输出序列的末端。

```
OutputIterator sample([ep], ipt_begin, ipt_end, result, n, urb_generator);
```

1. 参数

❑ 可选的 std::execution 执行策略 ep（默认值为 std::execution::seq）。

❑ 一对 InputIterator 对象，即 ipt_begin / ipt_end，代表生成序列（要采样的序列）。

❑ 一个 OutputIterator，即 result，代表输出序列。

❑ 一个 Distance，即 n，代表要采样的元素的数量。

❑ 一个 UniformRandomBitGenerator urb_generator，例如第 12 章中介绍的 Mersenne Twister 引擎 std::mt19937_64。

2. 复杂度

线性复杂度，算法的复杂度与 distance(ipt_begin, ipt_end) 成正比。

3. 例子

```
#include <algorithm>
#include <map>
#include <string>
#include <iostream>
#include <iomanip>
#include <random>

using namespace std;

const string population = "ABCD"; ❶
const size_t n_samples{ 1'000'000 }; ❷
mt19937_64 urbg; ❸

void sample_length(size_t n) { ❹
  cout << "-- Length " << n << " --\n";
```

```
    map<string, size_t> counts; ❺
    for (size_t i{}; i < n_samples; i++) {
      string result;
      sample(population.begin(), population.end(),
             back_inserter(counts), n, urbg); ❻
      counts[result]++;
    }
    for (const auto[sample, n] : counts) { ❼
      const auto percentage = 100 * n / static_cast<double>(n_samples);
      cout << percentage << " '" << sample << "'\n"; ❽
    }
  }

  int main() {
    cout << fixed << setprecision(1); ❾
    sample_length(0); ❿
    sample_length(1);
    sample_length(2);
    sample_length(3);
    sample_length(4);
  }
--------------------------------------------------------------------------------
-- Length 0 --
100.0 ''
-- Length 1 --
25.1 'A'
25.0 'B'
25.0 'C'
24.9 'D'
-- Length 2 --
16.7 'AB'
16.7 'AC'
16.6 'AD'
16.6 'BC'
16.7 'BD'
16.7 'CD'
-- Length 3 --
25.0 'ABC'
25.0 'ABD'
25.0 'ACD'
25.0 'BCD'
-- Length 4 --
100.0 'ABCD'
```

首先，我们构造一个叫作 population 的 const 字符串，它包含字母 ABCD❶。然后，将 const size_t 对象 n_samples 初始化为 1 000 000❷，并初始化一个名为 urbg 的 Mersenne Twister❸。所有这些对象都有静态存储期。

此外，我们还初始化了函数 sample_length，它接受一个名为 n 的 size_t 参数❹。在该函数中，我们构建一个 string 到 size_t 对象的映射❺，它将计算 sample 调用的频率。在 for 循环中，将 population 作为生成序列来调用 sample，将 back_inserter(counts) 作为输出序列，n 作为样本长度，urbg 作为随机位生成器❻。

经过一百万次的迭代，我们遍历了 counts 的每个元素 ❼，并打印样本（给定长度 n）的概率分布 ❽。

在 main 中，用 fixed 和 setprecision 配置浮点格式 ❾。最后，使用从 0 到 4（包含）的值调用 sample_length ❿。

因为 string 提供了随机访问迭代器，所以 sample 可以提供稳定的（排序的）样本。

警告 输出不包含任何未排序的样本，如 DC 或 CAB。这种排序行为不一定能从算法的名称中看出来，所以要小心！

18.4.15　shuffle

shuffle 算法产生随机排列。该算法将目标序列随机化，使这些元素的每个可能的排列都有相等的出现概率。

```
void shuffle(rnd_begin, rnd_end, urb_generator);
```

1. 参数

❑ 一对 RandomAccessIterator，即 rnd_begin / rnd_end，代表目标序列。

❑ 一个 UniformRandomBitGenerator urb_generator，例如第 12 章中介绍的 Mersenne Twister 引擎 std::mt19937_64。

2. 复杂度

线性复杂度，该算法调用 swap 恰好 distance(rnd_begin, rnd_end) - 1 次。

3. 其他要求

目标序列的元素必须是可交换的。

4. 例子

```cpp
#include <algorithm>
#include <map>
#include <string>
#include <iostream>
#include <random>
#include <iomanip>

using namespace std;

int main() {
  const string population = "ABCD"; ❶
  const size_t n_samples{ 1'000'000 }; ❷
  mt19937_64 urbg; ❸
  map<string, size_t> samples; ❹
  cout << fixed << setprecision(1); ❺
  for (size_t i{}; i < n_samples; i++) {
    string result{ population }; ❻
    shuffle(result.begin(), result.end(), urbg); ❼
```

```
      samples[result]++; ❽
    }
    for (const auto[sample, n] : samples) { ❾
      const auto percentage = 100 * n / static_cast<double>(n_samples);
      cout << percentage << " '" << sample << "'\n"; ❿
    }
}
```

```
4.2 'ABCD'
4.2 'ABDC'
4.1 'ACBD'
4.2 'ACDB'
4.2 'ADBC'
4.2 'ADCB'
4.2 'BACD'
4.2 'BADC'
4.1 'BCAD'
4.2 'BCDA'
4.1 'BDAC'
4.2 'BDCA'
4.2 'CABD'
4.2 'CADB'
4.1 'CBAD'
4.1 'CBDA'
4.2 'CDAB'
4.1 'CDBA'
4.2 'DABC'
4.2 'DACB'
4.2 'DBAC'
4.1 'DBCA'
4.2 'DCAB'
4.2 'DCBA'
```

首先，构造一个叫作 population 的 const 字符串，它包含字母 ABCD❶。然后，将 const size_t 对象 n_samples 初始化为 1 000 000❷，同时初始化名为 urbg 的 Mersenne Twister❸，以及一个 string 到 size_t 对象的映射 ❹，用来计算 shuffle 样本的频率。此外，还用 fixed 和 setprecision 配置了浮点格式 ❺。

在 for 循环中，把 population 复制到新字符串 sample 中，因为 shuffle 修改了目标序列 ❻。然后，调用 shuffle，将 result 作为目标序列，将 urbg 作为随机位生成器 ❼，并将结果记录在 samples 中 ❽。

最后，遍历 samples 中的每个元素 ❾，并打印样本的概率分布 ❿。

注意，与 sample 算法不同，shuffle 算法总是产生一个无序的元素的分布。

18.5 排序及相关操作

排序操作是一种以某种方式重新排序元素的算法。

每种排序算法都有两个版本：一种接受比较运算符函数对象，另一种使用 operator<。

比较运算符是一种函数对象，可以使用两个要比较的对象进行调用。如果第一个参数小于第二个参数，它返回 true；否则，它返回 false。x < y 的排序解释是 x 被排在 y 之前。本节解释的所有算法都位于 <algorithm> 头文件中。

注意　operator< 是一个有效的比较运算符。

比较运算符必须具有传递性。这意味着对于任何元素 a、b 和 c，比较运算符 comp 必须保持以下关系：如果 comp(a, b) 和 comp(b, c) 返回 true，那么 comp(a，c) 也返回 true。这应该是有意义的：如果 a 在 b 之前，b 在 c 之前，那么 a 一定在 c 之前。

18.5.1　sort

sort（排序）算法对序列进行排序（非稳定排序）。

注意　稳定的排序算法保留了相等元素的相对顺序，而不稳定的排序算法可能会重排它们。

该算法对目标序列进行适当的排序。

void sort([ep], rnd_begin, rnd_end, [comp]);

1. 参数
❏ 可选的 std::execution 执行策略 ep（默认值为 std::execution::seq）。
❏ 一对 RandomAccessIterator，即 rnd_begin / rnd_end，代表目标序列。
❏ 一个可选的比较运算符 comp。

2. 复杂度
拟线性复杂度，$O(N\log N)$，N 为 distance(rnd_begin, rnd_end)。

3. 其他要求
目标序列的元素必须是可交换的、可移动构造的，以及可移动赋值的。

4. 例子

```
#include <algorithm>

TEST_CASE("sort") {
  string goat_grass{ "spoilage" }; ❶
  sort(goat_grass.begin(), goat_grass.end()); ❷
  REQUIRE(goat_grass == "aegilops"); ❸
}
```

首先，构建一个包含单词 spoilage 的字符串 ❶。接着，将这个字符串作为目标序列来调用 sort❷。结果是 goat_grass 现在包含单词 aegilops❸。

18.5.2　stable_sort

stable_sort 算法对序列进行稳定的排序。该算法对目标序列进行适当的排序。相等的元素保留原来的顺序。

```
void stable_sort([ep], rnd_begin, rnd_end, [comp]);
```

1. 参数
❑ 可选的 std::execution 执行策略 ep（默认值为 std::execution::seq）。
❑ 一对 RandomAccessIterator，即 rnd_begin / rnd_end，代表目标序列。
❑ 可选的比较运算符 comp。

2. 复杂度
多项式对数线性复杂度 $O(N \log^2 N)$，N 等于 distance(rnd_begin, rnd_end)。
当额外内存可用时，复杂度可以降低到拟线性复杂度。

3. 其他要求
目标序列的元素必须是可交换的、可移动构造的，以及可移动赋值的。

4. 例子

```cpp
#include <algorithm>

enum class CharCategory { ❶
  Ascender,
  Normal,
  Descender
};

CharCategory categorize(char x) { ❷
  switch (x) {
    case 'g':
    case 'j':
    case 'p':
    case 'q':
    case 'y':
      return CharCategory::Descender;
    case 'b':
    case 'd':
    case 'f':
    case 'h':
    case 'k':
    case 'l':
    case 't':
      return CharCategory::Ascender;
  }
  return CharCategory::Normal;
}

bool ascension_compare(char x, char y) { ❸
  return categorize(x) < categorize(y);
}

TEST_CASE("stable_sort") {
```

```
    string word{ "outgrin" }; ❹
    stable_sort(word.begin(), word.end(), ascension_compare); ❺
    REQUIRE(word == "touring"); ❻
}
```

这个例子按升部和降部对字符串进行排序。在排版中，升部（ascender）是一部分延伸到所谓的字体基线之上的字母。降部（descender）是一部分延伸到所谓的基线之下的字母。通常，降部字母有 g、j、p、q 和 y，升部字母有 b、d、f、h、k、l 和 t。这个例子使用 stable_sort，以便所有升部字母出现在所有其他字母之前，而降部字母出现在所有其他字母之后。既不是升部字母也不是降部字母的位于中间。作为 stable_sort，升部 / 降部字母的相对顺序不得改变。

首先，定义一个叫作 CharCategory 的枚举类，它有三种可能的值：Ascender、Normal 或 Descender❶。接着，定义一个函数，把给定的字符转换为 CharCategory 对象 ❷。（回顾一下 2.3.1 节，如果不包含 break，label 就会继续向前执行）。我们定义一个 ascension_compare 函数，把两个给定的 char 对象转换为 CharCategory 对象，并用 operator< 比较它们 ❸。因为枚举类对象被隐式地转换为 int 对象，而且定义的 CharCategory 的值是按预定的顺序排列的，这将使升部字母排在正常字母之前，而正常字母排在降部字母前面。

在测试用例中，我们初始化了一个包含单词 outgrin 的字符串 ❹。接着，将这个字符串作为目标序列调用 stable_sort，并且将 ascension_compare 作为比较运算符 ❺。其结果是，现在的 word 包含 touring❻。请注意，唯一的升部字母 t 出现在所有正常字母（与 outgrin 中的顺序相同）之前，而这些正常字母出现在唯一的降部字母 g 之前。

18.5.3　partial_sort

partial_sort 算法将序列分为两组。

如果进行修改，算法对目标序列中的第一个 (rnd_middle - rnd_first) 区间的元素进行排序，使 rnd_begin 到 rnd_middle 的所有元素都小于其他元素。如果进行复制，算法将第一个 min(distance(ipt_begin, ipt_end), distance(rnd_begin, rnd_end)) 排过序的元素放入目标序列，并返回一个指向输出序列末尾的迭代器。

基本上，partial_sort 允许我们寻找已排序序列的前几个元素，而无须对整个序列进行排序。例如，如果有序列 D C B A，那么可以使用 partial_sort 对前两个元素进行排序并获得结果 A B D C。前两个元素的顺序与对整个序列进行排序的结果一样，但其余元素不同。

```
void partial_sort([ep], rnd_begin, rnd_middle, rnd_end, [comp]);
RandomAccessIterator partial_sort_copy([ep], ipt_begin, ipt_end,
                                        rnd_begin, rnd_end, [comp]);
```

1. 参数

❑ 可选的 std::execution 执行策略 ep（默认值为 std::execution::seq）。

❑ 如果进行修改，则使用三个 RandomAccessIterator，即 rnd_begin / rnd_middle / rnd_end，代表目标序列。

❑ 如果进行复制，则使用 ipt_begin 和 ipt_end 代表目标序列，rnd_begin 和 rnd_end 代表输出序列。

❑ 可选的比较运算符 comp。

2. 复杂度

拟线性复杂度 $O(N \log N)$，其中 N 等于 distance(rnd_begin, rnd_end) * log(distacne(rnd_begin, rnd_middle)) 或 distance(rnd_begin, rnd_end) * log(min(distance(rnd_begin, rnd_end), distance(ipt_begin, ipt_end)))（后者针对复制版本）。

3. 其他要求

目标序列的元素必须是可交换的、可移动构造的，以及可移动赋值的。

4. 例子

```
#include <algorithm>

bool ascension_compare(char x, char y) {
--snip--
}

TEST_CASE("partial_sort") {
  string word1{ "nectarous" }; ❶
  partial_sort(word1.begin(), word1.begin() + 4, word1.end()); ❷
  REQUIRE(word1 == "acentrous"); ❸

  string word2{ "pretanning" }; ❹
  partial_sort(word2.begin(), word2.begin() + 3, ❺
               word2.end(), ascension_compare);
  REQUIRE(word2 == "trepanning"); ❻
}
```

首先，初始化一个包含单词 nectarous 的字符串❶。接着，将这个字符串作为目标序列调用 partial_sort，并将第五个字母（a）作为 partial_sort 的第二个参数❷。结果是这个序列现在包含单词 acentrous❸。注意，acentrous 的前四个字母被排序了，而且它们比序列中的其余字母要小。

在第二个例子中，我们初始化一个包含单词 pretanning 的字符串❹，把它作为 partial_sort 的目标序列❺。在这个例子中，指定第四个字符（t）作为 partial_sort 的第二个参数，并使用 stable_sort 例子中的 ascension_compare 函数作为比较运算符。结果是，现在的序列包含单词 trepanning❻。请注意，前三个字母是根据 ascension_compare 排序的，partial_sort 的第二个参数 t 到 z 的其余字母没有一个比前三个字母小。

> **注意** 从技术上讲，前面的例子中的 REQUIRE 语句在某些标准库的实现上可能会失败。因为 std::partial_sort 并不保证稳定排序，结果可能会有所不同。

18.5.4　is_sorted

is_sorted 算法判断序列是否有序。如果目标序列根据 operator< 或 comp（如果给定）排过序，则该算法返回 true。is_sorted_until 算法返回一个指向第一个未排序元素的迭代器，如果目标序列被排序了，则返回 rnd_end。

```
bool is_sorted([ep], rnd_begin, rnd_end, [comp]);
ForwardIterator is_sorted_until([ep], rnd_begin, rnd_end, [comp]);
```

1. 参数
❑ 可选的 std::execution 执行策略 ep（默认值为 std::execution::seq）。
❑ 一对 RandomAccessIterator，即 rnd_begin / rnd_end，代表目标序列。
❑ 可选的比较运算符 comp。

2. 复杂度
线性复杂度，该算法比较元素 distance(rnd_end, rnd_begin) 次。

3. 例子

```
#include <algorithm>

bool ascension_compare(char x, char y) {
--snip--
}

TEST_CASE("is_sorted") {
  string word1{ "billowy" }; ❶
  REQUIRE(is_sorted(word1.begin(), word1.end())); ❷

  string word2{ "floppy" }; ❸
  REQUIRE(word2.end() == is_sorted_until(word2.begin(), ❹
                                  word2.end(), ascension_compare));
}
```

首先，我们构造一个包含单词 billowy 的字符串❶。接着，将这个字符串作为目标序列调用 is_sort，它返回 true❷。

在第二个例子中，我们构建一个包含单词 floppy 的字符串❸。然后，以这个字符串为目标序列调用 is_sorted_until，由于序列是有序的，所以返回 rnd_end❹。

18.5.5　nth_element

nth_element 算法将序列中的特定元素放入其正确的排序位置。这种部分排序算法通过以下方式修改目标序列：rnd_nth 指向的元素位于所在位置，就好像正处在已排序过的整个区间的位置一样。从 rnd_begin 到 rnd_nth-1 的所有元素都将小于 rnd_nth 处的元素。如果 rnd_nth == rnd_end，则函数不执行任何操作。

```
bool nth_element([ep], rnd_begin, rnd_nth, rnd_end, [comp]);
```

1. 参数
❑ 可选的 std::execution 执行策略 ep（默认值为 std::execution::seq）。
❑ 一组 RandomAccessIterator，即 rnd_begin / rnd_nth / rnd_end，代表目标序列。
❑ 可选的比较运算符 comp。

2. 复杂度
线性复杂度，该算法比较元素 distance(rnd_begin, rnd_end) 次。

3. 其他要求
目标序列的元素必须是可交换的、可移动构造的，以及可移动赋值的。

4. 例子
```cpp
#include <algorithm>

TEST_CASE("nth_element") {
  vector<int> numbers{ 1, 9, 2, 8, 3, 7, 4, 6, 5 }; ❶
  nth_element(numbers.begin(), numbers.begin() + 5, numbers.end()); ❷
  auto less_than_6th_elem = [&elem=numbers[5]](int x) { ❸
    return x < elem;
  };
  REQUIRE(all_of(numbers.begin(), numbers.begin() + 5, less_than_6th_elem)); ❹
  REQUIRE(numbers[5] == 6 ); ❺
}
```

首先，我们构造一个包含数字序列 1 到 10（含）的向量 ❶。接着，将用这个向量作为目标序列调用 nth_element❷。然后，初始化一个名为 less_than_6th_elem 的 lambda，它用 operator< 来比较 int 对象与 numbers 的第六个元素 ❸。这允许我们检查第六个元素之前的所有元素是否都小于第六个元素 ❹。第六个元素是 6❺。

18.6　二分搜索

二分搜索算法假定目标序列已经排序。与对未假定已排序的序列进行通用搜索相比，这些算法具有理想的复杂度特征。本节中解释的每个算法都位于 <algorithm> 头文件中。

18.6.1　lower_bound

lower_bound 算法在已排序的序列中查找使其分区的元素。该算法返回一个与元素 result 对应的迭代器，它对序列进行分区，因此 result 之前的元素小于 value，而

`result` 和它之后的所有元素都不小于 `value`。

```
ForwardIterator lower_bound(fwd_begin, fwd_end, value, [comp]);
```

1. 参数

❑ 一对 `ForwardIterator`，即 `fwd_begin` / `fwd_end`，代表目标序列。

❑ 用来对目标序列分区的 `value`。

❑ 可选的比较运算符 `comp`。

2. 复杂度

如果可以提供一个随机迭代器，就是对数复杂度（$O(\log N)$），N 等于 `distance(fwd_begin, fwd_end)`；否则，复杂度为 $O(N)$。

3. 其他要求

目标序列必须根据 `operator<` 或 `comp`（如果提供的话）排序。

4. 例子

```
#include <algorithm>

TEST_CASE("lower_bound") {
  vector<int> numbers{ 2, 4, 5, 6, 6, 9 }; ❶
  const auto result = lower_bound(numbers.begin(), numbers.end(), 5); ❷
  REQUIRE(result == numbers.begin() + 2); ❸
}
```

首先，我们构造一个整数向量 ❶。接着，将这个向量作为目标序列调用 `lower_bound`，并使 `value` 为 5 ❷。结果是第三个元素 5 ❸。元素 2 和 4 小于 5，而元素 5、6、6 和 9 则不小于 5。

18.6.2 upper_bound

`upper_bound` 算法在有序序列中查找使其分区的元素。该算法返回一个与元素 `result` 对应的迭代器，这是目标序列中大于 `value` 的第一个元素。

```
ForwardIterator upper_bound(fwd_begin, fwd_end, value, [comp]);
```

1. 参数

❑ 一对 `ForwardIterator`，即 `fwd_begin` / `fwd_end`，代表目标序列。

❑ 用来对目标序列分区的 `value`。

❑ 可选的比较运算符 `comp`。

2. 复杂度

如果可以提供一个随机迭代器，就是对数复杂度（$O(\log N)$），N 等于 `distance(fwd_begin, fwd_end)`；否则，复杂度为 $O(N)$。

3. 其他要求

目标序列必须根据 operator< 或 comp（如果提供的话）排序。

4. 例子

```
#include <algorithm>

TEST_CASE("upper_bound") {
  vector<int> numbers{ 2, 4, 5, 6, 6, 9 }; ❶
  const auto result = upper_bound(numbers.begin(), numbers.end(), 5); ❷
  REQUIRE(result == numbers.begin() + 3); ❸
}
```

首先，我们构造一个整数向量 ❶。接着，将这个向量作为目标序列调用 upper_bound，并设定 value 为 5❷。结果是第四个元素 6，它是目标序列中第一个大于 value 的元素 ❸。

18.6.3 equal_range

equal_range 算法在有序序列中查找特定元素的区间。该算法返回一个迭代器 std::pair，对应于元素等于 value 的半开半闭区间。

```
ForwardIteratorPair equal_range(fwd_begin, fwd_end, value, [comp]);
```

1. 参数

❑ 一对 ForwardIterator，即 fwd_begin / fwd_end，代表目标序列。
❑ 要寻找的 value。
❑ 可选的比较运算符 comp。

2. 复杂度

如果可以提供一个随机迭代器，就是对数复杂度（$O(\log N)$），N 等于 distance(fwd_begin, fwd_end)；否则，复杂度为 $O(N)$。

3. 其他要求

目标序列必须根据 operator< 或 comp（如果提供的话）排序。

4. 例子

```
#include <algorithm>

TEST_CASE("equal_range") {
  vector<int> numbers{ 2, 4, 5, 6, 6, 9 }; ❶
  const auto[rbeg, rend] = equal_range(numbers.begin(), numbers.end(), 6); ❷
  REQUIRE(rbeg == numbers.begin() + 3); ❸
  REQUIRE(rend == numbers.begin() + 5); ❹
}
```

首先，我们构造一个整数向量 ❶。接着，将这个向量作为目标序列调用 equal_

range，将 value 设定为 6❷。结果是一个代表匹配区间的迭代器对。开始迭代器指向第
四个元素 ❸，结束迭代器指向第六个元素 ❹。

18.6.4　binary_search

binary_search 算法在有序序列中查找特定元素。如果它包含 value，则算法返
回 true。具体来说，如果目标序列存在元素 x，使得它既不满足 x ＜ value 也不满
足 value ＜ x，则返回 true。如果提供了 comp，则如果目标序列存在元素 x，使得
comp(x, value) 和 comp(value, x) 均为 false，则返回 true。

```
bool binary_search(fwd_begin, fwd_end, value, [comp]);
```

1. 参数
❑ 一对 ForwardIterator，即 fwd_begin / fwd_end，代表目标序列。
❑ 要寻找的 value。
❑ 可选的比较运算符 comp。

2. 复杂度
如果可以提供一个随机迭代器，就是对数复杂度（$O(\log N)$），N 等于 distance(fwd_
begin, fwd_end)；否则，复杂度为 $O(N)$。

3. 其他要求
目标序列必须根据 operator< 或 comp（如果提供的话）排序。

4. 例子

```
#include <algorithm>

TEST_CASE("binary_search") {
  vector<int> numbers{ 2, 4, 5, 6, 6, 9 }; ❶
  REQUIRE(binary_search(numbers.begin(), numbers.end(), 6)); ❷
  REQUIRE_FALSE(binary_search(numbers.begin(), numbers.end(), 7)); ❸
}
```

首先，我们构造一个整数向量 ❶。接着，将这个向量作为目标序列调用 binary_
search，并设定 value 为 6❷。因为这个序列包含 6，所以 binary_search 返回 true❷。
当用 7 调用 binary_search 时，它返回 false，因为目标序列不包含 7❸。

18.7　分区算法

一个分区的序列包含两个连续的、不同的元素组。这些组的元素不重合，第二个组的
第一个元素被称为分区点。stdlib 包含了对序列进行分区、确定序列是否已分区，并找到分
区点的算法。本节解释的每个算法都位于 <algorithm> 头文件中。

18.7.1　is_partitioned

is_partitioned 算法确定序列是否已分区。

注意　如果所有具有某种属性的元素都出现在没有属性的元素之前，那么这个序列就是已分区的。

如果目标序列中 pred 评估为 true 的每个元素都出现在其他元素之前，则该算法返回 true。

```
bool is_partitioned([ep], ipt_begin, ipt_end, pred);
```

1. 参数
❑ 可选的 std::execution 执行策略 ep（默认值为 std::execution::seq）。
❑ 一对 InputIterator 对象，即 ipt_begin / ipt_end，代表目标序列。
❑ 确定组成员资格的谓词 pred。

2. 复杂度
线性复杂度，算法最多调用 pred distance(ipt_begin, ipt_end) 次。

3. 例子

```
#include <algorithm>

TEST_CASE("is_partitioned") {
  auto is_odd = [](auto x) { return x % 2 == 1; }; ❶

  vector<int> numbers1{ 9, 5, 9, 6, 4, 2 }; ❷
  REQUIRE(is_partitioned(numbers1.begin(), numbers1.end(), is_odd)); ❸

  vector<int> numbers2{ 9, 4, 9, 6, 4, 2 }; ❹
  REQUIRE_FALSE(is_partitioned(numbers2.begin(), numbers2.end(), is_odd)); ❺
}
```

首先，我们构造一个叫作 is_odd 的 lambda，如果给定的数字是奇数 ❶，它就返回 true。接着，构造一个整数向量 ❷ 并以这个向量为目标序列、is_odd 为谓词调用 is_partitioned。因为这个序列里所有的奇数都在偶数之前，所以 is_partitioned 返回 true ❸。

然后，我们构建另一个整数向量 ❹，并以这个向量为目标序列、is_odd 为谓词再次调用 is_partitioned。因为这个序列里并不是所有的奇数都在偶数前（4 是偶数，但在第二个 9 之前），所以 is_partitioned 返回 false ❺。

18.7.2　partition

partition 算法对序列进行分区。该算法更改目标序列，使其根据 pred 进行分区。它返回分区点。元素的原始相对顺序不一定被保留。

```
ForwardIterator partition([ep], fwd_begin, fwd_end, pred);
```

1. 参数

❑ 可选的 std::execution 执行策略 ep（默认值为 std::execution::seq）。

❑ 一对 ForwardIterator，即 fwd_begin / fwd_end，代表目标序列。

❑ 确定组成员资格的谓词 pred。

2. 复杂度

线性复杂度，算法最多调用 pred distance(ipt_begin, ipt_end) 次。

3. 其他要求

目标序列的元素必须是可交换的。

4. 例子

```cpp
#include <algorithm>

TEST_CASE("partition") {
  auto is_odd = [](auto x) { return x % 2 == 1; }; ❶
  vector<int> numbers{ 1, 2, 3, 4, 5 }; ❷
  const auto partition_point = partition(numbers.begin(),
                                         numbers.end(), is_odd); ❸
  REQUIRE(is_partitioned(numbers.begin(), numbers.end(), is_odd)); ❹
  REQUIRE(partition_point == numbers.begin() + 3); ❺
}
```

首先，我们构造一个叫作 is_odd 的 lambda，如果给定的数字是奇数，它就返回 true❶。接着，构建一个整数向量 ❷，并以这个向量为目标序列、以 is_odd 为谓词调用 partition，把得到的分区点赋值给 partition_point❸。

当在目标序列上以 is_odd 为谓词调用 is_partitioned 时，它的返回值是 true❹。根据算法的描述，我们不能依赖分区内的相对顺序，但是分区点将总是第四个元素，因为目标序列包含三个奇数 ❺。

18.7.3　partition_copy

partition_copy 算法对序列进行分区。该算法通过对每个元素进行 pred 评估来划分目标序列。所有为 true 的元素被复制到 opt_true，所有为 false 的元素被复制到 opt_false。

```
ForwardIteratorPair partition_copy([ep], ipt_begin, ipt_end,
                                   opt_true, opt_false, pred);
```

1. 参数

❑ 可选的 std::execution 执行策略 ep（默认值为 std::execution::seq）。

❑ 一对 InputIterator 对象，即 ipt_begin / ipt_end，代表目标序列。

❑ OutputIterator，即 opt_true，用于接收 pred 返回 true 的元素的副本。

❑ OutputIterator，即 opt_false，用于接收 pred 返回 false 的元素的副本。
❑ 确定组成员资格的谓词 pred。

2. 复杂度

线性复杂度，算法恰好调用 pred distance(ipt_begin, ipt_end) 次。

3. 其他要求

❑ 目标序列的元素必须是可复制赋值的。
❑ 输入序列和输出序列不能重叠。

4. 例子

```
#include <algorithm>

TEST_CASE("partition_copy") {
  auto is_odd = [](auto x) { return x % 2 == 1; }; ❶
  vector<int> numbers{ 1, 2, 3, 4, 5 }, odds, evens; ❷
  partition_copy(numbers.begin(), numbers.end(),
                 back_inserter(odds), back_inserter(evens), is_odd); ❸
  REQUIRE(all_of(odds.begin(), odds.end(), is_odd)); ❹
  REQUIRE(none_of(evens.begin(), evens.end(), is_odd)); ❺
}
```

首先，我们构造一个叫作 is_odd 的 lambda，如果给定的数字是奇数，则返回
true❶。接着，构造一个包含从 1 到 5 的整数向量 numbers 及两个空向量 odds 和
evens❷。然后，调用 partition_copy，把 numbers 作为目标序列，使用 back_
inserter 将 true 元素输入 odds，将 false 元素输入 evens，同时把 is_odd 作为谓
词❸。其结果是，odds 中的所有元素都是奇数 ❹，而 evens 中的元素都不是奇数 ❺。

18.7.4　stable_partition

stable_partition 算法对序列进行稳定分区。

注意　稳定分区可能比不稳定分区需要更多的计算，所以用户可以选择适合自己的分区
　　　算法。

该算法会更改目标序列，使其根据 pred 进行分区。元素的原始相对顺序被保留。

```
BidirectionalIterator partition([ep], bid_begin, bid_end, pred);
```

1. 参数

❑ 可选的 std::execution 执行策略 ep（默认值为 std::execution::seq）。
❑ 一对 BidirectionalIterator，即 bid_begin/bid_end，代表目标序列。
❑ 确定组成员资格的谓词 pred。

2. 复杂度

拟线性复杂度，算法进行 $O(N \log N)$ 次交换，N 等于 distance(bid_begin, bid_

end)。如果内存足够的话，交换次数为 $O(N)$。

3. 其他要求

目标序列的元素必须是可交换的、可移动构造的，以及可移动赋值的。

4. 例子

```
#include <algorithm>

TEST_CASE("stable_partition") {
  auto is_odd = [](auto x) { return x % 2 == 1; }; ❶
  vector<int> numbers{ 1, 2, 3, 4, 5 }; ❷
  stable_partition(numbers.begin(), numbers.end(), is_odd); ❸
  REQUIRE(numbers == vector<int>{ 1, 3, 5, 2, 4 }); ❹
}
```

首先，我们构造一个叫作 `is_odd` 的 lambda，如果给定的数字是奇数，则返回 `true`❶。接着，构建一个整数向量 ❷ 并以这个向量为目标序列、`is_odd` 为谓词调用 `stable_partition`❸。结果是这个向量包含元素 1、3、5、2 和 4，因为这是划分这些数字的唯一方法，同时保留了它们原来的组内顺序 ❹。

18.8 合并算法

合并算法可以合并两个排序的目标序列，使得输出序列包含两个目标序列的副本并且也是有序的。本节中解释的算法都位于 `<algorithm>` 头文件中。

`merge` 算法合并两个排序的序列。该算法将两个目标序列复制到一个输出序列中。输出序列根据 `operator<` 或 `comp`（如果提供的话）排序。

```
OutputIterator merge([ep], ipt_begin1, ipt_end1,
                     ipt_begin2, ipt_end2, opt_result, [comp]);
```

1. 参数

❑ 可选的 `std::execution` 执行策略 `ep`（默认值为 `std::execution::seq`）。

❑ 两 对 `InputIterator`， 即 `ipt_begin1` / `ipt_end1` 和 `ipt_begin2` / `ipt_end2`，代表两个目标序列。

❑ `OutputIterator`，即 `opt_result`，代表输出序列。

❑ 确定组成员资格的谓词 `pred`。

2. 复杂度

线性复杂度，算法最多进行 $N-1$ 次比较，其中 N 等于 `distance(ipt_begin1, ipt_end1)` + `distance(ipt_begin2, ipt_end2)`。

3. 其他要求

目标序列必须根据 `operator<` 或 `comp`（如果提供的话）排序。

4. 例子

```
#include <algorithm>

TEST_CASE("merge") {
  vector<int> numbers1{ 1, 4, 5 }, numbers2{ 2, 3, 3, 6 }, result; ❶
  merge(numbers1.begin(), numbers1.end(),
        numbers2.begin(), numbers2.end(),
        back_inserter(result)); ❷
  REQUIRE(result == vector<int>{ 1, 2, 3, 3, 4, 5, 6 }); ❸
}
```

我们构造三个向量：两个包含已排序的整数，另一个是空的 ❶。接着，合并非空向量并通过 `back_inserter` 将空向量用作输出序列的存储向量 ❷。因此，`result` 包含原始序列中的所有元素，并且它也有序 ❸。

18.9　极值算法

极值算法可以确定最小和最大元素，还可以对元素的最小或最大值进行限制。本节解释的每个算法都位于 `<algorithm>` 头文件中。

18.9.1　min 和 max

`min` 或 `max` 算法可以确定序列的极值。这些算法使用 `operator<` 或 `comp`，返回最小（`min`）或最大（`max`）对象。`minmax` 算法以 `std::pair` 的形式返回两者，`first` 存储最小值，`second` 存储最大值。

```
T min(obj1, obj2, [comp]);
T min(init_list, [comp]);
T max(obj1, obj2, [comp]);
T max(init_list, [comp]);
Pair minmax(obj1, obj2, [comp]);
Pair minmax(init_list, [comp]);
```

1. 参数
❑ 两个对象，`obj1` 和 `obj2`。
❑ 初始化列表 `init_list`，代表要比较的对象。
❑ 可选的比较函数 `comp`。

2.复杂度
固定复杂度或者线性复杂度，对于使用 `obj1` 和 `obj2` 的重载，正好只进行一次比较；对于初始化列表，最多进行 $N–1$ 次比较，其中 N 是初始化列表的长度；对于 `minmax`，给定一个初始化列表，复杂度增长到 $3N/2$。

3. 其他要求

这些元素必须是可以复制构造的，并且可以使用给定的比较法进行比较。

4. 例子

```
#include <algorithm>

TEST_CASE("max and min") {
  using namespace std::literals;
  auto length_compare = [](const auto& x1, const auto& x2) { ❶
    return x1.length() < x2.length();
  };

  REQUIRE(min("undiscriminativeness"s, "vermin"s,
              length_compare) == "vermin"); ❷

  REQUIRE(max("maxim"s, "ultramaximal"s,
              length_compare) == "ultramaximal"); ❸

  const auto result = minmax("minimaxes"s, "maximin"s, length_compare); ❹
  REQUIRE(result.first == "maximin"); ❺
  REQUIRE(result.second == "minimaxes"); ❻
}
```

首先，我们初始化一个叫作 length_compare 的 lambda，它使用 operator< 来比较两个输入的长度 ❶。接着，使用 min 来确定 undiscriminativeness 或 vermin 的长度谁更短 ❷，使用 max 来确定 maxim 或 ultramaximal 谁的长度更长 ❸。最后，用 minmax 来确定 minimaxes 和 maximin 中哪一个长度最短、哪一个长度最长 ❹。结果是一对值 ❺❻。

18.9.2 min_element 和 max_element

min_element 或 max_element 算法确定序列的极值。算法使用 operator< 或 comp，返回一个指向最小（min_element）或最大（max_element）对象的迭代器。minmax_element 算法以 std::pair 的形式返回两者，first 为最小值，second 为最大值。

```
ForwardIterator min_element([ep], fwd_begin, fwd_end, [comp]);
ForwardIterator max_element([ep], fwd_begin, fwd_end, [comp]);
Pair minmax_element([ep], fwd_begin, fwd_end, [comp]);
```

1. 参数

❑ 可选的 std::execution 执行策略 ep（默认值为 std::execution::seq）。
❑ 一对 ForwardIterator，即 fwd_begin / fwd_end，代表目标序列。
❑ 可选的比较函数 comp。

2. 复杂度

线性复杂度，对于 max 和 min，最多执行 $N-1$ 次比较，其中 N 等于 distance(fwd_

begin, fwd_end)；对于 minmax，为 3N/2。

3. 其他要求

这些元素必须使用给定的操作来进行比较。

4. 例子

```
#include <algorithm>

TEST_CASE("min and max element") {
  auto length_compare = [](const auto& x1, const auto& x2) { ❶
    return x1.length() < x2.length();
  };

  vector<string> words{ "civic", "deed", "kayak",  "malayalam" }; ❷

  REQUIRE(*min_element(words.begin(), words.end(),
                       length_compare) == "deed"); ❸
  REQUIRE(*max_element(words.begin(), words.end(),
                       length_compare) == "malayalam"); ❹

  const auto result = minmax_element(words.begin(), words.end(),
                                     length_compare); ❺
  REQUIRE(*result.first == "deed"); ❻
  REQUIRE(*result.second == "malayalam"); ❼
}
```

首先，我们初始化一个叫作 length_compare 的 lambda，它使用 operator< 来比较两个输入的长度 ❶。接着，初始化一个叫作 words 的字符串向量，它包含四个单词 ❷。使用 min_element 来确定这些单词中最短的一个（deed），方法是将它作为目标序列、length_compare 作为比较函数传递给 min_element❸，使用 max_element 来确定最长的（malayalam）❹。最后，使用 minmax_element，它将两者以 std::pair 的形式返回 ❺。first 元素指的是最短的单词 ❻，second 指的是最长的单词 ❼。

18.9.3　clamp

clamp 算法对一个值进行限定。该算法使用 operator< 或 comp 来确定 obj 是否在从 low 到 high 的范围内。如果是，那么算法简单地返回 obj；否则，如果 obj 小于 low，则返回 low，如果 obj 大于 high，则返回 high。

```
T& clamp(obj, low, high, [comp]);
```

1. 参数

❑ 对象 obj。

❑ low 和 high 对象。

❑ 可选的比较函数 comp。

2. 复杂度

固定复杂度，算法最多比较两次。

3. 其他要求

这些对象必须使用给定的操作来进行比较。

4. 例子

```
#include <algorithm>

TEST_CASE("clamp") {
  REQUIRE(clamp(9000, 0, 100) == 100); ❶
  REQUIRE(clamp(-123, 0, 100) == 0); ❷
  REQUIRE(clamp(3.14, 0., 100.) == Approx(3.14)); ❸
}
```

在第一个例子中，将 9000 限制在 0 到 100 的区间内。因为 9000>100，所以返回结果是 100❶。在第二个例子中，同样把 −123 限制在 0 到 100 的区间内。因为 −123 < 0，所以返回结果是 0❷。最后，将 3.14 限制在 0 到 100 的区间内，因为它在区间内，所以返回结果是 3.14❸。

18.10　数值运算

第 12 章中讨论了 `<numeric>` 头文件，当时介绍了它的数学类型和函数。它还提供了非常适合于数值运算的算法。本节介绍其中的许多算法。

18.10.1　一些有用的运算符

一些 stdlib 数值运算允许我们传递一个运算符来自定义行为。为了方便起见，`<functional>` 头文件提供了以下类模板，这些模板通过 operator(T x, T y) 公开各种二元算术运算：

❑ plus<T> 实现了加法 x + y。
❑ minus<T> 实现了减法 x - y。
❑ multiplies<T> 实现了乘法 x * y。
❑ divides<T> 实现了除法 x / y。
❑ modulus<T> 实现了模运算 x % y。

例如，我们可以使用 plus 模板将两个数字相加，如下所示：

```
#include <functional>

TEST_CASE("plus") {
  plus<short> adder; ❶
  REQUIRE(3 == adder(1, 2)); ❷
  REQUIRE(3 == plus<short>{}(1,2)); ❸
}
```

　　首先，我们实例化一个叫作 adder 的 plus❶，然后用数字 1 和 2 调用它，得到 3❷。当然，也可以完全跳过这个变量，简单直接地使用新构造的 plus 来取得相同的结果 ❸。

注意　除非需要在泛型代码中使用运算符类型，否则通常不会使用这些。

18.10.2　iota

iota 算法用增量值填充序列。该算法将从 start 开始的增量值赋值给目标序列。

```
void iota(fwd_begin, fwd_end, start);
```

1. 参数
❑　一对迭代器，即 fwd_begin / fwd_end，代表目标序列。
❑　起始值 start。

2. 复杂度
线性复杂度，算法进行 N 个自增和赋值计算，其中 N 等于 distance(fwd_begin, fwd_end)。

3. 其他要求
这些对象必须可赋值到 start。

4. 例子

```
#include <numeric>
#include <array>

TEST_CASE("iota") {
  array<int, 3> easy_as;                       ❶
  iota(easy_as.begin(), easy_as.end(), 1);     ❷
  REQUIRE(easy_as == array<int, 3>{ 1, 2, 3 }); ❸
}
```

　　首先，我们初始化一个长度为 3 的整数数组 ❶。接着，以数组为目标序列、以 1 为起始值 start 调用 iota❷。结果是，数组包含元素 1、2 和 3❸。

18.10.3　accumulate

accumulate 算法折叠序列（按顺序）。

注意　"折叠序列"意味着对序列的元素应用特定的操作，同时将累积的结果传递给下一个操作。

　　该算法将 op 应用于 start 和目标序列的第一个元素。它获取结果和目标序列的下一个元素，并再次应用 op，不断以这种方式进行，直到它访问了目标序列中的每个元素。该算法将目标序列元素和 start 相加，并返回结果。

```
T accumulate(ipt_begin, ipt_end, start, [op]);
```

1. 参数

❑ 一对迭代器，即 `ipt_begin` / `ipt_end`，代表目标序列。

❑ 起始值 `start`。

❑ 可选的二元运算符 `op`，默认为 `plus`。

2. 复杂度

线性复杂度，算法将 `op` 应用 N 次，N 等于 `distance(ipt_begin, ipt_end)`。

3. 其他要求

目标序列的元素必须是可复制的。

4. 例子

```
#include <numeric>

TEST_CASE("accumulate") {
  vector<int> nums{ 1, 2, 3 }; ❶
  const auto result1 = accumulate(nums.begin(), nums.end(), -1); ❷
  REQUIRE(result1 == 5); ❸

  const auto result2 = accumulate(nums.begin(), nums.end(),
                                  2, multiplies<>()); ❹
  REQUIRE(result2 == 12); ❺
}
```

首先，我们初始化一个长度为 3 的整数向量 ❶。接着，以该向量为目标序列、以 –1 为起始值 `start` 调用 `accumulate` ❷。结果是 –1 + 1 + 2 + 3 = 5 ❸。在第二个例子中，使用相同的目标序列，但起始值 `start` 为 2，用乘法运算符 `multiplies` 代替默认的 `plus` ❹。结果是 2 * 1 * 2 * 3 = 12 ❺。

18.10.4　reduce

`reduce` 算法也折叠序列（不一定按顺序）。该算法与 `accumulate` 相同，只是它接受一个可选的执行策略参数，并且不保证运算符应用的顺序。

```
T reduce([ep], ipt_begin, ipt_end, start, [op]);
```

1. 参数

❑ 可选的 `std::execution` 执行策略 `ep`（默认值为 `std::execution::seq`）。

❑ 一对迭代器，即 `ipt_begin` / `ipt_end`，代表目标序列。

❑ 起始值 `start`。

❑ 可选的二元运算符 `op`，默认为 `plus`。

2. 复杂度

线性复杂度，算法将 op 应用 N 次，N 等于 distance(ipt_begin, ipt_end)。

3. 其他要求

❏ 如果省略 ep，元素必须是可移动的。
❏ 如果提供 ep，元素必须是可复制的。

4. 例子

```
#include <numeric>

TEST_CASE("reduce") {
  vector<int> nums{ 1, 2, 3 }; ❶
  const auto result1 = reduce(nums.begin(), nums.end(), -1); ❷
  REQUIRE(result1 == 5); ❸

  const auto result2 = reduce(nums.begin(), nums.end(),
                              2, multiplies<>()); ❹
  REQUIRE(result2 == 12); ❺
}
```

首先，我们初始化一个长度为 3 的整数向量 ❶。接着，以这个向量为目标序列、以 –1 为起始值 start 调用 reduce❷。结果是 –1 + 1 + 2 + 3 = 5❸。

在第二个例子中，使用相同的目标序列，但起始值 start 为 2，用乘法运算符 multiplies 代替默认的 plus❹。结果是 2 * 1 * 2 * 3 = 12❺。

18.10.5　inner_product

inner_product 算法计算两个序列的内积。

注意　内积（或点积）是与一对序列相关的标量值。

该算法将 op2 应用于目标序列中的每一对相应元素，并使用 op1 将它们与 start 相加。

```
T inner_product([ep], ipt_begin1, ipt_end1, ipt_begin2, start, [op1], [op2]);
```

1. 参数

❏ 一对迭代器，即 ipt_begin1 / ipt_end1，代表目标序列 1。
❏ 迭代器 ipt_begin2，代表目标序列 2。
❏ 起始值 start。
❏ 两个可选的二元运算符，op1 和 op2，默认为 plus 和 multiply。

2. 复杂度

线性复杂度，算法将 op1 和 op2 应用 N 次，其中 N 等于 distance(ipt_begin1, ipt_end1)。

3. 其他要求

元素必须是可复制的。

4. 例子

```
#include <numeric>

TEST_CASE("inner_product") {
  vector<int> nums1{ 1, 2, 3, 4, 5 }; ❶
  vector<int> nums2{ 1, 0,-1, 0, 1 }; ❷
  const auto result = inner_product(nums1.begin(), nums1.end(),
                                    nums2.begin(), 10); ❸
  REQUIRE(result == 13); ❹
}
```

首先，我们初始化两个整数向量❶❷。接着，将两个向量作为目标序列、10 作为起始值 start 调用 inner_product❸。结果是 10 + 1 * 1 + 2 * 0 + 3 * 1 + 4 * 0 + 4 * 1 = 13❹。

18.10.6　adjacent_difference

adjacent_difference 算法生成邻差（即相邻元素的差）。

> **注意**　邻差是对每对相邻元素应用某些操作的结果。

该算法将输出序列的第一个元素设置为目标序列的第一个元素。对于后续的每一个元素，将 op 应用于前一个元素和当前的元素，并将返回值写入 result 中。该算法返回输出序列的终点。

```
OutputIterator adjacent_difference([ep], ipt_begin, ipt_end, result, [op]);
```

1. 参数

❑ 一对迭代器，即 ipt_begin / ipt_end，代表目标序列。
❑ 迭代器 result，代表输出序列。
❑ 可选的二元运算符 op，默认为 minus。

2. 复杂度

线性复杂度，算法将 op 应用 $N-1$ 次，其中 N 等于 distance(ipt_begin, ipt_end)。

3. 其他要求

❑ 如果省略 ep，元素必须是可移动的。
❑ 如果提供 ep，元素必须是可复制的。

4. 例子

```
#include <numeric>
```

```
TEST_CASE("adjacent_difference") {
  vector<int> fib{ 1, 1, 2, 3, 5, 8 }, fib_diff; ❶
  adjacent_difference(fib.begin(), fib.end(), back_inserter(fib_diff)); ❷
  REQUIRE(fib_diff == vector<int>{ 1, 0, 1, 1, 2, 3 }); ❸
}
```

首先，我们初始化两个整数向量，一个包含斐波那契数列的前六个数字，另一个是空的 ❶。接着，以这两个向量为目标序列调用 `adjacent_difference`❷。结果如预期的那样：输出序列的第一个元素等于斐波那契数列的第一个元素，接下来的元素是相邻元素的差值，依次为 0（1-1）、1（2-1）、1（3-2）、2（5-3）和 3（8-5）❸。

18.10.7 partial_sum

`partial_sum` 算法生成部分元素的和。

该算法设置一个等于目标序列的第一个元素的累加器。对于目标序列的每个后续元素，算法将该元素加到累加器，然后将累加器值写入输出序列。该算法返回输出序列的终点。

```
OutputIterator partial_sum(ipt_begin, ipt_end, result, [op]);
```

1. 参数

❑ 一对迭代器，即 `ipt_begin` / `ipt_end`，代表目标序列。

❑ 迭代器 `result`，代表输出序列。

❑ 可选的二元运算符 `op`，默认为 `plus`。

2. 复杂度

线性复杂度，算法将 op 应用 $N-1$ 次，其中 N 等于 `distance(ipt_begin, ipt_end)`。

3. 例子

```
#include <numeric>

TEST_CASE("partial_sum") {
  vector<int> num{ 1, 2, 3, 4 }, result; ❶
  partial_sum(num.begin(), num.end(), back_inserter(result)); ❷
  REQUIRE(result == vector<int>{ 1, 3, 6, 10 }); ❸
}
```

首先，我们初始化两个整数向量 num 和 `result`❶，其中 `result` 是空的。接着，调用 `partial_sum`，把 num 作为目标序列，`result` 作为输出序列 ❷。输出序列的第一个元素等于目标序列的第一个元素，后面的元素是累加和，分别为 3（1+2）、6（3+3）和 10（6+4）❸。

18.10.8 其他算法

限于篇幅，许多算法被省略了。本节对它们进行了简单说明。

1. (最大) 堆操作

对于长度为 N 的区间，如果对于所有 $0 < i < N$，第 $(i-1)/2$（四舍五入）个元素不比第 i 个元素小，那么它便是一个最大堆。在最大元素查找和插入必须快速的情况下，这些结构有很强大的性能。

`<algorithm>` 头文件包含了处理这种区间的有用函数，例如表 18-1 中的函数，详见 [alg.heap.operations]。

表 18-1　`<algorithm>` 头文件中的堆相关算法

算法	描述
`is_heap`	检查范围是否为最大堆
`is_heap_until`	查找最大堆的最大子范围
`make_heap`	创建最大堆
`push_heap`	添加一个元素
`pop_heap`	移除最大的元素
`sort_heap`	将最大堆转换为排序范围

2. 有序区间的集合操作

`<algorithm>` 头文件包含了对有序区间进行集合操作的函数，例如表 18-2 中的函数，详见 [alg.set.operations]。

表 18-2　`<algorithm>` 头文件的集合相关操作

算法	描述
`includes`	如果一个范围是另一个范围的子集，则返回 `true`
`set_difference`	计算两个集合之间的差
`set_intersection`	计算两个集合的交集
`set_symmetric_difference`	计算两个集合之间的对称差
`set_union`	计算两个集合的并集

3. 其他数值算法

除了 18.10 节中介绍的函数外，`<numeric>` 头文件还包含很多其他函数。表 18-3 列出了它们，详情见 [numeric.ops]。

表 18-3　`<numeric>` 头文件中的其他数值运算

算法	描述
`exclusive_scan`	类似于 `partial_sum`，但从第 `i` 个元素的和中排除第 `i` 个元素
`inclusive_scan`	与 `partial_sum` 类似，但执行顺序不同，需要关联操作
`transform_reduce`	应用函数对象，然后减少无序
`transform_exclusive_scan`	应用函数对象，然后计算独占扫描
`transform_inclusive_scan`	应用函数对象，然后计算包含扫描

4. 内存操作

`<memory>` 头文件包含了一些处理未初始化内存的低级函数。表 18-4 列出了这些函数，详情见 [memory.syn]。

表 18-4　`<memory>` 头文件中处理未初始化内存的函数

算法	描述
`uninitialized_copy`	将对象复制到未初始化内存
`uninitialized_copy_n`	
`uninitialized_fill`	
`uninitialized_fill_n`	
`uninitialized_move`	将对象移动到未初始化内存
`uninitialized_move_n`	
`uninitialized_default_construct`	在未初始化内存中构造对象
`uninitialized_default_construct_n`	
`uninitialized_value_construct`	
`uninitialized_value_construct_n`	
`destroy_at`	销毁对象
`destroy`	
`destroy_n`	

18.11　Boost Algorithm 库

Boost Algorithm 库是一个大型算法库，与标准库有部分重叠。由于篇幅原因，表 18-5 只简单列出了那些尚未包含在标准库中的算法。更多信息请参考 Boost Algorithm 文档。

表 18-5　Boost Algorithm 库中的其他算法

算法	描述
`boyer_moore`	搜索值序列的快速算法
`boyer_moore_horspool`	
`knuth_morris_pratt`	
`hex`	写入 / 读取十六进制字符
`unhex`	
`gather`	接受一个序列并将满足谓词的元素移动到给定位置
`find_not`	查找序列中不等于某个值的第一个元素
`find_backward`	类似 `find`，但向后工作
`is_partitioned_until`	返回以目标序列的第一个元素开始的最大分区子序列的结束迭代器

（续）

算法	描述
`apply_permutation` `apply_reverse_permutation`	获取一个项序列和一个顺序序列，并根据顺序序列重新洗牌项序列
`is_palindrome`	如果序列是回文，则返回 `true`

关于 range 的说明

8.5.4 节介绍了范围（range）表达式。回想一下有关讨论，range 是一个 concept，它暴露了返回迭代器的 `begin` 和 `end` 方法。因为可以对迭代器提出要求以支持某些操作，所以可以对范围提出传递性要求，以便它们提供某些迭代器。每个算法都有一定的操作要求，这些都反映在它们需要的迭代器的种类上。因为可以用 range 来封装算法的输入序列要求，所以我们必须了解各种 range 类型才能了解每个算法的约束。

虽然理解 range、迭代器和算法之间的关系可以获得巨大的好处，但也有两个缺点。首先，算法仍然需要将迭代器作为输入参数，因此即使有 range，我们也需要手动提取迭代器（例如，使用 `begin` 和 `end` 方法）。其次，与其他函数模板一样，当违反算法的操作要求时，有时会收到非常糟糕的错误提示消息。

如果想尝试一种可能的范围实现，请参阅 Boost Range。

拓展阅读

- *ISO International Standard ISO/IEC (2017) — Programming Language C++* (International Organization for Standardization; Geneva, Switzerland; *https://isocpp.org/std/the-standard/*)
- *The C++ Standard Library: A Tutorial and Reference*, 2nd Edition, by Nicolai Josuttis (Addison-Wesley Professional, 2012)
- "Algorithmic Complexity" by Victor Adamchik (*https://www.cs.cmu.edu/~adamchik/15-121/lectures/Algorithmic%20Complexity/complexity.html*)
- *The Boost C++ Libraries*, 2nd Edition, by Boris Schäling (XML Press, 2014)

并发和并行

作为最权威的看门狗，大圣母有自己关于监察的说法："给我一个完全顺畅的工作环节，我会让你看到有人在掩盖错误。不颠簸的船根本不是船。"

——Frank Herbert，《沙丘 6：圣殿沙丘》

在编程中，并发（concurrency）意味着在一个特定的时间段内运行两个或更多的任务。并行（parallelism）是指两个或多个任务在同一时刻运行。通常，这些术语可以互换使用，不会产生负面后果，因为它们是密切相关的。本章将介绍这两个概念的基本内容。因为并发和并行编程是一个巨大而复杂的话题，要彻底讲清楚这个话题可能需要一整本书的篇幅。你可以在本章末尾的"拓展阅读"部分找到这些书。

本章将介绍并发和并行编程以及如何使用互斥锁、条件变量和原子安全地共享数据。本章也说明了执行策略如何帮助提高代码的速度，以及其中隐藏的危险。

19.1 并发编程

并发程序有多个执行线程（简称线程），它们是指令序列。在大多数运行环境中，操作系统充当调度器，决定线程何时执行下一条指令。每个进程可以有多个线程，这些线程通常相互共享资源，如内存。由于调度器决定了线程的执行时间，因此程序员一般不能依赖它们的排序。作为交换，程序可以在同一时间段（或在同一时间）执行多个任务，这往往会导致明显的速度提升。要观察到从串行版本到并发版本的速度提升效果，系统将需要并发硬件，例如多核处理器。

本节首先介绍异步任务，这是一种使程序并发的高级方法。然后，介绍一些基本的方法，以便在这些任务处理共享的可变状态时在它们之间进行协调。最后，介绍 stdlib 中的一些底层并发设施，以应对高级工具不具备所需要的性能特征的特殊情况。

19.1.1 异步任务

在程序中引入并发性的一种方法是创建异步任务。异步任务并不立即给出结果。要启动异步任务，可以使用 `<future>` 头文件中的 `std::async` 函数模板。

1. async

当调用 `std::async` 时，第一个参数是启动策略 `std::launch`，它有两个值：`std::launch::async` 或 `std::launch::deferred`。如果传递 `launch::async`，运行时将创建一个新线程来启动任务。如果传递 `deferred`，运行时就会等待，直到需要任务的结果时才执行（这种模式有时被称为惰性求值）。第一个参数是可选的，默认为 `async|deferred`，也就是说，采用哪种策略由实现者决定。`std::async` 的第二个参数是函数对象，代表要执行的任务。函数对象接受的参数数量或类型没有限制，它可以返回任意类型。`std::async` 函数是一个带有函数参数包的可变参数模板。当异步任务启动时，在函数对象之外传递的任何额外参数将被用于调用函数对象。另外，`std::async` 返回一个 `std::future` 对象。

以下是简化的 `async` 声明：

```
std::future<FuncReturnType> std::async([policy], func, Args&&... args);
```

既然已经知道了如何调用 `async`，现在我们看看如何与它的返回值交互。

2. future

`future` 是一个类模板，它持有异步任务的值。它有一个模板参数，与异步任务的返回值的类型相对应。例如，如果传递一个返回 `string` 的函数对象，`async` 将返回 `future<string>`。给定 `future`，我们可以通过三种方式与异步任务进行交互。

第一，我们可以使用 `valid` 方法查询 `future` 的有效性。有效的 `future` 有一个与之相关的共享状态。异步任务也有一个共享状态，因此它们可以交流结果。任何由 `async` 返回的 `future` 都是有效的，直到检索到异步任务的返回值，这时共享状态的生命周期就结束了，如代码清单 19-1 所示。

代码清单 19-1　async 函数返回一个有效的 future

```cpp
#include <future>
#include <string>

using namespace std;

TEST_CASE("async returns valid future") {
  using namespace literals::string_literals;
  auto the_future = async([] { return "female"s; }); ❶
  REQUIRE(the_future.valid()); ❷
}
```

我们启动一个只返回字符串的异步任务 ❶。因为 async 总是返回一个有效的 future，所以 valid 返回 true❷。

如果我们默认构造了一个 future，则它没有相关联的共享状态，valid 将返回 false，如代码清单 19-2 所示。

代码清单 19-2　默认构造的 future 是无效的

```
TEST_CASE("future invalid by default") {
  future<bool> default_future; ❶
  REQUIRE_FALSE(default_future.valid()); ❷
}
```

我们默认构建 future❶，其 valid 返回 false❷。

第二，我们可以用 get 方法从有效的 future 中获取值。如果异步任务还没有完成，对 get 的调用将阻塞当前执行的线程，直到结果可用。代码清单 19-3 演示了如何使用 get 来获取返回值。

代码清单 19-3　对有效的 future 调用 get 方法

```
TEST_CASE("async returns the return value of the function object") {
  using namespace literals::string_literals;
  auto the_future = async([] { return "female"s; }); ❶
  REQUIRE(the_future.get() == "female"); ❷
}
```

使用 async 启动一个异步任务 ❶，然后对产生的 future 调用 get 方法。正如预期的那样，结果是传入 async 的函数对象的返回值 ❷。

如果异步任务抛出异常，future 将收集该异常并在 get 被调用时抛出，如代码清单 19-4 所示。

代码清单 19-4　get 方法将抛出异步任务所抛出的异常

```
TEST_CASE("get may throw ") {
  auto ghostrider = async(
                    [] { throw runtime_error{ "The pattern is full." }; }); ❶
  REQUIRE_THROWS_AS(ghostrider.get(), runtime_error); ❷
}
```

传递一个 lambda 表达式给 async，它抛出一个 runtime_error❶。当调用 get 时，它会抛出这个异常 ❷。

第三，我们可以使用 std::wait_for 或 std::wait_until 检查异步任务是否已经完成。选择哪一种取决于你想传递的 chrono 的类型。对于 duration 对象，使用 wait_for；对于 time_point 对象，使用 wait_until。两者都返回 std::future_status，它有三个值：

❑ future_status::deferred 表明异步任务将被延迟评估，所以一旦调用 get，任务就会执行。

❑ future_status::ready 表示任务已经完成，结果已经就绪。

❑ `future_status::timeout` 表示该任务还没有准备好。

如果任务在指定的等待期之前完成，`async` 将提前返回。代码清单 19-5 演示了如何使用 `wait_for` 来检查异步任务的状态。

代码清单 19-5　使用 `wait_for` 检查异步任务的状态

```
TEST_CASE("wait_for indicates whether a task is ready") {
  using namespace literals::chrono_literals;
  auto sleepy = async(launch::async, [] { this_thread::sleep_for(100ms); }); ❶
  const auto not_ready_yet = sleepy.wait_for(25ms); ❷
  REQUIRE(not_ready_yet == future_status::timeout); ❸
  const auto totally_ready = sleepy.wait_for(100ms); ❹
  REQUIRE(totally_ready = future_status::ready); ❺
}
```

首先，我们用 `async` 启动一个异步任务，它在返回之前需等待 100ms❶。接着，用参数 25ms 调用 `wait_for`❷。因为这个任务仍然在睡眠中（25 < 100），所以 `wait_for` 返回 `future_status::timeout`❸。再次调用 `wait_for`，并等待最多 100ms❹。因为第二个 `wait_for` 将在 `async` 任务完成之后完成，最终 `wait_for` 将返回 `future_status::ready`❺。

注意　从技术上讲，代码清单 19-5 中的断言并不能保证通过。12.2.2 节介绍了 `this_thread::sleep_for`，它并不准确。操作环境负责调度线程，它可能会把正在睡眠的线程安排得比指定的时间晚。

3. 异步任务示例

代码清单 19-6 包含 `factorize` 函数，它可以找到一个整数的所有因子。

注意　代码清单 19-6 中的因式分解算法效率很低，但对这个例子来说已经很好了。对于高效的整数因式分解算法，可以参考 Dixon 的算法、连分式因式分解法或者二次筛法。

代码清单 19-6　一个非常简单的整数因式分解算法

```
#include <set>

template <typename T>
std::set<T> factorize(T x) {
  std::set<T> result{ 1 }; ❶
  for(T candidate{ 2 }; candidate <= x; candidate++) { ❷
    if (x % candidate == 0) { ❸
      result.insert(candidate); ❹
      x /= candidate; ❺
      candidate = 1; ❻
    }
  }
  return result;
}
```

该算法接受一个参数 x，并首先初始化一个包含 1 的集合 ❶。接着，它从 2 迭代到 x ❷，检查与 candidate 的模除结果是否为 0 ❸。如果是，则表明 candidate 是一个因子，把它加入因子集合 ❹。用 x 除以刚刚发现的因子 ❺，然后把 candidate 重置为 1，重新开始搜索 ❻。

因为因式分解是一个复杂的问题（且代码清单 19-6 是如此的低效），相对于本书中迄今为止提到的大多数函数，调用 factorize 可能需要很长的时间。这使得它成为异步任务的一个主要对象。代码清单 19-7 中的 factor_task 函数使用代码清单 12-25 中值得信赖的 Stopwatch 来包装 factorize，并返回一条格式良好的消息。

代码清单 19-7　factor_task 函数，它包装了对 factorize 的调用，并返回一个格式良好的信息

```cpp
#include <set>
#include <chrono>
#include <sstream>
#include <string>

using namespace std;

struct Stopwatch {
--snip--
};

template <typename T>
set<T> factorize(T x) {
--snip--
}

string factor_task(unsigned long x) {  ❶
  chrono::nanoseconds elapsed_ns;
  set<unsigned long long> factors;
  {
    Stopwatch stopwatch{ elapsed_ns };  ❷
    factors = factorize(x);  ❸
  }
  const auto elapsed_ms =
          chrono::duration_cast<chrono::milliseconds>(elapsed_ns).count();  ❹
  stringstream ss;
  ss << elapsed_ms << " ms: Factoring " << x << " ( ";  ❺
  for(auto factor : factors) ss << factor << " ";  ❻
  ss << ")\n";
  return ss.str();  ❼
}
```

与 factorize 一样，factor_task 接受一个参数 x ❶（为了简单起见，factor_task 接受一个无符号的长参数，而不是一个模板化的参数）。接着，在嵌套的作用域中初始化一个 Stopwatch ❷，然后用 x 调用 factorize ❸。结果是 elapsed_ns 包含 factorize 执行时经过的时间（以纳秒为单位），而 factors 包含 x 的所有因子。

接下来，构建一个格式良好的字符串，首先将 elapsed_ns 转换为以毫秒为单位的计

数 ❹。把这些信息写进一个叫作 ss 的字符串流对象 ❺，后跟 x 的因子 ❻。然后，返回结果字符串 ❼。

代码清单 19-8 采用 factor_task 来计算六个不同数字的因子，并记录消耗的总时间。

代码清单 19-8　一个使用 factor_task 对六个不同数字进行因式分解的程序

```
#include <set>
#include <array>
#include <vector>
#include <iostream>
#include <limits>
#include <chrono>
#include <sstream>
#include <string>

using namespace std;

struct Stopwatch {
--snip--
};

template <typename T>
set<T> factorize(T x) {
--snip--
}

string factor_task(unsigned long long x) {
--snip--
}

array<unsigned long long, 6> numbers{ ❶
        9'699'690,
        179'426'549,
        1'000'000'007,
        4'294'967'291,
        4'294'967'296,
        1'307'674'368'000
};

int main() {
  chrono::nanoseconds elapsed_ns;
  {
    Stopwatch stopwatch{ elapsed_ns }; ❷
    for(auto number : numbers) ❸
      cout << factor_task(number); ❹
  }
  const auto elapsed_ms =
              chrono::duration_cast<chrono::milliseconds>(elapsed_ns).count(); ❺
  cout << elapsed_ms << "ms: total program time\n"; ❻
}
```

```
0 ms: Factoring 9699690 ( 1 2 3 5 7 11 13 17 19 )
1274 ms: Factoring 179426549 ( 1 179426549 )
6804 ms: Factoring 1000000007 ( 1 1000000007 )
29035 ms: Factoring 4294967291 ( 1 4294967291 )
0 ms: Factoring 4294967296 ( 1 2 )
0 ms: Factoring 1307674368000 ( 1 2 3 5 7 11 13 )
37115ms: total program time
```

我们首先构建一个包含六个大小不一的数字的数组 numbers❶。接着，初始化一个 Stopwatch❷，遍历 numbers 中的每个元素 ❸，并用它们调用 factor_task❹。然后，确定程序的运行时间（以毫秒为单位）❺，并打印它 ❻。

输出结果显示，9 699 690、4 294 967 296 和 1 307 674 368 000 等数字立即就有了因子，因为它们包含较小的因子。然而，质数的因式分解则需要相当长的时间。请注意，由于该程序是单线程的，整个程序的运行时间大致等于每个数字的因式分解时间的总和。

如果把每个 factor_task 当作一个异步任务来处理呢？代码清单 19-9 演示了如何用 async 做这件事。

代码清单 19-9 一个使用 factor_task 异步分解六个不同数字的程序

```cpp
#include <set>
#include <vector>
#include <array>
#include <iostream>
#include <limits>
#include <chrono>
#include <future>
#include <sstream>
#include <string>

using namespace std;

struct Stopwatch {
--snip--
};

template <typename T>
set<T> factorize(T x) {
--snip--
}

string factor_task(unsigned long long x) {
--snip--
}

array<unsigned long long, 6> numbers{
--snip--
};

int main() {
  chrono::nanoseconds elapsed_ns;
```

```
{
  Stopwatch stopwatch{ elapsed_ns }; ❶
  vector<future<string>> factor_tasks; ❷
  for(auto number : numbers) ❸
    factor_tasks.emplace_back(async(launch::async, factor_task, number)); ❹
  for(auto& task : factor_tasks) ❺
    cout << task.get(); ❻
}
const auto elapsed_ms =
          chrono::duration_cast<chrono::milliseconds>(elapsed_ns).count(); ❼
cout << elapsed_ms << " ms: total program time\n"; ❽
}
--------------------------------------------------------------------------------
0 ms: Factoring 9699690 ( 1 2 3 5 7 11 13 17 19 )
1252 ms: Factoring 179426549 ( 1 179426549 )
6816 ms: Factoring 1000000007 ( 1 1000000007 )
28988 ms: Factoring 4294967291 ( 1 4294967291 )
0 ms: Factoring 4294967296 ( 1 2 )
0 ms: Factoring 1307674368000 ( 1 2 3 5 7 11 13 )
28989 ms: total program time
```

和代码清单 19-8 一样，我们先初始化一个 Stopwatch 来记录程序执行了多长时间 ❶。接着，初始化一个名为 factor_tasks 的向量，它包含 future<string> 类型的对象 ❷。遍历 numbers❸，用 launch::async 策略调用 async，指定 factor_task 为函数对象，并传递 number 作为任务的参数。对每个产生的 future 调用 factor_tasks 的 emplace_back❹。现在，async 启动了每个任务，遍历 factor_tasks 的每个元素 ❺，对每个 task 调用 get，并将其写入 cout❻。一旦得到了所有 future 的值，就可以确定运行所有任务 ❼ 所需的时间，并将其写入 cout❽。

由于并发性，代码清单 19-9 的总时间大致等于最大的任务执行时间（28 988ms），而不是任务执行时间的总和，见代码清单 19-8（37 115ms）。

注意　代码清单 19-8 和代码清单 19-9 中的时间在不同的运行中会有所不同。

19.1.2　共享和同步

只要任务不需要同步，并且不涉及易变数据共享，用异步任务进行并发编程就很简单。例如，考虑两个线程访问同一个整数的简单情况。一个线程将递增该整数，而另一个线程将递减它。要修改一个变量，每个线程必须读取该变量的当前值，执行加减操作，然后将该变量写入内存。如果没有同步，两个线程将以未定义的、交错的顺序执行这些操作。这种情况有时被称为竞争条件，因为其结果取决于哪个线程先执行。代码清单 19-10 说明了这种情况具有的灾难性。

代码清单 19-10　说明不同步的、可变的、共享的数据访问具有的灾难性

```
#include <future>
#include <iostream>
```

```
using namespace std;

void goat_rodeo() {
  const size_t iterations{ 1'000'000 };
  int tin_cans_available{}; ❶
  auto eat_cans = async(launch::async, [&] { ❷
    for(size_t i{}; i<iterations; i++)
      tin_cans_available--; ❸
  });
  auto deposit_cans = async(launch::async, [&] { ❹
    for(size_t i{}; i<iterations; i++)
      tin_cans_available++; ❺
  });
  eat_cans.get(); ❻
  deposit_cans.get(); ❼
  cout << "Tin cans: " << tin_cans_available << "\n"; ❽
}
int main() {
  goat_rodeo();
  goat_rodeo();
  goat_rodeo();
}
--------------------------------------------------------------------------------
Tin cans: -609780
Tin cans: 185380
Tin cans: 993137
```

> **注意**　每次运行代码清单19-10的程序都会得到不同的结果，因为该程序有未定义行为。

代码清单19-10定义一个名为 **goat_rodeo** 的函数，它涉及一个灾难性的竞争条件，以及一个调用 **goat_rodeo** 三次的 main。在 **goat_rodeo** 中，我们初始化了共享数据 **tin_cans_available**❶。接着，启动一个叫作 **eat_cans** 的异步任务 ❷，在这个任务中，共享变量 **tin_cans_available** 递减一百万次❸。接下来，启动另一个叫 **deposit_cans** 的异步任务 ❹，在这个任务中，递增 **tin_cans_available**❺。启动这两个任务后，通过调用 get（顺序不重要）等待它们完成❻❼。一旦任务完成，就打印变量 **tin_cans_available**❽。

直观地说，你可能希望在每个任务之后，**tin_cans_available** 都等于零。毕竟，不管如何安排递增和递减操作，如果以相同的数量执行，它们就会被抵消。可是调用了 **goat_rodeo** 三次，每次调用的结果都大不相同。

表19-1说明了代码清单19-10中的非同步访问出错的多种方式。

表19-1　**eat_cans** 和 **deposit_cans** 的一种可能调度

eat_cans	deposit_cans	cans_available
读取 cans_available (0)		0
	读取 cans_available (0)❶	0

(续)

eat_cans	deposit_cans	cans_available
计算 cans_available+1 (1)		0
	计算 cans_available-1 (-1)❸	0
写入 cans_available+1 (1)❷		1
	写入 cans_available-1 (-1)❹	-1

表 19-1 显示了交错的读取操作和写入操作如何招致灾难。在这个特殊的版本中，deposit_cans 的读取操作 ❶ 在 eat_cans 的写入操作之前 ❷，所以 deposit_cans 计算了一个过时的结果 ❸。如果这还不够糟的话，它在写入的时候还抢走了 eat_cans 的写入操作 ❹。

这种数据竞争的根本问题是对可变共享数据的不同步访问。你可能想知道为什么当线程计算 cans_available+1 或 cans_available-1 的时候 cans_available 不更新。答案在于，表 19-1 中的每一行都代表了某个指令完成执行的时间点，而加、减、读、写的指令都是独立的。因为 cans_available 变量是共享变量，而且两个线程在没有同步动作的情况下向其写入，所以这些指令在运行时以一种未定义的方式交错进行（造成灾难性的结果）。下面将介绍处理这种情况的三种工具：互斥锁、原子量和条件变量。

1. 互斥锁

互斥锁（mutex）是一种防止多个线程同时访问资源的机制。它是同步原语，支持两种操作：锁定和解锁。当线程需要访问共享数据时，它就会锁住互斥锁。这个操作可能会阻塞，这取决于互斥锁的性质以及其他线程是否拥有该锁。当线程不再需要访问时，它就会解锁该互斥锁。

<mutex> 头文件公开了几个互斥锁选项：

❑ std::mutex 提供了基本的互斥锁。
❑ std::timed_mutex 提供了带有超时机制的互斥锁。
❑ std::recursive_mutex 提供了互斥锁，允许同一线程进行递归锁定。
❑ std::recursive_timed_mutex 提供了互斥锁，允许同一线程进行递归锁定并有超时机制。

<shared_mutex> 头文件提供了两个额外的选项：

❑ std::shared_mutex 提供了共享互斥锁，这意味着几个线程可以同时拥有该互斥锁。这个选项通常用在多个读取操作访问共享数据，但一个写入操作需要独占访问的场景。
❑ std::shared_timed_mutex 提供了共享互斥锁，并实现了有超时机制的锁定。

注意　为了简单起见，本章只涉及 mutex。关于其他选项的更多信息，请参见 [thread.mutex]。

mutex 类只定义了一个默认构造函数。当想获得互斥锁时，可以调用 mutex 对象上的两个方法之一：lock 或 try_lock。如果调用 lock，它不接受任何参数并返回 void，调用线程会阻塞，直到该 mutex 变得可用。如果调用 try_lock，它不接受任何参数并返回一个布尔值，然后立即返回。如果 try_lock 成功地获得了互斥锁，它将返回 true，而调用线程现在拥有该锁。如果 try_lock 没成功，它将返回 false，并且调用线程不拥有该锁。要释放一个互斥锁，只需调用 unlock 方法，该方法不接受任何参数，返回 void。

代码清单 19-11 显示了一种基于锁解决代码清单 19-10 中的竞争条件的方式。

代码清单 19-11　使用 mutex 解决代码清单 19-10 中的竞争条件问题

```
#include <future>
#include <iostream>
#include <mutex>

using namespace std;

void goat_rodeo() {
  const size_t iterations{ 1'000'000 };
  int tin_cans_available{};
  mutex tin_can_mutex; ❶
  auto eat_cans = async(launch::async, [&] {
    for(size_t i{}; i<iterations; i++) {
      tin_can_mutex.lock(); ❷
      tin_cans_available--;
      tin_can_mutex.unlock(); ❸
    }
  });
  auto deposit_cans = async(launch::async, [&] {
    for(size_t i{}; i<iterations; i++) {
      tin_can_mutex.lock(); ❹
      tin_cans_available++;
      tin_can_mutex.unlock(); ❺
    }
  });
  eat_cans.get();
  deposit_cans.get();
  cout << "Tin cans: " << tin_cans_available << "\n";
}

int main() {
  goat_rodeo(); ❻
  goat_rodeo(); ❼
  goat_rodeo(); ❽
}
------------------------------------------------------------
Tin cans: 0 ❻
Tin cans: 0 ❼
Tin cans: 0 ❽
```

在 goat_rodeo 中添加一个叫作 tin_can_mutex 的互斥锁 ❶，它提供了对 tin_cans_available 的互斥锁。在每个异步任务中，线程在修改 tin_cans_available

之前会锁定互斥锁❷❹。一旦线程完成了修改，就解锁互斥锁❸❺。请注意，每次运行结束后，可用的 Tin cans 为零❻❼❽，说明已经修复了条件竞争问题。

---

mutex 的实现

在实践中，互斥锁以多种方式实现。也许最简单的互斥锁是自旋锁（spin lock），其中线程一直执行循环，直到锁被释放。这种锁通常会最小化锁被一个线程释放到被另一个线程获取所经过的时间。但它的计算成本很高，因为当其他线程可能正在执行生产性工作时，CPU 将所有时间都花在检查锁的可用性上。通常，互斥锁需要原子指令，例如 compare-and-swap、fetch-and-add 或 test-and-set，因此它们可以在一个操作中检查和获取锁。

现代操作系统，如 Windows，为自旋锁提供了更有效的替代方案。例如，基于异步过程调用（Asynchronous Procedure Call，APC）的互斥锁允许线程在互斥锁上等待并进入等待状态。一旦互斥锁变得可用，操作系统就会唤醒等待线程并交出互斥锁的所有权。这允许其他线程在 CPU 上执行生产性工作，否则这些 CPU 将被自旋锁占用。

通常，我们无须担心操作系统实现互斥锁的细节，除非它们成为程序的瓶颈。

处理互斥锁对于 RAII 对象来说是一项完美的工作。假设你忘记在互斥锁上调用 unlock，例如因为它引发了异常。当下一个线程出现并尝试通过 lock 获取互斥锁时，程序将突然停止。出于这个原因，stdlib 在 `<mutex>` 头文件中提供了 RAII 类来处理互斥锁。在那里，你会发现几个类模板，它们都将互斥锁作为构造函数参数并接受一个对应于互斥锁类别的模板参数：

- ❏ `std::lock_guard` 是一个不可复制、不可移动的 RAII 包装器，它在构造函数中接受一个互斥锁对象，在那里调用 `lock`。然后在析构函数中调用 `unlock`。
- ❏ `std::scoped_lock` 是一个避免死锁的 RAII 包装器，用于多个互斥锁。
- ❏ `std::unique_lock` 实现了一个可移动的互斥锁所有权包装器。
- ❏ `std::shared_lock` 实现了一个可移动的共享互斥锁所有权包装器。

为了简洁起见，本节主要讨论 `lock_guard`。代码清单 19-12 显示了如何重构代码清单 19-11，以使用 `lock_guard` 代替 `mutex` 操作。

代码清单 9-12　重构代码清单 19-11 以使用 lock_guard

```
#include <future>
#include <iostream>
#include <mutex>

using namespace std;
void goat_rodeo() {
  const size_t iterations{ 1'000'000 };
  int tin_cans_available{};
  mutex tin_can_mutex;
  auto eat_cans = async(launch::async, [&] {
```

```
    for(size_t i{}; i<iterations; i++) {
      lock_guard<mutex> guard{ tin_can_mutex }; ❶
      tin_cans_available--;
    }
  });
  auto deposit_cans = async(launch::async, [&] {
    for(size_t i{}; i<iterations; i++) {
      lock_guard<mutex> guard{ tin_can_mutex }; ❷
      tin_cans_available++;
    }
  });
  eat_cans.get();
  deposit_cans.get();
  cout << "Tin cans: " << tin_cans_available << "\n";
}

int main() {
  goat_rodeo();
  goat_rodeo();
  goat_rodeo();
}
--------------------------------------------------------------
Tin cans: 0
Tin cans: 0
Tin cans: 0
```

与其使用 lock 和 unlock 来管理互斥锁，不如在需要同步的每个作用域的开头构造 lock_guard❶❷。因为互斥机制是互斥锁，所以我们将其指定为 lock_guard 模板参数。代码清单 19-11 和代码清单 19-12 具有相当的运行时行为，包括程序执行所需的时间。与手动编程锁释放和获取相比，RAII 对象不涉及任何额外的运行时成本。

不幸的是，互斥锁涉及运行时成本。你可能已注意到，执行代码清单 19-11 和代码清单 19-12 比执行代码清单 19-10 花费的时间要长得多。原因是获取和释放锁是一项成本相对高昂的操作。在代码清单 19-11 和代码清单 19-12 中，tin_can_mutex 被获取和释放了 200 万次。相对于递增或递减整数，获取或释放锁要花费更多时间，因此使用互斥锁来同步异步任务不是最佳选择。在某些情况下，可以通过原子量来采取可能更高效的方法。

注意 关于异步任务和 future 的更多信息，请参考 [futures.async]。

2. 原子量

原子量（atomic）来自希腊语 átomos，意思是"不可分割的"。如果一个操作发生在一个不可分割的单元中，那么它就是原子的。另一个线程无法在中途观察该操作。当在代码清单 19-10 中引入锁以生成代码清单 19-11 时，我们使递增和递减操作成为原子操作，因为异步任务不能再交错对 tin_cans_available 进行读写操作。正如在运行这种基于锁的解决方案时所经历的那样，这种方法非常缓慢，因为获取锁的成本很高。

另一种方法是使用 <atomic> 头文件中的 std::atomic 类模板，它提供了无锁并发编程中经常使用的原语（primitive）。无锁并发编程在不涉及锁的情况下解决了数据竞争问题。在许多现代架构上，CPU 支持原子指令。使用原子量，我们可能能够依赖原子硬件指令来避免锁定。

本章不会详细讨论 std::atomic 或设计自己的无锁解决方案的方法，因为要正确完成这项工作非常困难，应由专家去设计完成。但是，对简单的情况，例如代码清单 19-10，可以使用 std::atomic 来确保递增或递减操作不可分割。这巧妙地解决了数据竞争问题。

std::atomic 模板为所有基本类型都提供了特化，如表 19-2 所示。

表 19-2　std::atomic 对基本类型的特化

模板特化	别名
std::atomic<bool>	std::atomic_bool
std::atomic<char>	std::atomic_char
std::atomic<unsigned char>	std::atomic_uchar
std::atomic<short>	std::atomic_short
std::atomic<unsigned short>	std::atomic_ushort
std::atomic<int>	std::atomic_int
std::atomic<unsigned int>	std::atomic_uint
std::atomic<long>	std::atomic_long
std::atomic<unsigned long>	std::atomic_ulong
std::atomic<long long>	std::atomic_llong
std::atomic<unsigned long long>	std::atomic_ullong
std::atomic<char16_t>	std::atomic_char16_t
std::atomic<char32_t>	std::atomic_char32_t
std::atomic<wchar_t>	std::atomic_wchar_t

表 19-3 列出了 std::atomic 支持的一些操作。表中的 std::atomic 模板没有复制构造函数。

表 19-3　std::atomic 支持的操作

操作	描述
a{} a{ 123 }	默认构造函数 初始值为 123
a.is_lock_free()	如果 a 无锁，则返回 true（取决于 CPU）
a.store(123)	将 123 存储到 a 中
a.load() a()	返回存储的值
a.exchange(123)	将当前值替换为 123 并返回旧值。这是一个"读 – 修改 – 写"操作
a.compare_exchange_weak(10, 20) a.compare_exchange_strong(10, 20)	如果当前值为 10，则替换为 20。如果值被替换，则返回 true。有关弱与强的详细信息，请参见 [atomic]

注意 `<cstdint>` 中的类型的特化也是可用的。有关详细信息，请参阅 [atomics.syn]。

对于数值类型，特化提供了额外的操作，如表 19-4 所示。

表 19-4 `std::atomic a` 的数值类型特化支持的操作

操作	描述
`a.fetch_add(123)` `a+=123`	将当前值替换为将参数添加到当前值的结果，返回修改前的值。这是一个"读 - 修改 - 写"操作
`a.fetch_sub(123)` `a-=123`	将当前值替换为从当前值中减去参数的结果，返回修改前的值。这是一个"读 - 修改 - 写"操作
`a.fetch_and(123)` `a&=123`	将当前值替换为用当前值对参数进行逐位与操作的结果，返回修改前的值。这是一个"读 - 修改 - 写"操作
`a.fetch_or(123)` `a|=123`	将当前值替换为用参数与当前值按位或操作的结果，返回修改前的值。这是一个"读 - 修改 - 写"操作
`a.fetch_xor(123)` `a^=123`	将当前值替换为用当前值与参数进行按位异或操作的结果，返回修改前的值。这是一个"读 - 修改 - 写"操作
`a++` `a--`	递增或递减 **a**

因为代码清单 19-12 是使用无锁解决方案的主要候选者，所以我们可以将 `tin_cans_available` 的类型替换为 `atomic_int` 并删除互斥锁。这可以防止像表 19-1 中所示的竞争条件。代码清单 19-13 实现了这种重构。

代码清单 19-13 使用 `atomic_int` 而不是互斥锁解决竞争条件

```cpp
#include <future>
#include <iostream>
#include <atomic>

using namespace std;

void goat_rodeo() {
  const size_t iterations{ 1'000'000 };
  atomic_int❶ tin_cans_available{};
  auto eat_cans = async(launch::async, [&] {
    for(size_t i{}; i<iterations; i++)
      tin_cans_available--; ❷
  });
  auto deposit_cans = async(launch::async, [&] {
    for(size_t i{}; i<iterations; i++)
      tin_cans_available++; ❸
  });
  eat_cans.get();
  deposit_cans.get();
  cout << "Tin cans: " << tin_cans_available << "\n";
}

int main() {
```

```
  goat_rodeo();
  goat_rodeo();
  goat_rodeo();
}
```

```
Tin cans: 0
Tin cans: 0
Tin cans: 0
```

用 `atomic_int` 替换 `int`❶，并删除互斥锁。因为递减 ❷ 和递增 ❸ 运算符是原子的，竞争条件得以解决。

你可能还注意到代码清单 19-13 相对代码清单 19-12 的性能提升显著。一般来说，使用原子操作比获取互斥锁快得多。

> **注意**　除非遇到非常简单的并发访问问题，例如本节中的问题，否则不应该尝试自己实现无锁解决方案。请参阅 Boost Lockfree 库，了解经过全面测试的高质量无锁容器。与往常一样，你必须确定基于锁的实现或无锁实现哪个是最优的。

3. 条件变量

条件变量（condition variable）是一个同步原语，它可以阻塞多个线程，直到收到通知。另一个线程可以通知该条件变量。在收到通知之后，条件变量可以解除对多个线程的锁定，从而使它们继续执行。流行的条件变量模式下的线程执行以下动作：

1）获取与等待线程共享的互斥锁。

2）修改共享状态。

3）通知条件变量。

4）释放互斥锁。

任何在条件变量上等待的线程都会执行以下动作：

1）获取互斥锁。

2）在条件变量上等待（这会释放互斥锁）。

3）当另一个线程通知条件变量时，该线程被唤醒并执行一些工作（这会自动重新获取互斥锁）。

4）释放互斥锁。

由于现代操作系统的复杂性导致的复杂情况，有时线程会被虚假地唤醒。因此，一旦一个等待线程被唤醒，验证条件变量是否真的发出了信号是很重要的。

stdlib 在 `<condition_variable>` 头文件中提供了 `std::condition_variable`，它支持几种操作，包括表 19-5 中的操作。`condition_variable` 只支持默认构造函数，复制构造函数被删除。

例如，我们可以使用条件变量重构代码清单 19-12，使 `deposit_cans` 任务在 `eat_cans` 任务之前完成，如代码清单 19-14 所示。

表 19-5 std::condition_variable cv 支持的操作

操作	描述
cv.notify_one()	如果有线程在等待 cv，这个操作会通知其中一个线程
cv.notify_all()	如果有线程在等待 cv，这个操作会通知所有的线程
cv.wait(lock, [pred])	给定通知方拥有的互斥锁，在被唤醒时返回。如果提供，pred 将确定通知是虚假的（返回 false）还是真实的（返回 true）
cv.wait_for(lock, [durn], [pred])	和 cv.wait 一样，只不过 wait_for 只等待 durn。如果超时并且没有提供 pred，则返回 std::cv_status::timeout；否则，返回 std::cv_status::no_timeout
cv.wait_until(lock, [time], [pred])	与 wait_for 相同，只不过它使用 std::chrono::time_point 而不是 std::chrono::duration

代码清单 19-14　使用条件变量确保任务 deposit_cans 在 eat_cans 之前完成

```cpp
#include <future>
#include <iostream>
#include <mutex>
#include <condition_variable>

using namespace std;

void goat_rodeo() {
  mutex m; ❶
  condition_variable cv; ❷
  const size_t iterations{ 1'000'000 };
  int tin_cans_available{};

  auto eat_cans = async(launch::async, [&] {
    unique_lock<mutex> lock{ m }; ❸
    cv.wait(lock, [&] { return tin_cans_available == 1'000'000; }); ❹
    for(size_t i{}; i<iterations; i++)
      tin_cans_available--;
  });

  auto deposit_cans = async(launch::async, [&] {
    scoped_lock<mutex> lock{ m }; ❺
    for(size_t i{}; i<iterations; i++)
      tin_cans_available++;
    cv.notify_all(); ❻
  });
  eat_cans.get();
  deposit_cans.get();
  cout << "Tin cans: " << tin_cans_available << "\n";
}

int main() {
  goat_rodeo();
  goat_rodeo();
  goat_rodeo();
}
```

```
--------------------------------------------------------------------
Tin cans: 0
Tin cans: 0
Tin cans: 0
```

我们声明一个互斥锁 ❶ 和一个条件变量 ❷，用它们来协调异步任务。在 eat_cans 任务中，锁定唯一锁 ❸，把它和一个谓词一起传给 wait，如果有可用的 cans，则谓词返回 true。这个方法将释放互斥锁，然后马上阻塞，除非满足两个条件：condition_variable 唤醒这个线程并且有 100 万个 cans 可用 ❹（记得必须检查所有的 cans 是否可用，因为存在虚假唤醒）。在 deposit_cans 任务中，锁定互斥锁 ❺，存放 cans，然后通知所有在 condition_variable 上阻塞的线程 ❻。

请注意，不同于之前所有的方法，tin_cans_available 不可能是负数，因为存放 cans 和食用 cans 的顺序是有保证的。

> 注意　关于条件变量的更多信息，请参阅 [thread.condition]。

19.1.3　底层并发设施

stdlib 的 <thread> 库包含用于并发编程的底层设施。例如，std::thread 类模拟了一个操作系统线程。然而，最好不要直接使用 thread，应该使用更高层次的抽象（比如任务）来设计程序中的并发性。如果需要底层线程访问，请参阅 [thread] 了解更多信息。

但是，<thread> 库确实包括几个有用的函数，用于操纵当前线程：

❏ std::this_thread::yield 函数不接受任何参数，返回 void。yield 的具体行为取决于环境，但一般来说，它提供了一个提示，即操作系统应该给其他线程一个运行的机会。这在以下情况下是很有用的，例如，对某一特定资源的锁的争夺很激烈，而你想帮助所有线程获得访问机会时。

❏ std::this_thread::get_id 函数不接受任何参数，返回一个 std::thread::id 类型的对象，它是一个轻量级线程，支持比较运算符和 operator<<。通常，它被用作关联容器中的一个键。

❏ std::this_thread::sleep_for 函数接受一个 std::chrono::duration 参数，阻止当前线程的执行，至少直到指定的 duration 过去，然后返回 void。

❏ std::this_thread::sleep_until 接受一个 std::chrono::time_point 并返回 void。它完全类似于 sleep_for，只是它至少要阻塞线程到指定的 time_point。

当你需要这些函数时，它们是必不可少的。否则，你不需要与 <thread> 头文件交互。

19.2　并行算法

第 18 章介绍了 stdlib 的算法，许多算法都需要一个可选的第一个参数，该参数称为执行策略参数，由 std::execution 值表示。在支持的环境中，它有三个可能的值：seq、 par 和 par_unseq。如果选择后两个选项，则表示想并行执行该算法。

19.2.1 示例：并行排序

代码清单 19-15 演示了将参数从 seq 改为 par 可以对程序的运行时间产生巨大的影响，该程序对 10 亿个数字进行双向排序。

代码清单 19-15　使用 std::sort 与 std::execution::seq 或 std:execution::par
对 10 亿个数字进行排序（结果来自一台装有两个英特尔 xeon E5-2620 v3
处理器的 Windows 10 x64 机器）

```cpp
#include <algorithm>
#include <vector>
#include <numeric>
#include <random>
#include <chrono>
#include <iostream>
#include <execution>

using namespace std;

// From Listing 12-25:
struct Stopwatch {
--snip--
};

vector<long> make_random_vector() { ❶
  vector<long> numbers(1'000'000'000);
  iota(numbers.begin(), numbers.end(), 0);
  mt19937_64 urng{ 121216 };
  shuffle(numbers.begin(), numbers.end(), urng);
  return numbers;
}

int main() {
  cout << "Constructing random vectors...";
  auto numbers_a = make_random_vector(); ❷
  auto numbers_b{ numbers_a }; ❸
  chrono::nanoseconds time_to_sort;
  cout << " " << numbers_a.size() << " elements.\n";
  cout << "Sorting with execution::seq...";
  {
    Stopwatch stopwatch{ time_to_sort };
    sort(execution::seq, numbers_a.begin(), numbers_a.end()); ❹
  }
  cout << " took " << time_to_sort.count() / 1.0E9 << " sec.\n";

  cout << "Sorting with execution::par...";
  {
    Stopwatch stopwatch{ time_to_sort };
    sort(execution::par, numbers_b.begin(), numbers_b.end()); ❺
  }
  cout << " took " << time_to_sort.count() / 1.0E9 << " sec.\n";
}
```

```
--------------------------------------------------------------------------------
Constructing random vectors... 1000000000 elements.
Sorting with execution::seq... took 150.489 sec.
Sorting with execution::par... took 17.7305 sec.
```

make_random_vector 函数 ❶ 产生一个包含 10 亿个唯一数字的向量。首先建立两个副本，即 numbers_a❷ 和 numbers_b❸。分别对每个向量进行排序。在第一种情况下，用顺序执行策略进行排序 ❹，并且 Stopwatch 显示这个操作大约花了 2.5min（大约 150s）。在第二种情况下，用并行执行策略进行排序 ❺。相比之下，Stopwatch 显示该操作大约花了 18s。顺序执行大约花了 8.5 倍的时间。

19.2.2　并行算法不是魔法

不幸的是，并行算法并非魔法。尽管它们在简单的情况下表现出色，例如代码清单 19-15 中的 sort，但在使用它们时必须小心。每当算法产生超出目标序列的副作用时，都必须认真考虑竞争条件。危险信号是将函数对象传递给算法。如果函数对象具有可变状态，则执行线程将具有共享访问权限，你可能会遇到竞争条件。例如，考虑代码清单 19-16 中的并行 transform 调用。

代码清单 19-16　由于非原子访问 n_transformed 而包含竞争条件的程序

```cpp
#include <algorithm>
#include <vector>
#include <iostream>
#include <numeric>
#include <execution>

int main() {
  std::vector<long> numbers{ 1'000'000 }, squares{ 1'000'000 }; ❶
  std::iota(numbers.begin(), numbers.end(), 0); ❷
  size_t n_transformed{}; ❸
  std::transform(std::execution::par, numbers.begin(), numbers.end(), ❹
                 squares.begin(), [&n_transformed] (const auto x) {
                 ++n_transformed; ❺
                 return x * x; ❻
               });
  std::cout << "n_transformed: " << n_transformed << std::endl; ❼
}
```

```
--------------------------------------------------------------------------------
n_transformed: 187215 ❼
```

首先，我们初始化两个向量对象，numbers 和 squares，它们包含 100 万个元素 ❶。接着，用 iota 将其中一个填入数字 0❷，并将变量 n_transformed 初始化为 0❸。然后，用并行执行策略调用 transform，将 numbers 作为目标序列，squares 作为结果序列，并提供一个简单的 lambda 表达式 ❹。这个 lambda 表达式递增 n_transformed❺，并返回参数 x 的平方 ❻。因为多个线程执行这个 lambda 表达式，所以对 n_transformed 的访问必须是同步的 ❼。

上一节介绍了解决这一问题的两种方法，即锁和原子量。在本例中，也许最好的办法是直接使用 `std::atomic_size_t` 替代 `size_t`。

19.3　总结

本章概括地介绍了并发和并行编程。此外，还探讨了如何启动异步任务，这允许我们将多线程编程概念引入自己的代码。尽管在程序中引入并行和并发概念可以显著提高性能，但必须小心以避免引入导致未定义行为的竞争条件。此外，本章也阐述了几种用于同步访问可变共享状态的机制：互斥锁、原子量和条件变量。

练习

19-1. 编写你自己的基于自旋锁的互斥锁 SpinLock。暴露 `lock`、`try_lock` 和 `unlock` 方法。你的类应该删除复制构造函数。试着使用一个 `std::lock_guard<SpinLock>` 和你的类的一个实例实践一下。

19-2. 了解臭名昭著的双重检查锁定模式（Double-Checked Locking Pattern，DCLP）以及不应该使用它的原因（参见"拓展阅读"部分中提到的 Scott Meyers 和 Andrei Alexandrescu 的文章）。然后阅读 [thread.once.callonce] 中关于使用 `std::call_once` 确保可调用程序被精确调用一次的适当方法。

19-3. 创建一个线程安全的队列类。这个类必须暴露一个接口，如 `std::queue`（见 [queue.defn]）。在内部使用 `std::queue` 来存储元素。使用 `std::mutex` 来同步访问这个内部 `std::queue`。

19-4. 为你的线程安全队列添加 `wait_and_pop` 方法和 `std::condition_variable` 成员。当用户调用 `wait_and_pop`，并且队列包含一个元素，应该从队列中取出该元素并返回。如果队列是空的，线程应该阻塞，直到队列包含元素，然后继续弹出一个元素。

19-5. （可选）阅读 Boost Coroutine2 文档，特别是"概述""简介"和"动机"部分。

拓展阅读

- "C++ and The Perils of Double-Checked Locking: Part I" by Scott Meyers and Andrei Alexandrescu (*http://www.drdobbs.com/cpp/c-and-the-perils-of-double-checked-locki/184405726/*)

- *ISO International Standard ISO/IEC (2017) — Programming Language C++* (International Organization for Standardization; Geneva, Switzerland; *https://isocpp.org/std/the-standard/*)

- *C++ Concurrency in Action*, 2nd Edition, by Anthony Williams (Manning, 2018)

- "Effective Concurrency: Know When to Use an Active Object Instead of a Mutex" by Herb Sutter (*https://herbsutter.com/2010/09/24/effective-concurrency-know-when-to-use-an-active-object-instead-of-a-mutex/*)

- *Effective Modern C++: 42 Specific Ways to Improve Your Use of C++ 11 and C++ 14* by Scott Meyers (O'Reilly Media, 2014)

- "A Survey of Modern Integer Factorization Algorithms" by Peter L. Montgomery. *CWI Quarterly 7.4* (1994): 337–365.

第 20 章

用 Boost Asio 进行网络编程

任何使用电脑并且忘记了时间的人都知道做梦、追梦和废寝忘食的感受。

——Tim Berners-Lee

Boost Asio 是一个用于底层 I/O 编程的库。本章将介绍 Boost Asio 的基础网络设施，它使程序能够轻松有效地与网络交互。由于这个原因，Boost Asio 在许多带有网络组件的 C++程序中扮演着重要的角色。

尽管 Boost Asio 是那些想在程序中加入跨平台高性能 I/O 的 C++ 开发者的主要选择，但它是一个出了名的复杂的库。这种复杂性和对底层网络编程的陌生感，可能会让新手们不知所措。如果你觉得这一章晦涩难懂，或者你不需要网络编程方面的信息，那么可以跳过这一章。

注意 Boost Asio 还包含了与串口、流和操作系统特定对象有关的 I/O 设施。事实上，这个名字来自 "异步 I/O"（Asynchronous IO）这个短语。更多信息请参见 Boost Asio 文档。

20.1 Boost Asio 编程模型

在 Boost 编程模型中，I/O context 对象抽象了处理异步数据的操作系统接口。这个对象本身是一个 I/O 对象的注册项，它们可以启动异步操作。每个 I/O 对象都知道其相应的服务，而 context 对象则负责关联它们。

注意 所有的 Boost Asio 类都包含在 `<boost/asio.hpp>` 头文件中。

Boost Asio 定义了一个单一的服务对象，即 `boost::asio::io_context`。它的构

造函数接受一个可选的整数参数——称为并发提示（concurreny hint），它指 **io_context** 允许并发运行的线程数量。例如，在一台八核的机器上，可以像下面这样构造 **io_context**：

```
boost::asio::io_context io_context{ 8 };
```

我们把相同的 **io_context** 对象传递给 I/O 对象的构造函数。一旦设置好所有 I/O 对象，便可调用 **io_context** 的 **run** 方法，该方法将阻塞直到所有待处理的 I/O 操作完成。

最简单的 I/O 对象之一是 **boost::asio::steady_timer**，它可以用来调度任务。它的构造函数接受一个 **io_context** 对象和一个可选的 **std::chrono::time_point** 或 **std::chrono_duration**。例如，下面构建了一个 3s 后到期的 **steady_timer**：

```
boost::asio::steady_timer timer{
   io_context, std::chrono::steady_clock::now() + std::chrono::seconds{ 3 }
};
```

我们可以用阻塞式或非阻塞式的调用来等待 **timer**。为了阻塞当前线程，可以使用 **timer** 的 **wait** 方法。其结果基本上类似于使用 **std::this_thread::sleep_for**（参见 12.2.2 节）。要进行异步等待，可以使用 **timer** 的 **async_wait** 方法。这个方法接受一个被称为回调（callback）的函数对象。一旦到了线程唤醒时间，操作系统将调用该函数对象。由于现代操作系统的复杂情况，这可能是也可能不是因为 **timer** 到期了。

一旦 **timer** 过期，如果想继续等待，那么可以创建另一个 **timer**。如果在过期的 **timer** 上等待，它将立即返回。这可能不是我们想要的，所以要确保只在未过期的 **timer** 上等待。

为了检查 **timer** 是否过期，函数对象可以接受一个 **boost::system::error_code** 类型的参数。**error_code** 类是一个简单的类，表示特定于操作系统的错误。它被隐式地转换为布尔值（如果它代表一个错误条件，则为 **true**；否则为 **false**）。如果回调的 **error_code** 评估为 **false**，则 **timer** 过期了。

一旦使用 **async_wait** 提交了一个异步操作，就会调用 **io_context** 对象的 **run** 方法，因为这个方法会阻塞，直到所有异步操作完成。

代码清单 20-1 演示了如何针对阻塞式和非阻塞式等待创建和使用 **timer**。

代码清单 20-1　使用 boost::asio::steady_timer 进行同步和异步等待的程序

```
#include <iostream>
#include <boost/asio.hpp>
#include <chrono>

boost::asio::steady_timer make_timer(boost::asio::io_context& io_context) { ❶
  return boost::asio::steady_timer{
          io_context,
          std::chrono::steady_clock::now() + std::chrono::seconds{ 3 }
  };
}

int main() {
```

```
    boost::asio::io_context io_context; ❷

    auto timer1 = make_timer(io_contextl); ❸
    std::cout << "entering steady_timer::wait\n";
    timer1.wait(); ❹
    std::cout << "exited steady_timer::wait\n";

    auto timer2 = make_timer(io_context); ❺
    std::cout << "entering steady_timer::async_wait\n";
    timer2.async_wait([] (const boost::system::error_code& error) { ❻
      if (!error) std::cout << "<<callback function>>\n";
    });
    std::cout << "exited steady_timer::async_wait\n";
    std::cout << "entering io_context::run\n";
    io_context.run(); ❼
    std::cout << "exited io_context::run\n";
}
```

```
entering steady_timer::wait
exited steady_timer::wait
entering steady_timer::async_wait
exited steady_timer::async_wait
entering io_context::run
<<callback function>>
exited io_context::run
```

我们定义 make_timer 函数来建立一个 3s 内到期的 steady_timer❶。在 main 中，初始化程序的 io_context❷ 并从 make_timer 构建 timer1❸。当在 timer1 上调用 wait 时❹，线程在继续前会阻塞 3s。接着，用 make_timer 构建 timer2❺，然后用 lambda 表达式调用 async_wait，当 timer2 过期时打印 <<callback_function>>❻。最后，在 io_context 上调用 run 来执行处理操作❼。

20.2 用 Asio 进行网络编程

Boost Asio 在几个重要的网络协议上实现了基于网络 I/O 的基础设施。现在已经知道了 io_context 的基本用法以及如何进行异步 I/O 操作，现在可以探索如何执行更多类型的 I/O 了。本节将扩展关于等待 timer 的知识，以及使用 Boost Asio 网络 I/O 设施的方法。在本章结束时，你将明白如何构建通过网络通信的程序。

20.2.1 IP 协议族

IP（Internet Protocol）是在网络上传输数据的主要协议。IP 网络中的每个参与者都被称为主机（host），每个主机都有一个 IP 地址。IP 地址有两个版本：IPv4 和 IPv6。IPv4 地址为 32 位，而 IPv6 地址为 128 位。

互联网控制报文协议（Internet Control Message Protocol，ICMP）被网络设备用来发送

IP 网络的运行信息。ping 和 traceroute 程序使用 ICMP 报文来查询网络。通常情况下，终端用户的应用程序不需要直接与 ICMP 交互。

要在 IP 网络上发送数据，通常需要使用传输控制协议（Transmission Control Protocol，TCP）或用户数据报协议（User Datagram Protocol，UDP）。一般来说，当需要确保数据到达目的地时，应使用 TCP，而当需要数据快速传输时，应使用 UDP。TCP 是一个面向连接的协议，接收者需确认它们已经收到了为它们准备的消息。UDP 是一个简单的、无连接的协议，没有内置的可靠性保障。

> **注意**　你可能想知道"连接"在 TCP/UDP 中的含义，或者认为"无连接"协议很荒谬。在这里，"连接"意味着在网络中的两个参与者之间建立一个通道，保证消息的传递和顺序。这些参与者进行握手以建立连接，并且它们有一种机制可以通知对方它们想要关闭连接。在无连接协议中，参与者直接向另一个参与者发送数据包，不用先建立通道。

通过 TCP 和 UDP，网络设备使用端口（port）相互连接。端口是一个从 0 到 65535 的整数（2 个字节），它指定在特定的网络设备上运行的特定服务。这样，一个设备可以运行多个服务，每个服务都可以被单独寻址。当一个设备（称为客户端）发起与另一个设备（称为服务器）的通信时，客户端会指定它要连接到哪个端口。当我们将设备的 IP 地址与端口号配对时，其结果被称为套接字（socket）。

例如，IP 地址为 10.10.10.100 的设备可以通过将网络服务器应用程序绑定到端口 80 来提供网页服务。这就在 10.10.10.100:80 创建了一个服务器套接字。接着，IP 地址为 10.10.10.200 的设备启动了一个网络浏览器，该浏览器打开了一个"随机高位端口"，如 55123。这就在 10.10.10.200:55123 创建了一个客户端套接字。然后，客户端通过在客户端套接字和服务器套接字之间创建一个 TCP 连接来连接到服务器。其他进程可能同时在任何一个或两个设备上运行，并有许多其他网络连接。

互联网地址分配机构（Internet Assigned Numbers Authority，IANA）维护着一个分配数字的列表，以规范某些种类的服务所使用的端口（该列表可在 https://www.iana.org/ 查看）。表 20-1 提供了该列表中的一些常用协议。

表 20-1　IANA 分配的知名协议

端口	TCP	UDP	关键字	描述
7	√	√	echo	Echo 协议
13	√	√	daytime	Daytime 协议
21	√		ftp	文件传输协议
22	√		ssh	完全外壳协议
23	√		telnet	Telnet 协议
25	√		smtp	简单邮件传送协议
53	√	√	domain	域名系统

（续）

端口	TCP	UDP	关键字	描述
80	√		http	超文本传输协议
110	√		pop3	邮局协议
123		√	ntp	网络时间协议
143	√		imap	互联网消息访问协议
179	√		bgp	边界网关协议
194	√		irc	互联网中继交谈
443	√		https	超文本传输安全协议

Boost Asio 支持使用 ICMP、TCP 和 UDP 的网络 I/O。为了简单起见，本章只讨论 TCP，因为这三种协议所涉及的 Asio 类都非常相似。

注意 　如果你不熟悉网络协议，可以参考 Charles M. Kozierok 的 *The TCP/IP Guide* 这本权威性指南。

20.2.2　主机名解析

当客户端想要连接到服务器时，它需要服务器的 IP 地址。在某些情况下，客户端可能已经有了这些信息。在其他情况下，客户端可能只知道服务名称。将服务名称转换为 IP 地址的过程被称为主机名解析。Boost Asio 包含 `boost::asio::ip::tcp::resolver` 类，可以用来执行主机名解析。要构造一个解析器，只要传递一个 `io_context` 实例作为唯一的构造函数参数，如下所示：

```
boost::asio::ip::tcp::resolver my_resolver{ my_io_context };
```

要执行主机名解析，需要使用 `resolve` 方法，它至少接受两个 `string_view` 参数：主机名和服务。可以为服务提供一个关键字或端口号（请参考表 20-1）。`resolve` 方法返回一系列 `boost::asio::ip::tcp::resolver::basic_resolver_entry` 对象，这些对象暴露了几个有用的方法：

- ❑ `endpoint` 获得 IP 地址和端口。
- ❑ `host_name` 获得主机名。
- ❑ `service_name` 获取与此端口相关的服务的名称。

如果解析失败，`resolve` 会抛出 `boost::system::system_error`。另外，还可以传递一个 `boost::system::error_code` 引用，它接收错误，而不是抛出异常。例如，代码清单 20-2 使用 Boost Asio 确定 No Starch Press 网络服务器的 IP 地址和端口。

代码清单 20-2　使用 Boost Asio 阻塞主机名解析

```
#include <iostream>
#include <boost/asio.hpp>
```

```
int main() {
  boost::asio::io_context io_context; ❶
  boost::asio::ip::tcp::resolver resolver{ io_context }; ❷
  boost::system::error_code ec;
  for(auto&& result : resolver.resolve("www.nostarch.com", "http", ec)) { ❸
    std::cout << result.service_name() << " " ❹
              << result.host_name() << " " ❺
              << result.endpoint() ❻
              << std::endl;
  }
  if(ec) std::cout << "Error code: " << ec << std::endl; ❼
}
```

```
http www.nostarch.com 104.20.209.3:80
http www.nostarch.com 104.20.208.3:80
```

注意　你的结果可能会有所不同，这取决于 No Starch Press 的网络服务器在 IP 地址空间的
位置。

　　我们初始化一个 io_context❶ 和一个 boost::asio::ip::tcp::resolver❷。在
基于范围的 for 循环中，遍历每个 result❸，并提取 service_name❹、host_name❺
和 endpoint❻。如果 resolve 遇到错误，就把它打印到标准输出 ❼。

　　我们可以使用 async_resolve 方法来执行异步主机名解析。和 resolve 一样，我
们传递一个主机名和一个服务作为前两个参数。此外，还可以提供一个回调函数对象，它
接受两个参数：system_error_code 和一系列 basic_resolver_entry 对象。代码
清单 20-3 演示了如何重构代码清单 20-2 以进行异步主机名解析。

代码清单 20-3　使用 async_resolve 重构代码清单 20-2

```
#include <iostream>
#include <boost/asio.hpp>

int main() {
  boost::asio::io_context io_context;
  boost::asio::ip::tcp::resolver resolver{ io_context };
  resolver.async_resolve("www.nostarch.com", "http", ❶
    [](boost::system::error_code ec, const auto& results) { ❷
      if (ec) { ❸
        std::cerr << "Error:" << ec << std::endl;
        return; ❹
      }
      for (auto&& result : results) { ❺
        std::cout << result.service_name() << " "
                  << result.host_name() << " "
                  << result.endpoint() << " "
                  << std::endl; ❻
      }
    }
  );
```

```
    io_context.run(); ❼
}
```

```
http www.nostarch.com 104.20.209.3:80
http www.nostarch.com 104.20.208.3:80
```

它的设置与代码清单 20-2 的相同，只不过这里对解析器调用 **async_resolve**❶。像以前一样传递相同的主机名和服务，但多添加一个回调参数，使其接受强制性的参数 ❷。在回调 lambda 表达式体中，检查错误条件 ❸。如果有的话，则打印一个友好的错误消息并返回 ❹。在没有错误的情况下，像以前一样遍历 **result**❺，打印 **service_name**、**host_name** 和 **endpoint**❻。与 timer 一样，需要在 **io_context** 上调用 **run** 使异步操作有机会完成 ❼。

20.2.3　连接

一旦通过主机名解析或自己构建的方式获得一系列 endpoint，就可以准备进行连接了。

首先，我们需要一个 **boost::asio::ip::tcp::socket**，这个类抽象了底层操作系统的套接字，并将其呈现在 Asio 中以供使用。该套接字需要将 **io_context** 作为参数。

其次，我们需要调用 **boost::asio::connect** 函数，该函数接受一个我们想连接的 endpoint 的套接字作为第一个参数，同时接受一个 **endpoint** 的集合作为第二个参数。我们还可以提供一个 **error_code** 引用作为可选的第三个参数；否则，如果发生错误，**connect** 将抛出 **system_error** 异常。如果成功连接，**connect** 会返回一个 **endpoint**，即它成功连接到的 **endpoint**。在这之后，套接字对象代表了系统环境中一个真正的套接字。

代码清单 20-4 演示了如何连接到 No Starch Press 的网络服务器。

代码清单 20-4　连接到 No Starch Press 的网络服务器

```cpp
#include <iostream>
#include <boost/asio.hpp>

int main() {
  boost::asio::io_context io_context;
  boost::asio::ip::tcp::resolver resolver{ io_context }; ❶
  boost::asio::ip::tcp::socket socket{ io_context }; ❷
  try {
    auto endpoints = resolver.resolve("www.nostarch.com", "http"); ❸
    const auto connected_endpoint = boost::asio::connect(socket, endpoints); ❹
    std::cout << connected_endpoint; ❺
  } catch(boost::system::system_error& se) {
    std::cerr << "Error: " << se.what() << std::endl; ❻
  }
}
```

```
104.20.209.3:80 ❺
```

像代码清单 20-3 中那样构造一个解析器❶。此外，用相同的 `io_context` 初始化一个套接字❷。接着，调用 `resolve` 方法来获取与 www.nostarch.com 相关的每个 `endpoint`，端口为 80❸。回想一下，每个 `endpoint` 都包含一个 IP 地址和一个端口，对应于要解析的主机。在这个例子中，`resolve` 使用域名系统来确定 80 端口的 www.nostarch.com，其 IP 地址为 104.20.209.3。然后，使用套接字和 `endpoint` 调用 `connect`❹，它返回 `connect` 成功连接到的 `endpoint`❺。如果出现错误，`resolve` 或 `connect` 会抛出异常，我们可以捕获这个异常并打印到标准错误❻。

我们也可以用 `boost::asio::async_connect` 进行异步连接，该函数接受和 `connect` 一样的两个参数：套接字和 `endpoint` 集合。第三个参数是作为回调的函数对象，它必须接受 `error_code` 和 `endpoint`，分别作为第一个参数和第二个参数。代码清单 20-5 演示了如何进行异步连接。

代码清单 20-5　异步连接到 No Starch Press 网络服务器

```
#include <iostream>
#include <boost/asio.hpp>

int main() {
  boost::asio::io_context io_context;
  boost::asio::ip::tcp::resolver resolver{ io_context };
  boost::asio::ip::tcp::socket socket{ io_context };
  boost::asio::async_connect(socket, ❶
    resolver.resolve("www.nostarch.com", "http"), ❷
    [] (boost::system::error_code ec, const auto& endpoint){ ❸
      std::cout << endpoint; ❹
  });
  io_context.run(); ❺
}
---------------------------------------------------------------
104.20.209.3:80 ❹
```

除了用 `async_connect` 替换 `connect` 并传递相同的第一个参数❶ 和第二个参数❷ 外，设置与代码清单 20-4 中的完全一样。第三个参数是回调函数对象❸，我们在其中将 `endpoint` 打印到标准输出❹。与所有异步的 Asio 程序一样，在 `io_context` 上调用 `run`❺。

20.2.4　缓冲区

Boost Asio 提供了几个缓冲区类。缓冲区（或数据缓冲区）是存储临时数据的内存。Boost Asio 的缓冲区类提供了所有 I/O 操作的接口。在能对网络连接做任何事情之前，我们需要一个读写数据的接口。为此，需要有三种缓冲区类：

- ❑ `boost::asio::const_buffer` 持有一个缓冲区，它一旦构造，就不能再修改。
- ❑ `boost::asio::mutable_buffer` 持有一个缓冲区，构造后它可以被修改。
- ❑ `boost::asio::streambuf` 持有一个可自动调整大小的缓冲区，基于 `std::streambuf`。

三个缓冲区类都提供了两个重要的访问它们的底层数据的方法：data 和 size。
mutable_buffer 和 const_buffer 类的 data 方法返回一个指向底层数据序列
中的第一个元素的指针，它们的 size 方法返回该序列中元素的数量。这些元素是连续的。
如代码清单 20-6 所示，这两个缓冲区类都提供了默认构造函数，可用于初始化空缓冲区。

代码清单 20-6　默认构造的 const_buffer 和 mutable_buffer 产生的是空缓冲区

```
#include <boost/asio.hpp>

TEST_CASE("const_buffer default constructor") {
  boost::asio::const_buffer cb; ❶
  REQUIRE(cb.size() == 0); ❷
}

TEST_CASE("mutable_buffer default constructor") {
  boost::asio::mutable_buffer mb; ❸
  REQUIRE(mb.size() == 0); ❹
}
```

使用默认构造函数 ❶❸ 建立的空缓冲区的 size 为零 ❷❹。

mutable_buffer 和 const_buffer 都提供了接受 void* 和对应想包装的数据的
size_t 的构造函数。请注意，这些构造函数并不拥有指向的内存的所有权，所以我们要
确保该内存的存储时间至少与所构建的缓冲区类的生命周期一样长。这个设计决定为 Boost
Asio 用户提供了最大的灵活性。不幸的是，这也导致了潜在的严重错误。如果不能正确管
理缓冲区和它们所指向的对象的生命周期，就会导致未定义行为。

代码清单 20-7 演示了如何使用基于指针的构造函数来构造缓冲区。

代码清单 20-7　使用基于指针的构造函数构造 const_buffer 和 mutable_buffer

```
#include <boost/asio.hpp>
#include <string>

TEST_CASE("const_buffer constructor") {
  boost::asio::const_buffer cb{ "Blessed are the cheesemakers.", 7 }; ❶

  REQUIRE(cb.size() == 7); ❷
  REQUIRE(*static_cast<const char*>(cb.data()) == 'B'); ❸
}

TEST_CASE("mutable_buffer constructor") {
  std::string proposition{ "Charity for an ex-leper?" };
  boost::asio::mutable_buffer mb{ proposition.data(), proposition.size() }; ❹

  REQUIRE(mb.data() == proposition.data()); ❺
  REQUIRE(mb.size() == proposition.size()); ❻
}
```

在第一个测试中，我们用 C 风格的字符串和固定长度参数 7 构造 const_buffer❶。
这个固定长度小于字符串字面量 Blessed are the cheesemakers. 的长度。因此，这

个缓冲区指向的是 Blessed 而不是整个字符串。这说明我们可以选择数组的子集（就像
15.2 节的 std::string_view 那样）。生成的缓冲区的大小为 7❷，如果把指针从 data
转换成 const char*，便会看到它指向 C 风格字符串的字符 B❸。

在第二个测试中，我们通过在缓冲区的构造函数中调用 data 和 size 成员，用字符
串构造 mutable_buffer❹。生成的缓冲区的 data❺ 和 size❻ 方法会返回与原始字符
串相同的数据。

boost::asio::streambuf 类接受两个可选的构造函数参数：最大尺寸 size_t 和
分配器。默认情况下，最大尺寸是 std::numeric_limits<std::size_t>，分配器与
标准库容器的默认分配器相似。streambuf 输入序列的初始大小总是 0，代码清单 20-8 说
明了这一点。

代码清单 20-8　默认构造 streambuf

```
#include <boost/asio.hpp>

TEST_CASE("streambuf constructor") {
  boost::asio::streambuf sb; ❶
  REQUIRE(sb.size() == 0); ❷
}
```

我们默认构造一个 streambuf❶，当调用它的 size 方法时，它返回 0❷。

我们可以在 std::istream 或 std::ostream 构造函数中传递一个指向 streambuf
的指针。回顾一下 16.1.1 节，这些是 basic_istream 和 basic_ostream 的特化，它们
将流操作暴露给底层同步机制或数据源。代码清单 20-9 演示了如何使用这些类将数据写入
streambuf 并随后从中读取该数据。

代码清单 20-9　向 streambuf 写入数据并从中读取数据

```
TEST_CASE("streambuf input/output") {
  boost::asio::streambuf sb; ❶
  std::ostream os{ &sb }; ❷
  os << "Welease Wodger!"; ❸

  std::istream is{ &sb }; ❹
  std::string command; ❺
  is >> command; ❻

  REQUIRE(command == "Welease"); ❼
}
```

再次构造一个空的 streambuf❶，并把它的地址传给 ostream 的构造函数 ❷。
然后，把字符串 Welease Wodger! 写进 ostream，它又把这个字符串写进内部的
streambuf❸。

接着，再次使用 streambuf 的地址创建一个 istream❹。然后，创建一个字符
串 ❺，并将 istream 写入字符串 ❻。回想一下 16.1.1 节，这个操作将跳过前面的空

白, 然后读取后面的字符串, 直到下一个空白处。这样就得到了字符串的第一个单词, Welease❼。

Boost Asio 还提供了便利函数模板 *boost::asio::buffer*, 它接受包含 POD 元素的 *std::array* 或 *std::vector* 或者 *std::string*。例如, 可以创建支持 *std::string* 的 *mutable_buffer*（见代码清单 20-7）, 使用的构造方式如下:

```
std::string proposition{ "Charity for an ex-leper?" };
auto mb = boost::asio::buffer(proposition);
```

buffer 模板是特化过的, 所以如果提供一个 *const* 参数, 它将返回一个 *const_buffer*。换句话说, 要想从 *proposition* 中得到一个 *const_buffer*, 只要把它变成 *const* 即可:

```
const std::string proposition{ "Charity for an ex-leper?" };
auto cb = boost::asio::buffer(proposition);
```

现在, 我们已经创建了名为 *cb* 的 *const_buffer*。

此外, 我们还可以创建动态缓冲区, 它是一个由 *std::string* 或 *std::vector* 支持的可动态调整大小的缓冲区。我们可以通过 *boost::asio::dynamic_buffer* 函数模板来创建动态缓冲区, 它接受字符串或向量, 并根据情况返回 *boost::asio::dynamic_string_buffer* 或 *boost::asio::dynamic_vector_buffer*。例如, 可以用下面的构造方式来构造动态缓冲区:

```
std::string proposition{ "Charity for an ex-leper?" };
auto db = boost::asio::dynamic_buffer(proposition);
```

虽然动态缓冲区是可以动态调整大小的, 但请记住, *vector* 和 *string* 类使用的是分配器, 而分配可能是相对缓慢的操作。因此, 如果已提前知道将向缓冲区写入多少数据, 则应该使用非动态缓冲区以获得更好的性能。一如既往, 测量和实验可以帮助你决定采取哪种方法。

20.2.5　用缓冲区读写数据

有了关于如何使用缓冲区存储和检索数据的新知识, 接下来可以探讨如何从套接字中提取数据了。我们可以使用内置的 Boost Asio 函数将数据从活动的套接字对象中读入缓冲区对象。对于阻塞式读取, Boost Asio 提供了三个函数:

- ❑ *boost::asio::read* 试图读取固定大小的数据块。
- ❑ *boost::asio::read_at* 试图读取从偏移量开始的固定大小的数据块。
- ❑ *boost::asio::read_until* 试图读取数据, 直到遇到分隔符、正则表达式或谓词匹配。

这三个函数都把套接字作为第一个参数, 把缓冲区对象作为第二个参数。其余的参数是可选的, 具体取决于使用的是哪个函数:

- ❑ 完成条件（completion condition）是一个函数对象, 它接受 *error_code* 和 *size_* t 参数。如果 Asio 函数遇到错误，将设置 error_code，而 size_t 参数对应的是到目前为止所传输的字节数。该函数对象返回剩余要传输的字节数，如果操作完成，则返回 0。

❏ 匹配条件（match condition）是一个函数对象，它接受一个由开始迭代器和结束迭代器指定的区间。它必须返回一个 std::pair，其中第一个元素是一个迭代器，表示下一次尝试匹配的起点，第二个元素是一个布尔值，表示该区间是否包含匹配项。

❏ boost::system::error_code 引用，如果函数遇到错误条件，将设置该代码。

表 20-2 列出了许多可以调用 read 函数的方法。

表 20-2　read、read_at 和 read_until 的参数

方法	描述
read(s, b, [cmp], [ec])	根据完成条件 cmp 从套接字 s 中读取一定数量的数据到可变缓冲区 b 中。如果遇到错误条件，则设置 error_code ec；否则，抛出 system_error
read_at(s, off, b, [cmp], [ec])	根据完成条件 cmp 从套接字 s 中基于 size_t 偏移量 off 开始读取一定数量的数据到可变缓冲区 b 中。如果遇到错误条件，则设置 error_code ec；否则，抛出 system_error
read_until(s, b, x, [ec])	从套接字 s 读取数据到可变缓冲区 b，直到满足由 x 表示的条件，该条件可以是下列条件之一：char、string_view、boost::regex 或匹配条件。如果遇到错误条件，则设置 error_code ec；否则，抛出 system_error

我们也可以把数据从缓冲区写入活动的套接字对象。对于阻塞式写入，Boost Asio 提供了两个函数：

❏ boost::asio::write 试图写入固定大小的数据块。

❏ boost::asio::write_at 试图从偏移量开始写入固定大小的数据块。

表 20-3 列出了调用这两种函数的方法。它们的参数与相应 read 方法的参数类似。

表 20-3　write 和 write_at 的参数

方法	描述
write(s, b, [cmp], [ec])	根据完成条件 cmp 将一定数量的数据从 const 缓冲区 b 写入套接字 s。如果遇到错误条件，则设置 error_code ec；否则，抛出 system_error
write_at(s, off, b, [cmp], [ec])	根据完成条件 cmp 从 size_t 偏移量 off 开始将一定数量的数据从 const 缓冲区 b 写入套接字 s。如果遇到错误条件，则设置 error_code ec；否则，抛出 system_error

注意　调用 read 和 write 函数的方式有很多。当把 Boost Asio 纳入代码库中时，一定要仔细阅读文档。

20.2.6 HTTP

超文本传输协议（HyperText Transfer Protocol，HTTP）是有 30 年历史的网络协议。虽然用它来介绍网络非常复杂，但它的普遍性使它成为最相关的选择之一。下一小节将使用 Boost Asio 来实现非常简单的 HTTP 请求。严格来说，你并不需要有很扎实的 HTTP 知识，所以可以在初读时跳过这一部分。但是，这里的内容可以为下一小节的例子增添色彩，为进一步研究提供参考。

HTTP 会话有两方：客户端和服务器。HTTP 客户端通过 TCP 发送一个明文请求，该请求包含多个由回车（Carriage Return）和换行符（Line Feed）（"CR-LF"）分隔的行。

第一行是请求行，它包含三个标记（token）：HTTP 方法、统一资源定位器（Uniform Resource Locator，URL）和请求的 HTTP 版本。例如，如果客户端请求 index.htm 文件，状态行可能是 GET/index.htm HTTP/1.1。

紧随请求行的是一个或多个标头（header），它们定义 HTTP 请求的参数。每个标头都包含一个键和一个值。键必须由字母、数字和破折号组成。用冒号和空格将键和值分开。CR-LF 换行符终止标头。以下标头在请求中特别常见：

❑ Host 指定要请求的服务的域。也可以选择包括一个端口。例如，Host: www.google.com 指定 www.google.com 作为请求的服务的主机。

❑ Accept 指定响应的 MIME 格式的可接受的媒体类型。例如，Accept: text/plain 指定请求者可以处理纯文本。

❑ Accept-Language 指定响应的可接受的人类语言。例如，Accept-Language: en-US 指定请求者可以处理美式英语。

❑ Accept-Encoding 指定响应的可接受编码。例如，Accept-Encoding: identity 指定请求者可以在未编码的情况下处理内容。

❑ Connection 指定当前连接的控制选项。例如，Connection: close 指定在响应完成后将关闭连接。

用一个额外的 CR-LF 换行符来结束标头信息。对于某些类型的 HTTP 请求，也可以在标头信息之后包括正文。

如果包含正文，那么也应包括 Content-Length 和 Content-Type 标头。Content-Length 值指定请求正文的长度（单位为字节），Content-Type 值指定正文的 MIME 格式。

HTTP 响应的第一行是状态行，它包括响应的 HTTP 版本、状态代码和原因信息。例如，状态行 HTTP/1.1 200 OK 表示一个成功的（"OK"）请求。状态代码总是三位数。第一位数字表示该代码的状态组。

❑ 1** （信息）：该请求已收到。

❑ 2** （成功）：该请求已被收到并接受。

❑ 3** （重定向）：需要采取进一步行动。

❑ 4** （客户端错误）：该请求是错误的。

❑ **5****（服务器错误）：请求似乎没有问题，但服务器发现了一个内部错误。

在状态行之后，响应包含任意数量的标头，其格式与响应相同。许多相同的请求标头信息也是常见的响应标头信息。例如，如果 HTTP 响应包含一个正文，响应标头将包括 `Content-Length` 和 `Content-Type`。

如果需要对 HTTP 应用程序进行编程，那么绝对应该参考 Boost Beast 库，它提供了高性能、相对底层的 HTTP 和 WebSockets 设施。它建立在 Asio 之上，并与之无缝连接。

> **注意**　关于 HTTP 及其租户安全问题的出色论述，请参考 Michal Zalewski 的 *The Tangled Web：A Guide to Securing Modern Web Application*。关于更多的细节，请参考互联网工程任务组（Internet Engineering Task Force）的 RFCs 7230、7231、7232、7233、7234 和 7235。

20.2.7　实现一个简单的 Boost Asio HTTP 客户端

本节将实现一个（非常）简单的 HTTP 客户端。我们将建立 HTTP 请求，解析endpoint，连接到 Web 服务器，写入请求并读取响应。代码清单 20-10 展示了一种可能的实现。

代码清单 20-10　完成对美国陆军网络司令部网络服务器的一个简单请求

```
#include <boost/asio.hpp>
#include <iostream>
#include <istream>
#include <ostream>
#include <string>

std::string request(std::string host, boost::asio::io_context& io_context) { ❶
  std::stringstream request_stream;
  request_stream << "GET / HTTP/1.1\r\n"
                    "Host: " << host << "\r\n"
                    "Accept: text/html\r\n"
                    "Accept-Language: en-us\r\n"
                    "Accept-Encoding: identity\r\n"
                    "Connection: close\r\n\r\n";
  const auto request = request_stream.str(); ❷
  boost::asio::ip::tcp::resolver resolver{ io_context };
  const auto endpoints = resolver.resolve(host, "http"); ❸
  boost::asio::ip::tcp::socket socket{ io_context };
  const auto connected_endpoint = boost::asio::connect(socket, endpoints); ❹
  boost::asio::write(socket, boost::asio::buffer(request)); ❺
  std::string response;
  boost::system::error_code ec;
  boost::asio::read(socket, boost::asio::dynamic_buffer(response), ec); ❻
  if (ec && ec.value() != 2) throw boost::system::system_error{ ec }; ❼
  return response;
}

int main() {
```

```
boost::asio::io_context io_context;
try {
  const auto response = request("www.arcyber.army.mil", io_context); ❽
  std::cout << response << "\n"; ❾
} catch(boost::system::system_error& se) {
  std::cerr << "Error: " << se.what() << std::endl;
}
}
--------------------------------------------------------------------
HTTP/1.1 200 OK
Pragma: no-cache
Content-Type: text/html; charset=utf-8
X-UA-Compatible: IE=edge
pw_value: 3ce3af822980b849665e8c5400e1b45b
Access-Control-Allow-Origin: *
X-Powered-By:
Server:
X-ASPNET-VERSION:
X-FRAME-OPTIONS: SAMEORIGIN
Content-Length: 76199
Cache-Control: private, no-cache
Expires: Mon, 22 Oct 2018 14:21:09 GMT
Date: Mon, 22 Oct 2018 14:21:09 GMT
Connection: close
<!DOCTYPE html>
<html  lang="en-US">
<head id="Head">
--snip--
</body>
</html>
```

我们首先定义 request 函数，它接受 host 和 io_context 并返回一个 HTTP 响应 ❶。然后，使用 std::stringstream 来建立一个包含 HTTP 请求的 std::string❷。接着，用 boost::asio::ip::tcp::resolver 来解析主机（host）❸，并把 boost::asio::ip::tcp::socket 连接到生成的 endpoint 范围 ❹（这与代码清单 20-4 中的方法一致）。

然后，把 HTTP 请求写到所连接的服务器上。使用 boost::asio::write，传入连接的套接字和请求。因为 write 接受 Asio 缓冲区，所以使用 boost::asio::buffer 从请求（一个 std::string）创建一个 mutable_buffer❺。

接着，从服务器上读取 HTTP 响应。因为没法事先知道响应的长度，所以创建了名为 response 的 std::string 来接收响应。最终，用它来支持动态缓冲区。为了简单起见，HTTP 请求包含 Connection: close 标头，它使服务器在发送响应后立即终止连接。这将导致 Asio 返回"文件结束"的错误码（值 2）。因为这是预期的行为，所以我们声明 boost::system::error_code 来接收这个错误。

最后，使用连接的套接字、将接收响应的动态缓冲区，以及错误条件 ec 调用 boost::asio::read❻。使用 boost::asio_dynamic_buffer 从 response 构造动态缓冲区。在 `read` 返回后，立即检查是否有"文件结束"以外的错误（并抛出异常）❼。否则，就返回 `response`。

在 `main` 中，用 `www.arcyber.army.mil` 主机和 `io_context` 对象调用 `request` 函数 ❽，将响应打印到标准输出 ❾。

20.2.8　异步读写

我们也可以用 Boost Asio 进行异步读写。相应的异步函数与它们的阻塞式函数类似。对于异步读取，Boost Asio 提供了三个函数：

❑ `boost::asio::async_read` 试图读取固定大小的数据块。

❑ `boost::asio::async_read_at` 试图读取从偏移量开始的固定大小的数据块。

❑ `boost::asio::async_read_until` 试图读取数据，直到遇到分隔符、正则表达式或谓词匹配。

Boost Asio 还提供了两个异步写入函数：

❑ `boost::asio::async_write` 试图写入固定大小的数据块。

❑ `boost::asio::async_write_at` 试图从偏移量开始写入固定大小的数据块。

这五个异步函数接受的参数与它们的阻塞式函数相同，只是它们的最后一个参数总是回调函数对象，该函数对象接受两个参数：`boost::system::error_code`（表示该函数是否遇到了错误）和 `size_t`（表示它传输的字节数）。对于异步 `write` 函数，我们需要确定 Asio 是否写入了整个有效的负载。因为这些调用是异步的，所以线程在等待 I/O 完成时不会阻塞。相反，每当 I/O 请求的一部分完成后，操作系统就会回调线程。

因为回调的第二个参数是对应于传输字节数的 `size_t`，所以我们可以通过它来计算是否还有数据要写入。如果有，必须通过传递剩余数据来调用另一个异步 `write` 函数。

代码清单 20-11 包含了代码清单 20-10 中简单网络客户端的异步版本。请注意，使用异步函数是比较复杂的。但是，回调和处理程序的模式在请求的生命周期内是一致的。

代码清单 20-11　代码清单 20-10 的异步重构

```cpp
#include <boost/asio.hpp>
#include <iostream>
#include <string>
#include <sstream>

using ResolveResult = boost::asio::ip::tcp::resolver::results_type;
using Endpoint = boost::asio::ip::tcp::endpoint;

struct Request {
  explicit Request(boost::asio::io_context& io_context, std::string host)
      : resolver{ io_context },
        socket{ io_context },
        host{ std::move(host) } { ❶
    std::stringstream request_stream;
    request_stream << "GET / HTTP/1.1\r\n"
                      "Host: " << this->host << "\r\n"
```

```
                          "Accept: text/plain\r\n"
                          "Accept-Language: en-us\r\n"
                          "Accept-Encoding: identity\r\n"
                          "Connection: close\r\n"
                          "User-Agent: C++ Crash Course Client\r\n\r\n";
      request = request_stream.str(); ❷
      resolver.async_resolve(this->host, "http",
          [this] (boost::system::error_code ec, const ResolveResult& results) {
            resolution_handler(ec, results); ❸
          });
    }

    void resolution_handler(boost::system::error_code ec,
                            const ResolveResult& results) {
      if (ec) { ❹
        std::cerr << "Error resolving " << host << ": " << ec << std::endl;
        return;
      }
      boost::asio::async_connect(socket, results,
              [this] (boost::system::error_code ec, const Endpoint& endpoint){
                connection_handler(ec, endpoint); ❺
              });
    }

    void connection_handler(boost::system::error_code ec,
                            const Endpoint& endpoint) { ❻
      if (ec) {
        std::cerr << "Error connecting to " << host << ": "
                << ec.message() << std::endl;
        return;
      }
      boost::asio::async_write(socket, boost::asio::buffer(request),
              [this] (boost::system::error_code ec, size_t transferred){
                write_handler(ec, transferred);
              });
    }

    void write_handler(boost::system::error_code ec, size_t transferred) { ❼
      if (ec) {
        std::cerr << "Error writing to " << host << ": " << ec.message()
                << std::endl;
      } else if (request.size() != transferred) {
        request.erase(0, transferred);
        boost::asio::async_write(socket, boost::asio::buffer(request),
                                [this] (boost::system::error_code ec,
                                        size_t transferred){
                                  write_handler(ec, transferred);
                                });
      } else {
        boost::asio::async_read(socket, boost::asio::dynamic_buffer(response),
                                [this] (boost::system::error_code ec,
                                        size_t transferred){
                                  read_handler(ec, transferred);
                                });
```

```
    }
  }

  void read_handler(boost::system::error_code ec, size_t transferred) { ❽
    if (ec && ec.value() != 2)
      std::cerr << "Error reading from " << host << ": "
                << ec.message() << std::endl;
  }

  const std::string& get_response() const noexcept {
    return response;
  }
private:
  boost::asio::ip::tcp::resolver resolver;
  boost::asio::ip::tcp::socket socket;
  std::string request, response;
  const std::string host;
};

int main() {
  boost::asio::io_context io_context;
  Request request{ io_context, "www.arcyber.army.mil" }; ❾
  io_context.run(); ❿
  std::cout << request.get_response();
}
--------------------------------------------------------------------------------
HTTP/1.1 200 OK
Pragma: no-cache
Content-Type: text/html; charset=utf-8
X-UA-Compatible: IE=edge
pw_value: 3ce3af822980b849665e8c5400e1b45b
Access-Control-Allow-Origin: *
X-Powered-By:
Server:
X-ASPNET-VERSION:
X-FRAME-OPTIONS: SAMEORIGIN
Content-Length: 76199
Cache-Control: private, no-cache
Expires: Mon, 22 Oct 2018 14:21:09 GMT
Date: Mon, 22 Oct 2018 14:21:09 GMT
Connection: close

<!DOCTYPE html>
<html  lang="en-US">
<head id="Head">
--snip--
</body>
</html>
```

　　首先，我们声明 Request 类来处理网络请求。它有一个构造函数，该构造函数接受 io_context 和包含想连接的主机的字符串 ❶。就像代码清单 20-10 中一样，使用 std::stringstream 创建 HTTP GET 请求，并将产生的字符串保存到 request 字

段 ❷。接着，使用 async_resolve 来请求对应于被请求主机的 endpoint。在回调中，调用当前 Request 的 resolution_handler 方法 ❸。

resolution_handler 接受来自 async_resolve 的回调。它首先检查是否有错误，如果发现错误，就打印到标准错误并返回 ❹。如果 async_resolve 没有错误，resolution_handler 会调用 async_connect，使用 results 中包含的 endpoint 进行连接。然后，它也将当前请求的 socket 字段传递给 async_connect，用于存储 async_connect 即将创建的连接。最后，还将连接回调作为第三个参数传给它。在回调中，调用当前请求的 connection_handler 方法 ❺。

connection_handler 遵循与 resolution_handler 方法类似的模式 ❻。它首先检查是否有错误，如果发现错误，就打印到标准错误并返回；否则，它将调用 async_write 继续处理请求。async_write 接受三个参数：活动的套接字、可变缓冲区包装的请求，以及回调函数。回调函数随后会调用当前请求的 write_handler 方法。

你是否在这些处理函数中看到了一种模式？write_handler❼ 检查是否有错误，并继续确认整个请求是否已经发送完成。如果没有，需要继续发送剩余部分，所以应相应地调整请求，并再次调用 async_write。如果 async_write 已经将整个请求写入了套接字，那么就该读取响应了。为此，使用套接字、存放 response 字段的动态缓冲区和调用当前请求的 read_handler 的回调来调用 async_read。

read_handler❽ 首先检查是否有错误。因为请求使用了 Connection: close 标头，所以我们期望像代码清单 20-10 那样出现"文件结束"错误（值 2），然后忽略它。如果遇到了其他类型的错误，就把它打印到标准错误并返回。这时请求就完成了。

在 main 中，我们声明 io_context 并初始化一个到 www.arcyber.army.mil 的请求 ❾。因为使用的是异步函数，所以在 io_context 上调用 run 方法 ❿。在 io_context 返回后，我们知道没有异步操作还在进行中，所以可以将 Request 对象上的响应打印到标准输出。

20.2.9 服务器

基于 Boost Asio 建立服务器基本上与建立客户端相似。要接受 TCP 连接，可以使用 boost::asio::ip::tcp::acceptor 类，它将 boost::asio::io_context 对象作为其唯一的构造函数参数。

要使用阻塞方式接受 TCP 连接，需要使用 acceptor 对象的 accept 方法，该方法接受一个 boost::asio::ip::tcp::socket 引用（保存客户端的套接字）以及一个可选的 boost::error_code 引用（保存任何出现的错误）。如果没有提供 boost::error_code，但出现了错误，accept 将抛出 boost::system_error 异常。一旦 accept 没有错误地返回，就可以利用传入的套接字用前面几节中对客户端使用的相同的读写方法进行读写。

例如，代码清单 20-12 演示了如何建立一个接收信息并将其大写形式送回客户端的回声（echo）服务器。

代码清单 20-12　一个大写的回声服务器

```
#include <iostream>
#include <string>
#include <boost/asio.hpp>
#include <boost/algorithm/string/case_conv.hpp>

using namespace boost::asio;

void handle(ip::tcp::socket& socket) { ❶
  boost::system::error_code ec;
  std::string message;
  do {
    boost::asio::read_until(socket, dynamic_buffer(message), "\n"); ❷
    boost::algorithm::to_upper(message); ❸
    boost::asio::write(socket, buffer(message), ec); ❹
    if (message == "\n") return; ❺
    message.clear();
  } while(!ec); ❻
}

int main()  {
  try {
    io_context io_context;
    ip::tcp::acceptor acceptor{ io_context,
                                ip::tcp::endpoint(ip::tcp::v4(), 1895) }; ❼
    while (true) {
      ip::tcp::socket socket{ io_context };
      acceptor.accept(socket); ❽
      handle(socket); ❾
    }
  } catch (std::exception& e) {
    std::cerr << e.what() << std::endl;
  }
}
```

我们首先声明 handle 函数，它接受一个与客户端相关的 socket 引用，并处理来自它的消息 ❶。在 do-while 循环中，从客户端读取一行文本，存储为名为 message 的字符串 ❷，用代码清单 15-31 中展示的 to_upper 函数把它变成大写版本 ❸，然后把它写回客户端 ❹。如果客户端发送了一个空行，就从 handle 函数中退出 ❺；否则，就清空消息的内容，如果没有发生错误情况，就继续循环 ❻。

在 main 中，我们初始化一个 io_context 和一个 acceptor，使程序绑定到 localhost:1895 套接字 ❼。在一个无限循环中，创建 socket，并调用 acceptor 的 accept 方法 ❽。只要不抛出异常，该 socket 就代表一个新的客户端，我们可以把这个 socket 传递给 handle，以服务请求 ❾。

注意　在代码清单 20-12 中，我们选择监听端口 1895。这个选择在技术上是不重要的，只要计算机上没有其他程序在使用这个端口就行。然而，关于如何确定程序监听哪个端口，有一些指导原则。IANA 维护着一个注册端口的列表，网址是 https://www.
iana.org/assignments/service-names-port-numbers/service-names-port-numbers.txt，你
应该避免使用它们。此外，现代操作系统通常要求程序有较高的权限才能绑定到
1023 及以下的端口，这是系统端口。1024 至 49151 端口通常不需要高权限，被称
为用户端口。49152 到 65535 端口是动态 / 私有端口，使用这些端口通常是安全的，
因为它们不会被 IANA 注册。

为了与代码清单 20-12 中的服务器进行交互，可以使用 GNU Netcat，这是一个网络
工具，它允许我们创建入站和出站的 TCP 和 UDP 连接，然后读写数据。如果你使用的
是类 Unix 系统，你可能已经安装了它。如果没有，请参阅 https://nmap.org/ncat/。代码清
单 20-13 展示了一个连接到大写回声服务器的示例会话。

代码清单 20-13　使用 Netcat 与大写回声服务器进行交互

```
$ ncat localhost 1895 ❶
The 300 ❷
THE 300
This is Blasphemy! ❷
THIS IS BLASPHEMY!
This is madness! ❷
THIS IS MADNESS!
Madness...? ❷
MADNESS...?
This is Sparta! ❷
THIS IS SPARTA!
❸
Ncat: Broken pipe. ❹
```

Netcat（ncat）接受两个参数：主机名和端口号❶。一旦调用了这个程序，输入的每
一行都会得到一个来自服务器的大写结果。当在标准输入中输入文本时，Netcat 会把它发
送到服务器❷，服务器将以大写字母版本响应。一旦向它发送一个空行❸，服务器就会终
止套接字，并返回 Broken pipe❹。

要使用异步方法接受连接，可以使用 acceptor 的 async_accept 方法，它接受一
个参数，即接受 error_code 和 socket 的回调对象。如果发生错误，error_code 将
包含这个错误；否则，socket 代表成功连接的客户端。从这里开始，便可以用与阻塞式
方法相同的方式使用 socket 了。

异步的、面向连接的服务器的一个常见模式是使用 11.6.3 节中讨论的 std::enable_
shared_from_this 模板。这个理念是为每个连接创建一个指向会话对象的共享指针。
当在会话对象中注册读写的回调时，可以在回调对象中获取一个来自 this 的共享指针
（shared_ptr），这样当 I/O 等待时，会话对保持活跃。一旦没有 I/O 等待，会话对象就会
和所有的共享指针一起消亡。代码清单 20-14 演示了如何使用异步 I/O 重新实现大写回声服
务器。

代码清单 20-14   代码清单 20-12 的异步版本

```cpp
#include <iostream>
#include <string>
#include <boost/asio.hpp>
#include <boost/algorithm/string/case_conv.hpp>
#include <memory>
using namespace boost::asio;

struct Session : std::enable_shared_from_this<Session> {
  explicit Session(ip::tcp::socket socket) : socket{ std::move(socket) } { } ❶
  void read() {
    async_read_until(socket, dynamic_buffer(message), '\n', ❷
            [self=shared_from_this()] (boost::system::error_code ec,
                                       std::size_t length) {
              if (ec || self->message == "\n") return; ❸
              boost::algorithm::to_upper(self->message);
              self->write();
            });
  }
  void write() {
    async_write(socket, buffer(message), ❹
                [self=shared_from_this()] (boost::system::error_code ec,
                                           std::size_t length) {
                  if (ec) return; ❺
                  self->message.clear();
                  self->read();
                });
  }
private:
  ip::tcp::socket socket;
  std::string message;
};

void serve(ip::tcp::acceptor& acceptor) {
  acceptor.async_accept([&acceptor](boost::system::error_code ec, ❻
                                    ip::tcp::socket socket) {
    serve(acceptor); ❼
    if (ec) return;
    auto session = std::make_shared<Session>(std::move(socket)); ❽
    session->read();
  });
}

int main() {
  try {
    io_context io_context;
    ip::tcp::acceptor acceptor{ io_context,
                                ip::tcp::endpoint(ip::tcp::v4(), 1895) };
    serve(acceptor);
    io_context.run(); ❾
  } catch (std::exception& e) {
    std::cerr << e.what() << std::endl;
  }
}
```

首先，我们定义 Session 类来管理连接。在它的构造函数中，获取对应于连接客户端的套接字 socket 的所有权，并把它作为一个成员来存储 ❶。

接着，我们声明 read 方法，对 socket 调用 async_read_until，这样它就会把内容读到一个动态缓冲区，结果就是 message 成员字符串会保存内容，直到下一个换行字符 \n ❷。回调对象使用 shared_from_this 方法将其捕获为 shared_ptr。当被调用时，这个函数会检查是否有错误或空行，在这种情况下它直接返回 ❸。否则，回调对象将 message 转换为大写并调用 write 方法。

write 方法遵循与 read 方法类似的模式。它调用 async_write，传入 socket、message（现在是大写版）和回调函数 ❹。在回调函数中，检查是否有错误，如果存在错误，立即返回 ❺。否则，我们便知道 Asio 成功地将大写版 message 发送到了客户端，所以对它调用 clear，为客户端的下一条消息做准备。然后，调用 read 方法，重新开始这个过程。

接下来，我们定义接受 acceptor 对象的 serve 函数。在这个函数中，调用 acceptor 对象的 async_accept，并传递一个回调函数来处理连接 ❻。回调函数首先使用 acceptor 再次调用 serve，这样程序就可以立即处理新的连接 ❼。这就是异步处理在服务器端如此强大的秘诀：我们可以一次处理许多连接，因为运行中的线程不需要在处理另一个客户端之前结束当前客户端的处理。然后，我们检查是否有错误，如果存在错误，就立即退出；否则，创建一个拥有新 Session 对象的 shared_ptr ❽。这个 Session 对象将拥有 acceptor 刚刚设置的 socket。在新 Session 对象上调用 read 方法，由于 shared_from_this 的捕获，它在 shared_ptr 内创建了第二个引用。现在，一切都准备好了！一旦读写循环由于来自客户端的空行或某些错误而结束，shared_ptr 引用将归零，Session 对象将被销毁。

最后，在 main 中，我们构建一个 io_context 和一个 acceptor，像代码清单 20-12 那样。然后，把 acceptor 传给 serve 函数，开始服务循环，并在 io_context 上调用 run，开始为异步操作提供服务 ❾。

20.3 多线程 Boost Asio

为了使 Boost Asio 程序多线程化，可以直接生成一些任务，在 io_context 对象上调用 run。当然，这并不能确保程序安全，19.1.2 节中的所有告诫都是有效的。代码清单 20-15 演示了如何对代码清单 20-14 中的服务器多线程化。

代码清单 20-15　多线程处理的异步回声服务器

```
#include <iostream>
#include <string>
#include <boost/asio.hpp>
#include <boost/algorithm/string/case_conv.hpp>
#include <memory>
#include <future>
```

```
struct Session : std::enable_shared_from_this<Session> {
--snip--
};

void serve(ip::tcp::acceptor& acceptor) {
--snip--
}

int main() {
  const int n_threads{ 4 };
  boost::asio::io_context io_context{ n_threads };
  ip::tcp::acceptor acceptor{ io_context,
                              ip::tcp::endpoint(ip::tcp::v4(), 1895) }; ❶
  serve(acceptor); ❷

  std::vector<std::future<void>> futures;
  std::generate_n(std::back_inserter(futures), n_threads, ❸
                  [&io_context] {
                    return std::async(std::launch::async,
                                      [&io_context] { io_context.run(); }); ❹
                  });

  for(auto& future : futures) { ❺
    try {
      future.get(); ❻
    } catch (const std::exception& e) {
      std::cerr << e.what() << std::endl;
    }
  }
}
```

Session 和 serve 的定义不变。在 main 中，我们首先声明 n_threads 常量——代表用于服务的线程数，以及 io_context 和参数与代码清单 20-12 相同的 acceptor❶。接着，调用 serve 来开始 async_accept 循环❷。

main 与代码清单 20-12 中的大致相同。不同的是，这里将用多个而不是一个线程来运行 io_context。首先，我们初始化一个向量来存储与要启动的任务相对应的每个 future。其次，使用 std::generate_n 以类似的方法创建任务❸。作为生成函数，我们传递一个调用 std::async 的 lambda 表达式❹。在 std::async 调用中，传递执行策略 std::launch::async 和在 io_context 上调用 run 的函数对象。

Boost Asio 已经开始运行了，因为我们已经为运行 io_context 分配了一些任务。我们要等待所有的异步操作完成，所以要对存储在 futures 中的每个 future 调用 get❺。一旦 for 循环完成，每个请求就都已完成，可以打印所得到的所有响应了❻。

有时，创建额外的线程来处理 I/O 是有意义的。通常情况下，一个线程就足够了。你必须衡量这种优化（以及随之而来的由并发代码产生的复杂性）是否值得。

20.4 总结

本章介绍了 Boost Asio 库，它是一个用于底层 I/O 编程的库。本章介绍了在 Asio 中排队处理异步任务和提供线程池的基本知识，以及如何与基本网络设施进行交互。本章还建立了几个程序，包括使用同步和异步方法的简单 HTTP 客户端和回声服务器。

练习

20-1. 阅读 Boost Asio 文档，对比 UDP 类和本章介绍的 TCP 类。把代码清单 20-14 中的大写回声服务器改写成 UDP 服务。

20-2. 阅读 Boost Asio 文档，研究 ICMP 类。编写一个程序，对给定子网上的所有主机进行 ping，以进行网络分析。研究 Nmap，这是一个可以免费获得的网络扫描程序，其网址是 https://nmap.org/。

20-3. 阅读 Boost Beast 文档。使用 Beast 重写代码清单 20-10 和代码清单 20-11。

20-4. 使用 Boost Beast 编写一个 HTTP 服务器，提供目录的文件下载服务。如需帮助，请参考文档中的 Boost Beast 示例项目。

拓展阅读

- *The TCP/IP Guide* by Charles M. Kozierok (No Starch Press, 2005)
- *Tangled Web: A Guide to Securing Modern Web Applications* by Michal Zalewski (No Starch Press, 2012)
- *The Boost C++ Libraries*, 2nd Edition, by Boris Schäling (XML Press, 2014)
- *Boost.Asio C++ Network Programming*, 2nd Edition, by Wisnu Anggoro and John Torjo (Packt, 2015)

第 21 章　*Chapter 21*

编写应用程序

对一群无毛猿来说，我们还真是捣鼓出了好多不得了的东西。

——Ernest Cline，《头号玩家》

　　本章包含大量重要话题，探讨有关构建实际应用程序的基础知识。它首先讨论内置于 C++ 中的程序支持功能，它允许我们与应用程序生命周期进行交互。接着，介绍 Boost ProgramOptions，这是一个优秀的用于开发控制台应用程序的库。它包含接受用户输入的设施，我们无须"重新造轮子"。此外，本章还阐述一些关于预处理器和编译器的特殊话题，在构建源代码超过单个文件的应用程序时你可能会遇到这些问题。

21.1　程序支持功能

　　有时，程序需要与操作环境的应用生命周期进行交互。本节涵盖了此类交互的三个主要类别：

　　❑　处理程序的终止和清理工作。

　　❑　与环境交互。

　　❑　管理操作系统的信号。

　　为了说明这些工具，我们使用代码清单 21-1 中的代码框架进行演示。它使用代码清单 4-5 中的 Tracer 类的改进版来帮助跟踪在各种程序终止情况下哪些对象被清理掉。

代码清单 21-1　查看代码终止和清理设施的代码框架

```
#include <iostream>
#include <string>

struct Tracer { ❶
```

```
  Tracer(std::string name_in)
    : name{ std::move(name_in) } {
    std::cout << name << " constructed.\n";
  }
  ~Tracer() {
    std::cout << name << " destructed.\n";
  }
private:
  const std::string name;
};

Tracer static_tracer{ "static Tracer" }; ❷

void run() { ❸
  std::cout << "Entering run()\n";
  // ...
  std::cout << "Exiting run()\n";
}

int main() {
  std::cout << "Entering main()\n"; ❹
  Tracer local_tracer{ "local Tracer" }; ❺
  thread_local Tracer thread_local_tracer{ "thread_local Tracer" }; ❻
  const auto* dynamic_tracer = new Tracer{ "dynamic Tracer" }; ❼
  run(); ❽
  delete dynamic_tracer; ❾
  std::cout << "Exiting main()\n"; ❿
}
```

```
static Tracer constructed. ❷
Entering main() ❹
local Tracer constructed. ❺
thread_local Tracer constructed. ❻
dynamic Tracer constructed. ❼
Entering run() ❽
Exiting run() ❽
dynamic Tracer destructed. ❾
Exiting main() ❿
local Tracer destructed. ❺
thread_local Tracer destructed. ❻
static Tracer destructed. ❷
```

首先，我们声明一个 Tracer 类，它接受一个任意的 std::string 标签，并在 Tracer 对象被构造和销毁时向标准输出报告 ❶。接着，声明一个具有静态存储期的 Tracer❷。run 函数报告程序何时进入和退出 ❸。中间的注释将在后面的章节中用其他代码替换。在 main 中，生成一段话 ❹，用本地 ❺、线程局部 ❻ 和动态 ❼ 存储期初始化 Tracer 对象，并调用 run❽。然后，删除动态 Tracer 对象 ❾，并宣布即将从 main 返回 ❿。

警告 如果代码清单 21-1 的输出是超出预期的，请查看 4.1 节的相关内容。

21.1.1　处理程序的终止和清理工作

`<cstdlib>` 头文件包含几个管理程序终止和资源清理的函数。程序终止函数有两大类：

❑ 导致程序终止的函数。

❑ 在终止即将发生时注册一个回调的函数。

1. 终止回调与 std::atexit

要注册一个在正常程序终止时被调用的函数，可以使用 `std::atexit` 函数。我们可以注册多个函数，它们将按照注册时的相反顺序被调用。回调函数不接受任何参数，并返回 `void`。如果 `std::atexit` 成功注册了一个函数，它将返回一个非零值；否则，它将返回零。

代码清单 21-2 说明，我们可以注册一个 `atexit` 回调，它将在预期的时刻被调用。

代码清单 21-2　注册 atexit 回调

```
#include <cstdlib>
#include <iostream>
#include <string>

struct Tracer {
--snip--
};

Tracer static_tracer{ "static Tracer" };
void run() {
  std::cout << "Registering a callback\n"; ❶
  std::atexit([] { std::cout << "***std::atexit callback executing***\n"; }); ❷
  std::cout << "Callback registered\n"; ❸
}

int main() {
--snip--
}
---------------------------------------------------------------------
static Tracer constructed.
Entering main()
local Tracer constructed.
thread_local Tracer constructed.
dynamic Tracer constructed.
Registering a callback
Callback registered ❸
dynamic Tracer destructed.
Exiting main()
local Tracer destructed.
thread_local Tracer destructed.
***std::atexit callback executing*** ❷
static Tracer destructed.
```

在 run 中，声明要注册一个回调 ❶，然后使用 atexit 注册回调 ❷，然后声明将从 run 返回 ❸。在输出中，我们可以清楚地看到，回调发生在从 main 返回并且所有非静态对象都被销毁之后。

在编写回调函数时，有两个重要的告诫：

❑ 不能从回调函数中抛出未捕获的异常。这样做会导致 std::terminate 被调用。

❑ 需要非常小心地与程序中的非静态对象进行交互。atexit 回调函数在 main 返回后执行，所有的本地对象、线程局部对象和动态对象都将在这时被销毁，除非特殊处理保持它们的存活时间。

> **注意** 你可以用 std::atexit 注册至少 32 个函数，尽管确切的限制是由实现定义的。

2. 用 std::exit 退出

在本书中，我们一直是通过从 main 返回来终止程序的。在某些情况下，例如在多线程程序中，你可能希望以其他方式优雅地退出程序。在这种情况下，可以使用 std::exit 函数，它接受一个对应于程序退出代码的单一整数。它将执行以下清理步骤：

1）与当前线程相关的线程局部对象和静态对象被销毁。atexit 回调函数被调用。

2）所有的 stdin、stdout 和 stderr 都被刷新。

3）临时文件都会被删除。

4）程序向操作环境报告给定的状态代码，操作环境恢复控制。

代码清单 21-3 演示了 std::exit 的行为，方法是注册一个 atexit 回调，并在 run 中调用 exit：

代码清单 21-3　调用 std::exit

```
#include <cstdlib>
#include <iostream>
#include <string>

struct Tracer {
--snip--
};

Tracer static_tracer{ "static Tracer" };

void run() {
  std::cout << "Registering a callback\n"; ❶
  std::atexit([] { std::cout << "***std::atexit callback executing***\n"; }); ❷
  std::cout << "Callback registered\n"; ❸
  std::exit(0); ❹
}

int main() {
--snip--
}
--------------------------------------------------------------------
static Tracer constructed.
```

```
Entering main()
local Tracer constructed.
thread_local Tracer constructed.
dynamic Tracer constructed.
Registering a callback ❶
Callback registered ❸
thread_local Tracer destructed.
***std::atexit callback executing*** ❹
static Tracer destructed.
```

在 run 中，声明注册一个回调 ❶，用 atexit 注册一个回调 ❷，声明注册完毕 ❸，用参数 0 调用 exit❹。比较代码清单 21-3 的输出和代码清单 21-2 的输出。注意，以下几行没有出现：

```
dynamic Tracer destructed.
Exiting main()
local Tracer destructed.
```

根据 std::exit 的规则，调用栈上的局部变量不会被清理掉。当然，由于程序永远不会从 run 中返回 main，因此 delete 也没有被调用。这个例子强调了一个重要的信息：不应该用 std::exit 来处理正常的程序执行。这里提到它是因为你可能在早期的 C++ 代码中看到它。

> 注意　<cstdlib> 头文件还包括一个 std::quick_exit，它调用使用 std::at_quick_exit 注册的回调，它的接口与 std::atexit 类似。主要区别是，at_quick_exit 回调不会执行，除非明确地调用 quick_exit，而 atexit 回调总是在程序即将退出时执行。

3. std::abort

要结束程序，还可以使用 std::abort。这个函数接受一个整数值的状态代码，并立即将其返回给操作环境。没有对象的析构函数被调用，也没有 std::atexit 回调被调用。代码清单 21-4 演示了如何使用 std::abort。

代码清单 21-4　调用 std::abort

```cpp
#include <cstdlib>
#include <iostream>
#include <string>

struct Tracer {
--snip--
};

Tracer static_tracer{ "static Tracer" };

void run() {
  std::cout << "Registering a callback\n"; ❶
  std::atexit([] { std::cout << "***std::atexit callback executing***\n"; }); ❷
  std::cout << "Callback registered\n"; ❸
```

```
  std::abort(); ❹
}

int main() {
  --snip--
}
```

```
static Tracer constructed.
Entering main()
local Tracer constructed.
thread_local Tracer constructed.
dynamic Tracer constructed.
Registering a callback
Callback registered
```

在 `run` 中，声明开始注册回调❶，用 `atexit` 注册回调❷，声明注册完毕❸。这一次，我们调用 `abort`❹。注意，在声明已经完成了回调注册❶之后，没有输出打印。程序没有清理任何对象，而 `atexit` 回调也没有被调用。

正如你所想象的，`std::abort` 的典型用途并不多。你可能遇到的主要是 `std::terminate` 的默认行为，当有两个异常同时发生时，它会被调用。

21.1.2　与环境交互

有时，你可能想创建另一个进程。例如，谷歌的 Chrome 浏览器启动了许多进程来服务一个浏览器会话。通过搭载操作系统的进程模型，这建立了一些安全性和稳健性。例如，Web 应用程序和插件在单独的进程中运行，因此如果它们崩溃，整个浏览器不会崩溃。此外，通过在单独的进程中运行浏览器的渲染引擎，安全漏洞将变得更加难以利用，因为 Google 在所谓的沙盒环境中锁定了该进程的权限。

1. std::system

我们可以使用 `<cstdlib>` 头文件中的 `std::system` 函数启动一个单独的进程，该函数接受与要执行的命令相对应的 C 风格字符串，并返回与命令的返回码相对应的 `int`。具体的行为取决于操作环境，例如，在 Windows 机器上该函数将调用 cmd.exe，在 Linux 机器上将调用 /bin/sh。该函数在命令仍在执行时阻塞。

代码清单 21-5 演示了如何使用 `std::system` 来 ping 远程主机（如果你使用的不是类 Unix 操作系统，需要将 `command` 的内容更新为与操作系统相关的命令）。

代码清单 21-5　使用 `std::system` 调用 ping 工具（输出来自 macOS Mojave 10.14 版本）

```
#include <cstdlib>
#include <iostream>
#include <string>

int main() {
  std::string command{ "ping -c 4 google.com" }; ❶
  const auto result = std::system(command.c_str()); ❷
```

```
  std::cout << "The command \'" << command
            << "\' returned " << result << "\n";
}
------------------------------------------------------------------------
PING google.com (172.217.15.78): 56 data bytes
64 bytes from 172.217.15.78: icmp_seq=0 ttl=56 time=4.447 ms
64 bytes from 172.217.15.78: icmp_seq=1 ttl=56 time=12.162 ms
64 bytes from 172.217.15.78: icmp_seq=2 ttl=56 time=8.376 ms
64 bytes from 172.217.15.78: icmp_seq=3 ttl=56 time=10.813 ms

--- google.com ping statistics ---
4 packets transmitted, 4 packets received, 0.0% packet loss
round-trip min/avg/max/stddev = 4.447/8.950/12.162/2.932 ms
The command 'ping -c 4 google.com' returned 0 ❸
```

首先，初始化一个名为 command 的字符串，它包含 ping -c 4 google.com❶。然后，通过传递 command 的内容来调用 std::system❷。这导致操作系统以参数 -c 4 调用 ping 命令，它指定了四个 ping 以及地址 google.com。最后，打印一条状态消息，报告来自 std::system 的返回值 ❸。

2. std::getenv

操作环境通常有环境变量，用户和开发者可以设置这些变量，以帮助程序找到程序运行所需的重要信息。<cstdlib> 头文件包含 std::getenv 函数，它接受一个与想要查找的环境变量名称相对应的 C 风格字符串，并返回一个包含相应变量内容的 C 风格字符串。如果没有找到这样的变量，该函数将返回 nullptr。

代码清单 21-6 演示了如何使用 std::getenv 来检索路径变量，其中包含一个重要可执行文件的目录列表。

代码清单 21-6　使用 std::getenv 来检索路径变量（输出来自 macOS Mojave 10.14 版）

```
#include <cstdlib>
#include <iostream>
#include <string>

int main() {
  std::string variable_name{ "PATH" }; ❶
  std::string result{ std::getenv(variable_name.c_str()) }; ❷
  std::cout << "The variable " << variable_name
            << " equals " << result << "\n"; ❸
}
------------------------------------------------------------------------
The variable PATH equals /usr/local/bin:/usr/bin:/bin:/usr/sbin:/sbin
```

首先，我们初始化一个叫作 variable_name 的字符串，它包含 PATH❶。接着，把用 PATH 调用 std::getenv 的结果存入一个叫作 result 的字符串 ❷。然后，把结果打印到标准输出 ❸。

21.1.3　管理操作系统的信号

操作系统信号是发送给进程的异步通知，它通知程序发生了一个事件。`<csignal>` 头文件包含了六个宏常数，代表从操作系统到程序的不同信号（这些信号是与操作系统无关的）：

❏ `SIGTERM` 代表终止请求。
❏ `SIGSEGV` 代表无效的内存访问。
❏ `SIGINT` 代表外部中断，如键盘中断。
❏ `SIGILL` 代表无效的程序镜像。
❏ `SIGABRT` 代表异常的终止条件，例如 `std::abort`。
❏ `SIGFPE` 代表浮点错误，例如除以零。

要为这些信号之一注册处理程序，请使用 `<csignal>` 头文件中的 `std::signal` 函数。它接受与上面列出的信号宏之一相对应的单个 `int` 值作为第一个参数。它的第二个参数是函数指针（不是函数对象！），该指针指向一个函数，该函数接受一个对应于信号宏的 `int` 并返回 `void`。此函数必须具有 C 语言链接（尽管大多数实现也允许 C++ 链接）。本章的后面将会介绍 C 语言链接。现在，只需将 `extern "C"` 添加到函数定义前。请注意，由于中断的异步特性，对全局可变状态的任何访问都必须同步。

代码清单 21-7 包含一个等待键盘中断的程序。

代码清单 21-7　用 `std::signal` 注册键盘中断

```cpp
#include <csignal>
#include <iostream>
#include <chrono>
#include <thread>
#include <atomic>

std::atomic_bool interrupted{}; ❶

extern "C" void handler(int signal) {
  std::cout << "Handler invoked with signal " << signal << ".\n"; ❷
  interrupted = true; ❸
}

int main() {
  using namespace std::chrono_literals;
  std::signal(SIGINT, handler); ❹
  while(!interrupted) { ❺
    std::cout << "Waiting..." << std::endl; ❻
    std::this_thread::sleep_for(1s);
  }
  std::cout << "Interrupted!\n"; ❼
}
```

```
Waiting...
Waiting...
```

```
Waiting...
Handler invoked with signal 2.
Interrupted! ❼
```

首先，我们声明一个名为 interrupted 的 atomic_bool，以存储程序是否收到键盘中断 ❶（它有静态存储期，因为不能用 std::signal 的函数对象，因此必须用非成员函数来处理回调）。接着，声明一个回调处理程序，它接受一个叫 signal 的 int，把它的值打印到标准输出 ❷，并把 interrupted 设为 true❸。

在 main 中，将 SIGINT 中断代码的信号处理程序设置为 handler❹。在 while 循环中，等待程序被中断 ❺，方法是打印一条消息 ❻，并睡眠 1s❼。一旦程序被中断，就打印一条消息并从 main 返回 ❼。

注意　通常情况下，在现代操作系统中，你可以通过按下 <Ctrl+C> 引起键盘中断。

21.2　Boost ProgramOptions 库

大多数控制台应用程序都接受命令行参数。正如 9.12.1 节中提到的，我们可以定义 main 以接受参数 argc 和 argv，操作环境将分别填充参数数量和参数内容。我们始终可以手动解析这些并相应地修改程序的行为，但也有更好的方法：使用 Boost ProgramOptions 库是编写控制台应用程序的基本方法。

注意　本节中介绍的所有 Boost ProgramOptions 类都可在 <boost/program_options.hpp> 头文件中找到。

你可能想自己写参数解析代码，但选择使用 ProgramOptions 更明智，原因有四个：
- **这要方便得多**。一旦学会了 ProgramOptions 简洁的声明式语法，就可以用几行代码轻松地描述相当复杂的控制台界面。
- **它可以毫不费力地处理错误**。当用户误用你的程序时，ProgramOptions 会告诉用户他们是如何误用程序的，无须你做任何额外的工作。
- **它会自动生成帮助提示**。基于你的声明性标记，ProgramOptions 可以自动创建格式良好、易于使用的文档。
- **它的发展超越了命令行**。如果想从配置文件或环境变量中提取配置，很容易从命令行参数过渡。

ProgramOptions 包括三个部分：
- **选项描述组件**允许指定允许的选项。
- **解析器组件**从命令行、配置文件和环境变量中提取选项名称和值。
- **存储组件**提供了访问输入选项的接口。

21.2.1　选项描述

选项描述组件包含三个类：

❑ boost::program_options::option_description 描述单个选项。

❑ boost::program_options::value_semantic 知道单个选项的期望类型。

❑ boost::program_options::options_description 是容纳多个 option_description 类型对象的容器。

我们构造一个 options_description，不出所料，它为程序的选项指定了一个描述项。另外，我们可以在构造函数中加入一个描述程序的字符串参数。如果加入了这个参数，它将会被打印在描述项中，但它不会对功能产生影响。接着，我们使用它的 add_options 方法，它返回一种特殊的对象，类型为 boost::program_options::options_description_easy_init。这个类有一个特殊的 operator()，它至少接受两个参数。

第一个参数是要添加的选项的名称。ProgramOptions 非常智能，所以我们可以提供一个很长的名称和一个很短的名称，它们用逗号隔开。例如，如果我们有一个叫作 threads 的选项，ProgramOptions 会将命令行中的参数 --threads 与这个选项绑定。如果把选项命名为 threads，t，ProgramOptions 将把 --threads 或 -t 与选项绑定。

第二个参数是对该选项的描述。可以采用 value_semantic 描述，也可以采用 C 语言风格的字符串描述，或者两者都采用。因为 options_description_easy_init 从 operator() 返回一个对自身的引用，所以我们可以将这些调用串联起来，以形成对程序选项的简明表述。通常情况下，我们不会直接创建 value_semantic 对象。相反，我们使用方便的模板函数 boost::program_options::value 来生成它们。它接受一个与选项所需类型相关的单一模板参数。产生的指针指向一个对象，该对象具有将文本输入（例如来自命令行）解析成所需类型的代码。例如，要指定 int 类型的选项，可以调用 value<int>()。

由此产生的指向的对象将有几个方法，允许我们指定关于该选项的额外信息。例如，我们可以使用 default_value 方法设置该选项的默认值。要指定 int 类型的选项默认为 42，可以使用以下结构：

value<int>()->default_value(42)

另一个常见的选项是可以接受多个标记的选项。这样的选项允许元素之间有空格，它们会被解析成字符串。使用 multitoken 方法就可以做到这一点。例如，要指定一个选项可以接受多个 std::string 值，可以使用以下结构：

value<std::string>()->multitoken()

相反，如果想允许同一选项有多个实例，则可以将 std::vector 指定为值，如下所示：

value<std::vector<std::string>>()

如果想有布尔选项，则可以使用函数 boost::program_options::bool_switch，

它接受一个指向 bool 参数的指针。如果用户包含了相应的选项，该函数会将指向的 bool 参数设置为 true。例如，如果包含相应的选项，则以下结构会将名为 flag 的 bool 参数设置为 true：

```
bool_switch(&flag)
```

options_description 类支持 operator<<，因此无须进行任何额外工作即可创建格式良好的帮助对话框。代码清单 21-8 演示了如何使用 ProgramOptions 为名为 mgrep 的示例程序创建 program_options 对象。

代码清单 21-8　使用 Boost ProgramOptions 生成格式良好的帮助对话框

```
#include <boost/program_options.hpp>
#include <iostream>
#include <string>

int main(int argc, char** argv) {
  using namespace boost::program_options;
  bool is_recursive{}, is_help{};

  options_description description{ "mgrep [options] pattern path1 path2 ..."
}; ❶
  description.add_options()
          ("help,h", bool_switch(&is_help), "display a help dialog") ❷
          ("threads,t", value<int>()->default_value(4),
                        "number of threads to use") ❸
          ("recursive,r", bool_switch(&is_recursive),
                          "search subdirectories recursively") ❹
          ("pattern", value<std::string>(), "pattern to search for") ❺
          ("paths", value<std::vector<std::string>>(), "path to search"); ❻
  std::cout << description; ❼
}
--------------------------------------------------------------------------
mgrep [options] pattern path1 path2 ...:
  -h [ --help ]            display a help dialog
  -t [ --threads ] arg (=4) number of threads to use
  -r [ --recursive ]       search subdirectories recursively
  --pattern arg            pattern to search for
  --path arg               path to search
```

首先，用一个自定义的用法字符串初始化一个 options_description 对象❶。接着，调用 add_options 并开始添加选项：一个指示是否显示帮助对话框的布尔标志❷，一个指示使用多少线程的 int❸，一个指示是否以递归（recursive）方式搜索子目录的布尔标志❹，一个指示要在文件中搜索的模式 pattern 的 std::string❺，以及一个与搜索路径 paths 相对应的 std::string 列表❻。然后，把 description 写到标准输出❼。

假设尚未实现的 mgrep 程序将始终需要 pattern 和 paths 参数。可以将它们转换为位置参数，顾名思义，它将根据它们的位置分配参数。为此，使用 boost::program_ options::positional_options_description 类，它不接受任何构造函数参数。使用 add 方法，它有两个参数：一个 C 风格的字符串——对应于要转换为位置选项的选项，以及一个对应于要绑定的参数数量的 int。我们可以多次调用 add 来添加多个位置参数，但调用顺序很重要。位置参数将从左到右绑定，因此第一次 add 调用对应于左侧位置参数。对于最后一个位置选项，可以使用数字 –1 来告诉 ProgramOptions 将所有剩余元素绑定到相应的选项。

代码清单 21-9 提供了一个代码片段，它可以追加到代码清单 21-7 中的 main 中，以增加位置参数。

代码清单 21-9　在代码清单 21-8 中添加位置参数的代码

```
positional_options_description positional; ❶
positional.add("pattern", 1); ❷
positional.add("path", -1); ❸
```

首先，初始化一个没有任何构造函数参数的 positional_options_description❶。接着，调用 add 并传入参数 pattern 和 1，这将把第一个位置选项绑定到 pattern 选项 ❷。再次调用 add，这次传入参数 path 和 -1❸，这将把其余的位置选项绑定到 path 选项。

21.2.2　解析选项

现在已经声明了程序如何接受选项，可以解析用户输入了。我们可以从环境变量、配置文件和命令行中获取配置。为了简洁起见，本节只讨论最后一种。

注意　有关如何从环境变量和配置文件中获取配置的信息，请参阅 Boost ProgramOptions 文档。

为了解析命令行输入，我们使用 boost::program_options::command_line_parser 类，它接受两个构造函数参数：一个对应 argc 的 int 参数，表示命令行的参数数量；一个对应 argv 的 char** 参数，表示命令行参数的值（或内容）。这个类提供了几个重要的方法，用于声明应该如何解释用户输入。

首先，调用它的 options 方法，该方法接受一个与 options_description 对应的参数。接着，使用 positional 方法，该方法接受一个与 positional_options_description 对应的参数。最后，调用 run，不提供任何参数。这将导致解析器开始解析命令行输入，并返回一个 parsed_options 对象。

代码清单 21-10 提供了一个代码片段，你可以在代码清单 21-8 之后将其追加到 main 中，以包含一个命令行解析器。

代码清单 21-10　应添加到代码清单 21-8 中的 command_line_parser

```
command_line_parser parser{ argc, argv }; ❶
parser.options(description); ❷
```

```
parser.positional(positional); ❸
auto parsed_result = parser.run(); ❹
```

　　首先，通过传入 main 的参数来初始化一个叫作 parser 的 command_line_parser❶。接着，把 options_description 对象传给 options 方法 ❷，把 positional_options_description 对象传给 positional 方法 ❸。然后，调用 run 方法，产生 parsed_options 对象 ❹。

> **警告**　如果用户传递的输入没有被解析，例如因为提供了一个不属于你的描述的选项，解析器将抛出一个继承自 std::exception 的异常。

21.2.3　存储和访问选项

　　我们将程序选项存储到 boost::program_options::variables_map 类中，它的构造函数不需要任何参数。为了将解析过的选项放入 variables_map 中，首先使用 boost::program_options::store 方法，该方法将 parsed_options 对象作为第一个参数，将 variables_map 对象作为第二个参数。然后，调用 boost::program_options::notify 方法，该方法接受一个 variables_map 参数。此时，variables_map 包含了用户所指定的所有选项。

　　代码清单 21-11 提供了一个代码片段，你可以在代码清单 21-10 之后将其追加到 main 中，将结果解析到 variables_map。

代码清单 21-11　将结果存储到 variables_map 中

```
variables_map vm; ❶
store(parsed_result, vm); ❷
notify(vm); ❸
```

　　首先声明一个 variables_map❶。然后，把代码清单 21-10 中的 parsed_result 和新声明的 variables_map 变量传递给 store❷。最后，对 variables_map 调用 notify❸。

　　variables_map 类是一个关联容器，本质上类似于 std::map<std::string, boost::any>。要提取一个元素，可以使用 operator[]，并传递选项名称作为键。其结果是一个 boost::any，所以我们需要使用 as 方法将其转换为正确的类型（boost::any 见 12.1.5 节）。使用 empty 方法检查可能为空的选项是很关键的。如果没有这样做，还是转换到 any 了，便会得到一个运行时错误。

　　代码清单 21-12 提供了一个代码片段，你可以在代码清单 21-11 之后将其追加到 main 中，以从 variables_map 中获取值。

代码清单 21-12　从 variables_map 中获取值

```
if (is_help) std::cout << "Is help.\n"; ❶
if (is_recursive) std::cout << "Is recursive.\n"; ❷
```

```
std::cout << "Threads: " << vm["threads"].as<int>() << "\n"; ❸
if (!vm["pattern"].empty()) { ❹
  std::cout << "Pattern: " << vm["pattern"].as<std::string>() << "\n"; ❺
} else {
  std::cout << "Empty pattern.\n";
}
if (!vm["path"].empty()) { ❻
  std::cout << "Paths:\n";
  for(const auto& path : vm["path"].as<std::vector<std::string>>()) ❼
    std::cout << "\t" << path << "\n";
} else {
  std::cout << "Empty path.\n";
}
```

因为对 `help` 和 `recursive` 选项使用了 `bool_switch` 值，所以我们可以直接使用这些布尔值来确定用户是否请求了这两个选项❶❷。因为 `threads` 有默认值，我们不需要确保它是空的，所以可以用 `as<int>` 直接提取它的值❸。对于那些没有默认值的选项，如 `pattern`，我们首先检查是否为空❹。如果这些选项不是空的，则可以用 `as<std::string>` 来提取它们的值❺。对于 `path`，也要做同样的事情❻，这样就可以用 `as<std::vector<std::string>>` 提取用户提供的参数集合了❼。

21.2.4　整合在一起

现在你已经掌握了基于 ProgramOptions 写一个应用程序所需的所有知识。代码清单 21-13 演示了将前面的代码清单拼接起来的一种可能的样子。

代码清单 21-13　一个完整的命令行参数解析应用程序

```
#include <boost/program_options.hpp>
#include <iostream>
#include <string>

int main(int argc, char** argv) {
  using namespace boost::program_options;
  bool is_recursive{}, is_help{};

  options_description description{ "mgrep [options] pattern path1 path2 ..." };
  description.add_options()
          ("help,h", bool_switch(&is_help), "display a help dialog")
          ("threads,t", value<int>()->default_value(4),
                        "number of threads to use")
          ("recursive,r", bool_switch(&is_recursive),
                          "search subdirectories recursively")
          ("pattern", value<std::string>(), "pattern to search for")
          ("path", value<std::vector<std::string>>(), "path to search");

  positional_options_description positional;
  positional.add("pattern", 1);
  positional.add("path", -1);
```

```
command_line_parser parser{ argc, argv };
parser.options(description);
parser.positional(positional);

variables_map vm;
try {
  auto parsed_result = parser.run(); ❶
  store(parsed_result, vm);
  notify(vm);
} catch (const std::exception& e) {
  std::cerr << e.what() << "\n";
  return -1;
}

if (is_help) { ❷
  std::cout << description;
  return 0;
}
if (vm["pattern"].empty()) { ❸
  std::cerr << "You must provide a pattern.\n";
  return -1;
}
if (vm["path"].empty()) { ❹
  std::cerr << "You must provide at least one path.\n";
  return -1;
}
const auto threads = vm["threads"].as<int>();
const auto& pattern = vm["pattern"].as<std::string>();
const auto& paths = vm["path"].as<std::vector<std::string>>();
// Continue program here ... ❺
std::cout << "Ok." << std::endl;
}
```

与前面的代码清单不同的是，这里我们用 **try-catch** 块来包装对解析器的调用，以减少用户提供的错误输入 ❶。如果他们确实提供了错误的输入，只需捕获异常，将错误打印到标准错误，然后返回。

一旦声明程序选项并存储了它们，如代码清单 21-8 到代码清单 21-12 所示，我们首先检查用户是否要求帮助提示 ❷。如果是，就简单地打印用法并退出，因为不需要再进行任何进一步的检查。接着，执行一些错误检查，以确保用户已经提供了 **pattern**❸ 和 **path**❹。如果没有提供，就打印一条错误消息，给出程序的正确用法并退出；否则，可以继续编写程序 ❺。

代码清单 21-14 显示了程序的各种输出，该程序被编译为二进制文件 **mgrep**。

代码清单 21-14　代码清单 21-13 中程序的各种调用和输出

```
$ ./mgrep ❶
You must provide a pattern.
$ ./mgrep needle ❷
You must provide at least one path.
$ ./mgrep --supercharge needle haystack1.txt haystack2.txt ❸
unrecognised option '--supercharge'
```

```
$ ./mgrep --help ❹
mgrep [options] pattern path1 path2 ...:
  -h [ --help ]            display a help dialog
  -t [ --threads ] arg (=4) number of threads to use
  -r [ --recursive ]       search subdirectories recursively
  --pattern arg            pattern to search for
  --path arg               path to search
$ ./mgrep needle haystack1.txt haystack2.txt haystack3.txt ❺
Ok.
$ ./mgrep --recursive needle haystack1.txt ❻
Ok.
$ ./mgrep -rt 10 needle haystack1.txt haystack2.txt ❼
Ok.
```

前三个调用由于不同的原因都返回错误：没有提供 `pattern` ❶，没有提供 `path` ❷，提供了无法识别的选项 ❸。

在第四个调用中，我们得到了友好的帮助对话框，因为提供了 `--help` 选项 ❹。最后的三个调用解析正确，因为它们都包含 `pattern` 和 `path`。第一个不包含选项 ❺，第二个使用了长选项语法 ❻，第三个使用了短选项语法 ❼。

21.3　编译中的特别话题

本节将解释几个重要的预处理器功能，这些功能将帮助你理解下面小节中描述的双重包含问题，以及解决它的方法。本章还将介绍使用编译器标志来优化代码的不同选项。此外，本章也将探讨如何使用特殊的语言关键字使链接器与 C 语言互操作。

21.3.1　重新审视预处理器

预处理器是一个在编译前对源代码进行简单转换的程序。我们用预处理器指令向预处理器发出指令。所有的预处理器指令都以哈希标记（#）开头。回顾一下 1.2 节，`#include` 是一个预处理器指令，它告诉预处理器将相应头文件的内容直接复制、粘贴到源代码中。

预处理器还支持其他指令。最常见的是宏，它是一个被赋予名称的代码片段。每当在 C++ 代码中使用这个名字时，预处理器就会用宏的内容取代这个名字。

共有两种不同类型的宏，即对象类型和函数类型。我们可以用下面的语法声明对象类型的宏：

`#define <NAME> <CODE>`

其中，*NAME* 是宏的名称，*CODE* 是替换该名称的代码。例如，代码清单 21-15 演示了如何将字符串字面量定义为宏。

代码清单 21-15　一个带有对象类型的宏的 C++ 程序

```
#include <cstdio>
#define MESSAGE "LOL" ❶
```

```
int main(){
  printf(MESSAGE); ❷
}
```

```
LOL
```

首先，定义宏 MESSAGE 来对应 "LOL" ❶。接着，用 MESSAGE 宏作为 printf 的
格式字符串 ❷。在预处理器完成代码清单 21-15 的工作后，它在编译器中显示为代码清
单 21-16 的样子。

代码清单 21-16　预处理代码清单 21-15 的结果

```
#include <cstdio>

int main(){
  printf("LOL");
}
```

预处理器在这里只不过是一个复制和粘贴的工具。宏被使用之后，便只剩下一个简单
的程序，该程序将 LOL 打印到控制台。

> **注意**　如果你想检查预处理器所做的工作，可以使用编译器提供的标志将编译限制在预处
> 理步骤。这将导致编译器显示与每个编译单元相对应的预处理的源文件。例如，在
> GCC、Clang 和 MSVC 上，可以使用 -E 标志。

函数类型的宏与对象类型的宏一样，只是它还可以在标识符之后接受一个参数列表：

```
#define <NAME>(<PARAMETERS>) <CODE>
```

我们可以在 *CODE* 中使用这些 *PARAMETERS*，这允许用户自定义宏的行为。代码清
单 21-17 包含函数类型的宏 SAY_LOL_WITH。

代码清单 21-17　一个带有函数类型的宏的 C++ 程序

```
#include <cstdio>
#define SAY_LOL_WITH(fn) fn("LOL") ❶

int main() {
  SAY_LOL_WITH(printf); ❷
}
```

SAY_LOL_WITH 宏接受一个名为 fn 的参数 ❶。预处理器把这个宏粘贴到表达式
fn("LOL") 中。当它对 SAY_LOL_WITH 求值时，预处理器将 printf 粘贴到表达式
中 ❷，这将产生一个与代码清单 21-16 相同的编译单元。

1. 条件编译

预处理器还提供条件编译功能，这是一种提供基本的 if-else 逻辑的工具。有几种类
型的条件编译可用，但你最可能遇到的是代码清单 21-18 中的这种。

代码清单 21-18　一个带有条件编译的 C++ 程序

```
#ifndef MY_MACRO ❶
// Segment 1 ❷
#else
// Segment 2 ❸
#endif
```

如果 MY_MACRO 在预处理器处理 #ifndef❶ 时没有被定义，代码清单 21-18 将还原为由 // Segment 1❷ 表示的代码。如果 MY_MACRO 被定义了，代码清单 21-18 会被求值为由 // Segment 2❸ 表示的代码。#else 是可选的。

2. 双重包含

除了使用 #include 之外，应该尽可能少地使用预处理器。预处理器是非常原始的，如果过于倚重它，会导致难以调试的错误。这一点在 #include 中很明显，它是一个简单的复制、粘贴命令。

因为只能定义一个符号一次（这个规则被称为 one-definition 规则），所以我们必须确保头文件不会试图重复定义符号。犯这种错误最简单的方法是将同一个头文件包含两次，这被称为双重包含问题。

避免双重包含问题的常用方法是使用条件编译来创建 include guard 机制。include guard 可以检测头文件是否已经被包含过了。如果是，它就使用条件编译来清空头文件。代码清单 21-19 演示了如何在头文件的周围设置 include guard。

代码清单 21-19　用 include guards 更新过的 step_function.h

```
// step_function.h
#ifndef STEP_FUNCTION_H ❶
int step_function(int x);
#define STEP_FUNCTION_H ❷
#endif
```

预处理器第一次在源文件中包含 step_function.h 时，宏 STEP_FUNCTION_H 没有被定义，所以 #ifndef❶ 会生成直到 #endif 的代码。在这段代码中，我们定义了宏 STEP_FUNCTION_H❷。这可以确保如果预处理器再次包含 step_function.h，#ifndef STEP_FUNCTION_H 将评估为 false，不会产生任何代码。

include guard 是如此的普遍，以至于大多数现代工具链都支持 #pragma once 的特殊语法。如果支持它的预处理器看到这一行，它就会表现得像头文件有 include guard 一样。这减少了相当多的模板代码。使用这种结构，我们可以将代码清单 21-19 重构为代码清单 21-20。

代码清单 21-20　用 #pragma once 更新过的 step_function.h

```
#pragma once ❶
int step_function(int x);
```

我们在这里所做的只是用 #pragma once 来开始头文件 ❶，这是首选方法。一般来说，每一个头文件都用 #pragma 开头。

21.3.2　编译器优化

现代编译器可以对代码进行复杂的转换，以提高运行时的性能，减少二进制文件的大小。这些转换被称为优化，它们会让程序员付出一些代价。优化必然会增加编译时间。此外，优化的代码往往比非优化的代码更难调试，因为优化器通常会消除并重新排列指令。简而言之，我们通常希望在开发时关闭优化功能，在测试和生产时打开优化功能。因此，编译器通常提供几个优化选项。表 21-1 描述了一些示例标志——GCC 8.3 中提供的优化选项，尽管这些标志在主流编译器中相当普遍。

表 21-1　GCC 8.3 的优化选项

标志	描述
-O0 (default)	通过关闭优化功能减少编译时间。这可以产生良好的调试体验，但运行时性能不是最佳的
-O or -O1	执行大多数可用的优化，但省略那些可能花费大量（编译）时间的优化
-O2	执行 -O1 对应的所有优化，加上几乎所有不大幅增加二进制文件大小的优化。编译时间可能比使用 -O1 时要长得多
-O3	执行 -O2 对应的所有优化，加上许多可以大幅增加二进制文件大小的优化。同样，这比 -O1 和 -O2 的编译时间更长
-Os	优化类似于 -O2，但具有减少二进制文件大小的优先级。可以将其（松散地）视为 -O3 的陪衬，它愿意增加二进制文件大小以换取性能。执行任何不增加二进制文件大小的 -O2 优化
-Ofast	启用所有 -O3 优化，加上一些可能违反标准遵从性的危险优化。应谨慎使用
-Og	启用不会降低调试体验的优化。可以很好地平衡合理优化、快速编译和调试体验

一般来说，对生产二进制文件使用 -O2，除非有很好的理由去改变它。调试时，一般使用 -Og。

21.3.3　与 C 语言链接

我们可以使用语言链接让 C 语言代码能识别 C++ 程序中的函数和变量。语言链接指示编译器生成对另一种目标语言友好的特定格式的符号。例如，为了让 C 程序使用 C++ 函数，只需在代码中添加 extern "C" 语言链接。

考虑代码清单 21-21 中的 sum.h 头文件，它为 sum 生成了一个与 C 兼容的符号。

代码清单 21-21　一个使 C 语言链接器可以使用 sum 函数的头文件

```
// sum.h
#pragma once
extern "C" int sum(const int* x, int len);
```

现在，编译器将生成 C 语言链接器可以使用的对象。要在 C 代码中使用这个函数，只需按惯例声明 sum 函数：

```
int sum(const int* x, size_t len);
```

然后，指示 C 链接器包括 C++ 对象文件（object file）。

> **注意**　根据 C++ 标准，pragma 是一种向编译器提供超出源代码中内容的额外信息的方法。这种信息是由实现定义的，所以编译器不必使用 pragma 所指定的信息。pragma 是希腊语，意思是"事实"。

我们也可以用相反的方式进行互操作：在 C++ 程序中使用 C 编译器的输出，把 C 编译器生成的对象文件交给链接器。

假设 C 语言编译器产生了一个与 sum 相当的函数。也可以使用 sum.h 头文件进行编译，而链接器在链接对象文件时不会有任何问题，这要感谢语言链接。

如果有许多外置函数，则可以使用大括号 {}，如代码清单 21-22 所示。

代码清单 21-22　对代码清单 21-21 的重构，它包含多个带有 extern 修饰符的函数

```
// sum.h
#pragma once

extern "C" {
  int sum_int(const int* x, int len);
  double sum_double(const double* x, int len);
--snip--
}
```

sum_int 和 sum_double 函数将带有 C 语言的链接

> **注意**　也可以用 Boost Python 在 C++ 和 Python 之间进行互操作，详情见 Boost 文档。

21.4　总结

本章首先介绍了允许我们与应用程序生命周期进行交互的程序支持功能。接着，探索了 Boost ProgramOptions，它允许我们使用声明式语法轻松地接受用户的输入。然后，研究了编译中的一些特别话题，这对于扩展 C++ 应用开发的视野很有帮助。

练习

21-1. 为代码清单 20-12 中的异步大写回声服务器添加优雅的键盘中断处理代码。添加一个具有静态存储期的退出开关，会话对象和 acceptor 在排队进行更多的异步 I/O 之前会检查这个开关。

21-2. 为代码清单 20-10 中的异步 HTTP 客户端添加程序选项。它应该接受主机（如 www.nostarch.com）和多个资源（如 /index.htm）的选项。它应该为每个资源创建一个单独的请求。

21-3. 给练习 21-2 中的程序添加另一个选项，它应接受一个目录，以便把所有的 HTTP 响应写入其中。文件名可以从每个主机 / 资源的组合中得到。

21-4. 实现 `mgrep` 程序。它应该包含许多库。研究 Boost Algorithm 库中的 Boyer-Moore 搜索算法（位于 `<boost/algorithm/searching/boyer_moore.hpp>` 头文件）。使用 `std::async` 启动任务，并确定一种协调它们之间工作的方法。

拓展阅读

- *The Boost C++ Libraries*, 2nd Edition, by Boris Schäling (XML Press, 2014)
- *API Design for C++* by Martin Reddy (Morgan Kaufmann, 2011)

现代CPU性能分析与优化

  我们生活在充满数据的世界，每日都会生成大量数据。日益频繁的信息交换催生了人们对快速软件和快速硬件的需求。遗憾的是，现代CPU无法像以往那样在单核性能方面有很大的提高。以往40多年来，性能调优变得越来越重要，软件调优是未来提高性能的关键因素之一。作为软件开发者，我们必须能够优化自己的应用程序代码。

  本书融合了谷歌、Facebook等多位行业专家的知识，是从事性能关键型应用程序开发和系统底层优化的技术人员必备的参考书，可以帮助开发者理解所开发的应用程序的性能表现，学会寻找并去除低效代码。